国家出版基金项目
NATIONAL PUBLICATION FOUNDATION

现代农业高新技术成果丛书

小尾寒羊种质特性与利用

The Germplasm Characteristics and Utilization of Small-tail Han Sheep

王金文　　主 编

中国农业大学出版社
· 北京 ·

图书在版编目(CIP)数据

小尾寒羊种质特性与利用/王金文主编. —北京:中国农业大学出版社,2010.2
ISBN 978-7-81117-951-4

Ⅰ.①小… Ⅱ.①王… Ⅲ.①绵羊-种质资源-研究 ②绵羊-饲养管理 Ⅳ.①S826.8

中国版本图书馆 CIP 数据核字(2010)第 006865 号

书　　名 小尾寒羊种质特性与利用
作　　者 王金文　主编

策划编辑	赵　中	**责任编辑**	王艳欣
封面设计	郑　川	**责任校对**	王晓凤　陈　莹
出版发行	中国农业大学出版社		
社　　址	北京市海淀区圆明园西路 2 号	**邮政编码**	100193
电　　话	发行部 010-62731190,2620		读者服务部 010-62732336
	编辑部 010-62732617,2618		出　版　部 010-62733440
网　　址	http://www.cau.edu.cn/caup	**e-mail**	cbsszs @ cau.edu.cn
经　　销	新华书店		
印　　刷	涿州市星河印刷有限公司		
版　　次	2010 年 2 月第 1 版　　2010 年 2 月第 1 次印刷		
规　　格	787×1 092　16 开本　24.75 印张　600 千字　彩插 2		
定　　价	106.00 元		

图书如有质量问题本社发行部负责调换

现代农业高新技术成果丛书
编审指导委员会

编 写 人 员

主　编　王金文

副主编　张果平　崔绪奎　彭春臣　王　可

编　者　（以姓氏笔画为序）

王　可　王金文　王新奎　王新颜　王德芹　田春玲
朱荣生　齐俊芝　孙　鹏　张果平　李建华　李焕玲
孟宪锋　秦玉清　黄庆华　黄维廷　崔绪奎　彭春臣
蔡中峰　魏敬才

审　稿　赵有璋　贾志海　张英杰　储明星　王建民　杨永林

出版说明

瞄准世界农业科技前沿，围绕我国农业发展需求，努力突破关键核心技术，提升我国农业科研实力，加快现代农业发展，是胡锦涛总书记在 2009 年五四青年节视察中国农业大学时向广大农业科技工作者提出的要求。党和国家一贯高度重视农业领域科技创新和基础理论研究，特别是 863 计划和 973 计划实施以来，农业科技投入大幅增长。国家科技支撑计划、863 计划和 973 计划等主体科技计划向农业领域倾斜，极大地促进了农业科技创新发展和现代农业科技进步。

中国农业大学出版社以 973 计划、863 计划和科技支撑计划中农业领域重大研究项目成果为主体，以服务我国农业产业提升的重大需求为目标，在"国家重大出版工程"项目基础上，筛选确定了农业生物技术、良种培育、丰产栽培、疫病防治、防灾减灾、农业资源利用和农业信息化等领域 50 个重大科技创新成果，作为"现代农业高新技术成果丛书"项目申报了 2009 年度国家出版基金项目，经国家出版基金管理委员会审批立项。

国家出版基金是我国继自然科学基金、哲学社会科学基金之后设立的第三大基金项目。国家出版基金由国家设立、国家主导，资助体现国家意志、传承中华文明、促进文化繁荣、提高文化软实力的国家级重大项目；受助项目应能够发挥示范引导作用，为国家、为当代、为子孙后代创造先进文化；受助项目应能够成为站在时代前沿、弘扬民族文化、体现国家水准、传之久远的国家级精品力作。

为确保"现代农业高新技术成果丛书"编写出版质量，在教育部、农业部和中国农业大学的指导和支持下，成立了以石元春院士为主任的编审指导委员会；出版社成立了以社长为组长的项目协调组并专门设立了项目运行管理办公室。

"现代农业高新技术成果丛书"始于"十一五"，跨入"十二五"，是中国农业大学出版社"十二五"开局的献礼之作，她的立项和出版标志着我社学术出版进入了一个新的高度，各项工作迈上了新的台阶。出版社将以此为新的起点，为我国现代农业的发展，为出版文化事业的繁荣做出新的更大贡献。

中国农业大学出版社

2010 年 12 月

序

宋朝中期，我国北方少数民族迁移中原时，把原产于北方寒冷大草原的短脂尾蒙古羊带到黄河流域，由于气候环境、饲草饲料和饲养方式的改变，在新迁入地区优越的生态经济条件和当地群众的精心选育下，育成了具有生长发育快、体格高大、常年发情、繁殖力高、适宜农区分散饲养和舍饲为主的地方优良品种——小尾寒羊。特别是在繁殖力方面，鲁西南地区的小尾寒羊，其产羔率之高并不亚于世界上著名的高繁殖力绵羊品种——兰德瑞斯羊(Landrace)和罗曼洛夫羊(Романовская Порода)。因此，它完全应该划入为数不多、世界级高繁殖力绵羊品种之列，属于我们国家的国宝。为此，该品种在2000年和2006年先后两次被农业部列入《国家级畜禽品种资源保护名录》。

新中国成立60年来，由于国家和产区各级业务管理部门的重视，科技人员和广大群众不间断进行选育，小尾寒羊不断发展，群体在扩大，研究在步步深入，质量和水平获得显著提高，对山东、对全国羊产业的发展起到了积极的推动作用，受到国内外业界人士的普遍关注。

我国知名养羊专家王金文研究员和他的科研团队，长期在山东省菏泽及其毗邻地区——小尾寒羊中心产区从事小尾寒羊的专门研究和开发利用工作，对小尾寒羊的生物学特性、种质特性、繁殖特性及多胎基因、生态特性、健康养殖和疫病防治、无公害优质羊肉生产，以及“斗羊”的选择培育和利用等了如指掌，同时积累了大量的饲养、繁育、疫病防治、开发利用小尾寒羊等资料、经验和教训，并将这些资料和经验整理成册，撰写出《小尾寒羊种质特性与利用》这部书；目的在于向人们全面、系统、深入介绍我国国宝级品种，同时也为人们正确认识小尾寒羊、科学合理利用和开发小尾寒羊提供不可多得的经验。因此，本书是一部珍贵的、很有参考价值的专著。

在此，特向从事羊产业的科技人员、实际工作者、管理者，以及全国广大畜牧兽医工作者、农业院校师生和养羊爱好者推荐，并以此作序。

甘肃农业大学教授、博士生导师
中国畜牧兽医学会养羊学分会名誉理事长
中国畜牧业协会羊业分会专家委员会主任
赵有璋
2009年7月18日于兰州

前　　言

小尾寒羊是在我国农区特定自然和生态环境条件下，经过长期自然选择和劳动人民精心培育形成的一个肉、裘兼用品种，主要分布在山东省西南部、河南省东北部、河北省南部以及安徽和江苏北部一带。

小尾寒羊因具有体格高大、早期生长发育快、性成熟早、四季发情、繁殖率高等种质特性而著称于世，被誉为“国宝”。它不仅耐粗饲，适应性强，而且对农作物秸秆和低品质牧草有较高的利用率。它既适合在农区和半牧区平原及丘陵地带放牧，又特别适合舍饲和圈养。在舍饲条件下，饲养小尾寒羊比饲养其他绵羊品种经济效益高。利用小尾寒羊繁殖力高和早期生长发育快的特点发展肥羔生产，已成为当前养羊业发展的需要和必然趋势。选用国外肉用绵羊品种与小尾寒羊杂交，杂交羔羊生长速度快，产肉性能显著提高。同时具有肉质品质好，细嫩多汁，香味浓郁，膻味轻等特点，深受消费者青睐。用小尾寒羊改良繁殖力低的地方绵羊品种，也收到了较好效果。我国“三北”地区引进小尾寒羊，正在开展杂交利用或培育新的品种。

在开发利用小尾寒羊这一“国宝”级资源的同时，小尾寒羊的种质特性与育种技术不断取得新进展；杂交利用、同期发情、人工授精、胚胎移植；羔羊早期断奶、补料；种羊培育、快速育肥、健康与无公害养殖等技术日趋成熟。进一步开发利用小尾寒羊的种质特性，加快推广养殖新技术，对推动小尾寒羊生产健康发展，实现高产、优质、高效养羊，对增加农民收入、加快新农村建设均具有重要作用。

为了普及和推广科学养殖小尾寒羊的新技术和新方法，适应现代小尾寒羊生产尤其是优质肥羔生产发展的需要，改变传统落后的养羊方式和习惯，提高科学养羊的技术水平，加快肉羊产业化发展进程，山东省农业科学院畜牧兽医研究所和菏泽市畜牧局从事养羊科研及生产的技术人员，结合科研工作和生产实践，编写了《小尾寒羊种质特性与利用》一书。

本书主要介绍了小尾寒羊的种质特性与引种方法、选育提高与杂交利用、多胎基因检测与应用、繁殖与调控、营养需要与日粮配合、生态养殖与羔羊培育、优质无公害羔羊育肥与产品加工等技术，力求内容丰富，技术先进、科学、实用，文字通俗易懂，以供广大养殖人员、生产管理人员和畜牧科技工作者参考使用。因作者水平所限，书中不足之处，请读者批评指正。

在本书编写过程中，中国工程院刘守仁院士给予亲切指导；我国著名养羊专家甘肃农业大学赵有璋教授等在百忙中对书稿进行审阅；山东省畜牧总站曲绪仙研究员对部分章节提出修改意见；本书还参考了菏泽市畜牧工作站王景元先生等国内专家在小尾寒羊研究方面的文献资料，在此一并致谢。

小尾寒羊种质特性与利用有关研究，得到了国家肉羊产业技术体系建设和山东省农业良种工程项目资助。感谢国家出版基金对本书的资助。

编者

2009 年 6 月 18 日于济南

Preface

Small-tail Han sheep is a mutton and furry dual breed, which is formed by permanent natural selection and breeding under specific natural environment of China. The sheep mainly distributes at southwest of Shandong Province, northeast of Henan Province, south of Hebei Province, and north of Anhui and Jiangsu Province as well.

Small-tail Han sheep is praised as national treasure with its significant characteristics of large frame, rapid growth, precocious sexual maturity, year-round oestrus and high prolificacy. The sheep endures roughage and has good adaptability, even the straw stalk and low-quality grazing can be utilized effectively. Small-tail Han sheep is suitable to graze on farm area, semi-pasturing area and foothill. Especially it suits for yard feeding and confinement feeding. The economic benefits of rearing Small-tail Han sheep in confinement are higher than other sheep breeds. Developing fat lamb production of Small-tail Han sheep with its high prolificacy and fast-growing character is the demand and trend of current sheep industry. Meat performance of the filial lamb improved markedly by hybriding imported mutton breed with Small-tail Han sheep. Consumers are in favor of this kind of meat with delicate, succulency, aweet-scented and light-smell feature. The effect is also good for improved local breeds, whose meat performance and fertility are low, by crossing with Small-tail Han sheep. Now hybridization and breeding new strains are proceeding in Sanbei Region of China, i. e. Northeast China,Northwest China, North China.

During exploiting this national treasure resources, integrated technology, including germplasm characteristics study and breeding, hybridization, synchronous estrus, superovulation, artificial insemination, embryo transfer, lamb early weaning, supplementary feeding, breeding sheep feeding, fast fattening and healthily raising, has been developed and applied in mutton sheep industry. Extending the new technology can promote healthy development of Small-tail Han sheep, can carry out sheep feeding with the direction of high yield, high quality and super effect. Also it can play an important role in increasing peasant income and constructing new country.

Technicians engaging in research and production of sheep from institute of Animal Science and Veterinary Medicine, SAAS and Animal Husbandry Bureau of Heze City, compile the book *The Germplasm Characteristics and Utilization of Small-tail Han Sheep*. The purpose is to extend new technology and methods of sheep production, to meet the demand of modern Small-tail Han sheep production development, especially of high quality fat lamb production development. Traditional and laggard sheep production mode and custom thus can be altered. Level of sheep production technology is enhanced. Rate of mutton sheep industry development is accelerated.

This book mainly recommends germplasm feature and adventitious method, selection and hybridization, reproduction and control, trophic demand and ration formulation, ecological raising and lamb fostering, innoxious lamb fattening and products manufacture, prevention and cure of diseases of Small-tail Han sheep. In the course of compiling, we make great effort to achieve the target that content is comprehensive, technology is advanced and applied, and that language is straightaway. The book can be the reference to flock owners, manufacture managers and researchers. Due to the lack of adequate experiences, we are appreciated with your advice and correction.

Compiler

June 18th, 2009

目　录

Catalogue

第一章　概　述
Chapter 1　Summary

小尾寒羊是我国著名的肉裘兼用型地方良种。素以早熟多胎、常年发情、体格高大、生长发育快、肉用性能较好、耐粗饲、宜舍饲等优良种质特性而著称于世；备受养羊生产者喜爱，被誉为“国宝”。养殖小尾寒羊，不仅能增加羊肉产量，满足市场需求，还能增加农民收入，改善生态环境。全面了解小尾寒羊的产地与分布、种质特性、生产性能与利用特点对引进培育与开发利用小尾寒羊具有重要作用。

第一节　小尾寒羊在肉羊生产中的地位与作用
Section 1　The position and function of Small-tail Han sheep in mutton production

一、小尾寒羊在肉羊生产中的独特地位

养羊业是我国的传统产业，无论养羊数量，还是羊肉产量，均居世界首位，在国民经济中占有重要地位。社会发展和人们生活水平的提高，为羊肉消费创造了广阔的市场空间。羊肉价格坚挺，且稳中攀升。农民养羊的积极性不断提高，养羊数量持续上升，许多地区已由农村家庭副业发展成为农民致富奔小康的主导产业。近年来，伴随我国北方肉羊产业的蓬勃兴起，小尾寒羊的高繁特性逐渐受到养羊生产者的关注和认同。养殖小尾寒羊已成为农民参与程度高、人人能干、户户能养、投资小、见效快、风险小、效益好的产业。

小尾寒羊与国外一些著名绵羊品种，如兰德瑞斯和罗曼洛夫等比较，多胎、多羔的特性更为突出，可以说是世界上最为优秀的多胎肉裘兼用品种。20 世纪 80 年代以来，尤其是国家对老、少、边、穷地区实施扶贫和西部大开发以来，我国中西部地区相继从鲁西南引入小尾寒羊，发展当地肉羊生产，成为当时深受群众欢迎的开发扶贫项目之一。直至 21 世纪初，到产区引羊者仍络绎不绝，这期间曾几度出现过全国性小尾寒羊引种热。据不完全统计，全国 29 个省(区)引进小尾寒羊 300 多万只。引种持续时间之长，数量之大，不仅在中国，而且在世界范围内，是任何一个绵羊品种都无法与之比拟的。据调查，大部分省、市(区)引种成功，并已在肉羊生产中发挥了巨大作用。特别是在中西部贫困地区，养羊业已成为广大农民群众的主要收入来源。

由于各地情况不同，引进利用小尾寒羊的方式和利用途径也不尽相同。综合起来利用方式主要有三种：一是引入小尾寒羊纯繁，利用小尾寒羊作为肉羊生产的母本，与国外引进的肉用品种作父本杂交，杂一代肉用性能普遍得到提高和改善；二是利用小尾寒羊公羊与本地母羊杂交，以提高当地母羊的繁殖性能，然后再与国外引入品种进行杂交，生产三元杂交羔羊；三是

通过杂交选育繁殖率高、肉用性能好、适合我国生态条件的肉用新品种(系)。因此,在大力推广、利用小尾寒羊的同时,应着眼未来,把开发利用与选育提高有机地结合起来。相信在世界养羊业从以毛为主向以肉为主转化的过程中,我国肉羊生产面临快速发展的新形势下,小尾寒羊高繁特性在肉羊生产中所发挥的独特作用将越来越大。

二、小尾寒羊在肉羊生产中的作用

(一)利用多胎基因,提高肉用绵羊的繁殖力

小尾寒羊以多胎高产而闻名于世,母羊 2 年产 3 胎,产羔率在 250%～300%。而我国大部分绵羊品种,特别是牧区和半农牧区绵羊品种,母羊为 1 年 1 胎,1 胎 1 羔;小尾寒羊比一般品种每年可多产 2 只羔羊。许多省份引进小尾寒羊,与本地绵羊开展杂交,显著提高了当地绵羊的繁殖性能。近年来,国内对小尾寒羊的多胎性状进行了分子标记,证明 *FecB* 基因是影响小尾寒羊高繁殖力的一个主效基因,可以用于对产羔数的辅助选择。*FecB* 基因定位在 6 号染色体上,具有提高排卵和产羔数等生物学作用。利用含有 *FecB* 主效基因的母羊建立小尾寒羊核心群,已开始由试验转入实际应用阶段。统计结果表明:纯合型(BB)小尾寒羊产羔数分别比杂合型(B+)和野生型(++)多 0.52 只和 1.33 只,杂合型(B+)小尾寒羊产羔数比野生型(++)多 0.81 只。我们已经看到小尾寒羊作为一个优良的地方品种,在我国的肉羊生产中发挥了重要作用。但我们同时相信,随着小尾寒羊多胎基因分子标记技术的应用,今后小尾寒羊在提高我国肉用绵羊产羔率方面,将会发挥不可替代的重要作用。

(二)增加羊肉产量,满足市场需求

小尾寒羊产羔多,这为肥羔生产创造了得天独厚的条件。肥羔肉的营养成分含量丰富,蛋白质含量高于猪肉和鸡肉,人体所必需的氨基酸含量更为丰富。不仅脂肪含量低,而且胆固醇含量在所有畜禽肉中也是最低的。同时,还具有肉质细嫩、风味独特、口感好、易消化等特点,是人们公认的具有营养和保健双重作用的功能食品,备受国际、国内市场青睐。我国北方城乡居民历来就有吃肥羔肉的习惯,尤其是涮羊肉和手抓羊肉,所需原料均以肥羔肉为首选。随着人们生活水平的不断提高,膳食结构将更加多样化、合理化,对优质高档羊肉的需求将日益增加。据统计,2006 年全国绵羊、山羊存栏量达到 3.69 亿只,羊肉产量 460.7 万 t,平均胴体重 14.3 kg,羊肉占肉类总产量的 5.7%,但人均占有量仅 3.55 kg,而且上市的羊肉多为成年羊肉或淘汰羊羊肉,肥羔肉仅占 4%～6%。近 30 年来,全球羊肉生产持续增长,据联合国粮农组织(FAO)统计,20 世纪 70 年代末,世界羊肉总产量约为 680 万 t,80 年代末约为 900 万 t,90 年代约为 930 万 t,2000 年则达到 1 130 万 t。近几年,不但产量增加,而且质量不断提高。据专家预测,今后 10 年,世界羊肉产量仍将保持增长势头。但是,我国羊肉生产中肥羔肉所占比例很小,与发达国家相比差距较大。因此,利用小尾寒羊发展优质肥羔生产,提高羊的繁殖率、生长速度、出栏率、出肉率,提高市场占有率、满足市场需求已迫在眉睫。

(三)适合舍饲圈养,保护生态环境

在我国,农民是生态环境建设的主体,也是生态环境管理保护的主体,更是生态环境改善以后受益的主体。农民又是养羊的主体,养羊是农民增收的重要来源。改善生态环境和发展养羊对农民来说,目标和利益都是一致的。只有使群众养羊不到草场、草坡放牧或减少放牧的次数,才能从根本上解决林牧、草牧矛盾,达到保护生态环境的目的。伴随着养羊数量的增长,固定不变的天然牧坡、载畜超标、过度放牧,造成生态环境恶化、产草量降低,不能适应养羊业

持续发展的问题日趋突出。改革饲养管理方式，已经成为生态环境建设与养羊业协调发展急需解决的重大问题。通过推广舍饲育肥等配套技术，结合国家实行生态环境建设和农民群众需要养羊致富的实际，改革传统的放牧养羊为舍饲圈养，使二者相互依存、相互促进，共同发展，实现互利双赢的构思。

小尾寒羊主要分布在我国黄河流域的农耕区，以舍饲为主，饲草以秸秆、树叶和杂草为主，羔羊当年育成出栏，冬春季节舍饲喂养，夏秋季节实施适度放牧，能有效地保护生态环境。利用小尾寒羊适宜于舍饲圈养的这一特性，发展种草养羊，实施舍饲圈养，既符合我国农区农业结构调整政策，又能保护生态环境。因此，饲养小尾寒羊既发展了农村经济，又解决了林牧矛盾，还保护了相对脆弱的农村生态环境，可以说是一举多得。近年来，我国华北和西北地区沙尘暴连年加剧，国家为加强生态环境建设，制定了退耕还林还草政策。引进小尾寒羊的主要目的，就是为了利用小尾寒羊的高繁殖力和适合舍饲圈养的特性，在不破坏草原和植被的前提下，发展养羊生产。试验和实践已经证明：原产区的小尾寒羊由于长期圈养，不破坏植被，已失去了啃树皮的习性，基本不影响荒山绿化造林。小尾寒羊引入“三北”地区，不仅繁殖率高、肉用性能好，而且又特别适合舍饲和圈养。因此，通过推广小尾寒羊及其配套饲养技术，可望从源头上解决养羊生产与生态环境建设的矛盾，这对保持养羊业可持续发展，再造秀美山川将发挥重要作用。

(四)增加农牧民收入，加快新农村建设

自 20 世纪 80 年代以来，国家有关部门和部分省、市和自治区多批次从山东主产区引进小尾寒羊，调拨给贫困地区的农牧民养殖，带动了相邻和周边地区发展小尾寒羊。这期间羊肉价格一直保持稳中有升，调动了农牧民养羊的积极性，从而使小尾寒羊在全国的推广面积和数量越来越大，经济效益越来越好。据业内人士预测：今后数十年，饲养小尾寒羊仍将是一项规模化养殖、深度开发、精深加工的朝阳产业。据典型调查，农户养殖小尾寒羊，按市场价格计算，饲养 1 只母羊，1 年产 3 只羔羊，以公母各半计，3 只羔羊 7 月龄体重 40 kg，每只 560 元，3 只可卖 1 680 元。除去成本，1 只母羊年收入至少在千元以上。如果繁殖的小尾寒羊能达到种羊标准，收入可以增加 1 倍或 1 倍以上。从产肉性能、繁殖率、早熟性考虑，也以饲养小尾寒羊经济效益最好。所以，养殖小尾寒羊是农牧民脱贫致富的项目。实践也证明，许多农户正是通过养殖小尾寒羊，实现了脱贫致富的目标。20 世纪 80 年代，小尾寒羊产区民间流传这样几句农谚：“家养一只小尾寒羊，不愁油盐酱醋粮；家养两只小尾寒羊，三年两年盖新房；家养三只小尾寒羊，家中有个小银行；家养五只小尾寒羊，年年超过万元郎。”可以说，无论现在还是将来，发展小尾寒羊生产，依然是增加农民收入，加快新农村建设和带动农民致富奔小康的养殖项目。

第二节 育成与发展史

Section 2 Breeding and development history

一、育成简史

(一)起源

根据考古学、人类学、动物学和形态学的研究，绵羊属洞角科，有 27 对染色体。对家养绵羊和野生绵羊进行的比较研究证明，中国现有绵羊品种与野生绵羊有血缘关系的应属阿卡尔羊、羱羊、盘羊及其若干亚种，其中有蒙古亚种和西藏亚种，蒙古羊是亚洲短脂尾羊的代表类型。小尾寒羊原名“寒羊”，是指其耐寒性好，尾长在飞节以上，在绵羊的分类中属于短脂尾羊。根据单乃铨(1983)的研究结果和外貌特征分析，小尾寒羊属于蒙古羊的派生种。另据考证，小尾寒羊起源于宋朝中期。随着社会变革，民族迁徙，贸易往来，生活需求和社会发展，人们把蒙古羊带到黄河流域。由于气候环境以及饲草饲料和饲养方式的改变，古老的蒙古羊生态习性和种质特性发生了变化。历经风土驯化和劳动人民的长期选择以及精心培育，逐渐形成了生长发育快、繁殖率高，适合农区舍饲、半舍饲及分散饲养为主的地方优良绵羊品种。

牛华锋等(2008)研究认为，我国家养绵羊有三个不同的母系起源。小尾寒羊属于C单倍型组，欧洲和新西兰等地的绵羊序列没有出现在C单倍型组中，说明没有相同的母系起源。盘羊和赤羊与中国绵羊也没有直接的血缘关系。根据 Hiendleder 等(1998)报道，推测C单倍型组的母系起源地可能就在中国。经对家养绵羊品种间亲缘关系分析显示，我国家养绵羊分为三大类群，小尾寒羊与同羊同属于第一类，亲缘关系较近；第二类包括多浪羊、大尾寒羊、滩羊、兰州大尾羊和阿勒泰羊；西藏羊单独为一类。

庞有志等(1998)对河南小尾寒羊 213 个雄性中期分裂的淋巴细胞和 181 个雌性中期分裂的淋巴细胞中的染色体数目进行了研究，确定了体细胞染色体数目和形态。结果表明：小尾寒羊的染色体参数(相对长度、着丝点指数、臂比)与湖羊、滩羊和蒙古羊的染色体参数相近，这表明小尾寒羊、湖羊和滩羊可能来自同一祖先——蒙古羊。

鲁生霞等(2005)采用标准遗传距离、模糊聚类分析研究证实，湖羊、同羊、小尾寒羊和滩羊与蒙古羊之间存在较近的亲缘关系，说明中国这 4 个绵羊品种均受蒙古羊血统的影响，群体间亲缘关系疏远程度与其所处的地理位置远近并未表现规律性变化，再次验证湖羊、同羊起源于蒙古羊；小尾寒羊、滩羊也由蒙古羊分化而来，这基本上与已知的品种形成史相吻合。

(二)定名

新中国成立初期，人们将短脂尾的小尾寒羊和长脂尾的大尾寒羊统称为寒羊，20 世纪 50 年代国家重视寒羊这一品种的保种和利用，先后组织农牧、科教、外贸、供销等部门和单位，对寒羊进行过多次调查。之后，山东农学院方国玺教授组织编写了调查材料《山东寒羊》，并编入 1958 年出版的《祖国优良家畜品种》第三集。1961 年出版的全国农业院校养羊学试用教材，也收编了寒羊这个品种。书中这样介绍：“寒羊为蒙古羊的亚型，随着社会的变革及人们的迁徙，使蒙古羊逐渐在黄河中下游地区繁衍生息，由于气候及饲养条件的改变，又经过长期选育，成为今日的寒羊。”同时提出寒羊体型分为两个类型，即大尾型和小尾型。付寅生、陆离等(1961—1962)曾在江苏丰县境内大沙河林场设立基点，对小尾寒羊进行过调查，1964 年在《科学研究年报》上发表了题为《小尾寒羊生物学特性的研究》，这是小尾寒羊这一名称第一次出现在杂志上。

1981 年 8 月 21 日至 28 日，由中国羊品种志编写组组长涂友仁，副组长冯维祺牵头，组织国内有关专家和有寒羊分布的五省主管部门(山东、河北、河南、安徽和江苏)畜牧管理及技术人员共 20 余人，在山东省农业厅畜牧局的协助下，先后对主产区菏泽地区梁山县的小尾寒羊和聊城市临清县的大尾寒羊进行了实地考察，在查阅有关资料的基础上，进行了深入细致地讨论。一致认为：小尾寒羊与大尾寒羊起源不同，不能统称为寒羊。小尾寒羊来源于蒙古羊，而大尾寒羊来源于沿丝绸之路的阿拉伯脂尾羊，最后建议将小型的寒羊定为小尾寒羊，并编入

《中国羊品种志》，载入品种史册，从此誉满国内外。

（三）分布

小尾寒羊原产于鲁、豫、苏、皖四省交界的黄河冲积平原，中心产区为山东省菏泽市和济宁市西部，即黄河以南、京杭运河以西、黄河故道以北的三角地带。近年来，文献资料中常这样记载，小尾寒羊产区在山东省西南部、河南省东北部、河北南部以及江苏和安徽北部一带。中心产区在山东省西南部，主要分布在菏泽市的郓城县、鄄城县、巨野县，济宁市的梁山县、嘉祥县、汶上县，泰安市的东平县，聊城市的阳谷县、东阿县及毗邻县区。

（四）育成经过与主要措施

小尾寒羊的选育经历了一个漫长的历史过程，在群选群育过程中，促使小尾寒羊育成的自然和社会生态因素有以下几个方面：

1.*环境变化*　蒙古羊产地是在我国北方牧区内蒙古大草原，以放牧为主。迁徙到气候温暖、草料富足的农区，以农家小群饲养为主，在气候适宜、饲养管理较好的条件下，促使其生长发育速度加快，体型逐步增大，繁殖生产能力逐步得到提高。

2.*生活需求*　吃羔羊肉是产区群众的第一大需求。小尾寒羊产区群众对羊肉的需求量很大，尤其是当地的回族对羊肉需求量更大。社会对羊肉的需求，促使小尾寒羊向肉用型方向发展。据史料记载，小尾寒羊在中原发展和形成过程中，都是以生产羔羊肉为主，一直到新中国成立前小尾寒羊还是以吃羔羊肉为主要用途。羔羊不分公母，不足1岁就屠宰上市。除种用公羊外，基本当年都要出栏。

穿皮袄是当地群众特别是中老年人的第二大需求，在小尾寒羊产区“二毛皮”、“大毛皮”、“大一生”、“小一生”的羊皮都是重要的制裘原料。产区群众在裘皮加工方面独具特色，生产的优质裘皮除供给当地富人穿着外，历史上还供应国内外裘皮市场。利用加工鞣制好的小尾寒羊裘皮制作的冬衣，当地称皮棉袄或皮大衣，是中老年人冬天御寒的最佳穿着，也曾是民间展示家庭生活水平的象征。为适应社会经济发展的这两大需求，产区群众对寒羊朝着肉、裘方向进行了定向选择和培育。

3.*崇尚多羔*　随着小尾寒羊选种选配工作的开展，群众对多羔母羊选择强度逐渐加大，使小尾寒羊繁殖能力得到了不断提高。蒙古羊在北方牧区年产一胎，每胎一羔，而小尾寒羊现阶段的繁殖能力是蒙古羊的3～4倍，这种优异特性是群众长期选育的结果。比如，产区养殖户的小尾寒羊产了4羔以上，周围乡亲们都羡慕不已；同时询问母羊是从哪里来，用谁家公羊配的种，这就自然而然奠定了农户分散养羊选种选配的基础。越是被别人关注，户主对母子越是细心照料。这样一来，不仅产羔率高，而且育成率也高。由于产区崇尚多羔，农户对其饲养的母羊第一胎生产单羔者可以等待，第二胎仍产单羔的母羊则被淘汰。

4.*精心管理*　改善和提高饲养条件是提高生产性能的重要因素。据当地群众反映，多胎高产的母羊每年需补充混合精饲料80～100 kg，才能保证母羊2年3产，每胎多羔。民间对多胎母羊饲养和羔羊的管理，积累了许多丰富经验，通过相互学习和借鉴，使羔羊繁殖率和成活率也相应提高。群众在长期的实践中还掌握了提高产肉性能的关键技术。在羔羊生长发育最快的时期进行快速育肥，增补精料，育肥的羔羊产肉量高，皮板质量好，经济效益高。

5.*成立育种组织*　自20世纪60年代初开始，成立了育种机构。80年代，国家和省市有关部门拨出专款支持育种工作，并将郓城、梁山划为小尾寒羊保种区。通过采取以上措施，小尾寒羊选育工作得到了较快发展，不仅数量增加，而且品种质量也有大幅度提高。到1986年，全区建小尾寒羊保种群 77 个，存栏基础母羊 1 463 只，种公羊 109 只；建配种点 42 处，配种户达到 322 个，配种公羊达到 408 只。

6. 组织斗羊比赛　当地农闲和每逢重大节日，在城乡集市上、庙会或其他公共场所，作为一种娱乐活动，有斗羊取乐的习俗。农民群众通常选择体格大、四肢粗壮、角根粗硬的公羊，进行精心培育，作为斗羊和优秀种公羊。每逢节日，从四面八方牵到比赛场所去参加各种抵头比赛。因此，体高、头大、嘴宽、角粗，两眼有神，四肢强健，"好斗"或者说善于"顶架"的公羊，一般均留作种用。正是在这样的社会背景与生态条件下，经过广大农民群众长期的定向选育，逐步把蒙古羊培育成生长发育快、性成熟早、繁殖率高、遗传性能稳定的肉裘兼用型小尾寒羊。

7. 制定相关标准　在主产区内，相继制定了山东小尾寒羊品种标准与饲养标准，并按标准进行选种选配和饲养管理，选育效果比较明显。这期间还举办了多期小尾寒羊赛羊会，也促进了优秀种羊的选育和流通。通过开展以上工作和业内人士的共同努力，使小尾寒羊逐渐从一个普通的地方绵羊品种，选育成被专家誉为"国宝"的"世界超级绵羊"品种。

30 年前，行业内外不少人认为，小尾型寒羊骨架大、产毛少、羊毛粗细不均，不能满足毛纺工业需要，曾主张把"寒羊"改良成细毛或半细毛羊。由于多方面的原因，均未获得成功。

二、研究推广历程

山东省农科院畜牧兽医研究所肉羊课题组，2006 年春对菏泽市小尾寒羊进行典型调查时发现，菏泽市畜牧局积累多年的存栏和测定数据（资料）比较完整。因此，笔者主要以重点产区原菏泽地区为窗口，总结回顾小尾寒羊的研究推广历程。

山东小尾寒羊的发展历史大体可分为三个阶段：1964 年前的选育阶段，1964—1988 年的改良和选育提高阶段，1988—2003 年的开发、推广和利用阶段。

1949 年，新中国成立时，菏泽全区小尾寒羊的存栏量仅 9 万余只。党和政府采取积极措施，对保护和发展小尾寒羊起到了重要作用，从而使小尾寒羊的数量和质量逐渐得到提高。

1956 年，山东农学院方国玺教授等到小尾寒羊产区调查，当年小尾寒羊存栏量达到了 33 万只，比 1949 年增长了 2.67 倍。调查结果显示，小尾寒羊成年公羊的体高、体长、胸围分别为 75.56 cm、73.14 cm、87.48 cm，成年母羊分别为 69.07 cm、69.47 cm、79.36 cm。小尾寒羊的屠宰率为 50.77%，产羔率为 229.22%。平均年剪毛量成年公羊 1.12 kg，最高 2.44 kg，母羊年 1 kg，最高 2.38 kg。总之，小尾寒羊具有成熟早、生长发育快、产羔率高等优点，缺点是剪毛少，毛质差。

1958 年，小尾寒羊饲养数量急剧下降，全区仅存栏 14.9 万只。

1959 年，小尾寒羊存栏稳定在 16 万只。

1960 年，小尾寒羊存栏与上年基本持平，约 16 万只。

1961 年，由于国家和地方调整了相关政策，小尾寒羊得到了较快发展。

1963 年，经山东省农业厅批准成立了菏泽地区寒羊育种辅导站，把全区 10 个县划分为保种区（巨野、梁山、郓城）和改良区（菏泽、曹县、定陶、成武、单县、鄄城、东明）。

1964 年，菏泽地区寒羊育种辅导站对全区小尾寒羊进行了第一次调查。结果显示，小尾寒羊公羊各阶段体重（$n=24$），分别为初生 2.7 kg，3 月龄 16 kg，6 月龄 27 kg，周岁 44 kg，成年 58.5 kg。母羊体重（$n=329$）为：初生 2.8 kg，3 月龄 16 kg，6 月龄 20 kg，周岁 27.6 kg，成年 32.4 kg。1～4 胎（$n=394$ 胎次），平均产羔率 224.4%。周岁公羊屠宰率（$n=12$）达到

54.5%，胴体净肉率75%。

这一年小尾寒羊存栏量达到了27.4万只，占全区羊总存栏量的34.9%。平均每户0.17只，当时小尾寒羊与大牲畜之比为1∶1，与生猪之比是1∶2，是那一时期农民的主要家庭副业。

1965年以前，小尾寒羊饲养区域主要集中在黄河故道和大沙河两岸。这里地域开阔，饲草资源丰富，养殖数量多且较集中。从菏泽全地区的分布来看，西北部即东明和鄄城两县养羊数量最多、质量也最好。菏泽（今牡丹区）、曹县、定陶、巨野次之；成武、单县、郓城、梁山存栏较少。

从20世纪60年代中期开始，国家和地方为了发展毛纺工业，在改良区曾引进德国美利奴细毛羊、考利代半细毛羊与小尾寒羊杂交。到1970年改良区7个县已基本实现了改良化。

1973年，山东农学院于宗贤等对山东菏泽地区的小尾寒羊做了调查。

1979年，菏泽地区畜牧局成立，再度设立寒羊育种辅导站，主要职责是保护和发展小尾寒羊。当时，菏泽及相邻地区仅存栏小尾寒羊3万余只。主要分布在郓城、鄄城、巨野、梁山和嘉祥一带。

1979年，国家为了保存和发展这一古老绵羊品种，菏泽地区被确定为全国小尾寒羊育种基地。随后，山东省划定郓城、梁山、鄄城、巨野、嘉祥、汶上、东平七县为小尾寒羊保种县。同时保种县采取积极措施，成立了育种机构，并开展了本品种选育工作。

1980年，菏泽地区畜牧主管部门对小尾寒羊进行了第二次调查。结果显示，公羊初生重3.61 kg(n=5)，断奶重20.77 kg(n=50)，周岁重60.83 kg(n=52)，成年重94.15 kg(n=33)。母羊初生重3.84 kg(n=9)，断奶重17.24 kg(n=42)，周岁重41.33 kg(n=66)，成年重48.75 kg(n=75)。1～4胎(n=77胎次)，平均产羔率261.04%。6月龄公羊屠宰率(n=7)为49.85%，胴体净肉率73.4%。

同时，农业部拨专款扩大了保种区，保种区经十多年选育，使小尾寒羊在体型、早熟、生长发育及繁殖率等方面都取得了较好效果。

同年，农业部批准在山东嘉祥县建立小尾寒羊保种场。1993年被农业部首批定为“国家级重点种畜禽场”。多年来，在小尾寒羊的育种和推广工作中发挥了重要作用。

1983年，菏泽地区畜牧主管部门对小尾寒羊进行了第三次调查（详见第十三章）。

1986年，由济宁市农业科学研究所承担的“小尾寒羊保纯繁育”获山东省科技进步三等奖。

20世纪60～80年代，菏泽地区小尾寒羊育种辅导站，采取同质选配、血液更新、加强饲养管理、建立健全配种网、扩大良种配种面等一系列措施，使小尾寒羊扩大了范围，发展了数量，提高了质量。1988年对菏泽育种基地5万只核心群测定结果：成年公羊体重平均为113.33 kg，成年母羊平均体重65.85 kg，成年公羊体高平均达到99.83 cm，成年母羊体高平均82.43 cm，群体平均产羔率达到了265.16%。小尾寒羊6月龄公母羔体重分别达到38.17 kg和37.75 kg，屠宰率49.85%，胴体重20 kg以上。各项指标比1964年均有明显提高，数量发展到30万只，推广13万只。

1988年10月，澳大利亚南澳州农业部主管养羊生产的西蒙爱利斯先生，先后到菏泽地区郓城县和今牡丹区部分乡村，实地考察小尾寒羊。对小尾寒羊育种和生产工作给予了较高评价，并提出了一些好的建议。

1988年12月，山东省菏泽地区"小尾寒羊选育和提高"项目通过专家鉴定。我国著名养羊专家甘肃农业大学赵有璋教授，对小尾寒羊的评价是中国的"国宝"，是"世界超级绵羊品种"，其生长发育和繁殖率不亚于世界著名的"兰德瑞斯"和"罗曼洛夫"品种。专家这一评价对进一步开发和利用小尾寒羊产生了极大的促进作用。

同年，由菏泽地区寒羊育种辅导站承担的"小尾寒羊裘用性能调查"获山东省农业厅科技进步三等奖；"小尾寒羊选育和提高"课题获菏泽地区科技进步一等奖。

1989年，由王景元和魏敬才起草的《山东省小尾寒羊品种标准》(DB/3700B43008—89)发布实施。

同年，首届全国羊毛绒及其制品展示会在中国农展馆召开，在这次会议上，小尾寒羊展出引起了广泛关注，受到了国内外专家称赞，轰动了养羊界；随后在全国掀起了小尾寒羊引种热潮。

20世纪80年代以来，山东农业大学等单位先后开展了小尾寒羊消化代谢、营养需要，肉、皮质量检测分析等试验研究工作。

1991年，何绍钦编写的《小尾寒羊》由山东科学技术出版社出版。

1992年，山东胜利油田盛大集团农业总公司，利用无角陶赛特公羊与小尾寒羊级进杂交到二代，选理想公母羊再与优秀陶寒杂一代交配。所产生的理想型羊，全身被毛白色，肉羊体型明显；含陶赛特血62.5%，小尾寒羊血37.5%；继而开展自群繁育。在相同饲养条件下，新类群平均日增重228 g，屠宰率53.8%，分别比小尾寒羊提高47.1%和4.78个百分点；产羔率达到202.3%。这对加快我国肉羊育种进程，培植新的经济增长点具有十分重要的意义。

1993—1995年，中国农科院畜牧研究所、兰州畜牧研究所等，分别在山东嘉祥县和郓城县，以无角陶赛特、德国肉用美利奴和罗姆尼为父本，以小尾寒羊为母本进行两品种杂交效果对比试验，结果表明：陶寒是中原农区开展商品肉羊生产较理想的杂交组合。在此期间蒋厚生、闫奋民等利用上述品种与小尾寒羊杂交，也取得了满意效果。

1994年，陈济生编写的《鲁西小尾寒羊的饲养管理及疾病防治》由中国农业科学技术出版社出版。

1996年，山东省首届小尾寒羊拍卖会在郓城县举行，农业部薛予锋高级畜牧师在大会上发言，他说："最近十几年，我国养绵羊的地区，基本上都引养了小尾寒羊。实践证明，小尾寒羊适于舍饲和半舍饲，适应性非常强，是我国今后发展工业化肉羊生产最合适的品种"。

1997年，莫建华、赵建华编写的《小尾寒羊养殖》由科学技术文献出版社出版。

1999年，李福昌、于宗贤编写的《小尾寒羊饲养技术》由中国农业出版社出版。

20世纪90年代以来，各有关省(市、区)科研、教学和畜牧主管部门，相继开展了羔羊人工乳(代乳粉、料)；羔羊早期断奶、补料；小尾寒羊引种利用、同期发情、人工授精；小尾寒羊不同营养水平和饲料配方、育肥方式、羔皮品质研究等一系列试验和研究工作，为小尾寒羊在全国范围内推广和利用，提供了强有力的技术支撑。

2000年，陈济生编写的《鲁西小尾寒羊》由中国建材工业出版社出版。

2000年，王惠生等编写的《小尾寒羊科学饲养技术》由金盾出版社出版。

进入21世纪，中国农业科学院畜牧研究所等单位相继开展了小尾寒羊多胎主效基因的研究，如小尾寒羊的*FecB*基因、*BMP15*基因和*ESR*基因的突变及其对产羔数的影响，结果表明：与*FecB*基因紧密连锁的遗传标记都与小尾寒羊的多胎性能有关系，可以用于对小尾寒羊产羔数的辅助选择;*BMP15* 基因中的突变位点对小尾寒羊的高繁殖力没有显著影响;*ESR* 基因可能是控制小尾寒羊多胎性能的一个主效基因或与之存在紧密的遗传连锁。随着对小尾寒羊高繁主效基因研究地不断深入,小尾寒羊高繁新品系育种工作不断取得新进展。

2001—2003 年,山东省农科院畜牧兽医研究所,从南非引进杜泊绵羊冷冻胚胎 421 枚,以小尾寒羊(经产母羊)为受体,进行胚胎移植。平均受胎率达到 45.68%,其中移植双胚的受胎率达到 51.35 %。利用小尾寒羊经产母羊 108 只,实施鲜胚胎移植。平均受胎率为 52.78%,移植双胚的受胎率达到 62.50%。无论是移植冻胚还是鲜胚,所产羔羊不仅初生重大,而且育成率高。

2002—2008 年,北京、内蒙古、河北、甘肃、宁夏、山东等地,分别利用萨福克、无角陶赛特、特克塞尔、德国美利奴与小尾寒羊杂交,其杂交一代初生重、断奶重、6 月龄体重及胴体重均优于或显著高于小尾寒羊,杂种优势明显。

在此期间,山东省农科院畜牧兽医研究所利用杜泊绵羊,辽宁省朝阳市种畜场利用夏洛莱羊与小尾寒羊杂交,杂交一代羔羊生长速度快,屠宰率高,肉质品质好,深受群众欢迎。

2003 年,王建民等编写的《小尾寒羊生产新技术》由山东科学技术出版社出版。

2004 年,山东省畜牧办公室组织科研、教学和生产单位及相关人员相继制(修)定了《小尾寒羊品种标准》和《小尾寒羊饲养标准》等。

2005 年,菏泽市小尾寒羊存栏量已达到 261.94 万只,其中可繁殖母羊 123.23 万只,占存栏总量的 47.05%。全市共出栏小尾寒羊 271.80 万只,出栏率达到 103.76%。

2000 年和 2006 年先后两次被农业部列入《国家级畜禽品种保护名录》。

2006 年,山东省农科院畜牧兽医研究所肉羊课题组,对菏泽市小尾寒羊生产利用情况进行了典型调查(详见第十三章)。

2008 年,吉进卿、胡永献编写的《养小尾寒羊》由中原农民出版社出版。

2005—2009 年,山东省科技厅和山东省财政厅联合下达了"地方优质肉羊新品种(系)培育"课题,该项目由我国著名养羊专家刘守仁院士主持。"小尾寒羊高繁新品系选育"是其中一个子项,由菏泽市畜牧局和山东省农科院畜牧兽医研究所联合主持。经过 3 年的系统选育和培育,小尾寒羊高繁新品系核心群基础母羊达到 319 只,种公羊 23 只,繁殖母羊 1～5 胎平均产羔率达到 295.98%。在牡丹区、郓城、巨野、鄄城 4 县、13 处乡镇、59 个村、837 个场户,登记组建新品系良种繁殖群 3 277 只,繁殖群母羊 1～5 胎平均产羔率达到 292.55%,圆满完成了课题任务指标。课题实施期间,繁育新品系羊 3.9 万只,选留种羊 5 850 只,向社会推广良种羊 7 800 只,示范改良小尾寒羊 10 万余只,出栏育肥肉羊 15 万只,社会经济效益显著。2009 年 4 月 19 日,通过了由山东省科技厅组织的专家鉴定:该课题在同类研究中达到国内领先水平,其中繁殖率指标达到国际先进水平。

近 20 年来,山东小尾寒羊主产区以及从产区引羊的中西部地区,都把发展小尾寒羊作为振兴农村经济的突破口来抓,制定了许多优惠政策,采取了诸多行之有效的方法,扶持农户饲养小尾寒羊。因而,在很多地区形成了饲养小尾寒羊的热潮。据曲绪仙(2002)和唐建俊(2003)的资料,山东省小尾寒羊的数量已从 20 世纪 70 年代不足 3 万只发展到 2002 年的 400 万只,并已推广到 20 多个省、市、自治区,推广总数已超过 300 万只。其中 2001—2002 年两年就推广 140 多万只,为多年来对外推广数量最多的时期。

经全国各地多年持续不间断引种,业已证明:小尾寒羊总的适应性不错,既适合发展肥羔生产，又适合作经济杂交和育成杂交的母本。全国现存栏小尾寒羊500万～800万只，已成为发展肉羊生产和培育新品种的基础，也是改良当地低繁殖力绵羊的重要品种，对我国中西部地区尤其是老、少、边、穷地区肉羊生产发展起到了巨大的推动作用，尤其是在国家开发扶贫项目实施过程中所产生的经济和社会效益非常显著。这期间，我国从事小尾寒羊教学、科研和推广工作的专家、教授、生产管理和技术人员，为此付出了大量心血和汗水，赢得了社会各界人士的广泛称赞和一致好评。

小尾寒羊并非十全十美，例如：四肢较高，前胸不发达，体躯狭窄，肋骨开张不够，后躯不丰满，肉用体型欠佳。也有一些引种者抱怨小尾寒羊"毛病多，难伺候"。由于饲养管理不当导致失败者，也大有人在，这是事实。但当用小尾寒羊与国内外同类品种比较时，发现它的高繁优势又是所有品种无法比拟的。充分利用小尾寒羊的高繁特性，克服和弥补它的不足，才能使这一宝贵的资源优势变为经济优势。可以预见：随着对小尾寒羊研究和开发的不断深入，小尾寒羊在我国肉羊生产中必将发挥越来越重要的作用。

第三节　主要经济性状
Section 3　Major performance

小尾寒羊具有多种稳定性状和优秀基因，数量性状与质量性状突出，是我国优秀的地方绵羊品种之一，在国际绵羊品种中它以产羔率高，早期生长发育快，肉质品质好，成年羊体型大而独树一帜。

一、生长发育

小尾寒羊具有早期生长发育快的特点，在较好的饲养条件下，1～6月龄日增重能达到200～300 g。即使在较粗放的饲养条件下，平均日增重也能达到150 g以上。经大群测定小尾寒羊3月龄公羔断奶体重可达22 kg以上，母羔20 kg以上；6月龄公羔38 kg以上，母羔35 kg以上；周岁公羊75 kg以上，母羊50 kg以上；成年公羊100 kg以上(最高达170 kg)，母羊55 kg以上(最高达130 kg)。小尾寒羊最佳育肥期为羔羊断奶至6月龄期间，据山东省农科院畜牧兽医研究所小群试验，在中等营养水平条件下，日增重能达到255 g，每增重1 kg消耗混合饲料(含草粉20%～30%)5.15 kg。

二、肉用性能

据菏泽市畜牧局对6月龄公羊测定结果，小尾寒羊最好批次，10只公羊平均屠宰率达到51.29%。小尾寒羊的肉质较好，其肉的色泽光艳，肉色为浅红至鲜红，肌纤维间有适量脂肪，外观呈现大理石状。小尾寒羊肉质细嫩鲜美，烹调后香味浓郁，膻味轻，味道好，深受人们的喜爱。小尾寒羊肥羔肉粗蛋白质含量高，17种氨基酸总量和人体必需的限制性氨基酸含量较高，而且氨基酸组成符合人体的生理需求。小尾寒羊肉谷氨酸和天冬氨酸含量均较高，因此羊肉的风味(鲜味)较好。肥羔肉中胆固醇含量(49.21 mg/100 g羊肉)与其他畜禽肉相比含量比较低，这为发展优质肥羔生产提供了科学依据。

三、繁殖率

小尾寒羊性成熟早，四季发情，繁殖率高，通常母羊 2 年产 3 胎，少量可 1 年产 2 胎，每胎产羔 2～4 只，但不同胎次产羔有明显差异。据报道，小尾寒羊 1～4 胎产羔数分别为 1.96 只、2.32 只、2.45 只和 2.76 只，5～6 胎后，产羔下降。而我国大部分绵羊品种，母羊为 1 年 1 胎，1 胎 1 羔，双羔率较低。如以小尾寒羊产羔率 250%、2 年产 3 胎、成活率 90%计算，每只母羊年产活羔 3.5 只，比一般绵羊品种每年多产 2 只羔羊。

四、生态习性

小尾寒羊是我国著名的肉裘兼用大型绵羊品种，耐粗饲、不啃树，可以圈养或围栏式饲养，可充分利用作物秸秆，是实现规模化养羊的最佳品种。20 世纪 80 年代以来，全国先后有 20 多个省、市、自治区从产区引种。经适应性观察和生产实践证明，小尾寒羊体型高大，生长发育快，性成熟早、常年发情，繁殖率高，比较适合农牧区舍饲或半舍饲养殖。

第四节　开发与利用
Section 4　Development and utilization

小尾寒羊虽有许多其他品种不具备的优点，可以纯繁，也可以直接育肥生产肥羔肉，但同时也存在一些不足，因此，在肉羊生产中，采用经济杂交的方式，既能利用杂种优势又能弥补其不足。此外，以小尾寒羊为基本素材，培育适应我国北方地区生态环境的肉羊新品种，前景广阔。小尾寒羊的中心产区处于农业部划定的中原肉羊优势区域的腹地，这也将有利于小尾寒羊的进一步开发和利用。

一、建立良种繁育体系

在养羊业从以毛为主向以肉为主转化的过程中，作为优良地方品种，小尾寒羊在我国肉羊生产中具有独特的作用，主要是繁殖性能。建立以小尾寒羊原种场为龙头，繁殖场、生产场为基地的三级繁育体系，制订优质种羊的选育、推广计划，逐步形成片区生产基地，是实施小尾寒羊良种产业化的先决条件。以从产区引进的小尾寒羊为基础群，按照区划和布局建立若干个区域性、规模化的纯种羊繁殖场。根据现阶段肉羊生产现状及合作育种的优点，良种繁育体系应包括核心群种羊场、种羊繁殖场和商品羊生产场。同时应考虑肉羊人工授精网的建立，扩大优秀种羊的使用面。良种繁育体系应根据数量分布及需要量大小建设。繁育体系中经后裔测验，极少数优秀的母羊可进入核心群。应用同期发情、超数排卵、人工授精、胚胎移植等繁殖新技术，提高种羊繁育能力，加快纯繁速度，是保证种羊数量和质量的有效途径，从而为近距离和大面积推广小尾寒羊奠定基础。

二、开展本品种选育

由于小尾寒羊遗传性稳定，以及在产肉等方面具有的特点，向肉用或肉裘方向选育是符合目前市场和长远发展需要的。特别是羔羊肉和肥羔肉，需要量将会逐年增加。建议各地根据当地自然环境、社会需要和小尾寒羊生物学特性等，在不损失该品种特点的情况下确定选育方向。

小尾寒羊在我国羊肉生产快速发展中的作用依赖于小尾寒羊自身生产性能的保持和提高。因此，应加强产区小尾寒羊的本品种选育工作，不能把目光只局限于目前炒种、卖种的短期经济效益上，而忽略了小尾寒羊的自身提高。虽然小尾寒羊具有许多特点和优势，但其产肉性能、肉质等与发达国家（如澳大利亚、新西兰等）肉羊生产水平相比还有较大差距。同时，小尾寒羊品种内个体间及地区间的性状差异也较大，品种类型整齐度和一致性也较差。因此，主产区必须有组织、有计划地认真做好小尾寒羊的本品种选育工作，只有不间断地进行选育，加大选择强度，小尾寒羊的群体质量才会得到不断提高和完善。

首先，要成立育种协会，组织和领导选育工作，负责良种登记，并通过组织种羊交易会、赛羊会等形式，引入市场竞争机制，搞活良种羊的流通，积极促进和推动本品种选育工作的进行。

其次，应针对小尾寒羊自身存在的缺点制订统一的选育计划，并制订有利于本品种选育的政策和措施，严格按品种标准，根据不同阶段的目标和任务，拟订切实可行的选育实施方案。

第三，把选育重点放在提高产肉性能和产羔率上，要将体高、体重选育与体型选育结合起来，重视前胸和后躯的发育及肋骨开张的程度，使其向肉用羊体型方向发展。通过多胎基因（*FecB*）检测，选留带纯合子 BB 型的优秀公羊和母羊建立高繁新品系。在保留小尾寒羊多种优良性状的同时，进一步挖掘和附加小尾寒羊高繁的种质特性，培育小尾寒羊高繁新品系。

总之，小尾寒羊作为优良品种，在我国肉羊生产中已经发挥了重要作用。今后应充分利用其优点，采取更加积极有效的措施，使其发挥更大和更重要的作用。

三、充分利用杂种优势

世界各国肉羊生产实践早已证明，开展经济杂交是增产羊肉的主要措施，是提高经济效益的重要途径。因此，除了小尾寒羊保种区采用本品种选育方法，进一步提高小尾寒羊种质性能外，其他小尾寒羊外围或边缘区都应大力开展经济杂交，充分利用杂种优势提高经济收益。

目前，国内许多地方引进小尾寒羊主要是用于杂交生产羔羊肉。其杂交利用模式有两种：一是大批量引入小尾寒羊纯繁，用小尾寒羊作为肉羊生产的母本，与国外引进的肉用品种做父本杂交生产羊肉，杂交一代肉用性能得到较大提高和改善；二是少量引入小尾寒羊，用小尾寒羊公羊与本地羊母羊进行杂交，以提高当地母羊的繁殖性能，然后再与国外引入品种进行杂交生产羔羊肉或肥羔肉。多年来，许多省（市）相继引入了小尾寒羊纯繁扩群，作为肉羊生产的基础母羊群，通过与优良肉用品种进行经济杂交，提高了产肉性能，符合我国肉羊产业发展的方向。在其他省区用小尾寒羊改良本地肉用性能差、繁殖力低的地方绵羊品种，效果也很显著。

四、培育肉用绵羊新品种(系)

虽然小尾寒羊具有生长发育快、早熟、繁殖率高等特点，但作为肉用羊，其前胸不发达，体躯狭窄，肋骨开张不够，后躯不丰满，肉用体型不明显，从产肉率和肉质来说，存在着胴体产肉率低的缺陷。因此，在肉羊生产中，可利用国外肉羊品种的优良性状，采用杂交的方式弥补小尾寒羊的缺陷，培育适合我国北方地区饲养的肉羊新品种，已引起了业内人士的广泛关注。目前不少省份正在开展此项工作，如辽宁、河北、山东分别利用夏洛莱、无角陶赛特、杜泊与小尾寒羊杂交和横交，通过有目的，有计划地选育，培育出适应主产区生态经济条件的，具有早熟、高产、多胎和抗逆性强的专门化肉羊新品种或新品系。

五、发展优质肥羔生产

羔羊肉是羊肉中的珍品，具有精肉多、脂肪少、鲜嫩多汁、味美、易消化、膻味轻等优点，备受消费者青睐。在国外其价格比大羊肉高30%以上，且产品成本低，经济效益好。近10年来，国内不少省（市、区）以引进品种萨福克、无角陶赛特、特克塞尔、杜泊、夏洛莱等品种作父本，以小尾寒羊作母本生产杂交羔羊，在中等营养水平和较好饲养条件下，杂交羔羊生长速度和饲料报酬平均比小尾寒羊提高20%以上，产肉性能与肉质品质也有较大提高。因此，选择杂交羔羊育肥，不仅使我国优秀的种质资源得到开发，又利用杂种优势提高了其生产性能，值得在生产中推广。小尾寒羊本身的生长速度和产肉性能虽不及国外引进品种，但繁殖率高达260%以上，为国内外其他品种所不及。同时大量试验也已证明，小尾寒羊羔羊的生长发育和育肥效果已达到或接近国外肥羔生产成绩。对小尾寒羊实行工厂化生产、规模化经营，羔羊采取3月龄断奶，并进行2～3个月的集中育肥，5～6月龄体重达30～40 kg时出栏，可大大降低养殖成本。利用小尾寒羊生产羔羊肉或肥羔肉，是一条产业化生产的重要模式和组织形式，应当在肉羊生产中进一步推广，使小尾寒羊产业成为新的农村经济增长点。近几年，在小尾寒羊中心产区广泛利用小尾寒羊的多羔特点，发展肥羔生产，效果也很显著。

六、推广养殖新技术

通过建设国家肉羊产业技术体系，实施科技支撑计划、丰收计划、星火计划和农业良种工程计划项目等，把试验、示范、培训、推广、应用、服务融为一体，有力地推动了小尾寒羊发展和经济增长方式的转变，提高了小尾寒羊生产的整体水平。但是，在全行业研究推广更先进和更实用的新技术，依然任重道远。

充分利用人工牧草、秸秆等资源，发展舍饲养羊，减少放牧，防止水土过度流失和沙化是保护生态环境，维护养羊产业可持续发展的一条重要途径。舍饲养羊在我国刚刚兴起，对工厂化养羊的研究尚处于起步阶段，没有很成熟的工艺模式及配套技术。今后，可通过借鉴和参考国内外养羊研究新成果和新经验，结合羊的生物学特性，积极开展舍饲养羊工艺模式、配套设施设备研究，解决舍饲养羊中出现的一些关键问题，以提高劳动生产率和养羊业的整体生产水平。

采用非蛋白氮，饲料组合效应、秸秆青贮等技术提高饲草饲料的利用率，是提高养羊经济效益的重要一环。目前，我国的农作物秸秆被家畜利用的可食部分不足20%，开发潜力很大。若将可食部分的利用率提高到50%，尚有2亿t以上的作物秸秆可被利用。要对天然草地进行人工改良，或者种植人工牧草，在耕作制度和农业产业结构调整中实行三元结构，从而保证羊群饲草、饲料的全年均衡供应。

利用胚胎移植技术，建立优质种羊扩繁与推广体系；利用杂种优势，推广商品肉羊杂交化；利用同期发情和人工授精技术，实现批量繁育与规模化养殖；利用营养调控技术，发展肥羔生产；利用现代化的信息手段，及时、准确地了解国内外最新的市场行情，作出科学的市场分析和市场预测，并以此为依据，调整生产规模、杂交育肥方式、产品结构、生产经营方向和发展战略，指导小尾寒羊产业健康发展。因此，主产区应采取切实可行的政策和措施，推广科学养羊技术，普及科学养羊知识，提倡养殖良种化，饲养科学化，管理规范化；采取建立畜牧科技示范园区和培植专业示范大户等形式,用科技示范、效益诱导、典型带动的方法,不断提高群众饲养小尾寒羊的技术水平,从而提高养殖经济效益,促进农民增收。

由于舍饲圈养饲养密度较高,容易造成应激。开展小尾寒羊、杂交羊和育肥羊常见疾病的研究,探索积极有效的预防和治疗措施,是保证舍饲养羊业健康发展的关键。从环境调控入手,按照羊的生理要求,研究开发舍饲条件下的常规防疫技术,在特殊气候、环境情况下的应激防范技术。在牧区和农区,要普及综合防治技术,以确保小尾寒羊及其产品质量、生态环境、人类健康条件的安全和全面改善。

七、培植龙头企业,发挥示范带动作用

纵观国内外市场,某类农产品加工转化和出口比例,能够达到总量的30%以上,即可拉动该行业价格水平,支撑该行业稳定发展。因此,支持肉羊大型龙头企业发展,就能够稳定整个羊肉市场的形势,能够形成农民增收的长效机制。小尾寒羊产区市场导向也证实,避免小尾寒羊价格的大起大落的一个重要措施,就是要有龙头企业开拓国际和国内市场,对羊产品进行加工转化增值。因此,要发展小尾寒羊养殖,必须重点培育一批规模大、起点高的羊产品加工企业。引导企业以多种形式与农户建立稳定的购销关系和"利益共享、风险共担"的利益联结机制。在此基础上,建设种羊扩繁、饲料牧草生产、肉羊育肥、产品加工、卫生防疫、物流配送六大工程和相关服务体系,从而实现繁育、饲养、加工、销售一体化。同时也可以"公司+协会+农户"的形式,带动农户发展专业化的肉羊育肥。由公司统一回收育肥后的小尾寒羊或杂交羊,利用先进设备和一流的加工技术,对产品进行精深加工,提高产品的附加值,力争创名牌产品。以统一品牌、多渠道进入国内外市场,这对实现小尾寒羊(肉羊)产业的跨越式发展和产业化经营具有重大推动作用,对养羊业可持续发展意义重大。

八、展望

综上所述,小尾寒羊是在我国中原地区较优越的自然和生态环境条件下,劳动人民长期选择和精心培育而成的优良品种。所以,小尾寒羊也只有在较好的饲养管理条件下,才能充分发挥它的优良特性和作用。随着国民经济的发展和人民生活水平的不断提高,畜牧业结构的不断优化升级,传统的养羊模式已不适应养羊业现代化生产的要求。禁牧舍饲、保护生态、实现养羊生产与生态建设双赢已是大势所趋。因此,小尾寒羊以大家公认的独特优势,成为舍饲养羊的首选品种,符合我国肉羊生产的实际。在此基础上,增加规模化养羊的科技投入,加强舍饲肉羊新品种培育,研究配套饲养技术和工艺模式,努力提升我国养羊业的整体水平,使羊肉产品能及早走向国际市场,已是业内人士的共识。我们看到:小尾寒羊已对我国绵羊品种的改良、新品种的培育、肉羊规模生产起到了巨大推动作用。同时我们也深信:充分利用小尾寒羊的种质特性,建设所期待的生态型、舍饲型、效益型小尾寒羊产业和既定发展目标,也一定能够实现。

参考文献

[1] 王景元.山东小尾寒羊发展的历史.中国草食动物,2001,3(3):51.
[2] 菏泽地区畜牧局.菏泽地区畜牧志.北京:中国农业科学技术出版社,1990.

[3] 赵有璋. 正确认识和利用小尾寒羊. 中国草食动物(养羊专辑),2003,1-4.
[4] 陈济生. 鲁西小尾寒羊的饲养管理及疾病防治. 北京:中国农业科学技术出版社,1994.
[5] 王金文,等. 山东菏泽市小尾寒羊生产利用情况典型调查. 中国草食动物(养羊专辑),2008,258-260.
[6] 牛华锋,等. 9 个地方绵羊品种 mtDNA D-loop 高变区序列分析. 西北农业学报,2008(4):5-9.
[7] 成述儒,等. 中国绵羊群体 mtDNA D-loop 的遗传多样性分析. 甘肃农业大学学报,2005,40(4):440-447.
[8] 鲁生霞,等. 利用结构基因座分析小尾寒羊、滩羊群体遗传分化水平. 中国农业科学,2005,38(9):1890-1897.
[9] 贾志海,等. 小尾寒羊在我国肉羊生产中的地位及合理利用. 中国畜牧杂志,2004,40(10):3-4.
[10] 冯维祺,等. 应加强小尾寒羊在肉羊产业中的利用. 中国羊业进展,2006:135-139.
[11] 莫建华,等. 小尾寒羊养殖. 北京:科学技术文献出版社,1997.
[12] 李福昌,等. 小尾寒羊饲养技术. 北京:中国农业出版社,1999.
[13] 陈济生. 鲁西小尾寒羊. 北京:中国建材工业出版社,2000.
[14] 王惠生,等. 小尾寒羊科学饲养技术. 北京:金盾出版社,2000.
[15] 王建民,等. 小尾寒羊生产新技术. 济南:山东科学技术出版社,2003.
[16] 吉进卿,等. 养小尾寒羊. 郑州:中原农民出版社,2008.
[17] 李莉,等. 我国小尾寒羊多胎性状基因的研究进展. 畜禽业,2006,(12):22-25.
[18] 王立铭,等. 山东家畜. 济南:山东科学技术出版社,2001.
[19] 王金文. 依靠科技创新,实施龙头带动,加快肉羊产业化发展. 中国羊业进展,2006:71-73.

第二章　种质特性与生产性能
Chapter 2　Germplasm characteristics and performance traits

小尾寒羊具有多个优良性状和多种优秀基因，在绵羊品种中它以自己的独特优势——繁殖率高，而著称于世；因此，了解小尾寒羊的种质特性，发挥其在肉羊生产中的作用，变资源优势为商品和经济优势，是当代养羊业发展的需要，也是开发与利用小尾寒羊的重要途径。

第一节　生物学特性
Section 1　Biological characteristics

一、生活习性

小尾寒羊在长期自然选择和人工培育下，形成了独特的生活习性及对自然环境的适应能力。比如，其生活习性和长期在草原上放牧的绵羊就有所不同，奔跑、游走、爬山及觅食能力不如放牧绵羊强，而在接受饲养员调教、管理及对低品质牧草和秸秆的利用方面，则优于放牧绵羊。

（一）合群

小尾寒羊具有较强的合群性，相聚在一起，互不分离。在放牧游走时虽显得分散，但羊只不会轻易离群。无论大群还是小群放牧，无论是草场还是在路边沟旁，只要头羊领路，其他羊均会跟随。对稍离开羊群或偷吃庄稼的羊只，只要随时吆喝驱赶，一般不会离群落伍。受到侵扰时，互相依靠和拥挤在一起。驱赶时，有跟"头羊"的行为和发出保持联系的叫声。但由于群居行为强，羊群间距离近时，容易混群。所以，在管理上应避免混群。合群性与羊的年龄和曾否被调教有关。年龄小、未经过放牧的羊合群性差，成年羊和经过调教的羊合群性就强。另外，放牧人员责任心的强弱对羊群放牧秩序有明显影响。小尾寒羊适于农区小群放牧，更适合舍饲和半舍饲。这一特性可直接为农区扩大养羊业所利用，并为今后我国发展工厂化养羊提供宝贵的品种资源。

（二）温顺、易管理

小尾寒羊性情温顺、行动缓慢，当地农民称其为"疲绵羊"。在各种家畜中是胆最小，自卫能力最差，且最好管理的畜种。所以，羊舍建设可因陋就简，羊栏高度只要与羊体同高即可。出牧时羊只不会乱跑，羊随人后，从不远离放牧员，管理上特别方便。小尾寒羊母羊胆小。突然惊吓会引起羊惊慌乱跑，容易"炸群"，尤其怀孕母羊极易引起流产。对羔羊来说，一受惊就不易上膘，故有“一惊三不长，惊久不食”之说。所以，饲养小尾寒羊要耐心，不要高声吆喝和打吓。

（三）喜干燥

小尾寒羊长期生活在鲁西南黄河故道的沙质土环境，所以喜欢干燥，适宜在清洁、干燥、凉爽的地方饲养。羊圈要通风良好，勤换垫料，保持干燥。潮湿的环境不但影响采食，还会引发呼吸道病、寄生虫病和腐蹄病等。

（四）爱清洁

小尾寒羊对有异味、污染或践踏的饲草饲料、饮水均不喜采食和饮用。有时宁可饿着，也不吃不喝，即人们常说的宁吃粗、不吃污。因此，舍饲或补饲时应把草吊起或放在草架内饲喂。必须做到水净、料净、草净。饲槽在喂前要打扫干净。饮水不但要清洁，而且要勤换。在舍内补饲时，应少喂勤添，以免造成草料浪费。平时要加强饲养管理，保持圈舍和环境清洁卫生。

（五）宜舍饲

小尾寒羊在舍饲圈养的环境下，经人工选择，形成了头清秀、颈细长、胸狭窄和四肢纤细的体型，可以在运动范围较小和很少见到阳光的羊圈内饲养，同时也可放牧。产区群众以拴系放牧或小群放牧为主，当返回羊舍后，再给少量秸秆补饲。这种习惯于舍饲和半舍饲的特性，与所在产区缺乏放牧场地和群众需要养羊积肥的环境条件有关。小尾寒羊的这一特点可直接为农区发展养羊业所利用，并为今后我国发展工厂化养羊提供宝贵的品种资源。

二、行为特点

（一）母性

小尾寒羊嗅觉灵敏，母羊主要凭嗅觉鉴别自己的羔羊，视觉和听觉起辅助作用。分娩后，母羊会舔干羔羊体表的羊水，并熟悉羔羊的气味。羔羊吮乳时母羊总要先嗅一嗅羔羊后躯部，以气味识别是不是自己的羔羊。利用这一特点，寄养羔羊时，只要在被寄养羔羊身上涂抹保姆羊的羊水、奶汁或分泌黏液，寄养多会成功。个别羊有其自身的气味，一群羊有群体气味，一旦两群羊混群，羊可由气味辨别出是否是同群的羊。在放牧中一旦离群或与羔羊失散，母羊与羔羊则靠叫声互相呼应。

（二）斗性

小尾寒羊公羊个体大，有粗壮的角，性悍威，天生好斗。只要 2 只成年公羊见了面就红眼。它们彼此用角互蹭，很快就拉开架势，共同后退数米，然后向着对方的头猛烈冲击，发出响亮的撞击声。因此，民间通过“斗羊”选优去劣，可使小尾寒羊品种质量不断提高。

（三）性行为

赵新峰（1997）在舍饲状况下观察小尾寒羊的性行为，包括性优势行为、性寻找行为、性试探行为、交配行为、雄性丧失性驱力行为、性看守行为、性选择行为、示威行为和人工固化性行为，结果显示：小尾寒羊具有性选择行为；交配行为发生频率以 7：00～9：00 这段时间最高，交配次数为（7.2±0.4）次，占全天交配时间的 75%；公羊性优势行为发生频率以 8：00～10：30 这段时间最高。当饲养密度为 1.0～1.5 只母羊/m^2，单只公羊交配次数最多，为（10.5±0.5）次/d。当饲养密度在中等情况下（0.6 只母羊/m^2），投入 2 只公羊交配次数最多，为（19.2±0.4）次/d.营养状况越好，性驱力越强。

(四)发情与交配行为

小尾寒羊母羊四季发情、常年配种。在发情旺盛期,有的主动接近公羊,或公羊追逐时站立不动。公羊对发情母羊分泌的外激素很敏感,追嗅母羊外阴部的气味,并发生反唇卷鼻行为,有时用前肢拍击母羊并发出求偶的叫声,同时做出爬跨动作,此时多数发情母羊接受爬跨和交配。小母羊胆子小,公羊追逐时惊慌失措,在公羊竭力追逐下才接受交配。由于有的母羊发情不明显,在进行人工辅助交配或人工授精时,要用试情公羊发现发情母羊。

(五)采食与饮水行为

小尾寒羊嘴较窄而尖,唇较薄而齿利,切齿向前倾斜,上唇中央有一唇裂,像兔唇一样,增加了上唇的灵活性。因此,能摄食零散茎叶,啃食很低的牧草和枯草根茎。小尾寒羊食谱很广,很少有挑食现象,仅在饲草较为富足的条件下,才表现为挑食。小尾寒羊的饮水多发生在刚刚采食完,其饮水量随采食干物质量不同而变化。

王金文等(2008)春季用小尾寒羊(公母各半,$n=6$)试验,平均体重 42 kg,每天采食全颗粒饲料 2.1 kg,饮水 5.5 kg,料水比为 2.62∶1,白天的饮水时间和饮水量多于夜间。

臧强等(2005)在集约化舍饲环境下:舍内,平均温度 21.1～26℃(最高 33.7℃,最低 20.6℃),相对湿度平均 72%(最高 88%,最低 51%),风速每秒 0.15～0.24 m,观察不同生育阶段的小尾寒羊之间的行为特点。结果证实,采食时间比较集中,5:00～ 6:00、10:30～11:30 及 16:00～18:00 为 3 个采食高峰。

白哈斯于 2006 年 12 月在内蒙古通辽市科左后旗某规模化养羊场,对小尾寒羊冬季昼夜采食活动规律进行观察。在羊群中选择 10 只年龄、体重一致的小尾寒羊羯羊,年龄为 4 岁,平均体重为 50 kg。对观察个体的背部和尾部剪毛作临时标记以便于观察。观察对象与其他放牧群混群饲养,结果见表 2-1。

表 2-1 小尾寒羊冬季昼夜采食活动节律($n=10$)

项目	$X \pm S$	CV(%)
日采食次数	2.97±0.73	24.58
采食速度(口/min)	18.33±0.88	4.80
日采食时间(min)	292.11±41.1	14.70

(六)反刍行为

小尾寒羊反刍时有站立和侧卧两种姿势。在舍饲条件下,反刍周期约 20 min,反刍时间为 441.32 min,约占昼夜 24 h 的 31%,且反刍时间多集中在白天,白天反刍时间 311.2 min,夜间反刍时间 130.12 min,反刍周期持续时间为 22 min。采食与反刍时间二者之比为 1∶1.26,说明反刍时间多于采食时间。

臧强等(2005)在集约化舍饲环境下:舍内,平均温度 21.1～26℃(最高 33.7℃),观察不同生育阶段的小尾寒羊之间的行为特点。结果证实,反刍行为与采食行为密切相关,一般多集中在采食 0.5 h 后,白天的反刍高峰主要集中在 8:00～ 10:00 及 13:00～ 16:00 两个时段。处于不同生育阶段的小尾寒羊之间行为存在着一定差异。小尾寒羊休息时间晚上多于白天。每昼夜平均休息时间约 648 min,占昼夜 24 h 的 45%;采食、反刍、休息三者之比为 1∶1.26∶1.85。

白哈斯于2006年在内蒙古通辽市科左后旗某规模化养羊场，对小尾寒羊冬季昼夜反刍与休息规律进行观察(表2-2)。

表2-2 小尾寒羊冬季昼夜反刍与休息节律($n=10$)

项目	$X \pm S$(min)	CV(%)
反刍时间	367.11±62.1	16.92
卧息时间	696.67±86.8	12.46
站立游走时间	35.11±8.77	24.98

(七)游走行为

小尾寒羊不善于游走，不适合大群、长时间和远距离放牧，不适于攀登高坡和长途跋涉，适合小群在平原和坡度不大的丘陵地带短途放牧，有条件的也可舍饲与放牧相结合，适度放牧既可降低饲养成本，又能增强羊的体质。放牧时不可莽撞追赶羊群，最好实行短途放牧，每天行走距离不要超过3 km，否则会出现小尾寒羊吃饱了跑瘦了的现象，影响羊群的生长发育。

(八)排泄行为

小尾寒羊的排粪次数比排尿次数多5～6次，排粪前，尾巴竖立，粪呈圆球状，站立或行走时都可随时随地排放。母羊排尿时一般先停止走动，两后肢下蹲半曲，尿呈淡黄色。多数羊有不在经常躺卧的地方拉屎排尿的习惯。因此，圈内通常有一块较为干净的躺卧休息之处。但在饲养密度较大的情况下，这种习惯则表现得不太明显。

三、适应性

小尾寒羊对环境的适应能力较强。许多环境因子如地形、地貌、气候、土壤、水质及饲料的变化，都能通过体内调节，产生一些反应，并逐步达到适应，但是这种适应能力又是有限的。当环境因素在一定限度内变化时，小尾寒羊可以通过自身调节保持正常生理状态，因而能够正常地生存下来，同时保持着良好的生长发育和生产性能。要饲养好小尾寒羊，首先要了解小尾寒羊的适应性。适应性表现为耐粗饲、抗病性及对恶劣环境的适应能力等。

(一)适应能力

小尾寒羊对生活环境的适应性十分广泛，具有较强的耐受性和自身调节能力。

1.对自然环境的适应能力　可以这样说，凡是适合于人居住的地方均能饲养小尾寒羊。北至黑龙江、内蒙古，南至云南、贵州，全国20多个省份引进小尾寒羊，均获得成功。

2.对生态环境的适应能力　土壤、水质和饲料中微量元素含量有密切关系，当土壤中缺乏某种微量元素时，容易导致饲料中缺乏。当小尾寒羊采食这种饲料时，不仅使生产性能下降，严重时还会诱发多种疾病，甚至导致死亡。各地引种实践业已证明：只要在小尾寒羊日粮中适当添加土壤或饲草饲料中缺乏的矿物质元素，或有针对性地放置舔砖，就可有效避免某种微量元素缺乏而导致疾病发生。

3.对海拔高度的适应能力　产区海拔高度绝大部分在100 m以下的平原农区，一般认为海拔2 000 m之内为最佳，2 000～2 500 m的地区实践证明也可饲养小尾寒羊。

(二)耐热性

小尾寒羊汗腺不发达，散热机能差，在炎热天气应避免湿热对羊的影响。尤其在我国南方地区，高温高湿是影响养羊生产发展的一个重要因素。除将羊舍尽可能建在地势高燥、通风良好、排水通畅的坡地上外，还应在羊圈内修建羊床或将羊舍建成带漏缝地面的圈舍。小尾寒羊对于酷暑气候条件也能表现较强的适应性。在有较多蚊蝇侵袭、气候干燥和缺乏多汁饲料的条件下，也能正常生长发育。夏季炎热、被毛较厚时，影响羊体内的热量散发，因此，夏季到来之前必须剪毛。在具有一般遮荫的饲养条件下，小尾寒羊的生殖机能和生长发育一般不受影响。羔羊的最佳生长温度为8～26℃，适宜生长温度为－5～28℃，适宜湿度为60%～70%。

(三)抗寒性

小尾寒羊有较厚的被毛和皮下脂肪，可以减少体热散发，能够抗御寒风侵袭，故其有较强的耐寒性。但在较为寒冷的气候条件下，也能对小尾寒羊构成一定的危害。因此，冬季防寒保暖设施仍必不可少。适合饲养小尾寒羊的舍温：冬季不要低于－15℃。在产区饲养小尾寒羊的设施相当简陋，在墙角或屋旁稍加搭棚即可，有的则拴系于磨道或与大牲畜同居，基本不影响小尾寒羊的生长、发育与繁殖。据观察，刚出生的小尾寒羊，只要被毛黏液让母羊舔食干净，站立起来，并吃足初乳，即使在0℃以下低温环境里，羔羊也不会出现伤亡现象。为了解小尾寒羊在高寒地区的适应性及与呼伦贝尔羊的杂交效果，2001年，将小尾寒羊引进位于北纬49°40′～41′、东经116°53′～54′、冬季气温在－20～－35℃达60 d以上、枯草期7～8个月的呼伦贝尔西部家庭牧场。在天然草原放牧饲养管理条件下，通过5年试验，观察到小尾寒羊上膘慢，抗寒性能差，胎产3羔以上羔羊死亡率高。因此，纯种小尾寒羊不适合在高寒草原牧区放牧饲养。小尾寒羊与本地呼伦贝尔羊杂交一代效果明显，繁殖率较呼伦贝尔羊有明显提高，所产羔羊的适牧性、耐寒性能及4月龄体重都比纯种小尾寒羊有明显改善，与本地呼伦贝尔羊无明显差别。

(四)耐粗饲

小尾寒羊采食植物种类多，耐粗饲，比其他家畜有更强的适应性。在饲料条件不足的情况下，小尾寒羊能依靠低品质牧草和秸秆生存，即便是牛吃剩下的粗硬秸秆，小尾寒羊也不拒绝采食，而且仍有采食兴趣。小尾寒羊对草料的利用率较高，据调查，在冬季仅喂一些豆秸、树叶、小树枝等粗硬饲草，甚至把公羊和大牲畜拴在一起喂干草的情况下，小尾寒羊亦能很好地消化和利用，并保持一般营养体况；公羊仍有配种能力，母羊亦能正常发情、怀孕和产羔。群众一般不给小尾寒羊喂精料，只有在公羊配种和母羊产羔时补给少许精料。对羔羊的饲养管理也很粗放，在较粗放的管理条件下，羔羊成活率仍能达到90%以上。

(五)抗病性

同样条件下，小尾寒羊的抗病力比细毛羊和肉用羊品种要强。尤其是有较好的抗腐蹄病能力。体况良好的小尾寒羊对疾病有较强的耐受能力，对疾病的反应不敏感，病情较轻，一般不表现症状。有的甚至临死前还能勉强跟群吃草。当发现羊只出现不食、不反刍、卧地不起等症状时，往往病情加重，已到了不可救治的程度。这就需要在放牧和舍饲管理中细心观察，发现病羊，立即采取措施，加以治疗，切莫延误。

四、消化机能与特点

(一)消化器官的特点

小尾寒羊具有四个胃，依次是瘤胃、网胃、瓣胃、真胃。前三胃没有腺体，统称前胃。瘤胃容积大，能容纳在较短时间内采食的大量草料。当草料进入瘤胃后，经过浸泡、软化、混合，经反刍咀嚼入网胃、瓣胃，而后进入真胃，在胃液的作用下进行化学性消化。小尾寒羊的小肠较长，消化吸收能力强，小肠能产生足够的消化酶，将营养物质分解吸收。大肠的功能主要是吸收水分和形成粪便。

(二)瘤胃微生物的作用

瘤胃微生物的作用首先表现在对粗纤维的消化上，利用瘤胃微生物产生的纤维水解酶把粗饲料中的粗纤维分解成容易消化吸收的碳水化合物，然后被机体利用，并成为主要能量来源。其次，通过微生物的作用可以把非蛋白氮以及低质量的植物蛋白合成菌体蛋白。菌体蛋白进入小肠后，被消化吸收。此外，通过微生物还可以合成B族维生素和维生素K。羔羊尤其是哺乳期羔羊，其瘤胃微生物区系尚未形成，因而不能像成年羊那样大量利用粗饲料。

第二节 种质特性
Section 2 Germplasm characteristics

了解小尾寒羊的种质特性，对引进、饲养和开发利用小尾寒羊具有实际意义。

一、外貌特征与类型

(一)外貌特征

经过长期自然和人工选择，现代小尾寒羊具有四个典型特征：一是全身被毛白色，体型高大。二是公羊头大、颈粗，有螺旋形大角；母羊头小、颈长，有小姜角。三是鼻梁隆起，耳大下垂。四是尾短且肥，尾长不超过飞节。

1. 毛色与毛型　小尾寒羊全身被毛白色、异质。极少数头面部、四肢有黑斑或褐色斑点。头及四肢下部无绒毛，腹部覆盖有细短的有髓毛。但公羊胸部和颈部有较长的干死毛。背部和体侧部毛比较致密。被毛可分三个类型：裘皮型，毛股明显清晰，毛弯明显，有美丽的花穗；细毛型，毛较细密而柔软，毛股不清晰，花弯少；粗毛型，毛直而粗硬，花弯大或无花弯。

2. 体型　小尾寒羊公羊体躯高大，前躯发达，鬐甲高，性悍威，善抵斗。侧视略呈正方形。颈短粗，胸部宽深，肋骨开张，背腰平直，体躯长呈圆筒状，且发育匀称。母羊后躯发育良好，尻宽略倾斜，十字部略高。

3. 头部　小尾寒羊公羊头大，嘴宽，眼大有神，眼皮较薄。鼻梁隆起，两只耳朵转动灵活，且向下垂。公羊均有螺旋形大角，其角质坚实，角尖稍向外斜，称之为“扎腮角”，角基呈方形，也有的呈三棱形。母羊头小、颈细长，鼻梁稍隆起，多数仅有角根，称为姜角，也有的是镰刀状角或鹿角。

4. 尾部　小尾寒羊与其他脂尾羊比，尾短小且肥，公羊尾呈圆扇形，母羊呈椭圆形，下端有纵沟，尾尖上翅贴附于纵沟，呈“W”形，尾长达飞节以上。

5. 四肢　公羊四肢高而粗，且健壮端正，蹄质结实，呈蜡黄色。母羊四肢较高显细，小尾寒羊外貌和各部位名称见图2-1。

(二)类型

由人们对小尾寒羊生产性能的要求不同，而使小尾寒羊形成了3个类型，即细毛型、裘皮型和粗毛型。3个类型被毛均为白色，长度一般超过10 cm，极少数母羊头部有黑斑。在3个类型中，细毛型占39.6%，毛股不清晰，毛细密，花弯小，不规则；裘皮型占52.9%，毛股清晰，

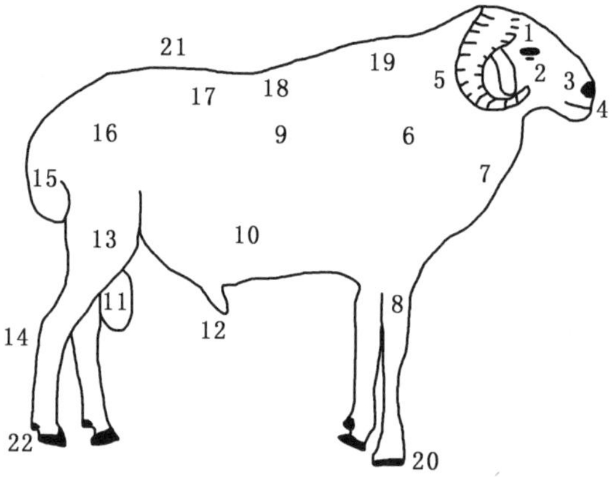

图 2-1 小尾寒羊外貌和各部位名称

1.头 2.眼 3.鼻 4.嘴 5.颈 6.肩 7.胸 8.前肢 9.体侧 10.腹 11.阴囊 12.阴筒 13.后肢 14.飞节 15.尾 16.臀 17.腰 18.背 19.鬐甲 20.蹄 21.十字部 22.系部

花弯较多，花穗美观；粗毛型占7.5%，毛股含粗死毛较多，花弯大，毛发干。但这3个类型比例随季节和月龄的变化而变化。据菏泽产区调查，1月龄时细毛型占7.48%，6月龄时可占到77.48%；1月龄时裘皮型占84.11%，6月龄时仅占22.22%。

从外貌体尺上看，细毛型小尾寒羊毛较细密，头较小，颈细长，后躯稍高，腿较细；粗毛型羊背毛粗直，体质较粗糙，前躯稍高；裘皮型介于两型之间。3个类型头部、腹部、四肢均无绒毛，且多为粗毛。其中以粗毛型体格健壮，耐粗饲，适应性强，生长发育也最快。

二、繁殖特性

（一）性成熟早

阎运清等(1986)报道，小尾寒羊公羊6月龄时100%的精子成熟，一般在8～10月龄就可用于配种，与牧区和半农半牧区的绵羊品种1.5岁配种相比，公羊配种年龄明显提前。小尾寒羊公羊精液品质以秋季最好，射精量多，密度大，活力高，而且夏季精液品质也能保持较好活力。小尾寒羊公羊平均射精量为1.61 mL/次(n=64)，精子密度为(26.75±0.72)亿/mL，活力为0.82。赵永聚(2000)，选用2～3岁小尾寒羊公羊6只，萨福克公羊6只，无角陶赛特公羊4只，以配种期营养需要配制日粮饲养，研究其在精液品质上的差异。结果表明，小尾寒羊射精量比萨福克、无角陶赛特都大，精子活率高，且差异极显著：精液密度极显著高于无角陶赛特；畸形率极显著低于萨福克。小尾寒羊母羊的初情期在(186.39±1.93)d(n=94)，初配年龄在(202.41±2.78)d(n=131)，发情周期为(17.02±0.17)d，发情持续期为(30.54±0.18)h。

（二）四季发情

小尾寒羊母羊一年四季均可发情、配种，全年产羔。章亨瑶(1995)报道，据170只小尾寒羊母羊的统计资料，1～3月份分娩母羊45只，占26.47%；4～6月份分娩母羊61只，占35.88%；7～9月份分娩母羊23只，占13.53%；10～12月份分娩母羊41只，占24.12%。可见，小尾寒羊具有显著的非季节性繁殖特性，四季发情，全年可配种产羔。小尾寒羊的妊娠期为(148.6±0.12)d(n=407)。对1～4胎产后发情母羊进行分析,结果表明:产后发情天数平均为(53.52±1.16)d (n=349);不同产羔胎次产后妊娠时间差异较大,平均为67.79 d(n=244)。

(三)产羔多

通常母羊2年产3胎,少量可1年产2胎,每胎产羔2～4只,最多1胎可产9羔。平均产羔率在260%以上,1～5胎为2.619;2～5胎为2.837。

1. *胎次影响*　小尾寒羊不同胎次间产羔有明显差异。据报道,小尾寒羊1～4胎产羔数分别为1.96只、2.32只、2.45只和2.76只。2006年春,山东省农科院畜牧兽医研究所和菏泽市畜牧工作站对该市所作的典型调查结果:1～5胎小尾寒羊的平均产羔率为261.9%(表2-3)。

表2-3　不同胎次的繁殖性能　　只

项目	胎次				
	1	2	3	4	5
母羊数	227	188	115	33	6
产羔数	2.29±0.74	2.73±0.86	2.96±1.14	3.00±1.17	3.00±0.89

2. *年龄影响*　宋桂敏等(2003)对831只小尾寒羊母羊繁殖性能作了统计分析,结果显示,小尾寒羊母羊一胎多羔的发生率以3.5岁为最高,并有随年龄增加而上升的趋势,1.5岁、3.5岁、6.5岁母羊一胎多羔的发生率分别为15.2%、71.0%、67.5%(表2-4)。小尾寒羊的多胎是提高养羊经济效益的基础,因此,要利用好老龄母羊繁殖率高的优势,加强饲养管理,适当推迟其利用年限。

表2-4　不同年龄组母羊多羔发生率　　%

年龄(岁)	单羔	双羔	三羔	四羔	五羔以上
1.5	30.8	54.0	15.2	10.4	2.0
2.5	9.6	33.1	44.9	22.2	2.3
3.5	2.6	26.4	46.5	16.0	2.0
4.5	5.4	38.4	38.2	28.2	
5.5	7.6	26.1	38.1	23.5	
6.5		27.5	44.0	14.1	1.4

3. *激素影响*　张英杰(2001)利用5只小尾寒羊成年母羊以及相同条件下的5只细毛羊成年母羊,用导管法采血,用放射免疫分析法测定血浆中FSH和LH浓度。试情公羊爬跨法鉴定结果表明,小尾寒羊具有显著的非季节性发情特性。小尾寒羊各月份、四季和全年的血浆FSH和LH浓度均极显著高于低繁殖力和季节性发情的细毛羊(表2-5)。小尾寒羊发情期血浆FSH和LH的基础浓度、峰值、谷值、排卵前峰值均显著高于细毛羊。本研究结果提示FSH和LH的分泌量可能是影响小尾寒羊高繁殖力的重要因素之一。

4. *多胎基因影响*　经对部分小尾寒羊进行多胎主效基因(*FecB*)测定,从基因型对产羔数的影响看,带纯合型(BB)基因小尾寒羊母羊产羔数,第一胎平均比带杂合型(B+)基因的母羊增加0.18只,二胎平均增加1.30只(表2-6)。这说明具有*BMPR-ⅠB*基因的纯合子或杂合子母羊产羔数与该基因密切相关,*B*等位基因具有显著增加产羔数的效果。

表 2-5　小尾寒羊 FSH、LH 四季和全年的分泌量比较　ng/mL

促性腺激素	品种	春季	夏季	秋季	冬季	全年
FSH	小尾寒羊	3.93±0.17	3.85±0.27	4.15±0.16	3.78±0.19	3.93±0.24
	细毛羊	2.56±0.29	2.66±0.25	2.92±0.27	2.65±0.21	2.70±0.28
LH	小尾寒羊	4.15±0.34	4.12±0.20	4.43±0.31	4.10±0.27	4.20±0.31
	细毛羊	2.61±0.50	2.85±0.29	3.16±0.31	2.87±0.26	2.87±0.39

表 2-6　小尾寒羊多胎基因分布与产羔数统计　只

母羊基因型	总产羔母羊数	头胎平均产羔数	二胎平均产羔数	三胎平均产羔数
BB	27	2.04(26)	3.30(23)	3.00(12)
B+	7	1.86(7)	2.00(2)	

注：引自菏泽市畜牧站（内部资料），2009。

三、生长发育特点

（一）生长发育快

据菏泽市畜牧站测定，小尾寒羊 3 月龄公羔断奶体重可达 27.07 kg，6 月龄公羔 37.60 kg，周岁公羊 63.92 kg（表 2-7）。公羔 1～3 月龄平均日增重 259 g，1～6 月龄 188 g，1～12 月龄 167 g。由此可以看出小尾寒羊 3 月龄前生长速度最快。此时体尺增长也快，3 月龄公羔体高、体长、胸围分别为 63.29 cm、62.97 cm 和 66.42 cm，比 1 月龄增加了 27.4%、33.84% 和 30.16%；6 月龄公羔体高、体长、胸围分别达 70.54 cm、71.44 cm、79.02 cm，分别达到成年公羊体尺的 78.1%、75.73%和 71.62%（图 2-2）。

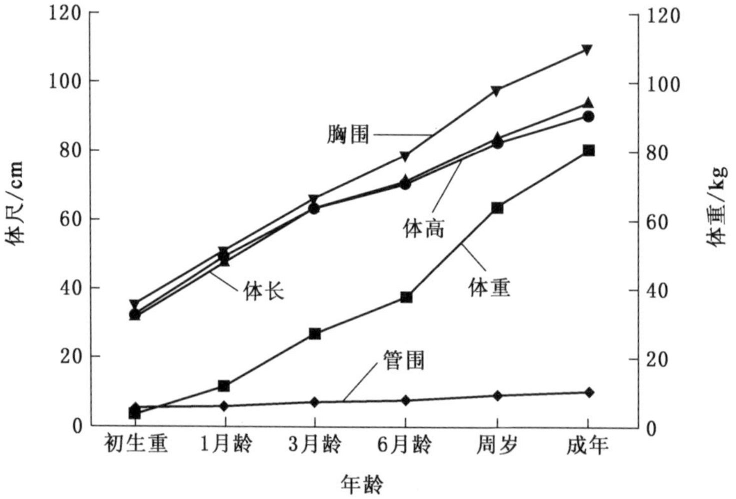

图 2-2　小尾寒羊公羊主要体尺、体重指标的生长曲线

另据菏泽市畜牧站测定，小尾寒羊 3 月龄母羔断奶体重 23.62 kg，6 月龄母羔 33.13 kg，周岁母羊 50.1 kg。6 月龄母羔体高、体长、胸围分别为 68.66 cm、69.17 cm 和 79.59 cm，分别

达到成年母羊体尺的 85.83%、83.38%和 87.93%(图 2-3)。

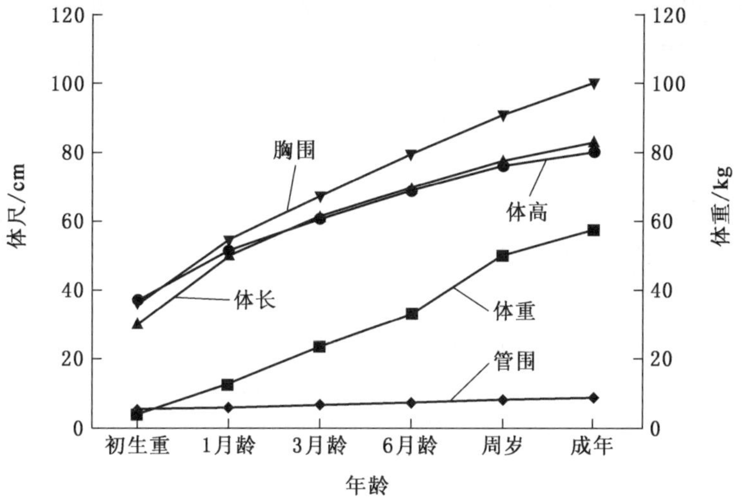

图 2-3 小尾寒羊母羊主要体尺、体重指标的生长曲线

表 2-7 小尾寒羊主要体尺、体重指标

性别	年龄	羊数(只)	体重(kg)	体高(cm)	体长(cm)	胸围(cm)	管围(cm)
公	初生	310	3.72±0.06	32.60±4.93	32.40±3.91	36.00±2.35	5.38±1.51
	1 月龄	37	11.50±4.20	49.68±4.94	47.05±5.27	51.03±6.70	5.97±0.66
	3 月龄	118	27.07±0.71	63.29±0.36	62.97±0.39	66.42±0.48	7.30±0.07
	6 月龄	53	37.60±1.36	70.54±0.42	71.44±0.44	79.02±0.60	8.03±0.06
	周岁	25	63.92±1.65	82.25±0.38	84.00±0.62	98.00±0.63	9.70±0.08
	成年	3	80.50±2.18	90.33±2.33	94.33±2.40	110.33±0.88	10.50±0.56
母	初生	280	3.53±0.05	37.11±3.52	29.89±3.37	36.67±3.64	5.34±0.68
	1 月龄	43	12.54±4.02	51.15±4.97	50.33±5.04	54.47±6.33	6.24±0.81
	3 月龄	124	23.62±0.56	60.82±0.40	60.95±0.48	67.32±0.47	7.01±0.05
	6 月龄	92	33.13±0.48	68.66±0.37	69.17±0.47	79.59±0.54	7.58±0.05
	周岁	114	50.10±0.96	75.80±0.32	77.13±0.38	90.82±0.70	8.37±0.05
	成年	23	57.30±2.09	80.00±0.03	82.96±0.68	100.35±16.58	9.04±0.10

注:引自山东省畜禽品种志,1999。

(二)日粮能量水平对增重的影响

王景元(1992)用高精料日粮饲喂 6 月龄公羔,其平均日增重达到 299g,表明在羔羊生长阶段,采用高营养水平日粮获得高的日增重是可能的。据王金文(2003)报道,对小尾寒羊饲喂高能日粮(消化能 12 MJ/kg、粗蛋白 150 g),比饲喂低能日粮(消化能 10 MJ/kg、粗蛋白 146 g)提高增重 33.59%,这表明此阶段影响增重的关键因素是营养,而在粗蛋白质水平相同的条件下,影响增重的营养组分是能量(表 2-8)。

表 2-8　日粮不同能量水平对小尾寒羊增重的影响

日粮水平	精料(%)	粗料(%)	羊数(只)	始重(kg)	末重(kg)	期内增重(kg)	平均日重(g)
低能组	34	66	13	30.97	44.00	13.03	217.33
高能组	67	33	16	29.79	47.22	17.43	290.33

四、肉用性能

据王景元(1980)测定，小尾寒羊 6 月龄公母羔体重分别达到 38.17 kg 和 37.75 kg，平均屠宰率 49.85%。王金文等(2003)试验资料，选 6 月龄小尾寒羊(公母各半，$n=8$)，平均体重 44.4 kg，进行屠宰测定，屠宰率平均为 47.3%，胴体净肉率 79.1%(表 2-9)。

表 2-9　小尾寒羊(公母各半)产肉性能测定

月龄	羊数(只)	宰前活重(kg)	胴体重(kg)	屠宰率(%)	骨重(kg)	净肉重(kg)	净肉率(%)	肉骨比
6	8	44.4	21.0	47.3	4.4	16.6	79.1	3.77

菏泽市畜牧站对 6 月龄、12 月龄、18 月龄公羔实施屠宰测定，结果表明：月龄越大，屠宰率也越高。根据小尾寒羊增重速度、饲料报酬、肉质品质综合分析，以 6 月龄屠宰最为适宜(表 2-10)。

表 2-10　不同月龄小尾寒羊屠宰结果比较($n=10$)

月龄	性别	活重(kg)	胴体重(kg)	屠宰率(%)	净肉重(kg)	胴体净肉率(%)
6	公	36.99±5.36	17.60±2.88	47.58	13.75±2.47	78.12
12	公	63.60±8.27	33.39±6.11	52.50	26.61±5.11	79.70
18	公	76.50±15.79	43.07±10.52	56.26	36.11±10.75	83.84

五、肉质品质

(一)肉质品质

小尾寒羊肉质品质较好，6 月龄胴体，肉色为浅红至鲜红，皮下脂肪薄且分布均匀，肌纤维间有适量脂肪，外观呈现大理石状。烹调后香味浓郁，膻味轻，风味好。

小尾寒羊屠宰后 60 min，测定肉的 pH 在 5.96～6.17 之间，比较接近。肉的失水率较低(8.83%)，系水率 88.5%，眼肌呈鲜红至暗红色；大理石纹(2.4)，剪切力值低(2.82 kg)，肉质较细嫩(表 2-11)。

表 2-11　羔羊肉品质测定(公羔)

羊数(只)	肉色	大理石纹	pH	失水率(%)	系水率(%)	熟肉率(%)	剪切值(kg)	眼肌面积(cm^2)	GR 值(cm)
8	3.8	2.4	5.96～6.17	8.83	88.5	51.5	2.82	12.3	1.53

(二)组织性状

曾勇庆(2000)对小尾寒羊不同年龄(12 月龄和 18 月龄)和不同解剖部位(背最长肌和股二头肌)肉品的理化性状和食用品质进行了深入研究。结果表明：年龄因素对肉品肌纤维直径和密度有显著或极显著影响；解剖部位对肌纤维直径和密度有显著影响（表 2-12）。

表 2-12　小尾寒羊肉品的组织学性状（$n=8$）

项目	12 月龄	18 月龄	背最长肌	股二头肌
肌纤维直径（μm）	33.25	35.87	32.53	36.60
肌纤维密度（N/cm^2）	651.81	438.94	566.67	524.09

研究还证实：小尾寒羊肌肉具有良好的质地和组织结构，肌纤维细腻，肌内脂肪含量适中且分布均匀，说明小尾寒羊的肉品不仅具有较为理想的外观要求，而且主要理化指标也较为稳定。

（三）化学成分

小尾寒羊羔羊肉不仅蛋白质含量高，而且钙、磷含量丰富（表 2-13）。

表 2-13　小尾寒羊羔羊肉化学成分　　%

成分	6 月龄（$n=8$）（背最长肌 50%，股二头肌 50%）	12 月龄（$n=4$）		18 月龄（$n=4$）	
		背最长肌	股二头肌	背最长肌	股二头肌
干物质	23.17±0.42	24.85±0.82	24.86±0.57	25.89±0.68	25.24±0.55
粗蛋白	19.60±0.34	20.52±1.75	20.21±1.32	21.65±2.17	20.83±1.24
粗脂肪	2.24±0.48	1.93±0.42	1.91±0.18	2.46±0.75	2.05±1.07
钙	0.038±0.011	0.052±0.006	0.066±0.001	0.05±0.005	0.416±0.013
磷	0.21±0.041	0.201±0.061	0.208±0.081	0.20±0.014	0.299±0.02

注：根据王金文（山东）、常新耀等（河南）测定结果整理。

（四）氨基酸含量

17 种氨基酸总量和人体需要的限制性氨基酸含量较高，而且氨基酸组成更符合人的生理需求（表 2-14）。小尾寒羊肉谷氨酸和天冬氨酸含量均较高，因此羊肉的风味（鲜味）较好。

表 2-14　小尾寒羊肉中氨基酸含量　　mg/100 mg

氨基酸	6 月龄（$n=8$）（背最长肌 50%，股二头肌 50%）	12 月龄（$n=4$）		18 月龄（$n=4$）	
		背最长肌	股二头肌	背最长肌	股二头肌
天冬氨酸	1.80±0.03	2.02±0.15	2.05±0.09	1.20±0.11	2.17±0.05
苏氨酸	0.88±0.01	0.88±0.05	0.87±0.02	0.84±0.03	0.89±0.02
丝氨酸	0.77±0.02	0.80±0.06	0.81±0.05	0.79±0.05	0.82±0.06
谷氨酸	3.21±0.07	3.51±0.14	3.55±0.18	3.92±0.16	3.56±0.15
甘氨酸	0.93±0.07	0.91±0.05	0.96±0.09	0.95±0.06	1.05±0.05
丙氨酸	1.13±0.03	1.21±0.04	1.23±0.07	1.20±0.03	1.26±9.02
胱氨酸	0.09±0.01	0.15±0.03	0.22±0.07	0.17±0.02	0.09±0.04
缬氨酸	1.04±0.02	0.70±0.03	0.70±0.06	0.65±0.05	0.71±0.07
蛋氨酸	0.42±0.01	0.54±0.06	0.55±0.08	0.53±0.04	0.59±0.03
异亮氨酸	0.92±0.01	0.57±0.07	0.57±0.04	0.54±0.03	0.61±0.15
亮氨酸	1.59±0.02	1.48±0.04	1.51±0.13	1.42±0.14	1.55±0.11
酪氨酸	0.63±0.01	0.53±0.05	0.55±0.66	0.51±0.04	0.57±0.05

续表 2-14

氨基酸	6月龄($n=8$)（背最长肌50%，股二头肌50%）	12月龄($n=4$)		18月龄($n=4$)	
		背最长肌	股二头肌	背最长肌	股二头肌
苯丙氨酸	0.79±0.01	0.62±0.08	0.62±0.06	0.60±0.07	0.72±0.06
赖氨酸	1.68±0.02	1.60±0.07	1.66±0.09	1.55±0.06	1.68±0.09
组氨酸	0.59±0.01	0.60±0.08	0.52±0.07	0.64±0.06	0.53±0.04
精氨酸	1.25±0.03	1.05±0.06	1.08±0.09	1.01±0.07	1.10±0.09
脯氨酸	0.72±0.04	1.29±0.10	1.26±0.08	1.19±0.08	1.28±0.10
氨基酸总量	18.42	18.46±0.34	18.71±0.20	18.61±0.83	19.18±0.66

注：根据王金文（山东）、常新耀等（河南）测定结果整理。

（五）不饱和脂肪酸含量

羊肉中不饱和脂肪酸含量丰富，测定结果表明：小尾寒羊背最长肌的脂肪酸含量高于股二头肌，18月龄的脂肪酸含量高于12月龄（表2-15）。研究发现，4-甲基壬酸（$bC_{10:0}$）与羊肉膻味有关，小于18月龄小尾寒羊的4-甲基壬酸不足0.3%，膻味很轻。不饱和脂肪酸中的二十碳五烯酸（$C_{20:5}$，EPA）和二十碳六烯酸（$C_{20:6}$，DHA）都是必需脂肪酸，有助于人脑的发育和预防心血管疾病等作用。

表 2-15　小尾寒羊肉中不饱和脂肪酸含量($n=4$)　　%

不饱和脂肪酸	12月龄		18月龄	
	背最长肌	股二头肌	背最长肌	股二头肌
4-甲基壬酸（$bC_{10:0}$）	0.241±0.136	0.227±0.263	0.273±0.361	0.252±0.174
十四碳脂肪酸（$C_{14:0}$）	1.840±0.357	1.837±0.436	2.152±0.571	2.012±0.213
棕榈酸（$C_{16:0}$）	18.6±0.561	18.47±0.372	20.81±0.642	19.94±0.783
十六碳烯酸（$C_{16:1}$）	1.765±0.231	1.613±0.536	2.157±0.693	1.984±0.426
硬脂酸（$C_{18:0}$）	14.54±1.106	14.46±1.364	16.24±1.572	15.48±1.683
油酸（$C_{18:1}$）	3.275±0.175	3.227±0.183	4.83±0.187	4.015±0.137
亚油酸（$C_{18:2}$）	0.930±0.075	0.912±0.086	1.242±0.174	1.145±0.136
十八碳三烯酸（$C_{18:3}$）	1.196±0.218	1.121±0.137	1.637±0.182	1.542±0.214
二十碳四烯酸（$C_{20:4}$）	5.195±0.658	5.153±0.275	6.545±0.361	5.976±0.286
二十碳五烯酸（$C_{20:5}$）	1.248±0.275	1.226±0.466	1.421±0.280	1.372±0.255
二十碳六烯酸（$C_{20:6}$）	0.224±0.027	0.213±0.032	0.332±0.045	0.321±0.014

注：引自常新耀，2008。

（六）胆固醇含量

据山东省农科院畜牧兽医研究所肉羊课题组测定，小尾寒羊5～6月龄育肥公羔背最长肌中胆固醇含量(49.21 mg/100 g)，但与其他畜禽肉相比胆固醇含量最少。因此，食用小尾寒羊羔羊肉不必担心因胆固醇含量高而影响健康，这也为肥羔肉生产提供了科学依据。因此，广泛利用小尾寒羊肉质品质好的优良特性发展肥羔生产，前景广阔。

（七）微量元素含量

不同品种肥羔肉微量元素含量差异显著，其中小尾寒羊肥羔肉铁、锰、硒的含量丰富（表

2-16)。锌和铜的含量均高于其他杂交羊肉,锌是促进儿童发育最重要的元素之一,故营养价值较高。

表 2-16 小尾寒羊肉中微量元素含量 mg/kg

微量元素	6 月龄(n=8)(背最长肌 50%,股二头肌 50%)	12 月龄(n=4)		18 月龄(n=4)	
		背最长肌	股二头肌	背最长肌	股二头肌
铁(Fe)	59.67±11.57	23.25±1.12	25.82±2.47	24.86±2.68	55.35±4.16
锰(Mn)	0.43±0.12	0.25±0.06	0.26±0.09	0.27±0.03	0.65±0.12
锌(Zn)	34.0±2.83	24.12±3.26	34.58±4.27	29.35±1.92	45.21±2.49
铜(Cu)	0.47±0.16	2.92±0.24	5.03±0.26	2.81±0.21	13.48±0.83
硒(Se)	0.046±0.012				

注:根据王金文(山东)、常新耀等(河南)测定结果整理。

六、泌乳力

小尾寒羊的泌乳性能对羔羊的哺育率、母羊的繁殖率都有重要作用。杨在宾等(1977)对 6 只哺育单羔母羊的产乳性能进行测定。参照 NRC 饲养标准配制日粮,结果显示:小尾寒羊干物质进食量(DMI)1 655 g/d,有机物质进食量(OMI)1 539 g/d,代谢能进食量(ME)18.9 kJ/d,粗蛋白质进食量(CP)188.0 g/d。泌乳量及乳成分见表 2-17。

表 2-17 小尾寒羊泌乳量及乳成分

项 目	泌乳前期	泌乳中期	泌乳后期	平均
泌乳量[g/(d·只)]	929	649	365	645
标准乳[g/(d·只)]	1 672	1 392	1 282	1 499
产乳净能[kJ/(d·只)]	4 965	3 126	1 837	3 309
乳脂(%)	8.67	7.55	7.60	7.94
乳蛋白(%)	5.51	5.26	6.62	5.80
乳糖(%)	4.20	3.94	3.77	3.97
干物质(%)	19.28	17.65	18.44	18.59

七、羊毛与裘皮

(一)毛用性能

小尾寒羊所产的羊毛为异质毛。周岁公羊剪毛量 1.29 kg,周岁母羊 1.40 kg。成年公羊剪毛量 2.89~4 kg,长度 20.60 cm,最长可达 35.3 cm;成年母羊剪毛量 1.94~2.35 kg,长度 10.8 cm,最长可达 12 cm。小尾寒羊毛的含脂率为 4.07%,净毛率为 61%~68.4%。1~9 月龄羊毛长度见表 2-18。

据测定,小尾寒羊的被毛中,无髓毛(细绒毛)平均细度 23.75 μm (占 64.72%),单纤维强度平均为 11.21 g,伸度为 40.55%;两型毛的细度 33.46 μm(占 15.17%),单纤维强度平均为 18.6 g,伸度为 40.43%;有髓毛细度 61.35 μm(占 11.01%),单纤维强度平均为 76.72 g,伸度为 44.10%。小尾寒羊干死毛约占 9.11%。

表 2-18 各月龄羊毛长度比较

年龄	公羔		母羔	
	羊数(只)	羊毛长度(cm)	羊数(只)	羊毛长度(cm)
初生	5	4.00±0.7	9	3.67±0.90
1月龄	5	4.33±0.71	9	5.29±0.73
2月龄	4	7.25±0.43	4	7.78±0.31
3月龄	10	9.30±1.49	11	8.82±1.40
4月龄	7	10.50±1.49	10	9.50±1.43
5月龄	6	10.42±1.9	10	10.45±1.46
6月龄	6	10.92±1.17	9	11.28±1.96
7月龄	5	11.20±1.17	2	11.50±0.50
8月龄	5	11.20±1.33	2	12.00±0.00
9月龄	5	11.80±1.72	2	13.50±0.50

(二)板皮品质

据测定,小尾寒羊的板皮毛眼细,韧性强,皮革质量较好,而且随着年龄的增长皮革的厚度和面积逐渐增加(表 2-19)。

表 2-19 小尾寒羊鲜皮测定结果

月龄	重量(kg)	皮厚(mm)	面积(cm^2)
6	3.25±0.09	2.07±0.09	8 411.6
12	5.10±0.10	2.49±0.13	10 488.7

(三)裘用性能

尹逊河等(1996)对小尾寒羊 4 个年龄组(小毛、中毛、大毛和 6 月龄)的 12 只个体裘皮的主要品质性状进行测定:毛股粗细为 5.63～8.87 mm,毛股根部面积为 56.62～114.99 mm^2,毛股自然长为 1.64～6.47 cm,伸直长为 2.57～8.32 cm,毛股弯曲数为 2.41～3.88 个,裘皮总面积为 1 752.00～4 662.67 cm^2,有花面积占总面积的 70.32%～98.61%。对中、大毛羔皮统计,毛股紧和较紧的分别占 66.67%和 100%,弯曲明显和较明显的占 100%。这表明小尾寒羊毛股较长,弯曲较多,花穗美观;裘皮总面积大,有花面积所占比例高,裘皮品质良好,尤其是大毛羔裘皮品质最好。

第三节 生理与生化特性
Section 3 Physiological and biochemical features

一、生理与生化指标

魏著莪等(1990)报道,周岁以下小尾寒羊(n=83)体温平均为 39.1℃,呼吸频率为 27.5 次/min,脉搏为 78.2 次/min,瘤胃蠕动为 2.1 次/2 min;周岁以上小尾寒羊(n=117)其体温平均为 38.9℃,呼吸为 29.88 次/min,脉搏为 75.2 次/min,瘤胃蠕动为 2.18 次/2 min。

王凯等(1996)对青海省民和县自繁自养的30只小尾寒羊的10项生理指标进行了测定。结果:体温(38.94±0.32)℃,呼吸频率(25.60±7.10)次/min,心率(82.20±19.20)次/min,瘤胃蠕动(2.77±0.68)次/2 min,蠕动持续时间(18.47±6.36)s;红细胞为(10.41±1.80)×10^{12}/L,血红蛋白含量(129±21.8)g/L,红细胞压积为(0.349±0.043)L/L;白细胞为(11.89±2.18)×10^{9}/L,嗜碱性白细胞为0.37%±0.72%,嗜酸性白细胞为6.27%±5.57%,幼稚型嗜中性白细胞为1.07%±2.17%,杆状核嗜中性白细胞为4.00%±2.70%,分叶核嗜中性白细胞为27.20%±10.18%,淋巴细胞为60.40%±14.10%,单核细胞为0.97%±1.40%(表2-20)。

表2-20 小尾寒羊生理生化指标

指标		公羊		母羊	
		平均值	范围	平均值	范围
最热	体温(℃)	38.96±0.34	39.9～38.6	38.85±0.20	39.1～38.5
	呼吸频率(次/min)	96.77±33.93	162～52	96.85±28.25	167～52
	脉搏(次/min)	73.2±13.29	39.5～38.4	75.50±10.40	100～58
最冷	体温(℃)	38.97±0.26	39.5～38.4	38.98±0.26	39.5～38.2
	呼吸频率(次/min)	28.13±4.38	20～38	31.37±7.24	60～18
	脉搏(次/min)	71.27±9.70	96～52	82.00±12.2	108～54
温暖	体温(℃)	39.03±0.72	39.4～38.7	38.88±0.26	39.9～38.5
	呼吸频率(次/min)	37.68±7.40	50～28	40.46±10.6	60～28
	脉搏(次/min)	74.32±5.87	82～60	74.37±6.66	80～66
红细胞(×10^6/mm^3)		7.55±0.58		7.74±0.90	
血红蛋白(g/mm^3)		8.75±0.23		8.83±0.61	
白细胞(×10^3/mm^3)		8.21±0.81		9.32±2.93	
淋巴细胞(%)		39.29±3.65		40.40±6.46	
单核细胞(%)		3.33±2.21		3.91±2.65	
血糖(mg/100 g)		72.71±5.65		69.20±5.46	
血清钠(mg/100 g)		140.43±1.76		140.06±2.29	
血清钾(mg/100 g)		4.49±0.31		4.55±0.28	
血清钙(mg/100 g)		7.64±0.51		7.93±0.42	
血清氯化物(mg/100 g)		103.43±0.56		102.30±0.58	
血清无机磷(mg/100 g)		7.97±0.58		7.87±0.83	
血清总蛋白(g/100 g)		6.5±0.23		6.24±0.42	
血清白蛋白(g/100 g)		3.52±0.20		3.50±0.22	
血清球蛋白(g/100 g)		2.98±0.24		2.74±0.46	
GOT(单位/100 mL 血清)		66.14±20.54		65.40±20.03	
GPT(单位/100 mL 血清)		32.29±16.49		26.66±10.71	

注:①最热、最冷和温暖的平均气温分别为29.5℃、2.27℃和15.63℃。测定公母羊数均为8只。②血液指标测定的公羊10只,母羊40只,均为1.5～3岁。③GOT和GPT分别代表谷-草转氨酶和谷-丙转氨酶。

王树山等(1999)报道,成年小尾寒羊(n=30)体温平均为39℃,呼吸频率为24次/min,脉搏为76次/min,瘤胃蠕动为2.1次/2 min(表2-21)。

表 2-21　小尾寒羊不同性别和年龄阶段生理常数测定结果

测定项目	公羊		母羊		12 月龄以上		4～12 月龄	
	N	*X*±*S*	*N*	*X*±*S*	*N*	*X*±*S*	*N*	*X*±*S*
体温(℃)	7	38.94±0.32	23	38.95±0.34	16	38.85±0.31	14	39.05±0.32
呼吸频率(次/min)	7	24.25±10.20	23	25.89±6.59	16	25.30±7.30	14	26.00±7.18
心率(次/min)	7	81.25±16.68	23	82.40±20.11	16	79.69±20.68	14	85.78±17.25
瘤胃蠕动次数(次/2 min)	7	2.71±0.76	23	2.78±0.67	16	2.75±0.58	14	2.79±0.80
瘤胃蠕动音持续时间(s)	7	18.14±7.01	23	18.57±6.31	16	18.00±5.67	14	19.00±7.24
RBC($\times 10^{12}$/L)	7	11.4±1.59	23	10.19±1.84	16	10.54±1.92	14	10.26±1.71
Hb(g/L)	7	132.3±17.8	23	129.1±23.2	16	123.7±23.8	14	135.60±19.3
PCV(L/L)	7	0.348±0.024	23	0.349±0.048	16	0.338±0.05	14	0.36±0.031
WBC($\times 10^{6}$/L)	7	11.71±2.76	23	11.95±2.04	16	11.18±2.40	14	12.70±1.63
嗜碱性白细胞	7	0.43±0.79	23	0.35±0.71	16	0.44±0.63	14	0.29±0.83
嗜酸性白细胞	7	8.29±7.80	23	5.65±4.75	16	6.88±5.98	14	5.57±5.20
嗜中性白细胞	7	35.00±18.19	23	33.48±11.18	16	35.3±12.40	14	28.14±11.36
幼稚核	7	0.14±0.38	23	0.96±1.02	16	1.13±1.09	14	0.36±0.63
杆状核	7	3.33±3.22	23	4.39±2.74	16	4.44±2.34	14	3.50±3.12
分叶核	7	33.33±14.47	23	28.13±9.82	16	29.8±10.87	14	24.29±8.80
淋巴细胞	7	51.67±24.58	23	59.39±12.77	16	56.25±15.86	14	65.14±10.20
单核细胞	7	0.33±0.58	23	1.13±1.52	16	1.06±1.48	14	0.86±1.35

孙国群等(1999)对石河子总场羊场引自山东的小尾寒羊中，随机抽取了营养中等、健康无病小尾寒羊成年母羊 28 只，颈静脉采血，对其生理生化指标进行了测定(表 2-22)。通过对小尾寒羊所测定的 18 项生理生化指标与石河子地区其他绵羊品种正常值资料比较，发现其中有 15 项指标与正常值相接近，说明山东小尾寒羊适应性良好，适合在石河子垦区饲养。

在所测指标中，血清谷丙转氨酶活性和 γ-球蛋白含量偏高，血清磷含量低于正常值。

表 2-22　小尾寒羊生理生化指标测定值与测定方法

项目	测定值	测定方法
血红蛋白*(g/100 mL)	8.08±1.66	沙利氏法
红细胞压积*(%)	30.75±6.48	温氏法
红细胞沉降率*(mm)		
2 h	0.85±0.24	魏氏法
12 h	4.13±1.13	魏氏法
红细胞脆性*		
最大抗力	0.44±0.05	常规法
最小抗力	0.58±0.03	常规法
谷丙转氨酶(单位/L)	44.75±5.21	赖氏法
乳酸脱氢酶(单位/L)	424.54±57.80	比色法
总蛋白(g/100 mL)	9.66±0.86	双缩脲法

续表 2-22

项目	测定值	测定方法
组分蛋白(%)		
A	41.17±0.37	醋酸纤维薄膜电泳法
α_1-球蛋白	8.85±0.56	醋酸纤维薄膜电泳法
α_2-球蛋白	8.40±0.20	醋酸纤维薄膜电泳法
β-球蛋白	7.28±0.16	醋酸纤维薄膜电泳法
γ-球蛋白	33.80±0.46	醋酸纤维薄膜电泳法
无机离子(g/100 mL)		
Ca	11.47±0.86	核固红法
P	4.18±1.24	磷钼蓝比色法
K	4.66±0.77	四硼酸钠法
Na	144.06±6.8	焦磷酸钾比色法
Mg	2.67±0.67	达旦黄比色法
Cu	66.03±15.66	比色法

注：* 表示全血。

二、血液蛋白多态性

杨光礼等(2006)，采用非连续双垂直板聚丙烯酰胺凝胶电泳(PAGE)技术测定血红蛋白(Hb)、血清转铁蛋白(Tf)、血清白蛋白(Alb)、血清前白蛋白(Pr)、红细胞蛋白质(Ep)、血清酯酶(Es)、血清淀粉酶(AMY)、血清乳酸脱氢酶(LDH)的多态性，探索小尾寒羊多羔性与血液生化遗传的相关性。结果表明：Hb 位点的 Hb 基因、Tf 位点的 Tfc 基因、Es 的 Es 基因与小尾寒羊多羔性可能存在相关性(表 2-23)。Ep 是否可以作为小尾寒羊多羔性的遗传标记，还需进一步探讨。其他 4 个蛋白(酶)Alb、Pr、AMY、LDH 与绵羊多羔性不相关；同时得出与多羔性相关的蛋白位点基因与目前所研究的多胎基因 *FecB* 等主效基因不连锁，但存在相关性。

表 2-23　各蛋白位点基因型频率和基因频率

蛋白	基因型	基因型频率	基因	基因频率
Hb	AA	0.020 4	A	0.188 88
	AB	0.336 7	B	0.811 2
	BB	0.642 9		
Tf	AB	0.112 2	A	0.102 0
	AC	0.040 8	B	0.280 6
	AD	0.051 0	C	0.357 1
	BB	0.020 4	D	0.250 0
	BC	0.306 1	E	0.010 2
	BD	0.091 8		
	BE	0.010 2		
	CC	0.051 0		
	CD	0.255 1		
	CE	0.010 2		
	DD	0.051 0		

续表 2-23

蛋白	基因型	基因型频率	基因	基因频率
Alb	AA	1.000 0	A	1.000 0
Pr	AA	1.000 0	A	1.000 0
Ep	AA	0.887 8	A	0.943 9
	Aa	0.112 2	A	0.056 1
Es	Es^{++}	0.234 7	Es^{+}	0.387 8
	Es^{+-}	0.306 1	Es^{-}	0.612 2
	Es^{-}	0.459 2		
AMY	AMY2O	1.000 0	AMY^{O}	1.000 0
LDH	LDH1	0.337 9	A	0.283 6
	LDH2	0.269 0	B	0.716 4
	LDH3	0.337 9		
	LDH4	0.031 0		
	LDH5	0.024 7		

可得出以下结论：小尾寒羊 Hb 位点主要有 AB、BB 两种基因型，BB 基因型频率达到 0.979 6，其优势基因为 B。以多胎高产闻名的小尾寒羊，其 HbBB 基因型和 HbB 基因的频率比对照的甘肃藏羊均高，可以作为小尾寒羊多羔性的遗传标记。

三、染色体组型

庞有志等(1998)对河南小尾寒羊 213 个雄性中期分裂的淋巴细胞和 181 个雌性中期分裂的淋巴细胞中的染色体数目进行了研究，确定了体细胞染色体数目和形态。结果表明：小尾寒羊体细胞染色体数为 $2n=54$；$2n=54$ 的细胞占 91.12%，非二倍性细胞占 8.88%。检验表明非二倍性细胞的检出率，在公母羊间差异不显著($P<0.05$)；公羊有 26 对常染色体，1 对 XY 性染色体；母羊有 26 对常染色体，1 对 XX 性染色体；在 26 对常染色体中，有 3 对较大的中部着丝点染色体，其余 23 对均为端着丝点染色体；性染色体 X 是最大的端着丝点染色体，Y 是最小的中部着丝点染色体。小尾寒羊的染色体参数(相对长度、着丝点指数、臂比)与湖羊、滩羊和蒙古羊的染色体参数相近。

参考文献

[1] 山东省畜牧局. 山东省畜禽品种志. 深圳：海天出版社，1999.
[2] 王景元. 小尾寒羊种质及开发利用之我见. 中国养羊，1998(1)：32-33.
[3] 储明星，等. 小尾寒羊种质特性的研究进展. 中国草食动物，1999，1(3)：38-41.
[4] 王凯. 小尾寒羊生理指标测定. 青海畜牧兽医杂志，1996，26(3)：25-26.
[5] 赵新峰，等. 舍饲状况下小尾寒羊性行为的研究. 内蒙古畜牧科学，1997(1)：1-4.
[6] 姜怀志，等. 小尾寒羊舍饲生活规律的研究. 中国草食动物(专辑)，2007，107-108.
[7] 白哈斯. 小尾寒羊冬季牧食行为. 养殖与饲料，2007(10)：58-60.
[8] 臧强，等. 规模化羊场羊舍夏季环境与小尾寒羊的行为观察. 农业工程学报，2005，21(9)：

183-186.
[9] 杨广礼,等.小尾寒羊血液蛋白多态性与多羔性研究.甘肃农业大学学报,2004,39(4):381-385.
[10] 张英杰,刘月琴,储明星.小尾寒羊高繁殖力和常年发情内分泌机理的研究.畜牧兽医学报,2001,32(6):510-516.
[11] 庞有志,等.河南小尾寒羊的染色体组型分析.中国畜牧杂志,1998(2):29-30.
[12] 杨在宾,等.小尾寒羊和大尾寒羊产乳性能比较研究.中国养羊,1997(4):41-42.
[13] 曾勇庆,等.小尾寒羊肉品理化性状及食用品质的研究.中国畜牧杂志,2000,36(3):6-8.
[14] 王金文,等.小尾寒羊及其杂交肥羔肉质特性的研究.中国羊业进展,2007:114-119.
[15] 常新耀,等.小尾寒羊肉营养成分分析.光谱实验室,2008,25(4):640-642.
[16] 尹逊河,等.小尾寒羊羔皮品质的研究.中国养羊,1996(1):36-38.

第三章　自然生态环境与引种
Chapter 3　Natural ecological environment and introduction

从生态学的观点出发，自然生态环境与养羊生产所需条件是密不可分的。无论是农区还是牧区，其生产水平高低与产品质量的优劣，既取决于品种因素，也取决于生态环境条件。新品种的育成离不开当地的自然条件，而引入品种也要适应新的生态环境。

第一节　产区自然与生态条件
Section 1　Natural ecological environment

小尾寒羊的生态环境可分为自然生态环境和社会生态环境两大类。自然生态环境与该品种的分布、生物学特性的形成以及生产性能有很大关系。

一、自然条件

1. 地理位置　山东小尾寒羊产区地理位置在北纬 35°～36°、东经 115°～117°之间，这个位置正好是地球北半部养羊带（北纬 23°～60°）的中心位置，也是世界上饲养绵羊的最佳位置。

2. 年降水量　小尾寒羊产区年降水量 500～900 mm，一般夏季降水量比较集中，占全年的 60%～65%，春季占 14%～16%，秋季占 20%，冬季仅占 3%～5%。春、秋、冬三个季节比较干旱，6～8 月份降雨量多而集中，夏季往往暴雨成灾，因此，有春旱夏涝的自然现象。

3. 温度与湿度　产区属于暖温带季风大陆性气候，夏季炎热，冬季寒冷，四季分明。年平均气温 13℃，最高气温 40.8℃，最低气温－19.2℃。最高气温出现在 7～8 月，平均气温 25～27℃。最低气温出现在 1～2 月，平均气温－1～－2℃。平均相对湿度 65%～70%，7～8 月为 80%～85%，1～2 月为 55%～65%。全年平均风速 3～4 m/s。

4. 无霜期　无霜期 206～216 d，初霜期在 10 月上旬，终霜期在 4 月中旬。年日照时间平均为 2 581.6 h。

5. 海拔　产区为黄河冲积平原，海拔在 50 m 左右，地势平坦，除巨野、梁山、嘉祥三县有一些孤立的小山丘外，全部为自西向东稍倾斜的大平原。

二、生态条件

小尾寒羊产区土壤以黄河冲积土为主，层次分明，土层较厚，土质肥沃。土壤可分黏土、沙壤土、壤土和沙土。黏土和沙壤土的面积约占耕地面积的 78%，适于多种农作物生长。水源主要是地下井水和引黄灌溉。京杭运河两岸，南四湖和东平湖周围属小尾寒羊主产区。宽阔的湖区、纵横交错的河流沟渠，以及大面积沿湖沿河流域、水浸地、涝洼地、沙荒地、林下和路旁均属小尾寒羊的放牧之地。

重点产区菏泽是全国著名的平原绿化先进地区，实现了粮、林、牧生产的良性循环。“平原森林，林中粮仓”是对菏泽的真实写照。林木主要有榆、柳、杨、槐、桐，还有紫穗槐等。在零星的闲地、河滩、湖边、村头以及道路两旁生长有各种野草，主要有拉秧草、节节草、星星草、芦草、茅草、猫尾草、水稗草等。人工种植牧草有豆科牧草紫花苜蓿、沙打旺以及禾本科牧草黑麦草等。大量的树叶、杂草等为小尾寒羊提供了丰富的饲草资源。

产区是全国重要的粮棉油生产基地，农作物一年两熟或两年三熟。主要作物有小麦、高粱、玉米、谷子、棉花、水稻、甘薯和花生等，是山东省小麦、玉米和大豆的主产区。因此，各种作物秸秆和饲料种类较为丰富，为小尾寒羊舍饲和半舍饲提供了较充足的饲料资源。总之，良好的生态环境和丰富的饲料资源为小尾寒羊提供了较好的物质基础和适宜的生态条件。

第二节　生态环境对小尾寒羊的影响
Section 2　Influence of ecological environment on Small-tail Han sheep

忽视小尾寒羊所处的生态条件和生活习性，容易产生应激反应，将直接影响其生理机能。采食不到所需要的营养物质则易导致生产性能下降。极端气候、海拔过高、过度放牧以致先瘦后弱最后死亡，也是导致引种失败的重要原因。

一、气温

(一)对生长发育的影响

小尾寒羊的最适温度为－3～23℃，羔羊最适温度为28～30℃。当气温高于或低于最适温度时，生长发育减慢，经济效益降低。研究表明，当气温低于－15℃或高于30℃时，将严重影响羔羊的正常生理机能，或导致新陈代谢紊乱，最终使体重减轻和掉膘。而适宜的育肥抓膘温度为8～24℃，最适育肥抓膘温度为14～22℃。空气中相对湿度的大小，将直接影响小尾寒羊体热的散发。在适宜的温度条件下，相对湿度以60%～70%为宜。

(二)对采食的影响

温度对小尾寒羊采食量的作用受其被毛状态的影响，剪过毛的羊，随着温度升高采食量逐渐降低(表3-1)。

表3-1　不同温度和日粮构成条件下绵羊采食量的变化　g

日粮组成 (苜蓿干草：精料)	采食量		
	11～22℃	27～32℃	差值
25：75	1 000	820	180
50：50	1 180	1 032	148
75：25	1 050	1 016	34
75：25＋脂肪	879	868	11
平均	1 027	934	93

注：引自安立龙，2004。

(三)高温影响

根据研究,当气温达到26.7℃时,已达到公羊精液品质下降的临界温度。在纬度35°地区,公羊有不育现象。夏季将公羊饲养在7.2～8.9℃降温室内,精液品质则显著提高。与母羊配种受精卵数达到64.2%,而不降温的对照组仅为26%。同时在高温条件下,母羊的受胎和妊娠也受到影响,主要是在配种后的若干天内,高温易引起胚胎死亡。

浙江省海宁市位于北纬30°15′～30°35′,东经120°18′～120°52′,年降水量1 180 mm,夏季不仅温度高而且湿度大。1998年6月,从山东引入小尾寒羊40只,其中公羊7只。小尾寒羊引进初期,正是梅雨季节,前3个月内死亡7只。夏季公羊出现不育;母羊流产、死胎及产弱羔的比例增加。小尾寒羊在海宁表现秋配春产,1年1胎。这说明小尾寒羊对海宁的湿热环境和饲养条件不太适应。

(四)低温影响

呼伦贝尔位于北纬49°40′～49°41′、东经116°53′～116°54′,冬季气温在－20～－35℃达60 d以上,枯草期7～8个月,2001年将小尾寒羊引进西部家庭牧场。在天然草原放牧条件下,通过5年试验观察到,小尾寒羊上膘慢,抗寒性能差,冬季掉膘快。胎产3羔以上羔羊死亡率高,说明小尾寒羊不适合在高寒草原牧区放牧饲养。小尾寒羊与当地呼伦贝尔羊杂交一代有明显的杂种优势,杂交一代繁殖率较呼伦贝尔羊有明显提高,所产羔羊的适应性、耐寒性能及4月龄体重都比纯种小尾寒羊有明显改善,与当地呼伦贝尔羊无明显差别。

二、降水与空气湿度

小尾寒羊适宜的年降水量为500～800 mm,适宜相对湿度60%～70%。通常认为,降水对小尾寒羊的生态作用,是通过影响空气相对湿度的大小,进而影响体热的散发而发生作用。在我国,降水量的多少可直接影响到小尾寒羊的分布。如北方降水量少,小尾寒羊分布面广,存栏量也多。在我国长江以南地区,由于降水量大而相对集中,温度高湿度大,因此体热散发困难,易导致体温升高,呼吸困难,采食量下降,摄入的营养物质减少。同时由于机体抵抗力低,导致发病率(腐蹄病、寄生虫病)上升。不仅影响生长和繁殖,加之饲养管理跟不上,还容易导致死亡。而在低温高湿情况下,则易患风湿病和关节炎等。

较干燥的大气环境对小尾寒羊的健康较为有利,在低温情况下更是如此。当气温过高,空气过分干燥时易导致皮肤、黏膜干裂,减弱对微生物的防卫能力,造成眼结膜发炎,从而影响羊的视力。相对湿度低于40%时,易感染呼吸道病。降水过少,气候干燥,地面尘土飞扬,同样会严重影响小尾寒羊的放牧和健康。

三、季节

公羊繁殖的季节性变化虽然没有母羊明显,但是在不同季节,其性功能和性驱动能力是不同的。精液质量随季节性变化也很明显。按照季节划分,精子总数和精子活力以秋季最高,冬季次之,夏季最低。根据山东省农科院畜牧兽医研究所1991年的采精结果发现,一年四季,从9月下旬开始到12月份最好,1～2月份次之,3～6月份处于比较好的状态,7～9月精液的密度降低。季节因子对精液品质的影响见表3-2。

表 3-2 季节因子对无角陶赛特精液品质的影响

季节	射精量(mL/次)	原精活力	原精密度(亿/mL)	原精畸形率(%)
春季	1.34±0.40	0.78±0.05	32.69±3.81	15.00±2.78
夏季	1.23±0.46	0.72±0.05	33.77±7.95	12.26±3.93
秋季	1.31±0.33	0.72±0.04	35.63±7.02	12.08±2.36
冬季	1.32±0.36	0.78±0.06	33.06±6.45	13.65±6.09

据菏泽市畜牧站测定,6 月龄冬羔分别比春羔体重增加 18.61 kg(公)和 7.42 kg(母),差异显著(表 3-3)。因冬季温度比春季低,羊的采食量比春季多,故日增重快。这也符合小尾寒羊的生理特点和生长发育规律,根据这一规律,实施小尾寒羊育肥或培育后备种羊,最好在冬季或早春进行。

表 3-3 季节对小尾寒羊增重的影响

月龄	季节	公羔		母羔	
		羊数(只)	体重(kg)	羊数(只)	体重(kg)
1	冬季	37	11.50±4.2	43	12.54±4.02
	春季	9	10.86±1.46	18	12.00±2.29
2	冬季	73	19.63±5.19	89	18.74±4.92
	春季	18	18.96±3.74	20	15.88±3.98
3	冬季	84	27.46±7.73	92	23.79±6.27
	春季	34	26.09±5.38	32	23.11±4.9
4	冬季	50	30.50±8.17	50	26.63±6.09
	春季	16	28.16±5.07	22	25.07±6.55
5	冬季	22	40.45±12.32	22	33.16±6.03
	春季	10	31.38±9.32	7	28.71±4.29
6	冬季	13	50.81±11.24	30	38.12±6.99
	春季	5	31.20±4.02	15	30.70±5.69

四、光照

光照对松果体分泌褪黑激素有调节作用,而褪黑激素又直接影响繁殖性能。在自然条件下,一般公羊的精液品质在秋季日照缩短(秋分)时最高。据观察,日照长度的变化能明显影响小尾寒羊公羊精子的生成。而在相同温度条件下,短光照更有利于母羊发情和公羊配种。

光照对绵羊的生长发育也有明显影响,Sohanbacher 等(1982)设计在 5℃、18℃和 31℃三个温度条件,羔羊分长光照(16 h/d)和短光照(8 h/d)两组,结果长光照组在上述三个温度条件下,平均日增重分别为 320 g、275 g、213 g;而短光照组相应的日增重分别为 287 g、245 g 和 152 g。这表明长光照在相同温度条件下优于短光照。

据报道,对绵羊在自然光照、恒定光照和先长后短光照(波动光照)处理后的繁殖性能进行观察,发现波动光照比恒定光照更有利于绵羊的繁殖。这就是说在短光照处理之前进行长光照处理,可加强短光照处理的效果,促进卵泡发育,使母羊表现出更明显的发情征状。

五、风

风主要影响小尾寒羊的散热和行为，可以加速羊体内水分的蒸发和热量的散失，间接影响能量和水的代谢。羊舍或周围环境的最适宜气流，冬季以 0.1～0.2 m/s 为宜。夏季刮风有利于羊的采食和放牧，特别是夏季气温较高时，既可帮助散失羊体热量，减少热应激，同时也可减少蚊蝇对羊采食的干扰，因而对生长发育有利。当气流和风速过大时，可造成羊体热量过度散失。特别是寒冷的冬春季节，冷空气侵袭，易导致温度急剧下降，对小尾寒羊产羔和育肥不利。

六、海拔

小尾寒羊长期生长在低海拔地区。当向高海拔地区引种时，对高海拔地区空气中含氧量减少产生一系列不适应。其主要表现是：机体疲乏，精神委顿，呼吸和心跳加快，生产性能下降，发病率增加，这种现象称为高山反应。一般随着地理纬度的增加，出现高山反应的高度会逐渐降低。高山反应冬季比夏秋季多发。这与小尾寒羊在低温环境中耗氧量增加，以及上呼吸道容易感染病原微生物有关。据报道，将公羊运至海拔 4 500 m 处时，其精液 pH 增高，幼稚型精子增多，精子活力下降。

青海省海北州门源县位于北纬 37°03′11″～37°59′28″、东经 100°55′28″～102°41′26″，饲养地海拔 2 750 m，属于高原大陆性气候，冬季长而寒冷，夏季短而凉爽，雨热同季，降水量 518 mm。2003 年 12 月从平均海拔 2 100～2 500 m 的民和县引入小尾寒羊 290 只，两县所处海拔高度不同，饲养管理条件基本相同。结果表明：初配年龄比饲养在民和县的小尾寒羊晚 4 个月，产羔率低 42 个百分单位；初生重小 1.1 kg，羔羊的死淘率高达 17.5%，6 月龄公母羊体重小 10 kg。这说明小尾寒羊在 2 750 m 高海拔半农牧区适应性下降，而在海拔 2 500 m 以下的民和县适应性较好。

七、土壤

在我国，由于土壤中缺乏某种微量元素，而影响牧草和饲料中矿物质和微量元素含量，进而导致动物缺乏症的屡见不鲜。1985—1998 年间，晋中地区的左权、昔阳、太谷等县，从山东引入小尾寒羊 5 000 余只，到 1992 年经过 7 年的饲养仅存 950 只。据调查，某单位 1987—1988 年共引入小尾寒羊 36 只，当年死亡 10 只，次年春天死亡 21 只。1988 年产羔 19 只，成活 5 只，成活率 26.3%。经查其主要原因是引入地区缺硒、缺碘，加之饲养环境与原产地差异较大，导致引种失败。

甘肃省张家川县于 1989 年从山东引进小尾寒羊。到 2001 年对 504 户饲养的 2 050 只小尾寒羊进行调查，结果表明：在 1 020 只繁殖母羊中，当年空怀母羊 255 只，占繁殖母羊的 25%。当年产羔 4 540 只，其中产活羔 2 934 只，占 65%；产死胎 1 148 只，占 25%；流产胎儿 458 只，占 10%。这给养羊生产带来了严重损失。经测定，当地土壤含硒量平均为 0.042 μg/g，由于土壤严重缺硒，导致饲草饲料贫硒，进而引起小尾寒羊缺硒，造成繁殖机能失调。当在小尾寒羊饲料中添加亚硒酸钠（Na_2SeO_3），日粮中含硒 0.15 mg/kg，母羊的受胎率和羔羊的成活率分别提高 28%和 33.5%，补硒效果显著。

在新疆准噶尔盆地南沿、塔里木盆地北沿及毗邻地带的盐渍化芦苇草甸，由于缺铜，经常流行以后肢运动失调或瘫痪为主要症状的羔羊常见病，也叫摇摆病。据检测，病羊肝铜平均值仅为正常羔羊的1/10。经给病羊灌服1%的硫酸铜，对轻症病例有较好疗效。

八、养殖环境

随着国家西部大开发战略的实施、退耕还林还草工程的整体推进，禁牧舍饲是中国养羊业今后发展的必由之路。舍饲圈养由于密度过大，环境调控技术不到位，极易导致舍内潮湿和有害气体增加。加之羊只的活动空间受到一定限制，运动得不到完全满足，使小尾寒羊的发病率大幅度上升；同时有的采用拴系、围栏以及漏缝地板等工程设施，使羊的饲养环境相对单调、乏味，抑制了放牧饲养方式下的很多行为表现，出现了啃吃异物、相互撕咬等异常行为，给小尾寒羊的健康和生产力的正常发挥造成了严重影响。随着动物福利问题的呼声越来越高，如何从生产模式及其工程配套设施上为小尾寒羊提供舒适的饲养环境，满足其行为学特性和生物学特性的需求，已经引起业内人士的关注。

小尾寒羊喜欢干燥凉爽的环境，高温高湿环境则影响生长发育和繁殖性能。当我们走进小尾寒羊主产区菏泽，房前屋后、道路两侧、沟渠河旁，低头看，生长着多种豆科、禾本科、菊科类植物，郁郁葱葱；抬头看，则是各种树木掩映覆盖，酷似生活在草地上和丛林中。夏季温度不太高，而冬季又不太低，全年平均温度13℃，而且降雨适中，土壤多为沙壤土，通透性较好，既不干燥又不潮湿，对小尾寒羊的生长发育和繁殖十分有利。因此，产区应充分利用这种得天独厚的条件，把小尾寒羊产业做大做强。

甘肃省永昌肉用种羊场，夏季气温大于30℃时间，大约在70 d以上。为改善养殖环境，甘肃农业大学赵有璋教授提议，在羊场林网化中的人工牧草地中修建凉棚，从5月中旬开始至9月中旬止，将种羊全部赶到凉棚中饲养，每天喂给青绿牧草并放牧运动2～3 h。从2000年实施以来，使无角陶赛特和波德代引进种羊，比较理想地适应了当地环境条件。

第三节 适应能力
Section 3 Adaptability

一、适应能力的评定方法

小尾寒羊适应能力是指在被引入地区的自然生态环境与饲养管理条件的相互作用下，所表现出来的繁殖力、生产力和经济效益总和。它既反映了小尾寒羊对自然生态环境的适应能力，也考虑到了人为因素的作用和影响，是衡量小尾寒羊在被引入地区是否适应及其适应程度的客观指标。赵有璋教授(1983)提出总适应能力及计算方法，经全国各地应用所得结论与引进种羊的实际效果基本吻合。但他本人认为总适应能力评价和计算方法仍存在一些不足之处。为此，经他进一步修改，提出了较为完善的总适应能力评定项目和计算方法(表3-4)。

将评分结果相加获得的总分与总适应能力相应等级对照，即得出该品种适应性的结论(表3-5)。

表 3-4 总适应能力评定项目和计算方法

繁殖成活率		生产力						每培育1只周岁羊的经济效益	
指标	评分	外貌评定	评分	体重	评分	毛绒奶产量	评分	指标	评分
90.0%以上	40	品种标准一级	10 (15)	品种标准一级	10 (15)	品种标准一级	10	赢利	30
75.0%～89.9%	32	品种标准二级	8 (12)	品种标准二级	8 (12)	品种标准二级	8	收支平衡	24
50.0%～74.9%	24	品种标准三级	6 (9)	品种标准三级	6 (9)	品种标准三级	6	亏本	18
74.9%以下	16	等外	4 (6)	等外	4 (6)	等外	4	严重亏本	12

注：繁殖成活率是指多年的平均数；生产力是指成年母羊的群体平均值；每培育1只周岁羊的经济效益是指多年的平均值；括号内的评分是指专用肉羊的评分。

表 3-5 适应性的等级评定

总适应能力	等级	适应性评定
85分以上	A	适应性良好
70～84分	B	适应性一般
50～69分	C	适应性差
49分以下	D	适应性很差

二、引种试验与适应能力评定

评定一个引入品种是否适应，应从生态适应性和生产力表现两方面衡量，前者是指由环境不同引起的耐受性和敏感性，突出表现在生理适应性方面；后者是指在新的环境下品种特性和生产力的持续表现力，突出表现在生产性能方面的变化。

(一)引入东北地区

1995年年底，吉林省洮南市从山东梁山县引进小尾寒羊母羊245只，繁殖后代达到955只。小尾寒羊表现的各项生产性能指标和经济效益，经与原产地对比，产羔率、羔羊成活率、成年母羊体重、生长强度、产毛量分别为原产地的87.3%、94.2%、99.3%、93.5%和109.6%，适应能力评分为96.59分，充分说明小尾寒羊在吉林省洮南市适应性较好(表3-6)。对5户饲养的32只母羊繁殖成活的112只羔羊进行了实际投入产出核算，平均1只母羊，包括所产3.5只羔羊，全年投入500元，产出900元，每只母羊纯收入400元。另外，农副产品得到了充分合理地利用，形成了良性循环，获得了较好的社会经济效益，说明引种成功。

表 3-6 小尾寒羊在吉林省洮南市的总适应能力

项 目	山东省菏泽地区		吉林省洮南市	
	平均	评分	平均	评分
产羔率(%)	224.36	20	196	17.5
羔羊成活率(%)	87.05	20	82.0	18.85
成年母羊体重(kg)	49.0	10	48.69	9.93
生长强度(%)	91.83	10	85.93	9.35
产毛量(kg)	1.65	10	1.77	10.96
纯收入(元)	390	30	400	30
总适应能力评分		100		96.59

(二)引入西北地区

甘肃省小尾寒羊于20世纪80年代末90年代初引自山东梁山和郓城两县,经过近10年的发展,全省饲养量已达28.8万只,全省86个县(市、区)中63个县均有分布,其中有3个县分别形成了3万只以上的规模。经典型调查,主要生产性能如下:

1.繁殖性能 小尾寒羊6～8月龄配种,四季发情,平均3年5产,胎产羔率220.1%～275%,羔羊成活率84.3%。

2.生长发育 羔羊初生重平均3.24(母)～3.55 kg(公),断奶重(3月龄)20.7(母)～21.73 kg(公)。周岁体重公母分别为63.86 kg和48.42 kg,生长强度(周岁体重/成年体重)分别为71.91%和77.26%。

3.体重与体尺 成年公母羊体重分别为88.84 kg和62.67 kg,体高分别为91.2 cm和78.9 cm,体长分别为92.98 cm和79.78 cm,胸围分别103.9 cm和94.9 cm,管围分别为10.1 cm和8.8 cm。

4.产毛量 年剪毛1～2次,平均产毛量公母羊分别为2.4 kg和1.71 kg,羊毛中干死毛含量很高。

5.外貌特征 毛色纯白,鼻梁隆起,耳大下垂,公羊具有粗大的螺旋形角,母羊多有镰刀状、姜牙状角,尾呈方圆形,长不超飞节,尾端有明显的肉秤钩,向上翻并紧贴尾体。

6.适应性 甘肃省各地自然条件与原核心产区相比差异很大,根据各地观察,引入小尾寒羊完全适应本省干、热、寒、风沙等严酷自然条件,其抗逆性很强,疾病发生率与本地羊一致,以感冒、胃肠病、寄生虫病多见,治疗后便愈,表现出该品种生态适应幅度很宽。

7.生产性状评定 通过实际调查,以反映品种主要特性、生产水平的9个参数与原核心产区一级羊鉴定标准对比,其中产羔率、羔羊成活率、成年母羊体重和生长发育强度分别为标准的98.6%、93.7%、114%和80.9%,总适应能力评分为95.2分,表现出了较高的生产水平。通过以上评定,表明小尾寒羊完全适应甘肃省的自然和生态条件。

据粗略匡算,甘肃省前后10年间,引种费用5 640多万元,总体产出17 400多万元,经济效益十分明显。据1995年实地抽查,一只繁殖母羊年均纯收入950元,广大群众通过饲养小尾寒羊,大部分获得了可观的经济收入,一部分走上了致富之路。许多县市把小尾寒羊养殖作为扶贫项目来抓,取得了明显效果。所以,从经济效益上讲,小尾寒羊的引种也十分成功。

第四节 引种方法
Section 4 Introduction

近20年来,全国已有20多个省(区)从山东引进小尾寒羊。根据报道的资料来看,既有成功的经验,也有失败的教训。各地在引进小尾寒羊时,首先要了解产区的自然生态环境、饲养条件和饲养方式等情况。将产区和引入地作对比分析并考虑以下因素:一是当地的生态环境是否适合小尾寒羊的生存;二是小尾寒羊的优良特性能否保存并延续下去。在此基础上,制订好引种计划和实施方案。

一、准备工作

(一)羊场消毒

消毒是控制和防止疫病发生、传播、流行和净化环境的有效措施,所以要搞好消毒工作。栏舍消毒可选用10%～20%石灰乳,1%～3%氢氧化钠溶液,10%～20%漂白粉乳剂,3%～5%煤酚皂溶液等。带羊消毒可选对羊体皮肤黏膜无刺激或刺激性较弱的药物,如0.25%～0.5%畜禽消毒除臭剂,0.25%～0.5%的消毒精,0.03%～0.05%的百毒杀等。

(二)选好地点与时间

1.地点　最好在小尾寒羊的原产地山东省的郓城、梁山等地引进,或从小尾寒羊良种繁育场引进。

2.时间　往东北寒冷地带引羊,“霜降以后不引羊”。立春(2月初)以后天气渐暖,阳气上升,开始往东北地区引羊,直至霜降(10月下旬)为宜。因为立春后天气一天比一天暖,长途引羊,人、羊都很适宜;霜降后天气日渐寒冷,又要长途运输,引羊后,人、羊体力都难以恢复(初次引羊尤为大忌)。

往南方多雨地带引羊,“三至九月不引羊,引羊多伤亡”。北方有句谚语“二月羊贴上墙”,即羊经过一冬的枯草期,体质瘦弱,天热、多雨,如长途运输,损伤必多,故9月以后至12月之前是南方(云、贵、闽、桂、粤)引羊的最佳时间。

中原及周边省份一年四季都可引羊,但最好避开夏季酷暑(三伏)和冬季严寒(三九)季节。除此之外,引羊还要躲过雨季,躲过农忙。因为:雨季引羊,人、羊都受罪;小尾寒羊原产地山东5～6月正是麦收季节,人们正忙于收割,因而售羊户少,买方选择面也小。

二、选羊

根据产地产销实际和各地引种经验,以选购6～8月龄的母羔为宜,其好处有以下几个方面:一是羔羊价格较低,引种费用相对少;二是小尾寒羊8月龄即可配种,引回即能繁殖利用,见效快;三是可避免购回有繁殖障碍的个体;四是利用时间长,既有生长效益又有繁殖效益。

(一)看外貌

小尾寒羊体格高大,体质结实紧凑,侧视前后躯体略呈正方形,鼻梁隆起,耳大下垂,四肢较高,健壮端正。公、母羊全身被毛呈白色,个别羊眼圈四周有黑褐色斑。公羊头大颈粗,头部有发达的螺旋形大角,角基呈方形者为优,背平直,前胸发达,有较长的胸毛。母羊头小颈长,多为镰刀状角或姜牙状角,无角者较少。后躯发达,性情温顺,尾巴呈“W”形,尾短且尾尖上翻,紧贴尾沟,将尾分为两瓣,尾长不超过飞节,羊蹄呈蜡黄色。

(二)测体重

根据山东省地方标准小尾寒羊(DB 3700),6月龄公羔50 kg以上,母羔30 kg以上;周岁公、母羊体重分别为67～90 kg和45～60 kg;成年公、母羊体重分别为90～120 kg和49～66 kg。经过近30年的选育,小尾寒羊优良成年公羊体重基本稳定在110～150 kg之间,成年母羊一般在60～90 kg之间。

(三)看性别特征

小尾寒羊除具有典型特征外,要求公羊雄性强,生人不易靠近。用手摸其睾丸有弹性,无疼痛感,有睾丸炎的应予剔除。选择母羊,一看乳房,产过羔的母羊乳房松弛,而未产过羔的母羊乳房较紧，如成年母羊的乳房较紧，应考虑是否为难配种的母羊，同时还要求乳头要大；二看阴门，要求长而湿润，小而圆者多为不孕羊。另外，还要观察有无阴门或肛门闭锁现象。

（四）看年龄

引种者只有准确地判定种羊的年龄，才能给出合理价格，不致于上当。种羊的等级评定与羊的年龄密切相关。羔羊有 20 个乳齿，其中出生时就有一对门齿，生后 1 个月其余三对门齿出齐。门齿以其发育阶段分为乳齿和永久齿两种。幼年羊下颌有乳齿 8 枚（指门齿），上颌没有门齿。根据门齿更换的情况可判断羊的年龄，乳齿小而洁白，永久齿大而黄。第一对门齿更换为 1 岁（群众称 2 牙），第二对门齿更换为 2 岁（群众称 4 牙），第三对门齿更换为 3 岁（群众称 6 牙），第四对门齿更换为 4 岁（群众称齐口）。购买 8～10 月龄的大羔羊要特别注意，一定要看羊的口齿。有的疙瘩羊，体尺小、体重轻，远远小于同龄羊。看上去像羔羊，一看口龄已 1 岁多了，这样的羊没有发展前途，购羊者不要贪图价格低而选这种羊。

（五）看有无疫病

购羊者应向当地畜牧部门调查有无疫情，如有疫情，绝对不可引种。如果羊只耳耷头低，目光无神，行动迟缓，流鼻涕，咳嗽，眼结膜苍白、充血，膘情差，这样的羊患有不同程度的疾病或营养不良，如遇长途运输，饮水不足，饥饿，寒风侵袭等诱因，病情加重，极易导致死亡，给引种者造成经济损失。

（六）看有无缺陷

要进行三查。一查有无腹壁疝。母羊如果有腹壁疝，怀孕后，胎儿一天天长大，腹内压力大，易引起不良后果，这样的羊不可选做种羊。二查外生殖器。公羊查一查是否有隐睾，两侧睾丸发育是否匀称，性欲是否旺盛。母羊应检查外生殖器是否红肿（发情羊除外）、流脓，是否是两性羊，这样的羊绝不要引。三查乳腺。不论多大年龄的母羊，都要检查乳房、乳头发育情况。乳房、乳头发育良好，有利于以后哺育羔羊。1 岁以上的羊如果乳房发育不好或未发育，乳头小，说明没产过羔，不宜购买。如果乳房有硬块、肿块，说明患乳房炎，也不要购买。应选那些乳房发育好、乳头大的羊做种羊。

（七）真假优劣之鉴别

小尾寒羊以其产羔多、生长快、个头大而名扬国内外，走俏市场。但少数骗子也乘机掺杂其中，以假充真，以劣充优，行骗市场。识别小尾寒羊真假优劣的方法如下：

(1)形似而非的陕西同羊与小尾寒羊的区别。同羊的体型外貌与小尾寒羊近似，但四肢略短，且公母羊均无角；小尾寒羊则腿高，只有极少数母羊无角。

(2)外貌近似的新疆和田羊与小尾寒羊的区别。和田羊虽与小尾寒羊有不少相似之处，但其母羊无角者居多，且由于肋骨开张不良，胸部较窄，成年羊体躯偏小，同时毛色混杂，被毛全白者不足 20%；小尾寒羊则母羊无角者极少，且成羊身体高大，毛色纯白无杂。

(3)1.5 岁的“湖羊”与小尾寒羊幼羊的区别。育成的湖羊没有犄角，小尾寒羊则大都有角。湖羊体躯呈扁长形，前躯不够发达，后躯稍高，生长发育慢，成年个体小，与小尾寒羊有显著差异。

(4)“杂种羊”与正宗小尾寒羊的区别。一些产区历史上曾对小尾寒羊进行改良，但在配种时忽略纯种繁育，存在乱配现象，所产后代虽与正宗小尾寒羊有相似之处，但生长速度慢，其成年个体远不如小尾寒羊，而且母羊产羔率低，经济效益差。

(5)近亲交配的“退化羊”与优选优育的“高腿”小尾寒羊的区别。近亲交配的“退化羊”，虽然外貌与小尾寒羊无明显差异，但发育慢、个头小、腿较短、产羔少；优选优育的小尾寒羊则生长快、个头大、产羔多。

(6)人工“去牙羊”与正常“换牙羊”的区别。一些人为赚钱而不择手段，比如他们将已经失去生产能力的老龄小尾寒羊的中间 2 颗门齿拔掉，谎称其为刚刚换牙的年轻羊，以老充小，欺骗买主。鉴别这一现象须明确：羔羊、青年羊乳齿雪白，永久齿则发黄且大；永久齿磨损时间越长、越重，牙齿越短，羊龄越大，即属“老掉牙”的羊或人工去牙的“老龄羊”无疑，切勿购买，以免上当。

(7)“其他羊”与小尾寒羊的区别。一是羊蹄，小尾寒羊蹄表面为鲜嫩的纯蜡黄色，如发现有异色线条则非小尾寒羊；二是放牧时注意观察，小尾寒羊有草吃则不啃树皮，而其他羊啃树皮却习以为常，如发现有啃树皮习惯的羊则不要购买。

在选羊现场与羊应保持一定距离，由前面→侧面→另一侧面(对照)，有序地仔细观看。一般来说，小尾寒羊毛白色、异质、有少量干死毛，少数个体头部有色斑，被毛分裘皮型、细毛型和粗毛型，结构匀称。在观看中，如发现羊只体躯、四肢、颈部有黑毛、色斑，头部既无角又无角基，尾尖下垂像直棍，绝对不可选为种羊。如果羊只弓背、弓腰、凹背、凹腰、狭胸、关节肿大，母羊后躯发育不好，公羊雄性不强，前躯发育不好，这样的羊虽能做种用，但不能评定为特级羊，一般地讲，有以上缺点之一者按原等级降一级。

同时要避免三种现象：一是引种户片面强调个体高大，只引进体高 85 cm，体重 75 kg 以上的母羊，认为只有高大的羊才是小尾寒羊。在实际生产中个体大的多数是单羔发育而成。二是引进成年母羊，体态毛色较好，认为这种羊才是好羊，而实际上这种羊往往产羔少、泌乳力差、配不上种或是老龄母羊。三是为节省投资引进年龄和个体都偏小的羊。这种羊大都在 5 月龄以下，引进后，因适应性差，影响生长发育形成僵羊。

三、检疫与运输

经县级以上畜牧部门进行检疫，种源是否来自非疫区，要提供齐全的运输检疫手续。

1 000 km 以内采用汽车运输较好，不需要转车，途中时间短，对羊的应激小。①应根据气候条件和路途远近，寒冷季节运羊汽车应加盖篷布；②要准备手电等照明用具；③汽车的车厢边帮要加高，或绑木棍，以防途中羊只跳出；④要办好各种手续，如购羊发票、产地检疫证明、种羊调运许可证等，以备途中检查；⑤装车时买卖双方应安排专人负责清点羊数，以免出现差错。运输前要安排好车辆检修、消毒备足草料和饮水。

运输途中车速不能过快，不要急刹车、急转弯。每走一段路程要停车检查羊有无趴卧，并及时将趴卧羊拉起，否则会因踩、压造成伤亡。远途运羊应让羊饮水，并多喂胡萝卜等多汁块根饲料，以缓解饥渴。安排押运人员与羊同车，这样可避免意外伤亡或途中丢失羊。

羊运到目的地后，稍作休息即可卸车。卸车时应搭建跳板，特别是种公羊体重大更应注意，也可 3～4 人一组，逐只往下抬，以免伤亡。下车后应慢慢驱赶羊到达目的地。经长途运输后羊容易缺水，下车后即可让其饮水，但应控制饮水量，不能暴饮。饮水后可将铡碎的青干草放入饲槽让其采食。羊刚引回不能出坡放牧，应先舍饲，前 10 d 让羊吃八成饱，不可过食，尤其是精料不能过量。

四、防疫

小尾寒羊引进后，应进行隔离饲养。经 7～14 d 隔离观察和兽医师检疫，确保无传染病后，应尽快对购入羊只进行免疫。

五、注意事项

经隔离和免疫后的小尾寒羊，再并入大群饲养。冬春季羊舍要注意保暖与通风相结合，降低羊群的呼吸道疾病，夏季要注意防暑。小尾寒羊在原产地以舍饲为主，因此，在被不同地区引入后，不论是舍饲，还是舍饲与放牧两结合，都要根据羊的不同生理阶段合理调整。当枯草季节，牧草营养成分下降或放牧采食不足时，必须给羊补饲，补饲可充分利用农作物秸秆、青干草等。补饲粗饲料的同时，还应适当喂优质青干草和混合精饲料。为确保引种成功，要注意在引进之初不要剧烈改变其在产区的饲养方式和生活习性，给以良好的饲养条件并注意以下事项。

1. 忌爬山远牧　小尾寒羊体重较大，四肢相对细长，耐力较差，不宜爬高山和远距离放牧，否则，会造成羊过度劳累，引发疾病。一般每天连续放牧以不超过 3 km 为宜，并且要缓慢放牧，切忌奔跑。

2. 忌大群放牧　大群放牧不便于管理，很容易出现相互追逐或为抢草而奔跑的现象，虽然整个羊群没走多远的路程，但有些羊实际上已行走了很远的路程。一般每个放牧羊群以 10～50 只为宜。

3. 忌与山羊混放　山羊个体灵便，喜欢爬高和奔跑，每天能跑很远的路程，小尾寒羊与其混群放牧，必然会造成小尾寒羊的过度奔跑，并且山羊采过的草，小尾寒羊不喜欢采食，从而出现过度奔跑却吃不饱的现象。

4. 忌公母羊同群饲养　在公羊达到性成熟后，必须与母羊分群饲养，只有当母羊发情时，才可让种公羊配种。否则，公羊在母羊群中会频繁爬跨母羊，长此下去，一方面会出现近亲交配，造成品种退化；另一方面会造成公羊性机能减退，精子成熟不够，出现屡配不孕、羔羊畸形等现象。解决办法是让种公羊每天在母羊群中走一趟（人牵着种公羊）或在母羊群中放一只不能配种的试情公羊，如有发情母羊，即可让种公羊配种，配完后即牵出隔离饲养。

5. 忌与其他绵羊混养　与其他绵羊混合饲养，易出现杂交乱配，从而失去小尾寒羊的优良特性。

6. 忌突然换草换料　小尾寒羊虽然采食面很广，但如果突然改变饲草料性状，容易造成胃肠不适，引发疾病。或突然补饲大量粗料，往往会出现羊只突然发病死亡现象。如果必须改换饲料，则慢慢过渡，逐渐减少原来的草料喂量，逐渐增加所要更换的新草料量。

7. 忌缺盐断水　盐和水是羊每天不可缺少的重要营养物质，如果经常短缺，势必影响羊的生长发育，降低机体抵抗力。可在羊舍内设置盐槽和水槽，让羊自由采饮，当羊体内不缺少盐和水时，会自行停止采盐和饮水。但要注意饮水要经常更换，保持清洁。

8. 忌潮湿　小尾寒羊喜欢清洁干燥的环境，如长期处在潮湿又不清洁的环境中，很容易发生下痢、疥癣、腐蹄病等，造成不应有的损失。采取在羊舍内铺设木条床的办法，可有效解决潮湿问题。

9. 忌闷热　小尾寒羊对热的抵抗力相对较差，要避免在炎热的中午放牧；夏季羊舍要注意遮荫，避免阳光直射，要注意圈舍通风，保持空气流通。

第五节 引种实践与效果

Section 5 The practices and effects of introduction

多数引羊者能根据小尾寒羊的生理特点和生活习性，合理利用当地饲草饲料资源，为其提供接近原产地的饲养管理条件，同时开展多项引种试验工作。不仅使小尾寒羊引种获得了成功，同时也积累了许多宝贵资料。笔者对部分引种试验和研究报告作了摘录，殷切希望自然生态条件与该地区相似的引种者，能有所借鉴。

一、新疆

1988 年新疆生产建设兵团有 6 个农业团场，先后从山东菏泽地区引进小尾寒羊 3 365 只，经扩繁达到 6479 只。虽然新疆与菏泽两地的地理位置、气候特点有所不同，但垦区多数家庭来自中原，饲养小尾寒羊的方式和创造的条件与山东菏泽地区比较接近。经采取加强饲养管理、风土驯化、逐渐提高适应性等措施，1990—1995 年，农一师所引进的小尾寒羊繁殖率由 190.70%提高到 219.26%，成活率提高了 19.71 个百分点。这表明经过 5 年的风土驯化，其适应性亦有所提高，品种优势亦发挥得较好。

同时引进的小尾寒羊，家庭饲养比集体饲养繁殖率和成活率均高(表 3-7)，说明集体采用大群放牧的方法不适合小尾寒羊。只有采用舍饲和小群饲养方法，或者说接近原产地的饲养管理方式，才能较好地发挥其品种优势。

表 3-7 小尾寒羊不同饲养方式的繁殖情况

体制	饲养方式	产羔母羊数(只)	产羔数(只)	产羔率(%)
个体	家庭饲养为主	78	224	287.18
集体	大群放牧为主	678	1 381	203.69

喀什地区引进小尾寒羊的目的是利用其多胎、早熟、生长发育迅速等生产性能，提高对本地肉羊的杂交改良效果。本试验在全舍饲饲养管理条件下，通过三个繁殖阶段的人工授精，对引进小尾寒羊的多项繁殖性能进行观察。结果表明：小尾寒羊引进后的适应性较强；公羊的性活动能力正常，精子活力可达 0.63 以上，射精量接近 1.4 mL，母羊的发情周期平均 17.5 d，发情持续期 32.87 h，怀孕期 148.78～150.20 d，总受胎率达到 93.5%以上。母羊胎次繁殖率达到 166.76%。

二、青海

2001—2004 年青海省乐都县从山东引进 4 批小尾寒羊共 3 411 只，户均 5 只，其中饲养 30～70 只的农户 7 户。引进地平均海拔高度 1 973～2 570 m，村驻地海拔高度 2 013 m。为了比较不同季节引入的小尾寒羊死亡情况，对小尾寒羊引入 60 d 内死亡情况进行了调查(表 3-8)。

表 3-8 2001—2004 年引入小尾寒羊数量和死淘统计表

引入地点	引入时间	引入数量（只）	死淘数（只）				死淘率（%）
			肺心病	胃肠病	其他病	合计	
岗沟镇陶马家村	2001 年 1 月	256	3	4	2	9	3.52
岗沟镇赵家村	2003 年 3 月	650	2	3	8	13	2.0
川水等 6 乡镇 18 个村	2004 年 6 月	930	74	11	14	99	10.65
引胜等 8 乡镇 10 个村	2004 年 6 月	1 575	118	16	27	161	10.22

调查结果表明：从山东省引进的小尾寒羊，在 1、3 月份引进显著好于 6 月份。因此，建议青海高海拔地区引进小尾寒羊，应选择天气凉爽的冬春季节，不应在炎热的夏季引进，以避免高温引起羊只的大批死亡，从而减少经济损失。为了降低死亡率，提高经济效益，农户饲养小尾寒羊要量力而行，视所修羊舍的大小、饲料的准备情况、有无足够的青绿饲草等条件而定，不能盲目饲养。一般农户饲养 2～5 只为宜。

三、内蒙古

呼伦贝尔位于北纬 49°40′～49°41′、东经 116°53′～116°54′，冬季气温在－20～－35℃达 60 d 以上，枯草期 7～8 个月，2001 年将小尾寒羊引进西部家庭牧场。在天然草原放牧饲养管理条件下，通过 5 年试验观察到：小尾寒羊上膘慢，抗寒性能差，冬季掉膘快。胎产 3 羔以上羔羊死亡率高，说明纯种小尾寒羊不适合在高寒草原牧区放牧饲养。小尾寒羊与本地呼伦贝尔羊杂交一代有明显的杂种优势，杂交一代繁殖率较呼伦贝尔羊有明显提高，所产羔羊的适应性、耐寒性及 4 月龄体重都比纯种小尾寒羊有明显改善，与本地呼伦贝尔羊无明显差别。

内蒙古乌兰察布市引进小尾寒羊始于 20 世纪 90 年代初，发展过程大致可分为两个阶段。第一阶段为 20 世纪 90 年代初到 90 年代末，是小尾寒羊引种失败期。在这近 10 年时间里，全市小尾寒羊存栏数仅为 6 万只，其中基础母羊 3 万只。第二阶段为 2000—2004 年，是小尾寒羊数量的快速增长期，全市小尾寒羊存栏数发展到 400 多万只，其中基础母羊 252 万只，比 1999 年同期小尾寒羊存栏数增加 394 万只，基础母羊增加 249 万只。由此可见，乌兰察布市小尾寒羊的发展历程很值得我们去推敲、剖析和借鉴。

四、吉林

吉林省洮南市属于中温带大陆性季风气候，海拔 140 m，地形地貌为半干旱平原及半山区；最高气温为 34.8℃，最低气温为－27℃，年降雨量为 378 mm，无霜期为 136 d，日照为 2 906 h。可以看出，引入地与原产地之间生态因子差异显著。

1995 年底，吉林省洮南市从山东梁山等地共引进小尾寒羊母羊 245 只，繁殖后代达到 955 只。多分散在农户中饲养，户均养 5～25 只。该市东方红畜牧场和向阳乡畜牧站进行大群饲养(30～55 只)，有的半舍饲，即从 11 月至翌年的 4 月末为舍饲期，补喂青干草、玉米秸秆和其他农作物秸秆，从 5 月初到 10 月末为放牧期，每日放牧 8 h 左右，有的常年放牧，根据羊的不同生理状态，常年补给不同量的混合精料。春秋各驱虫一次，并适时进行疾病防治。从测定的 30 只成年小尾寒羊生理指标来看：体温 39℃，脉搏 76 次/min，瘤胃蠕动 2.1 次/2 min，呼吸频率 24 次/min，适应性表现良好。

五、黑龙江

黑龙江省克山县引入小尾寒羊数量已达2.7万只。小尾寒羊属暖温带品种，而该县年平均气温在1℃左右，冬季最低气温达−30℃以下。如何在低温高寒气候条件下保持小尾寒羊较高的繁殖率是一个新问题。几年来，该县在这方面进行了积极探索，使小尾寒羊保持了2年3产、窝产2.5只羔的高繁殖率。现将小尾寒羊在低温高寒气候条件下保持较高繁殖率的几点做法归纳如下：

1. 建设暖圈，保暖防寒　羊舍应建在地势较高、干燥、排水良好、背风向阳的地方，地下水位在2 m以下，地面最好是沙质土壤。羊舍高2.5 m左右，门宽1.5～2 m，舍内地面比运动场高20～30 cm，舍内保温和通风良好。面积以成年羊1.6～2.0 m^2/只、育成羊1～1.2 m^2/只，产房为1.5 m^2/只为宜。温度保持在5～22℃较适宜小尾寒羊生长发育，以13℃最为理想。为此，在11月初至第二年3月末，在羊舍内应搭设火炉等取暖设施。

2. 搞好选种选配　种羊的选择应在父、母均为高产的后代中进行。种公羊要求体型好、体格健壮。种母羊要求体质结实、嘴宽、采食能力强，发情明显、母性好。配种季节应选在春、秋气温适宜、草料丰富、发情集中的季节进行。一般在8～9月份、1～2月份、10～11月份进行配种，可实现两年三产的目标。在母羊发情后12～24 h配种准胎率较高，一般采用复配法，即发情后12 h进行第一次配种，间隔12 h再配一次，这种方法可提高准胎率12.39%，提高产羔率32.07%。

3. 加强饲养管理　种公羊在任意采食豆科和禾本科鲜草或干草的同时，应补饲一定量的精料，在配种旺季应饲喂蛋白质、维生素和矿物质丰富的混合精料，喂量为1.0～1.5 kg/(只·d)。在寒冷季节增加玉米2%～5%。种母羊应保持中等以上膘情，在配种前1个月可采取短期优饲，日粮组成为：精料1.5 kg，青贮料1.5 kg，青干草1.2～1.8 kg，骨粉3～5 g，食盐10～15 g。

六、陕西

吴旗县位于延安西北部，北洛河和无定河上游，总面积为3 776 km^2，其中耕地面积670 km^2，草地面积1 780 km^2，林区占769 km^2，其余为荒地。地形主要为黄土墚、沟壑地形，海拔1 300～1 600 m，为温凉半湿润半干旱气候区，年积温2 850～2 950℃，年平均气温在8℃左右，1月份平均气温−9.2℃，7月份平均气温20.5℃，平均无霜期140～150 d，年降雨量480 mm。主要种植耐旱作物小麦、玉米、高粱、荞麦、谷类和薯类，主要经济类作物有甜菜、豆类等。

结合原产地与引入地区的生态环境和实际条件，建设的羊舍背风向阳、通风干燥，冬季防寒，夏季防暑。饲喂的粗饲料主要以农作物秸秆为主，部分秸秆进行青贮。精料有玉米、黄豆、豌豆、黑豆、燕麦、麸皮等。羔羊从10日龄开始补饲，2～3月龄断奶，不适合留种的羊只做商品羊。母羊每只每天补给精料0.35～0.65 kg，羔羊0.2～0.5 kg。在饲喂过程中按羊只的体况分群饲养，定期称重，做好配种、产羔记录并搞好卫生防疫工作。

对引入小尾寒羊的生长发育、繁育性能、产肉性能、发病等情况调查，结果表明：引入吴旗县的小尾寒羊在体重、体尺指数方面与原产地山东郓城、梁山接近，产羔率为224%，羔羊成活率为79.1%。公、母羔羊初生重分别为(3.36±1.17)kg和(3.14±1.52)kg，断奶重分别为(22.97±10.37)kg和(21.50±6.58)kg，3月龄体重分别为(28.33±9.47)kg和(25.97±

3.22)kg;发病率为19.8%,死亡率为2.2%。小尾寒羊从海拔较低、较湿润的山东菏泽地区,引入到海拔较高、较干旱的陕北地区吴旗县,其繁殖性能、生长发育均接近原产地,表现出良好的适应性。这表明:一是小尾寒羊具有较强的适应性;二是改善饲养管理条件可以降低引种的不适应性,促进引种获得成功。得出结论:从山东引入的小尾寒羊对吴旗县的自然生态环境和饲养方式是基本适应的。

小尾寒羊是在气候温暖、土壤肥沃的黄河中下游平原培育而成的耐粗饲、生长发育快、繁殖率高的优良绵羊品种,但引入海拔较高、自然气候相对恶劣的陕北地区后,通过近20年的引种实践和连续5年的引种试验、观察以及对该品种综合适应性能的研究证明,小尾寒羊在陕北地区继续保持自身耐粗饲、繁殖率高(产羔率250.4%)、生长快(2月龄断奶体重20.23 kg),产肉率高(屠宰率46%)的优良性状,充分证明了该品种具有较高的遗传稳定性和较强地适应性,在陕北综合适应能力达到95.02%。

表3-9 原产地与引入地小尾寒羊生产指标比较 %

项目	产羔率	成活率	生长发育强度	产肉率
原产地	267.13	95.4	100	36.6
引入地	250.44	92.01	89.64	35.45
比率	93.75	96.43	89.64	98.04

陕北地区小尾寒羊的引种和风土驯化,应该在4月下旬至6月上旬适时引种,选引的适龄羊为6～8月龄的后备种羊,引入驯化地尤其是规模性的引种驯化基地应该选择由川区向高山区逐渐过渡的原则。针对小尾寒羊的种质特性和陕北黄土高原地区的自然生态环境因素,一方面应充分挖掘和发挥该地区饲草料资源丰富的优势,以弥补自然气候和地理环境条件的不足;另一方面对该地区缺硒、铜、钙等矿物质元素的土壤条件予以重视,在补饲精饲料的同时,一定要补给富含硒、铜、钙等矿物元素添加剂,以充分发挥小尾寒羊在陕北地区优良的生产性能。

七、甘肃

甘肃省畜牧技术推广总站于1995年10月对全省88个县(市、区)小尾寒羊饲养繁殖情况进行了全面调查。1995年下半年,小尾寒羊的饲养量已达到28.79万只,其中引进7.05万只,自繁21.7万只。据对全省重点引入县市测定,小尾寒羊的饲养管理,基本上以舍饲加放牧的形式为主,个别县(市)如张家川、东乡等地舍饲比重较大。户养2～6只繁殖母羊,全省也涌现了一部分饲养量在50只以上的饲养大户或繁殖场。成年母羊每胎产羔率233.41%,羔羊成活率81.51%;周岁公母羊平均体重分别为58.79 kg和44.58 kg;成年公母羊分别为84.82 kg和57.03 kg,1只能繁母羊只均收入634.5元。就甘肃全省来看,小尾寒羊的数量分布是东多西少,中部集中,仅东乡、张家川和崇信三县饲养量就达11.3万只,约占全省总饲养量的40%,已成为当地农民增收的支柱产业。尽管原产地山东梁山、郓城与引入地自然条件有很大的差异,由于以舍饲加放牧的形式为主,户养2～6只繁殖母羊,表现出了良好的适应性,总适应能力评分为95分。因此,甘肃省引进、繁殖和利用小尾寒羊取得了成功。

八、宁夏

小尾寒羊自20世纪80年代引入宁夏以来，从原产地与银川地区自然生态条件来看相差较大(表3-10)，所以饲料条件和饲养方式对小尾寒羊适应性影响较大，即直接关系到引种成败。为了使引进的小尾寒羊尽快适应新的环境，采用半舍饲半放牧、控制羊舍局部环境、加强饲养管理等措施而逐渐使其适应当地环境。

表3-10 宁夏银川与山东菏泽自然生态条件对照

项目	宁夏银川	山东菏泽
地形地貌	黄河冲积平原	湿润平原
土质	黏质土为主	黏沙壤土为主
海拔(m)	1 110	50
年均气温(℃)	8.2～8.5	13.5
年降雨量(mm)	202.5	749.8
相对湿度(%)	58	69.2
无霜期(d)	159	205

为了适应西北干旱的自然条件，因地制宜，由原来的舍饲为主，改变为半舍饲半放牧的饲养方式，在冬春季节饲喂以氨化作物秸秆加鲜甜菜渣混贮发酵的多汁粗饲料为主，并适量补饲精料、食盐、骨粉等，取得了良好的效果(表3-11和表3-12)。

表3-11 日粮搭配表 g/(只·d)

组合	精料		粗饲料		添加物	
	组成	给量	组成	给量	组成	给量
1	玉米	150～250	甜菜渣、麦秸、尿素混贮发酵	2 000～5 000	骨粉、食盐	3～15
2	玉米80% 胡麻饼10% 麸皮10%	150～250	甜菜渣、杂草混贮发酵	2 000～5 000	骨粉、食盐	3～15
3	玉米80% 葵花籽饼20%	150～250	杂草粉碎	500～1 500	骨粉、食盐	3～15
4	玉米	250～350	杂草粉碎	500～1 500	尿素、微量元素、中草药	15～65

表3-12 体重与产羔率

性别	初生重		断奶重		周岁重		成年重		产羔率	
	羊数	kg	羊数	kg	羊数	kg	羊数	kg	羊数	%
公	20	4.71±0.49	19	24.52±1.68	7	70.60±5.01	5	80.50±5.98	—	—
母	37	4.34±0.44	35	22.12±1.72	20	46.92±6.59	20	58.19±4.96	36	211.1

经引种试验和典型调查，证实小尾寒羊引入宁夏，基本能适应当地的自然条件和生态环境，生长发育和繁殖性能基本正常，因此认为宁夏引进小尾寒羊是成功的。

九、四川

四川省会东县为了实施开发扶贫，发展农村经济，1996年引进小尾寒羊237只，其中公羊

51只，母羊186只。引入的小尾寒羊种羊按公母1∶5的比例分到各农户饲养，以舍饲为主，早晚适当运动（短距离放牧）。饲草以玉米秆、稻草、麦秸为主，辅以少量青草。怀孕母羊和羔羊补饲少量精饲料。

经过1年的适应性观察，小尾寒羊总体适应性良好。据测定，56只母羊产羔125只，一胎繁殖率为223.2%，羔羊初生重平均（3.29±0.57）kg，成活率达到92.8%。小尾寒羊周岁羊体重，公羊达到（68.75±14.26）kg，母羊达到（45.94±10.52）kg，成年公羊达到（95.47±23.69）kg，母羊达到（57.48±12.96）kg，取得了较好的生产成绩。虽然会东县和原产地生态条件差异很大，由于当地饲草饲料资源丰富，以舍饲为主，放牧为辅，饲养管理方法得当，而且符合小尾寒羊的生理需求，所以小尾寒羊引入会东县后，不仅适应当地生态环境，而且表现出繁殖率高、生长发育快、产肉性能好的种质特性。这同时也证实，小尾寒羊适合在我国西南地区发展，尤其适合与会东县自然生态条件相类似的地区发展。

十、贵州

通过生态环境的比较及小尾寒羊生产性能、生长发育、饲养管理、疾病等方面的测定分析，并与原产地进行对比，结果表明：引入地贵州毕节与原产地山东菏泽两地生态条件差异较大，但小尾寒羊引入后各项指标接近原产地。其体温、呼吸、脉搏均处于正常范围内；产羔率223.0%，为原产地的99.39%；羔羊成活率76.19%，为原产地的87.52%；周岁、成年母羊平均体重分别为（43.38±12.14）kg和（50.85±9.59）kg，分别占原产地的96.4%和103.78%。经适应性观察，发病率呈逐年下降趋势。经引入地与原产地各项指标的综合对比评定，总适应能力评分为96.67分，证实毕节高寒山区为小尾寒羊适宜生活类型区。

第六节　失败原因与成功经验

Section 6　Causes of failure and experiences of success in Small-tail Han sheep introduction

近10年来，山东主产区向全国推广小尾寒羊数百万只，引入各地后成功的很多，但失败的也不少。由于有些养殖单位或养殖户忽视了产地与引入地生态环境和饲养条件的差异，盲目引种，结果造成大量死亡。最终把引种失败的原因归结于小尾寒羊，这是片面的。要充分发挥小尾寒羊在肉羊生产中的作用，科学引种是非常重要的。现把各地引种的成功经验与失败的原因综述如下，以引起现在及将来引种和饲养者的高度重视。

一、失败原因

1. *过度放牧*　不了解小尾寒羊的生活习性，特别是在植被不好的草场上放牧，长时间采食不到所需要的营养，导致其先疲后弱最后死亡，以这一原因失败的为最多。

2. *营养不良*　小尾寒羊在正常情况下生长发育速度快，为保证其生长发育，在饲料中必须添加一定量的精料，但有些地方认为只喂给秸秆和草就行了，致使小尾寒羊因营养不足，达不到其正常的生长和繁殖性能，最后导致失败。

3. *管理粗放*　良好的饲养管理条件是充分发挥小尾寒羊遗传潜力的基础，是取得较好经济效益的保障。不少地方因管理粗放导致小尾寒羊体弱多病，生产性能下降，死淘率增高。

4. 销路不畅　小尾寒羊产肉性能与真正的肉用绵羊品种有一定差距，虽经育肥，仍显瘦，有些地方屠宰户不喜欢小尾寒羊，导致无人收购小尾寒羊进行屠宰。在一个地区小尾寒羊如果没有形成区域化和规模化，零星的小规模饲养户由于商品羊不易销售或价格偏低也容易导致失败。

据唐建俊等(2003)对内蒙古、河北、山西、北京所作调查，主要存在以下问题：一是屠宰率比本地羊低，肉的颜色偏白，口感、风味不如本地羊适合消费者；二是适应性稍差，饲养条件要求高；三是小尾寒羊的外调引种存在混乱现象，外调羊的质量有待提高；四是调入地区对小尾寒羊饲养管理技术没有完全掌握，主要是对多羔的人工辅助哺乳和管理不到位，精料给量不足，舍饲与放牧运动的关系没有处理好，驱虫、防疫、消毒等技术环节没能很好地落实，良种良法不配套，影响了小尾寒羊自身优势的发挥。

二、成功经验

1. 规模适度，以舍饲为主　小尾寒羊饲养规模不宜过大，每户存栏能繁母羊以5～8只为宜。小尾寒羊应以舍饲为主。夏、秋季节青草旺盛时可以适度放牧。这有利于提高小尾寒羊的体质，增强抗病性。但切忌过度放牧，因小尾寒羊体重较大，四肢相对细长，耐力较差，不宜爬高山或远距离放牧，一般每天连续放牧不宜超过3 km。另外，小尾寒羊对热的抵抗力相对较差，要避免在炎热的中午放牧，夏季羊舍要注意遮阳，避免阳光直射；冬季采用暖棚养羊时，在防寒保暖的同时更要注意通风换气。

2. 适当补料，加喂钙盐　尤其是要做好小尾寒羊母羊的饲养管理，妊娠母羊不管是在妊娠中期还是在妊娠后期，都要保证其充足的营养供给。每天补饲0.3～0.5 kg精饲料，并加喂食盐和骨粉各10～15 g，以保胎和促进胎儿发育。对哺乳母羊的饲养要保证其有充足的乳汁供给羔羊，母羊奶多则羔羊发育好、抗病力强、成活率高，否则将影响羔羊成活。

3. 合理安排，适时配种　小尾寒羊常年发情，以春、秋两季发情最为集中，若周密安排繁殖计划、合理确定配种时间，则可达到1年2胎或2年3胎。小尾寒羊怀孕期平均为148.33 d，产后40～50 d多数母羊就可发情配种。

4. 早期育肥，适时出栏　当年的羔羊要当年育肥出栏，以提高养羊效益。羊的生长增重规律是前期快、后期慢。羔羊出生后4～6月龄肌肉和体重增长最快，饲料报酬最高，以5～6月龄出栏为最佳。

为确保引种成功，必须注意在引进之初，不要剧烈改变其在产区的饲养方式和生活习性。饲养管理应以舍饲为主，适度放牧为辅。

三、内蒙古乌兰察布市发展小尾寒羊的经验与做法

(一)调整种植结构、保证饲草饲料供给是发展小尾寒羊的物质基础

为了从根本上治理生态环境，使之尽快得到恢复，市委、市政府在全市全面实施退耕还草、禁牧舍饲政策。经过几年的努力，生态环境得到明显改善，现全市343万 hm^2 天然草原的植被覆盖率和生产能力明显提高，而且退耕种草93万 hm^2，见效人工草地面积60万 hm^2。在解决饲草饲料问题上，以为牧而农、为养而种、以种促养的思路，调整种植结构。现全市每年种植青玉米和优质牧草16万 hm^2，年生产青贮玉米及青干草达100亿 kg，保证了发展小尾寒羊生

产有足够的饲草饲料来源。

(二)实施科学饲养是提高经济效益和促进小尾寒羊产业发展的重要措施

1.舍饲圈养近放牧　根据小尾寒羊的生产特点和生活特性,结合乌兰察布市草原生态建设,在全市全面推行舍饲圈养,并确定小尾寒羊的活动半径不得超出 0.5 km,同时制定优惠政策,加大对棚圈、青贮窖、微贮窖和饲草饲料加工机具等基础设施配套建设力度。截至 2004 年 6 月末,全市累计建暖棚 172 万 m^2、青贮窖 9.3 万 m^3、微贮窖 2.3 万 m^3、配套饲草饲料加工机具 1.6 万台套。

2.防止近亲远调种　制定实施种公羊调换制度。一是对小尾寒羊种公羊全部进行建档立卡,实行微机管理,统一调配制度;二是小尾寒羊种公羊在固定群内配种周期不得超过 1.5 年,采取在村与村、乡与乡之间定期进行种公羊大调换;三是根据对小尾寒羊种公羊的需求和使用时间,实施从外省区调种计划,以解决肉羊生产中的近亲繁殖问题。

3.改善营养,优化草料配方　一是饲草饲料搭配多样化,以满足小尾寒羊的营养需要。乌兰察布市禁牧舍饲后,小尾寒羊采取的饲喂方式是冬春季以青贮饲草和青干草为主,夏秋季以刈割人工草地牧草为主,保证小尾寒羊四季都能吃到青绿饲草。二是制定饲养标准是提高小尾寒羊生产力和经济效益的最好措施。根据小尾寒羊的不同生长时期、生产情况,按营养需要配制成标准日粮,及时补给精饲料。

(三)政府主导、加大投入,促进了小尾寒羊产业的健康、快速发展

乌兰察布市小尾寒羊产业的发展经过了长期艰苦的探索,现已步入规模化、高效益发展阶段。按照政府主导、市场化运作、社会化服务的总体思路,积极筹措资金,加大对养殖基地建设的投入,加强科技服务,扩大饲草料种植面积,培育发展中介组织,加强龙头企业与基地建设的合作等,促进小尾寒羊产业的健康、快速发展。目前,小尾寒羊在乌兰察布市饲养,繁殖率可达 280%,出栏率可达 200% 。全市截至 2004 年 6 月末,共建成肉羊小区 375 个,发展肉羊专业村 1747 个,专业户 9 万户,小尾寒羊存栏 400 万只,基础母羊达到 270 万只,已出栏肉羊 150 万只,小尾寒羊真正成为农民生产经营的主业。

总之,小尾寒羊异地引种,要保持优良的生产性状,不仅取决于自身的遗传稳定性和适应能力强弱,还受到引入地的自然气候、草场植被和相应饲养条件以及管理水平高低的影响。一般来讲,自然生态因素改变幅度在该品种自身耐受力范围内,就可以表现出良好的适应性和较高的生产性能,全国各地引种实践和适应性研究也证明了这一点。但在两地自然生态环境因素差异较大的情况下,要保证有较高的引种和风土驯化的成功率,就必须深入了解小尾寒羊的种质特性,根据引入地区的自然生态及饲养条件,制订好引种实施方案。同时要正确选择引种的地点和时间,遵循家畜引种适应和风土驯化循序渐进的客观规律,才能充分发挥引进良种的作用,取得较好的引种效果。

参考文献

[1] 赵有璋.现代中国养羊.北京:金盾出版社,2005.
[2] 安立龙.家畜环境卫生学. 北京:高等教育出版社,2004.
[3] 杨钟骏.兵团引进小尾寒羊的利用.新疆农垦科技,1997(5):16-17.
[4] 李积善,等.不同季节引入小尾寒羊死亡情况的调查.青海畜牧兽医杂志,2007,37(3): 26.

[5] 吕绪清，等.小尾寒羊在高寒地区的适应性及其与本地呼伦贝尔羊的杂交效果.中国畜牧杂志，2007，4(9)：40-42.
[6] 王树山，等.小尾寒羊在洮南市农区适应性观察.中国养羊，1997(1)：16-17.
[7] 李国林.甘肃省小尾寒羊发展现状与前景.草与畜杂志，1997(2)：27-28.
[8] 马三保，等. 小尾寒羊在陕北地区适应性能的综合评价.西北农业学报，2000，9(1)：29-34.
[9] 江中良，等.陕西省吴旗县引种小尾寒羊的适应性研究.家畜生态，2003，24(3)：27-29.
[10] 范青松，等.甘肃省引进小尾寒羊的饲养繁殖现状调查报告.中国养羊，1996(4)：3-7.
[11] 庞其艳，等.小尾寒羊在宁夏川区生产适应性研究.宁夏农林科技，1996(5)：39-42.
[12] 康永槐.鲁西小尾寒羊在低纬度高海拔地区适应性观察.四川畜牧兽医，1997(3)：11-12.
[13] 宋德荣，等.小尾寒羊在贵州高寒山区的生态适应性研究.贵州农业科学，1996(1)：20-23.
[14]唐建俊，等. 关于小尾寒羊发展情况的考察报告.山东农业，2003(2)：19-21.
[15]杨汉武，等. 乌兰察布市饲羊小尾寒羊的成败浅析.中国牧业通讯，2004(21)：60-61.

第四章　选育提高与杂交利用

Chapter 4　Selection improvement and hybridization application

小尾寒羊在我国肉羊生产中的作用，依赖于小尾寒羊自身生产性能的保持和提高。加强对产区小尾寒羊的本品种选育，是一项必须长期坚持的育种工作。因此，在注重保持和提高繁殖性状的基础上，也不能忽视其他生产性能的挖掘和提高。小尾寒羊的选育目标和发展方向是：生长发育快，繁殖率高，以产肉为主，肉裘兼用。今后的选育重点要体现在：具有健壮的体型外貌、较快的生长速度、较高的繁殖力和良好的肉质等几方面，育成的新品种（系）要符合上述要求。在选育提高的同时，充分利用小尾寒羊繁殖率高的种质特性，以小尾寒羊为母本开展经济杂交，发展肉羊肥羔生产，也可利用小尾寒羊杂交改良生产性能低的其他绵羊品种。

第一节　个体鉴定

Section 1　Individual judging

一、年龄鉴定

鉴定小尾寒羊的年龄，是为了合理调配繁殖公母羊年龄结构，提高种群的繁殖力，发挥优秀种羊的遗传潜力，正确估计其种用价值、利用潜力和市场价值。一般在种羊场要了解每只种羊的年龄，打开档案查阅记录和种羊卡片或在电脑上点击便一目了然。但在广大农村养羊，基本上是通过看下颌牙齿的变化判断年龄。有经验的牧羊人和集市上贸易经纪人的鉴定误差一般不超过半岁。

羔羊从出生到 1 月龄左右 8 枚乳齿长齐；1.5 岁左右钳齿脱落并长出第一对永久齿；2 岁时中间齿更换，长出第二对永久齿；3 岁时，第三对乳齿更换成永久齿；4 岁时，第四对乳齿更换成永久齿，俗成“齐口”；5 岁时，可以见到个别牙齿有明显的齿星，暴露出齿髓，说明齿冠部已基本磨完；6 岁时已磨到齿颈部，因此，门齿间出现了明显的缝隙；7 岁时缝隙更大，出现露孔现象。此时大部分母羊的繁殖性能都很低，失去了种用价值，应及时淘汰。

小尾寒羊年龄鉴定三字顺口溜：一岁半中齿换；到两岁，换两对；两岁半，三对换，满三岁，换满嘴。四磨平，五齿星，六现缝，七露孔，八松动，九掉牙，十磨净。

二、体型外貌鉴定

鉴定体型外貌的目的是确定种用价值以及生产水平。为外貌评分达到客观准确起见，要求鉴定人员要有一定的经验，同时与体尺测量结合进行。

小尾寒羊体型外貌评定，是多年来经常采用的方法。它实际上是个体品质鉴定的一种方法，是以品种特征为主要根据而进行的。一般采用记分的方法，评分达满分一半者为及格，达65%以上者为良好，达80%以上者为优秀。体型外貌评分及格者，方能定为系谱登记的种用羊，否则被划入经济羊群。评分达总满分80%以上者，方可评为一级（推荐级）种羊。评分达总满分90%以上者，方可评为特级（优良级）种羊。为选定后备羊而进行的体型外貌评定，一般在羔羊110～120日龄期间进行（表4-1）。

表4-1　体型外貌评定表

部位	鉴定要求	评分	
		公羊	母羊
整体结构	体质结实，结构匀称，体格高大，体躯发育良好。被毛白色、异质、有少量干死毛，少数个体头部有黑色或褐色色斑。裘皮型毛股清晰、弯曲明显；细毛型毛细密、弯曲小；粗毛型毛粗、弯曲大	25	25
头颈部	头大小适中，头颈结合良好。眼大有神，嘴头齐，鼻梁隆起，耳中等大小、下垂。公羊雄壮，头大颈粗，有螺旋形大角，角形端正，角尖稍向外偏。母羊清秀，头小颈长，多数有角，分为镰刀状角、姜角及鹿角，少数羊有角根	10	10
体躯部	胸背腰发育和结合良好，胸部宽深，前胸宽阔，肋骨开张。腹部紧凑而不下垂。四肢高，蹄形端正。脂尾呈圆扇形，尾尖上翻内扣，尾长不超过飞节	45	50
生殖器官	母羊乳房发育良好，乳头大小适中。公羊睾丸对称，发育良好，附睾明显	20	15
合计		100	100
分级	特级100～90分，一级89～80分，二级79～70分，三级69～60分		

三、体重体尺测定

（一）体重测定

一般只对有希望定为推荐级的4月龄后备种用小公羊进行测定，最好统一交由专门的性能测定站负责实行。送测公羔的必备条件为：系谱清楚，母亲繁殖指数符合品种要求，体型外貌评分达到60分以上，其他品质鉴定符合品种标准。测定项目包括：进站体重，饲养结束体重，消耗的草、料量。测定及报送数据的处理：测定期内的平均日增重，料重比，标准日龄（165天）的平均日增重等。在1～6月龄以前生长性能的测定分以下4个项目，主要由育种场自己测定。体重评定方法见表4-2。

1.1月龄体重测定　1月龄羔羊平均日增重的多少，既可反映母亲泌乳能力的高低，还可表明其生长能力的强弱，是小尾寒羊早期生长速度快慢与否的重要标志。其算法为：平均日增重=（末重－初重）/哺乳天数。只有那些日增重大于育种设计要求的个体才能作为种羊的候选者。

2.2月龄体重测定　2月龄称重可作为判定羔羊生长速度、采食和消化植物性饲料能力的根据。如果平均日增重达不到育种设计的水平，则该个体不能作为候选种羊继续培育，而转入商品羊群饲养。可见，对肉羊早期选择实际上用的是独立淘汰法。

3.4月龄体重测定　4月龄体重是每只种羊选留的重要依据之一。如果在体重和数量不能同时满足育种需要时，应先满足数量，体重可以通过选择等方法随后提高。同时要注意的是，小尾寒羊的生长也有一定的波动性和不平衡性，也可能受疾病等外界因素的影响。所以用这种独立淘汰的方法是有一定局限的。人们之所以在小尾寒羊育种实践中喜欢用这种方法，主要是它比较易于操作。在淘汰羔羊时要综合分析，尤其是对那些来源于优良家系的个体。

4.6 月龄和周岁体重测定 此阶段生长速度变慢，饲料报酬降低；但此阶段增重指标依然是选留种羊的重要依据。最好是建立小尾寒羊生长模型，用生长模型来选择，可以避免由于小尾寒羊生长波动造成的影响。

表 4-2 体重评定表 kg

年龄	等级	公羊	母羊
3月龄	特(100～90)	38	32
	一(89～80)	34	28
	二(79～70)	30	24
	三(69～60)	26	20
6月龄	特(100～90)	64	43
	一(89～80)	60	39
	二(79～70)	56	35
	三(69～60)	52	31
周岁	特(100～90)	115	60
	一(89～80)	105	56
	二(79～70)	90	52
	三(69～60)	80	48
成年	特(100～90)	130	70
	一(89～80)	120	64
	二(79～70)	110	58
	三(69～60)	100	52

(二)体尺测定

小尾寒羊的体尺指标代表不同阶段的发育情况，通常在初生、断奶、3 月龄、6 月龄、周岁、1.5 岁、2 岁、3 岁时测定。

体高：由肩胛最高点至地面的垂直距离。

体长：由肩端至坐骨结节后端的直线距离。

胸围：右肩胛骨后缘绕胸一圈的周径。

管围：左前肢管骨最细处的水平周径。

按标准规定，3 月龄时一级小尾寒羊公羊体长应达到 69 cm，体高达到 66 cm，胸围达到 78 cm；一级母羊应分别达到 63 cm、62 cm、75 cm。近年来，由于小尾寒羊向肉用和多羔方向选育，业内人士建议，体高指标仅供参考。

体尺评定方法见表 4-3。

表 4-3 体尺评定表 cm

年龄	等级	公羊			母羊		
		体长	体高	胸围	体长	体高	胸围
3月龄	特(100～90)	71	69	82	66	64	78
	一(89～80)	69	66	78	63	62	75
	二(79～70)	67	63	74	60	59	72
	三(69～60)	65	60	68	57	56	69

续表 4-3

年龄	等级	公羊			母羊		
		体长	体高	胸围	体长	体高	胸围
6月龄	特(100～90)	84	82	96	77	75	88
	一(89～80)	80	77	92	73	71	84
	二(79～70)	76	73	88	69	66	79
	三(69～60)	72	68	84	65	62	74
周岁	特(100～90)	98	97	115	83	82	98
	一(89～80)	96	94	108	79	78	94
	二(79～70)	92	90	101	75	74	90
	三(69～60)	88	86	95	71	70	86
成年	特(100～90)	102	100	122	87	85	106
	一(89～80)	98	96	114	83	81	99
	二(79～70)	94	92	109	80	78	94
	三(69～60)	89	87	103	76	74	90

四、繁殖性能测定

以窝产羔数定等级，母羊窝产 3 羔以上的为特级，经产母羊产 3 羔者为一级，产 2 羔者为二级，产 1 羔者为三级。

五、综合评定

按照体型外貌、体重体尺、繁殖性能的单项鉴定办法，分别确定体型外貌、体重体尺、繁殖性能的等级，然后按照综合评定方法评定。综合评定方法见表 4-4。

表 4-4　综合评定表

体型外貌等级	体重体尺等级	繁殖性能等级	总评等级	体型外貌等级	体重体尺等级	繁殖性能等级	总评等级
特	特	特	特	一	一	一	一
特	特	一	特	一	一	二	一
特	特	二	一	一	一	三	二
特	特	三	二	一	二	二	二
特	一	一	一	一	二	三	二
特	一	二	一	一	三	三	三
特	一	三	二	二	二	二	二
特	二	二	二	二	二	三	二
特	二	三	二	二	三	三	三
特	三	三	三	三	三	三	三

第二节　选　　种
Section 2　Selection

选种，也叫选择，就是把那些符合人们期望要求的个体，按照不同的标准从羊群中选出来，组成新的繁殖群再繁殖下一代，或者从别的羊群中选择那些符合要求的个体加入到现有的繁殖群中来。经过这种反复和多个世代的选择工作，不断存优去劣，达到最终目标。

一、选种的目的

选种是为了富集羊群体内的优良基因，增加优良基因型个体的数量，防止不良基因型个体后代在群体内存在。国内外绵羊育种工作的实践证明，只要选中一只乃至几只特别优秀的种公羊，用科学的方法加以利用，就会使新品种育成速度大大加快。小尾寒羊选种的主要对象是种公羊。选择的主要性状多为有重要经济价值的数量性状和质量性状，例如生长速度、繁殖力、胴体重和屠宰率等。

二、选种的要求

第一，体型外貌一致。小尾寒羊选种首先应具备该品种特征。如被毛白色，异质，有少量干死毛，少数个体头部有色斑，分裘皮、细毛和粗毛型三类。体态匀称略呈正方形，鼻梁隆起，耳大下垂，脂尾呈圆扇形，尾长不超过飞节，四肢高而健壮。公羊头大、颈粗，有螺旋形大角。母羊头小、颈长，多小角。选种公羊时还要注意公羊的雄性表现，体格健壮，阴囊及睾丸大小适中，不能有单睾或隐睾。

第二，生产性能优良。特级种公羊的断奶体重 38 kg、6 月龄体重 64 kg、周岁体重 115 kg、成年体重 130 kg；周岁前平均日增重达到 300 g 以上。特级母羊四个年龄段的体重分别为：32 kg、43 kg、60 kg、70 kg；周岁前平均日增重在 150 g 以上。优秀母羊平均产羔率在 280％左右；6 月龄育肥羔羊的屠宰率应达到 48％以上。在诸多性状中，多羔是核心，须特别予以重视。

三、选种的步骤与方法

小尾寒羊选育的目标性状主要是初生重、产羔率、初生至 6 月龄的平均日增重和 6 月龄时的屠宰率等。初生重和产羔率性状适宜采用家系选择，日增重适宜个体选择，屠宰率只能用同胞或半同胞测定。对后备羊的体型外貌选择，除要求具有品种特征外，还要求公羊有明显的雄性特征，在 1 个阴囊内有 2 个健康、大小一致和发育良好的睾丸。要求母羊有明显的母性特征，乳房结构和维系良好，并带有 2 个发育正常、位置适当和功能有效的乳头。

由于在选种时常同时考虑 2～3 个性状，家系内选择、合并选择、综合指数选择等方法均可选用。有条件时可采用最佳线性无偏预测(BLUP)法选择多性状。近几年，国内学者开始采用分子标记和主效基因检测进行选种，也取得了明显效果。下面主要介绍在小尾寒羊选种中常用的方法。

(一)根据表型选择

个体表型选择效果的好坏，主要取决于表现型和基因型间的相关程度和被选择性状的遗传力高低。一般表现型和基因型之间相关程度高的性状，采用表型选择可获得较理想的效果。

首先，要掌握品种标准和鉴定方法，并对要鉴定羊群情况有一个全面了解，包括羊群来源和现状、饲养管理情况、选种选配情况、以往羊群鉴定等级比例和育种工作中存在的问题等。鉴定开始时，要先看羊只整体结构是否匀称，外形有无严重缺陷，被毛有无花斑或杂色毛，行动是否正常。待羊接近后，再看公羊是否单睾、隐睾，母羊乳房是否正常等，以确定该羊有无进行个体鉴定的价值。该方法的选择效果取决于表型与基因型的相关程度，以及被选性状遗传力的高低。绵羊各性状的遗传力见表 4-5。

表 4-5　绵羊各性状的遗传力　%

	性状	遗传力
繁殖性状	母羊繁殖力	5
	多胎性	10
	阴囊周径	35
	初情期月龄	25
	羔羊成活率	5
	母羊总生产力	20
生长性状	初生重	15
	60 日龄重	20
	90 日龄重	25
	120 日龄重	30
	240 日龄重	40
	断奶前增重(出生至 60 日龄)	20
	断奶后增重(60～120 日龄)	40
胴体性状	胴体重	35
	修整分割肉块重	45
	修整分割率	40
	眼肌面积	50
	第 12 肋骨脂肪厚度	30
	屠宰率	10

注:引自美国(Sheep Production Handbook),1998。

个体表型选择除按个体品质和生产性能测定结果进行外,为提高表型选择的效果,可考虑采用育种值进行选择。

育种值是根据被选个体某一性状的表型值与同群羊同一性状在同一时期的平均表型值,和被选性状的遗传力值进行估算:

$$\hat{A}_x = (P_x - \overline{P})h^2 + \overline{P}$$

式中:$\hat{A}_x$——被选个体 x 性状的估计育种值;

P_x—— 被选个体 x 性状的表型值;

$\overline{P}$—— 同群羊 x 性状的平均表型值;

h^2——x 性状的遗传力。

由此可见,个体表型值超过群体表型值越多,以及被选性状的遗传力值越高,则个体估计育种值越高。

(二)根据系谱选择

系谱是系统地记载祖先情况的一种资料。"优良不优良,看看爹和娘",只有优良品种才能繁殖出优良后代,这句谚语说明了系谱选择的重要性。

这种选择方法实质是对种羊基因型的选择。选择时应看其三代祖先的资料,特别是双亲的主要性状。如果各代祖先的性状都很相似或一代比一代好,亲代和本身相同点很多,说明祖先的遗传性能比较稳定,其后代种用价值高。系谱选择可以缩短世代间隔,生产中往往与本身成绩相结合进行选择。当个体本身还没有表型值资料时,则可用系谱中的祖先资料来估计被选个体的育种值，从而进行早期选择。系谱选择主要考虑影响最大的亲代祖先，即父母代的影响，血缘关系越远，对子代的影响越小。因此，在实践中，一般对祖父母代以上的祖先资料考虑比较少。根据系谱进行早期选择的公式是：

$$\hat{A}_x=\left[\frac{1}{2}(P_F+P_M)-\overline{P}\right]h^2+\overline{P}$$

式中：$\hat{A}_x$——个体 x 性状的估计育种值；

P_F——个体父亲 x 性状的表型值；

P_M——个体母亲 x 性状的表型值；

$\overline{P}$——与父母同期羊群 x 性状平均表型值；

h^2——x 性状的遗传力。

(三)根据半同胞表型值选择

这种选择方法是利用同父异母的半同胞表型值资料来估算被选个体的育种值，从而进行选择的方法。此法在养羊业上有特殊意义。第一，由于人工授精技术在养羊业中的广泛应用，同期所生的半同胞羊只数量大，资料容易获得，而且由于同年所生，环境影响相同，所以结果较准确可靠；第二，可以进行早期选择，在被选个体无后代时即可进行。根据半同胞表型值资料来估算被选个体育种值的公式是：

$$\hat{A}_x=(\overline{P}_{HS}-\overline{P})h^2_{HS}+\overline{P}$$

式中：$\hat{A}_x$——个体 x 性状的估计育种值；

$\overline{P}_{HS}$—— 个体半同胞 x 性状平均表型值；

$\overline{P}$——与个体同期羊群 x 性状平均表型值；

h^2_{HS}—— 半同胞均值遗传力。

因所选个体的半同胞数量不等，需对遗传力作加权处理，其公式是：

$$h^2_{HS}=\frac{0.25Kh^2}{1+(K-1)0.25h^2}$$

式中：K——半同胞只数；

0.25——半同胞间遗传相关系数；

h^2——性状遗传力。

(四)根据后裔成绩选择

这种方法是通过后代品质的优劣来评定种羊的育种价值而进行选择的方法。这是最直接最可靠的选种方法，因为选种的目的在于获得优良后代，如果被选种羊的后代好，就说明该种羊种用价值高，选种正确。

1. 后裔测验应遵循的基本原则 ①被测验的公羊须经表型选择、系谱审查以及半同胞旁系选择后，认为最优秀的并准备以后要大量使用的公羊，年龄 1.5～2 岁；②与配母羊品质整齐、优良，最好是一级母羊或准备以后要配的母羊，年龄 2～4 岁；③每只被测公羊的与配母羊数应在 60～70 只，所产后代到周岁鉴定时不少于 30 只母羊；④后代出生后应与母羊同群饲养，同时对不同公羊的后代，也应尽可能在同样或相似的环境中饲养，以排除环境因素造成的差异，从而正确地进行比较。此法在养羊业中仍被广泛应用，特别是在有育种任务的羊场，以

及准备大量用于人工授精的种公羊的选择上。

2.后裔测验结果的评定方法

(1)母女对比法　有母女同年龄成绩对比和母女同期成绩对比两种。前者有年度差异,特别是饲养水平年度波动大时,会影响结果;后者虽无年度差异,饲养条件相同,但需校正年龄差异。对细毛羊来讲,1岁时的成绩相当于成年期的系数是体重为70%,毛量为80%。在进行母女对比时,又有两种指标:母女直接对比,是以母女同一性状的差($D-M$)进行比较,这看不出女儿的生产性能水平;公羊指数对比,公羊指数是以女儿性状值在遗传来源上由父母各提供一半为依据计算得出,即

$$D=\frac{F+M}{2},F=2D-M$$

式中:F——公羊指数;

D——女儿性状值;

M——母羊性状值。

所以,公羊指数等于女儿性状值与母女同性状值差之和,此值越大,表明该公羊后代平均值超过母代之值越大,公羊的种用价值越高。

(2)同期同龄后代对比法　由于公羊女儿数不等,直接采用算术平均比较难免出现偏差,为此在这一比较中,经常采用某公羊女儿数(n_1)和被测各公羊总女儿数(n_2)加权平均后的有效女儿数(W)计算被测公羊的相对育种值来评定其优劣,相对育种值的计算公式是:

$$A_x=\frac{D_W+\bar{x}}{\bar{x}}\times 100$$

式中:A_x——相对育种值;

D_W——某公羊女儿某性状平均表型值(x_1)与被测公羊全部女儿同性状平均表型值($\bar{x}$)之差($x_1-\bar{x}$);

W——有效女儿数,$W=\frac{n_1\times(n_2-n_1)}{n_1+(n_2-n_1)}$;

$\bar{x}$——各公羊女儿某性状的总平均表型值。

相对育种值越大,公羊越好。一般以100%为界,超过100%的为初步合格的公羊。

(五)利用最佳线性无偏预测法选择

正确的选种要基于对种羊遗传素质的准确评定。20世纪50年代末,美国学者C. R. Henderson提出了用于畜禽遗传评估的BLUP(best linear unbiased prediction)法,即最佳线性无偏预测法。以产肉性能和繁殖性能的个体育种值评估为核心。首先,在小尾寒羊育种场分别进行场内种羊的测定和遗传评估,通过育种信息资源数据库实现主要肉羊育种场间联合育种。采用动物模型BLUP法进行种羊的遗传评估,准确地同时估计出种羊各性状的育种值以及综合育种值,提高种羊选择的准确性。在此基础上建立育种群和核心群,形成开放育种体系,使优良基因迅速扩散,在不同场间构成品系育种组合。通过计算机联网共享信息资源,实现遗传材料的交换,不断提高种羊质量和品系育种效果。通过建立小尾寒羊种羊的遗传评估系统,可以真正选出基因型优秀的种羊,加快育种进展,为新品系培育奠定基础。

四、选种时应注意的问题

(一)选择差的大小

选择差是指留种群某一性状的平均表型值与全群同一性状平均表型值之差。选择的大小直接影响选择效果。选择差又直接受留种比例和所选性状标准(羊群该性状的整齐程度)的制约。留种比例越大,选择差也就越小;性状标准差越大则选择差也随之增大。留种比例也直接关系到选择强度,留种比例越大,选择强度越小(表 4-6)。

选择强度就是标准差化的选择差。它们之间的关系如下:

$$R = Sh^2 \qquad S = i\sigma_P \qquad i = S/\sigma_P \qquad R = i\sigma_P h^2$$

式中:R——选择效应;

S——选择差;

i——选择强度;

h^2——性状的遗传力;

σ_P——性状表型值的标准差。

表 4-6 不同留种率的选择差与选择强度

留种率(%)	选择差(S)	选择强度(i)
100	0.00	0.000
90	$0.195\sigma_P$	0.195
80	$0.350\sigma_P$	0.350
70	$0.497\sigma_P$	0.497
60	$0.644\sigma_P$	0.644
50	$0.798\sigma_P$	0.798
40	$0.966\sigma_P$	0.966
30	$1.158\sigma_P$	1.158
20	$1.400\sigma_P$	1.400
10	$1.755\sigma_P$	1.755
5	$2.063\sigma_P$	2.063
4	$2.154\sigma_P$	2.154
3	$2.268\sigma_P$	2.268
2	$2.421\sigma_P$	2.421
1	$2.665\sigma_P$	2.665

可见,在性状遗传力水平相同的情况下,选择差越大,后代提高的幅度就越大。所以在养羊业实践中,为了加快选择的遗传进展,应当尽可能增加淘汰数量,降低留种比例,以加大选择差。

(二)世代间隔的长短

世代间隔是指羔羊出生时双亲的平均年龄,或者说是从上代到下代所经历的时间。小尾寒羊的世代间隔一般为 3～4 年左右。计算公式为:

$$L_0 = P + \frac{(t-1)}{2}C$$

式中：L_0——世代间隔；

P——初产年龄；

t——产羔次数；

C——产羔间距。

世代间隔长短是影响选择性状遗传进展的因素之一。在一个世代里，每年的遗传进展量取决于性状选择差、性状遗传力以及世代间隔的长短：

$$\Delta G = Sh^2 / L_0$$

式中：ΔG——每年遗传进展量；

S——选择差；

h^2——性状遗传力；

L_0——世代间隔。

可见，世代间隔越长，遗传进展就越慢。因此，在育种工作中，应当尽可能地缩短世代间隔，其主要的办法有：①公母羊应尽可能早的用于繁殖，一般不推迟初配年龄。小尾寒羊的初配年龄通常以8月龄左右为宜，生活在生态经济条件较好的某些品种还可适当提早。②缩短利用年限，淘汰老龄羊。公母羊利用年限越长，到下一长出生时双亲的平均年龄就越大，世代间隔就越长。③缩短产羔间距。牧区绵羊一年产羔一次。对全年发情小尾寒羊，在有条件的地区可实行两年产三胎或一年产两胎的办法，以缩短产羔间距。

第三节　选　　配
Section 3　Matching

所谓选配，就是对于公、母羊配种个体的选择，其目的在于使公、母羊相同的优点得到进一步的巩固和提高，而缺点则得到纠正，进而产生品质优良的后代，加快繁育工作进程。选配是选种工作的继续，通过选种，摸清种羊品质优劣，为正确选配提供科学依据，然后，通过选配来巩固选种的效果。

一、选配的原则

为母羊选配的公羊，在品质和等级上必须高于母羊。

为具有某缺点的母羊选配公羊时，必须选择在这方面具有突出优点的公羊与之配种，绝不允许用具有相同缺点或相反缺点的公羊与之交配。

合理使用亲缘选配，不得随意近交。

及时总结选配效果，尽量选择亲和力好的公、母羊进行交配。第一次选配效果良好者，可按原方案再次进行选配；而效果不好者，应另换公羊。

二、选配的类型

选配可分为品质选配和亲缘选配两类。

(一)品质选配

品质选配是在选配时着重考虑与配公、母羊的品质，而根据公、母羊品质的不同，又可分为同质选配和异质选配。

1. 同质选配　指选择优点相同的公、母羊进行交配，目的在于巩固和发展这些优点。

2. 异质选配　指选择在主要经济性状上互不相同的公、母羊进行交配，目的在于以一方的优点纠正或补充另一方的缺点或不足，或者结合双方的优点创造一个新类型。

品质选配在养羊业中的运用有两种情况。一是个体选配，主要是为少数最优秀的母羊选配更理想的公羊，以获得比母羊更为优良的后代；二是群体选配，把在主要经济性状方面具有相同优缺点的母羊归类组群，然后指定一只或几只优秀公羊与之配种。

(二)亲缘选配

亲缘选配指具有一定血缘关系的公、母羊之间的选配方式。在养羊业中，一般认为共同祖先到交配双方的代数总和不超过 6 代者(近交系数大于 0.78%)均为近交，属亲缘选配；而超过 6 代者(近交系数小于 0.78%)为远交，属于非亲缘选配。

1. 亲缘选配的作用　从遗传的角度来看，亲缘选配可以增加纯合基因的频率，提高遗传纯度，使群体分化。纯合的效果，既造成显性有利基因的纯合，也造成隐性有害基因的纯合。使用亲缘选配，可以固定优良性状，淘汰有害性状，保持个别优秀祖先的血统和形成畜群的一致性等。但是，如果亲缘选配使用不当，则可造成后代生活力减弱和生产性能下降，生长发育缓慢，繁殖率下降，空怀率、发病率、死亡率上升，甚至出现畸形、死胎等。

2. 亲缘选配时应注意的问题　选配双方必须是体质结实，健康状况良好，生产性能高，没有严重缺陷的公、母羊；对亲代和子代应加强饲养管理，对所获得的后代进行严格选留，体质结实和体格强壮的个体留作种用，体质较弱、生活力衰退、生产性能下降、生长发育不良的个体坚决淘汰；要限制整个羊群近交系数过快增长，最好控制在以中亲为主的亲缘选配程度上，必要时适当引入外血(表 4-7)。

表 4-7　不同亲缘关系与近交系数

近交程度	近交类型	罗马字标记法	近交系数(%)
嫡亲	亲子	Ⅰ—Ⅱ	25.0
	全同胞	ⅡⅡ—ⅡⅡ	25.0
	半同胞	Ⅱ—Ⅱ	12.5
	祖孙	Ⅰ—Ⅲ	12.5
	叔侄	ⅡⅡ—ⅢⅢ	12.5
近亲	堂兄妹	ⅢⅢ—ⅢⅢ	6.25
	半叔侄	Ⅱ—Ⅲ	6.25
	曾祖孙	Ⅰ—Ⅳ	6.25
	半堂兄妹	Ⅲ—Ⅲ	3.125
	半堂祖孙	Ⅱ—Ⅳ	3.125
中亲	半堂叔侄	Ⅲ—Ⅳ	1.562
	半堂曾祖孙	Ⅲ—Ⅴ	1.562
远亲	远堂兄妹	Ⅳ—Ⅳ	0.781
		Ⅲ—Ⅴ	0.781
	其他	Ⅱ—Ⅵ	0.781

在生产实践中，第一年选配，应根据每只羊的血统及生产性能来进行，第二年选配根据上年交配所生羔羊的品质来进行，第三年选配还应注意前两年所生羔羊产肉量的高低、板皮质量

的好坏。在整个良种改良区域内都应实行个体选配，编制选配计划，搞好配种登记。对数量较大且饲养分散的羊群，也可以实行等级选配，给各等级母羊选择适当公羊进行交配，以获得优良的后代。

3. 近交系数的计算和应用　近交系数是代表与配公、母羊间存在的亲缘关系在其子代中造成相同等位基因的机会，是表示纯合基因来自共同祖先的一个大致百分数。近交系数的计算公式如下：

$$F_x = \sum\left[\left(\frac{1}{2}\right)^{n_1+n_2+1} \cdot (1+F_A)\right] \quad 或 \quad F_x = \sum\left[\left(\frac{1}{2}\right)^{N} \cdot (1+F_A)\right]$$

式中：F_x——个体 x 的近交系数；

$\sum$——总和，即把个体到其共同祖先的所有通路（通径链）累加起来；

$\frac{1}{2}$——两世代配子间的通径系数；

n_1+n_2——通过共同祖先把个体 x 的父亲和母亲连接起来的通径链上所有的个体数；

F_A——共同祖先的近交系数，计算方法与计算 F_x 相同，如果共同祖先不是近交个体，则计算近交系数的公式变为：

$$F_x = \sum\left(\frac{1}{2}\right)^{N} \quad 或 \quad F_x = \sum\left(\frac{1}{2}\right)^{n_1+n_2+1}$$

在实施亲缘选配时，请选择体质健壮、生产性能好、没有缺陷的公、母羊进行配种，同时给双方及后代提供较好的饲养管理条件。

第四节　品系繁育
Section 4　Line breeding

在小尾寒羊品种内，若同时提高几个性状的生产性能，由于考虑的性状过多，使每个性状的遗传进展都很微小。如果将群体中有不同优点，如繁殖率高的个体分别组合起来，形成品种内小群体（品系），在各个品系内进行选育，有重点地将这些特点加以巩固提高，然后再将这些不同品系进行杂交，便可快速提高整个品种质量。所以，品系繁育是现代小尾寒羊育种中一种重要的育种技术。品系繁育分为三个阶段。

一、组建品系基础群

根据育种目标，选择品种内符合要求的个体，组建成品系繁育基础羊群。例如，在小尾寒羊的育种中，可考虑建体大系、高繁系等。组建品系时，可按两种方式进行：

第一，按表型特征组群。这种方法简便易行，不考虑个体间的血缘关系，只要将具有符合拟建品系要求的个体组成群体即可。在育种和生产实践中，对于有中高度遗传力的性状，多数采用这种方法建立品系。当同一个类群中优秀个体有 1～2 只，经后裔测定证明其优点能稳定遗传时，可考虑用它作为系祖建系；当同一个类群中缺乏优秀个体，而群体具有优秀性状时，可将各有优点的个体集为一群，进行异质群体继代选育建立品系；当同一类群优秀个体多，但无亲缘关系时，可以考虑同质群体继代选育建立品系。

第二，按血缘关系组群。对选中个体逐一查清系谱，将有一定血缘关系的个体，按拟建品系的要求组群。这种方法对于遗传力低的性状，如繁殖力、肉品质特性等有较好效果。

二、闭锁繁育阶段

品系基础群组建后，用选中的系内公羊（又叫系祖）和母羊进行“品系内繁育”，或者说将品系群体“封闭”起来进行繁育，在这个阶段应注意以下几个方面的问题。

按血缘关系建品系的封闭繁育，应尽量利用遗传稳定的优秀公羊作系祖，注意选择和培养具有系祖特点的后代作为系祖的接班羊。按表型特征组建成的品系，早期应对所用公羊进行后裔测验，发现和培养优秀系祖，系祖一经确定，应要尽量扩大它的利用率。优秀系祖的选定与利用，往往是品系繁育能否成功的关键。

及时淘汰不符合要求的个体，始终保持品系的同一性。

封闭繁育到一定阶段，必然出现近亲繁殖现象，特别是按血缘组建的品系，一开始实行的就是近交。因此，控制近交是十分必要的。开始阶段可采用父—女、母—子等嫡亲交配，逐代疏远，最后将近交系数控制在20%左右。

三、品系间杂交阶段

当各品系繁育到一定程度，所需的优良性状，遗传特性达到一定稳定程度后，便可按育种目标及需要，开展品系间杂交，将各品系优点集合起来，提高品种的整体品质。例如，用繁殖率高品系与体大系杂交，就会将这两个性状固定于群体中。但是，在进行品系间杂交后，还要根据羊群中出现的新特点和育种工作的要求创建新的品系，再进行品系繁育，不断优化品种结构，提高种质品质。

从20世纪60年代后期开始建立小尾寒羊体大系、高繁殖力系和早熟系等品系，分别进行品系繁育。经过近十几年的努力，在部分县区分别培育出了具有体格高大、繁殖力高、生长发育快和适应性强的新型肉羊品系，为品系间杂交奠定了基础。

四、品种资源保护

小尾寒羊是品质优良又独具特色的品种。在主产区应划定保护区，建立核心群，切实做好品种资源保护工作，这是一项长期而又艰巨的任务。既需要政府牵头管理，又需要群众积极参与。保护区的选择应考虑到自然选择的影响，保种数量、保种面积应根据实际需要确定。保护区应设立在小尾寒羊的主要分布区。即在其中心产区郓城县和梁山县建立小尾寒羊保护区，实行政府管理下的群众保种法。保护区可分为核心保护区、缓冲区。核心保护区为绝对保护区，缓冲区为一般保护区。在保护区内全面开展纯种繁育，禁止引进、饲养其他任何绵羊品种；禁止利用区外其他品种的公羊对区内的小尾寒羊进行自然交配或人工授精。同时要建立健全以种羊场为龙头、乡镇示范场为骨干、种羊饲养户为依托的良种繁育体系。

第五节　本品种选育
Section 5　Selection in breed

本品种选育是通过选种选配和改善培育条件，达到保持品种纯度和提高整个品种品质的育种方法。目的是逐渐克服自身的某些缺点，增加品种内优良个体的比例。小尾寒羊选育要在保持多胎、生长发育快、肉质好、适宜圈养、适应性强等特点的基础上，改变肉用体型差、肉色淡、肌间脂肪少等的不足。同时着手选育专门化的品系，如高繁殖力品系、肉用体型品系等。

一、建立选育机构

小尾寒羊既有早熟、生长发育快、繁殖力高的优点，但同时又有产肉性能低等缺点。因此，有必要加以改良提高。为了便于保种，在一定区域内开展本品种的选育提高，以固定原有优良性状为主，同时注意克服其不足，为此，应建立选育提高区。

小尾寒羊的选育是一项集技术、组织管理、种羊繁育为一体的系统工程，具有长期性、综合性和群众性特点，必须建立由行政领导、专家、生产经营者组成的育种协作组，其职责是组织品种调查，确定育种方向，拟订选育目标，制订选育计划；检查指导各育种场（点）的工作，协调各育种单位的关系。

二、划定选育基地

在小尾寒羊主产区，要划定选育基地，办好育种场，选育区要在保护品种资源的基础上，积极组建选育羊群，开展本品种选育。

三、确定选育方向

应针对小尾寒羊自身存在的缺点制订统一的选育计划，并制订有利于本品种选育的政策和措施，根据当地经济发展需要，重点选育繁殖性状。选育区可针对小尾寒羊繁殖力高的特点，建立以繁殖力为主的高繁品系。同时在保留和发展小尾寒羊特有经济性状和独特品质的前提下，要将生长发育指标与体型选育结合起来，重视前胸和后躯的发育及肋骨开张的程度，使其向肉用羊体型发展。

四、严格选育标准

坚持按标准选育，建立健全种羊档案。根据祖代、父母代的外貌、生产性能及后裔品质等确定是否留作种用，严格淘汰劣质羊。对已选定的种羊，要做好系谱记录，防止乱交乱配。选种选配是本品种选育的关键，因此，根据选择指数和育种值的高低，选出优秀种公羊，进行科学培育，并扩大使用，从而提高选育效果。

五、组建核心群

开展品系选育应利用小尾寒羊品种内现有类型差异，用群体继代选育法建立不同的品系，以扩大品种内差异，完善品种结构，利用系间杂交进一步提高生产性能。

（一）按选育标准进行选择

只要种羊的体型外貌、生产性能等指标符合小尾寒羊标准，就可以进入核心群，而不考虑其遗传背景。如果育种目标单一，选择的强度要大些，当育种目标多时（2～3 个），选择时要兼顾几个方面的优点，选择强度也会随之降低。这样可使优良基因在核心群得到富集，有利于提高选育效果。

(二)构建繁育体系

目的是使育种工作突出重点,使育种目标尽快实现,而且又能使优秀种羊得以推广扩散,必须建立三个层次。通过生产性能评比,确立以核心群为塔尖的三级繁育体系。顶部是核心群(又叫育种群),中部是繁殖群(又叫制种群),基部是生产群(又叫商品群),育种群总体比例约为 1∶3∶6,形成自上至下遗传传递过程,也就是基因流动的方向从核心群到繁殖群,再到生产群,也可直接由核心群到生产群,始终使核心群内种公羊生产性能保持领先水平(图 4-1)。

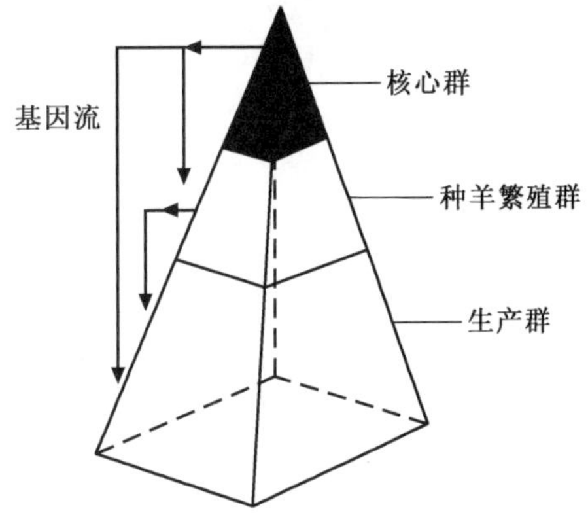

图 4-1 纯繁体系基因流向

(三)建立开放核心群育种体系

“开放核心群育种体系”就是改变金字塔形选育模式。不仅可以从生产群中选出优秀个体进入繁殖群,而且可以从繁殖群中选育出优秀个体进入核心群。公羊仍从核心群中经过本身、同胞或后裔测定选留(图 4-2)。开放核心群育种体系的优点是扩大了核心群的选择范围,丰富了核心群的基因结构,同时也降低了核心群中的近交累加速度。

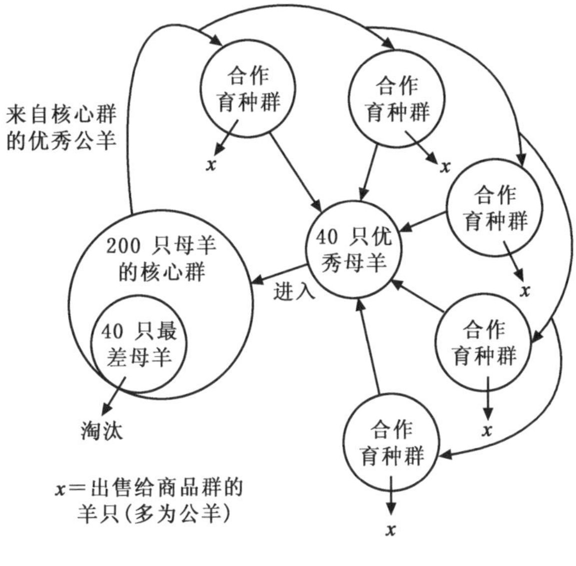

图 4-2 开放核心群繁育体系

(四)建立年龄结构合理的母羊群

宋桂敏等(2003)对 831 只小尾寒羊母羊繁殖性能作了统计分析,母羊的年龄结构对繁殖性能有明显影响,即随母羊年龄的增加,适配母羊数量逐渐减少(表 4-8)。1.5 岁、2.5 岁、3.5 岁、4.5 岁、5.5 岁、6.5 岁各年龄组母羊数的比例为:30.3%、24.7%、19.1%、15.7%、7.0%、3.0%。羔羊成活率以 2.5 岁年龄组最高,达到 91%。

表 4-8　年龄对小尾寒羊母羊繁殖性能的影响

配种年龄(岁)	配种母羊(只)	产羔母羊(只)	产羔母羊(%)	产羔(只)	断奶(只)	成活率(%)
1.5	252	179	71	411	370	90
2.5	205	162	79	426	388	91
3.5	159	134	84	397	353	89
4.5	30	110	85	289	251	86
5.5	62	50	81	143	129	90
6.5	23	18	78	55	44	80

综合分析小尾寒羊母羊的年龄结构以 1.5 岁左右的母羊占 30%，2～4.5 岁年龄组占 45%，4.5 岁以上年龄阶段占 25%为宜。

六、小尾寒羊群选群育实例

1963 年山东省成立了“菏泽地区寒羊育种辅导站”，把全区 10 个县划分为改良区和保种区。在保种区经过 10 多年选育，使小尾寒羊在体格大小、早熟性(生长发育)及繁殖率等方面都有了较大提高。1980 年农业部拨款扩大了保种区，1988 年通过了专家鉴定。我国著名养羊专家甘肃农业大学赵有璋教授，对小尾寒羊的评价是中国的国宝，是“世界超级绵羊品种”，其生长发育和繁殖率不亚于世界著名的“兰德瑞斯”和“罗曼洛夫”品种。同时被国家定为“保护”品种。

(一)选育方向

结合产区群众养羊生产实际开展选育，突出繁殖力(多胎高产)和早熟性(生长发育快)，同时兼顾三个类群(裘皮、细毛、粗毛)的发展提高。

(二)选育方法

(1)制定选育标准，开展良种登记，严格选择淘汰，实行群选群育。

(2)建立基地，开展选种选配，选核心群中的优秀种公羊开展配种。1986 年设配种点 42 处，配种户 322 个，鉴定配种公羊 408 只。根据种公羊的鉴定结果尤其是后裔表现，进行选种选配。

(3)举办赛羊会。以市、县、乡为单位举办不同类型的赛羊会，以小尾寒羊的鉴定标准为依据，选出优秀种公羊和种母羊，发奖表彰，有力地促进了小尾寒羊的选育工作。

(三)选育效果

据王景元报道，经选育小尾寒羊周岁公、母羊体重分别达到 91.92 kg 和 60.49 kg，较选育前分别增加 47.92 kg 和 32.89 kg；繁殖率达到 265.16%，比选育前提高 38.66 个百分点；周岁屠宰率增加了 1.96 个百分点；胴体重增加 16.59 kg，净肉重增加 14.01 kg；周岁公母羊剪毛量也分别比选育前增加 1.32 kg 和 0.17 kg。现将菏泽地区畜牧局育种站 1964 年和 1988 年两年度抽样测定资料整理对比如下(表 4-9 和表 4-10)。

选育后的小尾寒羊，繁殖率高，且体格大，居我国绵羊品种首位，并进入了世界多胎高产绵羊品种的多胎行列。

小尾寒羊是在鲁西南家庭分散饲养条件下，利用群选群育方法选育成功的。在选育提高过程中促进小尾寒羊开发利用，在发展和开发利用过程中保种，符合我国国情，值得在具备相同条件的地市推广。

表 4-9 小尾寒羊选育周岁公、母羊体重体尺变化($n\geqslant30$)

年龄	年度	性别	体高(cm)	体长(cm)	胸围(cm)	管围(cm)	体重(kg)
周岁	1964	公	75.50	77.00	83.60	7.30	44.00
	1988	公	92.85	94.92	104.31	10.32	91.92
		相差	17.35	17.92	20.71	3.02	47.92
	1964	母	65.00	64.10	71.30	6.10	27.60
	1988	母	80.32	82.20	95.12	8.95	60.49
		相差	15.32	18.10	23.82	2.85	32.89
成年	1964	公	83.00	82.00	89.00	7.70	58.50
	1988	公	99.83	99.25	115.67	11.33	113.33
		相差	16.83	17.25	26.67	3.63	54.83
	1964	母	68.80	70.20	77.80	6.60	32.40
	1988	母	82.43	81.53	100.28	8.98	65.85
		相差	13.63	11.33	22.48	2.38	33.45

表 4-10 小尾寒羊选育周岁公、母羊繁殖性能变化($n\geqslant30$)

年度	第一胎			第二胎			第三胎			第四胎		
	母羊数(只)	羔数(只)	产羔率(%)	母羊数(只)	羔数(只)	产羔率(%)	母羊数(只)	羔数(只)	产羔率(%)	母羊数(只)	羔数(只)	产羔率(%)
1964	113	230	203.5	109	234	214.7	100	246	246.0	72	174	241.7
1988	450	1 121	249.1	205	558	272.2	103	305	296.1	60	185	308.3

七、小尾寒羊高繁新品系选育实例

小尾寒羊高繁新品系选育及产业化开发课题，是山东省 2005 年农业良种工程重大课题“地方优质肉羊新品种培育”项目的子课题，由菏泽市畜牧局主持。从 2006 年开始实施到 2009 年结束，历经三年选育，完成了课题任务指标，取得了显著的社会效益和经济效益。主要做了以下工作。

(1)制定小尾寒羊选育标准和实施方案。

(2)组建育种群。进行初生、3 月龄、6 月龄、周岁以及成年羊鉴定，坚持个体选择、系谱选择和后裔测验相结合的方法进行淘汰和选种与选配。

(3)把良种登记、基因检测(*FecB*)、种群扩繁结合起来。把扩繁群中携带多胎基因的优秀种羊输送到核心群，并把核心群中优秀种公羊推广到扩繁群，建立高繁新品系繁殖群。

(4)经过对 4 批次核心群 220 只种羊多胎主效基因(*FecB*)检测，结果表明：带纯合型(BB)基因的小尾寒羊初产母羊产羔数，比带杂合型(B+)基因的母羊增加 0.18 只，2 胎平均增加 1.3 只。说明携带多胎基因的母羊产羔数与该基因密切相关。

(5)成立了小尾寒羊育种协会。通过对协会会员进行技术培训，采取边选育、边推广的方法，扩大良种覆盖面。

(6)制定小尾寒羊饲养管理技术规程，实行规范化管理，不仅保证了核心群种羊的正常繁殖，还能充分发挥种羊的生产潜力，提高繁育效果。

(7)经过 3 年的系统选育和培育，完成了“小尾寒羊高繁新品系选育及产业化开发”项目所下达的任务指标。高繁新品系核心群存栏繁殖母羊达到319只，种公羊23只。新品系核心群1～5胎平均产羔率达到295.98%，比繁殖群母羊(292.55%)提高3.43个百分点，比生产群(277.0%)提高了18.98个百分点，经济效益和社会效益显著。该项目于2009年4月19日通过了专家鉴定。

八、山东省嘉祥县小尾寒羊种羊场保种选育方案

为进一步提高小尾寒羊的品种质量和生产性能，嘉祥种羊场根据山东省小尾寒羊地方品种标准和近年来的科研成果，结合省内外专家教授的论证意见，制定本方案，以便有目的、有计划地开展小尾寒羊的保种选育工作。

(一)选育方向

小尾寒羊属肉裘兼用型地方绵羊品种。在符合品种标准所描述和确定的基本特征与特性的基础上，其选育重点：一是增加裘皮型羊比例，提高被毛品质；二是提高胎产羔数，建立高繁品系；三是提高体重，改进产肉性能。

(二)选育指标

1. 被毛类型　核心群裘皮型占90%以上，细毛型在10%以内，全部淘汰粗毛型个体；繁育群裘皮型占85%以上，细毛型在15%以内，基本无粗毛型个体。

2. 胎产羔羊　严格执行特级羊、一级羊标准要求。初产母羊胎产羔羊2～3只，经产母羊3～4只，其中核心群母羊的个体上限比例应在50%以上。公羊和羔羊参照同胞和系谱资料而定。

3. 体重　按照特级羊体重标准作为下限执行(表4-11)。

表4-11　小尾寒羊最低体重选育指标　kg

年龄	公羊体重	母羊体重
3月龄	26	24
6月龄	46	42
12月龄	90	60
成年羊	120	66

(三)选种方法

以个体性能测定和后裔测定为主，同胞测定和系谱选择为辅，综合利用多种资料，坚持本品种选育。

1. 个体性能测定　坚持每年春末(或羔羊断奶前)和秋初(或母羊配种前)进行2次个体性能测定。根据个体性能表现和外貌特征鉴定、定等级。羔羊和育成母羊的选淘率分别确定为10%和25%，在具体选淘时，应遵循如下建议：

(1)选择符合品种特征、性能表现突出的公、母羊留种。

(2)选择裘皮型种公、母羊留种。

(3)选择体重大、生长发育快的后备羔羊留种。

(4)选择能四季发情、容易配种、胎产羔数多的母羊及其后代留种。

(5)选择初情期早、配种早而又产多羔的母羊及其后代留种。

(6)选择断奶重大的多胞胎公、母羊及其后代留种。

(7)选择睾丸大、发育好的公羊及其后代留种。

2. *后裔测定* 后裔测定方法选用母女对比法和同龄后代对比法,以便既能尽早尽快,又能较为准确地确定种公羊的种用价值。

(1)母女对比法 根据父母双亲对后代遗传贡献各占一半的基本原理,对比说明种公羊的种用价值。但应选用母女周岁的生产成绩进行计算对比。

(2)同龄后代对比法 根据同龄同期女儿后代的表现,用性能平均差值对比说明种公羊的种用价值。但应尽量把测定公羊的全部女儿均匀分配到不同的羊群中,环境条件力求一致。

(四)选配方法

根据小尾寒羊全年发情、春秋季节配种的特点,种羊场采用人工辅助交配法,即根据公、母羊的个体表现确定配种计划,进行适时配种。

(1)参与配种公羊的品质必须好于种母羊,个体选配的种公羊必须符合特级标准。

(2)不许有相同或相反缺陷的种公、母羊选配。

(3)及时总结选配结果,不断修正和完善配种计划。

(4)慎重使用亲缘(尤其是近亲)交配。

(五)繁育体系建设

充分发挥地方群选群育的作用,种羊场建立"以场为主,场户结合"的三级繁育体系,即种羊场设立核心群和繁育群,社会上选择重点乡镇建立生产群,通过统一选育方案形成利益共享的合作育种模式。

1. *核心群* 集中小尾寒羊品种内品质最好、符合选育目标的优秀个体,以选育提高为目标,逐步培育高繁殖力和体重大两个品系,核心群规模应占种羊场内基础母羊数量的30%以上。

2. *繁育群* 主要由特级母羊、一级母羊组成,生产性能表现较为突出。以扩繁推广为主要目标,推广面以生产群及其他产区羊群为主,兼向全国各地输出种羊。基础母羊应占种羊场数量的70%左右。

3. *生产群* 主要由两部分组成,即重点乡镇羊群和一般产区羊群。重点乡镇羊群以群选群育和繁育推广为主,接受种羊场技术指导,与种羊场密切配合。一般产区羊群(包括场区周边其他县市区)以商品生产为主。

(六)保证措施

配备专职场长1名和技术人员2~3名,负责选种与选配计划的制订与实施。选责任心强、有经验的饲养员管理育种群,尤其是核心羊群,严格按饲养管理规章制度和各项技术规范指导全场的各项工作,以确保选育工作顺利进行。

第六节 杂交与利用
Section 6 Hybridization and utilization

在国家划定的小尾寒羊保护区之外,充分利用小尾寒羊生长发育快、繁殖率高的种质特性发展肉羊生产,是开发利用小尾寒羊的重要途径,而最佳利用方式就是以小尾寒羊为母本开展杂交。

一、经济杂交及应用

(一)杂交父本的选择

父本的数量虽少，但影响面远比母本大，俗话说："母羊好，好一窝，公羊好，好一坡"。因此，对杂交父本的纯度要求标准更高。尤其广泛采用人工授精技术后，更应注重和严格要求纯度。

1.选择经过高度培育的肉羊品种　通常情况下这些品种的生产性能比较好，而且性状的遗传力比较高，种公羊能将优良性状稳定地遗传给杂种后代，如无角陶赛特、萨福克、特克塞尔、杜泊等肉羊品种。

2.选择与计划杂种类型相似的品种　例如，生产肥羔羊，就应选择早期生长发育快，肉质好，肉用体型好的品种做父本。

3.选择外来品种　我国肉羊品种资源虽然丰富，但符合肉羊肥羔生产要求的品种不多。国外不仅肉羊品种资源丰富，而且许多品种达到了生产性能和体型外貌俱佳的有机结合与统一。同时国外品种本身所携带的遗传基因与国内品种差异较大，一般情况下杂交效果会更好。

(二)杂交母本的选择

1.选择数量大的品种　我国绵羊以地方品种居多，经多年自然和人工选择，都能较好地适应当地的饲料资源和生态条件。在中原地区，一般选择小尾寒羊做母本，杂交羔羊能更好地适应当地环境和资源条件。

2.选择繁殖力高的品种　母羊的产羔数是直接影响肉羊生产经济效益的主要因素，对一只母羊来说，多产一只羔羊经济效益至少要提高30%以上。因此，选择繁殖率高的小尾寒羊做杂交母本，是提高繁殖率的重要技术途径。

3.选择泌乳力高和母性好的品种　母羊泌乳力直接影响羔羊的生长发育、增重速度和断奶体重，接下来还会影响羔羊育肥期间的增重和出栏体重，因此，选择泌乳性能好的品种做杂交母本是非常重要的一环。我国的小尾寒羊、洼地绵羊和湖羊都具备上述特点，适合做肉羊肥羔生产的杂交母本。

(三)杂交方法

利用各种杂交方法，发挥不同杂交组合及其亲本品种或品系间所产生的杂种优势，是发展肉羊肥羔生产的重要途径，所采用的杂交方式有多种，但归纳起来常用的有直接利用的二元杂交、间接利用的三元杂交、计划合成的四元杂交、循环利用的轮回杂交，以及回交、顶交和合成杂交等。这里仅介绍在生产上经常应用的二元、三元和四元杂交。

1.单杂交(二元杂交)　二元杂交可称为简单杂交或单杂交。一代杂种无论公母，全部作为商品羊利用，其父、母本种群，始终保持纯种状态。在选择杂交组合时只需要做一次配合力测定，只要杂种优势明显，即可开展大面积推广。一般杂交肉羊的生长性状优势率在5%～6%，饲料转化优势率在3%左右。

根据资料介绍，表4-12中的杂交类型与模式都有一定效果，但其程度不同。使用当地品种做母本，用哪一个引进品种做父本，则应通过配合力测定来确定。

2.三元杂交　三元杂交又称复杂杂交或多元杂交。先用两个品种杂交，选择杂交一代母羊做母本，再用第三个品种做父本与之杂交。在一般情况下，三元杂交的杂种优势均超过二元杂交。同时可以利用杂交一代母羊的优势，又可减少纯繁母本的数量，可以减少开支，提高效益。由此可见，利用杂种母羊实施三元杂交是实现肉羊高产高效的重要一环。小尾寒羊三元杂交类型见表 4-13。

表 4-12 小尾寒羊二元杂交类型

杂交父本	杂交母本	杂交组合示例
地方品种	地方品种	小尾寒羊×本地绵羊 小尾寒羊×滩羊 小尾寒羊×呼伦贝尔羊 小尾寒羊×藏羊
引进品种	地方品种	无角陶赛特×小尾寒羊 杜泊绵羊×小尾寒羊 萨福克×小尾寒羊 特克塞尔×小尾寒羊 夏洛莱×小尾寒羊

表 4-13 小尾寒羊三元杂交类型

组合	第一父本	第一母本	第二父本
1	无角陶赛特	小尾寒羊	萨福克
2	杜泊绵羊	小尾寒羊	萨福克
3	夏洛莱	本地绵羊	小尾寒羊
4	小尾寒羊	滩羊	无角陶赛特

中国科学院兰州沙漠研究所刘金祥等研究探索适于兰州地区饲养的绵羊三元杂交组合，取得了较好效果。首先是利用小尾寒羊（公羊）的多胎性和体高的优势与滩羊（母羊）适应本区自然气候条件好的特点进行杂交，使其后代具有多胎性、适应性强和体型大的特点；接下来就是利用无角陶赛特（公）生长快、产肉性能好的特点与 F_1 代（母）杂交，其所生后代即为三元杂交羔羊（图 4-3）。

3. 双杂交 双杂交又称四元杂交，即先选用四个品种实施两两杂交，然后在两个杂交种间杂交，产生经济杂交羊（图 4-4）。双杂交种比单杂交种具有更强的杂种优势，双杂交羊表现生活力强，生产性能高，经济效益显著。双杂交的特点有以下几个方面。

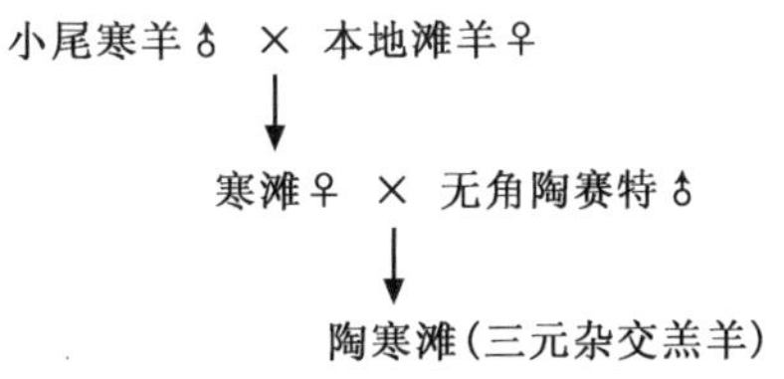

图 4-3 三元杂交组合示意图

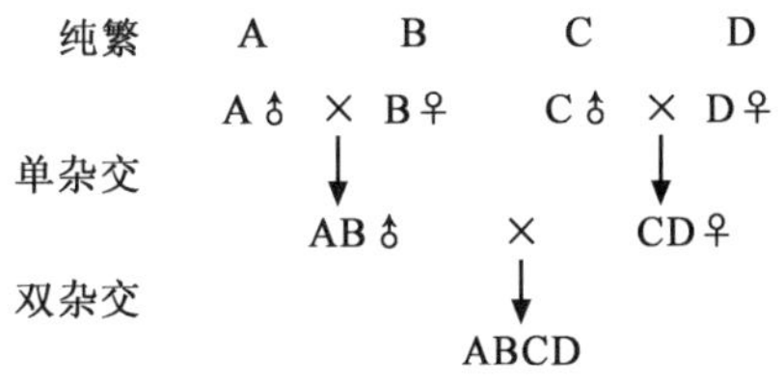

图 4-4 四元杂交组合示意图

（1）遗传基础广泛，有更多显性优良基因互补机会，存在更多互作可能，从而产生更大的杂种优势。

（2）充分利用杂种公羊的优势，这种优势表现为适应性强，配种能力强，可以少养、多配并可适当延长使用年限。

(3)大量利用杂种羊繁殖，可以少养纯种，降低成本。杂种一代，除作二级杂交用的父本和母本之外，其余杂种完全可用作肥育用的商品羊，而杂种羊的肥育性能要比纯种好。

内蒙古畜牧科学院利用德国美利奴、无角陶赛特、萨福克和蒙古羊，分别实施双杂交试验。双杂交组合的羔羊，在相同饲养管理条件下，具有引进品种生长发育快、产肉率高的特点，又有蒙古羊的肉质鲜嫩、抗病力强、适应性好的特点。

(四)杂交效果分析

利用不同种群杂交产生的后代，在生活力、生长势和生产性能等方面，往往表现出优于其亲本群的现象，称为杂种优势。充分利用具有遗传多样性和不同特点的品种开展杂交，不仅可以提高杂种后代的初生重、断奶重、成年体重等生长发育性状，而且还可以提高杂种后代的成活率，抗病力和繁殖率。

1.杂种优势测定　不同杂交组合的杂种优势率不同。因此，再利用肉羊的杂种优势时，最好通过杂交组合筛选和配合力测定。不同性状表现的杂种优势也有差异，如平均日增重为10%～20%，羔羊成活率40%，剪毛量33%左右。杂种优势率的计算公式为：

$$\text{杂种优势率}=\frac{\text{杂交后代平均数}-\text{双亲品种的平均数}}{\text{双亲品种的平均数}}\times 100\%$$

据王金文(2003)利用杜泊羊与小尾寒羊杂交，杜寒杂交组合的生长速度(试验90 d)平均日增重达到306 g，饲料报酬4.25∶1，分别比小尾寒羊提高20%和21.17%。其中平均日增重的优势率比双亲提高10.29%。

近10年来，国内无论科研还是生产上，应用最多的是二元杂交。做父本用最多的品种是无角陶赛特，用做母本最多的品种是小尾寒羊，杂交效果最好的组合是萨福克与小尾寒羊，平均日增重达到了376 g，其次是无角陶赛特羊与小尾寒羊杂交312 g，以及杜泊羊与小尾寒羊杂交一代公母羊平均306 g。利用国外肉羊做父本，用国内品种做母本，杂交一代羊一般都具有明显的父本特征，有的兼有二者的特点。

2.二元杂交实例分析　小尾寒羊作为世界著名的多胎绵羊品种之一，极具开发价值和市场潜力。经过不同地区的实践证明，无角陶赛特×小尾寒羊，杜泊羊×小尾寒羊，夏洛莱×小尾寒羊均属于优秀的杂交组合，开发利用价值较大。

(1)繁殖率　闫晚姝(2003)选萨福克、陶赛特、德国美利奴分别与小尾寒羊开展杂交试验，观察不同杂交组合对杂交母本产羔率的影响。结果证实：萨×寒、陶×寒、德美×寒杂交组合的繁殖性能良好，产羔率分别为225.92%、225.0%、206.45%，和对照组小尾寒羊(纯种)的产羔率237.5%差异不显著，与小尾寒羊具有普遍代表性的第一胎产羔率220%，也无显著差异；但显著高于引进品种的产羔率：萨福克125%～140%、陶赛特130%～180%；具有明显的母本的多胎特征。杂交一代羔羊体质健康，活羔率分别为90.16%、92.59%、90.63%，说明初生羔羊的体质良好，生活力强。

(2)体型外貌　无角陶赛特与小尾寒羊杂交一代全身被毛白色，头面部无毛，酷似无角陶赛特，但公羊长有小螺旋角，又似小尾寒羊。所不同的是杂交羊体型大，肉用体型明显，胸深而宽，肋骨开张，臀部明显比小尾寒羊宽，四肢高度居父母本之间，后躯比较丰满，肌肉较发达。尾根部粗，尾尖部细。

萨福克与小尾寒羊杂交一代，头部和四肢黑褐色或带黑褐色斑点，被毛白色或花色。有部分个体出现褐斑，刚出生时颜色稍浅，断奶后随着体重的增长而逐渐加深，尾细长。由于杂交一代羊四肢较高，背腰平直，其体型外貌趋向萨福克。

特克塞尔与小尾寒羊杂交一代，体型外貌介于父母本之间，头清秀，口鼻部浅灰色，全身被毛白色，四肢健壮，后躯丰满，背腰平直，尾细长。

杜泊羊与小尾寒羊杂交，杜寒 F_1 体型外貌趋向父本，头颈部黑色特征明显，羔羊中有33.5%的羊完全像黑头杜泊，有66.5%的羊头部和颈部有黑颜色，白脸。所有杂交一代羊，头和腿部无绒毛，被毛白色，有明显的粗毛。胸宽深，背腰平直，肌肉较丰满，后躯发育较好，尾细长；四肢介于父母本之间，较杜泊羊高，较小尾寒羊矮。

(3)杂交羊哺乳阶段生长发育　利用引进国外肉羊品种与小尾寒羊杂交，3月龄杂交一代在同样的饲养管理条件下，断奶体重比小尾寒羊增加2.3～9.6 kg，平均日增重以杜寒杂交羊最好。与肉羊体型相关的指标，比如体长、胸围等杂交一代羊也优于小尾寒羊(表4-14和表4-15)。

表4-14　舍饲杂交羊与小尾寒羊断奶重比较($n \geq 8$)

测定羊只	初生重(kg)	断奶重(kg)	日增重(g)	资料来源
陶寒 F_1	3.14	23.38	220	浦亚斌，2005
小尾寒羊	3.35	21.00	196	
萨寒 F_1	4.21	25.18	233	孙占鹏，2006
杜寒 F_1	4.11	24.90	231	
陶寒 F_1	4.05	24.03	222	
小尾寒羊	3.41	17.09	152	
杜寒 F_1	4.84	33.5	318	王德芹，2006
特寒 F_1	3.74	31.0	303	
小尾寒羊	4.03	23.9	220	

表4-15　舍饲杂交羊与纯种羊断奶体尺比较　cm

测定羊只	体长	体高	胸围	胸宽	胸深	管围
杜寒 F_1	72.9	60.0	67.5	18.8	26.0	8.6
杜泊羊	68.2	54.4	74.1	21.3	25.1	9.1
小尾寒羊	64.5	60.2	65.6	15.4	23.8	7.1

注：引自王德芹，2006。

(4)杂交羊的育肥效果　利用杂交羊育肥，在所报道的资料中大都表现为生长速度快，饲料报酬提高，适应性较强，屠宰率和出肉率高等特点(表4-16)。只有极少数在生态环境恶劣，又完全依靠放牧的条件下，杂种优势表现不明显，或不表现杂种优势。而在草场资源条件较好或在舍饲和有补饲条件下，杂种优势明显。

姚树清等(1995)用无角陶赛特公羊与小尾寒羊杂交，陶寒一代羊全部舍饲，精饲料由玉米50%，麸皮30%，豆粕20%组成，日喂量0.5～0.7 kg。粗饲料自由采食，有草粉、花生秧、青贮玉米秸等。试验结果表明，陶寒杂一代公羔6月龄体重40.44 kg，母羔35.22 kg，选择公羔的屠前体重44.41 kg，胴体重24.2 kg，屠宰率54.49%，胴体净肉率79.11%。

袁得光(2001)分别用萨福克和无角陶赛特与小尾寒羊杂交,选萨寒、陶寒和小尾寒羊各15只,于2月龄断奶并开始试验,日粮组成为玉米65%,麸皮20%,黑豆8%,菜籽饼5%,石粉1%,食盐0.5%,生长素0.5%。经50 d试验,萨寒平均日增重376 g,陶寒366 g,小尾寒羊316 g,萨寒和陶寒分别比小尾寒羊提高增重18.86%和15.82%,杂种优势明显。

王金文等(2003)利用杜泊绵羊公羊与小尾寒羊母羊杂交,日粮组成为全颗粒饲料加少量青贮玉米秸,饲料配方为,玉米43%,小麦麸7%,大豆粕17.5%,甘薯秧15%,花生秧粉15%。杜寒杂交一代6月龄公母羊平均日增重306 g,饲料报酬4.25:1,分别比小尾寒羊($n=8$)提高20%和21.17%。肉质评定结果:杂交一代肉呈鲜红色(3.80),大理石纹明显;熟肉率为46.48%,显著高于小尾寒羊;剪切力值为3.34 kg,显著低于小尾寒羊。结果表明杂种羊产肉性能和肉用品质显著提高,杂交改良效果明显。此外,杜寒杂交一代在山东地区尤其是在鲁西北农村,还表现出抗病及特别耐粗饲,对低品质秸秆和牧草有较高的利用率。不仅肉的品质有较大改善,而且皮革质量也有较大提高。

张玉斌(2008)以德国美利奴羊为父本,小尾寒羊为母本进行杂交,对杂交一代的生长状况、产肉性能及肉用品质进行测定分析,结果表明:德寒F_1羔羊平均初生重4.10 kg,9月龄、12月龄日增重分别为122.67 g和110.80 g,均显著高于小尾寒羊($P<0.05$)。体长、胸围、胸深、胸宽、管围比小尾寒羊显著提高。1岁德寒F_1的GR值平均为1.42 cm,高出小尾寒羊0.61 cm;眼肌面积为18.79 cm^2,比小尾寒羊高2.35 cm^2,差异显著;屠宰率、净肉率和胴体净肉率分别比小尾寒羊提高5.40%、6.40%和5.67%。

表4-16 小尾寒羊二元杂交育肥效果($n\geqslant8$)

杂交父本	杂交母本	杂交一代	出栏日龄	日增重(g)	屠前体重(kg)	屠宰率(%)	胴体净肉率(%)	资料来源
无角陶赛特	小尾寒羊	公	180	200	40.44	54.49	79.11	姚树清,1995
		公	180	256	50.00	54.0	79.63	张丛玉,2001
		公	155	282	47.75	50.8	78.1	王金文,2005
		公	180	194	43.6	49.3	77.5	富俊才,2005
萨福克	小尾寒羊	公	180	274	47.9	49.8	78.1	王金文,2005
		公	180	203	44.5	53.5	81.0	富俊才,2005
特克塞尔	小尾寒羊	公母	150	277	45.7	50.0	77.00	王金文,2003
		公	180	215	41.38	51.8	—	余忠祥,2008
		公	180	195	43.1	51.7	79.1	富俊才,2005
杜泊绵羊	小尾寒羊	公母	150	306	49.5	50.6	80.0	王金文,2003
小尾寒羊	小尾寒羊	公母	150	255	44.4	47.3	79.1	
夏洛莱	小尾寒羊	公	180	216	42.3	—	—	赵国明,2001
德国美利奴	小尾寒羊	公母	180	123	52.82	46.8	76.47	张玉斌,2008
兰德瑞斯	小尾寒羊	公	180	288	49.34	50.48	82.02	马法波,2004
小尾寒羊		公	180	216	40.10	47.26	81.11	

马法波(2004)选用10只3月龄兰德瑞斯与小尾寒羊杂交一代公羊和10只3月龄小尾寒羊公羊进行90 d的肥育。兰杂一代公羊日增重288 g,屠宰率50.48%,胴体净肉率82.02%;

小尾寒羊公羊日增重 216 g，屠宰率 47.26%。兰杂一代公羊比小尾寒羊公羊日增重提高 72 g，屠宰率和净肉率分别提高 3.22%和 3.06%。

富俊才(2005)以小尾寒羊为母本，以无角陶赛特、特克塞尔和萨福克 3 个引进肉用品种为父本，研究了无角陶赛特(♂)×小尾寒羊(♀)，特克塞尔(♂)×小尾寒羊(♀)，萨福克(♂)×小尾寒羊(♀)，结果表明：3 个二元杂交组合中，杂交一代母羊的产羔率以无角陶赛特(♂)×小尾寒羊(♀)组为最高，极显著高于其他两组；3 个杂交组合公羔羊的生长性能、产肉性能和饲料转化率则以萨福克(♂)×小尾寒羊(♀)为最好。

余忠祥(2008)利用特克塞尔和陶赛特公羊与小尾寒羊母羊杂交，产羔率分别达到 213.04%和 210.90%，与对照组小尾寒羊的产羔率 231.42%差异不显著；在哺乳期内，特寒 F_1 和陶寒 F_1 羔羊的生长发育比小尾寒羊明显好，4～6 月龄育肥期内，特寒 F_1 和陶寒 F_1 的净增重为 11.77 kg 和 11.7 kg，分别比小尾寒羊的 8.5 kg 提高了 38.3%和 37.6%，杂交优势明显。特寒 F_1 和陶寒 F_1 的胴体重为 21.6 kg 和 20.93 kg，屠宰率达到 51.08%和 50.81%，分别比小尾寒羊提高 5.57 和 5.3 个百分点；产肉性能明显优于小尾寒羊。

3. 三元杂交实例分析　郭千虎等(2003)利用小尾寒羊作第一杂交父本，用山西晋中本地绵羊作母本，用引进陶赛特、萨福克和夏洛莱为终端父本开展三元杂交试验，结果表明：陶寒本、萨寒本、夏寒本的断奶重、10 月龄体重、胴体重、屠宰率均显著高于本地绵羊(表 4-17)。在这里要着重强调的是三元杂交充分利用了母本(杂交一代)的杂种优势，使繁殖率得到大幅度提高。

表 4-17　小尾寒羊三元杂交育肥效果

类群	数量(只)	初生重(kg)	断奶重(kg)	10 月龄重(kg)	繁殖率(%)	胴体重(kg)	屠宰率(%)
陶×寒×本	30	4.41	20.89	49.92	154	26.1	52.28
萨×寒×本	50	4.25	23.58	51.63	148	25.97	51.29
夏×寒×本	30	3.96	22.82	50.16	153	25.61	53.18
本地绵羊	30	3.04	14.23	34.27	100	15.59	45.19
特×陶×寒	12	5.4	27.8	46.4*	—	23.98	51.7
萨×陶×寒	12	5.6	27.6	46.3*	—	24.77	53.5

注：带 * 的为 6 月龄羔羊体重。

富俊才(2005)以特克塞尔(♂)×[无角陶赛特(♂)×小尾寒羊(♀)](♀)和萨福克(♂)×[无角陶赛特(♂)×小尾寒羊(♀)](♀)，测定 2 个三元杂交组合公羔羊的生产性能、产肉性能和饲料转化率(表 4-17)。结果表明：与二元杂交相比，三元杂交显著或极显著提高羔羊哺乳期日增重、断奶后日增重和饲料转化率；三元杂交羔羊的屠宰率、胴体净肉率和眼肌面积都极显著高于二元杂交，或呈现增加的趋势；在三元杂交组合中，以萨福克(♂)×[无角陶赛特(♂)×小尾寒羊(♀)](♀)组的羔羊生产性能、产肉能力和饲料转化率为最高。

刘金祥等(1998)测定无角陶赛特×小尾寒羊×滩羊三元杂交羔羊的初生重、繁殖成活率、6 月龄体重分别比小尾寒羊×滩羊二元杂交羔羊提高 12.58%、10.73%和 28.58%；三元杂交羔羊既发挥了当地滩羊耐粗饲、适应当地自然气候条件的特点，小尾寒羊多胎羊及四季发情的特点也得到体现，又改进了二元杂交羔羊体躯不丰满、个体产肉量低的缺陷。试验证实，无角陶赛特×小尾寒羊×滩羊三元杂交组合是兰州地区开展羔羊快速育肥生产的理想组合。

通过实施以上二元、三元杂交试验，在舍饲和放牧加补饲的条件下，杂交后代均表现出较好的生产性能和生长优势。通过杂交试验和杂交组合的筛选，广泛利用杂种优势，不断改进杂交效果，扩大杂交羊的数量，提高各类杂交羊的质量，对发展区域性肉羊肥羔生产，增加养羊生产收入，无疑是一条多快好省的新路子，应在具有类似生态条件的地区推广使用。

二、育成杂交及应用

育成杂交是利用两个或两个以上各具特色的品种，进行品种间杂交，创造新品种的杂交方法。只用两个品种进行育成杂交时称为简单育成杂交，而用两个以上品种进行育成杂交时称为复杂育成杂交。育成杂交的目的，就是要将两个或两个以上品种的优良遗传特性和生产性能，集中到杂种后代身上，将杂交亲本的缺点克服掉，最终创造出一个新的品种。

(一)总体思路

从我国肉羊生产实际出发，利用引进品种和本地绵羊品种资源，采用常规育种和现代育种技术相结合的方法，分别培育出适合当地自然和生态条件的肉用绵羊新品种(系)。通过课题实施，育成在国内外市场上具有竞争力的肉羊新品种，改变或缓解种羊长期依赖进口的局面，全面提升我国肉羊育种自主创新能力，推动肉羊产业向高产、高效和优质方向发展，从而促进农业结构调整，增加农民收入，具有良好的生态效益、经济效益和社会效益。

(二)主要研究内容和技术指标

1. *肉羊育种新技术研究与应用* 在不同的杂交和横交类群中，开展多胎基因检测、生理生化指标测定，加快育种进程。利用优秀种羊扩繁，使冷冻精液受胎率达到70%以上，鲜胚移植受胎率达到55%以上。

2. *肉用绵羊新品种培育* 建立育种核心群，基础母羊300只以上。羔羊6月龄体重达到40 kg以上，胴体重20～22 kg，屠宰率50%以上；成年母羊60 kg以上，公羊100 kg以上；母羊平均产羔率180%～200%。

3. *新品种的理想型标准* 体质结实，结构匀称，胸肩部丰满，肋骨开张良好，背腰宽阔厚实，臀部宽长浑圆，四肢强健、长短适中，全身肌肉发达。成年公羊体高90 cm左右，体重90～105 kg；成年母羊体高78 cm左右，体重70～85 kg；6月龄公羔羊体重35～45 kg，母羔体重30～40 kg；母羊产羔率180%～220%；8月龄屠宰率48%以上。

(三)技术路线

选择杂交亲本，较大规模地开展杂交改良工作，产生大量的杂种后代。例如，育种目标是培育一个繁殖率高、产肉性能好的肉羊品种，选择一个或几个产肉性能好的肉用绵羊，进行杂交组合试验，选出其中较好的一个或两个组合，在改良区大规模开展杂交工作。在杂种后代中选择符合育种目标要求的理想型个体组建育种群，采用常规育种技术、现代育种理论和分子遗传标记辅助选择，通过选种选配，横交固定和扩繁推广，培育适合我国肥羔生产的肉用绵羊新品种(系)(图4-5)。

(四)杂交改良阶段

小尾寒羊存在前胸不发达，体躯狭窄，肋骨开张不够，后躯不丰满，产肉性能差等不足；多数学者认为，通过纯繁难以改变和克服小尾寒羊的这些缺点。但与引进国外专用肉羊品种杂

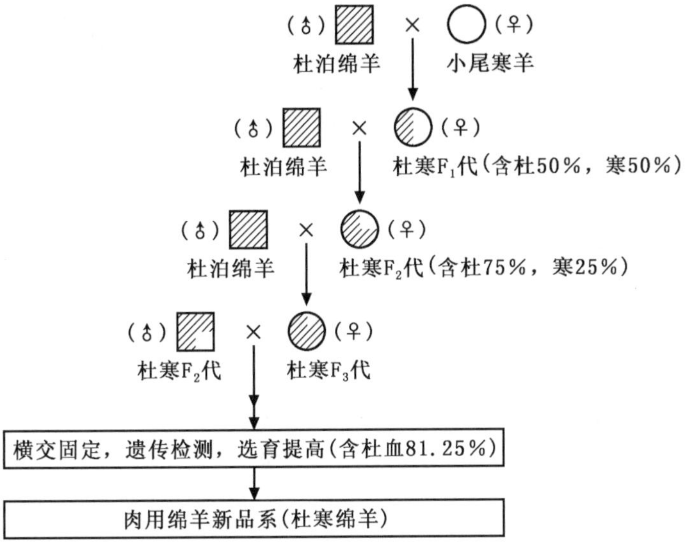

图 4-5　肉羊杂交育种示意图

交,通过基因的重组和互补,减少劣质基因的作用,可使体型和产肉性能得到改善。从南非引进的杜泊绵羊体躯呈桶形结构,具有增重快、饲料报酬高、耐粗饲、抗病、肥育性能和肉质品质好等特点。因此,以杜泊绵羊作父本,以小尾寒羊作母本生产杂交羊,羔羊生长速度快,饲料报酬高,杂种优势明显。

王金文等(2007)选用杜泊羊(♂)×小尾寒羊(♀),杜泊羊(♂)×杜寒 F_1(♀),杜泊羊(♂)×杜寒 F_2(♀)开展杂交,以杜泊羊和小尾寒羊为对照,分别进行繁殖。随机选杜寒 F_1、杜寒 F_2、杜寒 F_3、杜泊羊以及小尾寒羊公母羔,按对等的原则分组,研究探讨在相同饲养条件下,全颗粒料和干草加精料饲喂,不同杂交类群对断奶体重、生长发育和繁殖力的影响。结果如下:

1. 初生重　杜寒 F_1 初生重公母羔平均为 3.91 kg,略低于杂交父母本,略高于杜寒 F_2 和杜寒 F_3,但组间差异均不显著(表 4-18)。

表 4-18　初生重比较

类群	产羔数(只)		初生重(kg)		
	公羔	母羔	公羔	母羔	平均
杜寒 F_1	18	10	3.97±1.04	3.85±1.10	3.91
杜寒 F_2	38	41	3.75±1.26	3.70±1.05	3.73
杜寒 F_3	8	7	3.69±1.14	3.88±0.95	3.79
杜泊羊	10	3	4.44±0.62	4.13±0.81	4.29

2. 断奶重　杜寒 F_1 断奶前平均日增重达到 318g,高于杜寒 F_2、杜寒 F_3 和杜泊羊,比小尾寒羊提高 43.89%(表 4-19)。不仅杂交一代杂种优势明显,超过了双亲,而且杜寒 F_2 和杜寒 F_3 也显著高于小尾寒羊。

表 4-19　断奶重比较

类群	羊数(只)	性别	体重(kg)	期内增重(kg)	日增重(g)
杜寒 F_1	20	公母各半	33.5	28.7	318±42[a]
杜寒 F_2	18		29.43±5.76	23.57±5.81	274±63[a]
杜寒 F_3	38		28.88±5.20	25.45±4.73	281±53[a]
杜泊羊	8	公母各半	31.49±3.76	27.25±3.47	299±38[a]
小尾寒羊	26		23.9	19.9	221±46[b]

注：同列数字肩标字母不同表示差异显著($P<0.05$)或极显著($P<0.01$)，下同。

3. 增重　杜寒 F_1、杜寒 F_2 和杜寒 F_3 育肥阶段增重分别比小尾寒羊提高 40.99%、26.13%和 22.52%(表 4-20)。三个杂交代次间增重接近，杜寒 F_1＞杜寒 F_2＞杜寒 F_3。这说明杂交代次越高，育肥期增重速度越慢，符合杂种优势产生的规律。

表 4-20　育肥期增重比较

类群	羊数(只)	始重(kg)	末重(kg)	期内增重(kg)	平均日增重(g)
杜寒 F_1	10	28.36	47.14	18.78	313[a]
杜寒 F_2	12	31.73	48.55	16.82	280[a]
杜寒 F_3	24	33.67	50.00	16.33	272[a]
小尾寒羊	8	29.78	43.05	13.27	222[b]

4. 产肉性能　杜寒 F_2 和杜寒 F_1 屠宰率分别比小尾寒羊高 5.9%和 1.8%；眼肌面积以杜寒 F_2 最大(15.8 cm^2)，比小尾寒羊大 3.5 cm^2；杜寒 F_2 比杜寒 F_1 体型发生了明显变化，产肉性能得到进一步提高(表 4-21)。

表 4-21　羔羊产肉性能测定(n=8)

类群	宰前重(kg)	胴体重(kg)	屠宰率(%)	骨重(kg)	净肉重(kg)	净肉率(%)	肉骨比	眼肌面积(cm^2)	GR 值(cm)
杜寒 F_1	44.5	22.3	50.1	4.5	17.8	79.8	3.96	15.3	1.63
杜寒 F_2	43.9	23.8	54.2	4.4	18.9	79.4	4.36	15.8	1.83
小尾寒羊	43.2	20.9	48.3	4.8	15.7	75.2	3.26	12.3	1.53

5. 外貌特征　杜寒 F_1 体型外貌与小尾寒羊比较变化较大，头颈部黑色特征明显，白脸。所有杂交一代羊，头和腿部无绒毛，被毛白色，有明显的粗毛。杜寒 F_2 体型外貌基本趋向于杜泊羊，但四肢较高，体躯不及杜泊羊丰满。杜寒 F_3 体型外貌与杜泊羊纯种基本相仿。胸宽深，背腰平直，肌肉丰满，后躯发育良好，全身呈桶状，尾细长，四肢较粗壮。体型外貌综合评定杜寒 F_3＞杜寒 F_2＞杜寒 F_1。

6. 母羊体尺　经对杜寒 1～3 代经产母羊体尺进行测定比较，其中体重、体高、体长、胸围指标均高于杜泊羊，相互间比较接近(表 4-22)。

7. 公羊体尺　杜寒 2 代周岁公羊体尺和体重指标均超过纯种杜泊公羊，其中体重比纯种杜泊羊高 20.88%，体高增加 12.13%，胸围增加 9.86%(表 4-23)。

8. 繁殖性能　杜寒 F_1、杜寒 F_2 和杜寒 F_3 初产母羊的产羔率分别为 140.0%，129.5%和 107.1%，杜寒 F_1 母羊产羔率比杜泊羊提高 40%；杜寒 F_2 比杜泊羊提高 17.9%，杜寒 F_3 与杜泊羊产羔率接近(表 4-24)。

表 4-22 经产母羊体尺体重比较

类群	羊数(只)	体重(kg)	体高(cm)	体长(cm)	胸围(cm)	胸宽(cm)	胸深(cm)	管围(cm)
杜寒 F_1	8	52.5±4.7	67.9±1.4	73.9±4.9	89.2±4.8	21.8±1.6	30±1.0	9.6±0.4
杜寒 F_2	21	58±8.89	64.83±2.81	73.26±3.43	93.08±1.59	23.29±1.85	31.4±1.58	9.78±0.57
杜寒 F_3	10	52.5±5.9	64.7±3.4	71.1±4.4	90.9±5.6	22.7±1.5	30.4±1.8	9.9±0.5
杜泊羊	2	50.25±1.05	61.5±3.54	70.5±1.41	86.50±1.41	22.5±1.41	29.75±0.35	9.75±0.35

表 4-23 杜泊羊与杜寒 F_2 公羊体尺体重比较

类群	羊数(只)	体重(kg)	体高(cm)	体长(cm)	胸围(cm)	胸宽(cm)	管围(cm)
杜寒 F_2	10	79.06^a±4.58	71.90±1.67	93.9±2.25	102.5±6.20	27.26±3.69	10.8±0.84
杜泊绵羊	10	65.4^b±8.65	64.12±4.36	91.3±3.04	93.3±4.07	23.9±2.82	10.2±0.76

表 4-24 初产母羊产羔率比较

类群	繁殖母羊(只)	公羔(只)	母羔(只)	合计(只)	产羔率(%)
杜寒 F_1	20	18	10	28	140.0
杜寒 F_2	61	38	41	79	129.5
杜寒 F_3	14	8	7	15	107.1
杜泊羊	13	10	3	13	100.0
小尾寒羊	14	—	—	29	207.0

9. 综合分析　杜寒杂交羊(1～3 代)的初生重与杜泊羊接近,杜寒 F_1 断奶重则高于杜泊羊,比小尾寒羊提高 43.89%。杜寒(1～3 代)育肥期增重均比小尾寒羊有显著提高,说明杂种优势明显。杜寒杂交(1～2 代)羊不仅屠宰率高,而且肉质品质好,在山东地区均表现出良好的适应性。

杜寒 F_3 体型外貌接近杜泊羊,断奶和育肥指标与杜寒 F_2 接近,但繁殖率不高。因此,母羊不宜作杂交育成的母本。杜寒 1～3 代经产母羊体重、体高、体长、胸围指标均高于杜泊羊,杜寒 F_1 产羔率极显著高于纯种杜泊羊,表明杂种优势明显,这与多胎基因检测结果相吻合。杜寒 F_2 体型外貌与杜寒 F_3 相似,但公母羊体尺指标和产羔率分别优于杜泊羊和杜寒 F_3,因此,杜寒 F_1 和杜寒 F_2 不仅可以用于生产肥羔,而且杜寒 F_2 可以做经济杂交母本和育成杂交的父本。

(五)横交固定阶段

主要任务是选择理想型杂种后代公母羊进行自群繁育,固定羊群中的理想遗传特性和生产性能特点。在这一阶段,关键是发现和培育优秀的杂种公羊。有时一只或几只优秀的杂种公羊往往会对品种的培育起到十分重要的作用。

1. 选优去劣　杂种间交配产生的后代会出现性状分离现象,因此应加强选择。凡是不符合育种目标要求的个体,必须严格淘汰或归入到改良群,再用纯种公羊配种。有遗传缺陷和生产性能低的个体应予淘汰。

2. 同质选配　在选配方法上,为达到固定杂种优良性状的目的,应采用同质选配。可不考虑世代是否相同,以期获得相似的后代。横交代数的多少取决于育种目标及所产生的横交后代的质量和数量。横交后代的质量好，淘汰少，数量多，横交代数可少些，品种形成的时间就短。

3. 适度近交　为了尽快地达到定性和稳定遗传性能的目的，可采用不同程度的亲缘选配。近交程度高低要看理想型个体的品质和健壮程度而定，个体品质好，体质健壮，其近交程度可高些。当发现生活力降低和不良性状时，应停止近交。此时，应坚持同质选配，以巩固所需性状。

4. 建立品系　对于已建立起来的理想群体，应进行自群繁育，扩大数量。对某一特别突出性状（日增重、产肉量、产羔率、抗病性、板皮质量等），可考虑建立品系，以便更好地巩固和利用其优良特性。

5. 横交效果　山东省农科院畜牧兽医研究所肉羊育种课题组，2008 年选二、三代优秀种公羊分别与一代和二代母羊横交，其后代（含杜泊血液 65.63%～81.25%）公母羔初生重、断奶重以及体尺指标比较接近（表 4-25 和表 4-26）。总体看以 $F_3 \times F_2$ 横交后代哺乳期的增重效果最为理想，这为下一步选育提高打下了良好基础。

表 4-25　杜寒横交羊初生重及生长发育比较（$n \geqslant 35$）

类群	性别	初生重（kg）	体高（cm）	体长（cm）	胸围（cm）	管围（cm）
$F_3 \times F_1$	♂	4.43±1.03	35.91±2.47	29.06±2.98	37.39±3.52	6.97±0.70
$F_3 \times F_2$	♂	4.36±1.25	34.59±3.14	29.06±2.85	37.21±3.84	7.03±0.82
$F_2 \times F_2$	♂	4.29±0.77	34.85±4.61	30.13±2.21	36.60±3.66	7.17±0.61
$F_3 \times F_1$	♀	4.06±1.04	34.25±2.09	29.35±2.05	36.90±3.98	6.85±0.57
$F_3 \times F_2$	♀	4.25±1.18	34.32±3.11	28.71±2.53	36.96±4.12	6.82±0.56
$F_2 \times F_2$	♀	3.83±0.98	34.58±2.92	29.48±2.47	35.74±3.53	6.86±0.6

表 4-26　3 月龄杜寒横交羊生长发育比较（$n \geqslant 33$）

类群	性别	体重（kg）	期内增重（kg）	日增重（g）	体高（cm）	体长（cm）	胸围（cm）	管围（cm）
$F_3 \times F_1$	♂	31.83±5.76	9.54±3.67	318±122	56.78±3.76	65.31±4.98	76.47±5.11	9.15±0.59
$F_3 \times F_2$	♂	36.08±6.92	9.60±4.44	320±148	56.42±3.05	62.23±11.9	75.88±17.5	10.01±0.78
$F_2 \times F_2$	♂	35.05±3.21	8.77±2.62	289±76	57.41±2.67	60.45±2.52	78.27±4.67	9.96±0.80
$F_3 \times F_1$	♀	31.75±5.01	8.30±2.43	277±81	56.70±2.38	63.50±2.97	76.20±5.68	8.92±0.47
$F_3 \times F_2$	♀	32.08±4.38	8.82±2.26	294±75	54.58±2.05	62.68±3.99	78.82±4.41	9.25±0.58
$F_2 \times F_2$	♀	31.94±5.92	8.38±2.23	270±72	55.00±2.49	57.63±3.15	78.56±5.87	9.38±0.60

（六）发展提高阶段

品种形成和巩固提高依赖于品种整体结构的完善、品种数量的增加及生产性能和品质的不断改善和提高。通过横交固定下来的具有优良遗传特性的种群，还必须在数量上、品种质量和结构上予以完善。通常采用品系繁育方法，大批量繁殖已经固定的理想型，在不断提高质量的同时，迅速增加数量，以扩大分布区；继续做好种羊培育和选种选配工作，通过采取以上措施来提高新品种（系）的整体水平。

参考文献

[1]许家骐.实用动物育种学.北京:中国农业出版社,1995.
[2] 赵有璋.羊生产学.北京:中国农业出版社,2002.
[3] 王景元.小尾寒羊选育和提高.中国养羊,1990(1):1-3.
[4] 济宁市畜牧局.山东省地方标准《小尾寒羊》(DB 37/T 521—2004).
[5] 曲绪仙.试谈小尾寒羊的选育提高与开发利用.中国草食动物(专辑),2003(增):6-7.
[6] 袁得光.萨福克、无角陶赛特杂交小尾寒羊一代育肥试验.中国草食动物,2003(1):14.
[7] 郭千虎,等.晋中市肉用羊三元杂交改良效果分析.中国草食动物,2003(1):15-16.
[8] 王德芹,等.杜泊羊、特克塞尔羊与小尾寒羊杂交对比试验.中国草食动物,2006(1):7-9.
[9] 浦亚斌,等.无角陶赛特羊在我国各地的杂交利用评估.中国羊业进展,2005:193-197.
[10] 王金文,等.杜泊羊、萨福克羊、无角陶赛特羊与小尾寒羊杂交优势利用研究.中国草食动物,2006(5):63-65.
[11] 闫晚姝,等.不同品种的肉羊与小尾寒羊杂交试验.动物科学与动物医学,2003,20(7):39-40.
[12] 张玉斌,等.德国美利奴羊与小尾寒羊杂交一代生长及产肉性能研究.甘肃农业大学学报,2008,43(4):46-50.
[13] 曾玉峰,等.波德代羊与小尾寒羊杂交一代育肥效果的研究.草食家畜,2007,134(3):55-57.
[14] 余忠祥.特克塞尔、无角陶赛特公羊与小尾寒羊杂交试验研究.青海畜牧兽医杂志,2008,38(2):13-15.
[15] 王金文,等.杜泊绵羊与小尾寒羊杂交一代育肥试验.中国畜牧杂志,2005,41(5):47-48.
[16] 刘金祥.多×寒×滩羊三元杂交羔羊育肥效果研究初报.中国草食动物,1999(3):17-19.
[17] 孙占鹏,等.不同肉羊品种杂一代羔羊经济效益分析.中国草食动物,2006(1):21-22.
[18] 富俊才,等.不同杂交组合羔羊生产性能比较研究.中国畜牧杂志,2005,41(9):20-22.
[19] 马法波,等.兰德瑞斯与小尾寒羊杂交一代和小尾寒羊肥育对比试验.中国畜牧杂志,2004,40(6):54-55.
[20] 王金文,等.杜泊绵羊与小尾寒羊杂种优势利用研究.山东农业科学,2009(1):103-106.

第五章　小尾寒羊多胎基因研究与应用

Chapter 5　Research and application of major genes affecting ovulation rate in Small-tail Han sheep

繁殖性状是小尾寒羊的重要经济性状之一。繁殖率的高低是影响小尾寒羊规模化生产和经济效益的重要因素。通常繁殖性能主要受多胎性、受胎率以及成活羔羊数等因素影响，并以多胎性影响最大(表 5-1)。多胎性状受基因、年龄、季节和营养等因素影响，难以用常规的育种技术来改良。利用分子标记技术，通过研究影响小尾寒羊产羔数的候选基因，寻找与多胎性基因连锁的遗传标记，对小尾寒羊育种实施分子标记辅助选择，可进一步提高小尾寒羊的繁殖性能，实现多胎高产。

表 5-1　繁殖性状的组分、衡量指标及贡献因素

繁殖性状组分	衡量指标	贡献因素		
		公羊	母羊	羔羊
受胎率	发情率 情期受胎率 产羔率	睾丸大小 性冲动 精液品质	发情频率	
多胎性	产羔率 (胎产、年产)	射精量 精液品质 FSH、LH 水平	排卵率 子宫容量	
羔羊存活率	产活羔数 7 d 活羔数		分娩状况 产后行为 哺乳能力	初生重 初生活力

注：引自张秀华，2003。

世界上多数绵羊品种在自然状况下为单胎，但经过长期的自然选择和人工培育，各国出现了许多多胎绵羊品种，如我国的小尾寒羊、湖羊以及澳大利亚的 Booroola 羊、英国的 Cambridge 羊等。多年来人们一直在寻找影响绵羊多胎性能的主基因及其调节机制。自 20 世纪 80 年代发现 Booroola 美利奴羊的排卵率和胎产羔数受单一主效基因调控以来，人们随后对其他绵羊品种的多胎性能进行了广泛的研究，到目前已在很多品种羊中发现了不同调控多胎的主效基因(表 5-2)，这对多胎品种绵羊的鉴定和培育具有一定的参考和应用价值。发现的绵羊多胎基因主要包括三类：①已经鉴定出基因突变而且可以监测到 DNA 序列的基因；②已描述了基因的遗传特性，但尚未鉴定出突变的基因；③明显有基因分离特征，但尚未对其遗传特性进行研究的基因。

DNA 分子标记技术的迅猛发展，为人们在分子水平上研究绵羊多胎性状的遗传机理奠定了基础。在绵羊多胎性主效基因(major gene)或 DNA 分子标记研究的基础上所提出的分子标记辅助选择(marker-assisted selection，MAS)，被誉为是提高绵羊繁殖力最具应用前景的育种改良方法。目前，英国、美国等国家利用多胎遗传性状分子标记辅助育种体系，在培育新品种方面已取得很大成就，培育出了高产的肉羊品种，在产肉性能好的基础上繁殖率达到280%～300%，这样就使每只母羊产羔数增加1～1.5只，向市场提供了更多的肥羔和肥羔品种，如波利帕(Polypay)、达姆来(Damline)、科尔不雷德(Colbred)等。我国对家畜多胎性分子标记研究起步相对较晚，主要开展了对一些蛋白、酶和基因与多胎性的相关性研究。在小尾寒羊多胎性基因研究方面也取得了一些进展。

表 5-2 影响多胎性能的主效基因

基因	名称	等位基因	染色体	对排卵率(OR)和产羔数(LZ)的影响	来源
BMPR-ⅠB	Booroola	$FecB^B$	6	B+:OR+1.5;LS+1.0 BB:OR+3.0;LS+1.5	Merino,Garole and Javanese
BMP15	Inverdale	$FecX^I$	X	I+:OR+1.0;LS+0.6 II:不育(条纹状卵巢)	Romney
BMP15	Hanna	$FecX^H$	X	H+:OR+1.0;LS+0.6 HH:不育(条纹状卵巢)	Romney
BMP15	Belclare	$FecX^B$	X	B+:OR+1.0 BB:不育(条纹状卵巢)	Belclare
BMP15	Galway	$FecX^G$	X	G+:OR+0.7 GG:不育(条纹状卵巢)	Belclare and Cambridge
BMP15	—	—	X	表型不确定	Lacaune
GDF9	High Fertility	$FecG^H$	5	H+:OR+1.4 HH:不育(条纹状卵巢)	Belclare and Cambridge
—	Woodlands	$FecX2^W$	X	W+:OR+0.4;LS+0.25 WW:OR&LS≥W+	Coopworth
—	Lacaune	$FecL^L$	11	L+:OR+1.0 LL:OR+2.0	Lacaune
—	Thoka	$FecI^I$	—	I+:OR+1.2;LS+0.7 II:部分个体出现不育	Icelandic
—	—	—	—	纯合子:OR+1.0;LS+0.6	Olkuska
—	—	—	—	OR在1～8范围变化，LS在1～7范围变化，OR重复率高(0.8)	Belle-Ile

注：引自G. H. Davis，2005。

第一节 *FecB*基因对多胎性能的影响

Section 1 Influence of *FecB* gene on ovulation rate in Small-tail Han sheep

1919年，澳大利亚B. Seear在新南威尔士州毛用型美利奴羊中选出一只高繁殖力母羊，并把它的后代作为一个分离群，他的侄儿J. Seear和D. Seear兄弟继续对高繁殖力性状进行选择，并以其牧场的名字命名为Booroola美利奴羊。1958年，澳大利亚联邦科学与工业研究组织用Seear兄弟Booroola羊群一只公羊和13只一胎产三羔和一胎产四羔的母羊继续扩繁而成为今天的Booroola绵羊。1980年，澳大利亚和新西兰进行的研究证实了Booroola绵羊高繁殖力属单基因遗传，通常认为这一遗传突变是由点突变、重复或缺失引起的。该主效基因以前命名为 F,现在被绵羊和山羊遗传命名委员会命名为 *FecB*(fecundity Booroola)。

一、*FecB* 基因的遗传效应

FecB 基因的位点被定位在绵羊第 6 号染色体上,是常染色体上的一单个显性主基因,其遗传方式在 Booroola 美利奴羊群中存在三种基因型,其效应表现为:纯合型(BB),平均排卵数增加 3 枚,每只母羊平均每胎能多产 1.5 只羔羊;杂合型(B+),平均排卵数增加 1.5 枚,每只母羊平均每胎能多产 1.0 只羔羊;野生型(++),其产羔与地方品种接近。通过研究 Booroola 羊多胎性状的分离规律表明,其多胎性能是由常染色体上的突变所致,它通过增加排卵数提高产羔数,且为加性效应,对产羔数呈部分显性:一拷贝的 *FecB* 基因平均增加排卵数 1.65 枚,增加产羔数 0.9~1.2 只;两拷贝平均增加排卵数 2.7~3.0 枚,增加产羔数 1.1~1.7 只。表型上 Booroola 母羊(BB)的平均排卵数为 4.65 枚,极显著高于对照组平均排卵数 1.62 枚的母羊(++)。

二、*FecB* 基因的生理效应

FecB 基因最明显的生理效应是增加卵巢中的卵泡数和排卵数,但纯合子(BB)母羊和杂合子(B+)母羊成熟卵泡的直径要比非携带者(++)卵泡直径小。尽管 *FecB* 基因可以增加排卵数,但其作用机制尚不清楚。研究发现,*FecB* 基因携带者和非携带者在表型上基本一致,发情周期长短一致,从发情到排卵的 LH 高峰间隔时间也无差别;但 FSH 浓度有显著的差异,而且 *FecB* 基因携带者睾酮水平相对较高。在初情期不同基因型母羊的卵巢重和囊状卵泡数目有差异,在成年母羊中总囊状卵泡数量和非囊状卵泡数量相似,但携带者(BB 或 B+)排出的卵泡直径较小,数目较多,因此有较多的排卵数。虽然在增加排卵数的同时每个卵泡中的颗粒细胞数目减少,但总的颗粒细胞数和颗粒细胞产生的雌二醇总量在所有基因型羊之间无显著差异。

三、*FecB* 基因的突变

2001 年 Wilson 等、Souza 等和 Mulsant 等几乎同时发现,与 *FecB* 基因所在的绵羊 6 号染色体区域同线性的人 4 号染色体 q22~q23 上的 *BMPR-Ⅰ B* 基因与 Booroola 绵羊的排卵率有关联。Booroola 羊多胎性状主要是骨形态发生蛋白受体Ⅰ B(bone morphogenetic protein receptor Ⅰ B,*BMPR-Ⅰ B*)基因编码区第 746 位置上发生了 A→G 突变而导致 *FecB* 表型的出现。*BMPR-Ⅰ B* 基因在绵羊各品系的分布和各种基因型绵羊的实际产羔情况两方面的研究结果强烈表明 *BMPR-Ⅰ B* 为 Booroola 绵羊产羔性能的主效基因。

(一)*BMPR-Ⅰ B* 基因的结构

BMPR-Ⅰ B 属于转化生长因子 β 亚基(transforming growth factor-β,TGF-β)受体家族成员,TGF-β 受体家族在哺乳动物卵泡发生过程中通过自分泌/旁分泌起作用,具有调控颗粒细胞增殖和细胞分化的作用,也对卵母细胞发育有作用。BMPR-Ⅰ B 存在于许多细胞类型中,是调节生长和分化的多功能蛋白。该基因在与绵羊繁殖有关的组织和器官中广泛表达,如卵巢、睾丸、子宫和前列腺,并在脑、骨骼肌和肾脏中也有中度表达(Wilson et al.,2001)。

绵羊 *BMPR-Ⅰ B* 基因编码序列长 1 509 bp,可分成 10 个外显子,编码 502 个氨基酸。不同物种间该区域的氨基酸序列高度保守,绵羊和人之间的同源性为 98.4%,在对 Booroola 羊

与普通绵羊的 *BMPR-ⅠB* cDNA 进行比较时，发现 830 bp 位置处有一个点突变（A→G），使 BMPR-ⅠB 的胞内丝氨酸/苏氨酸激酶信号区第 249 个氨基酸由 Glu 变成 Arg（Q249R），导致 Booroola 母羊出现超多产仔数基因型。

根据已经建立的人类 TGF-β 受体和 FKBP-12 复合物模型比较绵羊和人类 BMPR-ⅠB 之间的同源性，表明绵羊 BMPR-ⅠB 的 Q249R 残基位于 GS 结构域和 L45 环之间。Booroola 羊的 Q249R 突变可能增强了 FKBP-12 和 BMPR-ⅠB 之间 π 电子的相互作用，导致对受体活性的抑制作用增强。

（二）*BMPR-ⅠB* 突变的作用机理

GDF5 和 BMP4 是 BMPR-ⅠB 的天然配体，这两个蛋白通过 BMPR-ⅠB 对绵羊颗粒细胞分泌孕酮起到强烈的抑制作用，而由于 Q249R 氨基酸替代使 BMPR-ⅠB 与其配体结合能力降低，影响了与之识别的配体 GDF5 和 BMP4 对类固醇生成作用的反应，导致其功能部分丧失，结果使携带 *FecB* 基因的母羊颗粒细胞加速分化，进而使卵泡成熟速度加快，排卵数增加。体外培养观察卵巢的颗粒细胞对 BMPR-ⅠB 配体 GDF5 和 BMP4 对类固醇生成的抑制作用，结果 BB 型母羊的卵巢颗粒细胞对其敏感性远低于＋＋型母羊。这说明 BB 型母羊的 Q249R 替代消减了 BMPR-ⅠB 对颗粒细胞生成的抑制作用，因此颗粒细胞可以进一步分化，并进一步促进卵泡成熟。

（三）BMPR-ⅠB 与繁殖性能的关系

BMPR-ⅠB 对于动物繁殖性能的调控主要在于影响动物卵巢的排卵机能，对于卵巢的影响主要是抑制卵巢分泌孕酮或者控制卵巢颗粒细胞的分化成熟，从而间接地影响动物的繁殖力。正常类型个体中 BMPR-ⅠB 对动物排卵起抑制作用，而 *BMPR-ⅠB* 缺失个体会表现出繁殖力障碍，只有 *BMPR-ⅠB* 的一些特殊突变类型的个体才能表现出较高的排卵数。

BMPR-ⅠB 缺陷型卵泡，在体外可以受精，但在体内不可能受精（Wilson 等，2001）。Mishina 等（1995）对 *BMPR-ⅠB* 的功能进行了研究，在先敲除实验小鼠的 *BMPR-ⅠB* 基因的条件下，发现 *BMPR-ⅠB* 基因缺失引起了小鼠发情周期不规律和假孕反应。*BMPR-ⅠB* 缺失小鼠的卵母细胞体外培养后受精，可以生成受精卵，并能正常发育成胚胎，但在动物体内的卵泡却不能和精子结合。他们发现在 *BMPR-ⅠB* 缺失突变小鼠体内颗粒细胞的数目明显减少，由颗粒层细胞分泌的一种对卵丘生长十分重要的环加氧酶 2（cyclooxygenase 2）在体内表达量也减少。另一个原因是 *BMPR-ⅠB* 的缺失突变还会导致子宫内膜上面的一些腺体无法形成，这也是缺失型动物不孕的一个重要原因。Beppu 和 Mishina 等，专门设计了一种 *BMPR* 突变纯合的小鼠，研究发现 *BMPR* 突变纯合的小鼠其胚胎没有发育成相关的组织结构，也没有形成中胚层。可见 *BMPR* 在小鼠后续的胚胎发育阶段作用十分重要，它对于原肠胚、外胚层的形成以及中胚层的分化形成起着不可替代的作用。

四、小尾寒羊 *BMPR-ⅠB* 基因的多态性检测

以 *BMPR-ⅠB* 基因作为候选基因，柳淑芳等采用 PCR-RFLP 方法对小尾寒羊的多胎机制进行研究，通过对多胎地方品种小尾寒羊的 *BMPR-ⅠB* 基因编码区进行克隆测序，发现该品种在这个基因的相应位置上发生了与 Booroola Merino 羊相同的突变（A746G）（图 5-1）。该基因的 BB 基因型在小尾寒羊群体内占多数，为优势基因型（表 5-3），且小尾寒羊初产和经产母羊的 BB 基因型比＋＋基因型分别多产 0.97 只羔（$P<0.05$）和 1.5 只羔（$P<0.01$）（表

5-4)，推测 *BMPR-ⅠB* 基因可能是控制小尾寒羊多胎性能的主效基因或与之存在紧密的遗传连锁。王根林等对小尾寒羊等 3 个品种羊的研究表明，12 只小尾寒羊中，4 只为 Booroola 基因纯合型，7 只为杂合型，1 只不携带 Booroola 基因。闰亚东等采用 PCR-SSCP 技术检测高繁殖力绵羊品种（小尾寒羊、湖羊）和低繁殖力绵羊品种（多赛特羊、萨福克羊）的单核苷酸多态性，同时研究该基因对小尾寒羊高繁殖力的影响，结果证明 *BMPR-ⅠB* 基因是影响小尾寒羊和湖羊高繁殖力的一个主效基因，可以用于对绵羊产羔数的标记辅助选择。

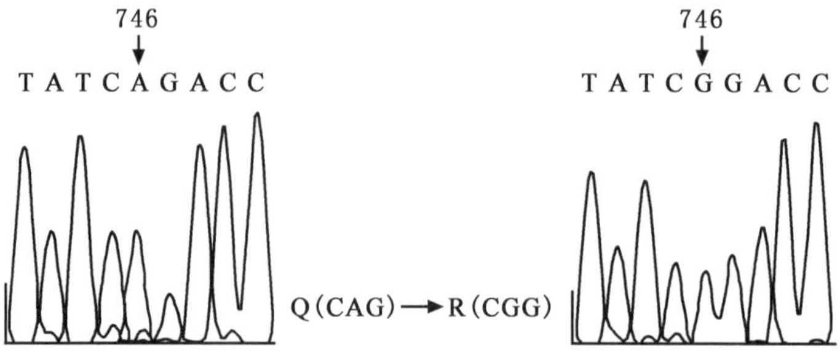

图 5-1 小尾寒羊 *BMPR-ⅠB* 基因的突变（引自柳淑芳等，2003）

表 5-3 *BMPR-ⅠB* 基因在小尾寒羊和滩羊内的多态性分布

品种	检测基因型分布			总计	基因频率		基因型频率		
	++	B+	BB		+	B	++	B+	BB
小尾寒羊	11	65	88	164	0.265	0.735	0.067	0.396	0.537
滩羊	152	0	0	152	1	0	1	0	0

注：引自柳淑芳等，2003。

表 5-4 *BMPR-ⅠB* 基因对小尾寒羊产羔性能的影响

基因型	初产			经产	
	N	TNB	SD	*N*	TNB
++	8	1.5	0.71	22	1.67
B+	38	2.05	0.73	97	2.55
BB	45	2.47	0.79	121	3.17

注：①引自柳淑芳等，2003。②*N* 为总记录数，TNB 为总产羔数，SD 为标准差。

第二节 *FecX* 基因对多胎性能的影响
Section 2 Influence of *FecX* gene on ovulation rate in Small-tail Han sheep

FecX 基因是在新西兰罗姆尼羊群中发现的影响排卵数的基因。1990 年，人们在对 Romney 羊的后代多胎基因的筛选中发现了多胎基因 *FecX* 的遗传特性，该品种在 11 次产羔中产下 33 只羔羊（Davis，2005）。20 世纪 90 年代中期，在另一群 Romney 羊群中发现了一种与 Inverdale 基因遗传特性相似的多胎基因（Davis 等，2001）。在 Inverdale 羊和 Hanna 羊中，携带

该基因的公羊可将这种基因遗传给所有的女儿，但不遗传给儿子，说明这两个品种多胎基因是通过 X 染色体遗传的；相反，携带该基因的母羊则可将该基因传递给一半的后代而与性别无关。在 1990 年 7 月于爱丁堡召开的绵羊和山羊遗传命名委员会会议上，确定了这个基因的命名，指定这个基因的名字是“Inverdale”，座位是“$FecX^I$”。因此 Inverdale 基因的雌性纯合携带者、杂合携带者和非携带者可以完整地表示为 $FecX^IFecX^I$、$FecX^IFecX^+$ 和 $FecX^+FecX^+$。

一、FecX 基因的遗传方式及遗传效应

$FecX^I$ 基因的遗传方式：$FecX^I$ 基因是显性基因，$FecX^I$ $FecX^I$ 纯合型具有正常群体的原始卵泡和条纹状卵巢，是不育的；$FecX^I$ $FecX^+$ 杂合型母羊的排卵数比非携带者 $FecX^+$ $FecX^+$ 多 1.0 个。Shackell 等(1993)报道，*FecX* 基因杂合型($FecX^I$ $FecX^+$)的绵羊与其对照组非携带者($FecX^+$ $FecX^+$)绵羊相比，平均每一个发情期要多排 1 个卵；具有单拷贝 $FecX^I$ 基因的绵羊含有显著较多的囊状卵泡，$FecX^+$ $FecX^+$ 母羊与 $FecX^I$ $FecX^+$ 相比，直径为 2.5～4.0 mm 卵泡的颗粒细胞 LH 平均应答能力较强。该研究还表明 $FecX^I$ 基因影响卵巢机能，但没有改变卵巢激素分泌功能。Davis 等(1991)报道 $FecX^I$ 基因的效应是增加排卵率，大约一个情期每只母羊多排 1.0 个卵。

二、FecX 基因的生理效应

FecX 基因的主要生理效应是增加杂合型母羊的排卵数，但同时对自身分泌和胎儿有一定的影响。所有基因型母羊妊娠第 40 天时对胎儿的顶臀长、体重、中肾重以及自身卵巢大小无影响，而在杂合型($FecX^I$ $FecX^+$)母羊卵巢中生殖细胞数目明显比非携带者($FecX^+$ $FecX^+$)少，但在第 90 天则明显升高；而且第 90 天时杂合型母羊($FecX^I$ $FecX^+$)的卵泡直径比纯合型($FecX^I$ $FecX^I$)母羊和非携带者($FecX^+$ $FecX^+$)的卵泡直径要小，这种差异可能是卵母细胞直径大小带来的直接影响；然而到第 105 天时杂合型母羊的卵泡和其他基因型母羊的卵泡大小基本相同。比较卵母细胞直径和颗粒细胞数目表明，纯合型母羊颗粒细胞的数目并不随着卵母细胞的增长而增加，更多的研究表明，*FecX* 基因突变的纯合型可以阻止卵母细胞的正常发育。

$FecX^I$ 基因对新生羔羊和成年母羊的卵巢功能有一定影响。纯合型($FecX^I$ $FecX^I$)成年母羊的卵巢只有非携带者($FecX^+$ $FecX^+$)母羊卵巢大小的 25%，这种差异在出生 6 个月后就开始出现，而且出现反常结构，如卵泡中无卵母细胞、黏合的无卵母细胞结构，甚至肿瘤样结构。在所有基因型新生羔羊和成年母羊中，卵巢中所有生殖细胞总数没有明显差异，大概是因为在卵泡形成早期和卵泡发育有关的起始因子在不同基因型羊中基本一样。但成年杂合型母羊卵巢中囊状卵泡(直径>1 mm)数比非携带者多，并且在排卵前小直径卵泡就有早熟现象，这种差异可能是由于这些卵泡对 FSH 敏感性较强而且 LH 受体形成较早。

三、FecX 基因的突变

(一)*BMP15*

1. *BMP15* 基因的结构　Rosenzweig 等(1995)报道 Inverdale 和 Hanna 绵羊多胎是由于位于 X 染色体上一个编码骨形成蛋白(bone morphogenetic protein，*BMP15*)基因突变所致。骨形成蛋白(BMPs)是转化生长因子 β(TGF-β)家族中很重要的成员，在多种类型细胞中具有

调节生长和分化的功能。BMP 在哺乳动物、两栖动物以及虫类胚胎形成时期更是骨骼发育过程中重要的调节因子,它还在造血、伤口愈合、免疫以及炎症反应方面具有一定作用。BMP 和位于卵母细胞中的 TGF9a 和 TGF9b 在哺乳动物生殖方面具有很重要的调节作用。

BMP15 是 *BMP* 家族中的一员,仅在卵母细胞中表达,其编码产物在卵母细胞发育过程中起重要作用。绵羊的 *BMP15* 基因序列总长 1 179 bp,包含两个外显子,两个外显子被一个内含子隔开,内含子的序列长度为 5.4 kb。绵羊 *BMP* 基因的结构如图 5-2 所示。它与人类以及大鼠、小鼠的序列基本相似。Galloway 构建了绵羊的 X 染色体连锁图谱,它包括了 7 个基因标记和 14 个微卫星标记,长达 141.9 cM,对 X 染色体上的遗传标记进行扫描后,将 *FecX* 位点定位在 X 染色体中部的 10 cM 区域内,与人类 Xp11.2—Xp11.4 染色体区相对应,该区域包含 *BMP15* 基因(图 5-3)。

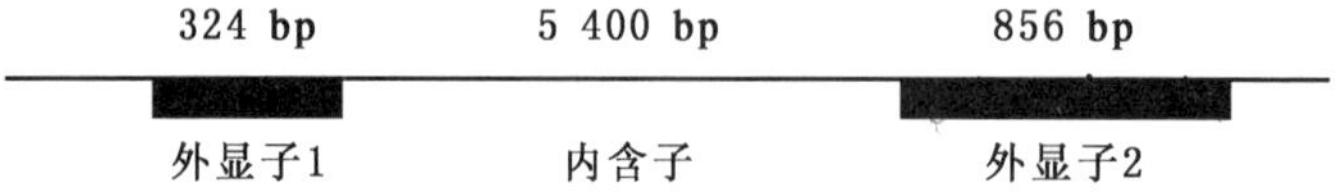

图 5-2 绵羊 *BMP15* 基因图

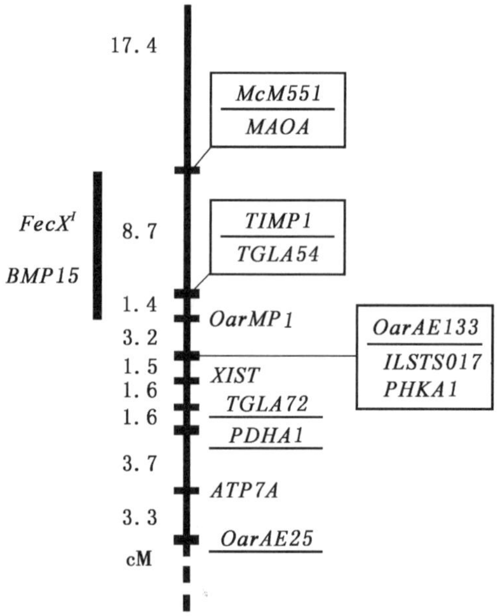

图 5-3 绵羊 X 染色体上包含的遗传连锁图谱(引自 Galloway et al., 2000)

2. *BMP15* 突变的作用机理 在 Inverdale 和 Hanna 绵羊的 *FecX* 携带者中都检测到了 *BMP15* 突变。Hanna 羊 $FecX^H$ 基因携带者在成熟肽编码区第 67 位核苷酸上发生了 C→T 互换,从而引入一个提前终止密码子,导致纯合子中 *BMP15* 功能的完全丧失;在 Inverdale 羊 $FecX^I$ 基因携带者中则是在这一基因高度保守编码蛋白区第 92 位核苷酸发生 T→A 的突变,导致高度保守区天冬氨酸替代缬氨酸,氨基酸的改变使 BMP15 丧失了形成二聚体的能力,从而干扰了 BMP15 的生物学活性(图 5-4)。因此,*BMP15* 基因突变杂合子绵羊排卵率增加,导致较多双胞胎或三胞胎。而 *BMP15* 基因纯合子母羊中卵母细胞在无 *BMP15* 活性情况下仅能生长一段时间，然后退化，不能生育。目前在多个绵羊品种中发现了 *BMP15* 基因的多个突变位点（$FecX^I$、$FecX^H$、$FecX^L$、B1、B2、B3、B4）（表 5-5）。

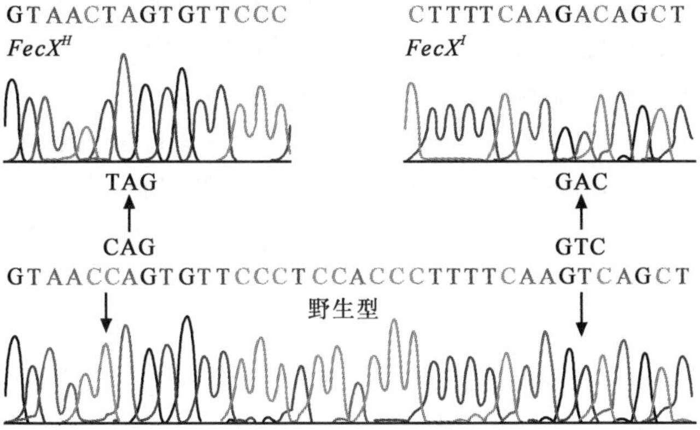

图 5-4 $FecX^H$ 和 $FecX^I$ 的核苷酸替代

表 5-5 已发现的绵羊 *BMP15* 基因的突变位点

突变	碱基变化	编码残基（氨基酸）	成熟肽残基（氨基酸）	氨基酸变化	具有突变的绵羊
$FecX^I$ (V31A)	T→A	299	31	缬氨酸→天冬氨酸	Inverdale
$FecX^H$ (Q23Ter)	C→T	291	23	谷氨酸→终止	Hanna
$FecX^L$	G→A	321	53	半胱氨酸→酪氨酸	Lacaune
B1	CTT 删除	10	—	亮氨酸缺失	Belclare, Cambridge, Hanna, Inverdale
B2 ($FecX^G$) (Q239Ter)	C→T	239	—	谷氨酸→终止	Belclare and Cambridge
B3	T→C	249	—	脯氨酸未变	Belclare
B4 ($FecX^B$) (S367I)	G→T	367	99	丝氨酸→异亮氨酸	Belclare

注：引自刘凤丽，2007。

3. BMP15 与繁殖性能的关系　通过 Northern 印迹和原位杂交分析，发现 *BMP15* 基因在卵巢的卵母细胞中特异性地表达。在研究控制羊排卵率基因的过程中发现，*BMP15* 基因具有促进细胞增殖和分化的作用，它对所有哺乳动物的卵泡细胞都起着这种作用。Jennifer 等（1998）研究发现，小鼠的 BMP15 在第一层初级卵泡阶段于卵母细胞中特异表达，并且一直持续到排卵之后。Fumio Otauka 等（2000）证明了 BMP15 促进大鼠糖皮质激素（Glucocorticoid, GC）的上调并且下调促卵泡激素（FSH）诱导 P4 的分泌，将 BMP15 确定为大鼠卵巢中 FSH 的主效基因的一个负控因子，最后得出这样的结论，BMP15 通过抑制 FSH 受体的表达而下调 FSH，BMP15 调节 GC 水平，表现在促进卵泡增殖和抑制 FSH 依赖性细胞分化。Fumio Otauka 等(2000)利用原位杂交和免疫组化分析方法研究发现在卵泡形成的全过程中 BMP15 蛋白和 mRNA 在卵母细胞中是有选择地被共表达的。确定了 GC 是 BMP15 配体的靶细胞，BMP15 受体在 GC 中的信号途径是与 DNA 复制、细胞增殖和 FSH 功能调节相耦联的。从生理学角度可以推测，BMP15 是一个卵母细胞特异分子，它在卵泡形成期协同调节 GC 水平和抑制 FSH 依赖性细胞分化。Grant 等对人、小鼠、羊等哺乳动物的一系列研究则发现，BMP15 蛋白和其 mRNA 在卵泡形成的全过程中于卵母细胞中有选择地被共表达，进一步证明了 BMP15 是一个卵母细胞分泌的抑制卵巢颗粒细胞黄体化的调控因子。这些都说明了特异性 BMP15 的生物学意义是推动哺乳动物体内卵母细胞卵泡生长，同时阻止黄体早熟。

(二)*GDF9* 的突变

1. *GDF9* 基因的结构　研究发现 Cambridge 羊和 Belclare 羊的多胎性除了与 *BMP15* 基因突变有关外，还与 *GDF9*(growth differentiation factor 9)基因的突变有密切关系。*GDF9* 属于 *TGF-β* 超家族中的一员，在羊卵巢组织中的卵母细胞和早期胚胎中表达，GDF9 是早期卵泡生成过程中重要的调控因子，还可通过旁分泌作用参与卵丘扩展，保持卵母细胞的最佳微环境，对于正常的排卵、受精有重要意义。

绵羊 *GDF9* 基因约为 2.5 kb，包含 2 个外显子和 1 个内含子，内含子的序列长度为 1 126 bp，两外显子序列长度分别为 397 bp 和 968 bp，分别编码第 1～134 位氨基酸和第135～456 位氨基酸。*GDF9* 基因包括 4 个 N-糖基化位点，在 N 端有一段用作分泌信号的疏水性氨基酸序列，其成熟蛋白由 135 个氨基酸组成。Sadighi 等将绵羊 *GDF9* 基因定位于 5 号染色体的标记 *BM7247* 和 *BMS2258* 之间，用多点连锁分析进一步将其定位在标记 *BM7247* 和 *SRCRSP14* 之间(图 5-5)。

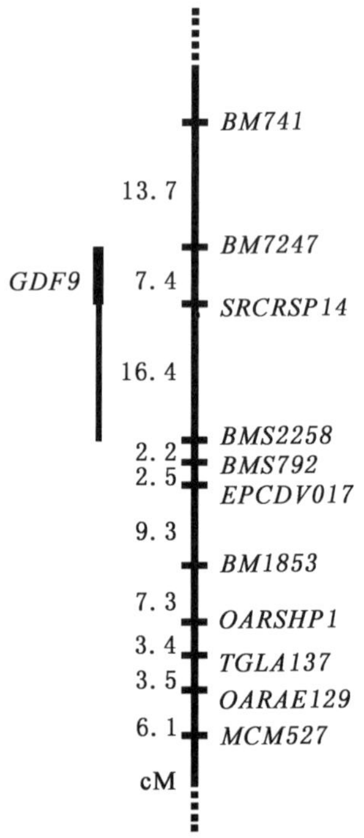

图 5-5　绵羊 5 号染色体连锁图

(引自 Sadighi et al.，2002)

2. *GDF9* 突变的作用机理　位于 *GDF9* 基因编码区 1 184 bp 处的碱基突变 C→T，导致了位于编码区第 395 个氨基酸残基由丝氨酸变为苯丙氨酸，此突变位于成熟蛋白的编码区，导致了 *GDF9* 基因功能的改变。Hanrahan 等(2004)根据影响绵羊繁殖力基因的命名法则，将 *GDF9* 基因编码区 1 184 bp 处的碱基突变命名为 $FecG^H$。

GDF9 基因突变与 *BMP15* 基因突变表型相似，杂合个体产羔数增加，纯合不育。与 *BMP15* 基因突变不同的是，*GDF9* 位于绵羊 5 号常染色体上。从现有的研究来看，*GDF9* 基因对排卵率的影响要大于 *BMP15* 基因，在 Cambridge 羊和 Belclare 羊上单拷贝的 *GDF9* 基因突变可增加排卵数 1.4 个。

3. GDF9 与繁殖性能的关系　GDF9 是第一个被发现由卵母细胞分泌的生长因子，它对卵泡的生长分化起着重要作用，因此对动物的繁殖也起着重要作用。

Dong 等将敲除了 *GDF9* 外显子 2 的杂合子小鼠进行杂交，发现纯合子雄性小鼠能正常繁殖，而雌性小鼠则不育，主要原因是纯合子雌性小鼠的卵泡发育到初级卵泡就停止而不能继续生长分化。Juengel 等用匙孔血蓝蛋白(KLH)结合 Romney 羊的 GDF9 特定肽段后发现 10 只绵羊中有 7 只不排卵，卵巢组织检查发现大多数卵巢的卵泡发育到初级卵泡阶段就停止了，而且在不排卵母羊的卵巢中常见诸如变大的卵母细胞被单层扁平或立方形颗粒细胞包围、无卵母细胞的颗粒细胞结等异常现象，从而进一步说明 GDF9 对正常卵泡发育包括早期和晚期生长阶段是必需的。

四、小尾寒羊 *FecX* 基因的多态性检测

储明星采用 PCR-RFLP 技术检测 *BMP15* 基因在小尾寒羊中的单核苷酸多态性，同时研究 *BMP15* 基因对小尾寒羊高繁殖力的影响。结果表明，小尾寒羊在 *BMP15* 基因编码序列的第 718 位碱基处发生了与 Belclare 绵羊和 Cambridge 绵羊相同的 B2 突变(C→G)(图 5-6)，在小尾寒羊中检测到野生纯合型 AA 和突变杂合型 AB 两种基因型，AB 型羊平均产羔数比 AA 型羊多 0.62 只，差异极显著($P<0.01$)，说明 *BMP15* 基因的 B2 突变对小尾寒羊高繁殖力影响作用十分明显(表 5-6)。

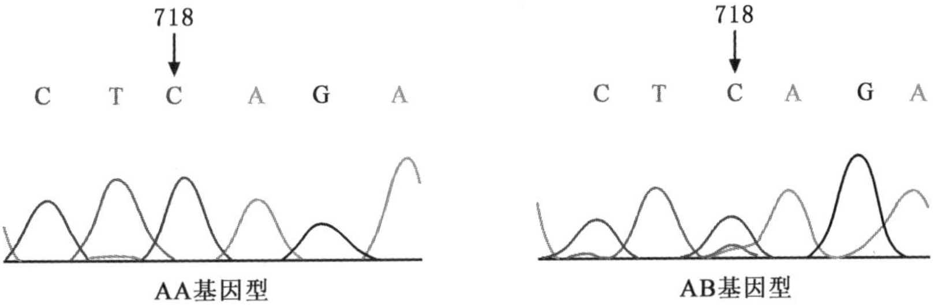

图 5-6　小尾寒羊 *BMP15* 基因的 B2 突变（引自储明星等，2005）

表 5-6　*BMP15* B2 突变在不同品种绵羊中的基因频率和基因型频率

品种	数量(只)	基因频率		基因型频率		
		A	B	AA	AB	BB
小尾寒羊	154	0.734	0.266	0.468(72)	0.532(82)	0(0)
湖羊	30	1	0	1(30)	0(0)	0(0)
特克塞尔羊	30	1	0	1(30)	0(0)	0(0)
陶赛特羊	30	1	0	1(30)	0(0)	0(0)
德国美利奴羊	21	1	0	1(21)	0(0)	0(0)

注：①引自储明星等，2005。②括号内的数字是个体数。

李碧侠等用 SSCP 法对小尾寒羊等进行研究，发现 *GDF9* 基因第一外显子 cDNA 第 152 bp 处存在 A→G 转换，在湖羊、萨福克羊和陶赛特羊检测到这个突变，小尾寒羊没有检测到突变，该突变对产羔数的影响还没有报道。

第三节　褪黑激素受体基因对多胎性能的影响

Section 3　Influence of *MTNR* gene on ovulation rate in Small-tail Han sheep

褪黑激素(melatonin,MTN,5-甲氧基-N-乙酰基色胺)是松果体分泌的一种重要的内分泌激素,它在多个物种的多个组织中广泛存在。MTN 是光照信息同生殖系统协调关系中的重要信号,光照对繁殖机能的调节依靠 MTN 介导,MTN 对绵羊生殖的调节则是通过生殖内分泌系统的褪黑激素受体(melatonin receptor,MTNR)来实现。MTN 通过与 G 蛋白耦联受体的结合,传递到下丘脑-垂体-性腺轴,在下丘脑水平上调节促性腺激素的分泌,进而影响生殖系统功能,调节季节性繁殖哺乳动物的生理节律和繁殖变化。

近年来,随着分子生物学技术的不断发展,人们已对褪黑激素受体进行了广泛深入的研究。目前,人们运用核酸原位杂交、RT-PCR 以及克隆测序等技术已在多种哺乳动物的多个组织中检测到褪黑激素受体基因的表达。因此,利用现代生物技术对调节季节性生殖作用的褪黑激素受体基因表达进行定量分析,从褪黑激素受体 mRNA 季节性表达量变化的角度,可以对绵羊季节性繁殖的作用机制进行研究,并分析与绵羊繁殖季节性有关联的褪黑激素受体基因的多态性,从而阐明绵羊季节性繁殖的机理,为进一步开展绵羊高繁殖力机制的研究奠定基础。

一、*MTNR* 基因的遗传效应

Polletier 等用 Mnl Ⅰ酶对繁殖性能有明显差异(在正常春季休情期自发排卵和不排卵)的两组美利奴母羊的 *MTNR1A* 基因外显子 2 的 cDNA 进行酶切,发现了 Mnl Ⅰ在 605 处的酶切位点存在多态性,以酶切位点的出现(+)与缺失(−)得到三种基因型:++、+/−以及−−。发现基因型−−与 Arles 美利奴羊的季节性不排卵有关,29 只表现为显著季节性繁殖的法国岛羊中有 38%的个体为−−基因型,而且与 $2-^{125}$I-MEL 的结合试验结果显示在美利奴母羊中++型的结合位点数显著低于−−型($P<0.0005$),进一步研究发现,该基因型的核苷酸序列上存在 4 处碱基突变,分别是:G453T、G612A、G706A、C891T,其中 612 处的 G→T 造成了 Mnl I 在 605 处酶切位点的缺失,706 处的突变导致了氨基酸替换 Val→Ile。

二、*MTNR* 基因的生理效应

对于绵羊来说,控制季节性繁殖的主要环境信息就是光照。绝大多数绵羊的发情排卵表现受光照的制约,发情周期开始于秋季和冬季短光照时期(育种季节),停止于春季和夏季的长光照时期(乏情期)。母羊的排卵通常 1 年中持续几个月都会受到抑制,即乏情期,发生在春季。同其他哺乳动物一样,绵羊繁殖的季节性与环境光周期的同步变化是通过褪黑激素(MTN)作用于下丘脑-垂体-性腺轴来实现的。MTN 可通过下丘脑-垂体系统,影响垂体前叶激素的分泌,从而改变性腺发育进程,形成对光周期变化的生殖反应。光照长短对母羊季节性繁殖的影响主要是通过松果体激素、褪黑激素来介导,这些激素提供了一种用内分泌来衡量光照的途径。褪黑激素直接作用于大脑,最后调节下丘脑促性腺激素释放激素脉冲式分泌的季节性变化。在绵羊体内埋植外源 MTN 就可模仿短光照作用的刺激信号。

Malpaux 等报道，Suffolk 羊在光照降至 12 h 进入发情季节，在光照长度升到 11.8 h 进入乏情季节；美利奴羊的相应时间为 14.1 h 和 12.4 h。可见，绵羊进入发情季节时的光照反而比进入乏情期的光照长，即绵羊进入发情季节时的 MTN 量要比进入乏情期的少，因此，推断可能由于褪黑激素受体的数量原因导致激素不能与受体全部结合，致使 MTN 活性降低。

类固醇也可以对 MTNR 进行调控，通过影响 *MTNR* 的表达而影响动物对光照周期的敏感性，并能够降低脑中的 MTNR 的密度，雌性哺乳动物体内甾类激素水平的周期性波动亦能明显地改变 MTNR 与配体的结合特性。MTNR 的密度与 MTN 的血液含量之间存在着下调机制的内在联系，且 MTN 对其受体的这种调控作用会因为 MTN 的消失而得以恢复。而且由于 MTN 的合成与分泌受到昼夜节律(光照)的调节，因此，体内 MTNR 的密度也会由此而发生规律性的变化。

三、*MTNR* 基因的突变

(一) *MTNR* 基因的结构

MTNR 属于 G 蛋白耦联受体家族，基本结构由 7 个跨膜区构成，包括 2 个外显子和 1 个内含子，其中外显子 1 编码的范围包括 5′非翻译区和一直到第 1 个细胞内环的编码区，外显子 2 则包括非翻译区及剩余的编码区。和其他的 G 蛋白耦联受体所不同的是在第 3 跨膜区下游是一个 NRY 序列而不是 DRY 序列，在第 7 跨膜区含有一个 NAXIY 序列，而不是 NPXXY 序列。第 2 胞质环含有两个蛋白激酶 C 磷酸的敏感位点，可能与受体的调控有关；而 C 端的几个丝氨酸残基也可能是磷酸化的位点。根据 MTNR 与 MTN 结合的药理和动力学特性可将它们分为高亲和性的受体和低亲和性的受体。根据蛋白质同源性又可将高亲和性受体分为 1a、1b、1c 三种亚型。1a 多分布于下丘脑的视交叉神经上核(suprachi-asmtic nucleus，SCN)及垂体结节部，其 N 端含有两个糖基化位点。各种来源的 1a 受体之间氨基酸水平同源性高达 80%以上。1b 受体基因多在视网膜中表达，其 N-端含有一个糖基化位点，与 1a 受体在氨基酸水平的同源性约为 60%。1c 受体与前两种受体相比，C 端多了 66 个氨基酸残基，氨基酸水平的同源性为 60%，跨膜区的同源性则高达 77%。目前哺乳动物中尚未发现 1c 型受体，而对于绵羊等具有明显季节性繁殖特征的动物仅在垂体结节部发现 1a 型受体，提示垂体结节部可能是褪黑激素繁殖效应的作用位点。

Messer 等通过两点连锁分析发现在 *MTNR1A* 基因与绵羊 26 号染色体上的微卫星标记之间产生了显著的 LOD 值，与 *BM6526* 之间的 LOD 值是 9.14，与 *OarJMP23* 之间是 3.61。最佳作图将 *MTNR1A* 基因定位在绵羊 26 号染色体的 *CSSM43* 和 *BM6526* 之间。用 RsaⅠ酶消化绵羊 824 bp 的 *MTNR* PCR 产物得到 295 bp 和 290 bp 两个多态片段；用 MnlⅠ酶切，则得到如下片段：286 bp、236 bp、216 bp、137 bp、82 bp 及 66 bp，其中 286 bp 和 236 bp 的片段呈现多态。

(二) *MTNR* 突变的作用机理

Kokkola 等利用定点突变技术发现 MTNR1A 受体第 5 功能区的 H195A(第 195 个密码子处，丙氨酸替换组氨酸)突变可以降低受体与配体的结合力，而 V192T(第 192 个密码子处，苏氨酸替换缬氨酸)和 H195A 两处突变同时出现则会使受体失去对配体全部的应答反应，第 3 跨膜功能区下游保守序列 NRY 中的 N124A(第 124 个密码子处，丙氨酸替换天冬酰胺)突变则会严重降低受体活性，这些反映了氨基酸残基对褪黑激素受体功能的重要性。这些数据还表明第5功能区的195H与褪黑激素的甲氧基团之间的互作对受体的激活非常重要。

(三)*MTNR* 基因多态性与绵羊季节性繁殖之间的关系

1. *MTNR1A* 受体基因与季节性繁殖的关系　季从亮等采用两种限制性内切核酸酶 Mnl Ⅰ和 Rsa Ⅰ，对常年发情的小尾寒羊和湖羊以及季节性发情的陶赛特羊和萨福克羊共146只绵羊褪黑激素受体 *MTNR1A* 基因外显子2的824 bp扩增产物进行PCR-RFLP分析。结果表明，*MTNR1A* 基因外显子2的605位碱基处表现出 Mnl Ⅰ酶切多态性，小尾寒羊、萨福克羊和湖羊只出现2种基因型AB、BB，陶赛特羊出现3种基因型AA、AB、BB，*MTNR1A* 基因外显子2的604位碱基处表现出 Rsa Ⅰ酶切多态性。4个绵羊品种都出现3种基因型AA、AB、BB，可以看出，在常年发情的小尾寒羊和湖羊群体中没有检测到AA型，在季节性发情的陶赛特羊中检测到AA型，但在季节性发情的萨福克羊中却没有检测到AA型，而由于每种羊都有AB型，那么通过基因分离作用也会出现AA型，因此没有出现AA型是由于样本数较小的缘故还是AA型与季节性发情有关联，还有待深入研究予以证实。

程笃学等对常年发情的绵羊品种小尾寒羊和季节性发情的绵羊品种陶赛特羊共20只母羊的 *MTNR1A* 基因外显子2的824 bp扩增产物进行了克隆测序及序列比较分析。结果表明，小尾寒羊 *MTNR1A* 基因外显子2的核苷酸序列与已发表的绵羊序列(GenBank登录号U14109)完全相同，小尾寒羊与陶赛特羊 *MTNR1A* 基因外显子2的差异由5个变化的核苷酸(分别为C329T、G355T、C566T、C580A和A675G)组成，核苷酸同源性为99.4%。报道的这些差异是否与绵羊的繁殖季节性相关还值得我们深入研究。

2. *MTNR1B* 受体基因与季节性繁殖的关系　虽然MTNR1A受体在SCN区高水平表达，而被认为是昼夜节律的调节因子，但最近的研究结果表明MTNR1B受体也能影响昼夜节律。

Liu等和Dubocovich等研究发现：由于哺乳动物组织中内源MTNR1B的密度较低，放射自显影无法检测到。但MTNR1B和MTNR1A有着相似的结合和功能特性，使我们相信MTNR1B也部分地参与昼夜节律或繁殖活动，可能在其他神经位点存在和发挥功能，但以我们现有的检测方法无法检测到。褪黑激素能通过MTNR1B的活化作用使由哺乳动物生物钟(视丘下部的SCN)产生的昼夜节律发生相位移动。Gerdin等报道由褪黑激素(300 pmol/L，1 h)导致的MTNR1B数量降低是可逆的，经8 h后可以完全恢复。但经10 nmol/L褪黑激素处理后，即使经过24 h也不能完全恢复。暴露于生理浓度的褪黑激素8 h能降低内源MTNR1B的功能性效应。这一切都表明：夜晚体内的褪黑激素分泌使哺乳动物SCN中内源MTNR1B不敏感，从而决定哺乳动物生物钟对褪黑激素敏感性周期，进而影响哺乳动物的繁殖。有研究表明，*MTNR1B* 可能不是一个很好的候选基因，因为对于两种仓鼠来说，基因敲除不会影响繁殖的季节性。但是由于MTNR1B和MTNR1A有着相似的结构和功能特性，所以也不能排除 *MTNR1B* 基因与繁殖季节性之间相关联的可能性。

四、*MTNR* 基因对产羔数的影响

储明星等(2008)以 *MTNR1A* 基因为候选基因，通过2种限制性内切酶(Mnl Ⅰ、Rsa Ⅰ)，采用PCR-RFLP技术检测 *MTNR1A* 基因外显子2主要序列在高繁殖力绵羊品种小尾寒羊中的单核苷酸多态性，同时研究该基因对小尾寒羊高繁殖力的影响。结果表明，*MTNR1A* 基因外显子2的605位碱基处表现出 Mnl Ⅰ酶切多态性，在小尾寒羊中检测到3种基因型：MM(236 bp/236 bp)、Mm(236 bp/303 bp)、mm(303 bp/303 bp)，MM和Mm基因

型频率明显高于 mm 基因型频率。*MTNR1A* 基因外显子 2 的 604 位碱基处表现出 Rsa Ⅰ酶切多态性，在小尾寒羊中检测到 3 种基因型 RR(267 bp/267 bp)、Rr(267 bp/290 bp)、rr(290 bp/290 bp)，RR 和 Rr 基因型频率明显高于 rr 基因型频率。复合基因型 MMRR、MMRr、MmRR、MmRr 的频率明显高于 MMrr、mmRR、mmRr 的频率，没有检测到 mmrr 复合基因型。小尾寒羊产羔数在 Mnl Ⅰ和 Rsa Ⅰ酶切复合基因型之间没有显著差异，但至少携带一个拷贝等位基因 M 的小尾寒羊比不携带 M 的具有稍高的产羔数，基因型为 mm 的小尾寒羊产羔数比其他基因型的小尾寒羊平均低 0.26 只。小尾寒羊 *MTNR1A* 基因 Mnl Ⅰ和 Rsa Ⅰ多态性的基因型频率见表 5-7。不同 *MTNR1A* 复合基因型的小尾寒羊产羔数的最小二乘均值及标准误差见表 5-8。

表 5-7　Mnl Ⅰ和 Rsa Ⅰ多态性的基因型频率

Mnl Ⅰ基因型	Rsa Ⅰ基因型			合计
	RR	Rr	rr	
MM	0.234 (32)	0.255 (35)	0.029 (4)	0.518 (71)
Mm	0.219 (30)	0.234 (32)	0.015 (2)	0.468 (64)
mm	0.007 (1)	0.007 (1)	0.000 (0)	0.014 (2)
合计	0.460 (63)	0.496 (68)	0.044 (6)	1.000 (137)

注：①引自储明星，2008。②括号内的数字是基因型的个体数。

表 5-8　不同 *MTNR1A* 复合基因型的小尾寒羊产羔数的最小二乘均值及标准误

复合基因型	样本数	最小二乘均值及标准误
MMRR	32	2.20±0.13
MMRr	35	2.18±0.12
MMrr	4	2.14±0.13
MmRR	30	2.12±0.12
MmRr	32	2.10±0.11
Mmrr	2	2.07±0.10
mmRR	1	1.91±0.09
mmRr	1	1.85±0.08

注：引自储明星，2008。

第四节　其他遗传标记对多胎性能的影响

Section 4　Influence of other genetic marks on ovulation rate in Small-tail Han sheep

一、微卫星标记技术研究

储明星利用与绵羊高繁殖力主效基因 *FecB* 和 $FecX^I$ 连锁的 5 个微卫星标记(*OarAE101*、*BM1329*、*BMS2508*、*TGLA54* 和 *TGLA68*)对小尾寒羊母羊进行了遗传检测。用非变性(中性)聚丙烯酰胺凝胶电泳检测微卫星的 PCR 扩增产物,计算了 5 个微卫星基因座的等位基因频率、多态信息含量、基因纯合度和杂合度。推测 *OarAE101* 基因座的 97 bp 等位基因、*BMS2508* 基因座的 99 bp 等位基因、*BM1329* 基因座的 164 bp 等位基因、*TGLA54* 基因座的 134 bp 等位基因可能是绵羊相应微卫星基因座最原始的等位基因。杜立新等选择 4 个位于绵羊 6 号染色体上且与 *FecB* 基因紧密连锁的微卫星标记,对小尾寒羊基因组进行 PCR 扩增后,采用最小二乘法估计各等位基因片段对产羔数的影响。分析结果表明,等位基因 *OarJIA-5*、*OarJIA-10*、*BM143-12* 和 *OarHH55-11* 可以作为小尾寒羊多胎位点的分子标记。雷雪芹等选用与多胎基因 *FecB* 紧密连锁的微卫星标记 *OarAE101*、*BM1329*、*BM143* 和 *OarHH55* 以及位于第 4 号染色体上的 *OarHH35* 对小尾寒羊的产羔性状进行标记研究,结果发现 5 个微卫星基因座在小尾寒羊的 PIC 都达到了高度多态(PIC＞0.5)水平。其中以 *OarAE101-5* 标记小尾寒羊的产羔性状效果最好。李士栋等选取了目前距 *FecB* 基因最近的 *LSCV043*、*BMS2508* 和 *300U* 3 个微卫星座位,对小尾寒羊的产羔数进行了研究。结果发现,*LSCV043* 座位中基因型 139 bp/115 bp、*BMS2508* 座位中基因型 178 bp/166 bp 和 300 U 中基因型172 bp/156 bp 所对应的小尾寒羊的平均产羔数较高,分别为 3.67 只、4.00 只、4.00 只,可用于初步的辅助选择。这些研究都为我国从分子水平对小尾寒羊产羔性能进行遗传育种工作奠定了基础。

二、血液蛋白酶多态性与产羔数的相关性分析

王欣荣等(2005)采用非连续性聚丙烯酰胺垂直板凝胶电泳(PAGE)方法对小尾寒羊血红蛋白(Hb)、转铁蛋白(Tf)、酯酶(Es)和乳酸脱氢酶(LDH)4 个蛋白(酶)位点进行遗传检测(表 5-9)。通过计算基因频率、基因纯合指数和 Nei 氏预期遗传杂合度等,发现:在 Hb 位点上,HbBB 和 HbB 分别为小尾寒羊的优势基因型和优势基因;在 Tf 位点上,相对优势基因型是 TfDD、TfCD、TfBD,TfD 为优势基因;在 Es 位点上,3 种基因型的优势等级依次为 Es^{--}＞Es^{+-}＞Es^{++};在 LDH 位点上,基因型频率的优势程度依次为 LDH1＝LDH3＞LDH2＞LDH4＞LDH5,优势基因为 LDH^{B} 基因。对 4 个血液蛋白(酶)位点多态性与小尾寒羊的产羔数进行相关性分析表明,母羊第 1、第 2 胎的平均产羔数在 Tf 和 Es 位点的不同基因型之间差异显著($P<0.05$)TfCD 基因型和 Es^{--} 基因型有较高的产羔数;另外 HbBB 型母羊第 2 胎的产羔数也高于 HbAB 型($P<0.01$)。

表 5-9　不同位点基因型和基因频率及其与小尾寒羊母羊产羔性状比较

位点	基因型	基因型频率	基因频率	第 1 胎	第 2 胎	平均
血红蛋白 Hb	BB	0.60	A　0.229 2	2.33^{a}	3.87^{A}	3.10^{a}
	AB	0.28		2.71^{a}	2.71^{B}	2.71^{a}
	AA	0.12	B　0.770 8	—	—	—
转铁蛋白 Tf	DD	0.32	B　0.12	2.00^{b}	3.00^{b}	2.50^{bB}
	CD	0.28	C　0.28	3.14^{a}	4.14^{a}	3.64^{aA}
	BD	0.16	D　0.56	2.00^{ab}	3.00^{ab}	2.50^{bB}
	CC	0.12	E　0.04	2.67^{ab}	4.00^{ab}	3.33^{a}
	BC	0.04		—	—	—
	BE	0.04		—	—	—
	DE	0.04		—	—	—

续表 5-9

位点	基因型	基因型频率	基因频率	第 1 胎	第 2 胎	平均
酯酶 Es	Es^{--}	0.458 3	Es^{+} 0.354 2	2.91[a]	4.27[A]	3.59[aA]
	Es^{+-}	0.375 0	Es^{-} 0.645 8	1.89[b]	3.00[aB]	2.44[bB]
	Es^{++}	0.166 7		2.75[ab]	2.75[aB]	2.75[b]
乳酸脱氢酶 LDH	LDH1	0.290 7	A 0.365 7	2.48[a]	3.52[a]	3.00[a]
	LDH2	0.267 4	B 0.634 3	2.32[a]	3.45[a]	2.89[a]
	LDH3	0.290 7		2.48[a]	3.52[a]	3.00[a]
	LDH4	0.093 0		2.25[a]	3.88[a]	3.07[a]
	LDH5	0.058 1		1.80[a]	3.80[a]	2.80[a]

注:①引自王欣荣,2005。②"——"表示该基因型的母羊数量少(不足 4 只),且基因型频率偏低,故对这些数据不进行显著性检验。同一列中肩标相同小写字母表示差异不显著,不同小写字母表示差异显著,不同大写字母表示差异极显著。

三、其他候选基因的多态性检测

(一)*FSHR* 基因的多态性检测

魏伍川等对小尾寒羊 *FSHR* 基因 5′端调控区和部分结构区序列进行扩增测序,表明小尾寒羊与澳洲绵羊的 *FSHR* 基因在 5′端有 4 个位点发生了单碱基插入/缺失(或缺失/插入)突变,其中,有 2 个位点的碱基变异引起了氨基酸密码改变;采用 PCR-RFLP 技术,Taq Ⅰ酶切,分析了 38 头份样品的小尾寒羊 *FSHR* 基因 5′端转录启动调控区序列。检测结果为:小尾寒羊表现为无 TaqⅠ酶切序列的 B 等位基因类型,所有个体均为 BB 型;*FSHR* 基因转录启动调控区的 B 型 DNA 序列对提高双胎率有正效应。

(二)调节性腺轴发育基因的多态性检测

李凤娥等在其综述中指出,将调节性腺轴发育的基因(主要包括下丘脑 GnRH 及腺垂体颗粒细胞分泌的 FSH 和 LH,还包括其他诸如 TGFa、TGFp、TGFs、抑制素家族等作用于卵巢的生长因子,以及对下丘脑和垂体激素具有反馈作用的类固醇)作为 *FecB* 基因的候选基因,遗传连锁分析结果表明 *FecB* 基因不在上述假定的候选基因位点,其生理作用是该突变对基因表达的非直接作用或对基因产物的生理调控。

(三)*RBP4* 基因的多态性检测

何远清等以视黄醇结合蛋白 4(retinol binding protein 4,*RBP4*)基因为候选基因,采用 PCR-SSCP 技术分析了 *RBP4* 基因在高繁殖力绵羊品种(小尾寒羊、湖羊)以及低繁殖力绵羊品种(陶赛特羊、萨福克羊)中的单核苷酸多态性,同时研究这个基因对小尾寒羊高繁殖力的影响。结果表明:*RBP4* 基因扩增片段在 4 个绵羊品种中存在 PCR-SSCP 多态性。BB 基因型只出现在高繁殖力绵羊品种中,而低繁殖力绵羊品种则没有 BB 基因型;AB 基因型频率随着绵羊繁殖力的降低而升高;AA 基因型只出现在小尾寒羊、陶赛特羊中(表 5-10)。BB 基因型小尾寒羊产羔数分别比 AA 基因型和 AB 基因型多 0.52 只($P<0.05$)和 0.67 只($P<0.05$),AA 基因型和 AB 基因型小尾寒羊产羔数没有显著差异($P>0.05$)(表 5-11)。本研究检测的绵羊 *RBP*4 基因座位与小尾寒羊高繁殖力相关。

表 5-10　*RBP4* 基因的 PCR-SSCP 在 4 个绵羊品种中的基因频率和基因型频率

品种	样本数	基因频率		基因型频率		
		A	B	AA	AB	BB
小尾寒羊	174	0.60	0.40	0.30(52)	0.60(104)	0.10(18)
湖羊	35	0.40	0.60	0.00(0)	0.80(28)	0.20(7)
陶赛特羊	29	0.57	0.43	0.14(4)	0.86(25)	0.00(0)
萨福克羊	35	0.5	0.5	0.00(0)	1.00(35)	0.00(0)

注:①引自何远清等,2006。②括号内的数字表示不同基因型的个体数。

表 5-11　不同 *RBP4* 基因型的小尾寒羊产羔数的最小二乘均值及标准误

基因型	样本数	最小二乘均值及标准误
AA	52	1.58 ± 0.13^{b}
AB	104	1.43 ± 0.13^{b}
BB	18	2.10 ± 0.20^{a}

注:①引自何远清等,2006。②同一性状具有不同字母肩标的平均值间差异显著($P<0.05$)。

(四)雌激素受体基因的多态性检测

雌激素受体(estrogen receptor, ESR)是一种配体激活转录因子家族中的核酸受体。它的生物学作用与雌激素的生物学作用密切相关。Hewitt 等(2003)研究发现,将 *ESR* 敲除,则小鼠不能排卵,LH 调节紊乱,子宫对雌激素不敏感,表明 ESR 在繁殖中起着重要作用。

毕晓丹等利用 PCR-SSCP 技术对小尾寒羊等 5 个绵羊品种的雌激素受体基因第一外显子部分序列进行单核苷酸多态性研究。结果表明:小尾寒羊存在 3 种基因型(AA、BB、AB),BB 型和 AA 型相比在外显子 1 第 363 位发生 1 处碱基突变(C→G)(图 5-7);*ESR* 基因座 AB 或 BB 基因型小尾寒羊平均产羔数分别比 AA 基因型多 0.51 只($P<0.05$)或 0.7 只($P<0.05$),*ESR* 基因座 B 等位基因与小尾寒羊高产羔数呈显著正相关,推测 *ESR* 基因可能是控制小尾寒羊多胎性能的一个主效基因或与之存在紧密的遗传连锁。使用 *ESR* 进行标记辅助选择来提高绵羊产羔数是有根据的,这将给羊肉生产者带来可观的经济效益。

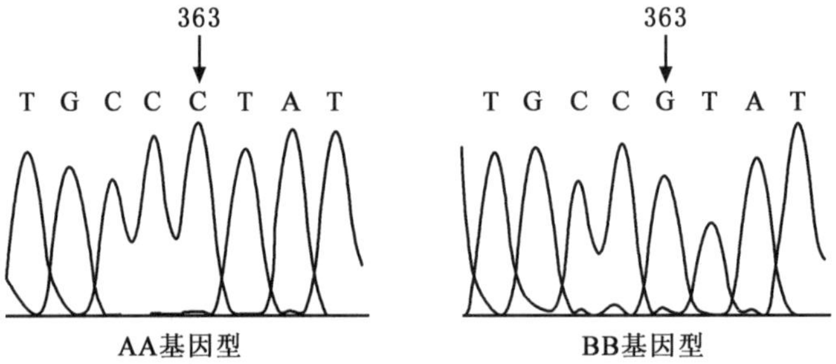

图 5-7　小尾寒羊 *ESR* 基因外显子 1 第 363 位 AA 基因型和 BB 基因型的序列比较
(引自毕晓丹等,2005)

表 5-12 *ESR* 基因的 PCR-SSCP 在 5 个绵羊品种中的基因频率和基因型频率

品种	样本数	基因频率		基因型频率		
		A	B	AA	AB	BB
小尾寒羊	146	0.846	0.154	0.705(103)	0.281(41)	0.014(2)
陶赛特羊	30	0.667	0.333	0.733(22)	0.267(8)	0(0)
萨福克羊	21	0.857	0.143	0.714(15)	0.286(6)	0(0)
湖羊	29	0.672	0.328	0.448(13)	0.448(13)	0.104(3)
德国美利奴羊	21	0.786	0.214	0.619(13)	0.333(7)	0.048(1)

注:①引自毕晓丹等,2005。②括号内的数字表示不同基因型的个体数。

(五)抑制素α基因的多态性检测

周文然等采用 PCR-SSCP 技术检测抑制素 α (inhibin α,*INHA*)基因 5′调控区和外显子 1 在小尾寒羊中的单核苷酸多态性,同时研究该基因对小尾寒羊高繁殖力的影响。小尾寒羊 *INHA* 基因 5′调控区发生了 1 处碱基突变(316C→T),突变纯合型(BB)和突变杂合型(AB)小尾寒羊平均产羔数分别比野生型(AA)多 1.45 只($P<0.01$)和 0.90 只($P<0.01$);*INHA* 基因外显子 1 中发生了 1 处碱基突变(877T→C),突变纯合型(DD)和突变杂合型(CD)小尾寒羊平均产羔数分别比野生型(CC)多 1.32 只($P<0.01$)和 0.77 只($P<0.01$)。研究结果初步表明 *INHA* 基因可能是影响小尾寒羊高繁殖力的一个主效基因或是与之存在紧密遗传连锁的一个分子标记。

第五节 小尾寒羊与杂交羊多胎基因检测
Section 5 Polymorphism detection of high prolific gene in Small-tail Han sheep

一般来说,家畜的繁殖性状是受多基因控制的数量性状,传统的选择方法对其遗传进展的改良是很慢的,世代间隔长。分子标记辅助选择为解决这一问题提供了新的方向和契机。分子标记辅助选择可以消除性别、年龄、环境等因素对表型选择的干扰,从而可以弥补常规表型选择方法的不足。显而易见,分子标记辅助选择的应用可以大大提高选择的准确性并缩短世代间隔。选择与数量性状基因座(QTL)相连锁的分子遗传标记可实现对基因型的直接选择,将传统的和现代的分子遗传学方法结合起来,运用于育种实践,必将极大地提高选择效率,进一步加快遗传进展。

一、DNA 分子标记技术

DNA 分子标记本质上是指能反映生物个体或种群间基因组中某种差异的特异性 DNA 片段,也称为 DNA 的指纹图谱。由于 DNA 分子中碱基的缺失、插入、易位、倒位、重排或由于长短与排列不一的重复序列等而产生多态性,DNA 分子标记用于检测这些多态性,故 DNA 分子标记技术又称为分子诊断技术。与一些传统的遗传标记(如表型标记、血液蛋白多态性标记、同工酶标记)相比,DNA 分子标记有无法比拟的优点:①基因组 DNA 变异极其丰富,在同一基因座位上有较多的复等位基因,因而分子标记数量多,多态性丰富;②大多数 DNA 分子标记呈选择中性，稳定遗传，符合孟德尔遗传规律；③DNA 标记不受组织、生理发育阶段及环境的影响，其多态性可在个体、组织器官及细胞水平上检测；④对生物遗传通常无害，有很大的选择余地。

（一）DNA 分子标记方法

目前，应用较广的分子标记主要有四类：基于分子杂交技术的分子标记技术，如限制性片段长度多态性（restriction fragment length polymorphism，RFLP）和数目可变串联重复多态性（variable number of tandem repeats，VNTR）等；基于 PCR 技术的分子标记技术，如随机扩增多态性 DNA（random amplified polymorphism DNA，RAPD）、PCR-RFLP、微卫星 DNA（simple sequence repeat，SSR）和 DNA 单链构象多态性（single strand conformation polymorphism，SSCP）等；基于限制性酶切和 PCR 技术的 DNA 标记技术，如扩增片段长度多态性（amplified fragment length polymorphism，AFLP）、酶切扩增多态性（cleaved amplified polymorphism sequences，CAPS）等；新兴的第三代分子标记技术，即基于 DNA 芯片技术的分子标记技术，单核苷酸多态性（single nucleotide polymorphism，SNP）等。现将比较常用的 PCR-SSCP 和 RFLP 技术介绍一下。

（二）DNA 单链构象多态性（PCR-SSCP）技术

SSCP 是指等长的单链 DNA 因核苷酸序列的差异而产生构象变异，在非变性聚丙烯酰胺中的表现为电泳迁移率的差别。单链 DNA 构象分析对 DNA 序列的改变非常敏感，常常一个碱基差别都能显示出来。在 SSCP 分析中，利用 PCR 技术定点扩增基因组 DNA 中某一目的片段，将扩增产物进行变性处理，双链 DNA 分开成单链，再用非变性聚丙烯酰胺凝胶电泳分离，根据条带位置变化来判断目的片段中是否存在突变。SSCP 结果判定是通过多个样品之间对比，观察条带之间位置改变，从而显示出不同生物个体的 DNA 特异性，达到指纹分析目的。为了进一步提高 SSCP 的检出率，可将 SSCP 分析与其他突变检测方法相结合。其中与杂交双链分析（Heterocluplex analysis，Het）法结合可以大大提高检出率。Het 法是用探针与要检测的单链 DNA 或 RNA 进行杂交，在非变性 PAG 凝胶上通过电泳可以将含有一对碱基对错配的杂交链和完全互补的杂交链分离开。对同一靶序列分别进行 SSCP 和 Het 分析可以使点突变的检出率接近 100%，而且实验简便。

1. *PCR-SSCP 方法的原理*　经 PCR 扩增的 DNA 片段在变性剂或低离子浓度下，经高温处理使之解链并保持在单链状态下，在不含变性剂的中性聚丙烯酰胺凝胶中电泳时，DNA 单链的迁移率除与 DNA 链的长短有关外，更主要的是取决于 DNA 单链所形成的构象。在非变性条件下，DNA 单链可自身折叠形成具有一定空间结构的构象。这种构象由 DNA 单链碱基决定，其稳定性靠分子内局部顺序的相互作用（主要为氢键）来维持。相同长度的 DNA 单链其碱基顺序不同，甚至单个碱基不同，所形成的构象不同，电泳迁移率也不同。PCR 产物变性后，单链产物经中性聚丙烯酰胺凝胶电泳，靶 DNA 中含单碱基置换，或数个碱基插入或缺失等改变时，因迁移率变化会出现泳动变位，从而可将变异 DNA 与正常 DNA 区分开。通过显色或显影在凝胶上显示出带型的差别，即多态性，这就说明检测到了突变（图 5-8）。

2. *PCR-SSCP 的优缺点*　1989 年问世的 PCR-SSCP 作为检测基因突变的方法，经不断地改进和完善，更为简便、快速、灵敏，不需要特殊的仪器，适合临床试验的需要，适于大样本筛选，因而具有一定的推广价值。但它也有不足之处，例如：①它不能指出碱基突变的位置，只能作为一种突变检测方法，要最后确定突变的位置和类型，还需进一步测序；②所检测的片段不

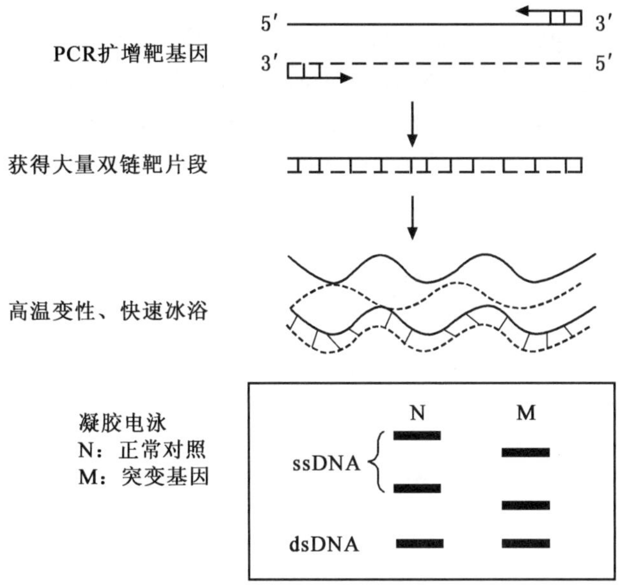

图 5-8 PCR-SSCP 分析方法的原理示意图

能太大，否则检出率低：③电泳条件要求较严格；④由于 SSCP 是依据点突变引起单链 DNA 分子立体构象的改变来实现电泳分离的，这样就可能会出现当某些位置的点突变对单链 DNA 分子立体构象的改变不起作用或作用很小时，再加上其他条件的影响，使聚丙烯酰胺凝胶电泳无法分辨造成漏检。尽管如此，该方法和其他方法相比仍有较高的检测率。首先，它可以发现靶 DNA 片段中未知位置的碱基突变。Hayashi 等经试验证明小于 30 bp 的 DNA 片段中的单碱基突变，9%可被 SSCP 发现，对于 30～50 bp 片段的灵敏度为 89%，因此他认为现在知道的所有单碱基改变绝大多数可用该方法检测出来。另外，PCR-SSCP 不仅能灵敏地检测出非编码序列中的突变，且能准确、有效地筛选出Ⅱ类保守座位中的突变，这为检测某个全长基因的多态性提供了有效方法。姜运良、李宁等报道在影响 PCR-SSCP 的因素当中 PCR 扩增的特异性要强，只有特异性扩增的 PCR 产物才能够进行下一步的 SSCP 显示工作。为此引物设计时要注意引物与模板的特异结合力；PCR 扩增的片段不宜过长，以 10～300 bp 为好。

(三)限制性片段长度多态性(RFLP)技术

RFLP 是指 DNA 分子中限制性内切酶酶切识别序列中出现碱基的插入、缺失、置换、倒位，而导致酶切位点的增减所引起的基因型间限制性片段长度的差异。目前，有两种方法可进行 DNA 的 RFLP 分析。一是不同材料的 DNA 用已知的限制性内切酶消化后，产生许多大小不等的 DNA 片段，电泳分离、Southern 印迹转移到硝酸纤维膜上，用放射性标记的探针与膜上变性的酶切 DNA 进行杂交，放射自显影，即可显示出不同材料的多态性图谱，即显示出所分析的 DNA 序列间的 RFLP。其中用作 RFLP 的探针可以是特殊基因的 DNA 克隆、cDNA 克隆、随机的基因组 DNA 克隆和合成的低聚核苷酸克隆。二是对那些相对分子质量较小的 DNA 样本（如线粒体 DNA、核糖体、DNA 等），可在酶切后对其产物直接电泳，将不同大小的限制性酶切 DNA 片段分离，从而得到该 DNA 的 RFLP 图谱。

1. RFLP 的基本原理　利用特定的限制性内切酶识别并切割不同生物个体的基因组

DNA，得到大小不等的DNA片段，所产生的DNA数目和各个片段的长度反映了DNA分子上不同酶切位点的分布情况。通过凝胶电泳分析这些片段，就形成不同带，然后与克隆DNA探针进行Southern杂交和放射自显影，即获得反映个体特异性的RFLP图谱。它所代表的是基因组DNA在限制性内切酶消化后产生片段在长度上的差异。不同个体的等位基因之间碱基的替换、重排、缺失等变化导致限制性内切酶识别和酶切发生改变，从而造成基因型间限制性片段长度的差异(图5-9)。

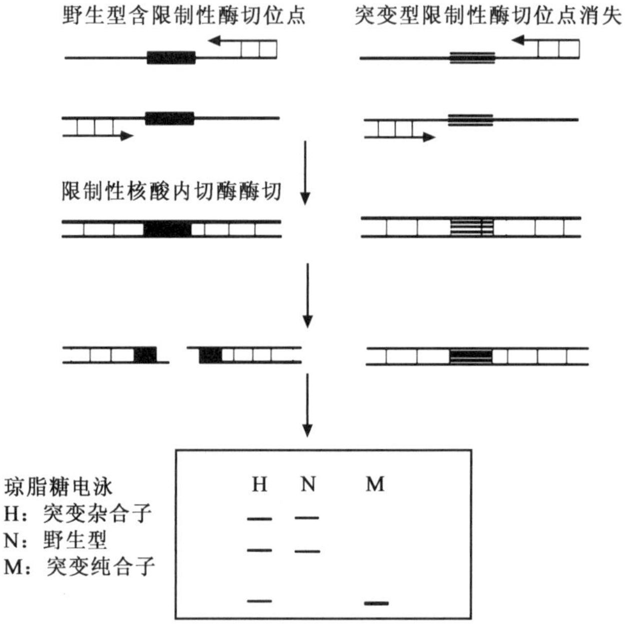

图5-9　RFLP分析方法的原理示意图

2. RFLP的优缺点　由于限制性内切酶识别序列具有专一性，因此，RFLP分析具有较高可靠性；而且RFLP不受性别、年龄局限，不受表达的组织、发育阶段或外界环境的不同而变化；标记座位的等位基因间是共显性的，通过杂交后电泳带型可直接区别杂合子和显性纯合子。但是RFLP需制备放射性探针和进行Southern转移及杂交、放射自显影，因而费时、烦琐、污染大，可对环境和人体造成不良影响。RFLP对DNA含量与纯度要求高，多态性水平低，技术难度高，只适应单/低拷贝。大多数RFLP表现为二态性，杂合率低于50%，所提供的信息量较低，而且与内切酶选用密切相关。

对于绵羊品种的选育，通常采用后裔测定加表型选择的方法，因而选育周期较长。因此，发现影响多胎性状的主效基因，建立基因型分析方法，直接选育基因型纯合的公羊和母羊，不仅可以提高选择的准确性，而且可以大大缩短选育时间。将分子标记辅助选择技术应用于多胎绵羊品种的选育，将对绵羊育种产生巨大的推动作用。

二、应用示范

本实验主要利用分子标记技术对杜泊绵羊与多胎绵羊品种小尾寒羊的杂交后代进行选育。选择控制绵羊高繁殖力的骨形态发生蛋白受体ⅠB基因(*BMPR-ⅠB*)作为一种候选基因,来评价杂交绵羊的繁殖性能。采用 PCR-RFLP 方法检测 *BMPR-ⅠB* 基因在杜泊绵羊、小尾寒羊及杜泊×小尾寒羊杂交羊群体中的多态性分布规律。

(一)材料和方法

1. 试验羊及采样方法　试验羊群来自山东省农科院畜牧所肉羊中心羊场和项目基地(菏泽开发区全庄羊场、菏泽牡丹区皇镇羊场、茌平县方盛种羊有限公司、菏泽市佃户屯吴店村、菏泽市牡丹区黄罡镇邢庄育种协会种公羊),共计采样 389 只(表 5-13)。采样方法是在每只羊耳尖部用 75%酒精棉球消毒后,用耳标钳耳组织取样约 5 g,-20℃保存。

表 5-13　多胎基因检测采样种群和数量

羊群类别	采样数量	羊群类别	采样数量
小尾寒羊	127 只(♂23 只;♀104 只)	杜寒杂二代	146 只(♂4 只;♀142 只)
杜泊绵羊	12 只(♂9 只;♀3 只)	杜寒杂三代	58 只(♂15 只;♀43 只)
杜寒杂一代	46 只(♂0 只;♀46 只)	合计	389 只

2. *BMPR-ⅠB* 基因多态性检测方法

(1)基因组提取　采用酚-氯仿法抽提基因组,具体步骤如下:取耳组织剪碎加蛋白酶 K(20 mg/mL)混匀,5℃过夜消化直至澄清。在离心管中加入 DNA 抽提缓冲液 50 μL,摇动,使血细胞沉淀脱离离心管管壁,37℃水浴 1 h。将反应液冷却至室温,加 Tris-饱和酚 50 μL,轻轻摇动离心管,使其充分混匀;4℃,1 200 r/min 离心 10 min,将上清液转入另一离心管中,重复一次。加氯仿 50 μL,充分混匀,4℃,1 200 r/min 离心 10 min,将上清液转入另一离心管中。加氯仿、异戊醇混合液(24∶1)50 μL,充分混匀,4℃,1 200 r/min 离心 10 min,将上清液转入另一离心管中。加 0.1 倍体积的 NaAc 缓冲液及 2 倍体积的冰冷的无水乙醇,混合转动离心管直至白色的絮状沉淀析出,-20℃保存 30~60 min。4℃,1 200 r/min 离心 10 min,弃上清液,用 70%的冷乙醇漂洗 DNA 沉淀 2 次。4℃,1 200 r/min 离心 10 min,弃上清液,室温下使乙醇挥发干净。干燥后的 DNA 溶于 80~100 μL 的 TE 液,4℃保存直至 DNA 完全溶解,0.8%琼脂糖凝胶电泳检测其质量,待分光光度计测定浓度后,-20℃保存。

(2)引物的设计与合成　根据绵羊 *BMPR-ⅠB* 基因序列设计合成一对引物,引入一个突变点,可使突变体的扩增产物产生 1 个 AvaⅡ内切酶酶切位点,不携带突变的扩增产物则无此酶切位点。

上游引物　P1:5′-GTCGCTATGGGGAAGTTTGGATG-3′

下游引物　P2:5′-CAAGATGTTTTCATGCCTCATCAACACGGTC-3′

(3)试验试剂　蛋白酶 K,Ava Ⅱ限制性内切酶,DNA Ladder 2000, Taq DNA 聚合酶,琼脂糖,SDS。

(4)PCR 扩增与电泳

PCR 反应体系:总 20 μL

模板:1.5 μL

缓冲液:2.0 μL

d NTP:1.5 μL

$MgCl_2$:1.5 μL

P1 和 P2:各 0.9 μL

TaqE:0.2 μL

双蒸水:11.5 μL

PCR 反应条件:94℃预变性 5 min,94℃ 30 s,60℃ 30 s,72℃ 30 s,35 个循环,72℃延伸 5 min。预期片段大小为 140 bp。PCR 反应产物用 1.0%琼脂糖凝胶电泳检测。

(5)酶切　酶切反应总体系 10 μL,AvaⅡ酶 0.5 μL,PCR 产物 5 μL,Buffer R+1 μL,ddH_2O 3.5 μL。混匀后 37℃水浴 4 h。酶切产物用 2.5%琼脂糖凝胶电泳检测。

(二)结果与讨论

1. *BMPR-ⅠB* 基因 PCR 扩增　采用引物 P1、P2 对采样群体基因组 DNA 分别进行扩增,其扩增产物用 1.0%琼脂糖凝胶电泳检测,得到 140 bp 左右的条带,条带清晰且特异性好,与预期扩增片段大小一致(图 5-10)。

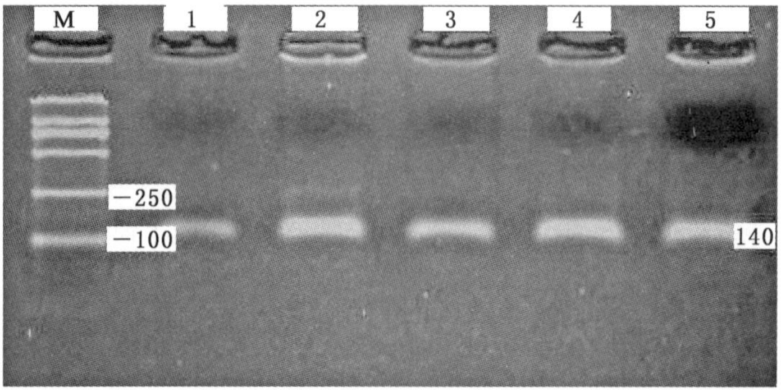

图 5-10　*BMPR-ⅠB* 基因 PCR 扩增结果

2. PCR-RFLP 电泳结果与分析　扩增产物用 *Ava*Ⅱ酶切后,用 2.5%琼脂糖凝胶电泳检测,所有绵羊共检出三种带型(图 5-11)。由于绵羊 *BMPR-ⅠB* 基因在 746 bp 处有一个单核苷酸多态(A→G 突变),因此该位点为 G 时,会产生限制性内切酶 *Ava*Ⅱ的酶切位点(GGACC),AvaⅡ酶切 PCR 产物后会产生 2 个片段(110 bp 和 30 bp),该位点为 A 时(AGACC),则不存在 *Ava*Ⅱ的酶切位点,酶切 PCR 产物后只有一个片段(140 bp);该位点为 A/G 杂合时,酶切 PCR 产物后会产生 3 个片段(140 bp、110 bp 和 30 bp)。只有 110 bp 片段的为 BB 基因型(第 1、2、4 泳道);只有 140 bp 片段的为++基因型(第 3、5、6 泳道);有 140 bp 和 110 bp 2 个片段的为 B+基因型(第 7、8 泳道)。BB 基因型为多胎基因纯合型,B+基因型为多胎基因杂合型,++基因型为不含多胎基因的野生型。

3. 基因频率和基因型频率分析　对不同群体的绵羊进行 *BMPR-ⅠB* 多态性分析检测,计算基因型频率和基因频率,统计结果见表 5-14。

从表 5-14 中可以看出,在杜泊绵羊中没检测到基因型 BB;在小尾寒羊中 BB 和 B+两种基因型分布比较高,基因型频率分别为 0.277 3 和 0.645 5;*BMPR-ⅠB* 基因在杂交绵羊中以 B+基因型为主。而且随着代次的提高,BB 基因型频率逐步增加,说明按照基因型选种,大大加快了产羔数这一低遗传力性状的选育速度,经统计分析,杜泊绵羊与杜泊×小尾寒羊杂交羊基因型频率差异极显著($P<0.01$),这表明通过杜泊绵羊与多胎绵羊品种小尾寒羊杂交后,杂交后代羊群的繁殖性能遗传性状得到有效的改善,小尾寒羊的多胎性能够通过杂交很好地传

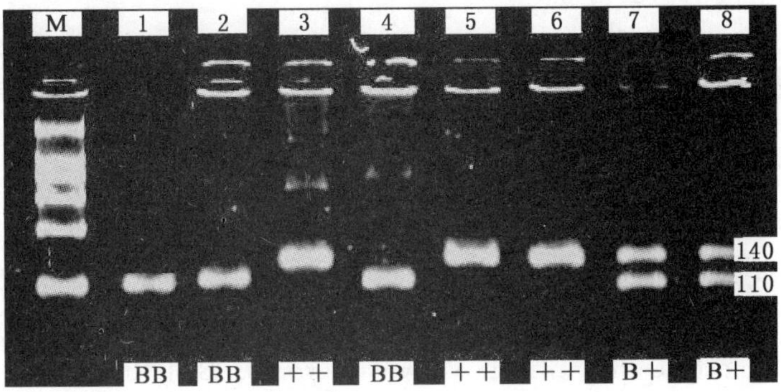

图 5-11　*BMPR-ⅠB* 基因 *Ava* Ⅱ 酶切结果

给后代。因此，*BMPR-ⅠB* 分子标记可以用于对绵羊产羔数的辅助选择，作为一种新颖的辅助技术用于杜泊绵羊与小尾寒羊杂交后代的选育，为鉴定和选育出具有高繁殖性能的优质肉用型杜泊×小尾寒羊杂交新品系（种）提供了有效的手段，为小尾寒羊保种和开发利用提供了育种技术支撑。

表 5-14　不同类群 *BMPR-ⅠB* 基因的基因频率和基因型频率

类群	样本数	基因频率		基因型频率		
		B	+	BB	B+	++
小尾寒羊	220	0.60	0.40	0.277 3	0.645 5	0.077 2
杜泊绵羊	25	0.20	0.80	0.0	0.40	0.60
杜寒杂一代	27	0.555 6	0.444 4	0.111 1	0.888 9	0.0
杜寒杂二代	147	0.527 2	0.472 8	0.156 5	0.741 5	0.102 0
杜寒杂三代	32	0.593 8	0.406 2	0.218 8	0.75	0.031 2

参考文献

[1] 张秀华，等. 绵羊繁殖性状的研究进展. 草食家畜，2003(1)：19-22.

[2] Davis G，H. Major genes affecting ovulation rate in sheep. Genet Sel Evol，2005(37)(Suppl 1)：S11-S23

[3] Mulsant P，Lecerf F，Fabre S，et al. Mutation in bone morphogenetic protein receptor IB is associated with increased ovulation rate in Booroola Merino ewes. Proc Natl Acad Sci USA，2001，98(9)：5104-5109.

[4] Wilson T，Wu X Y，Juengel J L，et al. Highly prolific Booroola sheep have a mutation in the intracellular kinase domain of bone morphogenetic protein IB receptor (ALK6) that is expressed in both oocytes and granulosa cells. Biol Reprod，2001，64 (4)：1225-1235.

[5] Souza C J，Macdougall C，Campbell B K，et al. The Booroola (*FecB*) phenotype is associated with a mutation in the bone morphogenetic receptor type ⅠB (*BMPR* Ⅰ *B*) gene. J

Endocrino,2001, 169(2):1-6.

[6] Mishina Y, Suzuki A, Gilbert D J, et al. Genomic organization and chromosomal location of the mouse type IBMP-2/4e receptor. Biochem Biophys Res Commun,1995,206(1):310-317.

[7] Davis G H, Dodds K G, Wheeler R, et al. Evidence that an imprinted gene on the X chromosome increases ovulation rate in sheep. Biol Reprod,2001,64(1):216-221.

[8] Shackell G H, Hudson J C, Heath D A, et al. Plasma gonadotrophin concentrations and ovarian characteristics in Inverdale ewes that are heterozygous for a major gene (*FecX^I*) on the X chromosome that influences ovulation rate. Biol Reprod, 1993,48(5):1150-1156.

[9] Davis G H, McEwan J C, Fennessy P F, et al. Evidence for the presence of a major gene influencing ovulation rate on the X-chromosome of sheep. Biol Reprod,1991,44:620-624.

[10] Rosenweig B L, Imamura T, Okadome T, et al. Cloning and characteration of a human type Ⅱ receptor for bone morphogenetic proteins. Proc Natl Acad Sci USA,1995,92(17): 7632-7636.

[11] Galloway S M, McNatty K P, Cambridge L M, et al. Mutations in an oocyte-derived growth differentiation factor gene (*BMP15*) cause increased ovulation rate and infertility in a dosage-sensitive manner. Nature Genetics,2000(25):279-283.

[12] Jennifer L, Dube M, Wang P, et al. The bone morphogenetic protein 15 gene is X-linked and expressed in oocytes. Mole Endor,1998,12(12):1809-1811.

[13] Otsuka F, Yao Z, Lee T H,et al. Bone morphogenetic protein-15: identification of target cells and biological functions. J Biol Chem,2000(275):39523-39528.

[14] Sadighi M, Bodensteiner K J, Beattie A E,et al. Genetic mapping of ovine growth differentiation factor 9 (*GDF9*) to sheep chromosome 5. International Society for Animal Genetics, Animal Genetics, 2002(33):224-245.

[15] Hanrahan J P, Gergan S M, Mulsant P, et al. Mutations in the genes for oocyte-derived growth factors *GDF9* and *BMP15* are associated with both increased ovulation rate and sterility in Cambridge and Belclare sheep (*Ovisaries*). Biol Reprod, 2004,70(4):900-909.

[16] Dong J, Albertini D P, Nishimori K,et al. Growth differentiation factor-9 is required during early ovarian folliculo genesis. Nature,1996(383):531-535.

[17] McNatty K P, Major gene for reproduction in sheep. Institute National Recherche Agronomics, 1991:105-124.

[18] Montgomery G W, Tate M L, Henry M, et al. The follicle-stimulating hormone receptor and luteinizing hormone receptor genes are closely linked in sheep and deer. Mol Endocrinol., 1995,15(3):259.

[19] 储明星,等. 微卫星标记 *OarAE101* 和 *BM1329* 在五个绵羊品种中的初步研究. 遗传学报,2001,28(6):512-517.

[20] 杜立新,等,小尾寒羊微卫星与 RAPD 标记的研究. 遗传学报, 2003, 30(11): 1041-

1044.
[21] 李士栋,等. *FecB* 基因连锁微卫星在小尾寒羊中的多态性及其与产羔数的相关性. 甘肃农业大学学报,2007, 42 (5): 34-38.
[22] 柳淑芳,等. *BMPR-ⅠB* 和 *BMP15* 基因作为小尾寒羊多胎性能候选基因的研究. 遗传学报, 2003,30(8):755-760.
[23] 王根林,George H D,等. DNA 分析发现我国湖羊和小尾寒羊存在 Booroola(*FecB*)多胎基因. 南京农业大学学报,2003, 26 (1): 104-106.
[24] 闫亚东,等. 小尾寒羊和湖羊高繁殖力候选基因 *BMPR-ⅠB* 的研究. 农业生物技术学报. 2005, 13 (1): 66-71.
[25] 储明星,等. 小尾寒羊高繁殖力候选基因 *BMP15* 和 *GDF9* 的研究. 遗传学报, 2005, 32 (1):38-45.
[26] 魏伍川,等. 中国小尾寒羊 *FSHR* 基因部分序列的克隆与分析. 中国农业科技导报, 2001,3 (6):61-65.
[27] 李凤娥,等. 绵羊 *FecB* 基因分离克隆的研究进展. 国外动物科学,2001,28(6):42-44.
[28] 李碧侠,等. 绵羊 *GDF9* 基因 PCR-SSCP 分析. 遗传学报, 2003, 30(4):307-310.
[29] 何远清,等. 小尾寒羊高繁殖力候选基因 *RBP4* 的研究. 畜牧兽医学报,2006,37(7):646-649.
[30] Hewitt S C, Korach K S, Oestrogen receptor knockout mice: roles for oestrogen receptors α and β in reproductive tissues. Reproduction, 2003, 125(2): 143-149.
[31] 毕晓丹,等. 小尾寒羊高繁殖力候选基因 *ESR* 的研究. 遗传学报,2005,32(10):1060-1065.
[32] 周文然,等. 小尾寒羊高繁殖力候选基因 *INHA* 的研究. 农业生物技术学报,2007,15 (1):32-36.
[33] Notter D R,Cockett N E. Opportunities for detection and use of QLT influencing seasonal reproduction in sheep:a review. Genet Sel Evol,2005(37):39-53.
[34] 季从亮,等. 4 个绵羊品种褪黑激素受体 1A 基因第二外显子 PCR-RFLP 分析. 华中农业大学学报,2003,22(2):105-109.
[35] 季从亮,等. 褪黑激素受体基因的研究进展. 遗传,2003,25(2):221-224.
[36] 储明星,等. 褪黑激素受体 1A 基因外显子 2 与小尾寒羊高繁殖力的关联. 安徽农业大学学报,2008,35(1):1-4.
[37] 王欣荣,等. 小尾寒羊血液蛋白(酶)多态性与产羔数的比较研究. 中国草食动物,2005 (2):31-33.

第六章 繁殖机能与调控

Chapter 6 Reproductive capability and regulation

繁殖是小尾寒羊生产中的关键环节，掌握好繁殖技术，搞好繁殖工作，对增加小尾寒羊数量和提高养羊经济效益具有重要的作用。掌握了小尾寒羊生殖系统特点、生殖器官功能、繁殖规律和特点，在生产实践中，就可以通过控制小尾寒羊的生理机能，合理使用繁殖技术，使小尾寒羊适时发情与配种，增加排卵数量，提高受胎率、产羔数和羔羊成活率，从而提高饲养小尾寒羊的经济效益。

第一节 生殖生理

Section 1 Characteristics of reproductive physiology

一、生殖系统构造

(一)公羊的生殖系统

小尾寒羊公羊的生殖系统包括性腺(睾丸)、输精管道(附睾、输精管和尿生殖道)、副性腺(精囊腺、前列腺和尿道球腺)、外生殖器(阴茎)。

1. 睾丸 公羊的睾丸为长卵圆形，其长轴与地面垂直，同其他家畜相比，公羊的睾丸相对较大，占体重的 0.57%～0.70%。睾丸的表面被浆膜包裹，其下为致密结缔组织构成的白膜，从睾丸的一端，有一宽 0.5～1.0 cm 的结缔组织索伸向睾丸实质，构成睾丸纵隔。由它向四周发出许多放射状结缔组织小梁伸向白膜，称为中隔。它将睾丸分成许多锥形体的小叶，小叶的尖端朝向睾丸的中央，基部朝向表面。每个小叶由 2 条或 3 条盘曲的曲精细管构成。睾丸的机能一是产生精子，由曲精细管的生精细胞经多次分裂后形成精子，精子随着精细管液流输出，并经曲精细管、睾丸网、输出管而到附睾。公羊每克睾丸组织平均每天可产生精子 2 400 万～2 700 万个。二是分泌雄激素，由睾丸间质细胞分泌的雄激素能激发公羊的性欲及性兴奋，刺激第二性征，刺激阴茎及副性腺的发育，维持精子的发生及附睾精子的存活。

2. 附睾 附睾附着于睾丸的附着缘，分头、体、尾 3 部分。附睾头由 10 多条睾丸输出管组成，后者呈螺旋形，借结缔组织联结成若干附睾小叶，这些附睾小叶联结成扁平而呈杯状的附睾头，贴附于睾丸的前端或上缘。各附睾小叶的管子汇成一条弯曲的附睾管。弯曲的附睾管沿睾丸的附着缘下行逐渐变细，延续为细长的附睾体。在睾丸的远端附睾体转为附睾尾，其中附睾管弯曲减少，最后逐渐过渡为输精管。附睾是精子最后成熟的地方，也是贮存精子的场所。

3. 输精管 附睾管在附睾尾端延续为输精管，在睾丸系膜内侧的输精褶中，与血管、淋巴管、神经、附睾内肌等共同包于睾丸系膜内而组成精索，沿腹股沟进入腹腔，折向后进入盆腔，

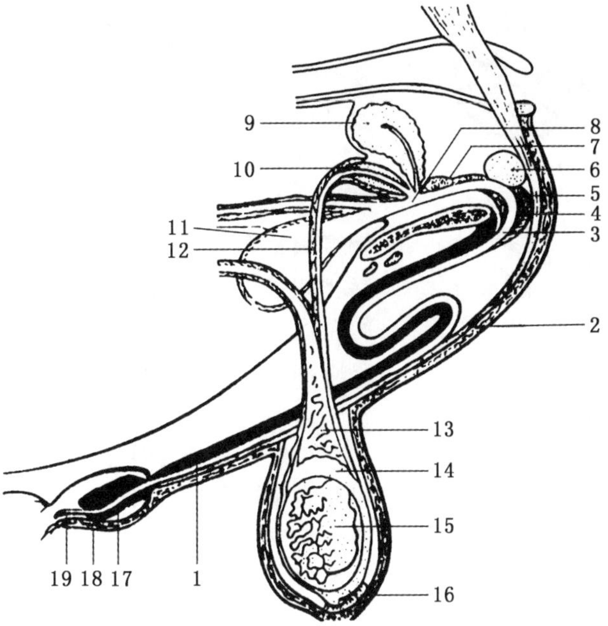

图 6-1 公羊的生殖器官及构造

1.阴茎 2.提肛肌 3.阴茎根 4.骨盆底 5.海绵体肌 6.尿道球腺 7.前列腺 8.尿道骨盆段 9.精囊腺 10.输精管壶腹部 11.膀胱 12.输精管 13.精索 14.附睾头 15.睾丸 16.附睾尾 17.阴茎头鞘 18.包皮 19.尿道突

在生殖褶中沿精囊腺内侧向后延伸，变粗形成输精管壶腹，其末端变细，穿过尿生殖道起始部背侧壁，与精囊腺的排泄管共同开口于精阜后端的射精孔。输精管的肌肉层较厚，交配时收缩有力，能将精子送入尿生殖道。

4.副性腺 精囊腺、前列腺及尿道球腺总称为副性腺，射精时它们的分泌物，加上输精管壶腹的分泌物混合在一起成为精清，与精子共同组成精液。其功能主要是冲洗尿生殖道，为精液通过做准备；是精子的天然稀释剂，供给精子营养；活化精子，改变休眠状态；帮助推动和运送精液到体外；缓冲不良环境对精液的危害；形成阴道栓，防止精液倒流。

5.尿生殖道 公羊的尿生殖道是尿和精液共同的排出通道，分为 2 部分：一是骨盆部，为一长的圆柱管，外面包有尿道肌；二是阴茎部，外面包有尿道海绵体和球海绵体肌。在坐骨弓处，尿道阴茎部在左右阴茎脚之间稍膨大形成尿道球。射精时从壶腹聚集来的精子，在尿道骨盆部与副性腺的分泌物相混合，在膀胱颈的后方，有一个隆起即精阜，在其顶上有壶腹和精囊腺导管的共同开口。精阜主要由海绵组织构成，它在射精时可以关闭膀胱颈，从而阻止精液倒流。

6.阴茎 阴茎为公羊的交配器官，主要由勃起组织及尿生殖道阴茎部组成，自坐骨弓沿中线向前延伸，达于脐部。阴茎体由背侧的 2 个阴茎海绵体及腹侧的尿道海绵体组成。阴茎头为阴茎前端的膨大部，也称龟头，主要由海绵体组成。

(二)母羊的生殖系统

母羊的生殖系统主要有性腺（卵巢）、生殖道（输卵管、子宫、阴道）和外生殖器（尿生殖前庭、阴唇、阴蒂)。

1.卵巢　卵巢的作用是产生卵子和分泌雌激素及孕酮。小尾寒羊的卵巢为扁椭圆形,长1～1.5 cm,宽、厚各0.8～1 cm。卵巢一般位于子宫角尖端外侧,分为皮质部和髓质部,两者的基质都是结缔组织。皮质内含有卵泡、卵泡的前身和后续产物,皮质部的结缔组织含有许多纤维细胞、胶原纤维、网状纤维、血管、淋巴管、神经和平滑肌纤维;髓质内含有许多细小的血管、神经,它们由卵巢门出入,所以卵巢门上没有皮质,血管分为小支进入皮质,并在卵泡膜上构成血管网。

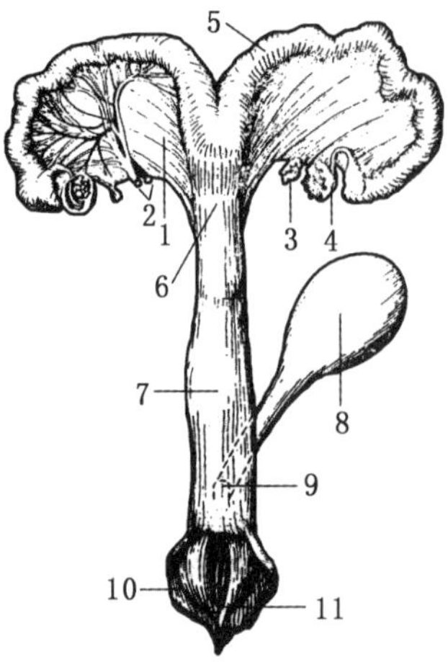

图6-2　母羊的生殖器官及构造

1.子宫韧带　2.子宫静脉和动脉　3.卵巢　4.输卵管　5.子宫角　6.子宫颈　7.阴道　8.膀胱　9.尿道口　10.大阴唇　11.阴蒂

2.输卵管　输卵管是卵子进入子宫的必经通道,包在输卵管系膜内,长15～30 cm,有许多弯曲。管的前半部或前1/3段较粗,称为壶腹,是卵子受精的地方,其余部分较细,称为峡部。输卵管的前端接近卵巢,扩大呈漏斗状,叫做漏斗。漏斗的边缘上由许多皱褶和凸起,称为伞,伞的一处与卵巢上端相连,称为卵巢伞,这保证了伞和卵巢表面的接近。输卵管的主要作用是承受并运送卵子;精子完成获能过程、精子和卵子结合受精以及卵裂均在输卵管内进行;分泌黏蛋白及黏多糖,它是精子、卵子的运载工具,也是精子、卵子及早期胚胎的培养液。

3.子宫　子宫包括子宫角、子宫体及子宫颈三部分。子宫的组织结构由外向里为浆膜、肌层及黏膜。浆膜与子宫阔韧带的浆膜相连。肌层的外层薄,为纵行肌纤维;内层厚,为螺旋形的环状纤维。子宫颈肌可以看作是子宫肌的附着点,同时也是子宫的括约肌,其内层特别厚,且富有致密的胶原纤维和弹性纤维,是子宫颈皱褶的主要构成部分;内外两层交界处有交错的肌束和血管网。黏膜上皮为柱状细胞,固有层里含有简单、分支、盘曲的管状腺,子宫角中多,子宫体中较少,子宫颈则只在皱褶之间的深处有腺状结构,其余部分为柱状细胞,能分泌黏液。子宫的机能主要是在发情时子宫肌借其纤维有节律和强有力的收缩作用而运送精液,使精子有可能超越其本身的运行速率而通过输卵管的子宫口进入输卵管;子宫内膜的分泌物以及内膜进行糖、脂肪、蛋白质的代谢,可为精子获能提供环境,又可满足孕体的营养需要;在发情季节,如果母羊未孕,在发情周期的一定时期,一侧子宫角内膜所分泌的前列腺素对同侧卵巢的发情周期黄体有溶解作用,以致黄体机能减退,垂体又大量分泌促卵泡素,引起卵泡发育生长,导致发情。子宫颈是子宫的门户,在不同的生理状态下,可起封闭作用;子宫颈是精子的"选择性贮库"之一,宫颈可以滤剔缺损和不活动的精子,因此它是防止过多精子进入受精部位的第一道屏障。据测定,小尾寒羊的子宫角比其他绵羊品种的子宫角长,容量大,为小尾寒羊的多羔提供了生理条件。

4.阴道　阴道为母羊的交配器官和产道。阴道的组织构造包括肌肉层和黏膜层。前端外层覆有黏膜,后端则为结缔组织所包围。黏膜为无腺体的复层扁平上皮细胞。羊的阴道长8～14 cm,穹窿的下部极不明显。

5.外生殖器官　尿生殖前庭为从阴瓣到阴门的短管,前高后低,稍微倾斜。阴唇构成阴门的两侧壁,阴唇的外面是皮肤,内为黏膜。阴蒂由 2 个勃起组织构成,相当于公羊的阴茎。

二、围产期生殖生理

从霞等(2007)用常规方法检测了 11 只围产期小尾寒羊的体温、脉搏、呼吸、红细胞、血红蛋白、白细胞和白细胞分类各项数值。结果表明,小尾寒羊在产前体温较低,平均为(38.77±0.36)℃,分娩当日体温明显升高,平均为(39.33±0.33)℃,而到产后 12 d 平均体温升高到(39.60±0.14)℃。受试羊脉搏数在产前高于对照组羊,分娩时增速,达到(110.5±16.88)次/min,产后 12 d 也未恢复到对照组的水平。呼吸数产前略降低,产后呼吸数与对照组相一致。红细胞数、血红蛋白数从产前至产后 5 d 均低于对照组,产后 12 d 达到最高值。白细胞数,产前低于对照组,生产后 5 d 显著高于对照组,产后 12 d 与对照组差异不显著(表 6-1)。

表 6-1 围产期小尾寒羊生理指标的测定结果

指标	产前	分娩时	产后 5 d	产后 12 d	对照组
体温(℃)	38.77±0.36	39.33±0.33	39.23±0.06	39.60±0.14	39.12±0.11
脉搏(次/min)	87.50±5.95	110.5±16.88	103.5±7.13	78.5±4.27	72.667±3.48
呼吸数(次/min)	25.50±2.26	43.00±8.35	52.50±13.31	48.25±5.12	42.60±7.96
红细胞数(10^6/mm^3)	144.75±63.30	175.25±38.28	228.75±80.33	573.00±125.75	274.83±90.54
白细胞数(10^3/mm^3)	8.03±0.71	10.16±1.27	12.56±0.86	11.11±3.70	11.59±1.55
血红蛋白量(g/100 mL)	6.05±0.38	4.85±0.66	5.13±0.32	7.70±0.77	6.80±0.63
中性分叶核细胞数(%)	49.25±8.80	66.75±3.77	44.5±7.19	58.00±9.20	52.67±6.14
淋巴细胞数(%)	45.5±6.74	34.00±3.13	53.75±6.80	39.25±9.81	46.00±4.77

小尾寒羊白细胞分类计数结果表明,分叶细胞数在产前 3 d 和产后 5 d 期间低于对照组,在生产当日达到最高值,产后 12 d 恢复正常。淋巴细胞的变化与分叶核细胞数变化相反。

在分娩期,母羊的体温、脉搏和呼吸数的正常生理学变化规律是,在临产前体温降低、脉搏数和呼吸数升高,而本试验所得的结果与之基本相符。在分娩 24 h 内,受试羊的体温、脉搏和呼吸数均升高,说明分娩使母羊交感神经兴奋,从而反射性引起体温、脉搏和呼吸数的增高。分娩后 5 d,体温和脉搏数降低、呼吸数达到正常的水平,说明子宫复旧期开始交感神经的兴奋性降低,子宫内有细菌侵入尚未形成感染。分娩后 12 d,体温再次升高、脉搏和呼吸数降至正常,说明机体有效循环血量得到恢复,细菌感染加重,分叶核细胞数量在此时的变化也说明细菌的感染程度。

在妊娠后期,由于胎儿生长发育的需要,使母体出现轻度贫血,在分娩时又由于失血使红细胞和血红蛋白的绝对数量减少。本试验的结果也发现,产前至产后 5 d,红细胞与血红蛋白数值均低于对照组羊,但差异不显著(受试羊的数量少)。而在产后 12 d 时,红细胞和血红蛋白的量均显著增高,表明机体从妊娠和分娩所造成的失血状况中恢复,血液储备得到恢复。在分娩前,受试羊的白细胞总数较低、分叶核细胞数正常;分娩后 12 h 内,白细胞总数增多,分叶核细胞数明显增多;分娩后 5 d,白细胞数达到最高值,但分叶核细胞数降低;至产后 12 d,白细胞总数稍降、分叶核细胞增高。这与妊娠末期母体的防御机能以及微生物没有侵染的门户有关,因此使得白细胞数较低,分叶核细胞数正常。分娩后造成大量组织坏死,子宫组织发生炎症反应,刺激机体产生中性白细胞,致使产后羊白细胞的增多和分叶核细胞数的增加。产后 5 d 时,白细胞总数和分叶核细胞数有所降低是因为组织坏死程度的已修复,而细菌尚未造成感染。产后 12 d 时，子宫内的细菌数量增加、感染程度加重，使得白细胞数与分叶核细胞数均增高，并且该变化与体温升高的变化相一致。

三、生殖激素

有很多激素与生殖过程有密切关系，这些激素统称为生殖激素。它们来源于生殖器官之外的腺体或组织，有的则是生殖器官本身所产生。生殖激素大致可以分为三类：一是来自丘脑下部的释放激素，可控制垂体合成与释放有关激素；二是来自垂体前叶的促性腺激素，直接关系到配子的成熟与释放和刺激性腺产生类固醇激素；三是来自睾丸和卵巢的性腺激素，对性行为、第二性征和生殖器官的发育和维持，以及生殖周期的调节，均起着重要作用。除此之外，还有来自胎盘的一些激素，包括促性腺激素和与性腺激素类似的激素。上述生殖激素根据其化学性质又可分为两类：一类为蛋白质激素（包括多肽类），如垂体激素及释放激素等；另一类为类固醇激素，如性腺激素中的雌激素、孕激素和雄激素等。

（一）丘脑下部和释放激素

丘脑下部与垂体激素的分泌活动有着密切关系，现已知道丘脑下部分泌多种释放激素，直接影响着垂体各种激素的分泌。因此，了解丘脑下部和垂体的关系是十分必要的。丘脑下部可看作是构成第三脑室的底部和部分侧壁的间脑部分，主要包括视交叉、乳头体、灰结节、正中隆起等部分。实际上垂体神经部在解剖上是由丘脑下部直接延伸出来的。由丘脑下部至垂体并没有直接的神经支配，但可通过微妙的门脉系统来传递其对垂体分泌机能的影响。某些外界刺激及血液中的类固醇激素作用于丘脑下部，使其分泌出释放激素。这种释放激素通过下丘脑-垂体门脉系统，直接进入垂体前叶并促使其分泌相应的激素。

（二）垂体和垂体促性腺激素

垂体是一个很小的腺体，位于脑下蝶骨凹部，分前后两叶及位于两叶之间的中叶，由柄部和丘脑下部相连接。垂体前叶主要为腺体组织，包括远侧部和结节部；垂体后叶主要为神经部。垂体远侧部为构成前叶的主要部分，垂体促性腺激素和其他多种激素都在此分泌。垂体后叶的神经部含有多种神经末梢，由后叶分泌两种激素，即催产素及血管加压素。由垂体分泌的生殖激素主要有以下几种：

1. 促卵泡素（FSH） 是一种糖蛋白，对母羊可促进卵泡增长，并提高卵泡壁细胞的摄氧量和蛋白质合成；对公羊可促进精细管增长而使睾丸增大，对精子发生初期也很重要。

2. 促黄体素（LH） 对母羊可促进卵巢血流加快，在促卵泡素作用的基础上引起卵泡排卵和促进黄体形成；对公羊可刺激睾丸间质细胞合成和分泌睾酮，这对副性腺的发育和精子的最后成熟起决定性作用。

3. 促乳素（PRL） 促乳素也称为促黄体分泌素，是一种蛋白质激素，其作用：一是与雌激素协同作用于乳腺导管系统，与孕酮共同作用于腺泡系统，与皮质类固醇激素一起激发和维持泌乳活动；二是促使黄体分泌孕酮。

（三）性腺激素

性腺激素主要来自卵巢和睾丸。由睾丸所分泌的主要为雄激素睾酮；由卵巢分泌的主要有雌激素、孕激素和松弛素。

1. 雄激素 由睾丸间质细胞所分泌。肾上腺皮质部也可以分泌少量的雄激素。睾酮一般不在体内存留，而很快被利用和分解，并通过尿液或胆汁和粪便排到体外，在尿液中存在的雄激素主要为雄酮。睾酮的作用主要为：刺激精子的发生；延长附睾中精子的寿命；促进雄性副性器官的发育和分泌机能，促进第二性征的表现；促进公羊的性欲表现；抑制垂体分泌过多的促性腺激素，以保持体内激素的平衡状态。

2. 雌激素 卵巢中分泌雌二醇和雌酮 2 种激素，在血液中约有 2/3 的雌激素和蛋白质相结合，并与游离的雌激素保持平衡，其主要功能为：在发情期，促使母羊表现发情和生殖道的变化，如使阴道上皮增生和角质化，促使子宫颈管变松弛，使精液变稀薄，促使子宫内膜及肌肉增长和刺激子宫收缩等；促进乳腺导管系统增长；促使长骨骺部骨化，抑制长骨生长；可促使雄性个体睾丸萎缩，副性器官退化，最后造成不育。

3. 孕激素（黄体酮） 孕酮为主要的孕激素，主要由卵巢中的黄体细胞所分泌。其作用主要为促使子宫黏膜层增厚，腺体弯曲度增加、分泌功能增强（有利于胚胎附植）；抑制子宫的自发性活动，降低子宫肌层的兴奋作用（如对催产素的反应）；促使胚盘发育，维持正常妊娠。

4. 孕马血清（PMSG） 孕马血清促性腺激素和垂体所分泌的促卵泡素的功能相似，有着明显的促卵泡发育的作用；具有对不发情母羊的催情作用；因为它可能还含有类似促黄体的成分，所以有一定的促排卵和黄体形成的功能。对公羊具有促使精细管发育和性细胞分化的功能。孕马血清是一种非常经济的促性腺激素，可用于治疗母羊卵巢发育不全、卵巢机能衰退，公羊性欲不强、生精能力衰退等。一般用于母羊不发情或微弱发情，促进同期发情时用量为 300～500 单位，治疗不孕、发情不正常或情期不受孕时剂量为 200～600 单位，用于超数排卵时用量一般为 600～1 000 单位。

5. 促卵泡素（FSH） 其主要功能是刺激卵泡的生长和发育；促进卵泡内膜细胞分化，促进颗粒细胞增生和卵泡液的分泌；诱发排卵并使颗粒细胞变成黄体细胞；促卵泡素与促黄体素在血液中达到一定浓度且成一定比例时引起排卵。

对公羊，主要是促进生精上皮发育和精子形成；在促黄体素和雄激素的协同作用下使精子发育成熟。

6. 促黄体素（LH） 促黄体素可促使母羊卵巢血流加速，在促卵泡素作用的基础上引起卵巢排卵；促使黄体形成。刺激公羊睾丸间质细胞合成和分泌睾酮；对副性腺的发育和精子的最后成熟起决定性作用。

7. 促性腺激素释放激素（GnRH） 在下丘脑，主要有 2 种促性腺激素释放激素，促黄体素释放激素（LH-RH）和促卵泡素释放激素（FSH-RH）。

8. 前列腺素（PGs） 主要功能是溶解黄体，导致卵泡破裂和卵子排出。另外，前列腺素对输卵管收缩产生复杂的生理作用，其效果在于调节受精卵发育，使之与子宫内环境同步。

张英杰等（2001）研究了小尾寒羊的发情特点、外周血浆促性腺激素全年分泌变化和发情期外周血浆中促性腺激素的分泌特点。

小尾寒羊的发情特点：1998 年，用试情公羊爬跨法鉴定河北省唐县小尾寒羊同一批母羊一年四季的发情情况。结果表明：小尾寒羊在正常情况下四季发情，全年都能很有规律地按一定周期表现发情，当然相对而言，4～6 月份和 9～11 月份是两个发情高峰。经计算，小尾寒羊成年母羊的发情周期是 16.5～17.5 d，发情持续期是 42.8～49.2 h，比一般绵羊略长，不同季节小尾寒羊的发情状况略有差异，以春季发情周期最长，持续期最短，排卵数也最少。

小尾寒羊外周血浆促性腺激素全年分泌变化：1998 年，在河北省唐县选择 5 只小尾寒羊母羊，并以相同条件下的 5 只细毛羊母羊作为对照，用导管法每 10 d（分别于每月 5 日、15 日和 25 日)采血 1 次,用放射免疫分析法(RIA)测定血浆中的 FSH 和 LH 浓度。计算出每月、四个季节和全年的平均数和标准差,并进行 t 检验。季节的划分如下:3～5 月份作为春季,6～8 月份作为夏季,9～11 月份作为秋季,12 月份至翌年 2 月份作为冬季。

由表 6-2 可以看出,小尾寒羊各月份 FSH、LH 分泌量均极显著高于细毛羊($P<0.001$),且小尾寒羊 4～6 月份和 9～11 月份的 FSH、LH 分泌量更高,这正与小尾寒羊此时发情最旺盛相吻合。Bindon(1984)报道 Booroola 母羊 4～7 月份和 12 月份至翌年 2 月份出现 2 个发情高峰,"T"型美利奴母羊 1～2 月份和 4～6 月份出现 2 个发情高峰,"O"型美利奴母羊 1～2 月份和 4～5 月份出现 2 个发情高峰;每 12 个月发情周期的平均数目是 Booroola 9.8、"T"型美利奴羊 7.8、"O"型美利奴羊 6.7,可见全年发情周期数目随繁殖力的降低而减少。

表 6-2　小尾寒羊和细毛羊 FSH、LH 各月分泌量

激素	1月	2月	3月	4月	5月	6月	7月	8月	9月	10月	11月	12月
FSH ($n=5$)	小尾寒羊											
	$3.82^{a}\pm0.12$	$3.69^{a}\pm0.24$	$3.87^{a}\pm0.27$	$3.92^{a}\pm0.07$	$4.01^{a}\pm0.11$	$4.12^{a}\pm0.17$	$3.63^{a}\pm0.19$	$3.81^{a}\pm0.21$	$4.15^{a}\pm0.17$	$4.24^{a}\pm0.13$	$4.06^{a}\pm0.14$	$3.84^{a}\pm0.19$
	细毛羊											
	$2.63^{b}\pm0.13$	$2.69^{b}\pm0.22$	$2.54^{b}\pm0.35$	$2.47^{b}\pm0.30$	$2.68^{b}\pm0.23$	$2.73^{b}\pm0.25$	$2.52^{b}\pm0.31$	$2.73^{b}\pm0.16$	$2.89^{b}\pm0.27$	$3.14^{b}\pm0.15$	$2.73^{b}\pm0.23$	$2.64^{b}\pm0.30$
LH ($n=5$)	小尾寒羊											
	$4.13^{a}\pm0.36$	$4.02^{a}\pm0.30$	$3.89^{a}\pm0.10$	$4.34^{a}\pm0.42$	$4.25^{a}\pm0.22$	$4.31^{a}\pm0.24$	$3.98^{a}\pm0.05$	$4.06^{a}\pm0.12$	$4.33^{a}\pm0.26$	$4.69^{a}\pm0.26$	$4.28^{a}\pm0.26$	$4.15^{a}\pm0.15$
	细毛羊											
	$2.71^{b}\pm0.23$	$2.83^{b}\pm0.14$	$2.83^{b}\pm0.25$	$2.05^{b}\pm0.35$	$2.95^{b}\pm0.26$	$3.11^{b}\pm0.15$	$2.69^{b}\pm0.29$	$2.74^{b}\pm0.22$	$2.93^{b}\pm0.27$	$3.24^{b}\pm0.22$	$3.30^{b}\pm0.34$	$3.08^{b}\pm0.26$

注:同列中具有不同字母肩标的平均值间差异极显著($P<0.01$)。

由表 6-3 可知,小尾寒羊 4 个季节和全年 FSH、LH 分泌量均极显著高于细毛羊,且小尾寒羊春季和秋季的 FSH、LH 分泌量更高,这与小尾寒羊多数发情集中在春秋两季是一致的。

表 6-3　小尾寒羊和细毛羊 FSH、LH 四季和全年的分泌量

激素	品种	春季	夏季	秋季	冬季	全年
FSH	小尾寒羊	$3.93^{a}\pm0.17$	$3.85^{a}\pm0.27$	$4.15^{a}\pm0.16$	$3.78^{a}\pm0.19$	$3.93^{a}\pm0.34$
	细毛羊	$2.56^{b}\pm0.29$	$2.66^{b}\pm0.25$	$2.92^{b}\pm0.27$	$2.65^{b}\pm0.21$	$2.70^{b}\pm0.28$
LH	小尾寒羊	$4.15^{a}\pm0.34$	$4.12^{a}\pm0.20$	$4.43^{a}\pm0.31$	$4.10^{a}\pm0.27$	$4.20^{a}\pm0.31$
	细毛羊	$2.61^{b}\pm0.50$	$2.85^{b}\pm0.29$	$3.16^{b}\pm0.31$	$2.87^{b}\pm0.26$	$2.87^{b}\pm0.39$

注:同列中具有不同字母肩标的平均值间差异极显著($P<0.01$)。

小尾寒羊发情期外周血浆中促性腺激素的分泌特点:从上次发情开始后 16 d 开始观察,出现发情征状即开始采血。对发情期的小尾寒羊、细毛羊各 5 只母羊连续采血 36 h,前 16 h 每 20 min 采血 1 次,后 20 h 每 2 h 采血 1 次,用 RIA 法测定血浆中 FSH 和 LH 浓度。促性腺激素浓度低-高-低即记为一个脉冲。

小尾寒羊和细毛羊发情期 FSH、LH 均呈脉冲式分泌。小尾寒羊血浆 FSH 的基础浓度、峰值、谷值、排卵前峰值均极显著大于低繁殖力和季节性发情的细毛羊。小尾寒羊发情到排卵前 FSH 高峰的间隔极显著大于($P<0.01$)低繁殖力和季节性发情的细毛羊的,两者相差 2.56 h (13.44－10.88 h);小尾寒羊发情到排卵前 LH 高峰的间隔也极显著大于($P<0.01$)

低繁殖力和季节性发情的细毛羊的，两者相差 2.82 h (10.28－7.46 h)。即高繁殖力的小尾寒羊排卵比低繁殖力的细毛羊要晚 2.56 h 或 2.82 h。FSH 除在排卵前出现一高峰外，还在此后的(20.3±0.62) h(小尾寒羊)、(23.1±0.70) h(细毛羊)出现第二高峰，其峰值小尾寒羊显著高于($P<0.01$)细毛羊。

吴向丰等(2006)较为系统地研究了小尾寒羊超排期间血清 FSH、LH、E_2 水平的变化。

试验动物：选择体况较好且年龄较一致的小尾寒羊 20 只，年龄 2～3 岁，体重 45～55 kg，随机分为 2 组，试验组和对照组各 10 只。

试验试剂：促卵泡素(FSH)，中科院动物所生产，10 mg/瓶；氯前列醇钠(PG)，宁波市激素制品有限公司生产，0.2 mg/瓶；羊用孕酮栓，南京农业大学家畜繁殖研究室研制。

试验方案：试验组和对照组同时做同期发情处理，试验组进行超排处理，对照组不超排，以埋栓当天作为第 1 天，第 10 天换栓；从第 15 天开始，4 d 中 8 次注射 FSH(总量 8 mg/只)，第 18 天撤栓时同时注射 PG 0.1 mg/只。撤栓后第 2 天羊发情配种；2 组羊均在发情配种后第 6 天用手术法冲胚。

采血及血清的制备：试验组和对照组每只羊于处理的不同阶段采血 10 次。采血时间：第 1 次，埋栓后第 15 天 6:00(在第 1 次注射 FSH 前)；第 2 次，埋栓后第 16 天 6:00(第 3 次注射 FSH 前)；第 3 次，埋栓后第 17 天 6:00(第 5 次注射 FSH 前)；第 4 次，埋栓后第 18 天 6:00(撤栓当天，第 7 次注 FSH、PG 前)；第 5 次，撤栓当天 12:00；第 6 次，撤栓当天 18:00(注射 FSH 之前)；第 7 次，撤栓当天 24:00；第 8 次，撤栓第 2 天 6:00(发情第 1 天上午 6:00)；第 9 次，撤栓第 2 天 12:00；第 10 次，配种后第 3 天 7:00。每次空腹颈静脉采血 10 mL，置于不含抗凝剂的试管中，静置后以 3 500 r/min 离心 10 min 分离血清，－20℃保存待用。

激素检验：采用放射性免疫法测定激素 FSH、LH、E_2，所用试剂盒为天津九鼎医学生物有限公司生产，按试剂盒规定方法测定。

结果表明：超排处理前小尾寒羊的 FSH 值为(3.22±1.51)mIU/mL，随后 3 d 维持平稳的态势。PG 处理后大约 12 h 内，FSH 水平缓慢上升，为(3.39±0.95)～(3.91±0.75)mIU/mL，峰值出现在 PG 处理 18 h 后，为(5.17±1.27)mIU/mL，并且峰值显著高于其他各次采血的含量(PG 处理 24 h 采血的含量除外)($P<0.05$)。对照组 FSH 值在各次采血之间的差异均不显著($P>0.05$)。在整个试验期间，试验组 FSH 值均高于相应的对照组，其中二者的峰值差异显著(5.17±1.27)mIU/mL 和(3.73 ±1.65)mIU/mL ($P<0.05$)。

超排处理前小尾寒羊 LH 值为(2.35±1.75)mIU/mL，超排处理后开始振荡上升，峰值出现于 PG 注射大概 30 h 后，达到(4.39±1.57)mIU/mL，并且显著高于其他各次采血的含量，差异显著($P<0.05$)。其后迅速下降，在发情后的第 3 天降到基础水平(2.53±1.23)mIU/mL。超排处理后试验组的 LH 水平略高于对照组，但是差异不显著($P>0.05$)。

超排处理前 E_2 值为(18.78±4.60)pg/mL，超排处理后开始升高。PG 注射后 6 h 达到(27.69±6.50)pg/mL。在 18 h 后(发情时)达到峰值(32.41±8.62)pg/mL，并且极显著高于其他各次采血的含量($P<0.01$)。对照组 PG 在注射后 18 h(发情时)达到峰值(25.52 ±4.11)pg/mL，极显著高于其他各次采血的含量($P<0.01$)。试验组 PG 注射后 6 h 和 18 h E_2 含量(27.69±6.50) pg/mL、(32.41±8.62) pg/mL，显著高于相应的对照组含量 (19.27±4.96)、(25.52±4.11)pg/mL ($P<0.05$)。

试验期间血清 FSH、LH、E_2 水平变化与超排效果的关系：试验组小尾寒羊黄体数、获胚数、可用胚数与第 7 次采血［发情当天 E_2 达到峰值(32.41±8.62)pg/mL］均呈正相关(分别为 $r=0.846$，$P<0.01$；$r=0.791$，$P<0.01$；$r=0.682$，$P<0.05$)；其他激素与超排效果没有显著的相关关系。

王玉琴等(2006)研究了发情小尾寒羊和波德代羊血清几种激素及细胞因子的变化。2003 年 9 月份，同群饲养的试验羊用土种羯羊试情，每天 4 次。选择在 1 周内发情的 10 只小尾寒羊和 10 只波德代羊，分别于第 1 次发情和发情后 24 h 颈静脉采血，立即分离血清，分装在 1.5 mL 离心管中，－20℃条件下保存。

由表 6-4 可以看出，小尾寒羊发情期血清中 FSH 值和 PRL 值均高于波德代羊，E_2 在两种羊发情期的测定值接近。LH 小尾寒羊发情初期测定的平均值低于波德代羊。

表 6-4 发情小尾寒羊和波德代羊血清激素的测定结果

项目	小尾寒羊		波德代羊	
	开始发情时	发情后 24 h	开始发情时	发情后 24 h
FSH(mIU/mL)	$0.38^a±0.24$	$0.17^b±0.09$	$0.13^b±0.06$	$0.10^b±0.03$
LH(mIU/mL)	$0.98^a±0.49$	$1.61^b±0.62$	$1.63^b±0.49$	$2.75^b±0.73$
E_2(pg/mL)	$4.86^a±2.67$	$6.94^b±1.74$	$3.84^a±1.03$	$7.69^b±2.51$
P_4(ng/mL)	$1.92^a±0.76$	$1.66^a±0.69$	$3.15^b±1.06$	$2.68^b±0.81$
PRL(ng/mL)	$2.51^a±1.38$	$4.30^b±1.83$	$2.69^a±1.21$	$2.05^a±0.74$

注：行数据肩标小写字母不同表示差异显著($P<0.05$)。

由表 6-5 可以看出，小尾寒羊在发情期 IL-1β 和 TGF-α 的平均水平显著高于波德代羊，且差异极显著($P<0.01$)；小尾寒羊血清中 IL-6 和 EGF 的测定值则低于波德代羊，差异显著($P<0.05$)。IGF-Ⅱ在小尾寒羊血清中的测定值于发情后显著升高($P<0.05$)，波德代羊变化则不大。

表 6-5 发情小尾寒羊和波德代羊血清细胞因子水平的测定结果

项目	小尾寒羊		波德代羊	
	开始发情时	发情后 24 h	开始发情时	发情后 24 h
IL-1β(pg/mL)	$84.00^a±39.54$	$107.00^a±28.32$	$23.00^b±3.42$	$38.46^b±5.68$
IL-6(pg/mL)	$46.01^a±14.81$	$53.47^a±12.56$	$64.58^b±8.87$	$68.02^b±6.65$
TGF-α(pg/mL)	$22.53^a±3.60$	$27.41^a±9.35$	$12.44^b±2.41$	$13.31^b±2.54$
IGF-Ⅱ(pg/mL)	$90.60^a±41.57$	$163.00^a±40.12$	$141.00^b±32.82$	$150.06^b±29.24$
EGF(μg/mL)	$0.98^a±0.44$	$0.96^a±0.16$	$1.70^b±0.09$	$1.93^b±0.17$

注：行数据肩标小写字母不同表示差异显著($P<0.05$)。

小尾寒羊和波德代羊均具有多胎性的产羔性能，但小尾寒羊产羔率显著高于波德代羊。发情后小尾寒羊和波德代羊血清中相关激素和细胞因子存在着相同的消长规律，如 LH、E_2、IL-1β、IL-6、TGF-α、IGF-Ⅱ从发情初期到发情后 24 h 有所升高，而其他激素及细胞因子则在发情后有所下降，尽管有些变化差异不显著，仍可能与两品种羊具有的多胎性能和非季节性发情有关。小尾寒羊发情期血清 FSH、PRL、IL-1β 和 TGF-α 水平均高于波德代羊，而孕酮、IL-6 和 EGF 低于波德代羊。这些差异可能与小尾寒羊和波德代羊的繁殖分泌机理有关。因为尽管两个绵羊品种都具有多胎性能，但由于其产地、培育过程及遗传基因等各不相同，导致繁殖性能也存在着一定的差别。

四、性成熟

(一)初情期

初情期是指母羊初次发情和排卵的阶段。不少母羊在头一次发情时常常出现安静发情现象,母羊只是排卵而不表现出发情征状,这是因为在发情前需要少量孕酮的作用,但是在初情期前,卵巢中没有黄体存在,因而没有孕酮分泌。小尾寒羊初情期较早,通常在5～6月龄出现初情期。此时体重29.9 kg,子宫重55.5 g,分别达到周岁母羊的60%和76%。这说明具有高繁殖力小尾寒羊的生殖器官发育比体重更早更快。

(二)性成熟

当小尾寒羊从羔羊发育到一定年龄阶段,脑垂体前叶分泌的促性腺激素(促卵泡素、促黄体素)和性腺激素(睾丸酮、雌二醇和孕酮)逐渐形成和增多,生殖器官发育完全,开始产生精子或卵子,并能表现出交配行为和有受精能力时,称为性成熟。据对5月龄公羊测定,双侧睾丸重181.1 g,输精管内已经有85%的精子成熟,6月龄时100%的精子成熟。原精精子密度达到30亿/mL,但是体重只有成年的41.2%,由此推断,小尾寒羊性成熟在5～6月龄之间。但这个阶段的羔羊不能用来配种,因为过早利用会影响其生长发育。当母羊刚达到性成熟时,它自身生长发育尚未完成,也尽量不要配种。因为,过早妊娠不仅妨碍小母羊的生长发育,所产下的后代往往体质较弱、发育不良甚至出现死胎;泌乳性能也会受到严重影响,如饲养管理跟不上,容易导致泌乳量不足。

五、发情

(一)发情季节

小尾寒羊四季发情,但4～6月份和9～11月份是两个发情高峰,以秋季发情最为旺盛。发情除了受光照因素影响外,它还受气温、营养、海拔、湿度等因素影响。通常生活在粗放条件下的母羊,其发情季节较明显。以春季发情周期最长,持续期最短,排卵数也最少。但是在有些地区和条件比较好的地方一年四季都能发情,因而使配种不受季节限制。公羊繁殖的季节性变化虽然没有母羊明显,但是在不同季节,其性功能和性驱动能力是不同的。日照长度的变化能明显影响公羊精子的生成,精液质量随季节性变化也很明显。按照季节划分,精子总数和精子活力以秋季最高,冬季次之,夏季最低。根据山东省农科院畜牧兽医研究所1991年的采精结果发现,一年四季,从9月下旬开始到12月份最好,1～2月份次之,3～6月份处于比较好的状态,7～9月下旬精液的密度降低。

(二)发情周期与持续期

小尾寒羊母羊从初情期开始直到繁殖活动停止,生殖器官和性活动总是发生有规律的周期性变化,这种变化叫做发情周期。通常以一次发情的开始至下一次周期开始间隔的天数为一个发情周期。小尾寒羊的发情周期平均为17 d,发情持续时间24～48 h。但成年母羊的发情周期是16.5～17.5 d,发情持续期是42.8～49.2 h,比一般绵羊略长。据报道,发情持续时间的长短与年龄、繁殖季节等有关,如:羔羊第一次发情的持续时间短,成年羊则长;繁殖季节则初期短,中期长,后期短;公母混群的母羊,发情持续期较短,且一致性相对较高。母羊的发情周期可根据母羊的生殖器官变化情况和对公羊亲近的精神状态分为四个时期,即发情前期、中期、后期和休情期。

(三)产后发情

小尾寒羊分娩后仍可发情，叫产后发情，其时间多在产后 30～59 d，平均 45 d。

(四)发情表现

小尾寒羊在发情时，阴门水肿，有黏液性分泌物，有时发情母羊频频举尾，喜欢接近公羊站立或接受爬跨。由于母羊没有明显的发情表现，在没有公羊的试情的情况下，发情鉴定比较困难。

六、排卵

小尾寒羊的排卵一般发生在发情结束前 12～24 h 内，在一个发情周期内可以排 1～4 枚卵或者更多，排双卵的时间较长，一般为 2 h。两个卵相隔的时间长短不一，有的羊前后相差数小时。右侧卵巢排卵功能较强，排单卵时右侧卵巢的排卵比例为 62%；排双卵时，左右两侧的排卵比例分别为 44%～47%和 53%～55%。小尾寒羊排卵数比其他品种多，在胚胎移植时可使用 PMSG 和 FSH 来增加母羊的排卵数。小尾寒羊为自发性排卵动物，但是排卵与发情开始时间之间的关系并不十分精确，一般在发情快要结束时配种较好。

七、配种年龄

小尾寒羊性成熟早，一般母羊 5 月龄，甚至不足 5 月龄便进入初情期。提前配种，缩短世代间隔，是提高养羊经济效益的有效措施，但过早配种则影响自身发育和后代的生产性能。刘月琴等(2003)的研究结果表明，小尾寒羊 9 月龄配种对母羊的生长发育和产羔率无不良影响(表 6-6)。

表 6-6　不同月龄母羊配种产羔统计

配种月龄	配种母羊数(只)	受胎数(只)	受胎率(%)	产羔数(只)	产羔率(%)	羔羊断奶成活数(只)	成活率(%)
6	51	37	72.5	69	186.46	61	88.41
7	58	44	75.9	80	181.82	69	86.25
8	62	53	85.9	107	201.89	98	91.59
9	65	59	90.8	127	215.25	118	92.91
10	59	55	93.2	124	225.45	116	93.55
11	62	56	90.3	129	230.36	119	92.25
12	63	58	92.1	131	225.86	120	91.60

不同配种月龄母羊繁殖性能高低不同，随着配种月龄的增加，母羊的受胎率、产羔率以及繁殖成活率也逐步提高，但是 9 月龄以后配种对受胎率、产羔率以及繁殖成活率影响较小。

表 6-7　母羊配种月龄对羔羊体重的影响　kg

配种月龄	初生重	断奶重	周岁重
6	2.67±0.38	21.27±4.86	47.32±7.34
7	2.62±0.41	21.73±4.71	46.25±8.08
8	2.85±0.35	23.50±5.57	48.73±9.21
9	3.18±0.51	25.56±6.51	51.49±7.90
10	3.25±0.45	25.72±5.83	52.15±8.42
11	3.21±0.53	26.87±5.43	51.36±7.58
12	3.38±0.59	25.09±6.04	52.30±18.33

配种月龄对羔羊初生重、断奶重以及周岁重都有不同程度的影响(表 6-7)。6 月龄配种母羊所产羔羊断奶重为 11 月龄的 79.16%;7 月龄配种母羊所产羔羊初生重仅为 12 月龄的 77.51%,可见随着羔羊月龄的增长,母羊配种月龄的影响越来越小,说明羔羊自身发育中有补偿生长的特点。尽管如此,母羊配种月龄影响依然能体现出来。母羊在 9~12 月龄之间配种时,对羔羊的初生重、断奶重以及周岁重的影响不大,各月龄之间差异不显著,但 9~12 月龄与 6~8 月龄之间差异显著。

表 6-8 母羊配种月龄对其成年体重、体尺的影响

配种月龄	体高(cm)	体长(cm)	胸围(cm)	管围(cm)	体重(kg)
6	76.83	79.19	90.36	7.41	52.84
7	76.54	79.37	90.59	7.25	53.27
8	78.19	81.35	93.24	7.32	54.15
9	80.23	82.12	94.48	7.39	56.65
10	81.25	81.56	95.14	7.44	57.45
11	79.26	79.38	97.07	7.34	57.83
12	80.5	81.21	95.52	7.51	56.14

从表 6-8 可以看出,母羊配种太早(6~8 月龄),对自身发育存在一定影响。究其原因,小尾寒羊为常年发情多胎品种,往往是边哺育羔羊,边怀孕妊娠,这样很难保障自身的充分发育。

综上所述,公羊初配年龄,以体重达到成年羊的 80%以上时为宜,配种过早影响其生长发育。在种羊场应遵守这一原则,商品羊场可适度放宽。对于急于了解后裔测定结果的后备公羊,采精或配种的时间可适当提前,但一般在 12 月龄开始为好。多数人认为母羊适宜的初配年龄应以体重为主要依据,也就是说,当母羊的体重达到该品种成年体重的 70%以上时,可以进行初配。

八、小尾寒羊繁殖情况调查

2006 年 3 月在小尾寒羊主产区的郓城、巨野、鄄城和牡丹区,对农户饲养的小尾寒羊繁殖性能进行了调查,结果显示:小尾寒羊母羊初配年龄一般为 6~7 月龄,妊娠期为(148.33±2.44)d。根据 259 只母羊的统计,发情周期(16.67±0.19)d。每个产羔周期为 8 个月。调查结果还显示,小尾寒羊母羊产羔率 1~5 胎平均为 262%,其繁殖性能具有两个特点:一是在前 4 胎之前,随着胎次的增加,产羔率显著提高;二是第三、四胎次的 3 羔率和 4 羔率约为第一、二胎次的 2 倍。

第二节 配种与受精
Section 2 Mating and fertilization

一、配种

(一)配种计划

小尾寒羊大多为 2 年 3 产,平均每 8 个月产羔一次。一部分体况好、饲养管理水平高的母羊能达到1年2产，另一部分母羊介于2年3产和1年2产之间。刘月琴等(2003)的研究结果表明，小尾寒羊母羊3年5产有利于羔羊生长发育和母羊恢复体况，不同繁殖周期的配种产羔安排见表6-9。

表6-9 不同繁殖周期的配种产羔安排

项目	2年3产	3年5产	1年2产
产羔间隔(月)	8	7.2	6
妊娠期(d)	149	149	149
产羔与配种间隔(d)	90	70	30
平均产羔数(只)	3.75	4.18	5

1年2产母羊的体尺、体重指标明显低于2年3产和3年5产母羊。1年2产母羊体重与2年3产母羊和3年5产母羊间分别相差10.14 kg和8.84 kg，差异极显著。2年3产母羊和3年5产母羊间体尺、体重指标差异不显著(表6-10)。

表6-10 不同繁殖周期对母羊产羔后体尺和体重的影响

繁殖周期	体高(cm)	体长(cm)	胸围(cm)	管围(cm)	尾宽(cm)	尾长(cm)	体重(kg)
2年3产	80.14±4.26	82.36±4.35	97.55±7.32	7.81±0.71	19.28±3.28	17.04±3.4	56.38±8.12
3年5产	79.58±5.13	81.97±4.75	93.73±7.08	7.69±0.63	19.47±3.74	17.29±2.97	54.08±7.34
1年2产	80.07±5.06	80.19±4.84	84.51±5.66	7.78±0.74	14.56±2.82	13.75±2.93	45.24±6.15

从不同繁殖周期母羊的体况以及羔羊生长发育(表6-11)看，小尾寒羊实行1年2产还不现实，母羊产后1个月便配种妊娠，这样一方面不利于母羊产后体质恢复；另一方面由于妊娠激素作用，会使泌乳量下降，从而影响羔羊生长发育。2年3产母羊和3年5产母羊在产后哺乳8周后，经过一段时间的调整，进入下一阶段配种产羔。从2年3产和3年5产母羊平均产羔数看，后者比前者平均多产羔0.43只。因此，实行3年5产必须以提高饲养管理水平为前提，在一般饲养条件下，应实行2年3产。

表6-11 不同繁殖周期的羔羊体重变化 kg

繁殖周期	性别	初生重	1月龄重	2月龄重	3月龄重	4月龄重	6月龄重
2年3产	公	3.02±0.51	8.55±2.63	17.15±3.47	21.25±3.85	26.77±4.73	34.27±5.61
	母	3.14±0.62	9.04±2.19	15.98±4.06	22.16±2.82	25.05±4.37	33.15±5.13
3年5产	公	3.11±0.59	8.59±2.17	17.34±3.24	20.87±3.67	27.56±4.62	33.56±5.82
	母	3.03±0.56	8.78±2.28	16.31±4.23	21.47±3.41	25.42±5.10	33.83±4.78
1年2产	公	2.54±0.53	6.34±2.35	13.19±2.83	17.19±3.31	22.98±4.01	31.73±5.34
	母	2.74±0.61	7.31±2.15	12.87±3.26	17.72±3.22	22.15±4.06	30.12±5.17

(二)配种季节

对不同季节出生的小尾寒羊6月龄内生长发育以及发病死亡情况进行比较，以选择较理想的产羔季节。不同季节羔羊生长发育状况见表6-12，羔羊成活情况见表6-13。

从表6-12可以看出，春季出生羔羊生长情况最好，6月龄公、母羔羊平均体重分别为36.46 kg和33.64 kg，冬季出生羔羊次之，但两组公羔差异显著。夏季出生羔羊生长发育最差，且发病死亡率最高，这是因为高温潮湿天气影响小尾寒羊羔羊生长发育和易导致疾病感染所致。

表 6-12 不同季节出生羔羊的体重统计 kg

季度	性别	初生重	1 月龄重	2 月龄重	3 月龄重	4 月龄重	5 月龄重	6 月龄重
1	公	2.88±0.62	8.03±1.54	15.32±3.19	18.47±3.78	21.21±2.93	24.96±4.15	28.13±4.32
	母	2.84±0.54	8.54±1.49	16.05±2.44	17.82±3.52	19.93±3.87	22.97±3.54	25.05±3.09
2	公	3.18±0.60	9.37±2.04	18.35±3.43	21.46±3.41	25.38±3.19	28.43±3.24	32.87±5.05
	母	3.27±0.61	9.25±2.10	19.11±2.77	21.79±4.02	23.88±3.75	26.33±3.79	28.58±4.57
3	公	3.06±0.56	9.15±2.58	17.01±3.15	22.58±4.04	26.61±3.55	33.88±4.70	34.93±4.74
	母	3.14±0.49	9.38±1.73	17.53±2.89	21.80±3.84	24.32±4.15	27.67±4.52	31.59±4.22
4	公	3.34±0.58	9.89±1.78	19.24±4.05	23.67±3.53	27.76±4.06	32.03±4.89	36.46±5.13
	母	3.20±0.52	9.30±2.08	18.46±3.21	22.58±4.12	25.89±3.80	29.75±4.33	33.64±4.74

通过产羔各方面的统计认为，小尾寒羊早配以 9 月龄较好，对受胎率、产羔率、羔羊繁殖成活率以及母羊成年体尺、体重均无不良影响。

小尾寒羊 3 年 5 产，既能保障羔羊 8 周哺乳期，又能使母羊有 2 周的恢复期迎接下一繁殖周期，这样有利于羔羊的生长发育和母羊体况恢复，同时能保证最大年平均产羔数。3 年 5 产羊群配种产羔时间安排见表 6-14。

表 6-13 不同季节出生羔羊成活率统计

季度	出生羔羊数(只)	发病死亡数(只)	成活率(%)
1	86	13	84.9
2	76	6	92.1
3	72	5	93.0
4	80	8	90.0

表 6-14 3 年 5 产羊群配种产羔时间安排

配种时间	产羔时间
第 1 年 9 月上旬	第 2 年 2 月上旬
第 2 年 4 月中旬	第 2 年 9 月中旬
第 2 年 11 月中旬	第 3 年 4 月下旬
第 3 年 6 月上旬	第 3 年 11 月下旬
第 4 年 1 月上旬	第 4 年 5 月下旬

(三)配种方法

小尾寒羊的配种方法目前有三种，即自然交配、人工辅助交配和人工授精。

1. 自然交配　也称本交，在配种季节，按公羊、母羊 1∶20 的比例，将公羊放入母羊群中，混群饲养或放牧，公、母羊自由交配。这种方法简单省事，受胎率较高，适于分散的小群体。其缺点是公羊消耗太大，后代血统不明，易造成近交，无法确定预产期。在非配种季节分开饲养公、母羊，每到配种季节有计划地调换公羊，可克服上述缺点。

2. 人工辅助交配　使发情母羊有计划地与公羊交配。这种方法有利于提高公羊的利用率，合理的选种选配，并能确知预产期。为了确保母羊受胎，也可重复交配或双重交配，即在一个情期内可采用两次配种或两个公羊同时配种。

3. 人工授精　即人为地借助采精工具或徒手将公羊精液采出，经品质检查、活力测定、稀释等处理过程，再用输精器输到母羊的子宫里，达到使母羊受胎的目的。

二、受精

受精是指精子和卵子结合而形成合子的生理过程。在这个生理过程中，精子和卵子要发生一系列的形态变化，如顶体反应、精子穿过透明带、精卵质膜的融合、卵子对精子穿入的反应、雌雄原核形成等。

(一)精子的运行

精子的运行是指精子在母羊生殖道内由射精部位到受精部位的运动过程。羊精子和卵子受精的部位在输卵管壶腹部。小尾寒羊为阴道射精型的家畜，在人工授精时，可将精液直接输到子宫颈口内。

(二)精子运行的机理

精子由射精部位向受精部位运动的动力，除靠其本身的运动外，主要借助于母羊生殖道的收缩和蠕动。母羊在交配后 15 min，即可在输卵管壶腹部发现精子，这样短促的时间，主要靠子宫及输卵管的收缩来完成，因为精子本身的运动作用很小。但当精子趋近于卵子时，精子本身的运动则是十分重要的。精子随雌性生殖道管腔液体的流动而运行，亦即当管道收缩或蠕动时，精子随其中的分泌物一起流至受精部位。因此，精子在母羊生殖道内的运动与母羊所处的生理状态有密切关系。如在青年母羊生殖道内精子运行较快，在老龄母羊生殖道内则运行较慢；在发情末期时运行较快，在发情停止后精子完全不能到达输卵管。精子在母羊生殖道内保持存活能力的时间一般是 48 h。

(三)卵子的运行

卵子自身没有运动能力。卵子排出时，随卵液而被接纳入输卵管伞部。此时沿着伞部的纵行皱褶借上皮细胞纤毛的颤动和平滑肌的收缩进入输卵管壶腹部；壶腹部管腔宽大，卵子比较快地通过壶腹部，然后在壶峡连接部停留达 2 d之久。壶峡连接部为一生理括约肌，对卵子的运行有一定的控制作用，可以防止卵子过早从输卵管进入子宫。此处在生理变化上，酸性磷酸酶活性较大，据称对除去卵子的外围结构如卵丘细胞和放射冠等有一定作用。

卵子在输卵管中的运行，是受激素控制的。卵巢激素能影响输卵管上皮的结构、超微结构、分泌物的质和量、输卵管肌层的活动、壶峡连接部和宫管连接部的作用，从而影响配子运行的方式和速度。当雌激素起主导作用时，输卵管内分泌物增多，并向伞部流动，此时借纤毛推动卵子逆流向子宫运行，速度减慢；当孕酮起主导作用时，加强了纤毛的活动(+20%)，减少了分泌物和逆流，此时加快了卵子的运行速度。激素水平失常，能加速卵子向子宫运行的速度，或引起壶峡连接部管腔闭合而禁锢卵子，都会使卵子迅速变性或不能附植。去甲肾上腺素神经元的刺激，能使峡部远侧端收缩。

三、妊娠

母羊自发情接受交配或输精后，精卵结合形成胚胎开始，到发育成熟的胎儿出生为止的整个过程为妊娠期。受精卵存活于子宫内，即与母体交互发生极为复杂的联系，是以内分泌活动为基础的。孕体(胎儿、胎膜和胎水构成的综合体)是一个非常活跃的激素生产单位，在妊娠的起始、维持和终结方面，也影响母体的生理状况，为自身提供良好的发育条件。

(一)母羊体重变化

妊娠后，母体新陈代谢旺盛，食欲增加，消化能力提高，营养状况得以改善，表现为体重增加、毛色光润，青年羊妊娠后还伴有自身正常的生长发育。在饲养水平较低的情况下，青年妊娠羊的生长会受到严重影响；营养条件适当，则可促进生长。

(二)母羊生殖器官变化

1. 卵巢　母羊配种后若未受精，黄体会发生退化；一旦妊娠，则黄体转变为妊娠黄体，发情周期也因此中断。妊娠后，卵巢的机能活动主要取决于孕酮和雌激素之间的比例。一般情况下，孕酮在整个妊娠期中占主导地位。黄体能维持整个妊娠期，直至分娩。随着妊娠的发展，子宫重量逐渐增加，卵巢也会因子宫重量的牵引发生移动，甚至下沉到腹腔。妊娠 2 个月后黄体发育至最大，妊娠 2～4 个月时卵巢上可见有大小不等的卵泡发育。

2. 子宫　妊娠后，母羊子宫的体积和重量都明显增加。妊娠前半期，子宫体积的增长主要是由于子宫肌纤维增生肥大所导致。羊的尿膜绒毛膜囊有时仅占据一部分空角，所以空角扩大不明显。随着胎儿发育，子宫的体积和重量亦不断增大，子宫会向前向下悬垂。

3. 子宫动脉　妊娠时子宫血管变粗，分支增多，子宫动脉(特别是子宫中动脉)和阴道动脉子宫支(子宫后动脉)更为明显。随着脉管的变粗，动脉内膜的皱襞增加并变厚，而且和肌层的联系疏松，所以血液流动时就从原来清楚的搏动，变为间断而不明显的颤动，称为妊娠脉搏。

4. 子宫黏膜　受精后，子宫黏膜在雌激素和孕酮的作用下，血液供应增多、上皮增生、黏膜增厚，并形成大量皱襞，黏膜表面积增大。子宫腺扩张、伸长，细胞中的糖原增多，且分泌量增加，这有利于囊胚的附植及提供胚胎发育所需的营养物质。其后，胎盘逐渐形成并发育。绵羊属子叶型胎盘，母体胎盘由子宫黏膜上的子宫阜发育而来，孕角子叶发育要比空角快，因而更为发达。绵羊的胎盘突的数量为 60～100 个，由绒毛膜上突起的子叶微绒毛(cotyledonary villi，V)与子宫内膜的相同结构(caruncular septa，CS)融合而形成。子宫内膜的胎盘突间区的上皮与尿囊绒毛膜接触，浸入子宫内膜腺中。在子宫内膜基质和胎盘突的相同区域中母体血管由绒毛细胞代替。

5. 血液供应　妊娠子宫的血液供应随胎儿发育所需的营养增多而逐渐增加，分布于子宫的血管分支逐渐增多，主要血管增粗，子宫中动脉的变化尤为明显。妊娠第 80 天，通过母羊子宫的血液流量为 200 mL/min，妊娠末期(第 150 天)，血液流量可达 1 000 mL/min 以上，而未孕羊子宫血液流量仅为 25 mL/min。

6. 阴道、子宫颈及乳房　妊娠早期，阴道长度增加，前端变细，临近分娩时则变短粗，黏膜充血、柔软、轻微水肿。子宫颈紧闭，黏膜增厚，上皮单细胞腺在孕酮作用下分泌黏稠的黏液，填充于子宫颈，形成子宫颈塞。因此，子宫颈被严密封闭起来，阻止外物进入，保护胎儿安全。

(三)胎儿发育

小尾寒羊受精卵在受孕后 3～4 d 到达子宫，附植发生于 15～18 d，羊胚胎在第 4 天(直径 0.14 mm)和第 10 天(直径 0.4 mm)时，基本为球状，然后发育为带状，第 12 天为 1.0 mm×33 mm，第 14 天为 1.0 mm×68 mm。15 d 的胚泡长 150～190 mm，直径 1.0 mm，位于一侧子宫角内；第 16～17 天时，日益生长的胚泡可扩展至对侧子宫角中。在妊娠 13 d 以前，从子宫内移除胚胎对发情周期长短并无影响，但移除 13～15 d 胚胎的母羊，有 1/3 发情间隔期大于 25 d。发情 12～14 d 的受体母羊，其胚胎移植后的妊娠率分别为 60%～67%、22%和 0。表明，要使母羊妊娠得以维持，至少在发情后 12～13 d 内子宫中应存有胚胎。母羊妊娠 55 d 后，摘除双侧卵巢并不导致流产，此后怀孕主要依赖于胎盘产生的孕酮，但正常情况下妊娠黄体直到分娩时才开始退化。妊娠期约为(147±3) d。

总之，小尾寒羊妊娠后，胚泡附植、胚胎发育、胎儿生长、胎盘和黄体形成并发生适应性变化，这一切都对母体产生巨大的影响。母体要适应妊娠，无疑会在生理学与内分泌学等方面发生一系列变化，母体适应妊娠的各种变化也正是进行妊娠诊断的基本依据。

第三节　分　　娩
Section 3　Delivering

一、产羔前的准备

(一)产羔舍

因为羔羊在出生时对低温环境特别敏感，一般在出生后1 h内直肠温度要降低2～3℃，所以产羔舍的温度要求达到0～5℃，避免羔羊出生时感到寒冷。产羔舍还要保持地面干燥、通风良好、光线充足、没有寒风。在接羔棚附近应安排一暖室，供初生弱羔和急救羔羊之用。此外，在产羔前1周左右，必须对接羔棚舍、饲料架、饲槽、分娩栏等进行修理和清扫，并用2%的火碱水或10%～20%的石灰乳溶液进行彻底的消毒。

(二)饲草饲料

因为冬季产羔在哺乳后期正值枯草季节，如缺乏良好的冬季牧草或充足的饲草饲料，母羊易缺奶，影响羔羊发育，所以应该为产冬羔的母羊准备充足的青干草、质地优良的农作物秸秆、多汁饲料和适当的精料等。

(三)药品器械

消毒药品如来苏儿、酒精、碘酒、高锰酸钾、消毒纱布、脱脂棉以及必需药品如强心剂、镇静剂、垂体后叶素，还有注射器、针头、温度计、剪刀、编号用具和打号液、秤、记录表格(母羊产羔记录、初生羔羊鉴定)等均应准备充分。

(四)护理人员

接羔护羔是一项繁重而细致的工作，要根据羊群分娩只数认真研究，制定接羔护羔的技术措施和操作规程，做好接羔护羔的各项工作。接羔人员必须分工明确，责任到人，对初次参加接羔的护理人员要进行培训，使其掌握接羔的知识和技术。此外，技术人员要经常进场进行巡回检查，做到及时指导。

(五)临产母羊的护理

如果临产母羊饲养管理差，缺乏补饲条件，会影响胎儿发育，母羊产羔后会缺奶，导致羔羊成活率低，所以必须加强临产母羊的护理，保证其营养物质的需要。此外，临产母羊行动不便，要精心照料，出入圈时要防止拥挤，工作人员站在圈口，一只一只通过；不要追赶，禁止鞭打和惊扰。

二、接产

(一)分娩征兆

母羊临产前，表现乳房肿大，乳头直立，阴门肿胀潮红，有时流出浓稠黏液；肷窝下陷，尤以临产前 2～3 h 最明显；行动困难，排尿次数增多；起卧不安，不时回头顾腹部，喜卧墙角，四肢伸直努责。有时四肢刨地，表现不安，不时咩叫。工作人员应随时观察母羊，如具有上述情况，尤其出现努责或羊膜露出外阴时，应立即将母羊送进接羔棚。

（二）正常接产

母羊正常分娩时，在羊膜破后 10～30 min，羔羊即可产出。正常胎位的羔羊出生时，一般两前肢和头部先出。如后肢先出，最好立即人工接产和助产，以防胎儿窒息死亡。

产双羔时，一般先后间隔 5～30 min，但也有 1 h 以上的。当母羊产出第一羔后，须检查是否还有未产羔羊。如见有表现不安、卧地不起或起立后重新躺下努责的情况，可用手掌在母羊腹部前方适当用力向上推举，若还有羔羊，则能触到一个硬而光滑的羔体。对产双羔或多羔的母羊应特别加以注意，在第二、三只羔羊产出时，已疲乏无力，且羔羊的胎位往往不正，所以多需助产。

羔羊产出后，首先把其口腔、鼻腔里的黏液掏出擦净，以免因呼吸困难、吞咽羊水而引起窒息或异物性肺炎。羔羊身上的黏液，最好让母羊舔净。如母羊不舔或天气寒冷时，须迅速把羔体擦干，以免受凉。羔羊出生 2 h 内，要进行称重及初生鉴定，并登入记录册内。

（三）难产处理

在破水后 20 min 左右，若母羊不努责，胎膜也未出来，应立即助产。助产的方法主要是强行拉出胎羔。助产员剪短指甲，洗净手臂并消毒，涂润滑油。先帮助母羊将阴门撑大，把胎儿的两前肢拉出来再送进去，重复 3～4 次，然后一手拉前肢，一手扶头，随着母羊的努责，慢慢向后下方拉出，但不可以用力过猛，以防伤及产道。

（四）羔羊的假死处理

如母羊分娩时间较长，羔羊出现假死情况，欲使其复苏，一般采用两种方法：一种是提起羔羊两后肢，使羔羊悬空，同时拍其背胸部；另一种是使羔羊卧平，用两手有节律地推压羔羊胸部两侧。暂时假死的羔羊，经过这种处理后即能复苏。

三、产后护理

（一）羔羊护理

羔羊出生后，应使其尽快吃上初乳。瘦弱的羔羊或初产母羊，以及保姆性差的母羊，需人工辅助哺乳。如因母羊有病或一胎多羔奶水不足时，应找保姆羊代乳。此外，要注意畜舍的环境卫生及羔羊个体卫生等，积极采取预防措施，减少疫病的发生，提高羔羊的成活率。

（二）母羊护理

产后母羊应注意保暖、防潮、避风、预防感冒、保证休息。产后头几天应给予质量好、易消化的饲料，但是量不宜过多，经 3 d 后饲料即可转为正常。

第四节 繁 殖 力
Section 4 Fecundity and evaluation

繁殖力是小尾寒羊维持正常繁殖机能，繁衍后代的能力。繁殖力的高低直接影响到小尾寒羊数量的增加，生产力水平和经济效益。因此，繁殖力就是生产力。小尾寒羊繁殖力的高低受很多因素影响，对公羊来说，繁殖力取决于精液的数量、质量、性欲及公羊的交配能力；母羊的繁殖力取决于性成熟时间、发情表现强弱、排卵多少、卵子受精能力、产羔数量、哺乳羔羊的能力等。此外，饲养管理水平、发情鉴定准确性、精液质量控制、配种时间、早期妊娠诊断准确性等是影响小尾寒羊繁殖力的重要因素。

一、繁殖力

小尾寒羊在正常的自然环境、饲养管理条件下表现出来的繁殖机能称为正常的繁殖力，饲养管理不良、长期缺乏营养、环境条件恶劣、疾病等因素都会影响到其正常的繁殖力。

(一)繁殖力指标

小尾寒羊繁殖力指标主要包括情期受胎率、繁殖率和流产率等。由于小尾寒羊产羔数变化范围较大，因此，在生产上产羔率是常用的指标。

1. *产羔率*　指产活羔数与参加配种母羊数的比率。

2. *双羔率*　指产双羔母羊数占产羔母羊数的比率。

3. *成活率*　分断奶成活率和繁殖成活率两种，用以反映羔羊成活的成绩和母羊哺乳羔羊的能力。断奶成活率指断奶成活羔羊数占产活羔数的百分比；繁殖成活率指年成活羔羊数占活羔羊数的百分比。

4. *受配率*　指配种母羊数占适繁母羊数的百分比。

(二)实际繁殖能力

小尾寒羊大多1年1胎或2年3胎，但也有的可年产2胎。初产羊一般产单羔较多，经产羊产双羔、3羔的比例较多，也有产4羔、5羔、6羔的，甚至产7羔和8羔的也有。小尾寒羊母羊性成熟期一般为4～6月龄，初配年龄为8～12月龄，产羔率262%左右。

二、影响繁殖力的因素

(一)遗传影响

小尾寒羊不同遗传群体之间产羔率有很大的差别，产羔率高的群体产羔率可达300%以上，而产羔率低的群体产羔率只有200%左右，因此在选育过程中应选留产羔率高的群体和个体，以提高繁殖性能。

(二)季节影响

季节通过温度、光照来影响小尾寒羊的繁殖力。秋、冬季节是最佳繁殖季节，发情明显、受胎率高，而在高温的夏季，母羊发情表现不明显，发情率低，公羊性欲差，精液品质差，配种后受胎率低。

(三)营养影响

营养是影响小尾寒羊繁殖力的重要因素。青年羊营养不足，延迟初情期和性成熟，对成年羊会造成抑制发情或发情不规律，甚至造成配种后胚胎死亡。对公羊来说营养不足会造成精液品质下降、性机能减退。但是，营养过剩时繁殖力也会受到不良影响，如果日粮中能量水平过高，使体内脂肪浸润，会影响卵子发育和精子的形成，从而影响母羊的正常发情和排卵，使公羊精液质量下降、性欲低下，受胎率降低。另外，某些特殊的营养物质，如蛋白质、脂肪、维生素A、维生素E、维生素D、矿物质中的钠、钙、磷、微量元素等缺乏也会降低小尾寒羊的繁殖力。

(四)配种时间影响

若精子和卵子均属正常,则影响繁殖力的因素可能是配种时间是否适时,排卵后能否有足够的精子到达受精部位与卵子结合受精等。卵子排出后若不能与精子及时相遇完成受精过程,则随着时间的延长其受精能力会逐渐减弱并失去受精能力;相反,如果精子过早到达受精部位而卵子排出过迟,精子受精能力也减弱,从而影响精子和卵子结合。小尾寒羊发情期内,排卵前 12～15 h 是配种的最佳时机。另外,人工授精时技术人员的水平,管理人员对发情鉴定、适时配种、产后管理、生殖疾病处理等能力也严重影响母羊的繁殖力。

(五)年龄影响

种公羊 5～6 岁以后,精液的数量、质量逐渐下降,并慢慢失去爬跨能力。随着年龄的增长,出现繁殖障碍、性欲减退、睾丸变性等,造成精液质量严重下降。母羊 2～5 岁是最佳繁殖年龄,5 岁以后生殖机能下降,生殖器官老化病变增加,生殖激素分泌减少,发情不明显,卵子质量下降,受胎率降低,屡配不孕、死胎增加,哺乳羔羊能力下降。

(六)泌乳影响

母羊产后出现发情的时间与新生羔羊的哺乳及泌乳量有很大的关系,产后带羔的母羊发情延迟,而产后母羊和羔羊分开的母羊,产后发情较早。因此,在生产实践中,为了使产羔母羊及早发情,应将羔羊及早断奶,或将母羊和羔羊分开饲养,以促使母羊产羔后及早发情,提高其繁殖能力。

宋桂敏等(2004)分析了天津市两个种羊场 1996—2001 年间,831 只小尾寒羊母羊的繁殖性能记录资料,确定母羊年龄结构对繁殖性能的影响。

收集 1996—2001 年间天津市瑞金种羊场和天津市东丽种羊场 831 只小尾寒羊母羊的繁殖性能记录资料,按配种母羊的年龄分组,统计产羔数、断奶数、一胎多羔发生率、羔羊成活率等性状。年龄划分方法:1 .5 岁以前配种的母羊,划为 1.5 岁组,以后各年龄组的划分以此类推。

两个种羊场均为完全舍饲羊场。基础母羊每日饲喂 3 次,粗饲料经粉碎加工,饲喂前用自来水浸泡后,与精饲料混合饲喂。根据母羊的生理状况确定精饲料的饲喂量,空怀母羊和妊娠前期母羊,每日投喂 0.4 kg 精饲料;妊娠后期母羊和哺乳期母羊,每日投喂 0.8 kg 精饲料。天津市东丽种羊场基础母羊圈有较大的运动场,每只母羊平均为 12 m^2,母羊常年不放牧;天津市瑞金种羊场运动场较小,母羊每日上、下午各放牧运动 2 h。

产 3 羔以下的,由母羊哺乳带羔,不用人工哺乳;产 4 羔和 5 羔以上的,由母羊带 2～3 羔,其余羔羊采取人工哺乳。一年四季母羊自然发情配种,羔羊 2.5～3 月龄断奶,羊群平均产羔间隔为 8 个月。采用新鲜精液人工授精法配种。

年龄对小尾寒羊母羊繁殖性能的影响:由表 6-15 可见,母羊群的年龄结构,随着母羊年龄的增加,配种母羊数减少,1.5 岁、2.5 岁、3.5 岁、4.5 岁、5.5 岁和 6.5 岁各年龄组母羊数的比例为 30.3%、24.7%、19.1%、15.7%、7.0%和 3.0%。配种母羊产羔数和断奶数、产羔母羊产羔数和断奶数均以 3.5 岁年龄组为最高。羔羊成活率以 2.5 岁年龄组为最高。产羔母羊占配种母羊的百分比,各年龄组都很低,为 71%～85%。早期胚胎被吸收或流产可能是影响产羔率的原因之一。另外,由于分年龄组统计的原因,造成配种母羊产羔率低于实际情况,例如某母羊在18月龄情期配种不孕，下一个情期复配时，它已被划分到2.5岁年龄组了。

表 6-15　年龄对小尾寒羊母羊繁殖性能的影响

配种年龄(岁)	配种母羊数(只)	产羔母羊数(只)	产羔母羊比例(%)	产羔数(只)	断奶数(只)	成活率(%)	每只母羊产羔数(只)		每只母羊断奶数(只)	
							配种母羊	产羔母羊	配种母羊	产羔母羊
1.5	252	179	71	411	370	90	1.63	2.36	1.46	2.07
2.5	205	162	79	426	388	91	2.08	2.63	1.89	2.39
3.5	159	134	84	397	353	89	2.50	2.96	2.22	2.63
4.5	30	110	85	289	251	86	2.22	2.62	1.93	2.28
5.5	62	50	81	143	129	90	2.31	2.86	2.08	2.58
6.5	23	18	78	55	44	80	2.40	3.06	1.90	2.44
平均数	831	653	79	1 721	1 535	89	2.07	2.64	1.85	2.35

不同年龄组母羊的一胎多羔发生率：由表6-16可以看出，小尾寒羊母羊一胎多羔(3羔以上)发生率以3.5岁为最高，并有随年龄而上升的趋势。1.5岁、2.5岁、3.5岁、4.5岁、5.5岁和6.5岁年龄组母羊一胎多羔发生率分别为15.2%、57.3%、71.0%、56.2%、66.3%和67.5%。哺乳羔羊成活率以双羔最高，4羔和5羔只有83.3%和79.2%。母羊有两个功能性乳头，羔羊也有固定乳头吮乳的习性，加上双羔之间的同伴感，都是其健康成长的重要因素。因此，对小尾寒羊母羊产羔率的育种指标不宜提得过高，最好在220%～250%之间。

表 6-16　不同年龄组小尾寒羊母羊的一胎多羔发生率

年龄(岁)	单羔				双羔				三羔				四羔				五羔以上			
	初生		断奶		初生		断奶		初生		断奶		初生		断奶		初生		断奶	
	N	%	N	%	N	%	N	%	N	%	N	%	N	%	N	%	N	%	N	%
1.5	127	30.8	108	29.3	222	54.0	207	56.0	63	15.1	54	14.7	—	—	—	—	—	—	—	—
2.5	41	9.6	38	9.8	141	33.1	128	33.0	191	44.9	171	44.0	44	10.4	43	11.1	9	2.0	8	2.1
3.5	10	2.6	9	2.6	104	26.4	96	28.2	185	46.5	164	46.4	88	22.2	73	20.8	9	2.3	7	2.0
4.5	16	5.4	14	5.5	111	38.4	100	40	110	38.2	90	36.0	46	16.0	43	17.0	6	2.0	4	1.5
5.5	11	7.6	10	8.1	37	26.1	36	28.1	55	38.1	48	7.0	54	28.2	35	26.8	—	—	—	—
6.5	—	—	—	—	15	27.5	13	28.5	24	44.0	22	49.5	13	23.5	10	22.0	—	—	—	—
总数	205	11.8	179	11.7	630	36.4	580	37.9	628	36.3	549	35.8	245	14.1	204	13.3	24	1.4	19	1.2
成活率(%)	87.30				92.00				87.0				83.30				79.20			

羊群结构的经济效益分析：母羊羊群结构直接影响养羊业的经济效益。假设：种用断奶羔羊出售价为每千克18元，断奶羔羊平均体重为20 kg，则每只断奶羔羊出售价为360元；母羊平均日饲养费为1.3元，年饲养费为1.3×365＝474.5元；后备母羊平均日培育费为1.0元，平均培育期为1.5年，每只后备母羊培育费为1.0×365×1.5＝547.5元。

根据以上参数，结合两个种羊场的资料，可以列表说明母羊年龄、胎次与成本、利润的关系，见表6-17。从表6-17可以看出，母羊使用年限越高，获得的利润越大。但是在生产中，由于个体生产水平低下而淘汰、疾病和死亡等原因，4.5岁(5胎)以上的母羊在群体中的比例就很低了，大约占25%，且为优秀母羊；1胎母羊(1.5岁左右)占30%；2～4.5岁的母羊占45%。这是成年母羊群比较合理的年龄结构。

表 6-17 母羊年龄和胎次与成本、利润的关系

年龄(岁)	胎次	饲养成本(元)	断奶羔羊数(只)	累计产值(元)	累计利润(元)	年龄利润(元/年)	利润/成本
1.5	1.0	547.5	1.46	525.6	−21.9	−21.90	−0.040
2.5	2.5	1 022.0	4.30	1 546.2	524.2	209.68	0.513
3.5	4.0	1 496.5	7.63	2 746.8	1 250.3	357.22	0.835
4.5	5.5	1 971.0	10.53	3 789.0	1 818.0	404.00	0.922
5.5	7.0	2 455.5	13.65	4 914.0	2 468.5	448.80	1.010
6.5	8.5	2 920.0	16.50	5 940.0	3 020.0	464.60	1.030
年平均	1.5	486.67	2.75	990.0	503.5	—	1.030

后备母羊与成年母羊之间的比例,可视羊群发展规模而定。饱和羊群,后备羊可以占 30%~35%;发展羊群,后备羊可达到 50%。这时成年母羊生产利润可以负担后备羊的培育费,如果后备羊超过 50%,就需要另外增加投入了。通过以上示例可以计算母羊的盈亏平衡点。后备母羊培育费与成年母羊年饲养费之和为 474.5+547.5=1 022 元,则,1 022÷360=2.84 只,也就是说,当母羊生产 2.84 只断奶羔羊时,其累计产值可以抵消母羊饲养成本,此时母羊的年龄为 2~2.5 岁之间。在此之后,成年母羊每年生产 1.3 只断奶羔羊,可抵消母羊的年饲养成本,即 474.5÷360=1.3 只。这两个盈亏平衡点对于种羊场的经营管理具有重要参考价值,尽管计算参数可能随着饲料价格和羔羊的销售价格发生改变,但是计算方法是可以借鉴的。

三、提高繁殖力的措施

小尾寒羊的繁殖有其自身的特点和规律,为了提高其繁殖力就必须了解和掌握繁殖规律和特点,在此基础上,应用先进的技术,最大限度发挥其繁殖潜能。

(一)选好公、母羊

小尾寒羊不同群体之间繁殖力有差异,因此在选种时必须选留繁殖性能高的作为种羊。公羊的选择尤其重要。选择公羊时,注意其体型特征、射精量、精液品质、性欲、受胎率及祖先的繁殖能力。对母羊来说,应注意其性成熟的迟早、发情排卵情况、受胎率和产羔率的高低等。要选择排卵数多、产羔多、哺乳能力好的母羊留作种用。另外,利用生物技术,选择含有与排卵数和产羔数相关的基因的公羊和母羊作为种羊,建立含多胎基因的高繁群体。

(二)科学饲养与管理

加强种羊的饲养管理,实行科学饲养是保证其正常繁殖力的基础。应根据羊群的年龄、生理状态及生产性能提供各种营养物质,满足羊的繁殖需要,这样不仅可以保证青年羊生殖器官正常生长发育的需要,而且内分泌系统也能得到正常的发育,可以充分发挥其生殖潜能,使公羊产生优质的精液,并有旺盛的性欲和配种能力,母羊能正常发情、排卵、受胎,并产出健壮的羔羊。

在管理上要做到高温季节做好通风降温,严寒季节做好防冻保暖。要尽量避开高温季节配种和产羔,以提高受胎率和羔羊成活率。另外,为提高公羊的性欲和精液品质,适当运动是必不可少的。同时,要注意羊舍卫生,预防各种影响繁殖的疾病及时淘汰繁殖力低的公、母羊。

(三)做好发情鉴定与配种

管理人员要制订好全年的配种计划,在一天的工作中要有计划地安排繁殖管理时间,一天要有充足的时间去观察、了解母羊的发情情况,记录发情时间,推测发情持续时间和排卵时间,

以对发情母羊进行适时配种。

(四)减少胚胎死亡和流产

胚胎死亡和流产是影响繁殖力的重要因素。正常情况下,母羊发情配种后受精率可达85%以上,但一次配种受胎的比率仅为60%左右,其余约有25%以上是由于受精卵着床障碍和胚胎早期死亡所致。对于羊来说,胚胎死亡发生于妊娠早期,目前还没有特别有效的方法和预防措施。但一般认为,适当的营养水平、良好的饲养管理可减少胚胎死亡。对于妊娠后期的母羊,要防止相互拥挤、防止滑倒,以减少造成流产的可能。

(五)应用繁殖新技术

随着科学技术的发展,繁殖新技术的研究应用逐渐广泛,利用人工授精、胚胎移植及生殖激素能提高羊的繁殖力。冷冻精液、人工授精能使优秀的种公羊得到充分利用,提高繁殖和生产能力。胚胎移植技术能使优秀的母羊繁殖潜力得到充分发挥。利用生殖激素进行同情发情、诱导发情等能使不发情的母羊发情,提高繁殖能力,同时,利用生殖激素可以防治一些繁殖障碍性疾病,使母羊持续发挥繁殖潜力。

第五节　发情控制

Section 5　Estrus control technology

发情控制技术是指利用激素或其他一些方法控制小尾寒羊的发情时间,主要包括同期发情和诱导发情。

一、同期发情

同期发情就是利用某些激素和药物,对母羊发情周期进行同期化处理,人为地控制一群母羊在一定时间内集中发情的技术。在鲜胚移植时,对供体羊和受体羊要进行同期发情处理,供体羊和受体羊发情时间越接近,即发情的同期性越好,胚胎移植的成功率就越高。近年来,在我国养羊数量较多、饲养较集中的地区,为了扩大优良种公羊的利用率,使羊产羔时间集中,便于组群和集约化生产(尤其是肉羊),就要使羊集中发情,便于开展人工授精,因此,羊的同期发情技术愈来愈受到养羊者的重视和应用。

(一)同期发情的药物及使用方法

现行的同期发情药物,根据其性质大体分为三类:一类是抑制发情的孕激素类药物,有孕酮、甲孕酮、炔诺酮、氯地孕酮、氟孕酮、18-甲基炔诺酮、16-次甲基甲地孕酮等。这些药物能抑制卵泡生长,延长黄体期。另一类是促进黄体退化的前列腺素及其类似物,有15-甲基前列腺素、前列腺素甲酯、氯前列烯醇、氟前列烯醇等。其用药方法是将少量前列腺素溶液直接注入子宫或肌肉注射,只处理1～2次即可。还有一类是在应用上述激素的基础上,配合使用的促性腺激素,如FSH、LH、PMSG、HCG和GnRH及其类似物,可以增强发情同期化和提高受胎率,并促使卵泡更好地成熟和排卵,提高受胎率。

1.孕激素处理法　使用外源性孕激素让母羊体内的孕激素维持在一个较高水平。当外源孕激素去掉时,体内孕激素迅速下降,卵泡开始生长发育并成熟,母羊表现同期发情。为了提高同期发情的效果,常在停止使用孕激素的同时,配合使用促进卵泡生长发育的药物孕马血清

促性腺激素(PMSG)。采用孕激素处理羊时,常用以下 3 种操作方法。

(1)孕激素阴道栓法 目前生产上常见的羊用阴道栓有两种:一种是海绵阴道栓;另一种是硅橡胶阴道栓。由于阴道栓的制作材料不同,产品形状各异,虽然药效相同,但配种效果却有差异。因为海绵栓吸收水分,可将羊子宫、阴道内的分泌物吸收,在长达数十天中,分泌物变质,部分羊取栓时有恶臭味,导致子宫颈口及周围有不同程度的感染,影响受精。硅橡胶阴道栓不吸水,对羊的正常受精无影响,但硅橡胶阴道栓的价格是海绵栓的 2 倍,成本很高,因此,目前生产上仅用于胚胎移植时的供体羊。海绵阴道栓成本较低,生产上常用于配种时羊的同期发情或胚胎移植时受体羊的处理。在羊发情周期的任意一天,将孕激素阴道栓放置在被处理羊的阴道深部(子宫颈口),8～14 d 取出,取栓后几天内羊集中发情。优点是一次用药,省事,缺点是易发生栓塞脱落现象。

(2)孕激素阴道栓+PMSG 法 在羊发情周期的任意一天,将孕激素阴道栓放置在被处理羊的阴道深部,8～14 d 取出。取栓的前 1 d,每只羊注射 PMSG 250～400 IU。为了减少抓羊次数和劳动强度,便于生产中应用,通常在取栓同时肌肉注射 PMSG,2～3 d 羊集中发情。这种方法比只用阴道栓同期发情效果好。据试验,平均同期发情率可达 95%,甚至 100%。

山东省农科院畜牧兽医研究所对 2 批、共 130 只小尾寒羊进行同情发情处理,48 h 内 116 只母羊发情,同期发情率为 89.23%,最高批次达到 91.11%(表 6-18)。

表 6-18 用孕酮海绵栓处理受体羊的同期发情效果

批次	放栓时间	处理数(只)	48 h 内发情母羊数(只)	同期发情率(%)
Ⅰ	2004 年 10 月	45	41	91.11
Ⅱ	2004 年 11 月	85	75	88.24
合计	2 批	130	116	89.23

(3)口服法 将一定量的孕激素制剂均匀拌在饲料中,连续饲喂 8～14 d 后,停止喂药,大多数母羊可在几天内发情。此方法的好处是省人、省力,但由于羊的体格大小、强弱不同,吃食的速度和多少不一样,导致服药剂量不同,效果不很理想。

2. *前列腺素处理法* 应用前列腺素(PG)及其类似物,溶解母羊卵巢上的黄体,使母羊开始发情。目前国内最普遍使用的前列腺素类药物是氯前列烯醇($PGF_{2\alpha}$)。处理方法主要有以下两种。

(1)前列腺素一次注射法 在羊发情周期的任一天,注射氯前列烯醇($PGF_{2\alpha}$)0.1～0.2 mg,几天后处理羊发情。

(2)前列腺素两次注射法 在羊发情周期的任一天,注射氯前列烯醇($PGF_{2\alpha}$)0.1～0.2 mg,间隔 9～12 d 第 2 次注射氯前列烯醇($PGF_{2\alpha}$)0.1～0.2 mg,处理几天内羊集中发情。

两次注射法比一次注射法同期发情效果好,原因是前列腺素类药物对母羊排卵 5 d 后形成的黄体才有效,而对 5 d 前的黄体效果不佳。因此,一次注射法对羊进行同期发情时,有部分羊不发情,而间隔 9～12 d 后,母羊的黄体形成在 5 d 以上,再次注射氯前列烯醇,绝大部分羊都能发情,效果良好。

霍生东等(2006)选膘情较好、有正常繁殖史的空怀小尾寒羊 157 只,分为 2 组,第Ⅰ组 132 只,第Ⅱ组 25 只。同期发情处理时,母羊颈部肌肉注射 PG,每只羊用量 0.1 mg/次。第

Ⅰ组用方法 1 和方法 3 处理，第Ⅱ组用方法 2 处理。同期发情处理的方法如下：①单次 PG 注射法（方法 1），对第Ⅰ组进行一次同期发情处理，每只羊每次注射 PG 0.1 mL；②用 PG 连续两次注射法（方法 2），第 1 次对第Ⅱ 组注射 PG 0.1 mL /只，注射日为零天，注射后第 10 天进行第 2 次注射，每只羊注射 PG 0.1 mL；③PG 补注法（方法 3），对第Ⅰ组未发情的母羊，在第 1 次注射 PG 后第 10 天补注，每只羊注射 PG 0.1 mL。同期发情结果表明：第Ⅰ组有小尾寒羊 132 只采用一次 PG 注射法，注射 PG 后，共有 107 只羊发情，同期发情率 81.1%。第Ⅱ组共 25 只，采用 PG 两次注射法即第 1 次注射 PG 后间隔 10 d 进行第 2 次 PG 处理，共 16 只羊发情，同期发情率 64%。将第Ⅰ组处理后未发情的羊，用第 2 种方法处理。3 种处理法差异极显著（$P<0.01$）。从结果发现，在对同期发情要求不是很严格的羊场，可以用第 3 种方法进行同期发情处理，这样不但能达到很好的发情效果，而且可以省时、省力，在临床实践中也易于推广。

3. 注射法　每日将一定量药物皮下或肌肉注射，连续若干天后停药。此法药量准确但较烦琐。

小尾寒羊的同期发情各种方法均可用，但以阴道栓塞法和前列腺素法较为适用。在小尾寒羊的同期发情处理时通常使用氟孕酮阴道海绵栓埋植或埋植 CIDR，被认为是最可靠、最准确的方法。到目前为止，同期发情技术在国内外都已经是一项非常成熟的技术，在大规模的生产实践中普遍能达到 90%～100%的同期发情率。

（二）同期发情处理

1. 前列腺素处理法　$PGF_{2\alpha}$或其类似物有溶解黄体的作用，黄体溶解后，卵巢上就会有卵泡发育而发情，所以只对卵巢上有黄体的受体羊有效。在发情的第 9 天以后注射 $PGF_{2\alpha}$ 10～20 mg 或氯前列烯醇 100～200 μg，通常可在注射后 2～3 d 内发情。在繁殖季节如果不能确定受体羊的发情周期，可采用两次注射法，即第 1 次注射后间隔 10～12 d 再进行第 2 次注射，每次用量 $PGF_{2\alpha}$ 10～20 mg，或氯前列烯醇 100～200 μg，约 90%的母羊于注射后 24～48 h 内发情。

2. 孕激素处理法　孕酮能够抑制腺垂体释放 FSH，每日肌注或口服孕酮，或经阴道海绵栓给予孕酮或其类似物，一般处理 12～18 d 后，可以抑制卵泡发育。停止处理或撤除海绵栓后，孕酮的抑制作用消失，卵巢上即有卵泡发育，从而使受体羊发情。通常在停止处理或撤除海绵栓后 2～3 d 内发情。在孕激素处理结束前 2 d 或撤除阴道海绵栓当天，每只羊肌肉注射小剂量的 PMSG 300～450 IU，可以提高排卵率和受胎率。

3. 孕激素-前列腺素结合使用处理法　先用孕激素处理 7～9 d，然后注射 $PGF_{2\alpha}$ 或 PMSG，此法同期发情率高，受胎率也较高，但是较烦琐，费用也偏高。

董文成等（2003）应用羊用孕酮栓、孕马血清促性腺激素和氯前列烯醇相结合的方法对 99 只空怀小尾寒羊和 36 只哺乳母羊（产后 25～35 d）进行同期发情。结果表明：这种相结合的方法是成功的，99 只空怀母羊在 24 h 内的同期发情率达到 81.8%，48 h 内为 89.9%（表 6-19）。羊用孕酮栓在空怀母羊阴道内放置的天数不同（12 d 与 14 d）使同期发情率不同，但差异不显著（$P>0.05$）；对空怀母羊注射不同剂量（330 IU/只和 250 IU/只）孕马血清促性腺激素对羊的同期发情率影响无显著差异（$P>0.05$）。36 只哺乳母羊在 24 h 与 48 h 内的同期发情率均为 80.6%（29/36），对哺乳母羊注射孕马血清促性腺激素 250 IU/只的同期发情率为 90.0 %（18/20），好于注射 330 IU/只哺乳母羊的同期发情率（68.8%），但差异不显著（$P>0.05$）（表 6-20）。

表 6-19 各种处理方法同期发情率比较

时间(h)	孕马血清	氯前列烯醇	氯前列烯醇＋孕马血清	孕酮	孕酮＋氯前列烯醇＋孕马血清
24		1.6%～10.7%			81.8%
36		32.1%～33.9%	17.0%		
48			59.4%		89.9%
120	53.13%～60.0%			16.7%～25%	

表 6-20 6 组不同处理的试验羊同期发情率统计

组别		处理只数	发情观察记录		
			第 1 天	第 2 天	合计
第一组	只数	24	20	1	21
	同期发情率		83.3%	4.2%	87.5%
第二组	只数	26	20	3	23
	同期发情率		76.9%	11.5%	88.5%
合计	只数	50	40	4	44
	同期发情率		80%	8%	88%
第三组	只数	25	21	2	23
	同期发情率		84%	8%	92%
第四组	只数	24	20	2	22
	同期发情率		83.3%	8.3%	91.7%
合计	只数	99	81	8	89
	同期发情率		81.8%	8.1%	89.9%
第五组	只数	16	11	0	11
	同期发情率		68.8%	0	68.8%
第六组	只数	20	18	0	18
	同期发情率		90.0%	0	90.0%
合计	只数	36	29	0	29
	同期发情率		80.6%	0	80.6%

(三)影响同期发情效果的因素

影响小尾寒羊同期发情效果的因素很多,如地区、年龄、实验药品、天气等。

李秋艳等(2001)对影响小尾寒羊同期发情和排卵数的因素进行了研究。实验对象山东产纯种鲁西小尾寒羊,年龄 2～3 岁,均为经产羊。实验时间为 1999 年 4 月份、11 月份和 2000 年 3 月份,地点在北京昌平地区的一实验场内。孕酮阴道海绵栓每个阴道栓含 0.3 g 孕酮,新西兰生产。孕马血清促性腺激素(PMSG),天津市华孚高新生物技术公司生产。方法为将阴道栓放于母羊阴道内,10 d 后同一时间取出,并肌肉注射孕马血清促性腺激素(PMSG),24 h 后开始试情,每天早、晚各一次,连续 4 d,记录发情时间。试情公羊戴试情布,以母羊接受公羊爬跨为发情的判定标准。胚胎移植手术时检查排卵情况,查看黄体并记录黄体数,作为判定排卵数的依据。

从表 6-21 可以看出,用 350 单位 PMSG 处理的 19 只 65 kg 以上母羊平均排卵数为(3.2±1.5)个,用 300 单位 PMSG 处理的 37 只 65 kg 以下母羊平均排卵数为(2.7±1.1)个,前者平均排卵数高于后者,但统计结果差异不显著($P<0.05$)。

表 6-21　不同体重用相同剂量 PMSG 的排卵情况

羊数(只)	体重	PMSG 剂量(单位)	总排卵数(枚)	平均只排卵数(枚)
19	>65	350	61	3.2±1.5
37	<65	350	101	2.7±1.1

1999 年 4 月对 86 只小尾寒羊作同期发情处理,其中 70 只羊发情,发情率 81.4%;同年 11 月份对 92 只小尾寒羊作同期发情处理,其中 87 只羊发情,发情率 94.6%。两个结果比较具有极显著性差异($P<0.01$)。膘情中等以上的羊 50 只和膘情较差羊 45 只,用同样方法同时作同期发情处理,前者有 48 只羊发情,后者有 35 只羊发情,其发情率分别为 96.0% 和 77.8%,两者比较具有极显著性差异($P<0.1$)(表 6-22)。

表 6-22　不同剂量 PMSG 对发情效果的影响

羊数(只)	试验时间	PMSG 剂量(单位)	发情羊数(只)	发情率(%)
50	1999 年 11 月	350	48	96.0
45	1999 年 11 月	300	35	77.8

(四)同期发情应注意的问题

在注重同期发情效果的同时考虑成本,氯前列烯醇($PGF_{2\alpha}$)成本低,操作简单,但只能在羊的繁殖季节使用,非繁殖季节使用效果不佳。孕激素阴道栓在繁殖和非繁殖季节均可使用,在使用时,配合注射孕马血清促性腺激素(PMSG)效果很好,但成本较高。

注射孕马血清促性腺激素(PMSG)时要特别细心,不能将药品遗留在羊的体外。有些人认为羊的卵巢是一边一个,将药同时注射到羊的体侧两边,效果会好,其实不然。据初步观察,注射两边时,羊的同期发情率只有 50%,而在相同的操作下,将药一次注射到羊体的一侧,同期发情率达 100%。

使用海绵阴道栓时,由于海绵吸收的黏液使羊的子宫颈口及周围易感染,影响受精,因此,在取栓时应配制消炎药水对羊的阴道进行冲洗,以提高受胎率。

在用于人工授精的同期发情处理时,要考虑种公羊的多少及配种能力。在公羊不足的情况下,不能同一天将母羊全部处理,否则会出现母羊发情时,公羊不够用的情况。应根据公羊的配种能力,每天处理一定数量的母羊,控制当天发情的母羊数,做到发情就配。

二、诱导发情

诱导发情是指通过人工的方法诱导处于乏情期的小尾寒羊发情,以缩短繁殖周期,提高繁殖力,增加产羔数。也可以对患有繁殖障碍的小尾寒羊进行诱导发情处理,以达到配种的目的。乏情有生理乏情和病理性乏情两类。在某些季节或泌乳情况下,卵巢机能处于相对静止状态,其原因主要是促性腺激素活动低下,不足以促使卵泡发育,因此可以利用外源生殖激素、性刺激、改变环境气候、断奶等激发卵巢的性机能活动,出现正常的发情。

(一)激素诱导发情

1. 孕激素法　对不发情的小尾寒羊用孕激素进行处理,可以诱导其发情。向母羊同时使用孕激素,如孕酮、甲孕酮、甲地孕酮、炔诺酮、氯地孕酮、氟孕酮、18-甲基炔诺酮等,使它们在血液中保持一定水平,抑制卵泡的发育和发情,经过一定时期同时停药,随之引起发情。同时

在应用上述药物基础上配合使用促性腺激素，如孕马血清(eCG)，促进卵泡的生长成熟和排卵，使发情排卵率达到较高程度，得到较好的受胎率。小尾寒羊可用的药物种类及使用量一般为：甲孕酮 40～60 mg、甲地孕酮 40～50 mg、孕酮 150～300 mg、氯地孕酮 20～30 mg、氟孕酮 30～60 mg、18-甲基炔诺酮 30～40 mg。孕酮可通过阴道海绵栓、口服及肌注等几种方式给药。①口服法，每日将定量的孕激素药物拌在饲料中，通过母羊采食服用，持续 12～14 d，口服停药后，随即注射 eCG 200～600 IU。②肌注或埋植到皮下，持续 10～12 d 后停药。③阴道栓法(CIRD)，将海绵栓或 CIRD 埋植于阴道，14～15 d 取出，同时肌肉注射 400～500 IU eCG 或 300～500 IU PMSG，2 d 后被处理的母羊表现出发情，发情的母羊当天和次日各人工输精或与公羊自然交配 1～2 次。孕酮阴道海绵栓可有效地诱导母羊发情，在乏情季节的发情率可达 83%以上，哺乳母羊、断奶母羊的发情率分别可达 33%和 100%，长期不发情的母羊发情率为 85%，且发情母羊的情期受胎率可达 100%。

2. *前列腺素法*　利用前列腺素使黄体溶解，中断黄体期，从而提前进入卵泡期，使发情提前到来。具体方法是，直接按小尾寒羊适用剂量肌注 $PGF_{2\alpha}$，每只每天 2 次。前列腺素只对卵巢上存在黄体的母羊有效。对于周期第 5 天以前的黄体，前列腺素并无溶解作用。所以现在常用两次处理，第一次处理后，表现发情的母羊不配种，经 10～12 d 后，再对全群羊进行第二次处理，这时所有的母羊均处于周期第 5～18 天之内。因此，第二次处理后母羊发情率显著提高。但是应注意，前列腺素制剂不同，给药方法不同，其用药剂量也不相同。用前列腺素处理后，一般第 3～5 天母羊出现发情，比孕激素处理要晚 1 d 左右，因为从投药到黄体消退需要将近 1 d 的时间。

(二)公羊效应

通过与公羊的接触可引起乏情小尾寒羊母羊发情，母羊的反应程度取决于季节性乏情的程度。这种反应是通过引起 GnRH 波动频率的增加而使 LH 增加所引起的，第一次排卵通常为安静排卵，形成的黄体也提早退化，第二次可在 5 d 后出现正常发情排卵。

目前的研究证明，公羊效应源自公羊同时产生的外激素和求偶过程中产生的行为刺激。母羊通过嗅觉、视觉、听觉和触觉感知这些刺激，而且一般来说是这些感觉系统发挥协同作用，此外也可能与母羊同公羊身体接触时的应激有关。

公羊产生的嗅觉和视觉刺激能引起母羊发情及排卵，公羊可能主要是通过母羊的嗅觉受体刺激乏情母羊出现发情活动。公羊效应可能主要是通过外激素发挥，这些激素存在于公羊毛中。

虽然一般认为，公羊效应是通过外激素介导的，而其他系统的作用则极少，但也有人注意到行为刺激可能也发挥一定的作用。有人对除嗅觉外的其他感觉系统的作用进行了研究，发现用手术方法破坏嗅球后，这些母羊仍能对公羊发生反应而出现类似的 LH 分泌，说明非嗅觉刺激也在公羊效应中发挥重要的作用。

第六节　人工授精
Section 6　Artificial insemination technology

人工授精是在羊自然交配的基础上，为了提高种公羊的利用率，加速品种改良而建立起来的人工繁殖技术。人工授精就是利用适当器械采集种公羊的精液，经过质量检查、稀释和保存，将合格的精液再用器械适时地输入发情母羊的生殖道内，以代替公母羊直接交配而使母羊受孕的方法，在羊繁殖上具有多方面的优越性：一是人工授精能最大限度地发挥公羊的利用价值，提高公羊的配种能力；二是能对配种公羊进行严格的选择，加速羊的品种改良；三是避免了公母羊的直接接触，并且可以防止各种疾病，特别是生殖道传染病的传播；四是可以减少公羊的饲养数量，节约费用，降低饲养成本；五是公母羊配种可以不受时间和地点的限制；六是可以促进其他繁殖技术诸如同期发情、超数排卵、体外受精、胚胎移植、精子性别鉴定和基因导入等技术的发展。

人工授精主要包括采精技术、精液品质检查技术、稀释液配制技术、精液的稀释与保存、精液冷冻、解冻和输精技术。

一、人工授精前的准备

(一)人工授精所需器械和药品

人工授精所需器械和药品见表 6-23。

表 6-23 人工授精所需器械和药品

品名	单位	数量	品名	单位	数量
显微镜(200～600 倍)	台	1	长把镊子	把	2
血细胞计数器	副	1	玻璃漏斗	个	1
盖玻片	盒	1	开膣器(羊用)	个	5
载玻片	片	50	外科直剪	把	2
天平	台	1	输精器	支	10
集精杯	个	10	瓶刷	个	5
玻璃皿(平皿)	个	5	带盖瓷杯	个	3
酒精灯	个	1	操作台	台	1
调节器	个	5	洗脸盆	个	2
量杯(500 mL)	个	2	输精架	个	2
量杯(200 mL)	个	1	工作服	套	3
药勺	把	2	口罩	个	5
室温计	个	2	玻璃棒	支	3
水温计	个	2	手电筒	个	2
蒸馏器	套	1	试情布	块	5～10
蒸煮器	个	1	脱脂棉	kg	1
广口保温瓶	个	1	氯化钠(纯)	g	500
羊用假阴道外壳	个	6	新洁尔灭	瓶	5
羊用假阴道内胎	条	20	蒸馏水瓶	个	3
气嘴及胶塞	套	1	来苏儿	瓶	5
滤纸	盒	1	毛巾	条	5
75%酒精	kg	3	肥皂	条	5
白凡士林	瓶	1	记录本	本	3
纱布	包	2	记录笔	支	2
烧瓶(250 mL)	个	2	0.5%龙胆紫	g	10
呋喃西林粉	g	500	0.9%氯化钠	mL	500
橱柜	个	1	固定皮圈	个	10
精液稀释液	mL	200	高压消毒锅	个	1

(二)人工授精所需设备

1.采精室 羊的采精室要地面平整、干燥、清洁、宽敞,面积一般为 15～20 m^2。

2.操作室 应有两间,并与采精大厅相连,一间用于安装假阴道、有关器械消毒及其他采精用品准备,另一间用于检查精液品质、分装精液、冷冻精液等。操作室的两间位于采精室的一端,并有向采精室传递采精用品和将采到的精液送入精液处理室的窗口。

3.采精器械 假阴道是羊采精的必备工具,人工授精人员应熟练掌握假阴道各部件的清洗、消毒、安装和调试。

(1)假阴道各部件的选择与要求

外壳:羊的假阴道外壳用硬橡胶制成。外壳的内壁与外壁应光滑,无毛刺,无裂缝。最好两端边缘隆起,以便用固定皮圈固定外翻的内胎,外壳的中间有一注水孔。

内胎:一般用弹性好的橡胶或乳胶制成,内胎应具有耐拉、弹力适当、容易安装的特点。安装前应先将内胎的两端部分拉伸,以便检查内胎是否有"针眼"和裂缝。

集精杯:苏式集精杯用于直接安装在装好内胎的假阴道的一端。一般用棕色玻璃制成的双层集精杯,集精杯上部有向内凹陷的集精管,集精管与外壁之间形成夹壁,集精杯的下部有注水孔,用于注入 35℃的温水。用软木塞或棉球可将此孔堵上,以防温水外溢。集精杯均有玻璃盖。羊的集精杯,将塑料瓶中装入半瓶 35℃的温水,再将集精管装在塑料瓶中,然后旋上无盖顶的瓶盖。

气阀:安装在假阴道外壳的注水孔上,用于向内胎与外壳之间的夹壁内充气,调节气压,并防止夹壁之间注入的水外溢。气阀应能密封,不漏气,阀门转动应灵活。也可用医用血压计上的气阀代替,效果更好。羊的假阴道外壳的注水孔较大,应将气阀装在橡皮塞上,再塞在注水孔上。

固定皮圈:用橡胶制成,用于使内胎固定在外壳上。

保护套:在安装好集精杯后,将保护套安装在外壳上,以防止集精杯在采精或搬动时脱落。

保温套:考虑到冬季不易保持夹壁内的水温,可使用保温材料(如真空棉)制作假阴道的外套。

(2)假阴道的拆卸及清洗 假阴道在使用之后,应立即拆开,以防弹性材料因"疲劳"而失去弹性以及防止润滑剂干在内胎表面不易清洗。

内胎:可用家用洗涤剂、软毛刷、温水或清水洗涤正反两面,洗去内胎表面的润滑剂后,应用清水将洗涤剂及污垢冲洗干净,再用去离子水或蒸馏水冲洗 3～5 遍,用两个吊在橱柜顶部的夹子对称夹住内胎一端,光滑面向内,使内胎垂直悬挂在橱内晾干,不得在阳光下曝晒或在干燥箱中加热干燥,以防其受热、发黏,影响其弹性及使用寿命。不宜将内胎平放在盒内或袋内。内胎可存放在橱内,直到下次使用时取出。

外壳:外壳清洗没有严格要求,但应在清洗后,放入橱内晾干。

集精杯:集精杯清洗应更为严格,用试管刷、洗涤剂、清水将集精杯的集精管内和外壁的表面清洗干净,用蒸馏水或去离子水冲洗 3～5 遍,放入干燥箱内用 120℃温度干燥。

(3)安装假阴道所需药品和器械

75%乙醇棉球:用于消毒内胎内壁、集精杯的集精管。

95%乙醇棉球:用于二次擦拭,提高酒精的蒸发速度,防止酒精残留(也可不进行二次擦拭,并等待酒精完全挥发)。

灭菌的11%～12%蔗糖溶液或6%葡萄糖溶液:用于冲洗内胎和集精杯内管。

医用灭菌白凡士林:最好将其分装在灭菌的塑料管内，一次用一管，以减少污染。这里推荐用医用红霉素软膏，其来源方便，符合卫生标准，包装小，不易污染，润滑度好，并有一定的消炎作用。

大瓷盘(两个):一个用于放置安装假阴道的用品，安装时在另一个瓷盘上操作。

长柄钳或镊子:用于夹取酒精棉球，消毒羊的假阴道内胎。

100℃酒精温度计:用于测量水温、假阴道内的温度。

1 000 mL 烧杯(两个):用于盛冷水、调节水温。

玻璃或塑料漏斗:用于向集精杯夹壁间和内胎与外壳的夹壁间注入温水或热水。

(4)假阴道的安装

清点与检查:确认部件齐全、完整，无裂缝及针眼;将经过干燥消毒的各部件放在消毒过的大瓷盘中。

安装:将内胎的光滑面向里，放入外壳内，使两端露出部分长度相当。将一端折叠后放外壳内，将另一端内胎的一部分翻贴在外壳上，调整周正后，双手向上推卷，使内胎卷起、脱离外壳，并使卷起的长度与原来露出的长度相当或略长，再将内胎套在外壳上，并调整周正。另一端用同样方法，将其翻贴在外壳上。

注意事项:①在将内胎调整周正时，应尽量避免用指甲撕扯，以防造成撕裂或“针眼”，应反复向上卷起，再向下卷贴;②安装另一端时，应防止内胎在外壳内扭转;③适当使内胎在拉伸状态下安装在外壳上，这样更容易达到要求。

调试:将气阀安上，充气，检查内胎是否安装周正。安装周正的内胎充气后两端均呈内陷的 Y 字形。如果符合要求，可将气放掉。如果有丰富的操作经验，可确保安装周正，可省掉充气检查。

用固定皮圈将内胎固定在外壳上。

(5)消毒　用长柄钳(羊假阴道消毒用 20 cm 镊子)夹取 75%酒精棉球，从内向外消毒内胎内壁，然后用镊子夹取 75%酒精棉球消毒集精杯、集精管，再用另一棉球消毒外壳上的内胎翻边。用 95%酒精棉球，用同样方法进行第二次擦拭，以促进酒精迅速挥发。

(6)注入温水　在 1 000 mL 大烧杯中，将水温调至 50℃(夏)或 55℃(冬)，用漏斗将温水注入内胎与外壳的夹壁内，注满后，来回摇动几次，将水再倒出一半。在集精杯夹壁内注入 35℃的温水，并用软木塞将注水孔塞紧。

(7)冲洗　用稀释液将内胎和集精杯冲洗一遍。

(8)涂润滑剂　用玻璃棒蘸取少量凡士林或红霉素软膏，均匀涂布于假阴道外口到深 1/2 处。

(9)充气　用双连球向假阴道夹壁内充气至压力合适(插入玻璃棒时略有阻力)。

(10)测温　用酒精温度计测量假阴道内的温度。至酒精柱稳定后(需 2～3 min)，温度应为 38～41℃。如果温度不合适，应重新调温注水，倒出部分水后，再加入少量温度更高或更低的水。

(11)保温　将假阴道用毛巾包好备用。

4.人工授精实验室

(1)对人工授精实验室的要求　人工授精实验室是处理种公羊精液的地方，必须保证产品的生物安全性，防止危害精子和污染精液的情况发生。

(2)人工授精实验室的建筑要求　实验室应有足够的面积，并要求有利于维持卫生条件。如工作台面要求是陶瓷的，地面应铺设地板砖，墙面应容易冲洗、不落尘，窗户、门应有很好的防尘功能。人工授精实验室应设有外间，以便更换工作服、拖鞋等。为了防止建筑材料及油漆对精子的影响，建筑材料应进行放射、有害物质检测，应使用对人无害的油漆或涂料。

(3)人工授精实验室内所需的设备　配制稀释液所需设备：蒸馏水机、各种玻璃用品、加热搅拌器、水浴锅等。

精液品质检查设备：显微镜、恒温载物台、比色仪等。

冷冻精液仪器：液氮罐、液氮、细管灌装机、细管印字机、低温柜、冷冻槽或冷冻仪、氟板或铜丝纱网等。

(三)公羊的调教

1. 基本调教方法　将发情旺盛的母羊的尿液或分泌物涂在假母羊后部，公羊进入采精室后，让其先熟悉环境。公羊很快会去嗅闻、啃咬假母羊或在假母羊上蹭痒，然后就会爬跨假母羊。如果公羊比较胆小，可将发情旺盛母羊的分泌物或尿液涂在麻布上，使公羊嗅闻，并逐步引导其靠近和爬跨假母羊。同时可轻轻敲击假母羊，以引起公羊的注意。

2. 不易调教种公羊的处理　如果以上方法不能使公羊爬跨假母羊，可将一只2～3胎的发情旺盛的母羊赶至采精室，然后将待调教的种公羊赶到采精室，当公羊爬跨发情母羊时，在公羊阴茎伸出之前，两人分别抓住其左右耳拉下，当公羊第二次爬跨发情母羊时，用同样的方法将其拉下。这时公羊的性欲已经达到高潮，立即将发情母羊赶走，然后诱导公羊爬跨假母羊，一般都能调教成功。

3. 注意事项　将待调教的公羊赶至采精室后，采精员必须始终在场。因为一旦公羊爬跨假母羊时，采精人员不在现场，不能立即进行采精，对公羊的调教非常不利。调教公羊时要有耐心，不准打骂公羊；记住，如果在调教中使公羊感到不适，这只公羊调教成功的希望就会很小。一旦采精获得成功，分别在第2、第3天各采精1次，以利于种公羊巩固采精的记忆。

二、采精与精液保存

(一)采精操作

采精是人工授精的第一个步骤，采到不受任何污染的、全份的精液，并保证人、羊安全是对采精人员操作的基本要求。采精人员必须动作敏捷，技术熟练、准确。

1. 采精用品及条件　采精室、假台羊、羊假阴道、一次性手套、采精架、母羊。如果不是用发情母羊作台羊，应对台羊和采精的公羊进行调教。

2. 操作程序

(1)将发情旺盛的母羊牵入采精架内，将其颈部固定在采精架上。

(2)母羊的外阴及后躯用0.3%的高锰酸钾水冲洗并擦干。

(3)将种公羊牵到采精室内，可根据种公羊的性行为特点，让种公羊在采精室停留片刻，以使公羊进行性准备，这样有利于提高采到精液的品质。但采精员必须密切注意公羊性行为的变化情况，以防公羊在未采精时就已经射精。

(4)将种公羊牵到台羊旁，采精员手持假阴道，面向台羊并蹲于台羊的右后侧。

(5)当公羊阴茎伸出，并要跃上母羊后躯的瞬间，采精员手持假阴道，迅速向前一步，将假阴道筒口向下倾斜与公羊阴茎伸出方向成一直线，紧靠在台羊尻部右侧。用左手在包皮开口的后方，掌心向上托住包皮(切不可用手抓握阴茎，否则会使阴茎缩回)。将阴茎拨向右侧导入假阴道内。当公羊用力向前一冲后，即表示射精完毕。公羊射精后，采精员同时使假阴道的集精杯一端略向下倾斜，以便精液流入集精杯中。

(6)当公羊跳下时，假阴道应随着阴茎后移，不要抽出。当阴茎由假阴道自行脱出后，立即将假阴道直立，筒口向上，并立即送至精液处理室内，放气后取下精液杯，盖上盖子。如果采精室与精液处理室相距较远，可将精液移至 15 mL 刻度试管中，加塞后，并放入盛有 35℃水的保温杯中，然后将其送到精液处理室。

(7)公羊第一次射精后，可休息 15 min 后进行第二次采精。采精前应更换新的集精杯，并重新调温、调压。最好准备两个假阴道，供一头公羊采精。这种一次采精两个射精量的采精方法可减少工作量，并且第二次采集的精液比第一次采到精液污染要小得多，可将两次采集的精液放在一起处理。

(8)采精后，让公羊略作休息，然后将公羊赶回羊舍。

注意事项：羊的交配时间十分短促，只有数秒钟，因此，采精人员应动作敏捷、准确。另外，应注意假阴道与公羊的阴茎保持方向一致，尤其是在公羊射精时，更应如此，否则有可能损伤公羊的阴茎。另外，采精人员还要密切注意公羊的行为、动作，防止被公羊踩伤或被公羊进攻。采精人员应善待、不恐吓、不打骂种公羊，这样可有利于工作的顺利进行。

(二)精液品质检查

1. 精液的直观检查法

(1)射精量：羊的射精量应为 0.5～2 mL。如果射精量过多或过少均说明可能存在问题。如假阴道漏水、精液中有尿液、生殖机能下降或副性腺有炎症等情况的发生，要及时查找原因。

(2)色泽：羊的精液应为乳白色或乳黄色，其他颜色均为不正常颜色。

(3)云雾状：在 33～35℃下，羊精液应呈明显的云雾状(云团样翻卷)，说明精子的密度和活力都较好。

2. 活力检查

(1)将显微镜的载物台温度调至 37～38℃，并使载玻片和盖玻片与载物台等温。

(2)用微量移液器，取 5 μL 精液注入试管中，再取 50 μL 30℃的低温保存基础液或 0.9%氯化钠溶液注入试管中，吸吐若干次。吸取 10 μL 滴在预温的载玻片中间，盖上盖玻片，可直接取样检查活力。

(3)在 100 倍和 400 倍的显微镜下判断精子的活力。活力为十级制，前进运动的精子占总精子数的比例不低于 70%，即活力不低于 0.7 方可作进一步处理。

如果时间允许，可采用计数板计数法进行活力测定，准确度更高。先将精液用生理盐水稀释，羊一般稀释 200 倍，再放入计数室中，在 100 倍下计数 5 个中方格的不活动精子数，再将计数板放入 200℃干燥箱中加温 2 min，杀死全部精子，再计数同样 5 个中方格内的总精子数。

$$\text{精子活力}=\frac{5\text{个中方格总精子数}-5\text{个中方格不活动精子数}}{5\text{个中方格总精子数}}$$

3.密度测定

稀释和杀死精子：取 5 μL 原精液加入试管中，用移液管吸取 3%氯化钠溶液 1 000 μL，混合均匀，稀释倍数均为 200 倍。

放置计数板：将干净的计数板放在载物台上，将干净的盖玻片放在上面。

制作精液计数样片：将稀释好的精液取少量从盖玻片与计数板的接缝处注入，依靠毛细作用将精液吸入计数室中(图 6-3)。

找到计数室和第一个中方格：将计数板固定在显微镜的推进器内，用 100 倍放大，找到计数室(图 6-4)，再用 400 倍找到计数室的第一个中方格。

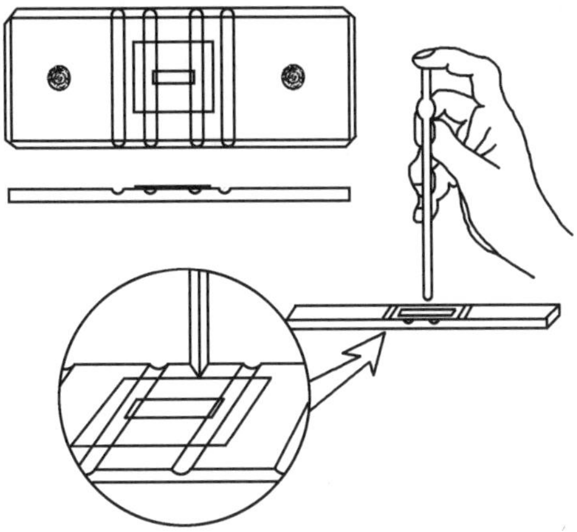

图 6-3　精子密度测定制片方法

图 6-4　血细胞计数室

(25 个中方格，400 个小方格)

计数精子：计数左上角至右下角 5 个中方格的总精子数，以精子的头部为准，依数上不数下，数左不数右的原则进行计数(图 6-5)，位于格线上的精子，计数顺序从中方格第一排小格向右，至第二排向左，第三排向右，第四排向左。

计算精子密度：精子密度＝5 个中方格总精子数×5×10 000×稀释倍数。如 5 个中方格的总精子数是 95，则精子密度＝95×5×10 000×200＝9.5 亿/mL。

羊精子密度范围：羊的精子密度为 15 亿～30 亿/mL。

4.精子畸形率的测定

染色剂的制作：0.5 g 龙胆紫用 20 mL 酒精助溶，加水至 100 mL，过滤至试剂瓶中备用。也可用纯红或纯蓝墨水代替 0.5%龙胆紫溶液。

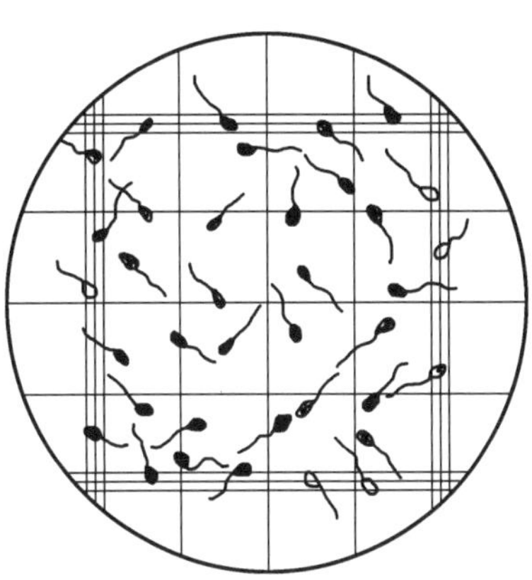

图 6-5　精子计数方法

羊精液的稀释：用微量移液器取 5 μL 原精液至试管中，并吸取 100 μL(羊可用 200 μL)0.9%氯化钠溶液混合数次。

抹片：左手食指和拇指向上捏住载玻片两端，使载玻片处于水平状态。取 10 μL 稀释后的精液滴至载玻片右侧。右手拿一载玻片或盖玻片，使其与左手拿的载玻片成向右的 45°角，并使其接触面在精液滴的左侧。将载玻片向右拉至精液刚好进入两载玻片形成的角缝中，然后平稳地向左推至左边(不得再向回拉)(图 6-6)。抹片后，使其自然风干。

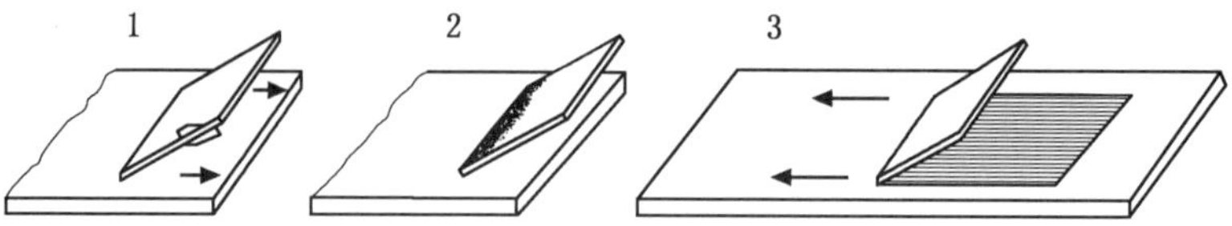

图 6-6　精液抹片示意图

固定：在抹片上滴 95%酒精数滴，固定 4 min 后，甩去多余的酒精。

染色：将载玻片放在用玻璃棒制成的片架上，滴上 0.5%龙胆紫或纯蓝、纯红墨水 5～10 滴，5 min 后，用洗瓶或自来水轻轻冲去染色剂，甩去水分晾干。

载玻片放在 400 倍或 640 倍的显微镜下进行观察，共记录若干个视野 200 个左右的精子。

有下列形状的精子可被视为畸形精子(图 6-7)：头部膨大，头部小于正常大小，双头，头部不完整，尾部折回，尾部卷曲，尾部套索，双尾，断尾，有近端原生质小滴，羊的畸形精子比例不应超过 15%。

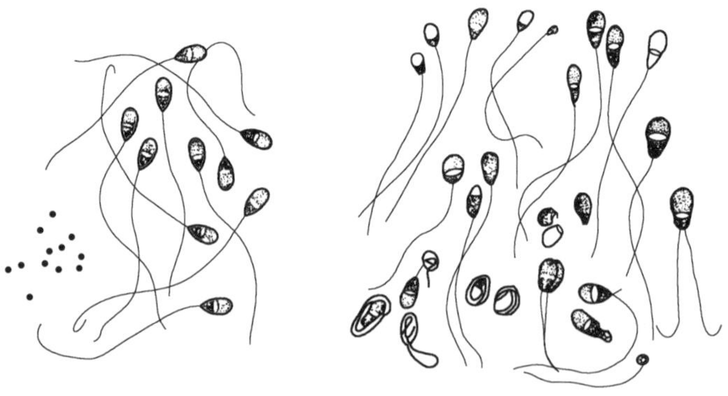

正常精子(左下角为原生质小滴)　　　　畸形精子

图 6-7　精子

(三)稀释液的配制

稀释液配制的主要用品有：250 mL 三角瓶、250 mL 烧杯、100 mL 量筒、感量 0.1 g 的天平、玻璃漏斗、电炉、石棉网、玻璃棒、定性滤纸、消毒纸巾、硫酸纸、灭菌牛皮纸、橡皮筋、10 mL 一次性注射器、1 mL 注射器、5 mL 注射器、鸡蛋、75%酒精棉球、葡萄糖、柠檬酸钠、青霉素、链霉素。

1. 玻璃用品的清洗与消毒　将所有玻璃用品用洗涤剂洗净，用稀盐酸浸泡并用自来水冲洗干净后，用蒸馏水冲洗 4 遍，空干水分，用纸将瓶口包好，放入 120℃干燥箱中干燥 1 h，放凉后备用。

2. 天平的校准　用两张圆形硫酸纸放在天平的左右托盘上，校准天平。

3. 称量药品　称取配方需要量的药品(表 6-24)，并放入大烧杯中。

4. 溶液配制　用量筒量取双蒸水 100 mL，加入烧杯中，用磁力搅拌器或玻璃棒搅拌使其溶解。

5. 过滤　用一层定性滤纸过滤溶液至三角瓶中。

6. 保存　在三角瓶上加牛皮纸盖好，并用橡皮筋固定，放在盖有石棉网的电炉上加热至沸腾，迅速将其取下，放凉数分钟，制成基础液。基础液如果不马上使用可放在 2～5℃冰箱中备用，保存时间不超过 12 h。

表 6-24　羊精液稀释液配方

项目		低温(2～5℃)保存液	冷冻保存液
基础液	一水葡萄糖	3.3 g	8.8 g
	二水柠檬酸钠	1.4 g	—
	双蒸馏水	100 mL	100 mL
第一液	基础液	80 mL	80 mL
	卵黄	20 mL	20 mL
第二液	第一液		47 mL
	甘油		3 mL

7. 取卵黄液　用 75%酒精棉球消毒新鲜鸡蛋外壳，待其完全挥发后，将鸡蛋磕开，分离蛋清、蛋黄和系带，将蛋黄盛于鸡蛋壳小头的半个蛋壳内，并小心地将蛋黄倒在用四层对折(8层)的消毒纸巾上。小心地使蛋黄在纸巾上滚动，使其表面的稀蛋清被纸巾吸附。先用针头小心将卵黄膜挑一个小口，再用去掉针头的 10 mL 一次性注射器，从小口慢慢吸取卵黄，尽量避免将气泡吸入，同时应避免吸入卵黄膜。吸入 10 mL 后，再用同样的方法吸取另一个鸡蛋的卵黄。也可将卵黄移至纸巾的边缘，用针头挑一个小口，将卵黄液缓缓倒入量筒中，注意避免将卵黄膜倒入量筒中。

8. 卵黄液与基础液的混合　取 80 mL 已凉透的基础液，加入三角瓶中，然后将 20 mL 卵黄液注入或将 20 mL 卵黄液从量筒中倒入三角瓶中，将量取的 80 mL 基础液反复冲洗量筒中的卵黄，使其全部溶解入基础液中，然后将全部的基础液倒入三角瓶中，慢慢摇匀。

9. 加入抗生素　分别用 1 mL 注射器吸取基础液 1 mL，分别注入 80 万单位和 100 万单位的青霉素和链霉素瓶中，使其彻底溶解。一种方法是分别从青霉素瓶中吸取 0.1～0.12 mL 和链霉素瓶中吸取 0.1 mL，将其注入三角瓶中，并摇匀。另一种方法是称取 0.1 g 青霉素和 0.1 g 链霉素加入三角瓶中，摇匀。用基础液、卵黄液和抗生素混合制成第一液。

10. 第二液的制作　用量筒量取第一液 47 mL，加入另一只三角瓶中，用注射器吸取 3 mL 消毒甘油，注入三角瓶中，摇匀。制成羊冷冻精液的第二液。

(四)精液的稀释

所需器具有：纱布、冰瓶、塑料膜、吸管、冰箱、刻度试管、橡皮塞、橡皮筋、500 mL 烧杯、温度计(50℃)等。

具体操作步骤如下：

1. 精液与稀释液的等温　将 500 mL 烧杯中的水温调至 33℃，将两支刻度试管放入水中，将采到的精液用吸管移至一个刻度试管中，将与精液等量的第一液移至另一个刻度试管中，在水浴中停留 5 min。

2. 第一次稀释　5 min 后，根据精液品质检查结果，计算出稀释倍数，对新鲜精液进行第一次稀释。稀释时，应将稀释液用吸管移至放精液的试管中，并用吸管混合若干次。

3. 逐步降温　将稀释后的精液继续放在 500 mL 烧杯中，降至室温后，再放入 3℃恒温冰箱中。也可将装精液的刻度试管用纱布包 4～8 层，用塑料膜包一层，放入加有碎冰的冰瓶中或直接放入 3℃冰箱中。

4. 第二次稀释　如果作冷冻精液，可将第二液和稀释后的精液一起放在 500 mL 烧杯中，放入 3℃恒温冰箱中降温 40 min 后，进行第二次稀释，并放在烧杯中 2 h 进行平衡。

5. 精液的稀释处理　可根据精液的密度来决定稀释的比例，为此首先要进行精液的评定。

(1)品质检查：采集到的精液应立即进行品质的检查。羊的射精量应为 0.5～2 mL，精子密度不低于 15 亿/mL。为了不因为检查密度花费时间而造成精子活力下降，可在活力测定后，先进行 1∶0.5 的稀释，并在水浴中降温，等测定出结果后再进行一次稀释。

(2)精液的稀释程序：将按稀释需要的第一次精液量，放于干净的试管中，和装精液的试管一起放于 33℃的水浴中等温 5 min，进行第一次稀释，将稀释液缓慢加入精液中。羊颗粒冻精，按 1∶0.5 稀释，细管冻精 1∶2 稀释。用 4～8 层纱布包裹好，装于塑料袋中，和第二液一起，放于 2～5℃恒温冰箱中降温；或将装精液的试管直接放在 500 mL 水浴中，和第二液一起，放于 2～5℃冰箱内降温。如果冰箱温度不可靠，也可用第一种方法包裹后，和第二液一起，放于装有冰块的冰瓶中降温。降温 30～60 min 后，用第二液进行第二次稀释。稀释比按 1∶1 稀释。

(3)平衡：在 2～5℃的温度下进行平衡，时间是 0.5～3 h。使甘油渗透到精子内部，起到对精子的防冻保护作用。

霍生东等(2006)选择具有 2 年以上的配种史，体质状况较好小尾寒羊公羊 3 只进行采精。精液为乳白色，无味或略带腥味。从外观看呈翻腾云雾状。采到的精子用精子稀释液做 4 倍稀释，稀释后镜下检查精子质量。精液稀释液：

①配方 1(葡萄糖-柠檬酸钠-EDTA)：葡萄糖 3 g，柠檬酸钠 1.3 g，EDTA 0.1 g，加蒸馏水至 100 mL，青霉素 500～1 000 U/mL，链霉素 500～1 000 μg/mL。pH 6.5～6.7，高温灭菌。使用前加热至 35～37℃，使用时加鸡蛋卵黄 5%～20%。

②配方 2(葡萄糖-柠檬酸钠)葡萄糖 3 g，柠檬酸钠 1.4 g，加蒸馏水至 100 mL，青霉素 500～1 000 U/mL，链霉素 500～1 000 μg/mL，高温灭菌。使用前加热至 35～37℃，使用时加入鸡蛋卵黄 5%～20%。

由表 6-25 可知，用精液稀释液做 4 倍稀释后，精子活力 0.91±0.07，精子活率 0.95±0.05，精子密度为(14.29±1.62)亿/mL；用精液稀释液 2 做 4 倍稀释后，精子活力 0.92±0.05，精子活率 0.94±0.06，精子密度为(13.53±1.45)亿/mL，两种精液稀释后的精液主要品质差异不显著($P>0.05$)。对同期发情处理后发情的小尾寒羊进行授配试验，连续两个情期的不返情率为 86.18%。

表 6-25　不同精液稀释液稀释后的精液主要品质

组别	活率(%)	活力	密度(亿/mL)
稀释液 1	0.95±0.05	0.91±0.07	14.29±1.62
稀释液 2	0.94±0.06	0.92±0.05	13.53±1.45

徐振军等(2006)对小尾寒羊精液采用室温、低温和细管法冷冻3种保存方法进行了研究。稀释液配制分别取每种基础液(表6-26)80 mL,煮沸消毒后加20 mL新鲜卵黄,青霉素、链霉素各10 IU配制成保存稀释液;再分别取上液94 mL加甘油6 mL,配制成冷冻稀释液。

表6-26　稀释液基础液的配制

配方	超纯水(mL)	葡萄糖(g)	乳糖(g)	蔗糖(g)	柠檬酸钠(g)
Ⅰ	100	4.8	9.6	—	—
Ⅱ	100	3.2	—	—	3.2
Ⅲ	100	3.2	—	4	3.2
Ⅳ	100	4.8	4.8	—	—

由表6-27可以看出,在(4±0.5)℃条件下,用Ⅱ液稀释保存绵羊精子的存活时间和活率(168 h,0.35)显著优于Ⅲ液(72 h,0.3)、Ⅳ液(48 h,0.35)和Ⅰ液(18 h,0.42)3种保存稀释液,而Ⅲ液优于Ⅳ、Ⅰ液。

表6-27　不同保存稀释液对绵羊精子活率的影响[(4±0.5)℃]

保存稀释液	存活时间(h)													
	0	6	12	18	24	30	36	48	72	96	120	144	168	192
Ⅰ	0.81	0.80	0.72	0.42	0.10	0.08	0.03	—	0	—	—	—	—	—
Ⅱ	0.81	0.81	0.81	0.79	0.79	0.78	0.78	0.70	0.60	0.50	0.38	0.38	0.35	0.18
Ⅲ	0.81	0.81	0.80	0.78	0.78	0.64	0.50	0.40	0.30	0.29	0.25	0.15	0.01	—
Ⅳ	0.81	0.80	0.80	0.78	0.78	0.52	0.41	0.35	0.20	0.01	—	—	—	—

从表6-28可以看出,在室温(23±2)℃条件下稀释保存小尾寒羊精子,其中Ⅱ液和Ⅲ液保存30 h精子的活率分别为0.69和0.70,而Ⅳ液和Ⅰ液分别在18 h和12 h后基本上死亡。

表6-28　不同保存稀释液对绵羊精子活率的影响[(23±2)℃]

保存稀释液	存活时间(h)									
	0	6	12	18	24	30	36	48	54	65
Ⅰ	0.81	0.80	0.12	0.01	0	—	—	—	—	—
Ⅱ	0.81	0.81	0.80	0.78	0.78	0.69	0.35	0.10	—	0
Ⅲ	0.81	0.81	0.80	0.79	0.79	0.70	0.10	—	0	—
Ⅳ	0.81	0.80	0.75	0.01	0	—	—	—	—	—

由表6-29可以看出,用4种冷冻稀释液对绵羊精子进行冷冻保存,采用Ⅲ液冷冻保存绵羊精子,解冻活率(0.532±0.004)极显著高于Ⅳ液(0.470±0.003)、Ⅰ液(0.445±0.004)和Ⅱ液(0.432±0.012)3种冷冻稀释液($P<0.01$),而Ⅳ液显著优于Ⅰ、Ⅱ液($P<0.05$)。采用PI染色法对绵羊解冻精子进行染色并计数,计数死亡精子百分率,所得结果与精子冻后活率评定结果基本一致。

从表6-30可以看出,用4种冷冻稀释液保存小尾寒羊精子,解冻后均能在室温下6 h内保持较高的活率(0.35、0.42、0.35、0.46)。

表 6-29　不同冷冻稀释液中保存对解冻后绵羊精子活率的影响

冷冻稀释液	冷冻前活率	次数	解冻后活率	解冻后死精子率(%)
Ⅰ	0.813±0.004	9	0.445±0.004[Bb]	54.8
Ⅱ	0.813±0.004	9	0.432±0.012[Ab]	57.6
Ⅲ	0.813±0.004	9	0.532±0.004[A]	47.7
Ⅳ	0.813±0.004	9	0.470±0.003[Ba]	53.3

注:同列上标不同大写字母表示差异极显著($P<0.01$),不同小写字母表示差异显著($P<0.05$)。

表 6-30　不同冷冻稀释液中保存对解冻后绵羊精子活率的影响[(23±2)℃]

冷冻稀释液	存活时间(h)							
	0	2	4	6	12	24	36	48
Ⅰ	0.44	0.38	0.35	0.35	0.33	0.30	0.05	0
Ⅱ	0.44	0.43	0.43	0.42	0.30	0.05	0	—
Ⅲ	0.53	0.49	0.44	0.35	0.25	0.01	0	—
Ⅳ	0.48	0.48	0.47	0.46	0.43	0.38	0.20	0.01

(五)精液的保存

1.精液的常温保存　精液的常温保存是将精液保存在室温(15～25℃)下,也称变温保存。此方法保存的精液在 3 d 内有正常的受精能力,因设备简单,并便于普及和推广。

2.精液的低温保存　将精液放在 0～5℃下保存,一般是放在冰箱内或装有冰块的广口保温瓶中冷藏。在这种低温条件下,精子处于休眠状态,运动完全消失,代谢降到极低的水平,因此,精子的保存时间可以相对延长。采用低温保存精液时,首先要严格遵守逐步降温的操作规程,防止冷休克。其方法是待精液稀释分装后,先用数层纱布或药棉包裹容器,并以塑料袋包装防水,然后置于 0～5℃的低温环境中。在整个保存期间应尽量保持温度恒定,防止升温或温度的忽高忽低的变化。

3.冷冻精液保存　在冷冻条件(－79℃或－196℃)下,将稀释后的精液,制成颗粒或装入细管内保存。

三、冷冻精液

精液保存决定不能采用室温以上的温度,对高温更应避免,因为此时精子的代谢和活动力增强,能量消耗很快,可在短时间内死亡。在体温 37～38℃的情况下,精子保持正常的运动,如果高于这个温度时,则活动加剧。精子能忍受的最高温度约在 45℃,到 55℃左右则瞬间即死。

将羊的新鲜精液温度降到 10℃以下时,精子处于冷休克状态,精子细胞膜被破坏,因而使三磷酸腺苷、细胞色素、钾等从细胞膜破坏处漏出,精子的渗透压增加,产生不可逆的变化,以致损害其结构和活动力。因此,精液必须逐渐冷却,同时需要含有卵黄和甘油的适宜稀释液,以防止冷休克的发生,这在精液保存上是一个重要问题。

通过冷冻处理精液,可以在－196℃液氮中长期保存,解冻后部分精子恢复活力,并有一定的受精能力。

(一)冷冻精液的制作

1.颗粒冻精的制作

(1)冻前精液质量检查:将准备冷冻的平衡好的精液取样升温,确认精子的活力不低于

0.7，保持精液在冷水浴中或有冰块的冰瓶中。将用于滴冻的滴管放在消毒干燥的试管中，并将试管放在与平衡后精液同一个水浴中。在冷冻操作中，如果不使用滴管就将滴管放于这个试管中。

(2)冷冻板温度控制：在液氮槽内加入液氮至冷冻板高度，将放冷冻板的铝盒及冷冻板浸入液氮中，至液氮不再大量蒸发，将冷冻板高度调整到离液氮面 1 cm 高处。

(3)冷冻：用滴管吸取平衡后的精液，分别滴在氟板(或铝板)上的凹陷处，直径如黄豆大小，体积约 0.1 mL(每 1 mL 精液可制作 10 个颗粒)，每个颗粒约滴入两滴精液。滴精液的过程应平稳，速度一致，轻快。

(4)熏蒸：滴满一板后，待所有颗粒变色后，应加盖，使液氮蒸气熏蒸颗粒，必要时，可将加热器放在液氮中加热，加速液氮的蒸发。熏蒸 5 min 后，将氟板浸入液氮。翻转氟板，用预冷过的勺子轻敲氟板使颗粒冻精脱离氟板。

注意事项：应先试冻一部分，解冻后确定复苏率正常，再将全部精液进行滴冻；滴冻中应保持颗粒大小的一致性，形状呈圆形或大半圆形，防止有气泡；滴冻中液氮面距冷冻板不应超过 2 cm。

(5)颗粒冻精的收集：颗粒冻精可每冻一板，就在放有氟板的铝盒中收集，也可每冻完一板，先把颗粒冻精放入液氮中，待全部冻完后再集中收集。将颗粒冻精用漏勺收集，用塑料漏斗装于浸在液氮的纱布袋中，在袋口的线上作上标记，注明羊号、品种、生产日期。迅速将装袋的冻精放入液氮罐内的提漏内，将标记留在提漏的外边。然后将提漏放入液氮罐内，并在提漏的手柄上用一小纸牌作上标记。

2. 细管冻精的制作　细管冻精在冷冻上与颗粒冻精有些不同：在稀释方法上有一次稀释法，也有两次稀释的方法；细管冻精制作量较大时，要使用细管冻精灌装机灌装后，再进行平衡，之后再进行冷冻。冷冻时，先将细管表面的水分擦干，摊放在冷冻架上，单层摆放，之后放入广口液氮罐离液氮 10 cm 高处冷冻 7～10 min，然后浸入液氮，再收集分装于塑料管中，封口端向上。如果在冷冻槽中冷冻，可将细管排放在细的铜丝网上，然后放在离液氮面 3～4 cm 高处，冷冻 7～10 min，再浸入液氮中。大量制作细管冻精，可使用程序冷冻仪。

为更明了制作的工艺程序，特用图形来表示颗粒、细管两种冷冻精液制作流程，详见图 6-8。

(二)冷冻精液的保存与运输

冷冻精液保存的关键是确保液氮罐中的液氮量，并防止冻精受到污染。

1. 液氮罐的选择　保存用的液氮罐应有足够的容量，大型配种站的液氮罐容量应在 30～50 L，配种站的下属分站可采用 10 L 的容量。

2. 液氮罐使用的注意事项

(1)在当地购买冻精或到各养殖场配种可采用 3 L、10 L 液氮罐或保温瓶装冻精。

(2)在液氮罐运输中，应避免液氮罐受到外力撞击损坏。必要时可在运输车上放一个专用的液氮罐固定架。

(3)液氮罐口应保持与外界相通的孔隙，避免将液氮罐口严紧密封。

(4)液氮罐应放在通风凉爽的室内，避免放在封闭性强的空间内，以避免液氮的挥发，排走室内的空气，造成进入室内的人员窒息。在存放和运输中液氮罐应避免在阳光下照射。

胡建宏等(2001)对小尾寒羊冷冻精液制作与保存进行了研究。用电子天平准确称量 Tris、葡萄糖、柠檬酸、柠檬酸钠、果糖、乳糖或 EDTA 等试剂，先用双蒸水将其溶解，经过滤和

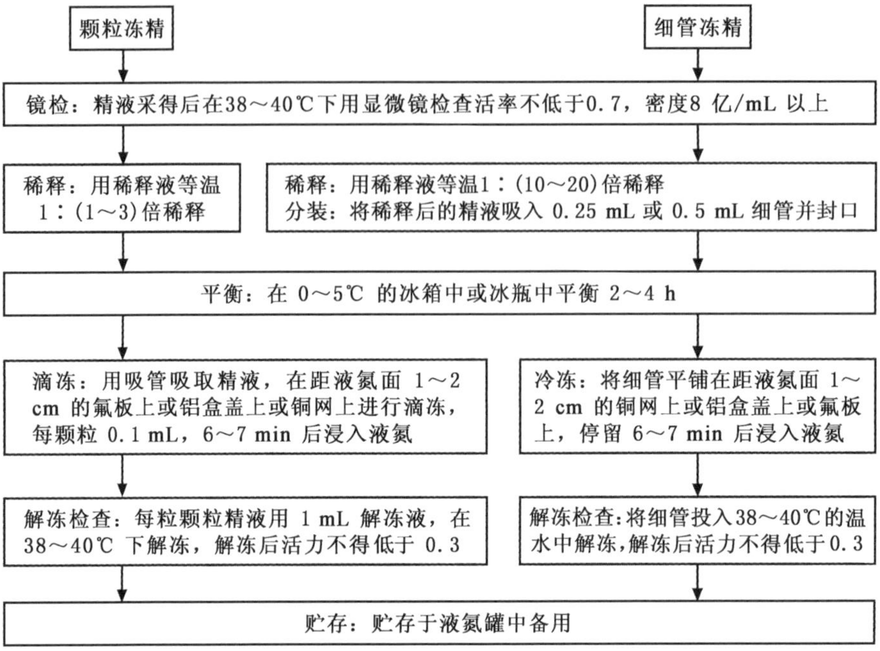

图 6-8 颗粒、细管两种冷冻精液制作流程

消毒后，盛入相应的 1 号、2 号、3 号和 4 号稀释液瓶中，待冷却至室温后放入 5℃的冰箱内保存备用，作为基础液。在临采精前，将基础液取出，按每 85 mL 基础液 15 mL 卵黄的量加入卵黄后配制成Ⅰ液备用。不同配方稀释液的成分和剂量见表 6-31。Ⅱ液为含 4%、5%、6%、7%、8%甘油冷冻保护剂的Ⅰ液，Ⅰ液和Ⅱ液要现配现用，用前置于冰箱内。

表 6-31 稀释液Ⅰ液的成分和剂量

稀释液	卵黄(mL)	Tris(g)	柠檬酸(g)	葡萄糖(g)	果糖(g)	乳糖(g)	柠檬酸钠(g)	EDTA(g)
1 号	15	2.42	1.34	—	1.0	—	—	—
2 号	15	—	—	3.1	—	4.6	1.5	—
3 号	15	—	—	1.2	—	—	1.0	0.5
4 号	15	1.84	1.0	1.2	—	—	—	—

选用体质健康、性欲旺盛的种公羊，用假阴道按常规方法采精。精液采出后，立即在 35～38℃下镜检。所采集的精液必须没有异常气味，色泽为乳白色，精子形态正常，畸形率 5%以下，密度达到“密”，活力在 0.8 以上者方可用于制作冻精颗粒。第一次稀释与平衡将镜检合格的精液立即用稀释Ⅰ液按 1∶(1～2)的比例进行等温稀释，然后用 8～10 层纱布包裹储精瓶，待降温后置于 2～5℃的冰箱内平衡 1 h。第二次稀释与平衡在冰箱内，将经过第一次稀释和平衡的精液按 1∶1 的比例加入含冷冻保护剂的等温稀释Ⅱ液，然后放入 2～5℃的冰箱中继续平衡 2～3 h。利用 5 L 液氮罐，在超低温温度计的监控下，用氟板法，按绵羊精液冷冻保存技术操作规程进行滴冻，滴冻完成后加盖熏蒸 5 min，然后投入液氮中。将制作好的冻精用维生素 B_{12} 在 40～50℃温水中解冻后检查活力。对于抽样镜检活力在 0.3 以上者方可收集保

存，否则弃去不用。

表 6-32　不同稀释液和甘油浓度对冻精活力的影响

稀释液	甘油浓度				
	4%	5%	6%	7%	8%
1 号	0.30	0.30	0.45	0.40	0.40
2 号	0.40	0.35	0.50	0.45	0.40
3 号	0.30	0.30	0.50	0.35	0.35
4 号	0.25	0.30	0.45	0.40	0.35

从表 6-32 可知，2 号稀释液冻精的平均活力为 0.42，而 1 号、3 号和 4 号稀释液冻精的平均活力分别为 0.37、0.36 和 0.35，2 号稀释液与 1 号、3 号、4 号稀释液进行显著性检验时，差异显著($P<0.05$)，因而 2 号稀释液效果最好；对于不同甘油浓度冻精来说，以 6%甘油浓度时的冻精活力最高，平均为 0.475，而 4%和 5%甘油浓度时的冻精活力都为 0.312 5，甘油浓度为 7%和 8%时的冻精活力分别为 0.40 和 0.375。甘油浓度为 4%、5%与 7%、8%甘油浓度间差异显著($P<0.05$)，而 7%和 8%甘油浓度时冻精活力差异不显著($P>0.05$)，6%甘油浓度时的冻精活力与其他浓度时的冻精活力差异极显著($P<0.01$)，这说明虽然 7%和 8%甘油浓度时的冻精活力也符合标准要求，但 6%时最好。因此，2 号稀释液和 6%甘油浓度保护剂时的冻精活力最高，冷冻效果最好。

表 6-33　存放时间对冻精活力的影响

稀释液	解冻后活力	5 h 后的活力	10 h 后的活力
1 号	0.38	0.31	0.08
2 号	0.47	0.41	0.11
3 号	0.37	0.30	0.05
4 号	0.34	0.26	0.01

从表 6-33 可以看出，解冻后的冻精活力以 2 号稀释液最高，在放置 5 h 后，其活力仅下降 12.8%，仍具有较强活力，符合输精要求，与 1 号、3 号和 4 号稀释液相比时，差异极显著($P<0.01$)，这进一步说明以 2 号稀释液所稀释的精液的冷冻效果最好。

不同解冻温度对冻精活力的影响：在本次试验研究中，采用湿解冻法进行冻精颗粒的解冻，所用的解冻液为维生素 B_{12}为了找出适宜的解冻温度，选用 40℃、50℃ 和 60℃ 3 个不同温度，其解冻后的活力分别为 0.50、0.50、0.45，三者差异不显著($P<0.05$)，可见这 3 种温度对于冻后活力的影响并不明显，只是在用较高温度解冻时，必须轻轻摇动解冻试管，待冻精溶化至绿豆粒大小时，再借助手温使其全部溶化。经过多次试验，我们认为在 40～45℃解冻时比较可靠，效果最好。

小尾寒羊精液冷冻保存的冷冻温度：应用超低温温度计测定制作小尾寒羊冻精颗粒时的冷冻温度，其始冻温度为－124～－108℃ ，滴冻时间平均为 45 s；冻精颗粒的熏蒸温度为－108 ～－133℃，时间为 256 s 左右，热平衡温度为－133℃ ，时间约 44 s。

胡建宏等(2002)在超低温温度计的监控下，用氟板法进行了小尾寒羊冻精颗粒的制作，研究了小尾寒羊精液冷冻温度曲线。研究表明，小尾寒羊冷冻精液的始冻温度为－124～－108℃ ，也即从－124℃开始滴冻，当温度达－108℃时则完成滴冻。始冻温度为一温度范围，因为随着时间的延长，氟板冷冻面的温度升高，因而始冻温度也相应升高，在该温度范围内，必须将冻精颗粒全部滴完。

冻精颗粒解冻后的活力大部分为 0.4～0.5。在活力为 0.3～0.4，0.4～0.5，0.5～0.6 以及 0.6 级以上的热平衡温度分别为－135～－132℃、－129～－135℃；总体平均热平衡温度为－133℃，这与活力为 0.4～0.5 的热平衡温度十分接近，且比始冻温度低。冻精颗粒完成熏蒸后则投入到液氮中，由于该过程极短，瞬时即可完成，因此可以认为，热平衡温度与冻精颗粒的入氮温度（冻精颗粒浸入液氮前的温度）基本相同，即入氮温度也为－133℃。

熏蒸温度：冻精颗粒的熏蒸区为滴冻完成后开始加盖熏蒸至热平衡这一区段，其起始温度应为滴冻结束时的温度，因而本试验的熏蒸温度为－108～－133℃。

降温温区：从精液滴冻开始到冻精颗粒浸入液氮所经历的时间，包括滴冻区、熏蒸区和热平衡区 3 个温区，它表示精液的降温速度。

滴冻区：滴冻时间与冻精活力的关系见表 6-34。分析表 6-34 可知，活力为 0.3～0.4，0.4～0.5，0.5～0.6 时的滴冻时间分别为 53 s，46 s、37 s，其基本趋势为滴冻时间越短活力越高。本次试验的平均滴冻时间为 45 s。

熏蒸区和热平衡区：在本次试验中确定最佳的熏蒸和热平衡时间为 5 min。为了应用方便，将熏蒸时的温度下降区段称为熏蒸区，而将温度恒定的这一区段称为热平衡区。其熏蒸时间和热平衡时间见表 6-34。

表 6-34　冻精活力与降温温区的关系　　s

处理	冻精活力															
	[0.3,0.4]				[0.4,0.5]					[0.5,0.6]				[0.6,1]		
滴冻	50	50	65	60	55	55	40	50	55	40	45	30	40	35	60	40
	50	40	60	50	45	60	55	35	35	55	30	20	60			
	55	35	75	50	45	45	35	60	55	30	35	40	45			
					60	25	25	45	45	35						
						40	50									
熏蒸	265	275	275	250	235	250	245	220	255	245	225	265		250	275	
	260	250	255	260	220	245	275	250	255	225	250	270		265		
	275	260	255	250	255	255	240	270	245	270	260	245				
					235	260	265	245	255							
					255	265	270	250								
					255	240										
热平衡	35	25	25	50	65	50	55	80	80	45	55	75	35			
	40	50	45	40	55	25	50	45	45	45	75	50	30	50	25	35
	25	40	45	50	60	30	65	40	35	55	30	40	55			
					55	45	35	30	50	45						
					45	60										

由表 6-34 得知，本试验的平均熏蒸时间为 256 s，热平衡时间为 44 s，在活力分布最广的 0.4～0.5，其熏蒸时间与热平衡时间分别为 250 s 和 50 s，二者十分接近。一般情况下，在制作冻精颗粒时，其熏蒸时间应为 220～275 s，热平衡时间为 25～80 s（表 6-34）。

(三)冷冻精液的解冻

1. 颗粒冻精的解冻　颗粒冻精的解冻方法有干解法和湿解法之分。

(1)解冻液:可用2.9%柠檬酸钠液,用维生素 B_{12} 注射液作解冻液输精效果也非常好。

(2)颗粒冻精的取法:将液氮倒入泡沫塑料盒或广口保温瓶内,将液氮罐的提漏提至罐口下2~5 cm处,根据标记,将盛装颗粒冻精的容器(纱布袋或塑料管)取出,并放入泡沫塑料盒内的液氮中。将纱布袋口撑开,尽可能用多少取多少颗粒冻精。取完冻精后,应将剩下的冻精放回液氮罐中,将容器中的液氮回收到液氮罐中。

(3)湿解法:先将解冻液1~1.5 mL,注入无菌平底试管中,放入38~40℃水浴中预温片刻(30 s左右),用在液氮中预冷过的镊子夹取1~2粒颗粒冻精,投入试管中。轻轻摇动,至溶解一半时取出。可取样检查精液活力。

(4)干解法:将无菌平底试管放入38~40℃的水浴中预温,将冻精颗粒投入到试管中,至溶解一半时,注入解冻液。

(5)解冻后的温度:精液解冻后温度不宜太高,一般5~8℃较好,所以冻精解冻后,不能在水浴中继续加温,而是在解冻一半时就脱离水浴。

(6)解冻后的精液保存:不管是细管冻精还是颗粒冻精,解冻后保存时间都不宜过长,最好在3 h内用完,最多不超过12 h。如果解冻后,精液不能立即使用,应保证保存条件。方法是,当冻精解冻一半时,将试管放入5℃的冷水中,并放入5℃的冰箱中保存,使用时直接从冰箱中取出。

2. 细管冻精的解冻　将水浴锅或保温杯水温调至40℃,将液氮罐的提漏提至罐口下便于取出细管的高度,确认细管的品种、羊号后,用镊子夹取细管封口端,迅速将细管放入保温杯中,至细管变色后,取出用手搓至全部溶化。

四、深部输精

1. 所需用品　羊用输精器、0.3%高锰酸钾、纸巾、开膣器、75%酒精棉球、石蜡油、无菌平底试管、2.9%柠檬酸钠、保温水杯、温度计。

2. 发情鉴定　小尾寒羊为季节性多次性发情品种,发情季节为春秋两季。小尾寒羊的发情周期为16~17 d,而且为自发性排卵动物。它的排卵时间在发情开始后24~30 h。

(1)外部表现:母羊发情时常表现不安,时常咩叫,一些发情母羊会爬跨其他母羊。外阴红肿,外阴部会排出大量黏液,开始较稀薄清亮,继而黏稠呈豆腐渣样。发情母羊会追随公羊,并接受公羊的爬跨。发现发情母羊应将其挑出,并用试情公羊进一步判断母羊的发情阶段。

(2)羊的试情:将结扎输精管2个月以上的公羊放入母羊群,公母比例为1∶40,观察母羊追随公羊和接受公羊爬跨的情况。每天两次,每次约1 h。发现母羊接受公羊交配,应立即将发情母羊挑出,另外组群。避免试情公羊一直与一只发情母羊交配而影响对其他母羊的试情。也可用试情布将种公羊的腹部兜住,如果晚上或者在没有人看管的情况下,可在兜布下垫一浸有油性颜料的海绵,当试情公羊爬跨发情母羊时,接受爬跨的发情母羊的臀部会留下明显的印记。及时将有明显标记的母羊另外组群。母羊接受试情公羊爬跨后6~12 h为配种最佳时机。

3. 输精操作

(1)母羊的保定:可将母羊保定在专用的输精架内,输精架应高于地面或在输精架后挖一个坑以便于工作人员操作。也可将母羊的后肢放在一个横杆上保定，也可由两名助手将母羊的两后肢提起，使前肢着地，使母羊呈倒立状态。

(2)输精器及精液的准备：每次用过的输精器，应先用蒸馏水冲洗管壁内外，然后用酒精进行管内和管壁外的消毒，再用蒸馏水将酒精冲洗掉，将输精器金属部分放在干燥箱中120～150℃消毒30 min。放凉后使用。如果是颗粒冻精应在平底试管中解冻。末端接一支1 mL一次性注射器，吸取质量合格的鲜精或解冻后的冷冻精液。

(3)外阴部消毒：用0.3%高锰酸钾喷在母羊的后躯，湿润后，用纸巾擦干。

(4)插入开膣器：压开阴唇裂，给消毒过的开膣器涂上润滑剂，使侧扁的鸭嘴部呈上下方向插入母羊阴道内，然后使手柄向下转动，并张开开膣器，保持撑开状态。

(5)找到子宫颈口：子宫颈口可能因大量的黏液存在而不易寻找，可用输精器轻轻拨开黏液，如果仍不易确定，应注意子宫颈口周围的黏膜色泽呈暗红色。

(6)精液的注入：借助光源或自然光，找到子宫颈口后，将输精器插入子宫颈管内1 cm左右，缓缓将精液输入，然后抽出输精器和开膣器。进行下只羊输精时，把开膣器放在清水中，用布洗去粘在上面的阴道黏液和污物，擦干后再用1%氯化钠溶液浸刷；用生理盐水棉球或稀释液棉球将输精器上粘的黏液、污物自口向后擦去。

(7)注意事项：开膣器张开后，直到完全抽出前，要始终保持开张状态，避免因松手使开膣器夹伤黏膜。如果最终不能找到子宫颈口，可将精液输入到黏膜颜色较深的地方。处女羊无法插入开膣器，可将输精器直接插入到母羊的阴道内进行输精，输精量(总有效精子数)应加倍。冷冻精液必须进行子宫颈口内输精，否则会降低受胎率。有条件的情况下可用腹腔镜子宫角内输精，能使冷冻精液受胎率提高。

(8)输精时间：母羊的发情持续期是30 h，其排卵时间是发情后12～40 h，其适宜的输精时间是发情后8～20 h。为保证受胎率，可采用重复配种，即早晨检出的发情母羊早晨配种一次，傍晚再配种一次，下午检出的发情母羊在傍晚配种一次，到第二天早晨再配种一次，两次配种时间间隔10～18 h。复配时可用同一只公羊，也可用不同的公羊。

(9)输精量：原精输精每只羊每次输精0.05～0.1 mL，低倍稀释为0.1～0.2 mL，高倍稀释为0.2～0.5 mL，冷冻精液为0.2 mL以上。

第七节 胚胎移植
Section 7 Embryo transfer

胚胎移植技术是畜牧业生产中继人工授精技术之后又一重大技术突破。人工授精技术的广泛应用大大开发了优良公羊的繁殖潜能，而胚胎移植技术则能够充分发挥优良母羊的繁殖潜力。胚胎移植技术是胚胎生物工程技术的重要组成部分，是用胚胎移植的方法将游离的早期胚胎从一只母羊的子宫或输卵管内取出后移植于另一只同种及生理状态处于同期的母羊的子宫角或输卵管内，使其正常发育直到分娩产生羔羊的过程。提供胚胎的母羊，称为供体；接受胚胎的母羊，称为受体。通过应用胚胎移植技术出生的后代是从供体母羊和与之交配的公羊那里获得的基因，是真正意义上的“借腹生子”。近年来，在引进国外良种肉羊胚胎或进行良种扩繁时，选小尾寒羊作受体羊，取得了良好效果。

一、胚胎移植的意义

(一)充分发挥良种母羊的繁殖潜力,提高繁殖效率

利用胚胎移植技术可以将良种母羊的早期胚胎移植到其他母羊的子宫(或输卵管)内完成后期的发育过程,这样供体母羊就可以省去很长的妊娠期,从而大大缩短了其繁殖周期。更重要的是,通常对供体母羊实行超数排卵处理,一次即可获得数枚至十数枚胚胎,因此供体母羊能产生更多的后代,其繁殖效率比自然情况下增加数十倍至数百倍。

(二)加速品种改良,扩大良种羊群

在育种工作中,一头良种公羊所起的作用远远大于一头良种母羊,其原因在于一只公羊在一生中获得的后代远远多于一只母羊。利用胚胎移植技术可以极大地提高母羊的繁殖力,从而使一只优良母羊在育种工作中的作用大大提高,这样便于良种羊群的建立和扩大,也有利于选种工作的进行和品种改良计划的实施。由此可以看出,胚胎移植技术是从母羊的角度提高羊繁殖力的有效措施,也是进行品种选育的有力手段。

(三)诱产多胎,提高生产效率

在肉羊生产中,可以向已配种的母羊(排卵卵巢的对侧子宫角)移植一枚胚胎,这种配种后未受胎的母羊可能因接受移植的胚胎而开始妊娠,本来已受胎的母羊由于增加了一个外来胚胎而怀双胎。这种人工诱产双胎的方法不但提高了供体母羊的繁殖力,也提高了受体母羊的繁殖力。另一种诱产双胎的方法是向发情但未配种的母羊移植两枚胚胎。

(四)防疫需要和克服不孕

在优良母羊容易发生习惯性流产或难产以及其他原因不宜担负妊娠过程的情况下,可以采用胚胎移植使之正常繁殖后代。

二、胚胎移植的生理学基础和原则

(一)胚胎移植的生理学基础

1.*母羊发情后生殖器官的孕向发育* 母羊在发情后的最初一段时间(周期性黄体),不论配种或受精与否,母羊生殖系统均处于受精后的生理状态之下,在生理现象上,怀孕和未怀孕并无区别。妊娠特异性的生理变化在这个阶段之后才逐步出现。因此,发情后母羊生殖器官的孕向变化是进行胚胎移植,受体母羊接受供体母羊的胚胎并代之完成妊娠、分娩过程的主要生理学基础。只要移植时受体的生理状态与胚胎的发育阶段相适应,胚胎即可继续发育。

2.*早期胚胎的游离状态* 胚胎移植技术得以实施的另一个重要的生理学依据是胚胎在发育的早期有相当一段时间是游离存在的。这时胚胎尚未与母体建立起实质性的联系,其发育主要依靠自身贮存的养分。这时,将胚胎从母体内取出,在短时间内胚胎不至于死亡,而当将胚胎植入与母体相类似的环境中时,胚胎可以进一步发育成新个体。

3.*胚胎移植基本不存在免疫问题* 受体母羊的生殖道对植入的具有抗原性质的胚胎,一般来说,在同一种之内不产生排斥现象。这一点对于将胚胎移植技术应用于生产实践极为有利。

4.*胚胎和受体的联系* 经移植的胚胎如果得以存活,必将在较短时间内和受体母羊的子宫内膜及其内分泌系统建立起生理上和组织上的联系,从而确保其正常发育所需要的环境和营养物质。

5. 胚胎的遗传特性　胚胎的遗传物质来源于供体母羊以及与之交配的公羊，受体母羊对胚胎并不产生遗传上的影响，不会改变新生个体的遗传特性，也不会减弱其优良性状在出生后的表现程度。

(二)胚胎移植的基本原则

1. 胚胎移植前后所处环境的一致性原则　指胚胎移植后的生活环境与胚胎的发育阶段相适应，具体包括：

(1)供体和受体种属上的一致性　即二者属于同一物种，一般来说，在分类学上亲缘关系较远的物种，由于胚胎的组织结构、胚胎发育所需条件以及发育进程差异较大，经移植的胚胎绝大多数情况下不能存活或只能存活很短的时间。

(2)生理上的一致性　即受体和供体母羊在发情时间上的同期性。一般相差不超过 24 h，否则移植成功率显著下降。

(3)胚胎收集和移植部位的一致性　即从供体输卵管内收集到的胚胎应该移植到受体的输卵管内，从供体子宫角收集到的胚胎应该移植到受体母羊的子宫角内。

2. 胚胎发育的期限　从生理学的角度讲，胚胎收集和移植的期限不能超过周期黄体的寿命，最迟要在周期黄体退化之前数日以及胚胎附植之前进行。因此，胚胎收集多在发情配种后的 3～8 d 内进行，受体在相同的时间内接受胚胎移植。

3. 胚胎的质量　在胚胎移植的操作过程中，胚胎不应当受到任何不良因素(物理的、化学的、生物的)的影响，移植的胚胎须经过鉴定，确认是发育正常的。

三、胚胎移植所需的器械设备与药品

(一)胚胎移植所需的器械设备

1. 外科手术器械　剪毛剪，外科剪(圆头、尖头)，活动刀柄、刀片、外科刀，止血钳(弯头、直头)、蚊式止血钳、创巾夹、持针器、手术镊(带齿、不带齿)，缝合针(圆刃针、三棱针)、缝合线(丝线、肠线)、创巾，手术保定架、手术灯、活动手术器械车，腹腔内窥镜等。

2. 回收卵器械　冲卵管——带硅胶管的 7 号针头(钝形)，回收管——带硅胶管的 16 号针头(钝形)，肠钳(套乳胶管)，注射器(20 mL 或 30 mL)，集卵杯(50 mL 或 100 mL)等。

3. 检卵与分割设备　体式显微镜，培养皿(35 mm×15 mm)、(9 mm×15 mm)、表面皿，巴氏玻璃管，培养箱、CO_2 培养罐及 CO_2 气体，显微操作仪及附件等。

4. 胚胎移植器械　微量注射器、12 号针头，移植管——内径 200～300 μm 的玻璃细管或前端细后部膨大的(套在注射器上)塑料细管等。

5. 其他仪器设备　蒸馏水装置一套，离子交换器一台，干烤箱一台，高压消毒锅一台，滤器若干、0.22 μm 和 0.45 μm 滤膜，0.25 mL 塑料细管，pH 计一台等。

(二)胚胎移植所需的药品

配制 PBS 所需试剂、FSH、LH、PMSG 及抗 PMSG 超排激素、2%静松灵、0.5%普鲁卡因、利多卡因、肾上腺素及止血药品、抗生素及其他消毒液、纱布、药棉等。

四、供、受体羊的选择

(一)供体羊的选择

供体羊应符合品种标准，具有较高的生产性能和遗传育种价值，年龄一般为2～6岁，青年羊为18月龄、体格健壮，无遗传性及传染性疾病、繁殖机能正常，经产羊没有空胎史，过老的母羊由于卵巢机能减退或萎缩，超排效果及胚胎质量低下，一般不宜作为供体。

(二)受体羊的选择

受体羊是接受移植胚胎的母羊，受体的生产性能并不重要，但必须是健康状况良好，无生殖器官疾病的适繁母羊。年龄过大的母羊繁殖能力降低，生殖器官可能出现不易观察到的疾病，对移植结果会有一定的影响。考虑到移植成功率和分娩的顺利，也不宜选用后备青年母羊和体型过小的母羊作为受体。生殖器官的机能状态和发情时间，对移植的胚胎有直接影响。生殖道的生化和组织学特性，在发情周期的不同阶段变化很大。受体羊与供体羊发情不同步或发情周期与正常平均值相差过大的个体不能做受体。

(三)供、受体的饲养管理

供、受体羊选择之后，胚胎移植进行之前，供、受体羊发情周期的观察是超排处理和胚胎移植成败的重要因素。因为只有准确掌握供体的发情周期，才有利于超排程序的选择和安排，也只有发情周期正常才能说明母羊处于正常的繁殖生理状态。供体周期异常会导致超排处理的失败，受体周期异常则其卵巢上往往不能形成正常的功能黄体而不能移植。运输、饲养管理条件的改变以及气候的异常变化等，可使发情周期发生暂时性改变。所以，在超排处理前、后的一段时间内应尽量避免应激。供体畜群在适应性饲养期以后，至少要连续观察到两个正常周期，才能进行超排处理，并注意预防气候突变带来的不良影响。

五、供、受体羊同期发情

同期发情处理主要是借助外源激素作用于卵巢，使其按照预定的要求发生变化，使受体和供体的卵巢生理机能处于相同的阶段，从而达到发情同期化，即使供、受体处于相同的生理状态，从而有利于移植胚胎的正常生长发育。受体羊在同期发情处理时要与供体的超排处理同步协调进行，时间安排上以受体的末次发情与供体超排后的发情同步为原则。

(一)同期发情的药物及使用方法

现行的同期发情药物，根据其性质大体分为三类。

一类是抑制发情的孕激素类药物，有孕酮、甲孕酮、炔诺酮、氯地孕酮、氟孕酮、18-甲基炔诺酮、16-次甲基甲地孕酮等。这些药物能抑制卵泡生长，延长黄体期。其用药方法有：

1. *阴道栓塞法*　将泡沫塑料、海绵栓、棉团经灭菌后，浸吸一定量药液，塞于宫颈附近，药液缓慢但持续不断地释放至周围组织，被机体吸收后，经一定时间后取出。优点是一次用药，省事，缺点是易发生栓塞脱落现象。

2. *埋植法*　将药装在带孔的小管内，埋植于皮下，经若干天取出，埋植期间药物缓慢吸收，此法可用作群体处理。用药量小，不易丢失。

3. *注射法*　每日将一定量药物用皮下或肌肉注射，连续若干天后停药。此法药量准确但较烦琐。

另一类是促进黄体退化的前列腺素及其类似物，有15-甲基前列腺素，前列腺素甲酯，氯前列烯醇，氟前列烯醇等。其用药方法是将少量前列腺素溶液直接注入子宫或肌肉注射，只处理 1～2 次即可。

还有一类是在应用上述激素的基础上，配合使用的促性腺激素，如 FSH、LH、PMSG、hCG 和 GnRH 及其类似物。可以增强发情同期化和提高受胎率，并促使卵泡更好的成熟和排卵，提高受胎率。

绵羊的同期发情各种方法均可用，但以阴道栓塞法和前列腺素法较为适用。在绵羊的同期发情处理时通常使用氟孕酮阴道海绵栓埋植或埋植 CIDR，被认为是控制母羊同期发情最可靠、最准确的方法。到目前为止，同期发情技术在国内外都已经是一项非常成熟的技术，在大规模的生产实践中普遍能达到 90%～100%的同期发情率。

(二)受体羊的同期发情处理

1. *前列腺素处理法* $PGF_{2\alpha}$ 或其类似物有溶液黄体的作用，黄体溶解后，卵巢上就会有卵泡发育而发情，所以只对卵巢上有黄体的受体羊有效。在发情的第 9 天以后注射 $PGF_{2\alpha}$ 10～20 mg 或氯前列烯醇 100～200 μg，通常可在注射后 2～3 d 内发情。在繁殖季节如果不能确定受体羊的发情周期，可采用两次注射法，即第 1 次注射后间隔 10～12 d 再进行第 2 次注射，每次用量 $PGF_{2\alpha}$ 10～20 mg，或氯前列烯醇 100～200 μg，约 90%的受体羊于注射后 24～48 h 发情。

2. *孕激素处理法* 孕酮能够抑制腺垂体释放 FSH，每日肌注或口服孕酮，或经阴道海绵栓给予孕酮或其类似物，一般处理 12～18 d 后，可以抑制卵泡发育。停止处理或撤除海绵栓后，孕酮的抑制作用消失，卵巢上即有卵泡发育，从而使受体羊发情。通常在停止处理或撤除海绵栓后 2～3 d 内发情。在孕激素处理结束前两天或撤除阴道海绵栓当天，每只受体羊肌肉注射小剂量的 PMSG 300～450 IU，可以提高排卵率，从而提高受胎率。

3. *孕激素-前列腺素结合使用处理法* 先用孕激素处理 7～9 d，然后注射 $PGF_{2\alpha}$ 或 PMSG，此法同期发情率高，受胎率也较高，但是较烦琐，费用也偏高。

(三)供、受体羊的发情同期性

羊胚胎移植中，供、受体的发情同期化是胚胎移植成功与否的关键之一。供、受体同期化程度一般应掌握在受体与供体发情同步差为 0～24 h，并以发情结束时间判定发情同步差，因为无论母羊的发情持续期多久，其排卵一般是在发情结束前 4～6h 或在终止后。在实际应用中，应首先掌握不同供、受体品种的发情持续期，其长短属于种属特性或品种特性，只要羊只出现外部发情征状，发情持续期都会保持一定限度的时间。另外，应摸索出供、受体羊发情开始距注射 PG 或撤除孕激素阴道栓的平均间隔时间，然后结合发情持续期及间隔时间，推算出供、受体羊注射 PG 或撤除孕激素阴道栓的时间差。

六、供体羊的超排处理与配种

在母羊发情周期中的适当时间，注射促性腺激素，使卵巢上有比自然生理状态下更多的卵泡发育并排卵，这种方法称为超数排卵，简称超排。

(一)供体羊的超排处理

1. *超排处理的意义* 很显然，如果不能得到足够数量的胚胎，就无法充分发挥胚胎移植的优势，所以对供体母羊进行超排处理已成为胚胎移植技术程序中不可缺少的一个环节。从理论上讲，经超排处理的卵子越多越好，但事实上如果一次超排排出的卵子太多，往往会因为促性腺激素使用剂量过大而影响卵子和胚胎的质量，使受精率和受胎率降低。对于羊来说，一般认为一次排出 10～15 枚卵子的超排效果较为理想。

2. 超排处理的方法

(1)FSH＋PG 法　在发情周期的第 12 天或第 13 天开始肌肉注射 FSH，以日递减剂量连续注射 3 d，每天上、下午各一次，间隔 12 h，FSH 总剂量国产的为 300 IU，澳大利亚产的为 13～15 mL，新西兰产的为 10 mL，在注射 FSH 的同时肌注氯前列烯醇 0.1 mg。

(2)CIDR＋FSH 法　在母羊发情周期的任何一天，在供体羊阴道内置入 CIDR，计为 0 天，然后于第 10～12 天任何一天开始肌肉注射 FSH，递减法连续注射 4 d，每天上、下午各一次，间隔 12 h，FSH 总剂量国产的为 300 IU，澳大利亚产的为 13～15 mL，新西兰产的为 10 mL，在第 7 次注射 FSH 的同时取出 CIDR，一般在取出 CIDR 后 24～48 h 发情。

(3)PMSG 法　在供体羊发情周期的第 12～13 天，一次性肌肉或皮下注射 PMSG 1 000～1 500 IU。用 PMSG 超排处理母羊，虽然使用方便，仅需注射一次，但由于其半衰期长，会产生后效应，导致发情期延长，因此，用 PMSG 进行超排受到局限，结合注射 PMSG 抗血清可以消除半衰期过长的副作用。

3. 影响超排效果的因素　超排效果受绵羊的遗传特性、体况、年龄、经产与否、超排重复次数、两次超排的时间间隔、发情周期的阶段、产后时间的长短、卵巢功能、自身的激素水平、季节、激素的品质和用量等诸多因素的影响。所以，不同品种，不同个体对超排处理的反应差异很大，超排效果很不稳定。这方面迄今仍是胚胎移植中有待改进的问题之一。

(二)供体母羊的配种

经超排处理的母羊，大多数在超排处理结束后 12～48 h 表现发情，应根据育种的需要，选择优秀种公羊或其精液适时进行配种。绵羊的发情鉴定以试情公羊试情为主，在每天的早、中、晚将带有试情布或输精管结扎的试情公羊放入供体母羊群中进行试情，以站立不动、愿意接受公羊爬跨为主要标准判定母羊发情与否。为了得到较多正常发育的胚胎，应使用活率高、密度大的精液，适当增加输精次和输精量，两次输精间隔 8～10 h。如果用种公羊自然交配，一天配种两次，每次间隔 8～12 h，连续配种直至母羊发情结束。

七、胚胎移植

(一)移植前的准备

为了减轻手术时腹压的影响，一般在手术前 1 d 对供体停食空腹，并限制饮水。供体羊仰放在手术保定架上，四肢固定。肌肉注射 2%静松灵 0.5 mL，局部用 0.5%普鲁卡因麻醉，或用 2%普鲁卡因 2～3 mL，和注射利多卡因 2 mL，在第一、第二尾椎间作硬膜外鞘麻醉。手术部位一般选择乳房前腹中线部(在两条乳静脉之间)。用电剪或毛剪在术部剪毛，应剪净毛茬，分别用清水和消毒液清洗局部，然后涂以 2%～4%的碘酒，待干后再用 70%～75%的酒精棉脱碘。先盖大创布，再将灭菌巾盖于手术部位，使预定的切口暴露在创巾开口的中部。

(二)胚胎回收

胚胎回收是指利用冲卵液将胚胎由子宫或输卵管中冲出，并收集在器皿中。回收胚胎有手术法、非手术法和腹腔内窥镜法三种方法。由于羊子宫颈细小弯曲，采胚管很难通过，而且直肠细小，不能通过直肠把握操作子宫，因此目前仍然采用回收率较高的手术法和腹腔内窥镜法进行采胚。回收胚胎时应考虑配种时间、胚胎运行速度和胚胎发育的阶段等因素，只有这样才能顺利完成胚胎回收,并得到较高的回收率。羊胚胎回收时间一般在配种后的 3～7 d,2～3 d 的胚胎发育至 2～8 细胞,此时的胚胎运行至输卵管中,应由输卵管中冲出;6～7 d 的胚胎发育至桑椹胚或者早期囊胚,此时的胚胎运行至子宫角内,应由子宫角冲出。采集胚胎时所使用的液体为冲胚液(冲卵液)。常用杜氏磷酸盐缓冲液(D-PBS 液)(表 6-35)或改进的 PBS 液、布林斯特液、SOF 液、惠屯氏液、Ham's F10 液及 TCM199 等,在使用时一般需含 1%～5%的犊牛血清或 0.3%～1%的牛血清白蛋白。若条件允许,可直接用加拿大、澳大利亚、新西兰等国家生产的成品。

表 6-35　D-PBS 液配方

成分	用　量	
	mg/100 mL	mmol/L
氯化钠	800.0	136.98
氯化钾	20.0	2.68
氯化钙	10.0	1.80
六水氯化镁	10.0	0.49
磷酸氢二钠	115.0	8.08
磷酸二氢钾	20.0	1.47
葡萄糖	100.0	5.56
丙酮酸钠	3.6	0.33
青霉素 G 盐	10 000 IU	
牛血清白蛋白	3 mg/mL	

1. 常规手术法

(1)输卵管冲胚法　供体羊发情后 2～3 d 采卵,用输卵管法,如图 6-9 和图 6-10 所示。在乳房前腹中线的一侧切 4～5 cm 的切口,将冲卵管的一端由输卵管伞部的喇叭口插入 2～3 cm 深(打活结或用钝圆的夹子固定),另一端接集卵皿。用注射器吸取 37℃ 的冲卵液 5～10 mL,在子宫角靠近输卵管的部位,将针头朝输卵管方向扎入,一人操作,一只手的手指在针头方向后捏紧子宫角,另一只手推注射器,冲卵液由宫管结合部流入输卵管,经输卵管流至集卵皿。输卵管法的优点是卵的回收率高,冲卵液用量少,检卵省时间。缺点是容易造成输卵管,特别是伞部的粘连。

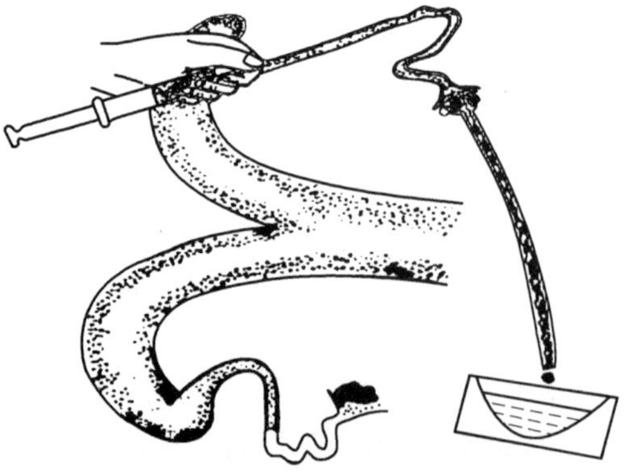

图 6-9　由宫管结合部向输卵管伞冲胚

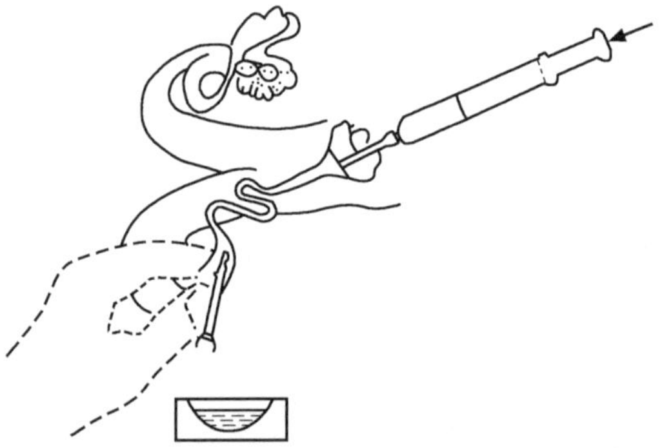

图 6-10　由输卵管伞向宫管结合部冲胚

(2)子宫冲胚法　供体羊发情后 6～7.5 d 采卵，用子宫冲胚的方法，如图 6-11 所示。术者将子宫暴露于创口表面后，用套有胶管的肠钳夹在子宫角分叉处，注射器吸入预热的冲卵液 20～30 mL，冲卵针头(钝形)从子宫角尖端插入，当确认针头在管腔内，进退通畅时，将硅胶管连接于注射器上，推注冲卵液，当子宫角膨胀时，将回收卵针头从肠钳钳夹基部的上方迅速扎入，冲卵液经硅胶管收集于杯内，最后用两手拇指和食指将子宫角捋一遍。另一侧子宫角用同样方法冲洗。进针时避免损伤血管，推注冲卵液时力和速度应适中。子宫法对输卵管损伤甚微，尤其不涉及伞部，但卵回收率较输卵管法低，用液较多，检卵较费时。

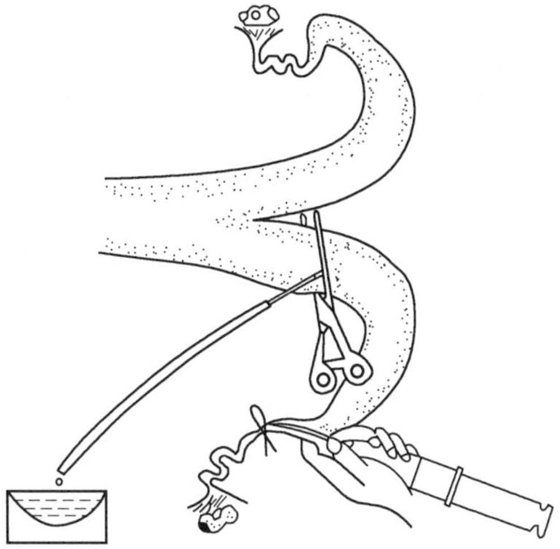

图 6-11　由子宫角尖端向子宫角基部冲胚

(3)冲卵管冲胚法　将子宫取出后，在子宫体上扎孔，将冲卵管插入，使气球在子宫角分叉处，使冲卵管尖端靠近子宫角前端，用注射器注入 8～10 mL 气体，然后进行灌流，分次冲洗子宫角，每次灌注 10～20 mL，冲完后，气球放气，用同样方法冲洗另一侧(图 6-12)。

2. 腹腔内窥镜法　此法将腹腔内窥镜(图 6-13)技术应用于胚胎移植。在腹下内侧与乳房之间的腹中线两侧各切一 2～3 cm 的切口，先用穿刺针由一侧切口插入腹腔，然后拔出穿刺针，将连接光源的内窥镜的镜头插入母羊的腹腔内，如果需要在腹腔内充入氮气，手术钳由另一侧切口插入腹腔内，用手术钳拨开腹腔内的内容物暴露出子宫和卵巢，通过镜头观察卵巢上排卵与黄体形成情况，用手术钳将一侧子宫角夹住通过切口轻轻拉出体外，然后用子宫法进行冲卵，同样的方法取出另外一侧子宫角进行冲卵。冲完卵后将子宫放回腹腔，视切口大小缝 2～3 针并消毒即可。此法不需取出全部子宫和输卵管，操作时间短，不容易发生感染和粘连。

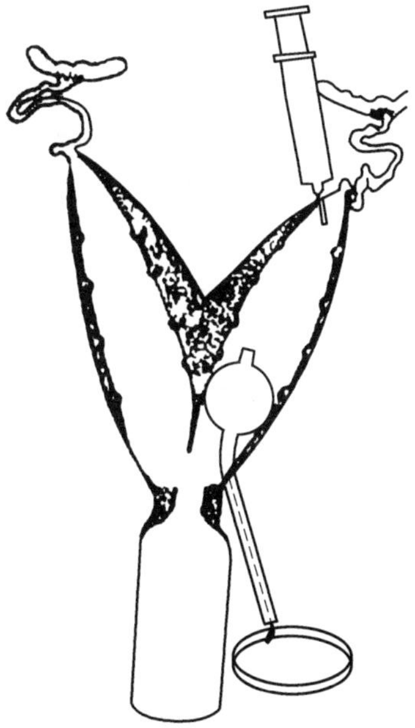

图 6-12　冲卵管冲胚

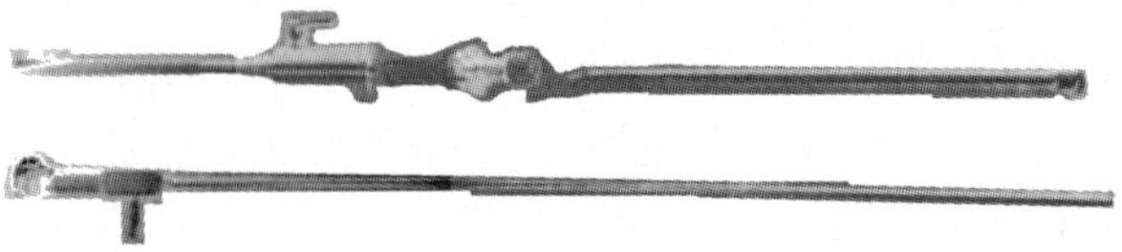

图 6-13 羊胚胎移植用腹腔内窥镜

(三)胚胎的检查

胚胎的检查包括检胚和胚胎质量鉴定两个过程。将回收到的冲卵液静置 10 min,然后置于实体显微镜下进行检胚。先用玻璃棒清除卵外围的黏液、杂质,然后用检卵管(图 6-14)将胚胎吸至第一个培养皿内,吸管先吸入少许 PBS 再吸入卵,在培养皿的不同位置冲洗卵 3～5 次,依次在第二个培养皿内重复冲洗,然后把全部卵移至另一个培养皿。每换一个培养皿时应换新的玻璃吸管,一个供体的卵放在同一个皿内。检胚时操作室温度应为 20～25℃。

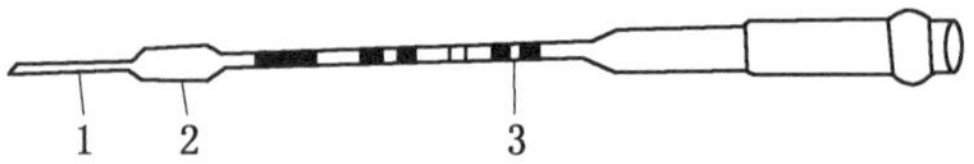

图 6-14 检卵吸管示意图

1. 吸管 2. 乳胶管 3. 玻璃珠

检出的胚胎移入含 10%～20%犊牛血清的 D-PBS 培养液中进行鉴定。胚胎鉴定的方法主要有以下三种。

1. *形态学鉴定法* 这是目前胚胎质量鉴定中使用最广泛、最实用的一种方法。一般是在 20～40 倍实体显微镜下对胚胎质量进行评定。评定内容主要包括卵子是否受精;卵裂球的形态、色调、大小、均匀度、密度、与透明带的间隙以及变性情况;透明带形状、厚度、有无破损等;胚胎发育的程度是否与胚龄一致,结构是否完整等。根据胚胎的形态特征可将胚胎分为 A(优)、B(良)、C(中)、D(劣)四个等级。A 级胚胎形态完整,轮廓清晰,呈球形,卵裂球大小均匀,结构紧凑,色调和透明度适中,无附着的细胞和液泡;B 级胚胎轮廓清晰,色调及细胞密度良好,可见到少量附着的细胞和液泡,变性细胞占 10%～30%;C 级胚胎轮廓不清晰,色调发暗,结构较松散,游离的细胞或液泡较多,变性细胞达 30%～50%;D 级胚胎发育较正常胚胎晚 2 d,细胞界限不清楚,卵裂球多数异常或变性,变性细胞约占 30%以上(图 6-15)。

2. *荧光活体染色法* 将二醋酸荧光素(FDA)加入待鉴定的胚胎中,培养 3～6 min,活胚胎显示荧光,死胚胎无荧光。这种方法比较简单,而且可验证形态学对胚胎做出的分类结果。

3. *测定代谢活性法* 通过测定胚胎的代谢活性,鉴定胚胎的活力。其方法是将待鉴定的胚胎放入含有葡萄糖的培养液中培养 1 h,以测定葡萄糖的消耗量。每培养 1 h 消耗葡萄糖 2～5 μg 以上者为活胚胎。

(四)胚胎移植

受体羊术前需空腹 12～24 h,仰卧或侧卧于手术保定架上,肌注 0.3～0.5 mL 2%静松灵。手术部位及手术要求与供体羊相同。术者将食指及中指由切口伸入腹腔,在与骨盆腔交界的前后位置触摸子宫角,摸到后用二指夹持,轻轻牵引至创口表面,循一侧子宫角至该侧输卵管,在输卵管末端转弯处找到该侧卵巢。查看卵巢上黄体数目及发育情况,在黄体发育良好的一侧的子宫角处避开血管,用一钝形针扎一小孔,将装有 1～2 枚 6～7.5 d 的胚胎的移植管

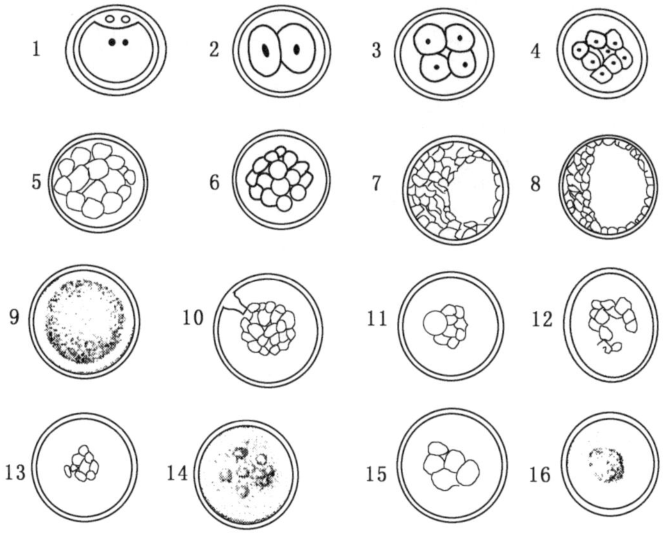

图 6-15 发育不同阶段的正常胚胎和异常胚胎

正常胚胎:1.1 细胞期 2.2 细胞期 3.4 细胞期 4.8 细胞期
5.桑椹胚 6.密集桑椹胚 7.囊胚 8.扩张囊胚
异常胚胎:9.未受精卵 10.透明带破损 11.变性胚
12.透明带椭圆 13～16.退化变性胚

(图 6-16)顺着子宫体的方向插入,进退畅通无阻,用力推注射器,将胚胎及溶液打入子宫内,然后拔出移植管;或者将装有 2～3 d 的胚胎的移植管由输卵管伞部插入黄体发育良好侧的输卵管内,用力推注射器,将胚胎及溶液打入输卵管内,然后拔出移植管,将移植管放在显微镜下仔细检查有无胚胎遗留(图 6-17)。若无胚胎遗留,则将创口仔细缝合。腹腔镜移植法与供体冲卵法时方法一致。

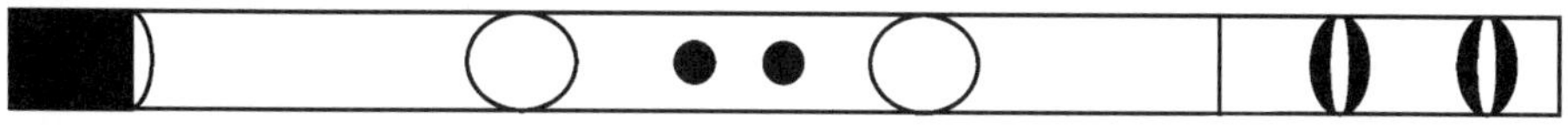

图 6-16 胚胎装管示意图

(五)供、受体母羊术后的观察与管理

供体回收胚胎后,要求在周期第 9 天左右肌肉注射氯前列烯醇以溶解黄体,促进供体生殖器官的恢复。供、受体羊术后在小圈内观察 1～2 d。为了防止手术引起的供、受体的继发性感染,一般对于采用常规手术法进行胚胎移植的供、受体要连续肌肉注射青、链霉素消炎 3 d。对于术后的受体和供体要观察它们在预定时间是否发情。供体在下一次发情时可照常配种,或经过两三个月后重复当供体使用,若供体不发情则需要及时处理。受体母羊术后发情,则说明未受胎,移植失败,原因可能是胚胎移植后死亡或移植过程中丢失,也可能是移植的胚胎存在缺陷无法存活;如果未发情,则需进一步观察,在适当的时间进行妊娠检查,如果确定已经妊娠,则需要加强饲养管理。

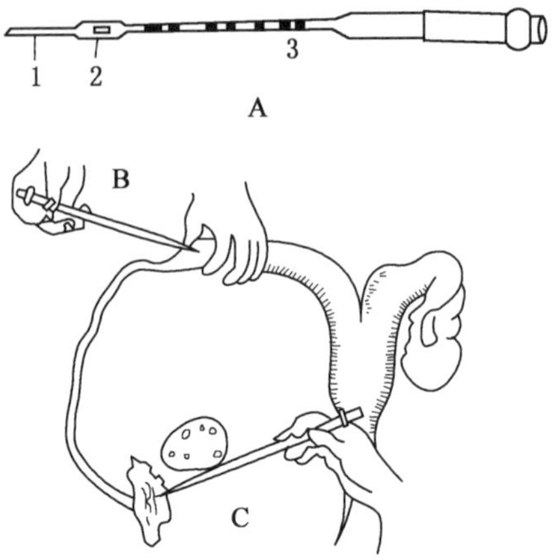

图 6-17　羊手术法移胚

A. 子宫移植针　B. 子宫角移胚　C. 输卵管移胚

1. 移植针　2. 硅胶管　3. 吸有胚胎的移植管

(六)受体羊的妊娠诊断

受体羊的妊娠诊断有外部观察法、情期试情法和仪器检查法等，但应用较多、发现较早、判断较准确的是应用B超仪进行妊娠诊断。现简单介绍应用B超仪进行妊娠诊断的方法。

受体羊的固定：助手一人，抓住母羊两前肢，使其后背下部及臀部着地，呈犬坐半仰卧姿势。

部位：选择受体羊乳房两侧及膝皱襞之间无毛区域。

方法：B超有两种探头，根据妊娠时间可采用两种不同的持探头的方法，一种是直肠探头，可应用于妊娠早期诊断。方法是将探头插入直肠内，根据图像显示来判断母羊子宫内的妊娠情况。也可采用滑行探测法，此法将探头与皮肤紧贴以均匀的速度移动，或贴随皮肤前进，同时观察屏幕上图像。另一种是用普通探头采用扇形扫描法，此法以探头中心为圆心，左右两侧各做15°～45°摆动，然后随皮肤移动位点再做摆动，密切注意屏幕上可能显示的任何信息图像。以上两种方法的探头和所探测部位均以石蜡油为耦合剂。

妊娠阳性依据主要有两种：一是以探测到胎体，包括胎头、胎心、脊椎或胎蹄等为判定妊娠的依据；二是以探测到早期妊娠(40 d以前)特征性的胎水或子叶为判定妊娠的依据。

(七)实际应用效果

山东省农业科学院畜牧兽医研究所肉羊课题组于2004年11月在济南市历城区唐王羊场，按照本书介绍的方法进行胚胎移植，取得了圆满成功。

1. *超数排卵和冲胚效果*　选纯种杜泊绵羊母羊(22只)为供体，通过实施同期发情、超数排卵、重复配种处理，其中20只可利用供体，每只平均得可用胚胎5.2枚(表6-36)。

表 6-36　供体羊超排与冲胚情况

处理时间	超排供体数(只)	采胚供体数(只)	采胚总数(枚)	平均采胚数(枚)	可用胚胎总数(枚)	平均可用胚数(枚)
2004年12月9～10日	22	20	153	7.65	104	5.2

2.受体羊同期发情效果　对90只受体绵羊进行同期发情处理，发情75只，可用作移植的72只，同期发情率和可利用率分别为88.2%和96.0%(表6-37)。

表6-37　受体羊同期发情效果

处理	放栓受体数(只)	取栓受体数(只)	发情受体数(只)	同期发情率(%)	手术受体数(只)	移植受体数(只)	受体可利用率(%)
2004年11月28～29日放栓	90	85	75	88.2	75	72	96.0

3.鲜胚移植效果　经同期发情处理，对有黄体发育的母羊(72只)实施胚胎移植手术。结果表明，移植单胚(40只)受体的受胎率为47.5%，移植双胚(32只)受体的受胎率为62.5%，平均受胎率为54.2 %(表6-38)。

表6-38　胚胎移植受胎率与产羔率统计

胚胎移植日期	移胚数(枚)	受体数(只)	单胚受体(只)	双胚受体(只)	单胚妊娠(只)	双胚妊娠(只)	分娩受体(只)	移单胚受胎率(%)	移双胚受胎率(%)	平均受胎率(%)	产羔数(只)	胚胎/羔羊	羔羊/供体
2004年12月22～23日	104	72	40	32	19	20	39	47.50[b]	62.5[c]	54.2	40	2.60	2.00

4.产羔　用104枚胚胎繁殖出40只羔羊，平均2.6枚胚胎产1只羔。每只供体获得羔羊2只。

以进口杜泊羊作供体，以小尾寒羊为受体，利用胚胎移植技术，可以提高种羊的繁殖力。在不影响其繁殖性能的情况下，1只母羊每年可多产2只纯种羊，比自然繁殖率提高了1倍以上。因此，将胚胎移植技术用于进口纯种羊扩繁，技术路线可行，经济效益显著。

田树军等(2007)以小尾寒羊作为供体，对不同年龄羔羊(6～8周龄和12～14周龄)超数排卵效果以及卵母细胞冷冻保存对体外受精、体外胚胎发育、胚胎移植产羔的影响进行研究。

试剂：TCM 199、NEAA和B，购自GIBCO；胎牛血清，购自HYCLONE；促卵泡素(FSH)和促黄体素(LH)，购自BIONICHE；孕酮栓(CIDR)，购自Pharmacia&Upjohn Pty. Ltd.；PMSG，购自天津华孚高新生物技术公司。除特殊说明外，其他试剂购自SIGMA。

羔羊的超数排卵及卵母细胞采集：选择发育整齐、健康状况良好的6～8周龄和12～14周龄小尾寒羊母羔各5只，平均体重分别为(12.9±1.5)kg和(20.7±1.7)kg，间隔12 h连续进行4次FSH肌肉注射，FSH总剂量为160 mg。最后一次注射FSH的同时，肌肉注射PMSG 500 IU。超数排卵的羔羊于最后一次FSH肌肉注射6～14 h打开腹腔，将卵巢引到腹腔外，用带有18 g针头的20 mL注射器抽取卵巢上可见卵泡中的卵泡液。每只羔羊的卵泡液单独收集，在显微镜下用口吸管将卵母细胞检出，记录每只羔羊获得的卵母细胞数。

卵母细胞的鉴定及体外成熟：将所收集到的卵母细胞放在HEPES缓冲的TCM199中洗3次，根据颗粒细胞的扩散情况和卵母细胞的细胞质是否均匀分为可用卵母细胞和不可用卵母细胞。可用卵母细胞为正常的未成熟卵母细胞，卵母细胞周围至少有一层颗粒细胞紧密包裹，胞质均匀；不可用卵母细胞包括成熟卵母细胞(包裹卵母细胞的外围颗粒细胞呈放射状分散分布)、裸卵母细胞(卵母细胞没有被颗粒细胞完全包裹或卵母细胞外周完全没有颗粒细胞包裹)、退化卵母细胞(卵母细胞的细胞质不均匀)。将可用卵母细胞在成熟液中洗2次，移入

100 倍孔成熟培养液微滴中(Nunc 产 35 mill×10 mill 培养皿,微滴上覆盖矿物油,在培养箱中预先平衡 4 h),每个微滴放入卵子约 20 枚,在 5% CO_2、饱和湿度、39℃ 的 CO_2 培养箱中成熟培养 24 h。成熟培养液为 TCM 199+20%胎牛血清(FBS)(热灭活)+10 mL 巯基乙醇+10 mL FSH+10 mL LH +1 mL E_2。从 6～8 周龄和 12～14 周龄羔羊获得的 421 枚可用卵母细胞,体外成熟 24 h 后根据处理不同随机分为冷冻组和对照组:冷冻组 209 枚,用开口式拉长细管(OPS)玻璃化冷冻保存;对照组 212 枚,不进行处理。

卵母细胞的冷冻及解冻:OPS 参照 G. Vajta 等的方法制作。将 0.25 mL 塑料细管加热软化后手工拉成内径约为 0.2 mm、壁厚约为 0.02 mm、长为 2～3 cm 的 OPS 小管。冷冻液以 M199 为基础液,含有 15%EG、15%二甲基亚砜(DMSO)、18%聚蔗糖(Ficol)、0.3 mol/L 葡萄糖和 20%FBS;预处理液以 M199 为基础液,含 7.5%EG、7.5%DMSO 和 20%FBS;解冻液以 M199 为基础液,分别含有 0.5 mol/L、0.25 mol/L、0.125 mol/L 蔗糖。卵母细胞在预处理液中平衡 30 s,然后转移到冷冻液中平衡 25 s,借助毛细管作用,将 4～6 个卵母细胞连同少量冷冻液吸进 OPS 并立即投入液氮。解冻方法是将 OPS 管浸入含 0.5 mol/L 蔗糖的解冻液中,用口吸管将卵母细胞吹出,然后将卵母细胞分别转移到 0.5 mol/L、0.25 mol/L、0.125 mol/L 蔗糖的解冻液中孵育 2 min、2 min、1 min。卵母细胞在成熟液中洗 3 次,移入 CO_2 培养箱中成熟培养 2 h。

体外受精:成熟卵母细胞用口吸管吹打除去部分颗粒细胞,在受精液(SOF 液+20% 热灭活 FBS+5 U/mL 肝素钠)中洗涤 3 次,移入 100 L 的受精液微滴中,每个微滴放入约 20 枚卵母细胞。通过上游法制备 IVF 精子,方法是将低温冷藏 24～30 h 的同一只公羊的精液 200 L 放入盛有 2 mL 预平衡受精液的底层,30 min 后大约有 500 μL 含有活精子的上层液被移出,并测定精子密度。每个受精滴中加入精子的密度是每毫升 1×10^4 个。精子和卵母细胞在 CO_2 培养箱中培养 24 h。

胚胎体外发育培养:体外受精 24 h 后,将受精卵用口吸管吹打脱除颗粒细胞,在 SOF 发育液中洗涤 3 次,移入 50 μL 发育液微滴中(培养箱中预先平衡 4 h),每个微滴放入 10 枚左右,置于含有混合气(5% CO_2、5%O_2、90% N_2)、100% 湿度、39℃ 的 CO_2 培养箱中进行体外发育培养。于受精后的第 3 天进行半量换液;受精后第 2 天统计卵裂率;受精后第 5 天统计桑椹胚发育率。

胚胎移植:以小尾寒羊母羊为受体,阴道埋植 CIDR 18 d 进行同期发情处理,撤栓时每只受体注射 PMSG 160 IU。于受体羊发情后第 5～6 天,采用手术法将体外受精后第 5 天的桑椹胚移入卵巢上黄体发育良好侧的子宫角内,每只受体移植 2 枚胚胎。

从表 6-39 可以看出,6～8 周龄羔羊的只均获卵数和可用卵数分别为 60.8 枚和 58.2 枚,显著高于 12～14 周龄羔羊的 27.3 枚和 26.0 枚($P<0.05$);6～8 周龄组只均获可用卵率(95.0%)与 12～14 周龄组(94.4%)无显著差异($P>0.05$)。说明以小尾寒羊羔羊作供体,通过超数排卵处理获得卵母细胞是可行的,并且选择 6～8 周龄羔羊进行超数排卵的效果优于 12～14 周龄羔羊。

表 6-39 羔羊年龄对超数排卵效果的影响

周龄	只均获卵数(枚)	只均获可用卵数(枚)	只均获可用卵率(%)
6～8	$60.8^a\pm13.9$	58.2 ± 13.9^a	95.0±3.5
12～14	$27.3^b\pm5.1$	26.0 ± 4.9^b	94.4±2.5

注:同列数据肩标字母不同表示差异显著($P<0.05$)。

从表 6-40 可知，冷冻组卵母细胞体外受精后的卵裂率和桑椹胚发育率(67..8% 和 35.6%)均显著低于对照组(79.2%和 53.8%)($P<0.05$)，显示冷冻保存会在一定程度上影响卵母细胞的体外发育能力。

表 6-40 玻璃化冷冻保存卵母细胞对体外受精及胚胎发育的影响

组别	IVF 卵数(枚)	卵裂率(%)	桑椹胚发育率(%)
对照组	212	79.2^{a}(168/212)	53.8^{a}(114/212)
冷冻组	205	67.8^{b}(139/205)	35.6^{b}(73/205)

注：同列数据肩标字母不同表示差异显著($P<0.05$)。

将冷冻组卵母细胞生产的胚胎 52 枚，移植给 26 只受体，结果产羔 4 只；将对照组卵母细胞生产的新鲜胚胎 42 枚，移植给 21 只受体，结果产羔 6 只(表 6-41)。用体外生产的 52 枚体外胚胎进行移植，成功产下 4 只健康活羔羊，首次证明经玻璃化冷冻保存的超排羔羊卵母细胞可以成功地产生后代。

表 6-41 卵母细胞玻璃化冷冻保存后体外生产胚胎的移植产羔结果

组别	移植胚胎数(枚)	产羔数(只)	产羔数/移植胚胎数
对照组	42	6	0.14
冷冻组	52	4	0.08

(八)胚胎移植存在的问题

从理论上讲，胚胎移植技术的应用可使母羊的繁殖力比在自然状况下提高很多倍，但是从目前技术水平和实际取得的成绩看，胚胎移植效果比理论上的期望值低得多。胚胎移植目前存在的问题主要有以下几个方面。

1.超排效果不稳定　利用外源激素刺激进行超数排卵处理，并不能每次都得到预期效果，个体、年龄、季节和时间、经产与否、药品、药品的批次、重复次数等对超排反应差异极大，超排效果很不稳定，甚至有的个体超排处理后虽然有大量卵泡发育，但无排卵发生，有的虽然排卵但是不受精。此外，有的羊虽然排卵数量很多但胚胎质量很差，可用胚胎很少。

2.胚胎回收率低　位于输卵管或子宫角内的胚胎并不能全部回收，而且排卵数过多往往会降低胚胎回收率，其原因可能是超排处理导致卵巢体积过大，排出的卵子未能进入输卵管伞而丢失。胚胎回收率通常在 50%～80%，一般来说，手术法采集羊胚胎时，输卵管回收的胚胎数量要比从子宫回收的多。

3.移植受胎率有待提高　胚胎移植成功率受一系列因素的影响，如胚胎质量、操作熟练程度、受体羊与供体羊发情同期化程度以及饲养管理水平等。此外，受体羊生殖系统的健康状态也对胚胎的存活有很大的影响，目前，世界范围内胚胎移植受胎率在 50%～60%之间，国内胚胎移植受胎率差别较大，高的可达 60%以上，低的还不到 40%，而且小尾寒羊的胚胎移植还存在季节差异，春季的受胎率明显不及秋、冬季节高。

4.供体的再利用问题　总体来说，胚胎移植过程中，只要操作方法正确熟练，胚胎移植对供体自身的繁殖机能和生产性能没有太大的影响，但由于供体均为经济价值较高的良种，一旦出现供体丧失了繁殖能力和生产性能的情况，就会造成较大的经济损失和影响。目前，在小尾寒羊的胚胎移植大多采用手术移植的方法，因此，造成重复进行手术的次数受到限制，也因手术造成粘连而丧失繁殖能力的供体占到一定的比例。

5. *相关技术的配套* 胚胎移植的各单项技术如超数排卵、胚胎冷冻与解冻、同期发情等"装配"不合理、不科学。胚胎移植技术仍然为大专院校、科研单位和少数企业技术人员所掌握，掌握胚胎移植技术的基层人员为数不多，目前尚难在基层推广应用。胚胎移植技术成本比较高，只有与育种工作合理结合起来才能体现出更大的价值，国内利用 MOET(超数排卵与胚胎移植)方案进行育种应用的还较少，因此，胚胎移植和育种的联系还明显脱节。

(九)胚胎移植技术应用前景

胚胎移植是提高母羊繁殖力的一项重要技术措施，但是由于胚胎移植技术比较复杂，成本较高，技术上还有待于进一步的完善，所以其发展的速度和应用规模受到了一定的限制。但是，由于胚胎移植技术本身具有巨大的优越性，随着胚胎移植技术的不断改进和完善、先进设备的应用、专门人才的培养以及生产成本的降低，胚胎移植技术近几年在生产中应用推广的速度明显加快，随着与 MOET 育种、胚胎冷冻保存、胚胎性别鉴定、胚胎性别控制、体外受精与体克隆等相关技术的发展，胚胎移植技术的应用前景将更为广阔。

八、胚胎冷冻保存技术

虽然羊的胚胎冷冻保存技术在生产实践中的需要并不像牛那样明显，但从研究角度而言，羊胚胎价格相对较低，因此可以用于研究胚胎的冷冻-解冻过程中发生的变化。

(一)胚胎冷冻保护剂

Brebion 等(1992)在绵羊胚胎冷冻保护液中采用 1.5 mol/L 乙二醇作为冷冻保护剂，同时加入 20%的胎牛血清，冷冻后 85%～90%的胚胎可以存活，移植后 65%可以产羔。以乙二醇为冷冻保护剂时，可用一步法或两步法，一步法是将胚胎直接置于 1.5 mol/L 乙二醇，而两步法在中间步骤还要在 0.75 mol/L 乙二醇中过渡 10 min。采用一步法时，胚胎解冻之后直接置于 1.0 mol/L 蔗糖中，McGinnis 等(1993)研究发现，采用两步法时胚胎在最后放入 1.0 mol/L 蔗糖之前先在 0.25 mol/L 蔗糖中过渡 10 min。两种处理方法胚胎的存活率在培养 96 h 时没有明显差别，进行移植之后，冷冻-解冻胚胎的受胎率为 73%，鲜胎为 74%。Songasen 等(1993)对乙二醇、丙二醇和 DMSO 三种冷冻保护剂的冷冻结果进行比较研究表明，胚胎解冻培育至孵化囊胚阶段进行判定，受胎率分别为 76.9%、62.5%和 55.6%。

(二)玻璃化冷冻保存技术

冷冻保存哺乳动物胚胎的玻璃化冷冻方法，采用不同的溶剂组合，通过控制温度达到玻璃化状态。玻璃化是一种固化过程，在该过程中冰晶不分离，因此最后溶剂不浓缩，而黏滞性显著增加，产生一种玻璃态固体。研究表明，单独以 DMSO 作为冷冻保护剂时，胚胎内部可发生玻璃化，而采用的新方法则使胚胎外的细胞发生玻璃化。

1. *玻璃化冷冻的主要优点* 随着玻璃化进程的进展，冷冻速度变得越来越不重要，但与玻璃化溶液的接触过程必须短暂，这样才能避免其毒性；解冻也必须迅速，以避免随着升温而现结晶过程。羊胚胎用甘油和丙二醇组成的玻璃化溶液进行冷冻获得成功并产羔。玻璃化冷冻是冷冻保存胚胎的一种快速有效的方法。

2. *玻璃化冷冻保护原理* 在胚胎玻璃化冷冻中，高浓度冷冻保护剂在超快速降温冷冻时黏滞性增加，当黏滞性达到临界值时发生固化而变成一种结构不规则的玻璃样变，细胞内不形成冰晶。玻璃化过程中先形成冰核，任何冰核与未结冰的水分之间产生界面能，由于界面能的作用，使冰晶在冰核表面逐渐形成，最后形成同型晶核而失去流动性。

玻璃化溶液的结构性质属于液体，而机械性质属于固体。这种固态物质能保持液态时的正常分子与离子分布，使细胞内发生玻璃化而起到保护作用。细胞在这种液体中脱水到一定程度，可引起内源性细胞大分子如蛋白质及已渗入细胞内的保护剂浓缩，从而使细胞在急性降温过程中得到保护。

九、胚胎体外生产技术

AI 及 MOET 等辅助繁殖技术的应用极大提高了绵羊的繁殖率，对其遗传改良发挥了巨大的作用。体外胚胎生产技术由于能提供大量廉价的胚胎，可用于发育生物学研究和生产实际中采用克隆及转基因技术，因此受到人们的广泛关注，而且近年来发展速度很快。

体外胚胎生产技术包括三个主要环节：卵母细胞的采集、卵母细胞的体外成熟、体外受精与胚胎体外培养。

(一)卵母细胞的采集

从卵巢采集高质量的卵母细胞是胚胎体外生产中最为重要的技术之一。目前羊的体外受精中采集卵母细胞的方法一是从输卵管采集排卵后的卵母细胞；二是从排卵前的卵泡细胞采集成熟卵母细胞；三是从屠宰场采集的卵巢采集未成熟的卵母细胞。

一般来说多采用从屠宰场采集的卵巢获取卵母细胞进行体外受精，主要原因是比较廉价，容易获得，数量丰富，可以采集大量的初级卵母细胞进行大规模体外胚胎生产。绵羊也可通过手术或腹腔镜技术采集体内成熟的卵母细胞，但这些方法比较昂贵，每个卵巢获得的卵母细胞数量较少。以前也有人采用切割卵巢的方法获取卵母细胞，但目前大多数人采用抽吸法，如用 18 号针头穿刺卵泡获取卵母细胞，其效率及效果均比切割法好，可避免由于切割形成更多杂质，干扰鉴别卵母细胞。穿刺法更适合于较少的卵巢及从初情期前绵羊卵巢获取卵母细胞；而抽吸法可用于较大的卵巢，采用这种方法获得高质量卵母细胞的比例比穿刺法和切割法高 10%左右。

选择高质量的卵母细胞进行体外成熟和体外受精在胚胎体外生产中极为重要。一般来说，如果卵泡直径较大，则由其获得的卵母细胞体外受精后发育到桑椹胚及囊胚的比例较高；直径 5 mm 以上卵泡获得的卵母细胞体外达到成熟的比例也比小卵泡高。目前，在绵羊的胚胎体外生产中多根据卵丘细胞层数和卵母细胞浆的特点，将卵母细胞评定为良好、好和差三个等级。

一般来说，采用抽吸法，每只羊从屠宰场回收的卵巢可以获得 2 枚左右质量较高的卵丘-卵母细胞复合体，如果从活体采用剖腹或腹腔镜技术采卵，在促性腺激素处理后 24 h 实施手术，每只羊平均可获得 6 枚卵母细胞，其中 1 枚可形成囊胚，但供体只间差别很大。如果供体不进行超排处理，则重复腹腔镜后卵母细胞的质量差别很大，但每仍可获得 4～6 枚卵母细胞。

近年来对 5～9 周龄羔羊采卵技术的研究取得了很大进展。研究表明，如果在 FSH＋eCG 处理后 36 h 进行腹腔镜采卵，可获得大量的卵母细胞，但经过体外成熟-体外受精-体外培养后只有 19%的卵母细胞可能育到囊胚阶段，而成年羊的卵母细胞则为 65%，说明从初情期前羔羊获得的卵母细胞发育能力比成年羊差，而且多精子受精率也明显较高，囊胚的发育速度较慢，但如果在促性腺激素处理前用雌激素或孕酮处理，可改进囊胚的发育。从羔羊获得的卵母细胞数量随着供体年龄的增加而减少，但其质量却明显提高。

(二)卵母细胞的体外成熟

从体外成熟的卵母细胞生产胚胎,其效率仍明显低于体内成熟的卵母细胞,主要原因与体外成熟开始时卵母细胞的质量有关。卵母细胞在卵泡生成过程中逐渐获得发育能力,这种能力受卵泡大小及卵泡闭锁的影响。

绵羊卵母细胞体外成熟培养液中常添加 FSH、LH、E_2 和 10%FCS,如果在 TCM199 中添加直径 4 mm 以上卵泡液和 100 ng FSH,则能明显提高卵母细胞的成熟率。一般来说,采用上述培养条件,第一极体一般在开始成熟后 16～24 h 排出。绵羊的体外成熟培养液中如果添加 100 ng/mL FSH 或 10 ng/mL EGF 而不添加血清,其效果与添加血清基本相当。

(三)体外受精与胚胎体外培养

卵母细胞成熟之后可用吸管轻轻抽吸,除去卵丘,用受精后培养液洗涤卵母细胞,然后以 40～50 枚卵母细胞为一组进行体外受精。体外受精的精液浓度一般精子含量为 1×10^6/mL,加入 5 μL 培养 17 h 以完成受精。

在体外受精系统中,精子与卵母细胞共培养 1 h 后,卵母细胞大约有 10%已经发生受精,但是如果再培养 3 h,则输精后第 9 天时的囊胚形成率与培养 17 h 相当。目前绵羊一般采用 9～10 h 培养方法。

体外成熟-体外受精能否成功主要取决于卵母细胞的成熟和精子的获能。精卵结合的时间、培养液成分、温度及精子浓度均对体外受精的结果有重要影响。一般来说,绵羊胚胎可采用含有绵羊血清、BSA、人血清或胎牛血清的培养液进行培养。

培养液中添加葡萄糖有利于胚胎的体外发育,但绵羊胚胎能在添加乳酸盐或丙酮酸盐而不添加葡萄糖的培养液中发育。常用的培养液有 TCM199、Hams-F10、Hams-F12 等培养液、合成输卵管液和 Tyrodes 培养液等。培养液中添加氨基酸有利于胚胎的发育,但随着培养时间延长,这种作用降低,可能主要是培养过程中胚胎产生的胺增加,抑制了囊胚的发育所致。

绵羊胚胎成组培养时比单个培养时囊胚形成率更高,说明胚胎产生的一些因子可能促进体外卵裂。目前在培养绵羊胚胎时多采用石蜡油覆盖的微滴培养法,但也有研究证明,如果不用石蜡油覆盖,则胚胎碎裂的比例明显降低,这可能是由于石蜡油中的有毒成分所引起。针对这种情况,可采用盐反复抽提的方法降低石蜡油中的有毒成分。

研究表明,胚胎在体外发育至 8～16 细胞的阻滞阶段可以通过与输卵管细胞的共培养而克服,但这些细胞的作用是否为胚胎的发育提供促进生长的因子,或者是消除抑制性因子目前还不清楚。绵羊胚胎体外培养采用的大多数培养条件为添加体细胞、氨基酸和 BSA 的合成绵羊输卵管液,38.5℃,5% O_2,5% CO_2 及 90% N_2 全湿度培养,也有实验室在绵羊合成输卵管液中添加 5%～10% FCS,在输精后 2～3 d 用于胚胎培养,发现制备的胚胎移植后妊娠率较高。

近年来,根据胚胎不同发育阶段的要求,建立了序列培养液进行胚胎培养,多采用两步法或三步法进行胚胎培养。

十、胚胎分割技术

自然情况下绵羊同卵双生的发生率极低。人工制造同卵双生在研究上具有重要意义。Trounson 和 Moore(1974)在澳大利亚采用机械分割 4～7 日龄胚胎的方法制备同卵双生,虽然体外培养时 25%的半胚可以正常发育到囊胚阶段,但移植的 19 枚胚胎只有 2 只羔羊出生。Willadsen(1979)采用显微分割的方法分离 2 细胞阶段的卵裂球,然后将其植入外源性透明带，在结扎的绵羊输卵管中培养而获得成功。用这种方法产生的晚期桑椹胚及早期囊胚的活力为 50%，比正常的活力低，其主要原因可能是操作时的机械损伤所致。

Willadesn(1980)研究表明，4 细胞阶段胚胎的 2 个卵裂球和 8 细胞阶段胚胎的 4 个卵裂球均可以发育到囊胚阶段，其活力正常，胚胎移植后的结果与普通胚胎相同。

虽然胚胎分割技术在研究中有重要的意义，但其中需要中间宿主，而且过程繁杂。为此，Gatica(1984)对不采用中间宿主时绵羊半胚的发育能力进行了研究，发现如果将绵羊胚胎在桑椹胚阶段分割，然后立即移植给受体，发现妊娠率及胚胎生存率与正常未分割胚胎十分接近。Szell(1994)进行的研究表明，在绵羊可以通过分割 8～10 d 的胚胎生产单合子双生，成功率随着时间的推后而增加。在进行胚胎分割时必须选择质量最好的胚胎，2 级胚胎分割后的生存率明显低于 1 级胚胎。

十一、克隆技术

(一)克隆的语义来源与定义

英文“clone”一词最早出现于英国遗传学家霍尔丹(J. B. S. Haldane)在 1963 年所作的题为“人类种族在未来 2 万年中的生物可能性”的演讲中。它语源于希腊文“klone”，意为植物的无性繁殖，即将植物的根、茎、叶等经过压条或嫁接，待插条发芽后，得到遗传物质组成完全相同的新的植株，而汉语“克隆”是英文“clone”的音译。

在音译“克隆” 被创造出之前，“clone”曾被意译为“无性繁殖”，但事实上“clone”与“无性繁殖”并不同义。所谓“克隆”是通过人工分子生物学操作以实现“无性繁殖”(asexual reproduction)的过程，这一过程无法在自然条件下发生，必须有“人工”介入。而无性繁殖，是指不经过雌雄两性生殖细胞的结合，只由单一细胞或共同祖先经有丝分裂而得到的，可连续传代并形成的细胞群体或有机群体。因此“clone”是达到“无性繁殖”目的的手段。为了能正确表达“clone”概念的内涵，学术界不再将“clone”译为“无性繁殖”，而以“克隆”代之。

“克隆”有两种方式：胚胎切割、细胞核移植。胚胎切割是模拟自然产生同卵孪生的情形，将单一胚胎的细胞或细胞团多次分离，得到两个或两个以上彼此独立、遗传上同样的全能性干细胞，而后再将分离后得到的全能性干细胞移入雌体，使其在子宫中发育成胎儿的克隆方式。相比较而言，细胞核移植技术发展的要完善一些，是目前克隆所采用的主要方式，这一过程大致分三步进行：

(1)先将含有遗传物质的供体细胞的核移植到去除了细胞核的卵细胞中。胚胎细胞与体细胞均可作为供体细胞，但体细胞已不具有全能性，它的全能性必须通过技术处理才能恢复，这使克隆体细胞的技术难度加大。

(2)人工控制给移植后的细胞以外部刺激，使细胞核与去核的卵细胞融为一体，成为一个新细胞。其后，再进一步促使这一新细胞分裂繁殖发育成胚胎。

(3)待胚胎发育到一定程度后，将其植入动物子宫中使动物怀孕，进而借腹形成胎儿，最终产下与提供细胞者基因相同的新生命。

无论采取何种方式克隆，作为基因工程的一种，它都必须采用生物化学的方法，在体外将各种来源的遗传物质(同源的或异源的、原核的或真核的、天然的或人工合成的 DNA 片段)与载体系统(病毒、细菌质粒或噬菌体)的 DNA 结合成一个复制子。这样形成的杂合分子可以在复制子所在的宿主生物或细胞中复制，继而通过转化或转染宿主细胞、生长和筛选转化子，最终才能实现无性繁殖。

“克隆”与“复制”不同，尽管克隆个体和原本的基因完全相同，两者从遗传结构上可以看作兄弟姐妹关系，但克隆个体是经历一个过程发展后所得的结果，因此，它不可能像复制品那样与原本一模一样。首先，就时间而言，克隆个体必须经过胚胎发育和胎后发育后才能独立地存在。因此，克隆个体与原本之间必然存在着年龄差异，两者间是亲子关系，克隆个体间仍然有“代”的概念。其次，就空间而言，克隆个体与原本在发育过程中所处的环境不同，它们各自所受的环境影响与调控也必定不相同，因此造成的发育结果也必然存在差异。最后，就内因而言，采用“细胞核转移技术”，存在于卵细胞质中的遗传物质，对捐赠细胞核产生的影响必定同原本细胞质中的遗传物质产生的影响不同。所以，不能把克隆个体看成是原本的复制品。

(二)克隆技术的发展历程

1.克隆技术的产生背景　克隆技术的诞生是生物科学发展演进的必然产物。进化论思想为克隆技术的诞生提供了认识论上的依据；实验胚胎学的发展则为克隆技术的诞生做了方法上的准备；而遗传学理论、分子生物学为克隆技术的发展与完善创造了知识基础。

克隆技术在由克隆原核生物发展为克隆真核生物，由胚胎细胞克隆发展为体细胞克隆的过程中遇到了三个关键性问题：一是对遗传物质的化学本质、物理构造、功能作用还缺乏必要的认识，高等生物的染色体组成成分虽然与低等生物的染色体组成成分相同——都是核酸，但高等生物的染色体类型却远比低等生物的染色体类型复杂，科学家们对较复杂的染色体类型知之甚少，而不同的染色体类型具有不相同的遗传功能；二是在体外使各种来源的遗传物质与载体系统的DNA结合成复制子的技术还缺乏理论依据，分化程度较高的特化体细胞的再生能力弱，其遗传结构变化的不可逆性是否可以克服还不得而知；三是将卵细胞与供体细胞融合并进而使两者的细胞周期同步，在技术上还无法实现。从技术角度看，克隆技术的发展历程就是这三个问题不断被解决的过程；从认识角度看，克隆技术的发展历程是将复杂的生命系统逐步还原为一系列简单构造的叠加的过程。

2.克隆技术的发展　体细胞克隆在技术上有三个难点：其一，由于体细胞的全能性较弱，使供体与载体的细胞周期同步化的困难大；其二，在采用技术手段，以外部刺激促使复制子形成的过程中，细胞的损伤较大；其三，哺乳动物卵的活化和附着时间非常难以掌握。

英国罗斯林研究所在1997年2月宣布，他们已在上年7月成功地用乳腺上皮细胞作为供体细胞移植克隆出小羊“多莉”，这是世界上第一例利用成年体细胞核获得的克隆动物，它翻开了生物克隆史上崭新的一页，突破了利用胚胎细胞进行核移植的传统方式，使克隆技术有了长足的进展。“多莉”的诞生在理论上证明了可以将已特化的细胞克隆成一个成活的个体，已特化的细胞遗传结构即使发生了变化，这种变化也不是不可逆的，理论上的突破使体细胞克隆技术的发展有了基础。为克隆“多莉”所发明的卵细胞与供体细胞的细胞周期同步化的方法也使体细胞克隆在技术上的可操作性增强。但由于在刺激卵细胞分化时采取了“电休克”的方法，对细胞造成的损伤较大，“多莉”的体质因此很差，身上有许多疾病，被美国《华盛顿邮报》评论称为“穿着羔羊服装的老羊”。

第二年，多莉生下小羊“邦尼”，而三代有基因关联的克隆动物也被创造出来。同年，日本科学家用牛的输卵管细胞克隆得到克隆牛。但由体细胞克隆出的动物与普通动物之间是否有差异，此时还不得而知，问题在2000年6月得到解答。我国生物胚胎学家张涌用体细胞克隆出山羊“阳阳”，一年后，“阳阳”与世界上首批胚胎细胞克隆山羊交配，产出一对儿女，雄性叫

“欢欢”，雌性叫“庆庆”。“阳阳”的生产证明了体细胞克隆羊和胚胎细胞克隆羊具有与普通山羊一样的生育繁殖能力。

1998 年，克隆技术又得到重大改进，夏威夷大学在用胚胎细胞克隆老鼠时，采用了“火奴鲁鲁”技术，即以化学液体代替“电休克”，使细胞受到的损伤减小，这极大地提高了克隆的成功率。

克隆技术在这一阶段日益表现出“取代上帝”的特点，在此之前的克隆研究基本上是在探求生命的“永生”，并未以修改生物自身的基因，改变生命物种性状规律为目的。而今，由于商业目的的影响，后者也成为了研究的目的。2001 年 10 月，美国科学家用核移植技术克隆获得了可供异种器官移植入人体的转基因克隆动物——基因敲除克隆猪。哺乳动物的克隆也越来越向“人类”逼近，科学家采用新型的胚胎分解方法于 2000 年克隆出首例灵长类动物——恒河短尾猴“泰特拉”(Tetra)，这意味着克隆人类已不是科学或者医学问题，摆在企图克隆人的团队面前的仅仅只是后勤问题，而后勤问题要远比科学或者医学问题要容易解决，人类已站在克隆自己的大门口。同年 10 月，转基因特征明显的转基因猴“安迪”诞生。或许 2002 年在历史中真会成为“克隆年”，3 月，克隆基因与人类接近的兔子获得了成功。英国《卫报》在这年 6 月 28 日则报道了英国爱丁堡的一组科学家掌握了一种所谓“基因瞄准”的新技术，基因改造的精确性从而得到很大提高。杜克大学医学中心的一项研究表明，从技术上讲，克隆人可能比克隆动物如羊、牛、猪、老鼠等要容易和安全，因为人类具有某种遗传优势。克隆人或克隆动物胚胎过度发育可能和某种基因有关，婴儿能够从父母双方体内继承这种基因，但许多非灵长类动物的父母中却有一方无法将这种基因遗传给后代。如果这一理论正确，克隆人的出生缺陷会相当低。

3. 生殖性克隆技术　人们千古年来找到能治百病的灵丹妙药，实现长生不老的梦想原本已无望，现在克隆技术的出现使无望有了转机，人们对克隆人类的兴趣也因此越来越大。克隆人类的目的主要有三个，即医疗、生育、对特定人物的崇拜。早在 1962 年戈德成功克隆出非洲爪蟾时，就有人提出将此项技术应用于人。在商业目的与物种进化研究的推动下，克隆技术向人类克隆方向发展的趋势日益明显。1997 年，美国医生锡德(Rechard Seed)宣布了他的克隆人的计划，他同时认为他的计划并不是什么实验，而是一个盈利产业的开端。不过他的计划“只听楼梯响，不见人下来”，其研究一直都没有什么大的进展。就在锡德宣布了他的计划后 5 d，19 个欧洲国家在法国巴黎签署了《禁止克隆人协议》，提出禁止用任何技术创造与任何生者或死者基因相似的人，认为克隆人有损于人的尊严，违背社会伦理道德准则，因此克隆人是不人道、不可接受的。这是人类第一份禁止克隆人的法律文件。但克隆人的尝试不仅没有被真正禁止，反而愈演愈烈。

一个多国联合科学小组在 1998 年时采用将一个人的腿部体细胞与一个奶牛的卵细胞相结合的办法就曾成功克隆出人的胚胎，但因伦理上的原因，该胚胎很快被有意销毁。2001 年 11 月，人体胚胎再次被该联合科学小组克隆出。他们通过将人的卵细胞中的 DNA 取出，然后植入体细胞的遗传物质，再让其发育到早期胚胎状态的方式，获得了一个含有 6 个细胞的人类早期胚胎。但该胚胎并不是一个人类个体，它们还处于细胞层面上，并不具有生命。而因坚持研究克隆人而被媒体称为“科学疯子”的三位科学家——美国“克隆基金”主任布瓦瑟利耶、肯塔基州列克星顿大学激素学院院长扎沃斯和意大利科学家安蒂诺里不久也宣布，他们将联手开始克隆人类。他们的行为遭到国际社会的普遍反对，2001 年 8 月，支持与反对克隆人的科学家们在美国科学院进行了有史以来科学界第一次就人类克隆问题的正面交锋。伦理因素对克隆技术的进一步发展的影响越来越大，这种作用甚至是决定性的。目前，“克隆人是否已经降临人间?”是一个待揭开的谜。最近有关克隆人的消息是 2002 年 4 月初，安蒂诺里宣布已经有三位妇女顺利怀上“克隆胎儿”。

4. 生殖性克隆技术存在的技术风险与问题　目前，克隆动物普遍存在早衰早亡现象，而包括心脏病、肺部疾病、甚至严重的免疫系统疾病在内的各种病状在克隆动物中更是经常出现。事实上，生殖性克隆的成功率还很低，“多莉”是克隆 277 个绵羊胚胎后唯一的“硕果”，到目前为止，动物克隆的成功率也才仅达 30%，而对于克隆人的成功率，最乐观的估计还不足 5%。有些专家怀疑这些问题的根本源于克隆技术本身，因为动物在克隆的过程中发生基因变异、免疫功能缺损的几率远远高于自然产生的胎儿。一些执意要克隆人体的科学家似乎觉得对这种风险并不值得过多的担忧，因为它们都不是不能解决的。

据《星期日泰晤士报》2001 年 8 月 12 日报道，安蒂诺里认为“再克隆”技术，即从胚胎中取出一个健康的细胞，然后再将克隆过程重复一次的克隆方法，完全能够避免畸形婴儿的出现。他曾说：“我的技术不是克隆，而是再克隆。我不会制造婴儿父母的‘复制品’，我的目标是要造出完美的婴儿。”即使胚胎出现畸形，也能用堕胎的办法阻止其最终降生。这种控制畸形婴儿的出现的方法只是将实验的方法及安排做了重新的设置，但“再克隆”技术并未从理论上打消专家们的怀疑。

尽管人类自然生育的出生缺陷率也有 3%，如果母亲的年龄超过 40 岁，风险还会明显增加，但毕竟这种缺陷率的存在很多时候因无可选择而被归咎于不可抗逆的事件之列，对此结果人们更易于无可奈何地接受。而对于克隆人的医学操作则似乎在“无可选择性”上要欠缺一些，毕竟在“克隆”还是“不克隆”上，人的选择空间远比孩子是“生”还是“不生”要大。人类的伦理是否也能将克隆人的出生缺陷率划归不可抗逆之列而予以容忍，这就不是纯技术问题了。

(三)克隆技术的应用前景

克隆技术已展示出广阔的应用前景，概括起来大致有以下四个方面：①培育优良畜种和生产实验动物；②生产转基因动物；③生产人胚胎干细胞，用于细胞和组织替代疗法；④复制濒危的动物物种，保存和传播动物物种资源。

体细胞克隆的成功为转基因动物的生产掀起一场新的革命，动物体细胞克隆技术为迅速放大转基因动物所产生的种质创新效果提供了技术可能。采用简便的体细胞转染技术实施目标基因的转移，可以避免家畜生殖细胞来源困难和低效率。同时，采用转基因体细胞系，可以在实验室条件下进行转基因整合预检和性别预选。在核移植前，先把目的外源基因和标记基因(如 *LagZ* 基因和新霉素抗性基因)的融合基因导入培养的体细胞中，再通过标记基因的表现来筛选转基因阳性细胞及其克隆，然后把此阳性细胞的核移植到去核卵母细胞中，最后生产出的动物在理论上应是 100%的阳性转基因动物。采用此法，Schnieke 等(Bio Report，1997)已成功获得 6 只转基因绵羊，其中 3 只带有人凝血因子Ⅸ基因和标记基因(新霉素抗性基因)，3 只带有标记基因，目的外源基因整合率高达 50%。Cibelli(Science，1997)同样利用核移植法获得 3 头转基因牛，证实了该法的有效性。由此可以看出，当今动物克隆技术最重要的应用方向之一，就是高附加值转基因克隆动物的研究开发。

胚胎干细胞(ES)是具有形成所有成年细胞类型潜力的全能干细胞。科学家们一直试图诱导各种干细胞定向分化为特定的组织类型，来替代那些受损的体内组织，比如把产生胰岛素的细胞植入糖尿病患者体内。科学家们已经能够使猪ES细胞转变为跳动的心肌细胞，使人ES细胞生成神经细胞和间充质细胞，使小鼠ES细胞分化为内胚层细胞。这些结果为细胞和组织替代疗法开辟了道路。目前，科学家已成功分离到人ES细胞（Thomson等1998，Science），而体细胞克隆技术为生产患者自身的ES细胞提供了可能。把患者体细胞移植到去核卵母细胞中形成重组胚，把重组胚体外培养到囊胚，然后从囊胚内分离出ES细胞，获得的ES细胞使之定向分化为所需的特定细胞类型（如神经细胞、肌肉细胞和血细胞），用于替代疗法。这种核移植法的最终目的是用于干细胞治疗，而非得到克隆个体，科学家们称之为"治疗克隆"。

克隆技术在基础研究中的应用也是很有意义的，它为研究配子和胚胎发生，细胞和组织分化，基因表达调控，核质互作等机理提供了工具。

（四）克隆技术存在的问题

尽管克隆技术有着广泛的应用前景，但离产业化尚有很大距离。因为作为一个新兴的研究领域，克隆技术在理论和技术上都还很不成熟，在理论上，分化的体细胞克隆对遗传物质重编（细胞核内所有或大部分基因关闭，细胞重新恢复全能性的过程）的机理还不清楚；克隆动物是否会记住供体细胞的年龄，克隆动物的连续后代是否会累积突变基因，以及在克隆过程中胞质线粒体所起的遗传作用等问题还没有解决。

在实践中，克隆动物的成功率还很低，维尔穆特研究组在培育"多莉"的实验中，融合了277枚移植核的卵细胞，仅获得了"多莉"这一只成活羔羊，成功率只有0.36%，同时进行的胎儿成纤维细胞和胚胎细胞的克隆实验的成功率也分别只有1.7%和1.1%，即使是使用"檀香山"技术，以分化程度较低的卵丘细胞为核供体，其成功率也只有百分之几。

此外，生出的部分个体表现出生理或免疫缺陷。以克隆牛为例，日本、法国等国培育的许多克隆牛在降生后2个月内死去；到2000年2月，日本全国已共有121头体细胞克隆牛诞生，但存活的只有64头。观察结果表明，部分犊牛胎盘功能不完善，其血液中含氧量及生长因子的浓度都低于正常水平；有些犊牛的胸腺、脾和淋巴腺未得到正常发育；克隆动物胎儿普遍存在比一般动物发育快的倾向，这些都可能是死亡的原因。

即使是正常发育的"多莉"，也被发现有早衰迹象。染色体的末端被称为端粒，它决定着细胞能够分裂的次数：每一次分裂端粒都会缩短，而当端粒耗尽后细胞就失去了分裂能力。1998年，科学家发现"多莉"的细胞端粒比正常的要短，即其细胞处于更衰老的状态。当时认为，这可能是用成年绵羊的细胞克隆"多莉"造成的，使其细胞具有成年细胞的印记，但这一解释目前受到了挑战。美国马萨诸塞州的医生罗伯特·兰扎等用培养的衰老细胞克隆牛，得到6头小牛，出生5～10个月后发现这些克隆牛的端粒比普通同龄小牛要长，有的甚至比普通新生小牛的端粒还长。现在还不清楚这一现象的原因，也不清楚为何与"多莉"的情况有巨大差别。但这一实验说明，在一些情况下克隆过程能改变成熟细胞的分子钟，使其"恢复青春"，关于这种变化对克隆动物寿命的影响，还有待于进一步观察。

除了以上的理论和技术障碍外，克隆技术（尤其是在人胚胎方面的应用）对伦理道德的冲击和公众对此的强烈反应也限制了克隆技术的应用。但几年来克隆技术的发展表明，世界各科技大国都不甘落后，谁也没有放弃克隆技术研究。这一点上英国政府的态度非常具有代表性，在1997年2月底宣布中止对"多莉"研究小组投资后不到1个月，英国科技委员会就对克隆技术发表专题报告，表明英国政府将重新考虑这一决定，认为盲目禁止这方面的研究并不是明智之举，关键在于建立一定的规范，利用它为人类造福。

十二、转基因技术

转基因动物是指将外源基因稳定整合到自身染色体内并能稳定遗传的一类动物。1982年，Palmiter将大鼠生长激素（GH）基因导入小鼠受精卵中获得转基因“超级小鼠”，转基因动物已成为当今生命科学发展中的热门领域。转基因动物在基因的表达与调控的基础理论研究、稀有贵重药物生产、建立人类疾病模型动物、生产供人类移植用器官、培育家畜新品种等方面得到广泛应用。

由于外源基因的导入，有可能发生插入突变，致使转基因动物的某些特定内源基因失活或者激活某些潜在的原癌基因，同时，外源基因的过量表达可能对宿主动物产生不良影响。因此，对转基因动物来源的食品进行安全性分需要不同的评价原则，如“实质等同性原则”和转基因动物需要独立进行食品安全分析。

（一）转基因动物的制作方法

目前转基因动物制作方法主要有原核期胚胎的显微注射法、逆转录病毒感染早期的动物胚胎法、逆转录病毒载体法、精子载体法、胚胎干细胞技术、原始生殖细胞介导法（PGCs）、体细胞核移植技术等方法。

1. *原核显微注射法*　Gordon（1980）首先采用原核显微注射法进行转基因小鼠研究，是目前应用最普遍、效果最稳定的制作转基因动物的方法之一。Palmiter（1982）等将大鼠生长激素基因与小鼠金属硫蛋白Ⅰ基因启动子相连接，然后将融合基因注入小鼠的雄原核，制造出了“超级小鼠”。Hammer（1985）利用原核显微注射的方法成功制作了转基因兔、绵羊和猪。

2. *逆转录病毒载体法*　Salter（1987）用禽白血病病毒基因感染早期的鸡胚胎制作了转基因鸡，Haskell（1995）用该方法制作了转基因牛。以逆转录病毒为载体导入外源基因时，外源基因多属单拷贝整合。

3. *精子载体法*　1989年，Lavitrano将小鼠精子与pSV2CAT质粒在等渗缓冲液中孵育，之后用于小鼠卵子的体外受精，受精卵在二细胞时移入受体鼠的输卵管，在受体鼠产生的250只小鼠中有30%的个体为转基因阳性。Rottman对此法进行了改进，首先将外源DNA与脂质体相互作用形成脂质体-DNA复合体，此复合体比较容易和精子细胞膜附着，从而进入细胞内，对12日龄鸡胚用Southern印迹杂交法检测发现转基因阳性率为26%。

4. *胚胎干细胞介导法*　外源DNA可以通过多种方法转移到胚胎干细胞内，实现外源基因的转移和表达。用这种方法制作转基因小鼠的阳性率接近100%，经过耐心细致的选择，极有可能得到稳定遗传的动物新品系，但是，到目前为止，只有小鼠胚胎干细胞的建系方法比较成熟。对于大型哺乳动物，由于胚胎干细胞较难获得，干细胞系的建立方法目前还远不够成熟，所以此法很难推广。

5. *原始生殖细胞介导法*　PGCs介导的转基因技术在原理和方法上与ES细胞技术相似，应用PGCs技术在制作转基因家禽方面有明显的优势。Naitor（1994）等应用此方法制作了转基因鸡。大家畜PGCs可否像小鼠ES细胞那样抑制分化并增殖，到目前还不能得出确切结论，如果得到肯定的验证，这将为动物转基因技术带来不小的革新。

6. *体细胞核移植技术*　转基因克隆是克隆技术与转基因技术相结合生产转基因动物的一种非常有前景的手段。利用克隆进行转基因是指在核移植前，先把目的基因和标记基因的融合基因导入培养的体细胞，再通过标记基因的表现来筛选转基因的阳性细胞及其克隆，然后再进行移植。1997 年，Wilmut 通过体细胞核移植技术率先在世界上制作了转基因绵羊，1998 年携带外源基因的克隆牛诞生(Cibelli，1998)，Alexander 等通过体细胞核移植技术获得了 3 只转入人抗胰蛋白酶基因的奶山羊。利用克隆进行转基因，一旦核移植成功，从理论上讲，转基因成功率为 100%。更为重要的是基因靶位操作技术与克隆技术的结合。

(二)转基因动物研究的应用

1. 转基因动物在畜牧业中的应用

(1)提高畜禽生产性能　大量的研究证实，通过转基因技术导入外源基因，可使畜禽生长速度加快、提高肉蛋奶的产量、提高饲料的利用效率、缩短生长周期。

Damak(1992)将小鼠超高硫启动子与绵羊的 IGF-I 的 cDNA 融合基因显微注入绵羊原核期胚胎，出生的转基因公羊与母羊交配，产生转基因羔 14 月龄的净毛平均产量比其他半同胞非转基因羊提高了 6.2%，而在毛纤维直径、髓质以及周岁体重方面无显著差别。Powell (1994)将毛角蛋白Ⅱ型中间细丝基因导入绵羊基因组，转基因羊毛光泽亮丽，羊毛中毛脂含量明显提高。Adams (2005) 通过对成年的转绵羊生长激素基因的转基因绵羊性能进行测定，发现生长速度和羊毛产量都比对照组显著提高。

(2)动物抗病育种　通过克隆特定病原基因组中的某些编码序列，对之加以一定修饰后转入畜禽基因组，如果转基因在宿主基因组中得以表达，那么畜禽对该种病原的感染应具有一定的抵抗能力，或者能够减轻该种病原侵染时对机体带来的危害。

绵羊髓鞘脱落病毒是绵羊痘病毒家族的原型，该病毒产生的衣壳蛋白(Eve)基因与其长末端重复导入绵羊基因组，得到了 3 只成纤维细胞表达 *Eve* 基因的母羊，这 3 只转基因羊具有抵抗痘病毒的侵染作用，且 *Eve* 基因表达产生的糖蛋白对绵羊没有造成明显的毒副作用。Yu (2006) 报道利用基因打靶技术获得敲除了一个基因位点的体细胞克隆山羊，经过 3 个月观察这些基因敲除羊没有异常表现。

2. 在医学领域的应用

(1)建立人类疾病模型　转基因动物在人类遗传疾病的研究中具有重要的应用研究价值。医学研究证明，人类的大多数疾病都与遗传有关，适当的动物模型对研究基因突变引起遗传疾病的发病机制是十分有用的，转基因动物的方法生产人类遗传疾病模型是人类疾病研究的一个极为有效的途径。到目前为止，已经建立了 30 多种人类遗传疾病动物模型，如老年痴呆、原发性高血压、糖尿病、镰刀形贫血病等。

(2)用于器官移植的研究　由于缺乏可供移植的器官，许多急需换肾、肝或心脏的病人得不到及时救治，因此将动物器官移植给人的异种器官移植研究越来越受到重视。猪易于繁殖，且器官在大小、功能上与人体器官较为接近，因而在提供人类移植所用的器官方面被视为理想来源。但是异种器官移植目前最大的障碍是受体对外源器官的超急性排斥反应。研究人员发现 *GT* 基因控制产生一种酶，这种酶使猪细胞表面产生一种糖类物质。当猪器官或细胞被移植给人体时，人类免疫系统能识别这种糖，把器官或细胞视作外来异物进行攻击，从而产生强烈的排异反应，这是目前猪器官不能应用于人体移植手术的主要原因，克服这一障碍便成为异种器官移植成功的关键。通过基因敲除技术可减少或改变供体器官的表面抗原。已知表面抗原由 α-1,3 半乳糖转移酶催化合成的，因此改变 α-1,3 半乳转移酶的活性或使其失活便成为当前研究的主要策略，这样人们就可以利用转基因技术克隆猪大量生产适用于移植的器官。

3. 作为乳腺生物反应器　利用转基因动物乳腺作为生物反应器生产药用蛋白和生物材料是目前世界范围内转基因研究的热点之一。泌乳是动物的一种生理活动，对动物健康没有影响，加之乳腺摄取、合成、分泌蛋白质的能力很强，并且能对重组蛋白质进行多种翻译后加工，包括羟基化、糖基化、羧基化等，同时能将重组蛋白质折叠成有功能的构象。

(1)生产药用蛋白和抗体　目前已有多种具有生物活性的人类蛋白质可以从转基因动物的乳汁中获得，这些动物包括小鼠、大鼠、兔、猪、绵羊、山羊、奶牛等，获得的重组蛋包括tPA、α1-AAT、bGH、has、hAFP、LAtPA、蛋白C，凝血因子Ⅷ、Ⅸ等几十种产品(Alexander，2008)。Park等(2006)在猪乳中表达rhEPO，表达量达到877.9 IU/mL。目前，已经上市的单克隆抗体有几十种，产值200多亿美元(Farid，2007)。乳腺表达人源化抗体也已经上市(Almagro，2008)。

(2)生产人营养医用品　生产人营养医用品是动物乳腺反应器应用的另一个领域。目前全球营养医用品市场的平均增长率超过187%，其中营养医用蛋白的发展潜力最大，已经成为营养医用品的支柱。但目前的生产量只能满足市场需求的10%～15%，因此，运用动物乳腺生物反应器生产营养医用蛋白具有巨大的市场潜力，也成为近年来生物技术开发的热点。Reh(2004)培育了转有大鼠硬脂酰辅酶A去饱和酶基因的转基因山羊，乳样中单不饱和脂肪酸和共轭亚油酸比例显著高于对照组，对心血管病人健康非常有益。Maga(2006)进行了转人溶菌酶基因羊乳腺生物反应器研制，最终检测到有11只母羊和10只公羊转入外源基因。转基因羊乳腺表达的人溶菌酶可以改善乳品质，提高人体抵抗力。Zhang(2008)等在山羊奶中表达人乳铁蛋白，表达量达到0.765 mg/mL。Yang(2008)利用转基因克隆技术在牛奶中表达人乳铁蛋白，表达量达到3.4 g/L。

(3)生产生物材料　蜘蛛丝是目前已知最为坚韧且有弹性的天然动物纤维之一。但由于蜘蛛不能大规模群体饲养，因此不能从蜘蛛中获取大量蛛丝。且由于蛛丝相对分子质量巨大，也很难通过化学合成方法获得蛋白。为此，有人提出了利用动物乳腺来生产蛛丝蛋白的构想。2003年，加拿大研究人员将蜘蛛体内的牵丝蛋白基因转入山羊体内，成功培育了羊奶中含牵丝蛋白的转基因山羊。用此种方法生产的人造蜘蛛丝比钢强4～5倍，因此亦被称为"生物钢"。这种"生物钢"有蚕丝的质感，有光泽，弹性极强，可以用来制造手术缝线、耐磨服装，还能制成具有防御功能且柔软的防弹衣，在医疗、航天、航海、军事和建材等工业市场可有广阔的应用前景。

参考文献

[1] 董伟. 家畜繁殖学. 北京：农业出版社，1985.
[2] 谢成侠. 家畜繁殖机理及其应用. 2版. 南京：江苏科学技术出版社，1993.
[3] 王元兴. 动物繁殖学. 南京：江苏科学技术出版社，1993.
[4] 桑润滋. 动物生殖生物技术. 北京：中国农业出版社，2002.
[5] 陈大元. 受精生物学. 北京：科学出版社，2000.
[6] 李青旺. 动物繁殖学. 西安：西安地图出版社，2000.
[7] 赵兴绪. 羊的繁殖调控. 北京：中国农业出版社，2008.
[8] 岳文斌，等. 动物繁殖新技术. 北京：中国农业出版社，2003.

[9] 王建辰,等. 动物生殖调控. 合肥:安徽科学技术出版社,1998.
[10] 王锋. 牛羊繁殖学. 北京:中国农业出版社,2003.
[11] 王新庄. 家畜胚胎移植技术. 郑州:河南科学技术出版社,2004.
[12] 冯怀亮. 哺乳动物胚胎工程. 长春:吉林科学技术出版社,1993.
[13] 郭志勤. 家畜胚胎工程. 北京:中国科学技术出版社,1998.
[14] 刘月琴,等. 小尾寒羊适宜繁殖生产模式的研究. 中国草食动(养羊专辑),2003,126-128.
[15] Ptak G M, Tischer N, Lio P, et al. Donor -dependent developmental competence of oocytes from lambs subjected to repeated hormonal stimulation. Biol Reprod, 2003, 69: 278-285.
[16] 王金文,张果平,等. 杜泊绵羊超数排卵与胚胎移植. 中国草食动物,2006,26(1):14-15.
[17] 付静涛,等. 影响绵羊、山羊超数排卵及胚胎移植效果因素分析. 中国农业大学学报,2005,10(5):58-61.
[18] 陈传友. 浅谈腹腔镜在羊胚胎移植中的应用. 黑龙江动物繁殖,2003,11(4):25.
[19] 张果平,等. 影响杜泊绵羊超数排卵效果的因素分析. 江苏农业学报,2008,24(3):293-297.
[20] 张果平,等. 影响杜泊绵羊胚胎移植效果的因素分析. 江苏农业学报,2009,25(2):125-129.
[21] 王凯,李宗辉,曹芳玲,等. 小尾寒羊生理指标测定. 青海畜牧兽医杂志,1996,26(3):25-26.
[22] 孙国君,等. 小尾寒羊生理生化指标的测定(简报). 石河子大学学报(自然科学版),1999,3(4):282.
[23] 霍生东,等. 小尾寒羊人工授精影响因素的研究. 中国草食动物,2006,26(3):25-26.
[24] 董文成,等. 小尾寒羊同期发育对比试验. 中国农业科技导报,2003,5(5):108-110.
[25] 李秋艳,等. 影响小尾寒羊同期发情效果因素研究. 畜牧兽医杂志,2001,20(2):7-8.
[26] 宋桂敏,等. 小尾寒羊年龄结构对繁殖性能影响分析. 中国畜牧杂志,2004,40(1):27-29.
[27] 胡建宏,等. 小尾寒羊冷冻精液制作与保存技术研究. 甘肃农业大学学报,2001,36(4):364-368.
[28] 胡建宏,等. 小尾寒羊精液冷冻温度曲线初步研究. 西北农林科技大学学报(自然科学版),2002,30(1):85-88.
[29] 徐振军,等. 小尾寒羊精液保存技术研究. 畜牧兽医杂志,2006,42(21):9-11.
[30] 张英杰,等. 小尾寒羊高繁殖力和常年发情内分泌机理的研究. 畜牧兽医学报,2001,32(6):510-516.
[31] 田树军,等. 小尾寒羊羔羊超数排卵及卵母细胞玻璃化冷冻保存效果研究. 黑龙江畜牧兽医,2007(3):9-17.
[32] 吴向丰,等. 小尾寒羊超数排卵期间血清 FSH、LH、E_2 水平变化的研究. 黑龙江畜牧兽医,2006(10):48-49.
[33] 丛霞,等. 围产期小尾寒羊生理指标的监测. 畜牧兽医杂志,2007,26(3):14-16.
[34] 王玉琴,等. 发情小尾寒羊和波德代羊血清几种激素及细胞因子变化研究. 黑龙江畜牧兽医,2006(11):44.

[35] Terawaki Y, Asada Y. Relationship superation between distribution of number of transferable embryos. and inbreeding coefficient in a MOET dairy cattle population. Asian-Aust J Animal science, 2002,15:1686-1689.

[36] Amsrong D T, McEvoy G, Baxter J, et al. Effect of dietary energy and protein on bovine follicular dynamics and embryo production in vitro :associations with the ovarian insulin-like growth factor system. Biol Reprod, 2001,64:1624-1632.

[37] Mitchell L, Dingwall M, Mylne J, et al. Season affects characteristics of the pre-ovulatory LH surge and embryo viablity in superovulated ewes. Anim Reprod Sci, 2002,74:163-174.

[38] Chagas, Sliva J, Lopes, et al. Plasma pogesterone profiles, ovulation rate, donor embryo yield and recipient embro survival in native Saloia sheep in the fall and spring breeding seasons. Theriogenol, 2003,60:521-532.

[39] Gonzalez-Bulnes A, Santiago-Moreno M, Cocero, et al. Effect of FSH commercial preparation and follcular status on follicular growth and superovulatory response in Spanish Merino ewes. Theriogenol, 2000,54:1055-1064.

[40] Gonzalez-Bulnes A, Santiago-Moreno M, Cocero, et al. Effect of follcular status on superovulatory response in ewe is influenced by presence of corppus luteum at first FSH dose. Theriogenol, 2002,58:1607-1614.

[41] Lopes da, Costa L, Chagas, et al. Superovulatory response,embryo quality and fertility after treatment with different gonadotrophins in native vattle. Theriogenol, 2001, 56:65-67.

[42] Cogie Y. State of the art in sheep-goat embryo transfer. Theriogenol, 1999,51:105-116.

[43] Magarey G, Rodher J, Buist, et al. Effcets of repeated superovulation and surgical oocyte cellection on ovarian reponse and natural breeding ability of the tammar wallaby. Reprod, 2003, 125(5):701-707.

[44] Chang Z C, Fan X Z, Luo M J, et al. Factors affecting superovulation and embryo transfer in Boer goats. Asian-Aust J Animal science, 2006,19:341-346.

[45] Maneesh T, Peter E J, Anneleen Van de Velde, et al. Developmental competence of juvenile calf oocytes in vitro and in vivo:influence of donor animal variation and repeated gonadotropin stimulation. Biol Reprod, 2000,62:206-213.

第七章　常用饲料的营养特点与调制

Chapter 7　Nutrition characteristics and modulation of common feedstuffs

饲草、饲料是养羊业的物质基础，小尾寒羊所需的各种营养物质必须由饲料供给。只有了解和掌握不同饲料的性质和营养特点，了解和掌握小尾寒羊的生物学特性，根据小尾寒羊不同生长生产阶段的营养需要，对饲草、饲料进行合理加工、配制，才能提高利用效率，降低饲料成本，提高生产效益。

第一节　小尾寒羊的消化代谢特点

Section 1　Characteristics of digestion and metabolism of Small-tail Han sheep

一、采食特点

小尾寒羊嘴尖，唇薄齿利，上唇有一纵沟，增加了上唇的采食灵活性，其次下颌门齿向外倾斜，吃草时口唇与地面接近，能啃吃短草，拣吃草屑和地面上的树叶。尤其喜食豆科、禾本科牧草。舌前端尖，舌面上有短而钝的乳头，舌尖光滑，可协助咀嚼和吞咽。

小尾寒羊耐粗饲，食性广泛。不仅可以充分利用各种禾本科、豆科，青绿饲草与干草，而且枯草期能充分利用干草、秸秆、叶蔓、秕壳及农副产品作为饲料。

小尾寒羊吃草快，宜于圈养。放牧时，行走慢，采食速度快，不需全天放牧。农户可以早晚牵羊游牧 3～4 h 作为运动或拴于田边地头，就近采食。小尾寒羊喜欢清洁，不喜欢有异味、污染或践踏的饲草料和饮水。

二、消化代谢特点

(一)消化系统的结构

小尾寒羊有四个胃，即瘤胃、网胃、瓣胃和皱胃(图 7-1)，其总容积为 26～29 L。前三个胃总称为前胃，其黏膜无胃腺、不能分泌胃液。皱胃容积约 3.3 L，内壁有纵列的褶膜，壁黏膜有腺体，能分泌消化酶，饲料在消化酶作用下进行化学性消化，与单胃动物相同，因此皱胃又叫真胃。

在四个胃中，瘤胃的容积最大，占总容积的 78%～82%，达 20 L 以上。瘤胃中经反刍过的稀、细食物进入网胃，经网瓣口到达瓣胃，而后进入真胃。

小肠是小尾寒羊消化吸收的主要器官。小肠长度为 18～35 m，细长而曲折，小肠与体长的比为(25～30)∶1。酸性的胃内容物进入小肠后，经各种消化液的化学性消化作用，分解为各种营养物质而被绒毛上皮吸收，未被消化的食物，经小肠的蠕动而被推进大肠。

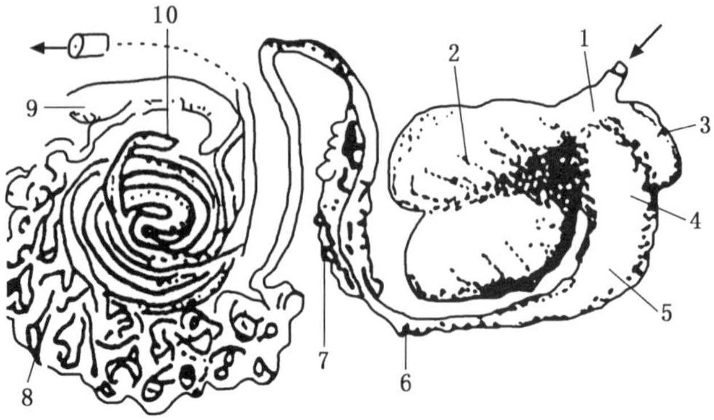

图 7-1 小尾寒羊的胃肠结构

(引自毛怀志主编《绵山羊品种资源及利用大全》,2006)

1. 食道 2. 瘤胃 3. 网胃 4. 瓣胃 5. 真胃
6. 十二指肠 7. 胰腺 8. 小肠 9. 盲肠 10. 大肠

大肠长度为 5～12 m,主要功能是吸收水分和形成粪便。凡小肠内消化未尽的营养物质,也可在大肠微生物和由小肠液带来的各种酶的作用下继续分解、消化和吸收,剩余残渣经过浓缩成为粪便排出体外。

(二)瘤胃消化机能特点

1. 反刍　小尾寒羊在短时间内能采食大量草料,经瘤胃浸软、混合和发酵,随即出现反刍活动。反刍时逆一个食团于口中,反复咀嚼 70～80 次后并混合唾液再咽入瘤胃中。小尾寒羊每天反刍次数为 8～10 次,反复咀嚼食团约 500 个。反刍是周期性进行的,正常情况下,食入食物后 50～70 min 出现第一次反刍周期,每次反刍平均持续 40～60 min,有时可达 1.5～2 h。反刍次数的多少,持续时间的长短与草料种类、品质、调制方法及小尾寒羊的体况有密切的关系。过度疲劳、患病或受到外来较强刺激时,都可引起反刍和瘤胃机能减弱或完全停止,食物滞留在瘤胃内,往往由于发酵所产生的气体排不出去而引起臌胀,对小尾寒羊的健康造成不利影响。

2. 消化特点　瘤胃的消化是通过微生物来完成,通过反刍来调节的。小尾寒羊的瘤胃可看成是高效率又连续接种的微生物繁殖活体发酵罐。在每克瘤胃内容物中有 500 亿～1 000 亿个细菌,每毫升瘤胃液中有 20 万～400 万个纤毛虫。瘤胃中最重要的微生物包括厌气性细菌、纤毛虫和厌气性真菌,其中起主导作用的是细菌。

(1)饲料蛋白质在瘤胃中的降解　饲料蛋白质进入瘤胃后,约有 60%被微生物降解,生成肽、游离氨基酸(图 7-2)。氨基酸除少量直接被瘤胃壁吸收,为机体所利用外,再经脱氨基作用产生挥发性脂肪酸、二氧化碳、氨及其他产物,微生物利用这些分解产物合成微生物蛋白质。生成的氨除用于微生物合成菌体蛋白外,其余的经瘤胃吸收,入门静脉,随血液进入肝脏合成尿素。合成的尿素一部分经唾液和血液返回瘤胃再利用,另一部分从肾排出,这种氨和尿素的合成和不断循环,称为瘤胃中的氮素循环。它在反刍动物蛋白质代谢过程中具有重要意义。它可减少食入饲料蛋白质的浪费,并可使食入蛋白质被细菌充分利用合成菌体蛋白,以供机体利用。

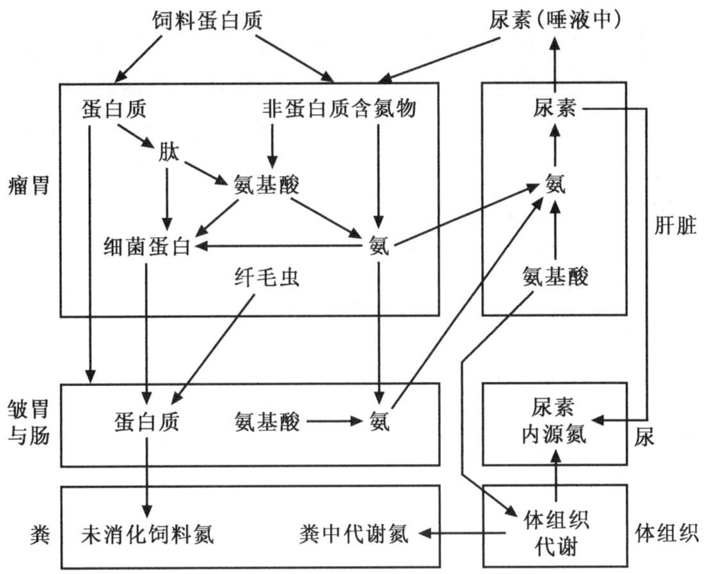

图 7-2 羊的粗蛋白质消化代谢

(引自田树军主编《羊的营养与饲料配制》,2003)

(2)碳水化合物的消化吸收 瘤胃是消化粗饲料的主要场所。瘤胃内微生物每天消化的碳水化合物占采食粗纤维和无氮浸出物的70%～90%,具有重要的营养意义。

①粗纤维的消化吸收:饲料中粗纤维被小尾寒羊采食后,在口腔中不发生变化。进入瘤胃后,在共生微生物的作用下,纤毛虫先使纤维素组织变得疏松,然后细菌通过水解酶的作用,将纤维素和半纤维素分解为乙酸、丙酸和丁酸。这三种挥发性脂肪酸(VFA)由胃壁吸收后随血液输送到肝脏,参与体内碳水化合物代谢,通过三羧酸循环形成高能磷酸化合物(ATP),产生热能,以供动物应用。

瘤胃中未分解的纤维性物质,到盲肠、结肠后受细菌的作用发酵分解为挥发性脂肪酸、二氧化碳和甲烷。挥发性脂肪酸被肠壁吸收,参与代谢,二氧化碳、甲烷由肠道排出体外,最后未被消化的纤维性物质由粪排出。

②淀粉的消化吸收:由于小尾寒羊唾液中淀粉酶含量少、活性低,因此饲料中的淀粉在口腔中几乎不被消化。进入瘤胃后,淀粉等在细菌的作用下发酵分解为挥发性脂肪酸与二氧化碳,挥发性脂肪酸的吸收代谢与前述相同。瘤胃中未消化的淀粉与糖转移至小肠,在小肠胰淀粉酶的作用下,转变为麦芽糖,进而转变为葡萄糖,并被肠壁吸收,参与代谢。小肠中未消化的淀粉进入盲肠、结肠,受细菌的作用,产生与前述相同的变化。

(3)脂肪的消化吸收 饲料中脂肪在瘤胃微生物作用下发生水解,产生甘油和各种脂肪酸。脂肪酸包括饱和脂肪酸和不饱和脂肪酸。不饱和脂肪酸在瘤胃中经过氢化作用变为饱和脂肪酸。甘油很快被微生物分解成挥发性脂肪酸。脂肪酸进入小肠后被消化吸收,随血液运送至体组织,变成体脂肪贮存于脂肪组织中。

瘤胃微生物可以合成B族维生素和维生素K,一般情况下可满足生理需要,不需另外添加。

(三)羔羊的消化特点

1.*复胃的发育* 从出生到断奶(一般为 3 月龄)阶段的羊称为羔羊。羔羊胃的大小和机能随着年龄的增长而发生变化。初生的羔羊,起主要消化作用的是皱胃(真胃),其他三胃的作用很小。因为此时前三胃很小,结构不完善,瘤胃微生物区系还没形成,没有消化粗纤维的能力,不能采食和利用草料。所吃母乳靠食道沟的闭锁作用直接进入真胃,由真胃所分泌的凝乳酶进行消化。随着日龄的增长,消化系统特别是前三胃不断发育完善,一般生后 10～15 日龄开始采食草料,在 20 日龄左右开始出现反刍活动,一个月左右就能大量采食植物性饲料。到 1.5 月龄,瘤胃和网胃占整个胃重的比例可达到成年羊程度(表 7-1)。依据这一特点,在出生后 15 日龄左右开始补饲优质干草和饲料,对刺激、促进瘤胃的发育和微生物区系的形成,增强对植物性饲料的消化能力是非常必要的。

表 7-1 放牧羔羊 4 个胃的相对质量比例(以 4 个胃总质量为 100%) %

胃	羔羊日龄							
	1	14	20	30	42	49	99	成年
瘤网胃	31	36	55	63	70	71	68	69
瓣胃	8	5	6	5	4	5	6	8
皱胃	61	59	39	32	26	24	26	23
4 个胃占整个消化道比例	22	25	28	27	29	35	35	49

注:引自张乃锋主编《新编羊饲料配方 600 例》,2009。

2.*肠道及消化道酶活力的发育* 新生羔羊的肠道占整个消化道比例为 70%～80%,高于成年羊(30%～50%)。随着日龄的增长和日粮的改变,小肠所占比例逐渐下降,大肠基本保持不变,胃的比例大大提高。小肠的吸收功能也随着年龄发生变化。新生羔羊的小肠可以吸收完整的蛋白质,以此获得母体的免疫物质,达到被动免疫的目的,因此,羔羊生后应及时喂给初乳,对保证健康成长至关重要。初生羔羊的肠道里有足够的乳糖酶,能较好地消化和有效利用奶中的乳糖。虽然新生羔羊小肠消化液中淀粉酶活性低,淀粉的消化能力有限,但其发育较早,并且出生后迅速增加。Thivend 等(1979)研究发现,当代乳品中淀粉比例从 19.6%逐渐增加到 35.7%时,仅在最高的淀粉水平时才有较多的淀粉到达大肠。初生羔羊的胰脂肪酶活力随着日龄的增长而提高,到 8 周龄时活力达到最高水平,使羔羊能够利用全乳。

第二节 常用饲料的营养特点
Section 2 Nutrition characteristics of common feedstuffs

根据国际分类原则,我国按照动物营养需要的几个主要方面和饲料的主要营养特性,把饲料分为八大类:青绿饲料、青贮饲料、粗饲料、能量饲料、蛋白质饲料、矿物质饲料、维生素饲料、添加剂饲料(图 7-3)。

一、青绿饲料

青绿饲料是指自然水分含量在 60%以上的一类饲料,包括天然和人工栽培牧草、青刈饲料作物、叶菜类饲料、树枝树叶及水生植物等。营养丰富而且较全面,适口性好,消化率高,还具有轻泻、保健、改善畜产品内外品质等作用,是小尾寒羊日粮的基本饲料。

- 常用饲料
  - 粗饲料
    - 青干草
    - 稿秕饲料
      - 秸秆
      - 秕壳
  - 青绿饲料
    - 青鲜草
    - 青割牧草
    - 叶菜类
  - 青贮饲料
  - 能量饲料
    - 谷实类及加工副产品
    - 块根、块茎及瓜果类饲料
    - 其他(动植物油、糖蜜等液态饲料)
  - 蛋白质饲料
    - 植物性蛋白质饲料
      - 豆科籽实
      - 饼粕类饲料
      - 其他加工副产品
    - 动物性蛋白质饲料
    - 单细胞蛋白质饲料
    - 非蛋白氮饲料
  - 矿物质饲料
  - 维生素饲料
  - 添加剂及其他

图 7-3 小尾寒羊常用饲料

(一)青绿饲料的种类

青绿饲料种类很多,可分为四大类:第一类是天然草地或人工栽培的牧草,如黑麦草、紫云英、苜蓿、三叶草、籽粒苋、鸭茅、猫尾草等;第二类是叶菜类和藤蔓类,如甘薯藤、花生秧、甜菜叶、白菜帮、萝卜缨、南瓜藤等;第三类是水生饲料,如绿萍、水浮莲、水葫芦、水花生等;第四类是野生饲料,如各类野生藤蔓、树叶、野草等。

(二)青绿饲料的特点

1.含水量高,适口性好　青绿饲料水分含量一般比较高,如陆生植物牧草的水分含量为75%～90%,而水生植物约为95%。由于水分含量高,其他营养素含量相对偏低。如陆生青绿饲料鲜重的消化能为1 254～2 508 kJ/kg。因而,仅靠青绿饲料作为羊的日粮难以满足能量需要,必须配合其他含能量较高的饲料组成日粮。

青绿饲料幼嫩多汁,纤维素含量低,适口性好,消化率高,营养比较均衡。小尾寒羊对青饲料有机物的消化率较高,可达75%～85%。将青绿饲料按一定比例加入日粮中,可提高整个日粮的利用率。

2.富含蛋白质　青绿饲料中粗蛋白质含量比禾本科籽实多。青绿饲料的氨基酸组成也优于其他植物性饲料,含有各种必需氨基酸,以赖氨酸、色氨酸的含量最高。据测定,青草的蛋白质生物学价值比精料高25%以上。特别是青绿饲料叶片中叶绿蛋白的氨基酸组成近似于酪蛋白,对小尾寒羊育肥特别有利。

3. 富含多种维生素　青绿饲料中含有各种维生素，特别是胡萝卜素。据测定，每千克青草中含有 50～80 mg 胡萝卜素。B 族维生素的含量也很丰富，例如 1 kg 青苜蓿中含硫胺素 1.5 mg，核黄素 4.6 mg，烟酸 18 mg。此外，还含有一定数量的维生素 E、维生素 K 等。日粮中加入 1/4 左右的青饲料，基本可满足小尾寒羊对维生素的需要量。

4. 钙、磷比例适宜　青饲料中矿物质占鲜重的 1.5%～2.5%，是矿物质营养的较好来源。如青饲料中一般含 Ca 0.4%～0.8%，P 0.2%～0.35%，比例适于小尾寒羊生长。因此，以青饲料为主要食物来源的放牧小尾寒羊，能基本满足各种矿物质营养需要。

(三)常用青绿饲料

1. 青饲玉米　玉米植株高大，生长迅速，产量高，是小尾寒羊产区的主要粮食作物之一。青刈玉米具有柔嫩多汁，适口性好，营养丰富，无氮浸出物含量高，易消化等特点，青贮后可作为小尾寒羊的优质青饲料。

2. 苜蓿　分为紫花苜蓿和黄花苜蓿，以前者分布广，是重要的栽培牧草之一，以“牧草之王”著称。不仅产量高，而且品质好、适应性强，一次栽种可利用多年，一般以第 2～4 年生长最旺盛，在开花前(50%现蕾期)刈割最适宜。苜蓿营养价值高，如初花期干物质中粗蛋白质为 21.1%，且必需氨基酸组成较平衡，赖氨酸达 1.34%，消化率可达 78%，饲用效果较好。无论作青饲、青贮、放牧和调制干草，苜蓿的适口性都较好，可作为小尾寒羊的主要青饲料。但喂量不宜过多，体重 60 kg 的小尾寒羊日喂量不宜超过 7 kg，否则会引起瘤胃臌气。

3. 羊草　又名碱草，是我国北方草原分布很广的一种优良多年生牧草。由于它适应性强，饲用价值高，容易栽培，已成为我国重点推广的优良牧草。羊草的适口性好，营养丰富，鲜草干物质含量为 28.64%，粗蛋白为 3.49%，蛋白品质很好。羊草主要供调制干草，也可整株鲜喂、切碎后饲喂或调制成青贮。

4. 根茎和瓜类的茎叶　这类饲料柔嫩多汁，适口性好，营养价值较高。如甘蓝、白菜、油菜、竹叶菜、甜菜茎叶、红薯藤、胡萝卜茎叶、南瓜叶等，都可作为小尾寒羊的青饲料。

5. 野生饲料　各类野生藤蔓、树叶、野草等，也是小尾寒羊良好的青饲料。如杨树叶，按干物质计算含粗蛋白质 6.1%、粗脂肪 6.8%、粗纤维 23.9%，是一种营养价值较高而又价廉易得的饲料。夏季用新鲜杨树叶喂小尾寒羊既可做饲料又可预防腹泻的发生。秋季收集落叶可直接做小尾寒羊的饲料。

(四)利用青绿饲料应注意的问题

青绿饲料的利用方法主要有切碎、制作青贮饲料和调制干草等，饲用青绿饲料应注意以下问题。

1. 注意多样搭配　用青绿饲料饲养小尾寒羊时，要补充和掺入适量青干草、谷物饲料(玉米、高粱等)和蛋白质饲料(豆饼、花生饼等)，这样才能满足营养需要，饲养效果才能更好。

2. 注意收割期和加工方法　青饲料要适时收割，喂小尾寒羊一般以 3～10 cm 长为宜。

3. 注意训饲，喂量适当　对适口性差、有异味的牧草，如串叶松香草、俄罗斯饲料菜等，初次喂时应进行训饲。小尾寒羊经 3～5 d 训饲，能够适应后才可足量投喂。

4. 注意防中毒　一防亚硝酸盐中毒。用青绿多汁饲料喂小尾寒羊时，不要堆积时间过长，因为腐败菌能把硝酸盐还原为亚硝酸盐，羊采食后会中毒。二防氢氰酸中毒。玉米苗、高粱苗、亚麻叶、苏丹草等，因为它们含有氰苷，小尾寒羊吃了后在瘤胃内会生成氢氰酸而发生中毒。三防有机农药中毒。刚喷过农药的牧草、蔬菜及田间杂草等，不能立即饲喂，在药效消失后才能饲喂。四防发生瘤胃臌胀病。豆科牧草由于含有皂素，小尾寒羊一次吃得过多，易发生瘤胃臌胀病。

二、青贮饲料

青贮饲料是指将新鲜的青绿饲料切短装入青贮设施，密封后经过微生物发酵作用，制成的一种具有特殊芳香气味、营养丰富的饲料。它基本上保留了青绿饲料原有的青绿、多汁、营养丰富等优点，适口性好、利用率高，是小尾寒羊的重要饲草之一。不但可以解决冬春季节的青绿饲料缺乏问题，而且还可以节约大量的精饲料，降低饲养成本，提高经济效益。青贮饲料包括水分含量在45%～55%的半干青贮。

(一)青贮饲料的特点

(1)原料来源广，调制方便，营养损失较少。用于青贮的原料来源广泛，如全株玉米、高粱、甘薯藤、花生藤、各种块根块茎、各种蔬菜等农作物，以及苜蓿、野青草等。只要适时收割青贮，一般可保留90%左右的原料成分。而自然风干，由于植物细胞并未立即死亡，仍在继续呼吸，就需消耗和分解营养物质，当达到风干状态时，营养损失30%左右。如在风干过程中，遇到雨淋或发霉变质，则损失更大。此外，青贮也有利于维生素的保存，如每千克甘薯蔓青贮后含有胡萝卜素94.7 mg，而自然风干后仅为2.5 mg。其他营养成分，也有类似趋势。

(2)青贮饲料适口性好，消化率高。青绿饲料经过乳酸发酵后，质地柔软，有酸甜清香味，羊喜欢吃。饲料经青贮后饲喂小尾寒羊，各种营养成分的消化率也有提高。如用同类青草制成的青贮饲料和干草，青贮料的消化率稍高(表7-2)。

表7-2　青贮料与干草消化率比较　　%

种类	干物质	粗蛋白	脂肪	无氮浸出物	粗纤维
干草	65	62	53	71	65
青贮料	69	63	68	75	72

注：引自龚月生主编《饲料学》，2007。

(3)青贮饲料能够保存青绿饲料的营养特性，不仅可以常年利用，还可以长期保存，实现以丰补歉的目的。同时不受风、霜、雨、雪及水、火等自然灾害的影响。而干草即使在库房内堆放，也会受鼠、虫或霉变的危害。

(4)饲喂青贮饲料，可促进生长发育，还可减少消化系统疾病和寄生虫病的发生。由于青贮饲料营养丰富，用它饲喂成年绵羊可提高受胎率，增加羔羊成活率，促进生长，增加产毛量(表7-3)。同时还能提高对其他饲料的消化率。饲料经发酵后，寄生虫及其虫卵被杀死，可减少小尾寒羊体内寄生虫病的发生。另外，一些杂草种子因发酵而失去发芽能力，还可减少粪便传播杂草。

表7-3　青贮料饲喂绵羊试验结果

组别	受胎率(%)	羔羊成活率(%)	产毛量(kg/只)	日增重(kg/d)
试验组	95.65	95.45	4.09	0.05
对照组	73.68	85.71	3.66	−0.02
增加(%)	+29.82	+11.36	+11.75	+350

注：引自刘建新主编《干草·秸秆·青贮饲料加工技术》，2003。

(5)青贮饲料单位容积内贮量大，可节约存放场地。1 m^3 青贮料重量为450～700 kg，其中干物质含量30%左右，而1 m^3 干草重量仅70 kg。1 t青贮苜蓿占体积1.25 m^3，而1 t苜蓿干草则占体积 13.3～13.5 m^3。因此，青贮饲料贮藏空间比干草小，可节约存放场地，并且在贮藏过程中，不受风吹、日晒、雨淋的影响，也不会发生火灾等事故。

(6)青贮时应用添加剂可强化饲料养分。制作青贮料时还可应用各种添加剂，如尿素、丙酸等，起到强化原料养分的作用。青贮料可与精料和补料混合成为“完全日粮”，让小尾寒羊随时自由采食。

(二)常用青贮饲料

常用的青贮饲料有青贮玉米、青贮甘薯藤、苜蓿草混合青贮等，其中，青贮玉米是最常用的青贮饲料品种，它是由专门用于青贮的玉米品种在蜡熟期收割，茎、叶、果穗一起切碎调制的青贮饲料。这种青贮饲料营养价值高，每千克相当于 0.4 kg 优质干草。

(三)青贮饲料的管理利用

1.经常检查　密封的青贮池要经常检查，严防人畜踩踏，一旦发现踩踏和裂缝要及时用土填平。青贮池和青贮堆要高出地面 30 cm 以上，四周设排水沟，严防雨水灌入。

2.逐渐取用　青贮饲料一般经过 60 d 左右即可利用。取用时最好搭棚遮荫，防止日晒雨淋引起饲料发黑变质。要从青贮池的一端开始取用，不要掏洞或全部掀开，每次取用后必须用塑料布或草帘盖严，以免霉烂、冻结或掉进泥土。

3.适量饲喂　初次饲喂青贮饲料的小尾寒羊应经过 4～7 d 的训练，喂量应由小到大，和其他饲料配合饲喂，使之逐渐适应。小尾寒羊每 100 kg 体重日喂量：成年羊 4～5 kg，羔羊 0.4～0.6 kg。同时应注意妊娠羊要少喂青贮饲料，妊娠后期停喂，冻结的要化开再喂，以防引起母羊流产。

三、粗饲料

粗饲料是指干物质中粗纤维含量在 18%以上的一类饲料，主要包括干草类、秸秆类、农副产品类，是小尾寒羊的基本饲料。粗饲料种类很多，其品质和特点差异也很大，主要有以下几类。

(一)青干草

在天然草地上或路边、荒地采集并调制成的干草称为青干草。由于草地所处的生态环境、植被类型、草种类和收割与调制方法等的不同，干草品质差异很大。自然干燥的天然青干草，一般水分含量 8%～9%，粗蛋白含量 5%～13%，粗纤维含量 30%～38%，无氮浸出物含量在 40%左右，钙多磷少，每千克青干草含消化能 8 MJ 左右，胡萝卜素 35 mg 左右，是小尾寒羊冬春必备的饲草。

(二)栽培牧草干草

主要有苜蓿、草木樨、沙打旺、红豆草、羊草、老芒麦、披碱草等，用这些栽培牧草所调制的干草，质量好，产量高，适口性好，是小尾寒羊常年必备的主要饲草。

苜蓿干草是我国牧草调制加工的主要类型，也是草食家畜冬春必备和最常用的粗饲料。苜蓿干草适口性好，营养价值居牧草之首，不仅含有丰富的粗蛋白质、矿物质和维生素等重要的营养成分，并且含有动物所需的必需氨基酸、微量元素和未知生长因子。适时收割调制的苜蓿干草，粗蛋白质含量可达 18%～24.8%，赖氨酸 1.06%～1.38%，粗脂肪 2.4%，粗纤维 35.7%，无氮浸出物 34.4%，粗灰分 8.9%，其中钙为 1.09%，磷为 0.3%。初花期和盛花期苜蓿干草的能量接近于中等能量饲料。一亩苜蓿可年产 5 000 kg 鲜草，按鲜干值 4：1 计算，可生产 1 250 kg 干草，其蛋白质产量是种一亩玉米蛋白质产量的 4～6 倍，相当于 750 kg 大豆的含量，维生素、矿物质元素的产量则相当于种玉米的 10 倍以上，其综合营养价值高于玉米、小麦等粮食作物。

（三）秸秆饲料

小尾寒羊产区农作物秸秆种类以小麦秸、玉米秸、稻草、谷草、甘薯秧、花生秧和豆秸为主，是粗饲料的主要来源。目前所生产和收获的秸秆中，综合利用的秸秆约占总量的 60%，每年仍有 40%左右用作燃料和肥料。秸秆饲料的特点是含粗纤维较多，干物质中占 31%～45%；含木质素多，小麦秸约 12.8%、燕麦秸约 14.6%；秸秆中有机物质的消化率很低，羊消化率在 50%以下。各种秸秆蛋白质含量少，豆科 8.9%～9.6%，禾本科 4.2%～6.3%。矿物质中钾多，钙、磷含量少。秸秆饲料一般质地较差，营养成分含量较低，必须合理加工调制，才能提高其适口性和营养价值。

1. 玉米秸　玉米的种植面积大，秸秆产量也最多。风干的玉米秸粗蛋白含量 3.9%，粗脂肪 0.9%，粗纤维 37.7%，无氮浸出物 48.0%，粗灰分 9.5%。玉米秸外皮光滑，茎的上部和叶片营养价值较高，羊喜爱采食，是小尾寒羊的主要饲草。

玉米秸秆中各部位的成分与消化率是不同的，甚至差别很大。一般叶片的灰分和纤维含量较低，消化率则远高于节间茎秆部分。玉米秸的干物质消化率为 56.6%。

2. 豆秸　豆秸是各类豆科作物收获籽粒后的秸秆总称，包括大豆、豌豆、蚕豆、绿豆等茎叶，它们都是豆科作物成熟后的副产品，叶子大部分都已凋落，即使有一部分叶子也已枯黄，茎也多木质化，质地坚硬，粗纤维的含量较高，但其中粗蛋白质的含量和消化率较高，仍是小尾寒羊的优质饲草。青刈的大豆秸叶的营养价值接近紫花苜蓿。在豆秸中蚕豆秸和豌豆秸的蛋白质含量最多，品质较好。

3. 花生秧　花生秧营养丰富，含粗蛋白质、粗脂肪、各种矿物质及维生素，如干花生秧含可消化蛋白质 70 g/kg，钙、磷分别为 17 g/kg 和 7 g/kg，其粗蛋白质含量分别是豌豆秧和稻草的 1.6 倍和 6 倍。花生秧不仅营养丰富，且适口性好，采食利用率、消化率都较高，是小尾寒羊极好的饲草。花生秧收获后可以直接同玉米秸、甘薯秧、胡萝卜等混合青贮，也可及时摊放晒干后粉碎或储存备用。

4. 甘薯秧　甘薯茎叶中含有较丰富的营养成分，是小尾寒羊的上好饲料。据分析，甘薯秧干物质中的粗蛋白质含量为 8.8%，比花生秧含量稍高，比谷草含量高 1 倍；甘薯秧中粗脂肪的含量为 2.6%，比苜蓿草高 0.3%，比谷草高 0.7%。另外，甘薯秧质地柔软、适口性好，消化利用率较高。

5. 谷草　就是谷子秸秆，质地柔软厚实，营养丰富，可消化粗蛋白质较麦秸、稻草高。在禾谷类饲草中，谷草的主要用途是制备干草，供冬、春季饲用，是品质较好的饲草。

（四）农副产品

1. 秕壳类　指农作物种子脱粒或清理种子时的残余副产品，如稻谷壳、麦壳、棉籽壳、谷壳等。秕壳的蛋白质和矿物质含量，与其同种作物的秸秆相比较高，而粗纤维含量较低。但秕壳质地坚硬、粗糙，甚至有的秕壳还含有芒刺，因此适口性差，大量饲喂很容易引起小尾寒羊消化道功能障碍，应该严格限制喂量。在禾谷类荚壳中，谷壳含蛋白质和无氮浸出物较多，粗纤维较低，营养价值仅次于豆荚。

2. 荚壳类　指豆科作物种子的外皮、荚皮，主要有大豆荚皮、豌豆荚皮、绿豆荚皮、花生壳等。与秕壳类饲料相比，此类饲料的粗蛋白质含量和营养价值相对较高，对小尾寒羊的适口性也较好。

(五)树叶类

树叶中含有丰富的蛋白质、矿物质和维生素。用树叶喂羊，成本低、增重快、省精料、效益高，还能增强抗病力。有100多种树的叶子可以用作小尾寒羊的饲料，主要有槐树叶、杨树叶、松针、泡桐树叶、苹果树叶、旱柳树叶、桑叶等。几种树叶的主要营养成分见表7-4。

表7-4 几种树叶(鲜)的营养成分 %

类别	干物质	粗蛋白质	粗脂肪	粗纤维	无氮浸出物	粗灰分	钙	磷
槐树叶	23.7	5.3	0.6	4.1	11.5	1.8	0.23	0.04
	100.0	22.4	2.5	17.3	48.5	7.6	0.97	0.17
榆树叶	30.6	7.1	1.9	3.0	13.7	4.9	0.76	0.07
	100.0	23.2	6.2	9.8	44.8	16.0	2.49	0.23
柳树叶	33.2	5.2	2.0	4.3	18.5	3.2	—	0.07
	100.0	15.6	6.0	12.9	55.5	9.6	—	0.21
白杨叶	32.5	5.7	1.7	6.2	17.0	1.9	0.43	0.08
	100.0	17.5	5.2	19.0	52.2	5.8	1.32	0.25
紫穗槐叶	42.3	9.1	4.3	5.4	20.7	2.8	0.08	0.40
	100.0	21.5	10.1	12.7	48.9	6.6	0.18	0.94
洋槐叶	23.1	6.9	1.3	2.0	11.6	1.8	0.29	0.03
	100.0	29.9	5.6	8.6	48.9	7.8	1.25	0.12
松针	36.1	2.9	4.0	9.8	18.3	1.1	0.40	0.07
	100.0	8.0	11.0	27.1	50.7	3.0	1.10	0.19
枣树叶	34.0	4.9	1.9	3.7	19.4	4.1		
	100.0	14.4	5.6	10.9	57.0	12.1		
桑树叶	28.3	4.0	3.7	6.5	9.3	4.8	0.65	0.85
	100.0	14.1	13.0	22.9	32.8	16.9	2.29	3.00

注：引自白元生主编《饲料原料学》，1999。

1. 槐树叶　含粗蛋白质19.1%～23.2%，无氮浸出物39.3%～44.6%，赖氨酸1.29%～1.68%，苏氨酸0.56%～0.93%，精氨酸1.27%～1.48%，钙1.76%～2.4%，磷0.03%～0.31%，以及多种维生素，尤其是胡萝卜素和维生素B_2含量丰富，用来喂羊可提高增重和饲料报酬，节约精料。

2. 杨树叶　干物质中含有18种氨基酸、维生素等营养物质，其中粗蛋白质12%～13%，粗脂肪4.75%，粗纤维16.8%，钙0.51%，磷0.15%。杨树叶具有利水通便，解热毒，杀虫，健胃消食，激活口腔味觉，增进食欲的功效，并对羊胃肠道有害杂菌有抑制作用。鲜喂、干喂均可。

3. 松针　松针主要是指马尾松、黄山松、油松以及桧、云杉等树的针叶。松针粉含粗蛋白质6.5%～9.6%，粗纤维14.6%～17.6%，赖氨酸、天冬氨酸等18种氨基酸总含量5.5%～8.1%，含钙0.45%～0.62%，磷0.02%～0.04%及铜、锌、钴等矿质元素；每千克松针含胡萝卜素250 mg、维生素C 540～650 mg/kg，叶绿素700～2 200 mg/kg。可促进生长，预防肠胃道疾病及各种维生素缺乏症，对种公羊具有提高精液分泌量的作用。

4. 泡桐树叶　泡桐树是多年生落叶乔木，叶大而肥，营养丰富。泡桐叶干物质中含粗蛋白19.3%，粗纤维11.1%，粗脂肪5.82%，无氮浸出物54.8%，钙1.93%，磷0.21%。具有易收集、耐贮藏等特点。

5. 苹果树叶 苹果树叶来源广，营养价值较高，据分析一般含粗蛋白9.8%，粗脂肪7%，粗纤维8%，无氮浸出物59.8%，钙0.29%，磷0.13%，是羊的好饲料。

6. 旱柳树叶 旱柳树叶中含粗蛋白质11.1%，粗脂肪2.11%，粗纤维11.96%，无氮浸出物54.13%，钙0.57%，磷0.08%以及多种氨基酸，其主要营养成分含量高于一般牧草，粗纤维含量比一般牧草低，适口性好。

7. 桑叶 产量高，生长季节可采4～6次。鲜桑叶含粗蛋白4%，粗纤维6.5%，钙0.65%，磷0.85%，还含有丰富的维生素E、维生素B_2、维生素C及各种矿物质，是羊的优质饲料。

另外，梨树、桃树、榆树、柿树、柑橘、葡萄、杏、李等树的叶子，经过适当处理后，都可以用来饲喂小尾寒羊。一般春季采集的嫩鲜叶适口性好，营养价值也高，夏季的青叶次之，秋季的落叶最差。树叶既可以鲜喂，也可以采收后进行窖贮、缸贮，晒干粉碎后还可在冬、春枯草期喂羊。

四、能量饲料

能量饲料是指干物质中粗纤维的含量在18%以下，粗蛋白质的含量在20%以下的一类饲料，主要包括谷实类、糠麸类、淀粉质的根茎瓜果类、油脂、草籽树实类等。

(一)谷实类

这类饲料属禾本科植物成熟的种子，常用的有玉米、小麦、大麦、燕麦、稻谷、谷子、高粱等。主要营养特点：

①无氮浸出物含量高，平均占干物质的70%～80%，其中主要是淀粉，是谷实类饲料的主要养分，因此消化能很高，大都在12.5 MJ/kg以上。

②粗纤维含量低，一般在3%以下，所以消化率高。

③粗蛋白含量低，平均约占干物质的10%，蛋白质品质较差，赖氨酸和色氨酸较缺乏。

④脂肪含量低，一般在2%～4%。

⑤矿物质组成不平衡，一般是钙少磷多，且主要是植酸磷。

⑥维生素含量低，且组成不平衡，维生素B_1、尼克酸和维生素E较丰富，但维生素B_2和维生素A、维生素D缺乏。

1. 玉米 玉米是小尾寒羊生产中常用的能量饲料，产区分布广、产量高、种类多、种植面积大，是农区主要粮食作物之一。玉米含粗纤维较少，仅2%左右，而无氮浸出物高达70%以上，能值为14.5 MJ/kg以上。全玉米中有机物质的平均消化率可达到86%，并且适口性好，易于消化。玉米蛋白质含量低，品质较差，缺少赖氨酸，无机盐及微量元素含量都比较低。玉米脂肪含量高，但多为不饱和脂肪酸，育肥后期多喂玉米易使胴体变软，所以使用时应与其他饲料合理搭配，取长补短，充分发挥其特长。据测定：玉米水分含量在14%以上时，在储藏过程中温度超过20℃时，极易发生霉变，特别是黄曲霉菌产生的黄曲霉毒素，是一种强烈的有毒致癌物质，对人、畜有很大威胁，所以在配制饲料时，禁用发霉变质的玉米。

2. 高粱 主要产于我国东北地区，营养成分略低于玉米，消化能平均可达13.8 MJ/kg，粗脂肪含量较高，但高粱所含的蛋白质质量较差，氨基酸也不平衡，无机盐和微量元素含量也低，特别是高粱含有较多的单宁，是一种抗营养因子，会阻碍能量和蛋白质及矿物质的利用率，适口性也较差。

3. 小麦　小麦是小尾寒羊产区的主要粮食作物之一。小麦有效能值仅次于玉米，粗蛋白质含量高于玉米、高粱，各种限制性氨基酸也高于玉米。小麦中锰、锌、铜、钙、磷含量也较玉米高，但钙(0.48%)磷(0.4%)不平衡，维生素A、维生素D、维生素B_2比较缺乏，但维生素B_1比较丰富。具有较好的适口性和消化性。

4. 大麦　大麦分皮大麦和米大麦两种。这两种大麦的有效能值都不如玉米和高粱，与小麦相近，但是大麦蛋白质质量较好，赖氨酸含量比玉米、高粱高1倍。皮大麦中粗纤维含量和灰分含量较高，影响能量的利用率。两种大麦中钙、铜含量较低，但铁含量比较高。大麦整粒喂养不易消化，所以应该破碎。

5. 稻谷　稻谷也是小尾寒羊产区的主要粮食作物之一。稻谷是谷实类饲料中产量最高的一种，但由于它含有坚实的外壳，粗纤维含量高，一般在8%以上，因而有效能值较低，消化能仅为10.5～10.8 MJ/kg。稻谷所含蛋白质比玉米稍低，氨基酸含量与玉米相似，有效钙、磷和微量元素含量与玉米相近。

(二)谷实类加工副产品

这类饲料主要有米糠、小麦麸、大麦麸、玉米皮、高粱糠、谷糠、大豆皮等，其中以小麦麸与米糠最常用。由于加工工艺不同，所得的副产品在组成和营养价值方面也有很大差别。但总的来说，有以下共同特点：粗纤维含量高，占10%左右；无氮浸出物少，仅占40%～50%；粗蛋白含量较高，占12%～15%，介于禾谷籽实与豆类籽实之间；粗脂肪含量较高，占13%～14%，其中大部分为不饱和脂肪酸；矿物质含量丰富，占1%以上，但钙、磷含量比例失调；维生素含量不平衡，B族维生素含量丰富，脂溶性维生素比较缺乏；质地疏松，容积大。

1. 小麦麸　小麦麸俗称麸皮，是小麦粒制粉后的副产品，其营养价值因面粉的精制程度不同而有差异。小麦的出粉率越高，麦麸的粗纤维含量就越高，无氮浸出物的含量越低。小麦麸一般含粗纤维8.5%～12%，能量为11.5～12.0 MJ/kg，粗蛋白含量较高，可达12%～19%。小麦麸中赖氨酸含量较高，含有较丰富的铁、锌、锰，但磷的质量不好，绝大部分是植酸磷。小麦麸中含有丰富的维生素E、烟酸和胆碱。

2. 米糠　米糠是糙米精制成精米时的副产品，由种皮、糊粉层、胚及少量胚乳组成，占稻谷的6%～8%。其营养价值受稻米精制加工程度的影响，精制程度越高，则米糠中混入的胚乳就越多，其营养价值也就越高。米糠中粗蛋白质含量为14%，比大米(粗蛋白为9.2%)高。含有较多的氨基酸，特别是含硫氨基酸，氨基酸平衡情况较好，其中赖氨酸、色氨酸和苏氨酸含量高于玉米。粗脂肪含量12%以上，粗纤维含量不高，所以有效能值较高。维生素B族及维生素E含量高，且含有肌醇，是核黄素的良好来源，在糠麸饲料中仅次于小麦麸。矿物质含量丰富，钙少(0.08%)磷多(1.6%)，钙磷比例不平衡，磷主要是植酸磷。此外，米糠中锌、铁、锰、钾、镁、硅含量较高。米糠中脂肪主要是不饱和脂肪酸，且脂肪酶活性较高，长期贮存易引起脂肪变质。

(三)根、茎类

这类饲料主要包括胡萝卜、甘薯、马铃薯、饲用甜菜、芜菁、甘蓝及南瓜等。这类饲料的最大的特点是容积大，水分含量高，可达70%～90%，因而干物质含量低。干物质中粗蛋白质、粗纤维的含量较低，无氮浸出物含量高，且多为易消化的淀粉或糖分。

1. 胡萝卜　胡萝卜属块根、块茎类饲料，产量高，易栽培，耐贮藏，营养丰富，是小尾寒羊重要的青饲料。其营养价值很高，大部分营养物质是无氮浸出物，并含有蔗糖和果糖，故具有甜味，蛋白质含量也较其他块根多。胡萝卜素含量尤为丰富，每千克胡萝卜中含胡萝卜素 36 mg 以上，胡萝卜的颜色越深，胡萝卜素的含量越高。其他维生素含量也较多，可用做维生素补充饲料。胡萝卜还含有大量钾盐、磷盐和铁盐等多种微量元素，适口性好，小尾寒羊喜食，喂给足量的胡萝卜对提高种公羊精液品质、维持泌乳母羊的泌乳都有重要作用，是小尾寒羊冬、春季重要的多汁饲料。因熟喂会使胡萝卜素、维生素 C、维生素 E 遭到破坏，所以胡萝卜要生喂。小尾寒羊种公羊一般每天喂给 1～2 kg 即可满足需要。

2. 甘薯 又称红薯、地瓜，干物质含量可达 25%～30%，其中 85%为淀粉，蛋白质含量较低，红黄芯甘薯含有一定量的胡萝卜素，其他维生素和矿物质缺乏，必须同其他饲料混合喂饲。

3. 马铃薯 又称土豆。马铃薯含干物质约 25%，主要成分是淀粉，占干物质的 80%以上。鲜马铃薯中维生素 C 含量丰富，其他维生素缺乏，钙、磷及其他矿物质元素含量低。马铃薯耐储藏，温度高时会发芽，芽、芽眼和绿色表皮含有龙葵素，大量采食可致中毒，甚至死亡。

五、蛋白质饲料

蛋白质饲料是指干物质中粗纤维含量在 18%以下，粗蛋白质含量在 20%以上的一类饲料，主要包括植物性蛋白质饲料、动物性蛋白质饲料、微生物蛋白质饲料、非蛋白氮饲料等。

(一)植物性蛋白质饲料

这类饲料主要包括豆科籽实、饼粕类和某些加工副产品。其中豆科籽实大部分作为食品，仅少量用作饲料。饼粕类饲料是动物最主要的蛋白质饲料资源，加工副产品如玉米蛋白粉、糟渣类也是常用的植物性蛋白质饲料。

1. 大豆饼(粕) 大豆饼(粕)是以大豆为原料，提取或榨取食用油脂后的副产品，是一种优质的植物性蛋白质饲料，粗蛋白质含量一般为 40%～46%，氨基酸比例组成较合理，必需氨基酸含量高，尤其是赖氨酸在各种饼粕类饲料中含量最高，达 2.4%～2.9%，但蛋氨酸含量不足。大豆饼(粕)中的可溶性碳水化合物主要是糖类，淀粉含量不多，粗纤维含量低，因此可利用能量高。矿物质含量不平衡，钙低(0.3%)，磷较适宜(0.65%)，含有丰富的铁和锌。大豆饼(粕)适口性好，在羊瘤胃中降解率很高，是小尾寒羊的优质蛋白质饲料，在精饲料中用量一般占 10%～30%。

2. 棉籽饼(粕) 棉籽饼(粕)是棉籽榨油后的副产品，去壳的棉籽饼(粕)中含 35%～41%的粗蛋白质，蛋白质的品质较大豆饼(粕)低，赖氨酸不足，精氨酸过高，缺乏维生素，含较丰富的磷、铁、锌。棉籽饼(粕)含有毒物质棉酚，喂量过多时容易引起中毒。但对小尾寒羊来说，只要饲喂不过量(日粮中用量以不超过 20%为宜)就不会发生中毒，且成本较豆饼便宜，故在小尾寒羊生产中被广泛应用。

3. 菜籽饼(粕) 菜籽饼(粕)一般粗蛋白质含量为 30%～38%，粕的粗蛋白质含量比饼高出 2%～3%。粗蛋白质含量低于大豆饼(粕)和棉籽饼(粕)，并且蛋白质的消化利用率低。但蛋氨酸含量高于大豆饼(粕)、棉籽饼(粕)。粗纤维含量为 12%～14%，约为大豆饼的 2 倍，可利用能量水平较低。菜籽饼(粕)中钙、磷、锰含量较高，硒的含量是植物性饲料中最高的。菜籽饼(粕)中胡萝卜素、维生素 D 及硫胺素、核黄素、泛酸的含量较低，但烟酸和胆碱含量高，是其他饼粕类饲料的 2～3 倍。

菜籽饼(粕)含有硫葡萄糖苷类化合物，可水解成甿唑烷硫酮、异硫氰酸酯、硫氰酸酯及腈类等有毒物质，所以菜籽饼(粕)不脱毒，只能限量饲喂，只有脱毒或减毒后才能提高饲喂比例。

日粮中用量以不超过 20%为宜。

4. 花生饼(粕) 花生饼(粕)是指脱壳花生果去油后的副产品。花生饼粗蛋白质含量为 42%～44%,浸提粕为 45%～48%。带壳的花生饼(粕)蛋白质含量仅为 35%左右,而粗纤维高达 18%。花生饼(粕)含赖氨酸 1.35%,蛋氨酸 0.39%,精氨酸含量特别高(5.2%),是所有动、植物性饲料中含量最高的。花生饼(粕)粗纤维含量仅 5%左右,无氮浸出物中大多为淀粉、糖和戊聚糖等,含消化能可达 12.5 MJ/kg 以上。花生饼(粕)中胡萝卜素、维生素 D 和维生素 C 含量均低,但 B 族维生素含量丰富,特别是烟酸含量高(达 174 mg/kg),泛酸(52 mg/kg)、硫胺素(7.3 mg/kg)含量均高于大豆饼(粕)。钙、磷含量少,磷多为植酸磷,其他微量元素含量与大豆饼粕相近。

花生饼(粕)粗蛋白品质比豆饼差,饲用价值与大豆饼(粕)相当或略低,有甜香味,适口性好。此外花生饼粕贮存不当,易感染黄曲霉,产生黄曲霉毒素。

5. 玉米胚芽饼(粕) 玉米胚芽饼(粕)是玉米胚芽脱油后所剩的残渣。蛋白质含量一般为 15%～21%,氨基酸中赖氨酸 0.70%,蛋氨酸 0.30%,色氨酸含量较低。维生素中维生素 E 含量丰富,达 87 mg/kg,大大高于其他饼粕类。玉米胚芽饼(粕)适口性好,价格低廉,是小尾寒羊的优良饲料。

6. 玉米蛋白粉 是玉米淀粉厂的主要副产物之一,为玉米除去淀粉、胚芽、外皮后剩下的产品。蛋白质含量因工艺条件不同变异较大(粗蛋白 35%～60%),氨基酸组成不佳,蛋氨酸含量较高。粗纤维含量低,易消化。B 族维生素含量低,但胡萝卜素含量高。钙、磷等各种矿物质含量低。

7. 粉丝蛋白 指利用绿豆、豌豆或蚕豆制作粉丝过程中的浆水经浓缩而获得的蛋白质饲料。粉丝蛋白营养丰富,含有原料豆中除淀粉以外的蛋白质、脂肪、矿物质、维生素等营养物质。粗蛋白质含量可达 60%以上,氨基酸组成较合理,生物学价值较高,是一种重要的蛋白质补充饲料。

8. 糟渣类 主要包括啤酒糟、酒精糟、豆腐渣、酱油渣、醋渣等,都含有较高的蛋白质,适当处理可以作为较好的蛋白质补充料(表 7-5)。

(1)啤酒糟 是大麦提取可溶性碳水化合物后的残渣,是酿制啤酒过程的副产品,其成分除淀粉含量低外,其他与大麦组成相似。干啤酒糟粗蛋白质含量为 22%～27%,氨基酸中赖氨酸(0.75%)、蛋氨酸(0.6%)含量低。粗纤维含量(15%)较高,矿物质、维生素含量丰富。无氮浸出物 39%～43%,以五碳糖类戊聚糖为主。啤酒糟适口性好,过瘤胃蛋白质含量高,适用于小尾寒羊。饲喂量可达到混合精料的 30%～35%。

(2)酒精糟 以玉米酒精糟最多。经干燥处理后的脱水酒精糟(DDG),蛋白质含量较高(18%～25%),并且粗纤维(11%～20%)含量低,脂肪含量(3%～8%)较高。含有丰富的 B 族维生素,适口性好,其中的蛋白质在小尾寒羊瘤胃中降解率较低,是很好的过瘤胃蛋白质来源。

(3)酱油渣和醋渣 干物质中含大量菌体蛋白,粗蛋白质含量可达 24%～40%。脂肪含量约 14%,含有 B 族维生素、无机盐、未发酵淀粉、糊精、氨基酸、有机酸等。粗纤维含量高,无氮浸出物含量低,有机物质消化率低,有效能值低。醋渣含大量醋酸,有酸香味,使用时最好和碱性饲料配合以免过酸。酱油渣里含有较多食盐(7%～8%),不能大量饲用,否则易引起食盐中毒。

(4)豆腐渣 豆腐渣中的蛋白质含量受加工的影响较大，干物质中粗蛋白含量为19%～29.8%，粗纤维和粗脂肪含量较高，维生素含量低，含有抗胰蛋白酶因子。豆腐渣水分含量很高，不容易加工干燥，不宜久存，一般鲜喂。

糟渣类蛋白质饲料的营养成分见表7-5。

表7-5 糟渣类蛋白质饲料的营养成分(全干基础)

营养成分	玉米酒精糟	啤酒糟	豆腐渣
干物质(%)	6.5	—	11.4
粗纤维(%)	7.4	19.9	21.9
无氮浸出物(%)	49.3	47.9	34.2
粗蛋白质(%)	29.6	22.2	29.8
羊消化能(MJ/kg)	16.55	—	—
钙(%)	0.14	—	0.97
磷(%)	0.82	—	0.40

(二)单细胞蛋白质饲料

这类饲料是指由各种微生物细胞制成的蛋白质饲料，包括酵母菌、细菌、真菌和一些单细胞藻类，因此这类饲料也称微生物蛋白质饲料。

单细胞蛋白质饲料由于原料及生产工艺不同，其营养成分组成变化较大。主要营养特点：粗蛋白质含量较高，风干制品中一般含粗蛋白质50%以上。富含多种酶系，动物对其消化率较高。富含B族维生素，氨基酸含量不平衡。

现在生产中常用的是酵母饲料，它是以酵母作为菌种，接种于某些植物蛋白质饲料上进行固体发酵而制成的饲料，目的是进一步提高低质蛋白质饲料的营养价值。酵母类单细胞生物一般具有苦味，适口性差，应限制喂量。

(三)非蛋白氮饲料

1.非蛋白氮饲料的功能 非蛋白氮(NPN)是指除真蛋白(多肽)以外的其他所有含氮化合物，主要包括一些有机非蛋白氮化合物(如氨、酰胺、胺、氨基酸)和无机氮化合物(如铵盐类)。

NPN对动物不能提供能量，其作用只是供给小尾寒羊瘤胃微生物合成蛋白质所需的氮源。瘤胃微生物利用这些氮源合成微生物蛋白。微生物蛋白质随着瘤胃食糜流入真胃和小肠，被消化吸收。其过程如下：

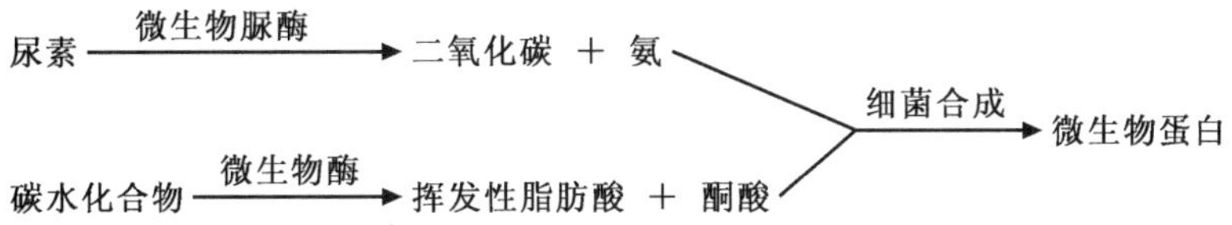

2.非蛋白氮饲料的种类及应用 常用的非蛋白氮饲料主要有氨基酸、尿素、缩二脲、脂肪酸尿素以及磷酸二氢铵、多磷酸铵等无机铵盐和醋酸铵、乳酸铵等有机铵盐，目前生产中最常用的是尿素。

(1)尿素的应用方法 尿素[$CO(NH_2)_2$]为白色、无臭、结晶状的颗粒或粉末。味微咸苦，适口性差，易溶于水，吸湿性强。纯尿素含氮量为46%，一般商品尿素的含氮量为45%。如全部被瘤胃微生物利用，每千克尿素相当于2.8 kg粗蛋白质，或相当于7 kg豆饼的粗蛋白质含量。试验证明，用适量的尿素取代小尾寒羊日粮中的蛋白质饲料，不仅可降低生产成本，而且还能促进生长，提高生产力。

尿素的喂量与喂法：尿素用量一般不超过日粮粗蛋白质的1/3，或不超过日粮干物质的1%。也可按羊体重的0.02%～0.03%喂给，即每10 kg体重日喂尿素2～3 g。应将定量的尿素与精料充分拌匀，每日喂量分2～3次投给。开始喂量要少，经5～7 d的过渡期再转入正常喂量。

此外，按青贮原料鲜重的0.5%添加尿素制作尿素青贮料，或用尿素制作氨化秸秆、糖蜜尿素复合舔块等，也能较好地利用尿素。

(2)影响尿素利用的因素

碳水化合物的种类与数量：瘤胃微生物利用碳水化合物的实质是满足自身生长繁殖的能量，同时为合成菌体蛋白提供碳源，只有提供足量的能量与碳架，瘤胃微生物才能利用尿素合成菌体蛋白，保证尿素的充分利用。所以，饲粮中易被消化吸收的碳水化合物的种类、数量是影响尿素利用效率的最主要的因素。因此，日粮中应有一定数量的可溶性碳水化合物，其中以淀粉的效果最好，熟淀粉又比生淀粉好。

日粮中蛋白质水平：瘤胃微生物合成蛋白质需要一定的氨浓度，只有每升瘤胃液中氨的浓度<50 mg，尿素才能被有效利用。据测试，使瘤胃氨浓度达到此水平的日粮蛋白质含量为13%，当日粮蛋白质水平超过13%时，加喂非蛋白氮会使瘤胃液氨浓度增加很快，不但无益，反而会造成氨中毒。因此，只有当日粮蛋白质水平低于13%时，添加尿素等非蛋白氮饲料效果才好。

矿物元素：钙、磷、硫、钴、锌、铜和锰等是提高尿素利用率的重要矿物质元素。硫是瘤胃微生物合成蛋氨酸、胱氨酸等含硫氨基酸以及硫胺素、生物素等含硫维生素所需的原料，一般认为小尾寒羊日粮中氮、硫比应达到15∶1，尿素的利用才能达到最佳效果。如果日粮中缺钴，则维生素B_{12}合成缓慢，并且影响日粮中含氮物质的利用。因此，在用非蛋白氮补充低蛋白日粮时，一定要补硫，如日粮干物质含硫量低于0.1%，每100 g尿素应加喂3 g无机硫，这样才能达到合理的比例。

维生素：供给适量的维生素，可以保证微生物的正常活性。特别是维生素A、维生素D，是保持瘤胃微生物正常活性的重要营养因素，维生素不足会影响瘤胃微生物的正常繁殖和生长，从而对尿素的利用产生不利影响。

日粮蛋白质的可溶性：日粮中蛋白质在瘤胃中的可溶性直接影响非蛋白氮的利用。饲料蛋白质的可溶性好，在瘤胃中释放氨的速度快，非蛋白氮的利用率降低；相反，蛋白质的可溶性差，可提高非蛋白氮的利用率。在饲料中加入甲醛可降低蛋白质的可溶性，每100 g饲料蛋白加2 g甲醛，放置24 h再喂羊，可提高羊对饲料中非蛋白氮的利用率。

尿素在瘤胃中分解的速度：能使瘤胃微生物最大程度地发挥其利用效率的氨的最适宜量为20 mg/100 mL(100 mL瘤胃液中含有20 mg氨)。

(3)防止尿素中毒的措施　①饲喂尿素等非蛋白氮饲料，应有2～4周的适应期。尿素不能单独喂，也不能空腹喂，应与精料混合均匀，每日分数次饲喂，以免造成氨中毒。②喂后不可立即饮水，防止尿素直接进入皱胃。给羊饮水应在饲喂尿素 1 h 后进行。③不要将尿素溶于水中饮喂或灌服。④制作尿素青贮时，要调制均匀。⑤注意选用安全型非蛋白氮产品，如磷酸脲、缩二脲、异丁基二脲等，这些产品可使尿素在瘤胃中的分解速度减慢，有利于微生物对氮的充分利用。⑥随时做好中毒的治疗准备工作。

六、矿物质饲料

矿物质饲料包括工业合成的或天然的单一矿物质饲料，多种矿物质混合的矿物质饲料，以及加有载体或稀释剂的矿物质添加剂预混料。目前已知小尾寒羊明确需要的矿物元素有 14 种，其中常量元素 7 种(钾、镁、硫、钙、磷、钠和氯)，微量元素 7 种(铁、锌、铜、锰、碘、硒、钴)。因饲料中不足，常需要补充的有钙、磷、氯、钠 4 种。虽然通过采食饲草饲料，能够在某种程度上满足小尾寒羊对矿物质的需要，但随着舍饲圈养和规模化、集约化养羊业的发展，小尾寒羊对它们的需要量增多，这时就必须在日粮中另行添加所需的矿物质。

(一)矿物质饲料的营养特点

第一，它是动物体组织的组成成分，如钙、磷、镁是骨骼和牙齿的主要组成成分，其矿物质饲料为骨骼和牙齿的生长发育提供原料。

第二，维持体组织内细胞渗透压正常，维持体内酸碱平衡，保证机体组织正常的生命活动。

第三，它是体内许多酶的组成成分和激活剂，具有特殊的生理功能。

第四，日粮中用量少，不含能量、蛋白营养。

(二)常用矿物质饲料

常用矿物质饲料包括食盐、钙源性饲料、磷源性饲料以及含硫饲料和含镁饲料等。

1. *食盐*　食盐的主要成分是氯化钠。钠和氯主要参与机体电解质及酸碱平衡、肌神经兴奋过程等，缺乏时小尾寒羊出现异嗜，生长受阻。补食盐除了具有维持体液渗透压和酸碱平衡的作用外，还可刺激唾液分泌，提高饲料适口性，增强羊的食欲，具有调味剂的作用。其喂量在风干饲粮中一般为 0.5%～1%，或为精饲料的 1%～2%。

补饲食盐时，除了直接拌在饲料中外，也可以以食盐为载体，制成微量元素添加剂预混料。在缺硒、缺铜、缺锌地区等，也可以分别制成含亚硒酸钠、硫酸铜、硫酸锌或氧化锌的食盐砖、食盐块供羊舔食。

2. *钙、磷矿物质饲料*　钙和磷是构成骨骼和牙齿的主要结构物质，并对能量代谢及维持组织细胞的正常生理状态等具有重要作用。钙、磷营养受钙、磷供给水平及钙、磷比例、饲料中维生素 D 水平及体重等因素影响。钙和磷缺乏，羔羊易出现佝偻病，成羊易出现软骨病，母羊易出现后肢瘫痪等。适宜的钙、磷比对羊的生长和骨骼发育至关重要；反之，过量钙或磷会导致钙和磷的吸收率降低，所以在生产中要注意钙、磷比例的合理。钙源及磷源矿物质饲料来源比较广泛。生产中常用的有石粉、贝壳粉、磷酸氢钙、磷酸二氢钙等(表 7-6)。羊一般禁用骨粉和肉骨粉。

3. *镁补充饲料*　主要有氧化镁、硫酸镁、碳酸镁、磷酸镁、氯化镁、柠檬酸镁等，其生物学价值分别为 100%、58%～113%、86%～113%、100%、98%～100%、100%～148%，以氧化镁、硫酸镁、碳酸镁应用较多。

表 7-6 常用钙、磷矿物质饲料

饲料名称	主要成分分子式	钙(%)	磷(%)
碳酸钙(饲料级)	$CaCO_3$	38.42	0.02
无水磷酸氢钙	$CaHPO_4$	29.60	22.77
二水磷酸氢钙	$CaHPO_4 \cdot 2H_2O$	23.29	18.00
磷酸二氢钙	$Ca(H_2PO_4)_2 \cdot H_2O$	15.90	24.58
磷酸三钙	$Ca_3(PO_4)_2$	38.76	20.00
石粉、石灰石	$CaCO_3$	35.84	0.01
贝壳粉	$CaCO_3$	32～35	—
蛋壳粉		30～40	0.1～0.4
磷酸二氢钠	Na_2HPO_4	0.09	21.82

4. *硫补充饲料* 主要有蛋氨酸、硫酸钠、硫酸钾、硫酸钙、硫酸镁等，其生物学价值分别为100%、68%～80%、60%～80%、60%～80%。生产中以硫酸钠应用较多。

(三)天然矿物质饲料

1. *沸石* 天然沸石是含碱金属和碱土金属的含水铝硅酸盐类，含有 Ca、Mg、K、Na、Zn、Fe 等 25 种矿物元素。它能析出营养元素供机体利用，具有较强的吸附作用，可选择性地吸附 NH_3、CO_2 等物质，还能吸附某些细菌毒素，对机体有良好的保健作用。日粮中使用沸石还可降低畜禽舍的臭味。

2. *麦饭石* 是一种经过蚀变、风化或半风化、具有斑状或似斑状结构的中酸性岩浆岩矿物质，主要化学成分是二氧化硅和三氧化二铝，含有 K、Na、Ca、Mg、Cu、Zn、Fe、Se 等对动物有益的常量、微量元素，这些元素的溶出性好，有利于体内物质代谢。

3. *膨润土* 膨润土属斑脱盐，是一种以蒙脱石为主要成分的黏土。含磷、钾、锰、钴、钼、镍等动物生长发育所必需的多种常量和微量元素。这些元素是以可交换的离子和可溶性盐的形式存在，易被畜禽吸收利用。膨润土具有吸附性和离子交换性，可延缓饲料通过消化道的速度，提高饲料的利用率，可使酶、激素的活性增加或免疫反应增强，提高动物的抗病能力。

七、饲料添加剂

饲料添加剂是为了满足畜禽某些特殊需要而向饲料中加入的少量或微量物质。它能保护饲料中的营养物质、促进营养物质的消化吸收、调节机体代谢、增进动物健康，从而改善营养物质的利用效率、提高动物生产水平、改进动物产品品质，是现代养殖业，特别是集约化、规模化养殖业配合饲料中不可缺少的组成成分。

根据动物营养学原理，一般将饲料添加剂分为营养性和非营养性两大类。

(一)营养性添加剂

包括微量元素添加剂、维生素添加剂、氨基酸添加剂和非蛋白氮添加剂。

1. *微量元素添加剂* 动物组织含有 45 种矿物元素，依其在动物体内含量的多少，分为常量元素和微量元素。含量多于万分之一的矿物元素称为常量元素，含量少于万分之一的称微量元素。与动物有关的微量元素主要有铁、铜、锰、锌、硒、碘、钴等。

微量元素的添加形式有无机盐、有机盐和蛋白盐类，目前生产中常用的是各种元素的无机盐类(表 7-7)，如硫酸盐(硫酸锌、硫酸亚铁等)、盐酸盐(氯化钴等)、氧化物(氧化镁)等。微量元素的添加量应按育肥羊的营养需要添加，一般不考虑饲料中的含量和可利用率。

表 7-7 我国微量元素饲料添加剂质量标准(包括部分常量元素补充物)

名称	分子式	含量(%)	主要元素(%)	性状	重金属(Pb)(mg/kg)	砷(mg/kg)	水不溶物(%)	氯化物等(ng/kg)	细度
硫酸铜	$CuSO_4 \cdot 5H_2O$	≥98.5	Cu≥25.0	淡蓝色结晶性粉末	≤10	≤5	≤0.2		通过 W=800 μm 试验筛≥95%
硫酸镁	$MgSO_4 \cdot 7H_2O$	≥99.0	Mg≥9.7	无色结晶或白色粉末	≤10	≤2		Cl≤140	通过 W=400 μm 试验筛≥95%
硫酸锌	$ZnSO_4 \cdot H_2O$ $ZnSO_4 \cdot 7H_2O$	≥98.0 ≥99.0	Zn≥35.0 Zn≥22.5	白色结晶性粉末	≤20 ≤10	≤5 ≤5	≤0.05 ≤0.05		通过 W=250 μm 试验筛≥95%，通过 W=800 μm 试验筛≥95%
硫酸亚铁	$FeSO_4 \cdot 7H_2O$	≥98.0	Fe≥19.68	浅绿色结晶	≤20	≤2	≤0.2		通过 W=2.8 mm 试验筛≥95%
硫酸锰	$MnSO_4 \cdot H_2O$	≥98.0	Mn≥31.8	白色或略带粉红色结晶	≤15	≤5	≤0.05		通过 W=2.50 μm 试验筛≥95%
亚硒酸钠	Na_2SeO_3	≥98.0	Se≥44.7	无色结晶粉末			水分≤2		
氯化钴	$CoCl_2 \cdot 6H_2O$	≥98.0	Co≥24.3	红色或红紫色结晶	≤10	≤5	≤0.03		通过 W=800 μm 试验筛≥95%
碘化钾	KI	≥99.0	I≥75.7	白色结晶	≤10	≤2	水分≤1.0	Ba≤10	通过 W=800 μm 试验筛≥95%
轻质碳酸钙	$CaCO_3$	≥98.3	Ca≥39.2	白色粉末	≤30	≤2	水分≤1.0	Ba≤50	
磷酸氢钙	$CaHPO_4 \cdot 4H_2O$		Ca≥21.0 P≥16.0	白色粉末	≤20	≤30		F≤1 800	通过 W=400 μm 试验筛≥95%

注：①引自陈喜斌主编《饲料学》，2003。② W 表示筛孔大小。

2. 维生素添加剂 维生素是小尾寒羊，生长发育、繁殖后代和维持生命所必需的重要物质，它们主要以辅酶和催化剂的形式广泛参与体内代谢的多种化学反应，从而保证机体组织器官细胞结构和功能的正常，以维持动物健康和各种生产活动。缺乏会影响辅酶的合成，引起机体代谢紊乱，影响动物健康和生产性能。

维生素按照溶解性可分为脂溶性维生素和水溶性维生素两大类。脂溶性维生素包括维生素 A、维生素 D、维生素 E 和维生素 K；水溶性维生素包括 B 族维生素和维生素 C。脂溶性维生素只含碳、氢、氧 3 种元素，而水溶性维生素除含碳、氢、氧外，还含有硫和钴。

(1)维生素添加剂及产品分类 维生素添加剂是指人工合成或由天然原料提纯的单一维生素或复合维生素制剂，但不包括某种维生素含量较多的天然饲料。

由于大多数维生素都有不稳定，易氧化或易被其他物质破坏失效的特点和饲料生产工艺上的要求，几乎所有的维生素制剂都经过特殊加工处理或包被。常用商品维生素添加剂可归纳为三类：一是纯制剂，稳定性较好的维生素单一高浓度制剂化合物含量在 95%以上，如维生素 B_1、维生素 B_2、维生素 B_6、叶酸、烟酸、泛酸钙、维生素 K_3 等；二是经包被处理的制剂，又称稳定型制剂，如维生素 C；三是利用脱脂米糠等载体或稀释剂制成的各种浓度的维生素预混合饲料。

(2)常用维生素添加剂 见表 7-8。

表 7-8 维生素添加剂的规格要求

种类	外 观	粒度（个/g）	含量	容重（g/mL）	水溶性	重金属（mg/kg）	砷盐（mg/kg）	水分(%)
维生素 A 乙酸酯	淡黄到红褐色球状颗粒	10 万～100 万	50 万 IU/g	0.6～0.8	在温水中弥散	<50	<4	<5.0
维生素 D_3	奶油色细粉	10 万～100 万	10 万～50 万 IU/g	0.4～0.7	可在温水中弥散	<50	<4	<7.0
维生素 E 乙酸酯	白色或淡黄色细粉或球状颗粒	100 万	50%	0.4～0.5	吸附制剂，不能在水中弥散	<50	<4	<7.0
维生素 K_3（MSB）	淡黄色粉末	100 万	50%甲萘醌	0.55	溶于水	<20	<4	—
维生素 K_3（MSBC）	白色粉末	100 万	25%甲萘醌	0.65	可在温水中弥散	<20	<4	—
维生素 K_3（MPB）	灰色到浅褐色粉末	100 万	22.5%甲萘醌	0.45	溶于水的性能差	<20	<4	—
盐酸维生素 B_1	白色粉末	100 万	98%	0.35～0.4	易溶于水，有亲水性	<20	—	<1.0
硝酸维生素 B_1	白色粉末	100 万	98%	0.35～0.4	易溶于水，有亲水性	<20		—
维生素 B_2	橘黄色到褐色细粉	100 万	96%	0.2	很小溶于水	—	—	<1.5
维生素 B_6	白色粉末	100 万	98%	0.6	溶于水	<30	—	<0.3
维生素 B_{12}	浅红色到浅黄色粉末	100 万	0.1%～1%	因载体不同而异	溶于水	—	—	—
泛酸钙	白色到浅黄色粉末	100 万	98%	0.6	易溶于水	—	—	<20 mg/kg
叶酸	黄色到浅黄色粉末	100 万	97%	0.2	水溶性差	—	—	<8.5
烟酸	白色到浅黄色粉末	100 万	99%	0.5～0.7	水溶性差	<20	—	<0.5
生物素	白色到浅褐色粉末	100 万	2%	因载体不同而异	溶于水或在水中弥散	—	—	—
氯化胆碱（液态制剂）	无色液体	—	70%、75%、78%	含 70%者为 1.1	易溶于水	<20	—	—
氯化胆碱（固态制剂）	白色到褐色粉末	因载体不同而异	50%	因载体不同而异	氯化胆碱部分易溶于水	<20	—	<30
维生素 C	无色结晶，白色到淡黄色粉末	因粒度不同而异	99%	0.5～0.9	溶于水	—	—	—

注：引自娄玉杰主编《实用动物饲养学》，2002。

3. 氨基酸　目前广泛用作饲料添加剂的是赖氨酸与蛋氨酸。小尾寒羊有瘤胃微生物的作用，除幼龄羔羊外，一般情况下不需要专门补给这类氨基酸。

(二)非营养性添加剂

主要包括生长促进剂、药用保健剂、饲料保藏剂和加工辅助剂等。目前养羊生产中常用以下几种。

1.瘤胃代谢控制剂 目前主要应用的是莫能菌素(瘤胃素),它是肉桂的链霉菌发酵产生的抗生素。其功能是通过减少甲烷气体能量损失和饲料蛋白质降解、脱氨损失,控制和提高瘤胃发酵效率,从而提高增重速度及饲料转化率。试验研究表明,舍饲小尾寒羊饲喂瘤胃素,日增重和饲料转化率可分别提高10%左右。如王泽奇等(2005)在日粮中添加30 mg/kg的瘤胃素,育肥3月龄断奶的萨×寒杂交羔羊,经75 d试验结果表明:试验组羔羊平均日增重为317 g,比对照组增加37 g,提高13.21%。屠宰率和净肉率试验组比对照组分别提高3.16个百分点和1.77个百分点。瘤胃素的添加量一般为每千克日粮干物质中25~30 mg,均匀地混合在饲料中。最初喂量低,以后逐渐增加。出栏前5 d停喂。

2.杆菌肽锌 由地衣型芽孢杆菌产生的多肽类抗生素。杆菌肽锌为淡黄色至淡棕黄色粉末,无臭,味苦,稳定性好。杆菌肽锌对革兰氏阳性菌有强大的抗菌力,对阴性菌、螺旋体、放线菌也有效,无毒性,药物残留低。对羊有促生长作用,有利于养分在肠道内的消化吸收,改善饲料利用率,提高增重。羔羊用量,每千克混合料中添加10~20 mg,混合均匀后喂用。

3.酶制剂 酶是活体细胞产生的具有特殊催化能力的蛋白质,是一种生物催化剂,对饲料消化吸收起重要作用。如饲料中添加纤维素酶,可提高羊对纤维素的分解能力,使纤维素得到充分利用。李景云等报道,育成母羊和育肥公羔饲料每只每日添加纤维素酶25 g,育成母羊经45 d试验期,日增重较对照组增加29.55 g,育成公羔经32 d试验期,日增重较对照组增加34.06 g。育肥公羔屠宰率提高2.83%,净肉重增加1.80 kg。

4.中草药添加剂 中草药添加剂是为预防疾病、改善机体生理状态、促进生长而在饲料中添加的一类天然中草药或中草药提取物。张英杰等对小尾寒羊育肥公羔进行了中草药添加剂试验,选用健脾开胃、助消化、驱虫等中草药(黄芪、麦芽、山楂、陈皮、槟榔等),经科学配伍粉碎混匀,每只羊每日添加15 g,经2个月的饲喂期,试验组平均体重较对照组增加2.69 kg,且发病率显著降低。

5.缓冲剂 小尾寒羊快速育肥必须供给较多的精料,但精料增多会形成过多的酸性产物,导致瘤胃酸度过高,pH值下降,使瘤胃微生物区系被抑制,降低饲料消化能力。为改变瘤胃发酵,增强食欲,防止酸中毒,提高饲料消化率,可在高精料日粮中适当添加缓冲剂。比较理想的缓冲剂是碳酸氢钠(小苏打)和氧化镁。

(1)碳酸氢钠 调节瘤胃酸碱度,增强食欲,提高饲料消化率。用量一般占精料的1%~1.5%。应用时可采取逐渐增加喂量的方法,以免造成应激反应,使采食量下降,并注意相应减少食盐用量。碳酸氢钠与氧化镁合用,比例以(2~3):1较好。

(2)氧化镁 维持瘤胃适宜酸度,增加干物质采食量,有利于粗纤维和糖类消化。用量一般占精料的0.75%~1.0%。

6.稀土 稀土是元素周期表中钇、钪及全部镧系共17种元素的总称,可作为一种饲料添加剂用于畜禽生产,具有良好的饲喂效果和较高的经济效益。张英杰等对小尾寒羊进行了添加稀土饲喂试验,在放牧加补饲的条件下,试验组的羊每只添加硝酸稀土0.5 g,试验期60 d。结果表明,添加稀土组的羊比不添加稀土组的羊平均重提高11.2%,经济效益显著。王安琪报道,给断奶后育肥羊日粮中添加0.2%的稀土,在60 d试验期内,日增重提高17.1%,每千克增重节省饲料0.41 kg,提高饲料转化率14.29%。

一般作为饲料添加剂的稀土类型有硝酸盐稀土、氯化盐稀土、维生素C稀土和碳酸盐稀土。

第三节　饲料加工调制方法

Section 3　Processing, modulation, and utilization

饲料加工调制的目的是为了增加适口性、减少其营养损失，提高饲料的营养价值和转化效率，使饲料能长期保存，达到常年均衡供应。通过饲料的加工调制，可改变原先饲料的体积和理化性质，便于动物采食，减少浪费；有的还可改变饲料的化学组成，消除饲料原料中有毒、有害因子，使原来不能利用的农副产品和野生植物通过加工调制后变成可利用的饲料，有利于开辟饲料来源。饲料经过加工调制后，应结合饲用特点进行饲喂利用。

一、精饲料的加工和调制

为提高精饲料对小尾寒羊的适口性，增加采食量，提高利用率，生产中需要对精饲料进行合理加工与调制。其加工调制技术包括粉碎与压扁、颗粒化、浸泡、过瘤胃保护和尿素缓释六种。

（一）粉碎与压扁

粉碎是精饲料最常用的加工方法。籽实类饲料如大麦、玉米、高粱等可以直接喂羊，但咀嚼性较差，消化率低，特别是籽实的外表皮不易消化，造成浪费。籽实粉碎后，不但小尾寒羊容易咀嚼，而且饲料中的营养物质与消化液的接触面积增大，也便于和其他饲料混合应用，从而提高饲料消化率。但粉碎的程度直接影响精饲料的利用率。试验证明，粗粉与细粉相比，粗粉可提高适口性，提高小尾寒羊唾液分泌量，增加反刍，提高消化吸收率，所以精饲料不宜粉碎过细，稍加粉碎即可。籽实粉碎一般 1～2 mm 即可，饲喂效果较佳。

压扁是将谷物用蒸汽加热到 120℃左右，再用压扁机压成 1 mm 厚的薄片，迅速干燥。由于压扁可改变精料中的营养物质结构，如淀粉经加热糊化、纤维素松软化，用于饲喂小尾寒羊，消化率明显提高。

（二）颗粒化

将精饲料粉碎后，根据小尾寒羊的营养需要，合理搭配并混匀，用颗粒机制成颗粒状，即形成颗粒饲料。使用颗粒料的优点是：饲喂方便，便于机械化操作；适口性好，防止挑食，羊只采食量大；咀嚼时间长，有利于消化吸收，提高饲料利用率；减少饲料浪费；提高育肥效果，是小尾寒羊育肥饲料加工发展的趋势。

（三）浸泡

豆类、油饼类、谷物等饲料经浸泡，吸收水分，膨胀软化，易于咀嚼，便于消化，如豆饼、棉籽饼等。浸泡方法：在容器内把饲料用水拌匀，一般料水比为 1∶（1～1.5），即手握泡料指缝渗出水滴为准，不必考虑温度高低。浸泡的时间应根据季节和饲料种类的不同而异，以不引发饲料变质为宜。

有些饲料中含有单宁、棉酚等有毒物质，并常有异味，浸泡后毒素、异味均可减轻，从而提高适口性，减轻毒性作用。

（四）棉籽饼、菜籽饼的脱毒调制

1. 物理脱毒法

（1）蒸煮法　其原理是通过加热煮沸，使棉籽饼中的游离棉酚与部分水溶性化合物形成结合棉酚而失去毒性。即按棉酚的 3 倍加水煮沸，保持沸腾 1 h，并不断搅拌。蒸煮后，棉籽饼变成深褐红色或呈铁锈色，可去掉 55%～75%的棉酚。此法简单，但需燃料较多，且会使棉籽饼的赖氨酸利用率降低。

(2)膨化脱毒　用膨化机进行膨化处理，可使游离棉酚的脱除率达 70%，该法时间短，故营养损失少，效果较好。对棉籽饼中游离棉酚含量在 0.08%以下的，不加脱毒剂膨化，即可达到安全饲用标准；对游离棉酚含量超过 0.08%的，膨化前加脱毒剂(如硫酸亚铁和生石灰)再膨化，也能达到安全饲用标准。但此法必须在高温高压条件下进行，成本较高。

2.化学脱毒法　某些化学制剂可使游离棉酚破坏后变为结合棉酚。如 Fe^{2+}、Cu^{2+}、碱、芳香胺、尿素等均具有去毒作用，其中硫酸亚铁是目前公认的游离棉酚有效的去毒剂。

(1)原理　硫酸亚铁中的亚铁离子(Fe^{2+})与游离棉酚螯合，使棉酚中的活性醛基和羟基失去作用，形成的棉酚-铁复合物在动物消化道内难以吸收。亚铁离子不仅能使其毒性降低，而且能降低其在肝脏中的蓄积量，从而起到预防中毒的作用。

亚铁离子可直接与菜籽饼中硫葡萄糖苷生成无毒的螯合物，也可与其降解产物异硫氰酸酯和鯱唑烷酮等生成无毒产物。

(2)方法　去毒时根据棉籽饼中游离棉酚的含量，按铁元素与游离棉酚 1∶1 的重量比，向饼粕中加入硫酸亚铁。具体做法是将 1.25 kg 工业用硫酸亚铁，溶于 125 kg 水中，浸泡 50 kg 粉碎的棉籽饼，中间搅拌几次，一昼夜后即可使用。

菜籽饼的脱毒调制方法与棉籽饼基本相同。

(五)过瘤胃保护技术

过瘤胃保护技术就是将饲料营养成分，如蛋白质、脂肪等经过技术处理保护起来，避免蛋白质在瘤胃内发酵降解，而直接进入小肠被吸收利用。目前主要采用下列几种方法：

1.热处理　加热可使蛋白酶抑制因子和其他抗营养因子失活，使淀粉颗粒膨胀并糊化，降低饲料蛋白质的降解率。如利用膨化技术处理全脂大豆，可作为羔羊蛋白质和能量的良好来源，与豆粕和豆饼相比，其促生长作用明显。但热处理应有适当的温度和时间，否则会降低蛋白质的消化率，导致一些氨基酸、维生素的损失。一般认为，140℃左右烘焙 4 h，或 130～145℃火烤 2 min，或 420.5×10^3 Pa 压力和 121℃处理饲料 45～60 min 较好。

2.化学处理

(1)甲醛处理　甲醛可与蛋白质分子中的氨基、羟基、硫氢基发生烷基化反应而使其变性，免于瘤胃微生物降解。甲醛可作为饲料蛋白质和尿素的保护剂。处理方法是：将 0.3 %甲醛溶液喷洒到饲料蛋白质上并混匀，然后密封于塑料袋内，经过 15 d，打开后自然风干，即可饲喂。甲醛的用量，按照粗蛋白 1∶125 的比例加入或甲醛占饲料的 0.2%～0.4%。

(2)锌处理　锌盐可以沉淀部分蛋白质，从而降低饲料蛋白质在瘤胃中的降解。处理方法是：先将饼粕、水、硫酸锌按 1∶2∶0.03 的比例准确称量，然后将硫酸锌溶解在水里，再将饼粕和水混匀后放置 2～3 h，经 50～60℃烘干备用。

(3)鞣酸处理　用 1%的鞣酸均匀地喷洒在蛋白质饲料上，混匀后烘干备用。

3.过瘤胃保护脂肪　由于脂肪在瘤胃中干扰微生物的活动，降低粗纤维消化率，影响小尾寒羊肥育性能的提高，所以在反刍动物育肥日粮中添加的脂肪要采取一定保护措施，形成过瘤胃保护脂肪。最常见的产品是脂肪酸钙。

饲喂过瘤胃保护蛋白质，是弥补小尾寒羊育肥过程中微生物蛋白不足的有效方法。补充过瘤胃淀粉和脂肪能促进小尾寒羊的快速育肥。豆科牧草、玉米蛋白粉、酒糟等在瘤胃内降解率较低，是天然的过瘤胃蛋白质资源。玉米是一种理想的过瘤胃淀粉来源。

(六)尿素缓释技术

尿素具有成本低、来源广、饲喂方法简便等优点，是应用最广的非蛋白氮饲料产品之一。尿素缓释技术，就是将尿素经过适当的处理或添加某种物质来减缓尿素在瘤胃中的分解速度，避免氨释放过快造成尿素损失及氨中毒，提高其生物学利用率。

生产中常用的尿素缓释技术主要包括以下几种。

1. 制作尿素青贮或氨化秸秆　将尿素按一定比例，均匀喷洒在用于青贮或氨化的粗饲料上，经过一段时间的微生物作用后，制得尿素青贮料或氨化秸秆。

2. 糊化淀粉尿素　利用谷物(玉米、高粱等)淀粉与尿素在适合的温度及压力下而生成的淀粉与尿素的均匀混合物。

方法是：将粉碎的玉米、高粱等高淀粉谷物饲料与尿素按(70～80)：(20～25)混合后，通过糊化机，在一定的温、湿度和压力下，使淀粉糊化，尿素熔化，均匀地被淀粉分隔、包围，也可适当添加缓释剂。粗蛋白含量60%～70%。每千克糊化淀粉尿素的蛋白质含量相当于棉籽饼的2倍、豆饼的1.6倍，价格便宜。育肥羊每日每只用量80 g。

糊化淀粉尿素的优点：糊化淀粉尿素不但减缓了尿素在瘤胃中的释放速度，同时，淀粉与尿素的均匀混合，使得淀粉和尿素被微生物分解的时期几乎是同步的，从而提高了小尾寒羊对尿素氮的代谢率，同时提高了微生物蛋白产量和粗饲料的消化率。如顾炳龙等(1996)在山羊饲养中用糊化淀粉尿素替代豆粕，具有提高山羊采食量和粗纤维的消化率的作用。该项技术具有生产工艺简单、原料来源广泛、产品适口性好、价格低廉等优点，在今后的生产过程有可能成为重要的蛋白质替代品而应用。

3. 包衣尿素　也称为包被尿素，就是用特殊的材料将尿素颗粒或晶粉严密包裹而成。

如用硬脂酸包衣尿素，可降低瘤胃内pH值和氨氮浓度，并使氨氮峰值由饲喂后的1 h推迟到2 h左右，微生物蛋白含量显著提高。应用包衣尿素不光控制了尿素的分解速度，达到提高尿素氮的利用率和防止中毒的作用，而且改善了以往产品的适口性差、氨味重、易吸湿、性质不稳定等缺点。

4. 尿素化合物　主要有磷酸脲、缩二脲、羟甲基尿素等。与尿素相比，这类化合物水解速度慢，氨的释放速度能得到较好的控制，易于吸收和利用，有利于瘤胃微生物的繁殖和合成微生物蛋白，提高微生物蛋白合成率。

二、粗饲料的加工和利用

(一)粗饲料加工调制的意义

粗饲料作为小尾寒羊的主要基础饲料，在日粮中占有相当大的比重，其质量高低对小尾寒羊的生产性能起着非常重要的作用。而粗饲料的营养价值和利用率高低，因其来源和种类的不同存在较大差异。优质的粗饲料，如优质禾本科和豆科青干草等，常常具有较高的营养价值和利用率，不作任何处理和加工调制，直接饲喂给动物也能获得较好的饲养效果。相反，对于占粗饲料绝大多数的低质粗饲料，如秸秆、秕壳、荚壳等，因其适口性、可消化性和养分平衡性均较差，营养价值一般较低，若不作处理和加工调制直接饲喂，往往难以取得较好的饲喂效果。因此，为了保证低质粗饲料的有效利用，科学合理的预处理和加工调制技术的应用，就显得非常重要。粗饲料的加工调制目的就是应用科学合理方法，对粗饲料进行适当处理，以改善适口性，增加采食量，促进瘤胃微生物群充分分解，提高消化率和利用率。具体主要表现在以下几个方面。

(1)改善低质粗饲料的可消化性和营养价值。实践证明，通过应用物理、化学或生物学的加工处理技术，破坏其木质纤维结构，可以有效地提高低质粗饲料的消化率和营养价值，改善其对小尾寒羊的饲喂效果。

(2)改善低质粗饲料的适口性，提高采食量。限制低质粗饲料饲养效果的重要因素之一是适口性差，这主要与粗饲料的质地和木质化程度有关。通过切碎、揉碎、高温高压蒸煮处理、膨化处理、成型加工颗粒化等物理调制技术，以及碱化氨化处理和复合处理等技术措施，都可以有效地改善低质粗饲料的质地和适口性，提高小尾寒羊的采食量，从而提高其饲喂效果。

(3)改善低质粗饲料的营养平衡性，提高饲喂效果。低质粗饲料如果单一饲喂，养分组成很不平衡，常缺乏蛋白质、必需氨基酸、维生素、钙、磷及某些微量元素等，因而饲养效果不佳。通过补饲适宜的养分，进行营养强化，并采用合理的加工调制技术如复合处理、成型加工技术等，调制成复合草块或颗粒饲料，可以改善粗饲料的营养平衡性，充分发挥饲料养分间的正组合效应，从而提高低质粗饲料的饲喂价值。

(4)提高粗饲料的密度和容重，缩小体积，以便于粗饲料的包装、运输和贮存。低质粗饲料如秸秆类，在自然状态下密度很低、体积庞大，容重仅为30～50 kg/m^3，因此贮存、运输和利用都极为不便。经过适当的成型加工处理，调制成秸秆草块或颗粒饲料，将使秸秆产品的容重大大提高，达到500～700 kg/m^3。此外，加工成型的秸秆草块或颗粒饲料，因密度提高、吸湿性下降，有利于提高贮存过程中的稳定性；若在加工过程中再添加防腐剂，则贮存稳定性更佳。

(5)减少饲喂过程中的饲料损失，利于饲养管理的机械化。粗饲料原样饲喂的粉尘损失和采食浪费相对较多，且不利于机械化操作；通过适当的机械加工调制，特别是粗饲料的成型加工调制，可有效地减少粗饲料的饲喂损失，且便于机械化喂料操作。

(6)提高低质粗饲料的利用效率，有利于对低质粗饲料资源的产业化开发和有效利用。如化学处理与机械加工调制相结合的复合处理技术，就是可供选择的可行技术之一。

(二)粗饲料的加工调制方式

小尾寒羊在枯草期，必须备有足够的粗饲料，如农作物秸秆、青干草、树叶、米糠、花生壳、豆荚、棉籽壳、秕谷及其他农副产品等，这些粗饲料如何加工、存放、保质、饲喂是每个养羊者必须具备的知识。目前粗饲料较为有效的加工处理主要有物理处理、化学处理和生物学处理三种方法。

1. *物理处理* 物理处理方法比较简单，能提高饲料的适口性，增加小尾寒羊的采食量，但不能提高粗饲料的营养价值和消化率，常作为其他方法的前处理。常见的物理处理方法有：

(1)切短 是调制秸秆等粗饲料最简便又最重要的方法。切短增加了粗饲料与瘤胃微生物的接触面积，便于降解发酵。同时，切短后可以减少咀嚼料时能量的消耗，减少饲料的浪费，便于与其他饲料配合利用，增加采食量。秸秆等粗饲料切短的程度因小尾寒羊年龄而异，一般以切成1.5～2.5 cm为宜。

(2)粉碎 在小尾寒羊日粮中使用一定比例经过适当粉碎的秸秆等粗饲料，不仅可提高粗饲料的采食量，还能大大减少浪费。尤其在低精料饲养条件下，将秸秆等粗饲料粉碎对小尾寒羊有明显的饲喂效果。试验结果表明，粗饲料粉碎较切短处理虽然使羊的消化率下降1%，但是，秸秆等粗饲料经粉碎后，羊采食量增加20%～30%，吃净率提高，大大弥补了消化率略有下降的不足，消化吸收的总养分增加，日增重可增加20%左右，同时粗饲料的浪费大大减少。

(3)制成颗粒或压块　将粗饲料粉碎后直接压制成颗粒饲料，或与其他较好的草粉、精饲料混合，制成全价颗粒饲料，可保持混合饲料中各组成部分的均质性，防止动物挑食，有效减少饲料的浪费；提高饲料的适口性和消化率；提高饲料采食量，改善动物生产性能；饲料密度显著增加，便于包装、运输和贮存；有利于机械化和规模化饲养。

据毛华明1989年报道，秸秆压粒或压块后其密度增加10倍以上，使贮存和运输很方便，也使贮存和运输过程中的损失减少20%～30%，使采食量增加30%～50%。刁其玉等用颗粒秸秆化喂羊(表7-9)，在40 d的试验期内，对照组平均每只羊增重了9.81 kg，试验组每只羊增重了12.48 kg，比对照组多增重2.67 kg。就日增重分析，试验组日增重比对照组提高27.22%($P<0.05$)。

表7-9　秸秆颗粒化喂羊效果

组别	试验羊的增重情况			
	初始重(kg)	40 d后体重(kg)	全期增重(kg)	全期日增重(g)
对照组	23.65±6.37	33.46±6.79	9.81±1.37	245.25±30.4
试验组	23.55±4.62	36.03±4.9	12.48±1.06	312.01±23.45

付春江等(1991)在保持精粗比一致(4∶6)的基础上，对羔羊日粮中干玉米秸秆的处理方法(粗粉碎、中等粉碎、细粉碎、细粉碎拌湿、细粉碎后并对整个日粮压粒)进行了研究，结果表明，颗粒料组的日采食量、日增重及饲料转化率均最优，而在不同粉碎细度的处理中以细粉碎组(0.8 cm)最好。

(4)热喷技术　热喷是近年来采用的一项新技术。主要设备为压力罐，工作原理包括热效应和机械效应的作用。秸秆等粗饲料在热喷处理过程中，由于热蒸汽的作用，使植物细胞壁的木质素熔化，纤维素的结晶度降低，同时发生若干高分子物质的分解反应，再经高压突放的机械效应，饲料颗粒骤然变小，密度变大，总表面积增加，从而为提高采食量、消化率、利用率创造了条件。经热喷处理的鲜玉米秸，可使粗纤维由30.5%降低到20.14%。热喷处理干玉米秸，可使粗纤维由33.4%降低到27.5%。添加尿素的秸秆热喷技术使麦秸的消化率达到75.12%，玉米秸的消化率达到68.02%，稻草达64.42%。每千克经热喷处理秸秆的营养价值约相当于0.6～0.7 kg的玉米籽实。热喷饲料能改善羊瘤胃微生态环境，提高羊的采食量和生长速度。

(5)浸泡　这是一种我国农村常用的秸秆调制方法，即把切碎的秸秆加水浸湿拌上精料再喂。

此外，粗饲料的其他处理方法还有秸秆揉搓技术、秸秆碾青、蒸汽处理、辐射处理等。这些方法生产实践中应用较少，在此不作逐一介绍。

2.化学处理　化学处理就是利用化学制剂作用于作物秸秆，使秸秆等粗饲料内部结构发生变化，以利于瘤胃微生物的分解，从而达到提高消化率、提高营养价值的目的。按其所用化学试剂不同，可将粗饲料的化学处理分为碱化处理、氨化处理、碱化-氨化复合处理、酸化处理和氧化剂处理等。

(1)碱化处理　碱类物质中氢氧根能使饲料纤维内部的氢键结合变弱，导致纤维分子的膨胀，而且能溶解半纤维素、皂化糖醛酸和乙酸的酯键、中和游离的糖醛酸、削弱纤维素与木质素之间的联系，使小尾寒羊瘤胃中的微生物更易起作用。电子显微镜观察也证实了碱处理粗饲料的组织结构发生了变化，更易为瘤胃微生物附着和消化。通过碱化作用，能使纤维素、半纤维素与木质素部分分解，打断纤维素、半纤维素与木质素等的紧密联系，从而增加渗透性，使羊的消化液和细菌酶类直接与纤维素、半纤维素接触；同时，有少量木质素被溶解，形成羟基木质素，从而提高秸秆的消化率。碱化处理主要包括碱的湿处理、碱的干处理及其他处理法。

(2)氨化处理　就是在秸秆中加入一定比例的氨水、无水氨(液氨)、尿素等，促使木质素与纤维素、半纤维素分离，使纤维素及半纤维素部分分解，细胞膨胀，结构疏松，破坏木质素与纤维素之间的联系，从而提高秸秆的消化率、营养价值和适口性(表 7-10)。

表 7-10　玉米秸氨化效果　　%

品种	干物质	粗蛋白	粗纤维	干物质消化率
玉米秸	90.0	3.7	30.5	42.0
氨化玉米秸	90.0	8.7	30.5	60.0

注：引自刘建新主编《干草・秸秆・青贮饲料加工技术》，2003。

王惠、冯强等(1995)用氨化小麦秸和普通小麦秸舍饲育肥小尾寒羊，结果表明：氨化组比普通组平均每只多增重 0.54 kg，日增重多 0.01 kg，扣除氨化组每只羊日多吃 0.02 kg 氨化小麦秸的成本费后，氨化组每只羊比普通组日多盈利 0.80 元，经济效益明显。

(3)碱化-氨化复合处理　就是将碱化和氨化联合起来处理秸秆，这样可克服氨化处理中氮源的挥发损失，加强处理效果，提高秸秆的消化率。如莫放(1996)用 4%氨＋4%氢氧化钙复合处理稻草和麦秸，比相同条件下用 4%的氨处理，稻草和麦秸的中性洗涤纤维分别降低 6.1%和 6.6%，差异显著。

(4)酸化处理　用甲酸、乙酸、丙酸、丁酸、稀硫酸及稀磷酸等处理秸秆。

(5)氧化剂处理　主要是指用二氧化硫(SO_2)、臭氧(O_3)及碱性过氧化氢(AHP)处理秸秆的方法。氧化剂能破坏木质素分子间的共价键，溶解部分半纤维素和木质素，使纤维基质中产生较大空隙，从而增加纤维素酶和细胞壁成分的接触面积，提高饲料消化率。因为成本太高，目前还不能在生产中推广应用。

3. 生物学处理　主要包括青贮、酶解法和微生物处理法，其中应用最广的是青贮和微生物处理法。

(1)青贮及原理　青贮是储备青绿饲料的一种方法，是将新鲜的青绿饲料填入密闭的青贮塔、窖或其他密闭容器内，经过一段时间微生物的发酵作用而发生一系列物理的、化学的、生物的变化，形成一种多汁、耐贮、适口性好、营养价值高、可供全年饲喂的饲料。

青贮原理：在缺氧条件下植株内碳水化合物、可溶性糖和其他养分使厌氧的乳酸菌大量繁殖(进行发酵)，产生乳酸，当酸度积累到一定浓度后，pH 下降到 3.8～4.0 以下时，就抑制了腐败菌和丁酸菌的生长，从而使原料中的绝大部分养分能保存下来，达到长期保存的目的。

(2)青贮种类　有以下几种。

一般青贮或高水分青贮：是将含水量 60%～75%的原料收割铡碎后，立即使其处于密闭的厌氧状态下，通过乳酸菌发酵使其 pH 降到 3.8 而制成的青贮。这是普遍采用的方法。

半干青贮：又称低水分青贮，将收割后的原料含水量快速降到 45%～50%，铡短至 2～

3 cm，再进行装窖青贮，也可采用塑料袋青贮。由于青贮饲料原料的水分含量低，对物料压实的条件要求较高。半干青贮主要用于豆科牧草。

制作半干青贮应注意的问题：一是要选用聚乙烯，而不要用聚氯乙烯等有颜色、有毒的塑料袋；二是要掌握好操作技术，做到原料优质，水分适宜，装袋迅速，隔绝空气，压紧密封，温度控制在40℃以下为宜。青贮袋在固定地点管理好，不要随意移动。一般30～40 d即可完成青贮发酵过程。

添加剂青贮：青贮时添加一些物质到青贮原料中，以提高青贮饲料的品质或促进青贮乳酸发酵。主要有以下几种：一是促进乳酸发酵的添加剂，包括糖蜜、乳酸菌和酶制剂等；二是防霉抑菌剂，目的在于抑制不利于青贮的微生物生长，包括甲酸、丙酸、甲醛等；三是改善营养价值的添加剂，包括非蛋白氮和矿物质。

(3)微生物处理法　就是在农作物秸秆中，加入微生物高效活性菌种——秸秆发酵活干菌，放入密封的容器中贮藏，经一定的发酵过程，使农作物秸秆变成具有酸香味，草食家畜喜食的饲料，这种发酵贮存技术简称微贮技术。

(三)粗饲料的合理利用

1.*常年均衡供应*　适量的粗饲料对小尾寒羊生产性能以及疾病预防均有重要作用。粗饲料做到常年均衡供应，既可稳定小尾寒羊瘤胃和肠道内环境，防止消化机能的紊乱和酸中毒，又能使小尾寒羊保持长期稳定的生产性能。

2.*选择优质粗饲料*　优质粗饲料，应当营养丰富、易被消化吸收、适口性好，对机体无毒副作用，是不可替代的日粮成分，也是提高生产性能的最有效的饲料。用做高产及优质育肥小尾寒羊的粗饲料，应首选苜蓿干草及其他一些豆科牧草和羊草等品质优良的粗饲料，其次是花生秧、甘薯蔓、绿豆荚、大豆荚、蚕豆荚(秸)等。玉米秸、稻草、麦秸等由于营养物质含量低，消化利用率低，应进行适当的加工和调制后饲喂。

3.*做到粗、精料合理搭配*　不论哪种粗饲料，营养都不全面，只有根据小尾寒羊的营养需要合理搭配，才能最大限度地满足营养需要，充分发挥小尾寒羊的生产性能。生产实践中，小尾寒羊粗料比例一般不低于日粮的40%。育肥初期精粗比一般为30∶70或40∶60，育肥后期精粗比可达到60∶40。为防止酸中毒，可适量加入缓冲剂碳酸氢钠以调节pH。

4.*选择适宜的加工调制方法*　各种牧草，由于其本身营养物质含量较高，且易于消化，因此可采用干燥制作干草或进一步打捆、压块、制粒、制粉的方法进行调制。既保存了牧草的营养成分，又不会增加太多的加工成本。对于农作物秸秆，如花生秧、地瓜秧等可通过干燥制作干草，另外一部分，如玉米秸，可通过生物和化学处理的方法，如青贮、氨化、微贮等，来改善粗饲料的营养价值和消化率，以提高其适口性和营养价值。粗饲料不宜粉得太细，要保持3～5 cm的长度。

5.*选用正确的饲喂方法*　在饲喂上应采用先粗后精或精粗混合的方法，精料尽量做到少量多次饲喂，避免一次摄入大量精料。氨化饲料喂量不宜太多，不宜在高温或日光下饲喂。

三、各类常用粗饲料的加工调制技术

(一)青干草的加工调制技术

青干草是指用青草或其他青绿饲料植物，在未结籽实以前收割，经干燥而制成。由于它是由青绿饲料植物调制而成的，故仍保留一定的青绿颜色。

将青饲料调制成干草，其颜色青绿、叶量丰富、质地较柔软、气味芳香、适口性好，并含有较多的蛋白质、维生素和矿物质，是保存青饲料营养成分的一种有效方法。调制的关键是适时收割，采取适宜的干燥方法，加快植物中水分蒸发速度，缩短干燥时间，尽量减少营养损失。

1. 青干草的种类

(1)按植物种类分　主要有禾本科青干草，如羊草、披碱草、黑麦草、苏丹草等；豆科青干草，如苜蓿、沙打旺、三叶草等；混合青干草，主要是天然草场和混播牧草地刈割牧草调制的干草。

(2)按干燥方法分　主要有自然干燥的青干草、人工干燥的青干草、物理法干燥的青干草和化学法干燥的青干草。

2. 青干草的调制方法　调制过程包括牧草的适时收割、干燥、贮藏和加工等几个环节，成品干草的含水量一般在15%以下。

(1)牧草刈割

①刈割时间。一般豆科牧草应在初花期(10%开花的时期)刈割，禾本科牧草应在抽穗至初花期刈割(表7-11)。

表7-11　一些调制干草用牧草品种的适宜收割期

牧草品种	适宜收割期
苜蓿	少于1/10花开时或长新花蕾时
红三叶	早期至1/2开花期
草木樨	开始开花时
红豆草	1/2豆荚充分成熟
大豆草	1/2豆荚充分成熟
胡枝子	盛花期
白三叶	盛花期
苏丹草	开始抽穗
小谷草	籽粒乳熟期至蜡熟期

②刈割高度。适宜的刈割高度，既能获得高的产草量，又能得到优质的牧草。同时，对于牧草的再生、越冬和以后各年份牧草产量都有益处。一般认为人工牧草地牧草刈割高度为5～6 cm，粗大牧草、高大的杂类草可离地面10～15 cm刈割。

③刈割方式。刈割分为人工割草和机械割草。

(2)牧草的干燥　牧草的干燥是生产青干草工作中的一个重要生产环节。在草地上生长的牧草含水量一般为65%～85%，需要通过一定时间的干燥，排去牧草中大量的水分，使牧草中水分降低到15%～18%，才能抑制植物酶和微生物的活动，确保干草的长期保存。

牧草干燥方法大致可分为自然干燥和人工干燥两大类。

①自然干燥。自然干燥不需要特殊的设备，尽管在很大程度上受天气条件的限制，但仍是我国目前采用的主要干燥方法。常用的有田间干燥和草架干燥。

②人工干燥。利用加热、通风的方法调制干草。其特点是干燥时间短，可以减少牧草自然干燥过程中营养物质的损失，使牧草保持较高的营养价值，可进行大规模工厂化生产，但其设备投资和耗能较高。主要有常温鼓风干燥、低温烘干和高温快速干燥。

在干草调制的过程中，应尽可能缩短饲草的干燥时间，减少由于生理生化作用造成的养分损失，减少由雨淋、露水浸湿造成的霉烂。

3. 青干草品质的感官鉴定

(1)收割时期　不同收割时期调制的青干草，其外观颜色、营养成分含量和消化率是有差别的，如苜蓿草(表 7-12)。适时收割的青干草，颜色青绿，气味芳香，叶多，茎秆较柔软，营养成分含量较高，消化和利用率也较好。

表 7-12　不同生长阶段苜蓿的营养成分及绵羊的消化率

生长阶段	营养物质含量(干物质基础，g/kg)						绵羊对营养物质的消化率(%)				
	粗纤维	可消化粗纤维	粗蛋白质	可消化粗蛋白质	粗脂肪	无氮浸出物	粗蛋白质	粗纤维	粗脂肪	无氮浸出物	代谢能(MJ/kg)
蕾前期	235	80	253	213	29	365	89	45	50	76	10.33
现蕾期	260	128	215	170	35	361	79	49	38	78	9.87
盛花期	300	162	182	141	34	373	69	45	50	61	8.41

(2)组成种类及含量　天然草地干草主要看其中的组成种类及其含量。人工栽培牧草主要看杂草在整个草群中所占的比例，杂草所占的比例越小，其品质和营养价值越高。

(3)水分含量　青干草的水分含量一般为 15%～18%。

(4)颜色和气味　优质青干草颜色为青绿色，颜色越深，表明所含可溶性营养物质、胡萝卜素及其他维生素越多，营养价值越高，气味浓郁、芳香，若有霉烂气味则品质低劣。

(5)含叶量　青干草含叶量越多，营养价值越高，优质豆科干草的含叶量应占干草总重量的 30%～40%。

4. 干草的加工

(1)草捆加工　牧草干燥到一定程度后用打捆机进行打捆，减少牧草所占的体积和运输过程中的损失，便于运输和贮存，并能保持干草的芳香气味和色泽。为了防止贮藏时发霉变质，一般应在牧草含水量 15%～20%时进行打捆，如果喷入防腐剂丙酸，打捆时牧草的含水量可高达 30%，这样可有效防止叶和花序等柔嫩部分折断而造成的机械损失。

(2)草粉加工　为了减少饲草的营养物质损失，常将饲草制成草粉。生产中常用的草粉主要有牧草草粉，如苜蓿草粉、串叶松香草草粉，和作物秸秆草粉，如花生秧粉、地瓜秧粉等。加工草粉的原料主要有优质豆科和禾本科牧草。干草用锤式粉碎机粉碎，制成 1～3 mm 的干草粉。

草粉质量的评价指标主要有含水量、粗蛋白质、粗纤维含量及杂质含量等，我国常用的苜蓿草粉质量标准见表 7-13。

表 7-13　我国饲料用苜蓿草粉的质量标准(GB 10389—1989)　%

质量指标	一级	二级	三级
粗蛋白质	≥18.0	≥16.0	≥14.0
粗纤维	<25.0	<27.5	<30.0
粗灰分	<12.5	<12.5	<12.5

草粉具有营养价值高，运输及应用方便等优点。优质草粉是小尾寒羊冬春季节蛋白质、维生素、微量元素及其他生物活性物质的重要来源，也是舍饲养羊生产中应用最多的粗饲料。

(3)草粒加工　将草粉通过制粒机压制成草粒,直径为 0.64～1.27 cm,长度为 0.64～2.54 cm。为减少氧化作用,也可在制粒时加入抗氧化剂,减少胡萝卜素等养分的氧化损失。

5.干草的贮藏　调制好的青干草或草粉,最好存放在草棚内,露天存放时应盖好,以防雨淋。贮存处应保持干燥、凉爽、避光、通风,注意防火、防潮、灭鼠,防止酸、碱、农药等造成污染。

(二)青贮玉米制作技术

1.青贮玉米的特点　青贮玉米是小尾寒羊产区最常用的青贮饲料品种,具有以下特点:

(1)产量高。在青贮饲料作物中,青贮玉米产量一般高于其他作物。玉米植株高大,生长迅速,茎秆含糖量高,尤其适于专门种植制作青贮饲料。带穗整株青贮玉米产量高,一般每亩产鲜秸秆 3 000～4 000 kg,个别高产地块可达 5 000 kg 以上。收穗后的玉米秸,在茎秆和叶片大部分呈绿色时进行青贮,仍是较好的青贮原料。

(2)营养丰富。每千克青贮玉米中,含粗蛋白质 20 g,可消化粗蛋白质 12.04 g。维生素含量丰富,每千克青贮玉米含胡萝卜素 11 mg,尼克酸 10.4 mg,维生素 C 75.7 mg,维生素 A 18.4 IU。矿物质含量也很丰富,主要元素含量分别为钙 7.8 mg/kg,铜 9.4 mg/kg,钴 11.7 mg/kg、锰 25.1 mg/kg,锌 110.4 mg/kg 和铁 227.1 mg/kg。全株玉米青贮每千克相当于 0.4 kg 优质干草。

(3)青贮玉米可以提高适口性和消化率。青贮玉米柔嫩多汁,又具有酸香气味,能刺激羊的食欲,发酵产生的乳酸能促进家畜消化液的分泌,提高饲料的消化率。

(4)青贮玉米单位容积的重量大,便于大量贮存和长期保存。1 m^3 带穗青贮玉米的重量为 500～550 kg,青贮玉米秸为 450～500 kg,如果保存得当可贮存多年,最长的纪录保存 20 多年。

2.青贮玉米的调制原理　调制青贮玉米是利用玉米植株自身带有的乳酸菌对原料进行厌氧发酵,产生乳酸,使原料的酸度降低,当酸度降到 pH 4.2 以下时,所有微生物(包括乳酸菌本身)的活动都被抑制或杀死,从而使青饲料的营养特性得到保存。

3.青贮的设施设备　常用的青贮设施主要有青贮窖、青贮壕、青贮塔及青贮袋等。青贮窖根据地下水位的高低可建成地上式、半地下式和地下式三种(图 7-4 至图 7-7)。对这些设施的基本要求是:场址要选择在地势高燥,地下水位较低,距畜舍较近而又远离水源和粪坑的地方。装填青贮饲料的设备,必须具备以下条件:

(1)不透空气:青贮窖(壕、塔)壁最好是用石灰、水泥等防水材料填充、涂抹,如能在壁内衬一层塑料薄膜更好。

(2)不透水:青贮窖(壕、塔)不要靠近水塘、粪池,以免污水渗入。地下式或半地下式青贮窖(壕、塔)的底面要高出地下水位 0.5 m 以上,且四周要挖排水沟。

(3)内壁要平直:内壁要求平滑垂直,墙脚要圆滑,以利于青贮料的下沉和压实。

(4)要有一定的深度:青贮窖(壕、塔)的宽度或直径一般应小于深度,宽深比为 1∶(1.5～2)为好,以便青贮料能借助自身的重量压实。

(5)防冻:地上式的青贮窖(池),在寒冷地区要有防冻设施,防止青贮料冻结。

所需的机械设备主要有运输车辆、铡草机以及碾压设备等。

青贮设施的容量和容积应根据饲养规模来确定。

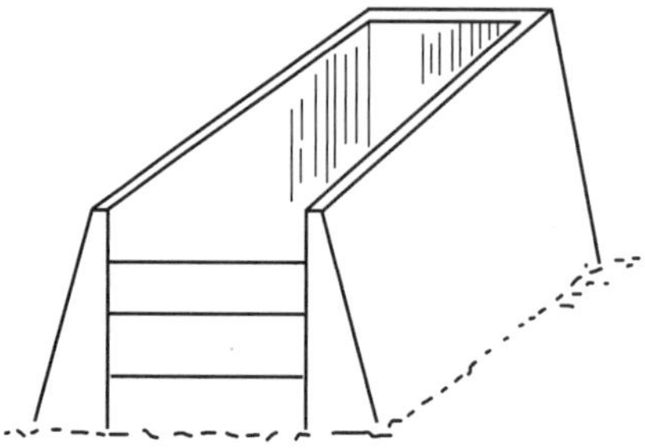

图 7-4　地上青贮窖

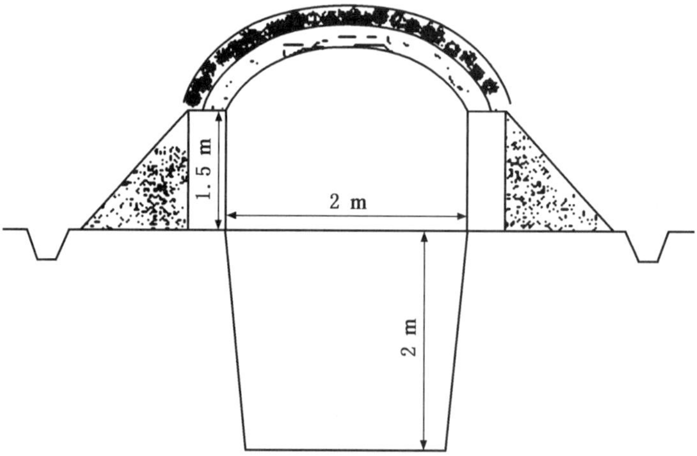

图 7-5　半地下青贮窖

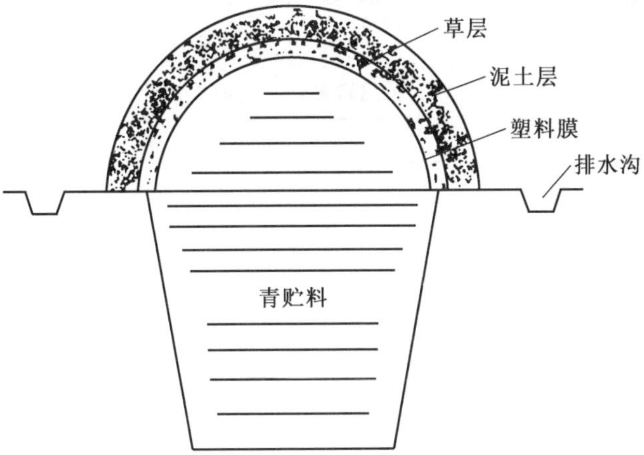

地下青贮窖剖面图

地下青贮窖青贮玉米

密封好的地下青贮窖

图 7-6　地下青贮窖

图 7-7　塑料袋青贮

圆形窖(塔)贮藏量＝3.14×内半径^2×高度×青贮料容重

长方形窖(池)贮藏量＝长×宽×高×青贮料容重

青贮料容重与原料的种类、含水量、切碎压实程度等有关。常见青贮料的容重估计见表7-14。

表 7-14 常见青贮饲料的容重估计

青贮原料种类	青贮饲料容重(kg/m³)
全株玉米、向日葵	500～550
去穗玉米秸	450～500
甘薯秧	700～750
牧草、野草类	550～600
萝卜叶、芜菁叶	600
叶菜类	800

4. 青贮玉米的制作步骤和方法

(1)适时收割(表 7-15):玉米带穗青贮,应在乳熟至蜡熟期即玉米收割前 15～20 d。掰穗后的玉米秸秆青贮,应在籽粒基本变硬,而整株较绿时,越早收获越好。

表 7-15 常用青贮原料适宜收割期

青贮原料种类	收割适期	含水量(%)
全株玉米(带果穗)	乳熟期	65
收玉米后株秆	果粒成熟立即收割	50～60
豆科牧草及野草	现蕾期及开花初期	70～80
禾本科牧草	孕穗及抽穗期	70～80
甘薯秧	霜前或收薯前 1～2 d	86
马铃薯茎叶	收薯前 1～2 d	80

(2)运输:割下的玉米秸要及时运到青贮地点,以防在田间时间过长水分蒸发,因细胞呼吸作用造成养分损失。

(3)切碎:将玉米秸切成 2～3 cm 长,以利于装窖时踩实、压紧、较好地排出空气,沉降也较均匀,养分损失少。同时,切短的植物组织渗出大量汁液,有利于乳酸菌生长,加速青贮过程。

(4)装填与压实:原料要分层装填,装填速度要快,使原料暴露在空气中的时间越短越好。分层踩实压紧,每装填 30 cm 左右厚的原料要充分压实。

(5)青贮池的密封和覆盖:装填的青贮原料要高出池面 40～60 cm,上面加盖一层塑料薄膜,再盖土 30～50 cm,拍实,密封,应随时检查填土,发现裂缝要及时抹平。

(6)青贮池的启用:大约经过 1 个月的发酵,青贮制作完成。青贮池的开启切忌大揭盖,这样容易引起青贮料的二次发酵,造成腐烂。应从青贮池的一端开始取用,每次取用后须用塑料布或草帘盖严,以免霉烂、冻结或掉进泥土。

5. 青贮玉米质量评定　鉴定青贮玉米秸质量的好坏,一般可用感官鉴定法,即通过人的眼看、手摸、口尝,根据青贮玉米秸的颜色、气味和结构等方面来综合评定其好坏,一般分为以下3 个等级。

(1)优良:优良的青贮玉米秸,其颜色应是青绿色或黄绿色并有光泽,接近于青贮前的颜色;其气味芳香宜人,具有浓郁酒酸香味,口感舒适,质地柔软。从结构来看,紧密、湿润,茎叶还保持原状并且易于分开。

(2)中等:其颜色为黄褐色或暗褐色,酸味中等,香味较淡,茎、叶部分保持原状,柔软,水多。

(3)低劣:其颜色为黑色或暗绿色,具有特殊的刺鼻腐臭味或霉味,无酸味或酸味较淡。肉眼看,大部分腐烂成污泥状黏滑或干燥,或黏结成块而没什么结构。

6.应用青贮玉米的注意事项

(1)每天吃多少取多少,随用随取。

(2)开窖后,最好连续取用。取料时要取成平面,切忌挖洞。取后要封好。

(3)开始饲喂时应少些,待适应后再按需要量饲喂。青贮玉米不能单独饲喂,应与秸秆或干草搭配使用,效果较好。

(4)青贮玉米有轻泻作用,妊娠母羊喂量不宜过多,以防发生流产。

(三)秸秆氨化技术

秸秆氨化是迄今最经济、简便而又实用的秸秆处理方法之一。秸秆氨化的方法,根据利用氨源的不同,可分为液氨氨化、尿素氨化、碳酸氢铵氨化和氨水氨化等几种,其中以液氨氨化、尿素氨化效果较好。

1.氨化处理的原理

(1)氨化作用:当氨遇到秸秆时,就与秸秆中的有机物质发生化学反应,形成铵盐(醋酸铵),铵盐是一种非蛋白氮化合物,是反刍家畜瘤胃微生物的氮素营养源。铵盐可代替反刍家畜蛋白质需要量的25%～50%。

(2)中和作用:氨与秸秆中有机酸结合,消除了醋酸根,中和了秸秆中潜在酸度。由于瘤胃呈中性,pH 7.0左右,中和作用使瘤胃微生物更活跃,因而可提高消化率,同时铵盐改善了秸秆的适口性,从而提高羊的采食量。

2.主要操作步骤　现以尿素为氨源,用氨化池氨化为例介绍如下:

(1)将氨化池清扫干净。

(2)把氨化秸秆切成1～2 cm长。

(3)将尿素制成水溶液:每100 kg秸秆取尿素5 kg,溶于40～60 kg水中(用水量根据秸秆含水量而定,原则上要使氨化秸秆的含水量达30%～40%),制成尿素溶液备用。

(4)将切碎的秸秆均匀放入氨化池中,每层厚度20 cm左右,每放入一层秸秆,喷洒一层尿素溶液,做到秸秆全部放入池中尿素液也用完,并形成馒头状高出氨化池。

(5)密封:将薄膜沿馒头形顶面顺坡向池的四边铺压,把20～30 cm的薄膜边缘插入氨化池的内壁,池边用湿泥巴糊紧封严。在薄膜上面要压一层稻草或细软物料,能用泥土压实更好。

在秸秆密封氨化期间,要严加保护管理,防止人畜破坏。当薄膜或边缘密封泥土缺损时要及时修补,以免漏气而影响氨化过程。

(6)开窖放氨:氨化处理的时间与季节、温度有关,如环境温度为20℃时,可氨化15 d左右。准确的氨化时间以原料颜色和气味判断,一般来说,原料呈深黄色,有氨味,柔软,呈糊香味时即可开窖放氨。

放氨的方法是选择晴朗天气,把氨化好的秸秆摊开,并用叉子经常翻动,一般1～3 d即可。此时,秸秆呈糊香或微酸香味。对湿度大的秸秆,晒一下适口性会更好。切不可让雨水淋浇,导致养分损失;也不可将开窖后的潮湿秸秆长时间放置在外,以免引起霉变。

3.氨化秸秆质量评定

(1)感官评定:可从秸秆的颜色、气味、质地、温度等几个方面综合判断。氨化好的秸秆,打开时有强烈氨味,放氨后呈糊香或微酸香味,颜色变成棕色、深黄或浅褐色,质地柔软、松散,温度不高。

(2)化学成分分析:秸秆氨化后,粗蛋白、纤维成分等都会发生变化,特别是粗蛋白含量会成倍增加。

4.氨化秸秆贮存　放氨晒干的氨化秸秆,贮存方法同干草一样。

(四)秸秆微贮技术

1.秸秆微贮原理　在微贮饲料中,由于加入高活性发酵菌种,使饲草中能分解纤维素的菌数大幅度提高。发酵菌在适宜的厌氧环境下,分解大量的纤维素和半纤维素,甚至一些木质素,并转化为糖类,糖类经有机酸发酵转化为乳酸、乙酸和丙酸,使 pH 降至 4.5~5.0,抑制了丁酸菌、腐败菌等有害菌的繁殖。

2.微贮技术特点

(1)原料来源广。稻草、麦秸、青黄玉米秸秆、高粱秆、马铃薯秧、甘薯秧、甜菜叶、豆秸、无毒野草及青绿水生植物等都可用秸秆发酵活干菌制成优质微贮饲料。

(2)制作技术简便,成本低、效益高。秸秆微贮制作技术易学易懂,不误农时。每吨秸秆制成微贮饲料只需用 3 g 秸秆发酵活干菌(价值 10 元),而每吨秸秆氨化则需用 30~50 kg 尿素。

(3)适口性好,采食量高,消化率高。微贮处理可使粗硬秸秆变软,并具有酸香味,刺激了羊的食欲,从而提高了采食量。季波等(2007)对玉米、小麦等作物秸秆混合微贮后进行检测,结果粗蛋白、钙和磷分别提高 23.8%、12.0%和 27.3%,粗纤维降低 8.09%。用微贮秸秆饲喂寒滩杂交一代羊,试验组日增重比对照组多 109.6 g,料重比试验组与对照组分别为 8.7 和 16.11,差异均极显著($P<0.01$)。许腾(2005)用微贮玉米秸饲喂小尾寒羊,在 60 d 育肥期内,微贮组每只日均增重为 0.200 kg,对照组(未处理玉米秸)每只日均增重为 0.150 kg,差异极显著($P<0.01$);试验期内微贮组每只获利 30 元,对照组为 14.4 元,经济效果明显。

(4)保存期长,取用方便。微贮饲料不需晾晒,不易发霉腐败,能长期保存。

3.微贮方法　秸秆微贮饲料的制作除需进行菌种的复活和菌液配制外,其他的步骤与尿素氨化秸秆制作方法大致相同。

(1)菌种的复活　根据微贮饲料的数量,将秸秆发酵活干菌倒入水中充分溶解,也可在水中加入 1%的白糖溶解后再加入活干菌,常温下放置 1~2 h 使菌种复活待用。

(2)菌液的配制　将复活好的菌剂倒入充分溶解的 0.8%~1.0%食盐水中拌匀。微贮饲料含水量达 60%~70%最适宜。大体来说,1 000 kg 秸秆加发酵活干菌 3 g,食盐 8~10 kg,水 1 000~1200 kg。

(3)切碎装窖　将微贮的作物秸秆切碎(1~1.5 cm 长),在窖底铺放厚 20~30 cm 的秸秆后均匀喷洒菌液水,踩实,如此重复,直到高出窖口 40~60 cm 再封口。

(4)封窖　秸秆装满充分压实后,在最上面均匀洒上一些盐,再盖上塑料薄膜,塑料薄膜上面撒上 20~30 cm 的稻草或麦秸,再压上 20~30 cm 的土密封,保证窖内呈厌氧状态。

4.微贮秸秆质量评定　秸秆微贮饲料所需时间的长短与温度有关,一般 25~35 d 即可完成发酵过程。品质优良的微贮青玉米秸色泽呈橄榄绿,稻草、麦秸秆呈黄褐色,具有醇香和果香气味,并有弱酸味,手感松散,柔软湿润。

5. 饲喂方法 微贮饲料可以作为小尾寒羊日粮中的重要饲料，但开始时羊对微贮饲料有一适应过程，应逐步增加微贮饲料的饲喂量。使用微贮饲料时，应特别注意取料的方法，应从一端开始，从上至下垂直逐段取料，每次取完要用塑料薄膜将窖口封严，尽量避免与空气接触，防止再次发酵变质。

第四节 精粗饲料间组合效应及调控技术
Section 4 Concentrate-roughage associated effects and control techniques

一、组合效应的概念、衡量指标及类型

(一)组合效应的概念

动物的采食水平，日粮中蛋白质补充料、易降解纤维、易发酵碳水化合物和脂肪的添加，以及饲料间的不同搭配、加工调制和一些营养调控措施等，都会改变日粮中单个饲料的消化率和利用率，以至配合日粮的表观消化率并不等于日粮中各单个饲料组分表观消化率的加权和值，饲料间的互作使得某一种饲料或日粮的采食量或利用率提高或降低。这种不同饲料源的营养物质之间的整体互作效应就是日粮配合中的组合效应。生产实践和实验研究证实，日粮组合效应的实质是来自不同饲料的营养物质、非营养物质以及抗营养物质之间互作的整体效应。

(二)组合效应的衡量指标

衡量指标主要包括能量在内的所有营养物质的利用率和动物对日粮的采食量，目前常用消化率和采食量来衡量组合效应。

1. 消化率 是衡量饲料组合效应的主要指标。Mould 等(1983)指出，把单一饲料的消化率进行加权求和就可以计算出该日粮消化率的期望值，再把该期望值与日粮的实测消化率值进行比较，就可以知道该日粮消化率降低或升高的程度，这样也就知道了日粮组合效应的程度。

2. 采食量 把采食量的变化作为衡量饲料组合效应的指标。

在反刍动物饲养实践中，精饲料与粗饲料间的互作效应表现最为突出，已有许多研究表明，当以低质粗料为基础日粮时，淀粉精料补充量达到较高水平时，粗饲料的采食量和纤维物质消化率均会显著下降。相反，当精料的补充量较低时，可以消除上述负组合效应，甚至提高粗饲料的采食量和消化率。为了定量地描述这种饲料间的组合效应，卢德勋(2000)提出用替代率(SR)作为衡量指标，其计算公式为：

$$SR=\frac{\text{对照组粗饲料 DMI}-\text{处理组粗饲料 DMI}}{\text{处理组精料 DMI}-\text{对照组精料 DMI}}\times 100\%$$

式中：DMI——饲料的干物质采食量，kg/d。

当 SR＝0 时，为零组合效应；当 SR＜0 时，为正组合效应；当 SR＞0 时，为负组合效应；SR 的绝对值则反映组合效应程度的大小。

3. 利用率 在消化道层次上产生的饲料间组合效应必然会反映到组织代谢层次上，因此

可通过改变挥发性脂肪酸、葡萄糖、微生物蛋白的产量及其比例和这些物质的吸收，来影响饲料养分和能量的利用效率。在反刍动物日粮中，由于饲料间可吸收养分的差异对代谢能利用率的影响很大，表现出明显的组合效应。Orskov 等(1990)报道，在日粮代谢能含量相同的情况下，以粗饲料为基础的日粮产生的体增热比以精料为基础的日粮多，因而前者的代谢能利用率较低。MacRae 等(1982)研究指出，当基础日粮中葡萄糖或其前体物供给不足时，乙酸的能量利用率很低。而且乙酸的能量利用率受日粮精粗比的影响很大，随日粮中精粗比例的增加而提高。此外，Gill 等(1987)在绵羊的研究中发现，当以低质粗饲料或青绿饲料作为基础日粮时，添加足够量的氨基酸或蛋白质补充料，对饲料代谢能利用率具有正组合效应。同样瘤胃甲烷产量受不同日粮组分的影响，导致消化能向代谢能的转化效率产生组合效应。

(三)组合效应的类型

根据利用率或采食量等指标分为正组合效应、负组合效应和零组合效应三种类型。负组合效应可降低有效代谢能，正组合效应可以提高粗饲料的消化率和采食量。

1. 正组合效应　若饲料间的整体互作使日粮中某种养分的利用率或采食量高于各种饲料的加权值之和时，称为正组合效应。Preston 在由西沙尔麻渣、尿素、微量元素组成的绵羊日粮中，当添加少量青绿禾本科牧草时，纤维素的体外消化率增加了 40%～80%，同时伴有采食量的增加。Silva 等的研究表明，未处理的秸秆在饲喂氨化秸秆的绵羊瘤胃内发酵比在饲喂未氨化秸秆的绵羊瘤胃内发酵速度要迅速得多，这可能是因为饲喂未处理秸秆的动物瘤胃内微生物的增殖由于缺乏易于利用的底物而受到限制，而饲喂氨化秸秆则可以缓解这种限制，使瘤胃微生物增殖改善，从而产生正组合效应。谭支良等认为绵羊在 1.2 倍维持饲养水平条件下，当日粮的过瘤胃蛋白(UDP)的比例为 0.5～0.7 时，对绵羊的瘤胃发酵调控最为理想，有利于纤维物质的降解，可产生正组合效应。

2. 负组合效应　若饲料间的整体互作使饲料各组分之间互相抑制或拮抗，使某种养分的利用率或采食量低于各种饲料的加权值之和时，称为负组合效应。典型的负组合效应是由于大量饲喂富含可溶性碳水化合物饲料，导致日粮纤维物质降解率下降。严冰发现在氨化稻草基础日粮中，当菜籽饼与桑叶同时补饲时，湖羊的日增重比单独补饲菜籽饼时降低了 19%～31%，比单独补饲桑叶时降低 15%～20%($P<0.05$)，在体外消化试验中也发现菜籽饼与桑叶之间存在着负组合效应。

二、组合效应产生的机制及影响因素

(一)组合效应产生的机制

国内外许多学者对饲料间组合效应产生的机制进行了大量研究，但由于动物消化机理和饲粮结构的复杂性，目前并未形成完整的理论体系。从现有资料来看，组合效应发生在消化和组织代谢两个生理环节上，可能的机制包括瘤胃内环境的改变、瘤胃微生物种群与发酵模式的改变、饲料养分间的平衡与互补、养分吸收和利用效率的改变以及动物本身自我营养调控功能的改变等，具体为：①影响食糜流通速率和滞留时间；②影响反刍动物瘤胃缓冲能力；③影响瘤胃发酵底物的竞争；④影响瘤胃微生物区系和发酵模式；⑤影响微生物蛋白质产量及进入十二指肠的蛋白质数量或氨基酸组分；⑥影响内源营养物质的周转、分配与沉积；⑦影响日粮能量和蛋白质浓度；⑧影响消化酶的渗透和营养物质的吸收；⑨影响吸收后的营养物质的平衡；⑩影响动物本身自我营养调控功能。导致饲料组合效应的这些机制通常并不是孤立地起作

用，而是几种机制并存，相互作用，相互影响，相互制约。

(二)影响组合效应产生的因素

饲料配合过程中的组合效应受诸多因素的影响，如动物种类、饲养水平、饲料种类和质量、配合比例、加工调制、饲养环境、评定方法和指标以及营养调控措施等。

三、小尾寒羊日粮主要营养素之间的互作产生的组合效应

(一)日粮中不同碳水化合物比例产生的组合效应

日粮组合效应在纤维素和易降解性碳水化合物饲料间发生的较多，主要表现在结构性碳水化合物和非结构性碳水化合物的不同比例所产生的不同程度的组合效应。

最常见的组合效应是在某一日粮中加入少量易降解的碳水化合物时，纤维消化率增加，但易降解的碳水化合物加入量增大时，日粮中粗饲料的消化率就会降低。这是因为添加大量易降解的碳水化合物时，瘤胃细菌会快速降解糖和淀粉，产生大量的挥发性脂肪酸，从而导致瘤胃 pH 下降，当瘤胃 pH 低于 6.0～6.1 时，对 pH 十分敏感的纤维素分解菌活性完全被抑制，最终导致粗饲料的消化率降低。

研究证明，日粮中非结构性碳水化合物(NSC)与结构性碳水化合物(SC)比例是影响微生物蛋白(MCP)合成的重要因素。如谭支良发现，绵羊日粮中 SC 与 NSC 的比例在 2.40～2.64 时，不仅有利于日粮纤维物质在瘤胃和后端肠道的消化，而且还能使纤维物质在羊整个消化道的消化率提高。Tan 研究发现，当绵羊日粮 CS/NCS 为 2.86 时，小麦秸秆干物质(DM)的瘤胃降解率最高。因此，在配合小尾寒羊日粮时应充分考虑日粮的类型，选择适宜的 CS/NCS，以提高日粮营养成分消化率。对精料水平较高的日粮，可考虑适当的添加缓冲性矿物质盐，调节瘤胃的 pH，增加瘤胃液的流通速率，增强纤维分解菌的活性，从而提高饲料的消化率。

(二)日粮中不同蛋白质水平产生的组合效应

蛋白质水平对保障微生物生长和创造适宜的瘤胃内环境是非常重要的。用低质粗饲料作为反刍动物日粮主要部分，容易造成蛋白质缺乏和消化率降低而限制动物的生产性能。所以在以粗饲料为主的日粮中添加蛋白质可以改善适口性，提高采食量，但是不同的添加水平则可产生不同的组合效应。

粗料型日粮添补蛋白质导致正组合效应，主要表现在能够提高饲料纤维物质的消化率。其机制可能是添补蛋白质使瘤胃 NH_3—N 浓度升高，细菌和原虫数量上升，支链脂肪酸和瘤胃降解产生的氨基酸或小肽增加，纤维分解菌活性增强。Amosa 实验表明，日粮中可溶性蛋白含量降低能够导致瘤网胃干物质、纤维素、半纤维素和淀粉消化率的降低，发生负组合效应。

饲料的可降解蛋白和非降解蛋白之间的比例也可产生组合效应。谭支良等认为绵羊在 1.2 倍维持饲养水平条件下，当日粮的过瘤胃蛋白(UDP)与瘤胃蛋白(RDP)的比例为 0.5～0.7 时，绵羊瘤胃的发酵调控最为理想，有利于纤维物质的降解，可产生正组合效应。为此，对不同的日粮类型选择添补不同水平的蛋白质饲料，并尽量使瘤胃可降解蛋白与非可降解蛋白比例平衡，才能产生日粮的正组合效应。

(三)日粮中不同能氮平衡产生的组合效应

日粮的能氮平衡也会产生组合效应，如果瘤胃中氨和能量不同步释放，则可导致可发酵底物利用率下降和 MCP 合成量减少。Strokes 等报道，含有 31%或 39%非结构性碳水化合物和 11.8%或 13.7%可降解蛋白的饲粮，其 MCP 合成效率要高于含 25%非结构性碳水化合物和

9%可降解蛋白质的饲粮。吴跃明对桑叶与菜籽粕间组合效应的研究发现，当桑叶与菜籽粕按40/60和20/80的比例搭配时，40/60出现正组合效应，20/80出现负组合效应。由此可知，瘤胃可降解蛋白质与可发酵碳水化合物之间的比例失衡，可降解蛋白质含量不足或过高都会导致饲料间的负组合效应。因此，尽量使能量与蛋白质比例平衡，才能产生日粮的正组合效应。

(四)日粮中不同的脂肪添加量所产生的组合效应

瘤胃对日粮的脂肪水平十分敏感，若脂类超过饲料干物质的2%～3%，就会抑制瘤胃微生物特别是纤维分解菌与甲烷合成菌的活动。Palmquist报道，日粮中添加的脂肪补充剂超过20～30 g/kg时，瘤胃微生物尤其是纤维分解菌的活性受到抑制，从而导致纤维降解率的下降。Clerkawski Sutton认为日粮添加油脂后瘤胃原虫数量减少，特别是亚麻籽油对原虫抑制作用最大，导致瘤胃微生物区系的失衡，从而造成结构性碳水化合物消化率的降低。Zinn和Shen通过实验证明，添加脂肪降低了反刍动物钙、镁或二者的消化率，原因是在瘤胃、小肠远端及大肠内，脂肪酸与这些阳离子形成不溶性皂盐所致。可见，日粮中添加脂肪时，应注意其添加量，只有日粮脂肪含量在适宜范围内，才能产生正组合效应。

四、组合效应的调控技术

组合效应广泛存在于各养分之间，主要表现在养分的消化、吸收及代谢的各阶段。饲料种类、加工方法和程度、给量及投喂方法不同，均可引起组合效应，只有充分了解和掌握饲料间和营养素间的组合效应产生的机制及程度，尽量克服日粮营养素发生的负组合效应，将负组合效应降至最低限，科学地利用正组合效应进行日粮的优化配制，才能提高动物的饲料利用率，充分发挥动物生产性能，达到配制小尾寒羊日粮的真正目的。

(一)控制瘤胃发酵速度

纤维降解的下降，部分是由于瘤胃中有易发酵的物质，或者瘤胃的pH较低的缘故。因此，应首先考虑在不降低饲料消化率的条件下，降低补充料对瘤胃微生物的有效性，而不是考虑降低补充料的数量，从而降低饲粮的潜力。Drekov和Ftasler(1975)及Mould(1983)都报道，由较多的整粒大麦和较少压扁大麦与切短的干草组成日粮，其纤维的分解并不下降。有人认为，在有整粒大麦补充料的日粮中，由于淀粉释放得较慢，整粒大麦日粮中纤维素的分解仍不会受很大影响。掌握好加工的程序很重要，谷物籽实的过度加工会引起纤维素降解的下降，而加工不够又降低了淀粉的消化率，因为整粒籽实易通过消化道而不被降解。

研究表明，经过加工的精料，少量多次饲喂，其纤维素的分解不会下降。用易消化的纤维素性饲料(如干草、甜菜渣、氨处理的秸秆)作为能量补充料，可避免引起瘤胃pH降低，同时也维持了适合纤维素分解的瘤胃环境。

(二)控制瘤胃pH

在大多数情况下，瘤胃pH取决于快速水解的碳水化合物的数量，而且还取决于与之配合的粗饲料中细胞壁组分的数量和组成。据报道，瘤胃pH低于6.0～6.1时，纤维素的分解完全被抑制。低于该pH，纤维素分解活性的突然下降主要是由于狭窄的pH范围与瘤胃分解纤维素的微生物数量减少的综合结果；超过该pH范围，纤维素分解酶的活力就会加强。因此，如果要维持纤维素的分解作用，瘤胃pH必须保证在6.0～6.1。

不仅提供的精料水平很重要，精料的加工程度也同样重要。Mould等报道(1983)，绵羊日粮中75%的压扁大麦就可使瘤胃pH低于6.1，从而抑制了纤维素的分解，但是换成整粒大麦时不产生这种现象，如果整个日粮全由整粒大麦组成时又产生这种现象。

(三)调整结构性碳水化合物(SC)和非结构性碳水化合物(NSC)的比例

谭支良(1999)试验结果表明，当绵羊日粮中SC:NSC比例为2.40～2.64时，不仅有利于日粮纤维物质在瘤胃和后肠道的消化，而且还能使纤维物质在羊整个消化道的消化率得以提高。因此，在配合日粮时，应把SC和NSC包括在线性模型的约束条件之内。

(四)改变饲养制度

现在的饲养体系大多是精粗分开饲喂，即粗料自由采食。在此饲养体系下，若提供的精料水平很高时，小尾寒羊对粗料的采食量下降，瘤胃pH降低，不利于纤维素的消化。如果改用全混合日粮饲养制度，不仅可以增加小尾寒羊的饲喂次数，保证秸秆等粗饲料的采食量，刺激唾液分泌，维持适合于纤维素分解的瘤胃环境，还可增加精料的采食量，提高饲料的综合利用率。

(五)其他

粗料的物理性状也可影响纤维的降解。由于加工，饲料的颗粒变小，使饲料在瘤胃滞留的时间缩短，从而抑制了消化。在磨细的和未磨细的粗料中加入精料，对纤维素的分解都有直接的影响。当饲喂高浓度的精料时，保证食入一定量的纤维性粗饲料很重要，这将刺激反刍，并通过改善瘤胃液的缓冲能力来达到促进纤维分解的目的。饲喂高水平精料时，加入一些缓冲剂也可维持瘤胃pH的稳定。

五、组合效应的实际应用

(一)羊草NDF与豆粕CP、菜籽粕CP和棉籽粕CP的组合效应

从表7-16看出，豆粕CP与羊草NDF呈现正组合效应，且最大组合效益出现在发酵12 h和羊草NDF豆粕CP比为2.6时。

表7-16 羊草NDF与豆粕CP的组合效应

发酵时间(h)	羊草NDF与豆粕CP的组合比例					
	1.8:1	2.2:1	2.6:1	3.0:1	3.4:1	3.8:1
12	12.2**	11.2**	19.5**	12.7**	10.8**	6.1**
24	8**	8.2**	13.9**	9.7**	9.3**	2.8
48	3.9*	5.1**	8.5**	8.4**	6.8**	0.9
96	1.6	2.7	6.7**	5.9**	4.1*	0.1

注：①引自刁其玉等，2009。② * 表示 $P<0.05$，** 表示 $P<0.01$。

表7-17 羊草NDF与菜籽粕CP的组合效应

发酵时间(h)	羊草NDF与菜籽粕CP的组合比例					
	1.8:1	2.2:1	2.6:1	3.0:1	3.4:1	3.8:1
12	9.0**	18.5**	19.0**	18.7**	11.6**	11.5**
24	10.2**	14.9**	12.1**	13.6**	9.3**	8.9**
48	7.1**	9.8**	5.6**	4.6*	4*	3.7
96	7.5**	7.8**	4.9*	3.4*	1.4	2.6

注：①引自刁其玉等，2009。② * 表示 $P<0.05$，** 表示 $P<0.01$。

从表7-17看出，菜籽粕CP与羊草NDF呈现正组合效应，且最大组合效益出现在发酵12 h和羊草NDF菜籽粕CP比为2.6时。

表 7-18　羊草 NDF 与棉籽粕 CP 的组合效应

发酵时间(h)	羊草 NDF 与棉籽粕 CP 的组合比例					
	1.8∶1	2.2∶1	2.6∶1	3.0∶1	3.4∶1	3.8∶1
12	18.1**	24.1**	25.4**	25.3**	17.3**	13.1**
24	11.0**	21.7**	15.3**	21.0**	13.0**	13.2**
48	9.5**	15.4**	15.2**	13.6*	10.3**	12.1**
96	6.5**	14.1**	13.0**	10.0**	6.9**	9.3**

注:①引自刁其玉等,2009。②*表示 $P<0.05$,**表示 $P<0.01$。

从表 7-18 看出,棉籽粕 CP 与羊草 NDF 呈现正组合效应,且最大组合效益出现在发酵 12 h 和羊草 NDF 棉籽粕 CP 比为 2.6 时。

(二)小尾寒羊全混合日粮的应用

全混合日粮(TMR)就是根据小尾寒羊营养需要的粗蛋白、能量、粗纤维、矿物质和维生素等营养成分,把揉碎的粗料、精料和各种添加剂充分混合而得的营养平衡的日粮。TMR 就是典型的饲料间组合效应,但并不是所有的饲料组合起来就产生加性效应,只有日粮的营养水平高于维持能量需要时才产生组合效应(表 7-19)。

表 7-19　全混合日粮的组合效应

日粮	粗料∶精料	饲养水平	组合效应	参考资料
干草青贮∶玉米青贮∶精料	9∶0∶11,6∶3∶11,0∶9∶11	低于维持需要	无	Holte 等,1975
干草青贮∶玉米青贮	3∶0,2∶1,0∶3	维持需要	无	Johns 和 Holte 等,1975
干草∶大麦	3∶0,2∶1,0∶3	维持需要	无	Mathers 等,1981
保存的粗料∶精料	5∶0,4∶1,3∶2,2∶3	维持需要	无	Rowett 等,1972
苜蓿干草∶玉米粉	1∶1	维持需要	有	Forbes 等,1931
玉米青贮∶玉米籽实	3∶0,2∶1,1∶2,0∶3	高于维持或维持	有	Byers 等,1976
玉米青贮∶玉米籽实	1∶2	高于维持	有	Johnson 等,1972

注:引自程善燕等,中国草食动物,2008。

(三)不同精粗比间组合效应

门小明等选取 18 只体重约 42 kg 的空怀小尾寒羊母羊,按体重分为 3 组($n=6$),分别喂给以玉米秸秆为粗饲料的精粗比为 20∶80(日粮 1)、30∶70(日粮 2)和 40∶60(日粮 3)的日粮,以研究不同精粗比日粮对空怀小尾寒羊母羊消化代谢的影响。结果表明:3 组羊只的有机物采食量分别为(970.1±95.1) g/(d·只)、(1 137.3±144.8) g/(d·只)和(1 279.2±138.7) g/(d·只);玉米秸秆的采食量分别为(834.3±75.6) g/(d·只)、(856.1±110.2) g/(d·只)和(822.0±121.7) g/(d·只);有机物表观消化率分别为 52.53%±5.16%、55.73%±2.64%和 59.68%±1.95%;粗蛋白质表观消化率分别为 58.73%±7.60%、61.05%±2.61% 和 62.84%±2.33%;氮保留量分别为(0.62±1.17) g/(d·只)、(3.15±2.22) g/(d·只) 和(5.87±1.56) g/(d·只);钙保留量分别为(0.39±0.05) g/(d·只)、(0.59±0.10) g/(d·只)和(0.79±0.06) g/(d·只);磷保留量分别为(0.40±0.04) g/(d·只)、(0.59±0.06) g/(d·只)和(0.82±0.05) g/(d·只);试验期体增重分别为(−12.4±46.1) g/(d·只)、(101.2±60.0) g/(d·只)和(157.1±96.5) g/(d·只)。可见,在以玉米秸秆为粗饲料的条件下,当空怀小尾寒羊母羊日粮中的精料量为 20%时,氮保留率低(3.29%),且难以维持体重;增加日粮中的精料量到 30%或 40%时,可提高日增重,并且使氮保留率达到

13.82%或22.09%。增加日粮的精料比例可不同程度地提高有机物、粗蛋白质和钙磷的表观消化率,使日粮产生正组合效应。

(四)系统组合营养技术在秸秆中的应用

系统组合营养技术是指将影响反刍动物对饲料利用效率的各种营养因素或措施围绕一定营养调控目标有机系统地综合起来的技术。它通过调控饲粮配合中饲料的不同组合,尽量克服反刍动物利用粗饲料时发生的负组合效应,并力争向增强正组合方向转化,使得秸秆等粗饲料能够被充分有效地利用。Silva 等报道(1988),向秸秆等低质粗饲料组成的基础日粮中,补饲适量的优质青绿饲料,可提高秸秆的采食量、利用效率和动物生产性能,产生正的饲料组合效应。其主要机制是补饲青绿饲料可以改善瘤胃内环境,刺激瘤胃内纤维分解菌的生长繁殖,同时还起到"接种"作用,使更多的纤维分解菌迅速扩展到秸秆碎片上,从而促进纤维物质的消化。

参考文献

[1] 凌明亮,等.饲料添加剂开发与应用技术.北京:科学技术文献出版社,2006.
[2] 张英杰.羔羊快速育肥.北京:中国农业科技出版社,2006.
[3] 罗海玲.羊常用饲料及饲料配方.北京:中国农业出版社,2004.
[4] Kellems R O,Church D C .畜禽饲料与饲养学.姜成钢,张辉,译.北京:中国农业大学出版社,2006.
[5] 郭永庆,等.养羊业非常规秸秆饲料资源开发利用研究.中国草食动物,2008(专辑):62-64.
[6] 程善燕,等.舍饲绵羊饲料间的组合效应及调控技术.中国草食动物,2008(专辑):85-87.
[7] 刘建新,等.干草、秸秆青贮饲料加工技术.北京:中国农业科技出版社,2003.
[8] 门小明,等.三种不同精粗比日粮条件下空怀小尾寒羊母羊的消化与代谢.中国畜牧兽医,2006,33(10):13-16.
[9] 王惠,等.氨化小麦秸对舍饲小尾寒羊增重效果的试验.饲料工业,1997(7):41.
[10] 许腾.秸秆不同处理方法对小尾寒羊增重效果的比较.畜牧与兽医,2005(9):31-32.

第八章 营养需要与日粮配合
Chapter 8 Nutrient requirement and ration formulation

营养是影响小尾寒羊生产最重要的因素之一。小尾寒羊从饲草、饲料中获得的营养物质，主要包括碳水化合物、蛋白质、脂肪、矿物质、维生素和水。它们的主要生理功能是：碳水化合物是羊活动所需热量的主要来源；蛋白质是羊体生长和组织修复的主要原料；矿物质、维生素和水在调节羊的生理机能、保障营养物质和代谢产物的传递方面，具有重要作用。了解小尾寒羊的营养需要，是确定饲养标准，合理配合日粮，进行科学育肥的依据，也是维持小尾寒羊的健康及其生产性能的基础。

第一节 营养需要
Section 1 Nutrient requirement

小尾寒羊的营养需要是指每天对能量、蛋白质、矿物质、维生素和水等营养素的需要量，主要包括能量、蛋白质、脂肪、矿物质、维生素和水。

一、能量

1. 能量的来源及利用　羊呼吸、运动、生长、繁殖、维持体温等全部生命过程都需要能量。能量来源于饲料中的有机物质如碳水化合物、脂肪和蛋白质等，其中碳水化合物是能量的主要来源，它包括淀粉、糖和粗纤维。动物采食饲料后，三大养分经消化吸收进入体内，在糖酵解、三羧酸循环或氧化磷酸化过程中释放出能量，最终以 ATP 的形式满足机体需要。饲料中的能量并不能完全被羊利用。饲料中的总能(GE)减去粪便中所含的能量称为消化能(DE)，这种消化能称为表观消化能。表观消化能减去消化过程中产生的甲烷等气体所含的能量和由尿排出的能量称为代谢能(ME)。代谢能也称生理有用能或表观代谢能(AME)。能量在小尾寒羊体内的转化见图 8-1。

能量单位用焦耳表示，如焦耳(J)、千焦(kJ)、兆焦(MJ)，其换算关系为：

1 MJ＝1 000 kJ＝1 000 000 J。

2. 小尾寒羊能量需要量

(1)维持需要　羊维持正常生命活动，体重不增不减，不生产产品时所需的能量为维持能量。羊维持需要的能量与代谢体重(活体重的 0.75 次方)在一定的范围内呈直线相关关系，美国国家研究委员会(NRC，1985)确定的绵羊每日维持能量需要(NE_m)可用下面的数学式表示：

- 总能(GE)
  - 消化能(DE)
    - 代谢能(ME)
      - 净能(NE)
        - 生产净能(NE_p)
          - (1)生长、肥育
          - (2)产奶
          - (3)产毛
          - (4)工作
        - 维持净能(NE_m)
      - 热增耗(HI)
        - (1)消化活动和发酵热
        - (2)养分代谢的热
    - 尿能损失
      - (1)饲料养分代谢不完全的残余物(主要为含氮化合物)
      - (2)内源分解代谢(主要为肌酸酐)
    - 气体能量损失：如发酵气体(CH_4)
  - 粪能(FE)
    - (1)饲料的未消化部分
    - (2)代谢产物(如黏膜、细菌、酶)

图 8-1 小尾寒羊体内能量的转化

$$NE_m = 4.186\,8\ \text{kJ} \times 56\ W^{0.75}$$

式中：NE_m 为维持净能，kJ；W 为活体重，kg。

空怀母羊能量维持需要：杨在宾等(1996)报道，小尾寒羊空怀母羊每天维持净能需要为 309.2 kJ/kg $W^{0.75}$，每天维持代谢能需要为 408 kJ/kg $W^{0.75}$，维持消化能需要为 477 kJ/kg $W^{0.75}$，维持效率为 0.756。

哺乳羔羊能量需要：张崇玉等(1996)报道，小尾寒羊哺乳羔羊对代谢能总需要量(MER)分别为：

全哺乳期(0～30 日龄)：MER(kJ)$=441W^{0.75}+7.99\Delta W$(g)

少量补饲期(30～60 日龄)：MER(kJ)$=441W^{0.75}+11.0\Delta W$(g)

大量补饲期(60～90 日龄)：MER(kJ)$=441W^{0.75}+20.7\Delta W$(g)

(2)生长需要　NRC(1985)规定，空腹 20～50 kg 生长发育的绵羊，每千克空腹增重所需的能量，轻型体重羔羊为 12.56～16.75 MJ/kg，重型体重羔羊为 23.03～31.40 MJ/kg。在生产实际中计算增重所需的能量，需将空腹重换算成活重。

$$估计活重 = 空腹重 \times 1.195$$

同一品种活重相同时，公羊每千克增重所需的能量是母羊的 82%。

孙家义等(1992)对 4～8 月龄小尾寒羊的能量和蛋白质代谢规律进行研究，认为体重(y)随日龄(x)的生长曲线为：$y(\text{kg})=4.73+0.17x$，$r=0.968$($P<0.01$)。此时，最适于小尾寒羊生长的日粮代谢能为 10～11 MJ/kg，蛋白质水平为 13.33%～15.02%，精粗比为 3∶7～5∶5。

(3)妊娠需要　NRC(1985)认为，妊娠期的前 15 周，青年妊娠母羊能量需要＝维持能量＋本身生长增重能量＋胎儿增重和妊娠产物能量；成年妊娠母羊能量需要＝维持能量＋胎儿增重和妊娠产物能量。

妊娠期的后 6 周，胎儿增重快，对能量需要量大，妊娠母羊(单羔)总能量需要＝维持需要×

1.5,妊娠母羊(双羔)总能量需要=维持需要×2.0。

张崇玉等(1996)报道,小尾寒羊妊娠母羊前期和中后期每天代谢能需要量分别为:

前期(0～90 d):MER(kJ)$=402W^{0.75}+2.38NE_p$

中后期(90～150 d):MER(kJ)$=428W^{0.75}+2.50NE_p$(其中 NE_p 为生产净能)

(4)泌乳需要　包括维持和产乳需要。羔羊在哺乳期增重与母乳的需要量之比为1∶5。小尾寒羊母羊全期日泌乳量(M)平均为653 g,每产1 kg原乳需要代谢能10.8 MJ。在产后12周泌乳期内,代谢能转化为泌乳净能的效率为65%～83%,带双羔母羊比带单羔母羊的能量转化率高。杨在宾等(1996)报道,小尾寒羊泌乳期母羊对代谢能总需要量为:

单羔:$MER=576.9W^{0.75}+10\ 810M$

双羔:$MER=588.2W^{0.75}+10\ 794M$

平均:$MER=582.6W^{0.75}+10\ 802M$

二、蛋白质

1.蛋白质的营养作用　蛋白质是羊机体必需的重要成分,不但参与组成各种组织、器官,而且也是体内酶、激素、抗体及肉、皮、毛等产品的主要成分。蛋白质的营养作用是碳水化合物、脂肪等营养物质所不能替代的。饲料中蛋白质供应不足时,会造成羊消化机能减退,生长缓慢,体重减轻,发育受阻,繁殖性能下降,抗病力减弱,严重缺乏时甚至引起死亡。

2.蛋白质的需要量

(1)蛋白质营养的表达方式　肉羊摄入的日粮蛋白质,一部分被瘤胃微生物降解,用于合成瘤胃微生物蛋白质,日粮中未被降解的蛋白质和瘤胃微生物蛋白质进入小肠,组成小肠蛋白质被消化吸收和利用。因此,近代肉羊蛋白质营养体系均以小肠蛋白质为基础(图8-2),只是表达方式不同,如美国(NRC,1996,2001)用可代谢蛋白质,我国用小肠表观可消化粗蛋白等。

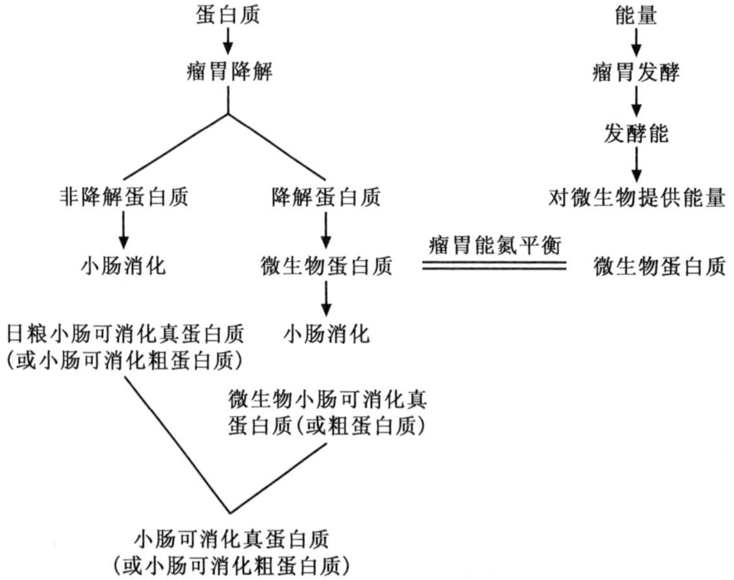

图8-2　饲料小肠可消化蛋白质体系示意图

(2)蛋白质需要量　蛋白质需要量目前主要使用粗蛋白和可消化粗蛋白两项指标，二者关系可用下式表达：

$$可消化粗蛋白质=0.87\times粗蛋白质-2.64$$

在绵羊瘤胃消化功能正常情况下，NRC(1985)用析因法求出蛋白质需要量，其计算公式如下：

$$粗蛋白质需要量(g/d)=\frac{PD+MFP+EUP+DL+Wool}{NPV}$$

式中：PD为蛋白质贮留量；MFP为粪中代谢蛋白质；EUP为尿中内源蛋白质；DL为皮肤脱落蛋白质；Wool为羊毛内的粗蛋白质；NPV为蛋白质净效率。

PD(g/d)：怀单羔母羊妊娠初期为2.95 g/d，妊娠最后4周为16.75 g/d，多胎母羊按比例增加；泌乳母羊的泌乳量，成年母羊哺乳单羔按1.74 kg/d、双羔按2.60 kg/d计算；青年母羊按成年母羊的75%计算；乳中粗蛋白质按47.875 g/d计算。

MFP(g/d)：假定每千克干物质采食量为33.44 g(NRC，1984)。

EUP(g/d)：$0.146\ 75\times W(kg)+3.375$(ARC，1980)。

DL(g/d)：$0.112\ 5W^{0.75}$。

Wool(g/d)：成年母羊和公羊假定为6.8 g(每年污毛产量以4 kg计)，羔羊毛中粗蛋白质含量(g/d)可以用[3+(0.1×无毛被羊体内蛋白质)]计算。

NPV：0.561是由真消化率0.85×生物学价值0.66而来。

对小尾寒羊蛋白质营养需要的研究结果为：成年空怀期母羊，饲喂能量水平相同，蛋白质水平为6.4%～9.6%的日粮，氮的真消化率为74%～77%，对可消化粗蛋白的维持需要为1.74 g/(kg $W^{0.75}$ · d)；妊娠后期母羊，饲喂蛋白质水平为11.8%的日粮，蛋白质表观消化率为68.7%，对可消化粗蛋白的维持需要为1.65 g/(kg $W^{0.75}$ · d)；泌乳期母羊，饲喂每千克干物质含代谢能9.41 MJ，蛋白质水平为11%的日粮，粗蛋白消化率为60.65%，每天可消化粗蛋白的需要量为$1.51W^{0.75}$ g；每产1 kg奶需要可消化粗蛋白82 g，蛋白质日采食量(y,g)与乳中蛋白质排出量(x)呈线性关系，即$y=2.59x+94.07(P<0.01)$。

三、矿物质

矿物质是构成体组织不可缺少的成分之一(表8-1)，特别是骨骼和牙齿主要由矿物质组成。同时，矿物质参与体内各种生命活动，是保证羊体健康生长必需的营养物质。

1.钙和磷　钙和磷是羊体内含量最多的矿物质，是骨骼和牙齿的主要成分，约有99%的钙和80%的磷存在于骨骼和牙齿中。

钙是骨骼和牙齿的主要组成成分；是细胞和组织液的重要成分，通过神经体液调节，控制神经传递物质释放，调节神经兴奋性；改变细胞膜通透性，进入细胞内触发肌肉收缩；激活多种酶的活性；促进胰岛素、儿茶酚胺、肾上腺皮质固醇，甚至唾液等的分泌；钙还具有自身营养调节功能，在外源钙供给不足时，沉积钙(特别是骨骼中)可大量分解供代谢循环需要。

磷与钙一起参与骨、齿结构组成，保证骨骼和牙齿的结构完整；参与体内能量代谢；以磷脂的方式促进脂类物质和脂溶性维生素的吸收；是细胞膜不可缺少的成分，保证生物膜的完整；磷作为重要生命遗传物质DNA、RNA和一些酶的结构成分，参与许多生命活动过程，如蛋白质合成和动物产品生产。

表 8-1 小尾寒羊对日粮硫、维生素、微量矿物质元素需要量

营养物质	生长羔羊(4～20 kg)	育成母羊(25～50 kg)	育成公羊(20～70 kg)	育肥羊(20～50 kg)	妊娠母羊(40～70 kg)	泌乳母羊(40～70 kg)
硫(g/d)	0.24～1.2	1.4～2.9	2.8～3.5	2.8～3.5	2.0～3.0	2.5～3.7
维生素 A(IU/d)	188～940	1 175～2 350	940～3 290	940～2 350	1 880～3 948	1 880～3 434
维生素 D(IU/d)	26～132	137～275	111～389	111～278	222～440	222～380
维生素 E(IU/d)	2.4～12.8	12～24	12～29	12～23	18～35	26～34
钴(mg/kg)	0.018～0.096	0.12～0.24	0.21～0.33	0.2～0.35	0.27～0.36	0.3～0.39
铜(mg/kg)	0.97～5.2	6.5～13	11～18	11～19	16～22	13～18
碘(mg/kg)	0.08～0.46	0.58～1.2	1.0～1.6	0.94～1.7	1.3～1.7	1.4～1.9
铁(mg/kg)	4.3～23	29～58	50～79	47～83	65～86	72～94
锰(mg/kg)	2.2～12	14～29	25～40	23～41	32～44	36～47
硒(mg/kg)	0.016～0.086	0.11～0.22	0.19～0.30	0.18～0.31	0.24～0.31	0.27～0.35
锌(mg/kg)	2.7～14	18～36	50～79	29～52	53～71	59～77

注：表中推荐数值参考《肉羊饲养标准》(NY/T 816—2004)。

羊日粮中的钙磷比例以(2～1.5)∶1 为宜。日粮中缺乏钙或钙、磷比例不当时，羊食欲减退、消瘦、生长发育不良，幼畜患佝偻病，成年羊患软骨症或骨质疏松症。磷缺乏时，羊出现异食癖，如吃羊毛、砖块、泥土等。一般植物性饲料都缺钙，但豆科牧草和苋科植物中含钙量较多。农作物秸秆含磷较低，谷实类、饼粕、糠麸含磷较高，动物性饲料如鱼粉含磷丰富。日粮补钙磷常使用磷酸氢钙。

2. 钠和氯　钠和氯与消化机能有关。钠和氯也是维持渗透压及酸碱平衡的重要离子，并参与水的代谢。钠和氯元素长期缺乏，会发生食欲下降。补充钠和氯一般用食盐，既是营养品，又是调味剂，可提高食欲，促进生长。植物性饲料，尤其是作物秸秆含钠、氯较少，因此应经常给羊喂盐。一般按日粮干物质的 0.15%～0.25%或混合精料的 0.5%～1%补给。青粗饲料中含钾多，钾能促进钠的排出，为此对放牧饲养的羊要多补一些食盐。

3. 镁　镁是骨骼的组成成分，机体中有 60%～70%的镁存在于骨骼中。镁具有多种生理功能，如维持神经系统正常功能，作为磷酸酶、氧化酶等多种酶的活化因子，在碳水化合物、蛋白质和脂肪代谢中起重要作用等。羊缺镁，表现厌食，生长受阻，过度兴奋，痉挛，肌肉抽搐，甚至昏迷死亡。牧区羊多发生此病，舍饲羊很少发生。牧区可通过对牧草施镁肥来预防。

4. 硫　硫是蛋氨酸、胱氨酸、半胱氨酸等含硫氨基酸的组成成分，对合成体蛋白、激素和被毛，以及碳水化合物代谢有重要作用。羊瘤胃中微生物能利用无机硫和非蛋白氮合成含硫氨基酸，日粮干物质中氮硫比例以(5～10)∶1 为宜。

5. 铁　铁主要存在于羊的肝脏和血液中，为血红素及各种中短呼吸酶的成分。饲料中缺铁时，羊易患贫血症，羔羊尤为敏感。供铁过量会引起磷的利用率降低，导致软骨症。幼嫩的青绿饲料和谷类含铁丰富。

6. 铜　铜与铁的代谢关系密切，是许多氧化酶的组成成分，参与造血过程，促进血红素的合成。当机体缺铜时，会减少铁的利用，造成贫血、消瘦、骨质疏松、皮毛粗硬、毛皮质量下降等。日粮中铜过量会引起中毒，尤其是羔羊，对过量铜耐受力较差。一般饲料中含铜较多，但缺铜地区土壤中生长的植物含铜量较低，容易引起铜缺乏症，可用硫酸铜、氯化铜补充。

7.锌 锌是构成动物体内多种酶的重要成分，参与脱氧核糖核酸的代谢作用，能促进性腺活动和提高繁殖机能。锌还可防止皮肤干裂和角质化。日粮中缺乏锌时，羔羊生长缓慢，皮肤角化不全，可见脱毛和皮炎，公羊睾丸发育不良。锌在青草、糠麸、饼粕类饲料中含量较多，玉米和高粱中含锌较少。日粮高钙易引起缺锌。

8.锰 锰对羊的生长、繁殖和造血都有重要作用，为多种酶的激活剂，能影响体内一系列营养物质的代谢。严重缺锰时，羔羊生长缓慢，骨组织损伤、易骨折，并影响繁殖机能。锰在青绿饲料、米糠、麸皮中含量丰富，谷实及块根、块茎中含量较低。

9.钴 钴是维生素 B_{12} 的组成成分，饲料缺钴会影响维生素 B_{12} 的合成。缺钴地区土壤中生长的牧草含钴量较低，当每千克饲草干物质含钴量低于 0.07 mg 时，应补钴，一般选用硫酸钴或氯化钴。

10.硒 硒是谷胱甘肽过氧化酶的组成成分。这种酶有抗氧化作用，能把过氧化脂类还原，防止这类毒素在体内蓄积。羊日粮中缺硒可引起白肌病，羔羊更敏感。肉羊对硒的需要量为每千克日粮干物质 0.1～0.3 mg。补硒一般用亚硒酸钠。

四、维生素

维生素对维持羊的健康、生长和繁殖有十分重要的作用(表 8-2)。成年羊瘤胃微生物能合成 B 族维生素、维生素 C 及维生素 K，这些维生素除哺乳期羔羊外一般不会缺乏。在羊的日粮中要注意供给足够的维生素 A、维生素 D 和维生素 E。绵羊对维生素的需要量见表 8-1。

1.维生素 A 维生素 A 仅存于动物体内。植物性饲料中的胡萝卜素作为维生素 A 原，可在动物体内转化为维生素 A。维生素 A 与视觉、上皮细胞组织的完整、繁殖性能、骨骼的生长发育，脑脊髓液、皮质酮的合成等都有关系，是羊最重要的维生素之一。缺乏维生素 A 时，羊只食欲减退，采食量下降，增重减缓，最早出现的症状是夜盲。严重缺乏时，上皮组织增生，角质化，抗病力明显下降，羔羊生长停滞，消瘦。公羊性机能减退，精液品质下降，母羊受胎率下降，性周期紊乱，流产，胎衣不下。维生素 A 来源于动物产品，主要是鱼肝油，以多脂的形式存在。胡萝卜素在豆科牧草和青绿饲料中含量较多，叶子的绿色程度是胡萝卜素含量多少的一种标志。

2.维生素 D 维生素 D 的最基本功能是促进肠道对钙和磷的吸收，以提高血钙和血磷的水平，促进骨骼的钙化。维生素 D 缺乏时，会造成羔羊的佝偻病和成年羊的软骨病，并且还可引起羊的免疫力下降。太阳光照射是获得维生素 D 最廉价的来源。牧草在收获季节通过太阳光照射，维生素 D_2 含量大大增加。羊皮肤的分泌物也含有 7-脱氢胆固醇，经阳光照射可转变成维生素 D_3 的活性形式而且可被皮肤吸收。在圈养或冬季放牧减少时，饲料日粮中可补充维生素 D。

3.维生素 E 维生素 E 是一种抗氧化剂，能防止易氧化物质的氧化，保护富于脂质的细胞膜不受破坏，维持细胞膜的完整。维生素 E 不仅能增强羊的免疫能力，而且具有抗应激的作用。维生素 E 也涉及正常的磷化反应，如维生素 C 的合成、泛酸的合成及含硫氨基酸和维生素 B_{12} 的代谢等。缺乏维生素 E，可引起羔羊肌肉营养不良或白肌病，缺硒时又促使症状加重；公羊表现为睾丸发育不全，精子活力降低，性欲减退，繁殖能力明显下降，母羊出现性周期紊乱，受胎率降低。维生素 E 的来源很广，植物能合成维生素 E，饲料中的各种植物原料都含维生素 E，但是在加工和贮存过程中，维生素 E 损失较大，半年可损失 30%～50%，达不到营养标准时，可补加维生素 E。

4. 维生素 K　维生素 K 主要是参与凝血活动，是前凝血酶原（因子Ⅱ）、血浆促凝血酶原激酶（因子Ⅸ）等激活时所必需的物质，缺乏维生素 K 时，凝血时间延长。

5. B 族维生素　B 族维生素有维生素 B_1（硫胺素）、维生素 B_2（核黄素）、维生素 B_6（包括吡哆醇、吡哆醛、吡哆胺）、维生素 B_{12}（氰钴胺素）、烟酸（尼克酸）、泛酸、叶酸、生物素和胆碱。B 族维生素主要是作为辅酶，催化碳水化合物、脂肪和蛋白质代谢中的各种反应，长期缺乏和不足，可引起代谢紊乱和体内酶活力降低。羊的机能正常时，瘤胃微生物能合成足够其所需的 B 族维生素，但是羔羊易出现缺乏，所以应该注意维生素 B_1、维生素 B_2、维生素 B_6、泛酸、生物素、烟酸和胆碱的补充。

表 8-2　维生素的生理功能、缺乏症和主要来源

维生素	特性	生理功能	缺乏症	主要来源
维生素 A	植物含有胡萝卜素，动物可将其转化为维生素 A	维持上皮组织的健全与完整，维持正常视觉，促进生长发育	干眼病，夜盲症，上皮组织角质化，抗病力弱，生产性能降低	青绿饲料、胡萝卜、黄玉米、鱼肝油
维生素 D	结晶的维生素 D 比较稳定，晒太阳少时易缺乏	促进钙、磷吸收与骨骼的形成	幼畜佝偻病，成年羊骨质疏松症	日光照射在体内合成，鱼肝油，合成的维生素 D_2 和维生素 D_3
维生素 E	对酸、热稳定，对碱不稳定，易氧化	抗氧化，防止肌肉萎缩，维持正常生殖机能	肌肉营养不良或白肌病，生殖机能障碍	植物油、青绿饲料、小麦胚、合成的维生素 E
维生素 K	耐热，易被光、碱破坏	维持血液的正常凝固	凝血时间延长	青绿饲料，合成的维生素 K，羊体内合成
硫胺素（维生素 B_1）	对热和酸稳定，遇碱易分解，温度高于 100℃时被破坏	维持正常碳水化合物代谢，维持神经、血液循环、消化系统的正常功能	运动失调，失明，厌食，呕吐，腹泻	青绿饲料，糠麸类饲料，合成的硫胺素，羊体内合成
核黄素（维生素 B_2）	对热和酸稳定，遇光和碱易被破坏	维持正常能量、蛋白质和脂肪代谢	生长受阻，生产力低下	青绿饲料，酵母，工业合成的核黄素，羊体内合成
泛酸（维生素 B_3）	对湿热及氧化剂稳定，在碱性环境中不稳定	是辅酶 A 的组成部分，参与碳水化合物、脂肪和蛋白质代谢	生长受阻，运动失调	苜蓿草，糠麸类饲料，饼粕类饲料，泛酸钙，羊体内合成
吡哆醇（维生素 B_6）	对热稳定，对光不稳定	为氨基酸脱羧酶等辅酶的成分，参与氨基酸、蛋白质代谢	生长不良，贫血，运动失调	谷类饲料，酵母，动物性饲料，羊体内合成
生物素（维生素 H）	易被高温和氧化剂破坏	为多种酶的辅酶，参与各种有机质代谢和脂肪合成	皮炎，贫血，脱毛症，生长受阻	青绿饲料，小麦，豆饼，羊体内合成
叶酸	在酸性中加热分解，易被光破坏	对氨基酸合成和红细胞形成有促进作用	生长减慢，脂肪肝，脾肿大	青绿饲料，谷物，酵母，羊体内合成
胆碱	对酸不稳定	为脂肪和神经组织的成分，调节脂肪代谢和防止肝脏变性	生长减慢，脂肪肝，脾肿大	绿色植物，酵母，谷实类
维生素 B_{12}（氰钴胺素）	强酸、日光、氧化剂、还原剂均可破坏	对核酸的形成、含硫氨基酸代谢、脂肪与碳水化合物代谢有重要作用	生长停滞，贫血，皮炎，后肢运动失调，繁殖率降低	动物性饲料，维生素 B_{12} 制剂，羊体内合成
维生素 C（抗坏血酸）	被氧化剂破坏	参与机体一系列代谢，有抗氧化作用	贫血、出血、抗病力降低	谷物，羊体内合成

注：①引自凌明亮主编《饲料添加剂开发与应用技术》，2006。②哺乳期羔羊不具有体内合成维生素的能力。

6. 维生素 C　维生素 C 又称抗坏血酸，它在细胞内电子转移反应中起重要作用，参与某些氨基酸的氧化反应，可促进日粮中矿物质的吸收及其在体内的分布，尤其是在促进铁离子的吸

收和在体内的转运方面起重要作用。维生素C具有抗氧化作用，保护其他物质免受氧化。缺乏维生素C时，周身可出现程度不同和大小不等的出血点，牙齿松动，贫血，生长停滞，关节变软等。高温、寒冷、运输等逆境和应激状态下以及日粮能量、蛋白质、维生素E、硒和铁等不足时，羊对维生素C的需要可大量增加，应注意补加。

五、水

水是羊体重要的组成成分之一，一般水分占体重的60%～70%，是饲料消化、吸收、营养物质代谢、排泄及体温调节等生理活动所必需的物质，是羊生命活动不可缺少的。当体内水分不足时，羊的胃肠蠕动减慢，消化机能紊乱，体温调节功能遭到破坏。特别是在缺水情况下脂肪过度沉积（肥育），会促进肠毒血症的发生，并出现肾炎等症状。饮水不足还会影响饲料的适口性。羊需要的水主要由饮水供应，其水质应达到《畜禽饮用水水质标准》（NY 5027—2008）。需水量因体重、气温、日粮及饲养方式不同而异，夏季、春末、秋初饮水量增大，冬季、春初和秋末饮水量较少。一般每采食1 kg饲料干物质，需水2～3 kg。成年羊一般每日需饮水3～4 kg，每日应让羊自由饮水2～3次。

六、粗纤维

粗纤维是碳水化合物的重要组成部分，它包括纤维素、半纤维素和木质素等，是小尾寒羊日粮中必需的营养物质。

1.粗纤维的营养作用

（1）提供大量能源。饲粮纤维在瘤胃中发酵所产生的挥发性脂肪酸是反刍动物主要的能源物质。挥发性脂肪酸能为小尾寒羊提供能量需要的70%～80%，可见饲粮纤维发酵对能量代谢的重要意义。挥发性脂肪酸除了为小尾寒羊提供能量，还参与各种代谢，并形成产品。

（2）促进胃肠道的消化吸收功能。胃肠道正常蠕动和反刍是影响养分吸收的重要因素。纤维素可刺激胃肠道，促进胃肠蠕动和粪便的排泄。此外，还对维持正常的微生态系统平衡，促进瘤胃的发育和动物的健康有重要的作用。

（3）控制采食量。研究表明，在瘤网胃的胃壁上分布着连续的接触性受体，这些受体随着食糜重量增多和体积增大的刺激，会限制饲料干物质采食量（DMI）。饲料中中性洗涤纤维（NDF）组分的消化速度通常较慢，被认为是与瘤胃充满程度效应相关的主要饲料成分因子。在NDF含量超过35%时，瘤胃充满程度直接限制DMI。所以，消化率较低的饲料限制DMI，原因是它们在瘤胃中被清除的速度和通过消化道的速度慢。

另外研究表明，挥发性脂肪酸（VFA）中的丙酸可诱导胰岛素和胰高血糖素的释放，似乎丙酸作了调控饱感的信号。粗饲料中的纤维素、半纤维素和木质素的含量较高，在瘤胃中发酵产生的乙酸较多，而精饲料中淀粉和糖的含量较高，在瘤胃中发酵产生的丙酸较多，因而日粮的粗精比例决定了瘤胃中乙酸与丙酸的比例，所以在保证满足小尾寒羊营养需要的情况下，可以通过调控日粮的纤维素含量和粗精比来达到调控DMI目的。

（4）维持动物健康和改善生产性能。日粮中适宜的粗纤维水平，对于维持反刍动物健康具有重要意义。如果日粮中粗饲料用量不足，纤维水平过低，淀粉迅速发酵，大量产酸，会降低瘤胃pH，降低瘤胃内微生物菌群活性而导致一些代谢病，如酸中毒、蹄叶炎、真胃扭转、肝脓肿，影响小尾寒羊的健康。

足量的纤维或优质粗饲料可以改善生产性能。小尾寒羊体内主要的生糖物质是丙酸，主要生糖器官是肝和肾，VFA 中如果丙酸比例增加，则有利于肥育。因此，控制适宜的粗纤维水平，则有利于小尾寒羊的肥育。

2. 饲粮纤维水平　研究表明，适宜的饲粮纤维水平对于消除由于大量进食精料所引起的采食量下降，防止酸中毒、瘤胃黏膜溃疡和蹄病是绝对不可缺乏的。饲粮纤维低于或高于适宜范围，都不利于能量利用。因此，在饲养小尾寒羊过程中，必须把日粮粗纤维的含量调整到一定的水平。粗纤维在日粮中的含量，依小尾寒羊生长发育阶段不同而有所差别，一般 2～6 月龄羔羊以 7%～11%为宜，6～12 月龄羊以 17%～22%为宜，成年羊以 20%～23%为宜。

七、影响营养需要量的因素

(一)个体因素

包括小尾寒羊的年龄、性别、健康状况、活动能力等。如幼龄羊代谢旺盛，以单位体重计，幼龄羊的营养需要相对高于成年羊。育肥期一般公羊比母羊营养需要量多。羊体重愈大，其营养需要量也愈多。运动量大，营养需要量也多。同一个体不同生理状态下，体内激素分泌水平不同，对代谢影响不同，因此营养需要也不同。如健康状况良好的小尾寒羊营养需要明显比处于疾病状态下的小尾寒羊高。

(二)日粮组成和饲养管理

小尾寒羊的营养需要，不仅受个体因素的影响，同样也受饲粮组成及饲养的影响。

小尾寒羊由于瘤胃特殊的营养生理作用，不同饲料或饲粮用于维持的代谢效率(ME_m/GE_m)不同，而代谢率与饲粮代谢能用于维持的利用效率呈正相关，因此饲粮组成变化引起代谢率变化，最终将影响维持能量需要。饲料种类不同对蛋白质维持需要同样有很大影响。秸秆饲料比含氮量相同的干草产生的代谢粪氮更多，相应增加维持总氮需要。

小尾寒羊的营养需要明显受饲养影响。日粮中适当增加植物细胞壁成分比例，经发酵后可提高饲粮代谢能含量，自然减少维持需要，相反过量饲喂或瘤胃过度发酵，因食糜通过消化道的速度加快或瘤胃 pH 下降而降低饲粮代谢能含量，会增加维持需要。饲粮代谢能浓度增加维持需要也增加。

(三)环境

环境因素中对维持需要影响最大、研究较多的是环境温度。小尾寒羊体温、体产热都受环境温度影响。体内营养物质代谢强度与环境温度直接相关，环境温度每变化 10℃，营养物质代谢强度将提高 2 倍。因此环境温度过高过低均增加营养需要。例如，环境温度每增加 10℃，小尾寒羊维持营养需要增加 41%。

第二节　饲养标准
Section 2　Feeding standard

根据大量饲养试验结果和动物实际生产经验的总结，对各种特定动物所需要的各种营养物质的定额做出规定，这种系统的营养定额的规定称为饲养标准。小尾寒羊用于维持、生长、妊娠和泌乳的干物质进食量、消化能、代谢能、总净能、粗蛋白质、可消化粗蛋白质(DCP)、钙、总磷和食盐每天需要量值见表 8-3 至表 8-10。

一、种公羊的饲养标准

种公羊在配种期内，要根据配种强度和采精次数，合理调整日粮的能量和蛋白质水平，并保证日粮中可消化蛋白质占蛋白质总量绝大多数比例。公羊的射精量一般为0.7～1.2 mL，每毫升精液所消耗的营养物质约等于50 g可消化蛋白；因为精液中包含白蛋白、球蛋白、核蛋白和黏液蛋白，这些都是高质量的蛋白质，一部分必须直接经过采食草料获得。亚麻油酸、次亚麻油酸、花生油酸等不饱和脂肪酸是合成性激素的必要物质，这些物质不足时将会给种公羊的配种力带来不良影响。

种公羊在配种结束后（非配种期），日粮的营养水平可相对降低，粗饲料比例可适当提高。但必须注意如下两点：一是配种结束后的最初1～60 d内是种公羊体况恢复时期，此阶段应继续饲喂配种期日粮，同时提供充足的青绿、多汁饲料，待公羊的体况基本恢复后再逐渐改喂非配种期日粮。二是种公羊日粮不能全部采用干草或秸秆，必须保持一定比例的混合精料，以免造成公羊腹围过大而影响配种。此时供应的混合精料以每日0.5～0.8 kg为宜，总饲料量每日在1.8～2.5 kg之间，同时注意补充一定数量的青绿、多汁饲料及矿物质。

1. 育成公羊的饲养标准　见表8-3。

表8-3　育成公羊的饲养标准（每只每日）

月龄	体重(kg)	风干饲料(kg)	消化能(MJ)	可消化粗蛋白(g)	钙(g)	磷(g)	食盐(g)	胡萝卜素(mg)	维生素D(IU)
4～6	35	1.4	15.7	95	4.5	3.2	9	7.5	195
6～8	40	1.6	17.8	105	5.7	3.5	9	7.5	236
8～10	45	1.8	18.8	113	6.0	3.9	9	7.5	255
10～12	50	2.0	21.6	123	6.5	4.3	9	7.5	275
12～18	62	2.2	22.1	130	6.9	4.8	9	7.5	340

2. 种公羊的饲养标准　见表8-4。

表8-4　种公羊的饲养标准（每只每日）

体重(kg)	风干饲料(kg)	消化能(MJ)	可消化粗蛋白(g)	钙(g)	磷(g)	食盐(g)	胡萝卜素(mg)	维生素D(IU)
非配种期								
70	2.0	18.6	125	5.5	2.8	13	18	500
80	2.1	19.9	135	6.5	3.5	13	18	540
90	2.2	21.1	145	7.5	4.5	13	18	580
100	2.3	22.8	155	8.5	5.5	13	18	615
配种期（日配种2～3次）								
70	2.4	25.2	215	9.5	7.3	18	25	780
80	2.5	26.8	225	10.0	7.8	18	25	820
90	2.6	28.5	235	11.0	8.5	18	25	860
100	2.8	29.3	245	12.0	9.0	18	25	900
配种期（日配种4～5次）								
70	2.6	28.5	315	13.5	9.5	18	35	860
80	2.8	31.0	330	14.5	10.0	18	35	900
90	2.9	32.2	340	15.5	11.5	18	35	950
100	3.0	33.5	355	16.5	12.5	18	35	1 000

二、母羊的饲养标准

1. *空怀期母羊的维持营养需要量(表 8-5)* 此期是繁殖母羊生理恢复阶段,虽不生产,但必须维持正常的消化、吸收、循环和维持体温等基本生命活动,需要一定的维持需要量。在高效养羊生产体系中,空怀母羊的营养水平要求较高,只有让空怀母羊加速子宫和体况的恢复,才能尽快、更好地参加下一步的繁殖活动。

表 8-5 空怀期母羊的维持营养需要量

体重(kg)	DMI(kg/d)	消化能(MJ/d)	代谢能(MJ/d)	总净能(MJ/d)	粗蛋白质(g/d)	DCP(g/d)	钙(g/d)	总磷(g/d)	食盐(g/d)
40	0.9	7.6	6.5	4.9	36.8	27.7	2.5	2.7	5.8
50	1.1	9.0	7.7	5.8	43.4	32.7	3.0	2.8	6.5
60	1.3	10.3	8.8	6.7	49.8	37.5	3.1	2.9	7.3
70	1.4	11.6	8.9	7.5	55.9	42.1	3.2	3.0	8.5

2. *妊娠期母羊的营养需要量(表 8-6)* 母羊妊娠后,甲状腺和脑垂体等一些内分泌腺的分泌机能加强,胎儿的生长发育对营养的需要量不断增加,从而使母体的物质和能量代谢明显提高,在整个妊娠期间,母体的代谢率平均增加 11%～14%,妊娠后期增加的幅度更大,可达到 30%～40%。同时此期间母羊具有较强的贮积营养物质的能力,在供给同样饲粮条件下,妊娠母羊的增重高于空怀母羊。在妊娠期间,能量和营养物质在母体内的沉积速度是不均衡的,随妊娠期的延续而有规律地增加。

在妊娠期的前 3 个月内,胎儿生长发育最强烈,胎儿各组织器官的分化和形成大多数在此阶段内完成,但胎儿的增重较少。这时的母羊对日粮的营养水平要求不高,但必须提供一定数量的优质蛋白质、矿物质和维生素,以满足胎儿生长发育的营养需要。在妊娠的后 2 个月内,胎儿和母羊本身增重速度加快,也称为关键性阶段,在此阶段母羊增重的 90%和胎儿贮存蛋白质的 80%均在这个时期完成。随着胎儿的生长发育,母羊腹腔容积逐渐减少,采食量受限,草、料容积过大或水分含量过高,均不能满足母羊对干物质的要求。妊娠后期热能代谢比空怀期高出 15%～20%,体重 50 kg 的成年母羊需要可消化蛋白质 90～120 g,钙 7～8 g,磷 4.0～4.5 g,钙磷比为(2～2.3)∶1,胡萝卜素 10～12 g。

表 8-6 妊娠期母羊的营养需要量

体重(kg)	DMI(kg/d)	消化能(MJ/d)	代谢能(MJ/d)	总净能(MJ/d)	粗蛋白质(g/d)	DCP(g/d)	钙(g/d)	总磷(g/d)	食盐(g/d)
				妊娠前期					
40	1.6	12.8	10.5	7.9	93.0	70.1	3.0	2.0	6.6
50	1.8	14.0	11.5	8.7	99.8	75.2	3.2	2.5	7.5
				妊娠后期					
40	1.8	26.1	21.4	16.2	218.0	164.2	7.0	4.0	7.9
50	2.0	26.5	21.8	16.5	217.0	163.4	8.0	4.6	8.7

3. *泌乳期母羊的营养需要量(表 8-7 和表 8-8)* 母羊泌乳量的高低,泌乳期的长短,对羔羊的生长发育和健康有重要影响。泌乳母羊代谢旺盛,从乳汁中排出大量的营养物质,特别是母羊产后 4～6 周,泌乳量达到高峰,泌乳所需要的营养物质无疑要从饲料中获得。据研究,羔

羊平均每增重 100 g，母羊约需 4.186 MJ 消化能、36 g 可消化蛋白质、1.9 g 钙和 1.2 g 磷以及足量的维生素和矿物质。

表 8-7 哺育单羔泌乳母羊的营养需要量

体重(kg)	泌乳量(kg/d)	DMI(kg/d)	消化能(MJ/d)	代谢能(MJ/d)	总净能(MJ/d)	粗蛋白质(g/d)	DCP(g/d)	钙(g/d)	总磷(g/d)	食盐(g/d)
40	0	2	10.6	9.2	7.2	38.3	24	7.0	4.3	8.3
	0.5	2	16.9	14.6	9.7	104.3	65	7.0	4.3	8.3
	1	2	23.2	20	12.3	170.3	106	7.0	4.3	8.3
	1.5	2	29.4	25.4	14.8	236.3	147	7.0	4.3	8.3
	2	2	35.7	30.8	17.4	302.3	188	7.0	4.3	8.3
50	0	2.2	12.6	10.8	8.5	45.3	28.3	7.5	4.7	9.1
	0.5	2.2	18.8	16.3	11.0	111.3	69.3	7.5	4.7	9.1
	1	2.2	25.1	21.7	13.6	177.3	110.3	7.5	4.7	9.1
	1.5	2.2	31.4	27.1	16.1	243.3	151.3	7.5	4.7	9.1
	2	2.2	37.6	32.5	18.7	309.3	192.3	7.5	4.7	9.1

表 8-8 哺育双羔泌乳母羊的营养需要量

体重(kg)	泌乳量(kg/d)	DMI(kg/d)	消化能(MJ/d)	代谢能(MJ/d)	总净能(MJ/d)	粗蛋白质(g/d)	DCP(g/d)	钙(g/d)	总磷(g/d)	食盐(g/d)
40	0	2	11.3	9.3	7.5	38.3	24	7.0	4.3	8.3
	0.5	2	17.6	14.7	10.0	104.3	65	7.0	4.3	8.3
	1.0	2	24.1	20.1	12.7	170.3	106	7.0	4.3	8.3
	1.5	2	30.5	25.5	15.3	236.3	147	7.0	4.3	8.3
	2.0	2	37	30.9	17.9	302.3	188	7.0	4.3	8.3
50	0	2.2	13.2	11.1	8.9	45.3	28.3	7.5	4.7	9.1
	0.5	2.2	19.7	16.5	11.4	111.3	64.3	7.5	4.7	9.1
	1.0	2.2	26.2	21.9	14.1	177.3	110.3	7.5	4.7	9.1
	1.5	2.2	32.6	27.2	16.7	243.3	151.2	7.5	4.7	9.1
	2.0	2.2	39.1	32.6	19.3	309.3	192.3	7.5	4.7	9.1

三、羔羊和育成羊的饲养标准

1. *哺乳期羔羊的营养需要量(表 8-9)* 哺乳前期(0～8 周龄)主要依靠母乳来满足其营养需要，后期(9～16 周龄)则依靠母乳及补饲，所以要及时地给羔羊单独补饲，整个哺乳期羔羊生长发育非常快，日增重可达 200～300 g，此时对蛋白质的质量和数量要求都很高。

表 8-9 哺乳期羔羊的营养需要量

体重(kg)	日增重(kg/d)	DMI(kg/d)	消化能(MJ/d)	代谢能(MJ/d)	总净能(MJ/d)	粗蛋白质(g/d)	DCP(g/d)	钙(g/d)	总磷(g/d)	食盐(g/d)
8	0	0.16	2.5	2.1	1.7	14.0	10.9	1.3	0.7	0.7
	0.1	0.16	5.0	4.2	2.4	43.0	33.9	1.3	0.7	0.7
	0.15	0.16	6.2	5.2	2.7	57.5	45.4	1.3	0.7	0.7
	0.2	0.16	7.4	6.2	3.1	72.0	56.9	1.3	0.7	0.7
	0.25	0.16	8.6	7.3	3.4	86.5	68.4	1.3	0.7	0.7

续表 8-9

体重(kg)	日增重(kg/d)	DMI(kg/d)	消化能(MJ/d)	代谢能(MJ/d)	总净能(MJ/d)	粗蛋白质(g/d)	DCP(g/d)	钙(g/d)	总磷(g/d)	食盐(g/d)
10	0	0.24	3.0	2.5	2.0	16.6	12.9	1.4	0.75	1.1
	0.1	0.24	5.4	4.6	2.7	45.6	35.9	1.4	0.75	1.1
	0.15	0.24	6.6	5.6	3.0	60.1	47.4	1.4	0.75	1.1
	0.2	0.24	7.9	6.6	3.4	74.6	58.9	1.4	0.75	1.1
	0.25	0.24	9.1	7.7	3.7	89.1	70.4	1.4	0.75	1.1

2.后备羔羊和育成羊的营养需要量(表 8-10) 育成阶段,羊只主要依靠所食草料来维持生长发育。此时增重虽然不如哺乳期速度快,但在 8 月龄前如果在一定饲养和补饲条件下,日增重仍可保持 180～220 g。

表 8-10 后备羔羊和 1 岁育成羊的营养需要量

体重(kg)	日增重(kg/d)	DMI(kg/d)	消化能(MJ/d)	代谢能(MJ/d)	总净能(MJ/d)	粗蛋白质(g/d)	DCP(g/d)	钙(g/d)	总磷(g/d)	食盐(g/d)
30	0	0.9	6.6	5.5	3.9	32.2	23.5	1.4	1.4	8.6
	0.1	1.0	10.1	8.5	5.4	97.2	70.5	2.5	2.2	8.6
	0.2	1.1	13.7	11.5	6.9	162.2	117.5	3.6	3.0	8.6
	0.3	1.2	17.3	14.5	8.4	227.2	164.5	4.8	3.8	8.6
40	0	1.2	8.1	6.8	4.9	39.9	29.1	1.8	1.6	9.6
	0.1	1.3	11.7	9.8	6.4	104.9	76.1	3.1	2.7	9.6
	0.2	1.3	15.3	12.8	7.9	169.9	123.1	4.4	3.6	9.6
	0.3	1.4	18.9	15.8	9.4	234.7	170.1	5.7	4.5	9.6
50	0	1.4	9.6	8.1	5.7	47.4	34.4	2.2	1.8	11.0
	0.1	1.5	13.2	11.1	7.2	112.4	81.4	3.7	3.2	11.0
	0.2	1.6	16.8	14.1	8.7	177.4	128.4	5.2	4.2	11.0
	0.3	1.6	20.3	17.1	10.2	242.4	175.4	6.7	5.2	11.0

第三节 日粮配合
Section 3 Ration formulation

小尾寒羊产区饲料资源非常丰富,应因地制宜,广辟饲料来源,并根据小尾寒羊在不同生产和生长阶段的饲养标准及饲料的营养成分,科学地配制饲料,满足各类小尾寒羊对营养物质的需要,对于提高小尾寒羊的生产性能,提高饲料利用率,降低饲料成本,提高经济效益有着重要的意义。

一、日粮配合的原则

(1)根据小尾寒羊在不同饲养阶段的营养需要量,科学确定饲养标准。

(2)日粮配合应以青、粗饲料为主,适当搭配精料。除保证各种营养成分之间的平衡外,还应保证日粮精料和粗饲料比例合适,体积适当,能够提供足够的干物质和粗纤维含量,否则会影响羊的正常消化和新陈代谢过程。此外,配合日粮时还应尽量多用几种饲料原料进行配合,这样可以充分发挥各种原料之间的营养互补作用,以保证营养物质的完善,有利于提高日粮的消化率和营养物质的利用率。

(3)充分利用本地饲料资源,力求保持饲料种类稳定。利用本地饲料资源,可以保证饲料来源充足,减少饲料运输费用,降低饲料的生产成本。保持所用饲料种类相对稳定,可有效减少小尾寒羊消化系统疾病发生。如果必须改变饲料种类和配合比例时,应逐渐更换,否则影响小尾寒羊的生产性能。

(4)了解饲料的特性,注意饲料原料的多样化。在配合日粮时必须对各类饲料的特性有所了解,对所选饲料的营养成分要清楚。有条件的地方应对饲料进行营养成分分析。

(5)注意饲料原料的品质和适口性。在设计配制高质量的饲料配方时,应严格掌握所选饲料原料的质量,注意原料的适口性,对于那些有不良特性和适口性差的原料要先进行加工处理,并限制其在饲料中的使用量。

(6)注意饲料的安全性和合法性。配方设计必须注意饲料安全问题,遵循国家的《产品质量法》、《饲料和饲料添加剂管理条例》、《兽药管理条例》、《饲料标签》、《饲料卫生标准》、《饲料药物添加剂使用规范》、《禁止在饲料和饮用水中使用的药物品种目录》等有关饲料生产的法律法规,绝不违禁违规使用药物添加剂,不超量使用微量元素和有毒有害原料,正确使用允许使用的饲料原料和添加剂,确保饲料产品的安全性和合法性。

二、日粮配合的方法

1. 日粮配合的方法　日粮是指小尾寒羊在一昼夜内所采食的各种饲料数量的总和。日粮配合的基本方法有以下几种:

(1)方程法:包括两种来源和一种营养物质的日粮,可通过解方程的方法进行配合。

(2)试差法:为目前生产中所普遍采用的方法。该方法是根据肉羊饲养标准有关营养指标,首先粗略地配制日粮,然后按照饲料成分表计算每种饲料中养分的含量,最后把各种养分的总量与饲养标准相比较,看是否符合或接近饲养标准要求。若某种养分比饲养标准的要求过高或过低,对日粮进行调整,达到符合饲养标准的要求。

(3)计算机法:利用电子计算机把各种饲料中所含的营养成分和单价,以及饲养标准所要求的各项营养素的需要量,输入计算机内贮存再输入计算机程序,即线性规划,要求计算出各种营养素都符合营养需要的最低成本配方。目前国内较大型种羊场或饲料加工厂都广泛采用计算机进行饲粮配合的计算;具有方便、快速和准确的特点,能充分利用各种饲料资源,降低配方成本。

2. 日粮配合的步骤　现在以试差法为例,说明羔羊育肥日粮的具体配制步骤。

(1)根据育肥羊群的平均体重和预期的日增重水平选定饲养标准,确定配合日粮的营养水平,并查羊饲料营养成分表,列出所用饲料的养分含量表。

(2)确定各类粗饲料的喂量。粗饲料是小尾寒羊日粮的主体,一般粗饲料的干物质采食量占育肥羊体重的2%～3%。选定所用粗饲料种类及每只羊日喂量,以风干物质为基础,计算出各种粗饲料所提供的营养成分,并加以总和。

(3)计算应由精饲料提供的养分量。每日的总营养需要与各类粗饲料所提供的养分之差需由精料来补充。

(4)确定混合精饲料的配合比例及数量。根据经验草拟一个配方,初步计算其营养成分含量,再按照试差法对不足或过剩的养分进行调整。在能量和蛋白质含量以及饲料搭配基本符合要求的基础上,调整补充钙、磷、食盐及添加剂等其他指标。

(5)检查、调整与验证。上述步骤完成之后,将所有饲料提供的各种养分进行总和,如果实际提供量与其需要量相差在±5%之间,说明配方合理。如超出此范围,可按前面所讲的方法,适当调整个别精饲料的用量,以充分满足其需要。

(6)计算精料补充料配方。求出全日粮型饲料配方后,以风干物质为基础,计算出各种精料(包括矿物质和添加剂)在全日粮型饲料配方中所占百分比,以此为基础计算出精料补充料的配方,以便生产配合饲料。

例如,为平均体重 35 kg,预期日增重 300 g 的生长小尾寒羊配制饲料,可用饲料原料为青贮玉米秸、青干草、玉米、小麦麸、豆粕、磷酸氢钙、石粉和食盐。步骤如下:

第一步,查小尾寒羊饲养标准表,列出每天的养分需要量,见表 8-11。

表 8-11 生长小尾寒羊每天养分需要量

体重(kg)	日增重(g)	DMI(kg)	消化能(MJ)	粗蛋白(g)	钙(g)	磷(g)	食盐(g)
35	300	1.4	20.06	200	6.0	3.5	6.0

第二步,查常用饲料营养成分表,列出所用饲料养分含量,见表 8-12。

表 8-12 所用饲料营养成分

饲料名称	干物质(%)	消 化 能 (MJ/kg)	粗蛋白 (g/kg)	钙 (%)	磷 (%)
青贮玉米秸	22.7	2.26	21	0.1	0.02
青干草	90.6	9.86	89	0.14	0.09
玉米	88.4	16.13	86	0.04	0.21
小麦麸	88.6	11.09	144	0.18	0.78
豆粕	90.6	15.93	430	0.32	0.50
磷酸氢钙	100	0	0	21	16.5
石粉	100			37	

第三步,求出粗饲料的营养含量。设粗饲料和精饲料的用量比例为 35%和 65%,青贮玉米秸和青干草的比例为 3∶1。30 kg 体重的小尾寒羊需饲料干物质 1.4 kg,则粗饲料干物质的投喂量为 0.49 kg(1.4 kg×35%),青贮玉米秸投喂量为 1.44 kg(0.49 kg÷22.7%×66.7%),青干草的投喂量为 0.18 kg(0.49 kg÷90.6%×33.3%),则粗饲料的营养价值量为:消化能 5.02 MJ,粗蛋白 46 g,钙 1.69 g,磷 0.44 g(青贮玉米秸营养量和青干草营养量的合计)。由此可以得出补充精料的营养投喂量为:干物质 0.91 kg,消化能 15.04 MJ,粗蛋白 154 g,钙 4.31 g,磷 3.06 g(由饲养标准减去粗饲料的营养价值量)(表 8-13)。

表 8-13 粗饲料提供的营养成分含量

饲料名称	干物质 (kg)	日喂量 (kg)	消化能 (MJ)	粗蛋白(g)	钙 (g)	磷 (g)
青贮玉米秸	0.31	1.44	3.25	30	1.44	0.28
青干草	0.18	0.18	1.77	16	0.25	0.16
粗饲料提供	0.49		5.02	46	1.69	0.44
精料需补充	0.91		15.04	154	4.31	3.06

第四步,草拟精料补充料配方。假设精料混合料配方为:玉米 62%,小麦麸 18.4%,豆粕

17%，食盐 1.0%，磷酸氢钙 0.5%，石粉 0.6%，微量元素＋维生素预混料 0.5%，将所需精料干物质 0.91kg 按上述比例分配到各种精料中，并计算其营养含量，见表 8-14。

表 8-14　草拟精料补充料配方营养成分含量

饲料名称	干物质(kg)	日喂量 (kg)	消化能(MJ)	粗蛋白(g)	钙(g)	磷(g)
玉米	0.564 2	0.638 2	10.29	55	0.255	0.134
小麦麸	0.167 4	0.188 9	2.09	27	0.340	1.470
豆粕	0.154 7	0.170 8	2.72	73	0.546	0.854
食盐	0.009 1	0.009 1				
磷酸氢钙	0.004 55	0.004 55			0.956	0.751
石粉	0.005 46	0.005 46			2.020	
预混料	0.004 55	0.004 55				
合计	0.91		15.10	155	4.117	3.209

从表 8-14 可以看出，干物质、消化能、粗蛋白已基本满足需要，钙略有不足，磷稍超标，现在用石粉代替部分磷酸氢钙进行调整，调整后的配方见表 8-15。

表 8-15　日粮组成和营养成分含量 1

饲料名称	干物质(kg)	日喂量 (kg)	消化能(MJ)	粗蛋白(g)	钙(g)	磷(g)
玉米	0.564 2	0.638 2	10.29	55	0.255	0.134
小麦麸	0.167 4	0.188 9	2.09	27	0.340	1.470
豆粕	0.154 7	0.170 8	2.72	73	0.546	0.854
食盐	0.009 1	0.009 1				
磷酸氢钙	0.003 55	0.003 55			0.746	0.586
石粉	0.006 46	0.006 46			2.390	
预混料	0.004 55	0.004 55				
合计	0.91		15.10	155	4.277	3.044

从表 8-15 可以看出，干物质、消化能、粗蛋白、钙、磷已基本满足需要，平均体重 35kg 的生长小尾寒羊日粮配方见表 8-16。相应的精料混合料配方为：玉米 62%，小麦麸 18.4%，豆粕 17.0%，食盐 1.0%，磷酸氢钙 0.39%，石粉 0.71%，微量元素＋维生素预混料 0.5%。

表 8-16　日粮组成和营养成分含量 2

饲料名称	干物质(kg)	日喂量 (kg)	消化能(MJ)	粗蛋白(g)	钙(g)	磷(g)
青贮玉米秸	0.31	1.44	3.25	30	1.44	0.28
青干草	0.18	0.18	1.77	16	0.25	0.16
玉米	0.564 2	0.638 2	10.29	55	0.255	0.134
小麦麸	0.167 4	0.188 9	2.09	27	0.340	1.470
豆粕	0.154 7	0.170 8	2.72	73	0.546	0.854
食盐	0.009 1	0.009 1				
磷酸氢钙	0.003 55	0.003 55			0.746	0.586
石粉	0.006 46	0.006 46			2.390	
预混料	0.004 55	0.004 55				
合计	1.4		20.12	201	5.97	3.48

三、小尾寒羊典型饲料配方

(一)种公羊饲料配方

1.种公羊精饲料配方　见表8-17。

表8-17　种公羊精饲料配方

项　　目	方1	方2	方3	方4	方5	方6
原料(%)						
玉米	53.0	55.0	49.0	41.0	54.0	50
小麦				10.0		
麸皮	10.0	10.0	11.0	12.0	11.0	11.0
豆粕	23.0	31	21.0	18.0	17.0	21.0
花生粕				5.0	6.0	
菜籽粕			3.0			8.0
棉籽粕	8.0		4.0			
进口鱼粉	2.0					
啤酒糟				10.0	8.0	
苜蓿草粉			8.0			6.0
食盐	1.0	1.0	1.0	1.0	1.0	1.0
石粉	1.0	1.0	1.0	1.0	1.0	1.0
磷酸氢钙	1.0	1.0	1.0	1.0	1.0	1.0
微量元素＋维生素预混料	1.0	1.0	1.0	1.0	1.0	1.0
合计	100.0	100.0	100.0	100.0	100.0	100.0
营养成分(风干状态)						
消化能(MJ/kg)	14.2	14.2	13.64	12.91	13.24	13.79
代谢能(MJ/kg)	11.6	11.7	11.25	11.08	11.0	11.35
粗蛋白质(%)	21.0	20.2	18.91	20.3	19.56	19.05
可消化粗蛋白质(g/kg)	159	167	152	156	151	156
钙(%)	0.82	0.82	0.81	0.74	0.72	0.81
磷(%)	0.55	0.58	0.56	0.52	0.51	0.58

非配种期的种公羊每日每只应补给混合精料0.5～0.7 kg,甘薯秧或花生秧粉1.2～1.4 kg,优质牧草自由采食;配种期种公羊每日每只应补给混合精料0.8～1.0 kg,甘薯秧或花生秧粉1.4～1.5 kg,胡萝卜0.5～1.0 kg,优质牧草(2 kg)自由采食。

2.种公羊全混日粮配方　见表8-18至表8-20。

表8-18　种公羊日粮配方

项　　目	精料	粗料
原料(%)		
玉米	53.0	
麸皮	7.0	
豆粕	29.0	
棉籽饼	7.2	
食盐	1.0	
石粉	1.0	
磷酸氢钙	0.8	
微量元素＋维生素预混料	1.0	
合计	100.0	
花生秧		80.0
甘薯秧		10.0
玉米茎叶		10.0

续表 8-18

项目	精料	粗料
营养成分(风干状态)		
消化能(MJ/kg)	14.22	8.04
代谢能(MJ/kg)	11.66	6.83
粗蛋白质(%)	20.59	8.51
可消化粗蛋白质(g/kg)	165	34
钙(%)	0.69	1.04
磷(%)	0.50	0.05

非配种期每日每只补给混合精料 0.5～0.6 kg,粗料喂量 1.6～1.7 kg;配种期每日每只补给混合精料 0.8～1.0 kg,粗料喂量 1.7～1.8 kg。

表 8-19 配种期种公羊日粮配方

项目	方 1	方 2	方 3	方 4	方 5	方 6
原料(kg)						
玉米青贮	2.0		3.0		2.0	3.0
苜蓿干草						1.0
羊草					0.5	
野干草	1.0			1.2		
玉米秸			1.2	0.5	1.2	
花生秧	1.0	2.0				
甘薯秧(鲜)						1.0
胡萝卜		1.0	1.0	1.0		
精饲料	1.4	1.2	1.2	1.2	1.4	1.4
合计	5.4	4.2	6.4	3.9	5.1	6.4
营养成分						
干物质(kg/d)	3.51	2.96	2.92	2.71	3.20	3.08
粗蛋白质(g/d)	475.00	428.40	371.20	368.30	423.80	536.80
消化能(MJ/d)	40.72	34.67	35.49	32.84	38.81	37.91
粗纤维(g/d)	787	619	599	584	666	637
钙(g/d)	29.78	31.84	25.88	19.66	26.77	28.88
磷(g/d)	10.1	8.2	8.94	8.38	9.84	12.56
食盐(g/d)	13.72	11.76	11.76	11.76	13.72	13.72

注:精饲料配方参考表 8-17。

表 8-20 非配种期种公羊日粮配方

项目	方 1	方 2	方 3	方 4	方 5	方 6
原料(kg)						
玉米青贮	1.0			2.0	1.0	1.0
苜蓿干草			0.5			
羊草				1.4		
野干草		2.0	1.2			
玉米秸	1.5				1.5	1.0
花生秧	1.0					
甘薯秧						0.5
马铃薯秧					1.0	
胡萝卜		0.3	0.3			
精饲料	0.5	0.5	0.5	0.4	0.5	0.5
合计	4.0	2.8	2.5	3.8	4.0	3.0

续表 8-20

项目	方 1	方 2	方 3	方 4	方 5	方 6
营养成分						
干物质(kg/d)	2.12	2.17	1.95	2.08	2.12	2.01
粗蛋白质(g/d)	227.47	238.92	268.52	215.60	227.47	203.13
消化能(MJ/d)	22.03	25.54	22.06	19.00	22.03	19.87
粗纤维(g/d)	487.93	571.93	499.43	564.60	487.93	496.96
钙(g/d)	4.75	12.35	18.82	10.18	4.75	5.00
磷(g/d)	3.80	9.64	8.56	6.28	3.80	4.10
食盐(g/d)	4.90	4.90	4.90	3.92	4.90	4.90

注:种公羊日粮配方摘自张乃锋主编《新编羊饲料配方 600 例》,精饲料配方参考表 8-17。

(二)母羊饲料配方

1. 空怀和妊娠前期母羊饲料配方

(1)精饲料配方　见表 8-21。

表 8-21　空怀和妊娠前期母羊精饲料配方

项目	方 1	方 2	方 3	方 4	方 5	方 6
原料(%)						
玉米	56.7	55.5	56.0	49.0	34.8	28.0
小麦				12.0		
裸大麦					20.0	25.0
麸皮	21.0	19.0	16.8		23.0	24.5
米糠				16.9		
豆粕	14.0	13.2	12.0	10.0		
花生粕					4.0	5.0
菜籽粕			3.0	5.0	10.0	5.0
棉籽粕	4.0		2.0	3.0	4.0	
向日葵仁粕						8.0
啤酒糟		8.0	6.0			
食盐	2.0	2.0	2.0	2.0	2.0	2.0
石粉	0.5	0.5	0.5	0.5	0.5	0.5
磷酸氢钙	0.8	0.8	0.7	0.6	0.7	1.0
微量元素+维生素预混料	1.0	1.0	1.0	1.0	1.0	1.0
合计	100.0	100.0	100.0	100.0	100.0	100.0
营养成分(风干状态)						
消化能(MJ/kg)	13.75	12.89	13.17	13.24	13.45	13.35
代谢能(MJ/kg)	11.26	10.58	10.87	10.86	11.05	10.93
粗蛋白质(%)	15.39	15.45	15.89	14.25	16.06	17.51
可消化粗蛋白质(g/kg)	121	120	123	110	119	128
钙(%)	0.48	0.48	0.47	0.49	0.49	0.58
磷(%)	0.51	0.50	0.49	0.36	0.51	0.59

(2)妊娠前期母羊日粮配方　见表 8-22。

表 8-22　妊娠前期母羊日粮配方

项目	方 1	方 2	方 3	方 4	方 5	方 6
原料(kg)						
玉米青贮	2.0	2.6			2.2	
苜蓿干草					0.2	
羊草				0.30		
野干草	1.0		1.0			
玉米秸			1.0	1.35	0.8	0.6
花生秧(或甘薯秧)		1.0				0.5
葵花子皮						0.5
精饲料	0.3	0.25	0.3	0.25	0.2	0.25
合计	3.3	3.85	2.3	1.90	3.4	1.85
营养成分						
干物质(kg/d)	1.63	1.71	2.05	1.69	1.57	1.66
粗蛋白质(g/d)	151	169	178	141	151	155
消化能(MJ/d)	16.79	17.33	20.32	17.21	16.19	16.45
粗纤维(g/d)	483	496	663	515	475	515
钙(g/d)	9.17	16.57	13.77	13.40	13.31	13.49
磷(g/d)	3.44	3.09	2.65	2.05	2.92	2.06
食盐(g/d)	6.0	5.0	6.0	5.0	4.0	5.0

注:精饲料配方参考表 8-21。

2. 妊娠后期母羊饲料配方

(1)精饲料配方　见表 8-23。

表 8-23　妊娠后期母羊精饲料配方

项目	方 1	方 2	方 3	方 4	方 5	方 6
原料(%)						
玉米	54.0	47.0	52.0	49.0	42.0	51.5
小麦		10.0				
麸皮	18.0	11.5	24.5	12.0	20.8	24.0
米糠				8.0		
豆粕	23.3	13.0	11.0	10.0	11.0	
花生粕				5.0	7.0	8.0
菜籽粕			4.0			
棉籽粕		6.0	4.0			
向日葵仁粕				5.0		12.0
DDGS		8.0		6.7	15.0	
食盐	1.5	1.5	1.5	1.5	1.5	1.5
石粉	1.2	1.0	1.2	1.0	1.0	1.0
磷酸氢钙	1.0	1.0	0.8	0.8	0.7	1.0
微量元素+维生素预混料	1.0	1.0	1.0	1.0	1.0	1.0
合计	100.0	100.0	100.0	100.0	100.0	100.0

续表 8-23

项目	方 1	方 2	方 3	方 4	方 5	方 6
营养成分(风干状态)						
消化能(MJ/kg)	13.81	12.94	13.57	13.52	13.59	13.34
代谢能(MJ/kg)	11.31	10.94	11.14	11.07	11.15	11.25
粗蛋白质(%)	17.45	16.95	15.72	18.28	19.01	18.23
可消化粗蛋白质(g/kg)	142	128	123	138	141	140
钙(%)	0.79	0.73	0.75	0.7	0.63	0.71
磷(%)	0.56	0.51	0.55	0.49	0.62	0.56

(2)妊娠后期母羊日粮配方　见表 8-24。

表 8-24　妊娠后期母羊日粮配方

项目	方 1	方 2	方 3	方 4	方 5	方 6
原料(kg)						
玉米青贮	2.6	2.6				
苜蓿干草					0.25	
野干草	1.2		1.0			
玉米秸			1.25	1.5	2.0	0.5
花生秧(或甘薯秧)		1.4		0.5		0.8
葵花子皮						0.6
精饲料	0.4	0.5	0.4	0.6	0.5	0.6
合计	4.2	4.5	2.65	2.6	2.75	2.5
营养成分						
干物质(kg/d)	2.03	2.28	2.37	2.31	2.44	2.23
粗蛋白质(g/d)	197	251	215	236	250	237
消化能(MJ/d)	21.36	23.96	24.28	24.82	25.94	23.84
代谢能(MJ/d)	17.17	19.94	19.95	20.82	21.92	19.69
粗纤维(g/d)	610	626	759	654	744	635
钙(g/d)	12.45	23.09	17.20	21.88	22.64	19.32
磷(g/d)	4.63	4.81	3.40	3.92	4.01	4.29
食盐(g/d)	6.0	7.5	6.0	9.0	7.5	9.0

注:精饲料配方参考表 8-23。

3. 哺乳期母羊饲料配方

(1)精饲料配方　见表 8-25。

表 8-25　哺乳期精饲料配方

项目	方 1	方 2	方 3	方 4	方 5	方 6
原料(%)						
玉米	54.0	46.0	52.0	49.0	50.0	53.5
小麦		12.0				
麸皮	21.5	14.5	25.5	12.0	18.0	24.0

续表 8-25

项目	方 1	方 2	方 3	方 4	方 5	方 6
米糠				10.0		
豆粕	20.0	10.0	10.0	8.0	11.5	
花生粕				5.0	6.0	6.0
菜籽粕			4.0			
棉籽粕		7.0	4.0			
向日葵仁粕				11.5		12.0
DDGS		6.0			10.0	
食盐	1.5	1.5	1.5	1.5	1.5	1.5
石粉	1.0	1.0	1.0	1.0	1.0	1.0
磷酸氢钙	1.0	1.0	1.0	1.0	1.0	1.0
微量元素＋维生素预混料	1.0	1.0	1.0	1.0	1.0	1.0
合计	100.0	100.0	100.0	100.0	100.0	100.0
营养成分(风干状态)						
消化能(MJ/kg)	13.72	13.02	13.54	12.98	12.71	13.73
代谢能(MJ/kg)	11.24	10.70	11.09	10.63	10.41	11.24
粗蛋白质(%)	16.57	16.13	15.56	16.82	17.31	15.39
可消化粗蛋白质(g/kg)	134	120	121	135	139	126
钙(%)	0.71	0.72	0.73	0.74	0.72	0.75
磷(%)	0.57	0.53	0.58	0.57	0.53	0.59

(2)哺乳期母羊日粮配方　见表 8-26。

表 8-26　哺乳期母羊日粮配方

项目	方 1	方 2	方 3	方 4	方 5	方 6
原料(kg)						
玉米青贮	2.0	2.6				1.5
苜蓿干草					0.25	0.25
野干草		1.2	1.0			0.75
玉米秸			1.2	1.5	1.8	
花生秧(或甘薯秧)	1.5			0.5		
葵花子皮						0.5
精饲料	0.5	0.55	0.6	0.6	0.5	0.5
胡萝卜					0.25	
合计	4.0	4.35	2.80	2.6	2.80	3.75
营养成分						
干物质(kg/d)	2.24	2.16	2.51	2.32	2.44	2.38
粗蛋白质(g/d)	246	238	242	231	246	262
消化能(MJ/d)	23.36	22.91	26.48	24.82	25.81	25.18
代谢能(MJ/d)	19.47	19.09	21.77	20.82	21.92	20.55
粗纤维(g/d)	610	562	729	654	744	685
钙(g/d)	23.15	21.30	18.26	21.88	22.64	14.92
磷(g/d)	4.65	5.08	4.62	4.02	4.01	6.29
食盐(g/d)	6.0	7.5	6.0	9.0	7.5	9.0

注:精饲料配方参考表 8-25。

(3)哺乳期母羊全混日粮配方　见表 8-27。

表 8-27　哺乳期母羊全混日粮配方

项目	方 1	方 2	方 3	方 4	方 5	方 6	方 7	方 8
原料(kg)								
青贮玉米秸秆		36.0	28.0			80.0		
苜蓿干草							25.0	
野干草					34.0			33.0
玉米秸	29.0						16.0	
花生秧(或甘薯秧)				34.0				
玉米	30.0	40.0	44.0	36.0	41	13.0	40.0	26.0
麸皮	26.0		6.0	10.0	9.0		6.0	10.0
米糠		7.0						10.0
小麦			10.0					
高粱	10.0	10.0		10.0			10.0	10.0
豆粕		3.0	4.0			6.5		2.0
棉籽粕	1.5		4.5	7.0	6.0			
菜籽粕								6.0
玉米胚芽粕					6.0			
石粉	1.0	1.0	1.0	1.0	1.5			1.0
磷酸氢钙	1.0	1.5	1.0	0.5	1.0	0.5	1.0	0.5
食盐	0.5	0.5	0.5	0.5	0.5		1.0	0.5
预混料	1.0	1.0	1.0	1.0	1.0		1.0	1.0
合计	100.0	100.0	100.0	100.0	100.0	100.0	100.0	100.0
营养成分								
干物质(%)	90.26	90.96	90.14	90.82	89.38	35.47	88.74	90.7
粗蛋白质(%)	9.73	8.72	11.02	10.62	11.87	5.07	10.53	10.98
消化能(MJ/kg)	11.35	11.48	11.85	11.44	11.13	4.14	10.54	11.50
粗纤维(%)	10.26	10.3	9.03	10.81	12.50	6.03	12.52	11.02
钙(%)	0.72	0.70	0.61	0.51	0.81	0.22	0.75	0.53
总磷(%)	0.61	0.50	0.44	0.38	0.52	0.20	0.47	0.49
食盐(%)	0.55	0.52	0.52	0.53	0.49		0.98	0.54

注:摘自张乃锋主编《新编羊饲料配方 600 例》。

(三)羔羊饲料配方

1.早期断奶羔羊代乳品配方　见表 8-28。

表 8-28　早期断奶羔羊代乳品配方

项目	方 1(20 日龄前)	方 2(20 日龄后)	方 3(1 月龄内)	方 4(1 月龄后)	方 5(通用)	方 6(通用)
原料(%)						
脱脂奶粉	65.0	77.0	20.0			
全脂奶粉				10.0	27.0	47.0
乳清粉					5.0	5.0
黄面粉					15.0	
玉米			30.0	40.0	10.0	10.0

续表 8-28

项目	方 1(20 日龄前)	方 2(20 日龄后)	方 3(1 月龄内)	方 4(1 月龄后)	方 5(通用)	方 6(通用)
原料(%)						
小麦粉			22.0	25.0		
大豆粕				15.0	27.0	24.5
炒大豆			17.0			
麸皮				4.0	3.0	
酵母			4.0	3.0		
白糖			4.0			
玉米油	29.0	17.0			9.0	10.0
磷脂油	3.0	3.0				
预混料	3.0	3.0	1.0	1.0	1.0	1.0
石粉			1.5	1.5	1.0	1.0
食盐			0.5	0.5	1.0	1.0
磷酸氢钙					1.0	0.5
合计	100.0	100.0	100.0	100.0	100.0	100.0
营养成分						
干物质(%)	94.61	94.37	66.26	88.10	56.3	37.96
粗蛋白质(%)	21.65	25.64	20.46	17.79	21.86	23.99
消化能(MJ/kg)	20.89	19.16	11.69	14.50	12.37	16.26
粗纤维(%)	0.13	0.15	1.79	2.27	2.00	1.41
钙(%)	0.83	0.99	0.88	0.73	1.20	1.39
总磷(%)	0.66	0.79	0.51	0.45	0.67	0.61
食盐(%)	0.00	0.00	0.49	0.49	0.98	0.98

注:①摘自张乃锋主编《新编羊饲料配方 600 例》。

②方 1、方 2 每吨代乳品加入以下添加剂:微量元素,氯化钴 1.2 g、硫酸铜 20 g、碘化钾 0.3 g、亚硒酸钠 0.2 g;矿物质,食盐 10 kg、重碳酸盐 5 kg;维生素,维生素 A 2 万 IU、维生素 D_3 600 万 IU、维生素 E 2 000 IU、维生素 B_1 1.5 g、维生素 B_2 1.5 g、维生素 B_6 750 mg、维生素 B_{12} 50 mg、维生素 K 400 mg;合成氨基酸,赖氨酸 1 kg、蛋氨酸 2 kg;氯四环素 50 g、山道喹 50 g、丁基化羟基甲苯 70 g。

2.哺乳期羔羊补饲配方　见表 8-29。

表 8-29　哺乳期羔羊日粮(颗粒料)配方

项目	方 1	方 2	方 3	方 4	方 5	方 6
原料(%)						
甘薯秧粉	20.0					
花生秧粉		15.0		15.0	16.0	
野干草			20.0	15.0		10.0
苜蓿草粉		20.0				15.0
玉米	47.0	40.0	48.0	42.0	50.0	45.0
麸皮	7.0	4.0	7.0	12.0	6.8	5.5
豆粕	23.0	8.0	10.0		18.0	
花生粕				8.0	6.0	
棉籽粕			5.5	4.5		11.0
菜籽粕		5.0	6.0			10.0
玉米 DDGS		4.0				
食盐	0.5	1.0	0.5	0.5	0.5	0.5
石粉		0.5	0.5	0.5	0.5	0.5
磷酸氢钙	1.5	1.5	1.5	1.5	1.2	1.5
微量元素+维生素预混料	1.0	1.0	1.0	1.0	1.0	1.0
合计	100.0	100.0	100.0	100.0	100.0	100.0

续表 8-29

项目	方 1	方 2	方 3	方 4	方 5	方 6
营养成分(风干状态)						
消化能(MJ/kg)	14.62	11.83	13.04	12.26	15.07	12.83
代谢能(MJ/kg)	12.14	9.89	10.64	10.05	12.33	10.61
粗蛋白质(%)	18.82	15.51	15.12	14.63	19.36	15.70
可消化粗蛋白质(g/kg)	147	117	118	99	156	117
钙(%)	0.71	0.98	0.71	0.80	0.80	0.83
磷(%)	0.62	0.55	0.56	0.49	0.55	0.58

3. 断奶羔羊精饲料配方　见表 8-30。

表 8-30　断奶羔羊精饲料配方

项目	方 1	方 2	方 3	方 4	方 5	方 6
原料(%)						
玉米	49.0	51.0	42.0	48.0	45.0	56.0
高粱	10.0			10.0		
燕麦			17.0			
麸皮	15.8	23.0	12.0	16.8	22.8	23.0
豆粕	21.0	10.0	10.0	6.0	10.0	17.0
花生粕			5.0	7.0		
棉籽粕		6.0		8.0	10.0	
菜籽粕		6.0				
玉米 DDGS			10.0		8.0	
食盐	1.0	1.0	1.0	1.0	1.0	1.0
石粉	1.0	1.0	0.8	1.0	1.0	1.0
磷酸氢钙	1.2	1.0	1.2	1.2	1.2	1.0
微量元素＋维生素预混料	1.0	1.0	1.0	1.0	1.0	1.0
合计	100.0	100.0	100.0	100.0	100.0	100.0
营养成分(风干状态)						
消化能(MJ/kg)	14.00	13.83	12.96	13.98	12.74	13.85
代谢能(MJ/kg)	11.48	11.31	10.64	11.46	10.43	11.38
粗蛋白质(%)	17.25	16.67	18.08	18.11	17.38	15.86
可消化粗蛋白质(g/kg)	139	129	135	131	128	127
钙(%)	0.77	0.75	0.71	0.76	0.78	0.71
磷(%)	0.59	0.60	0.55	0.55	0.60	0.57

(四)育成羊饲料配方

1. 育成羊精饲料配方　见表 8-31。

表 8-31　育成羊精饲料配方

项目	方 1	方 2	方 3	方 4	方 5
原料(%)					
玉米	46.0	53.0	42.0	48.0	54.0
高粱	14.0				
燕麦			14.2		
麸皮	24.3	25.2	23.0	21.2	27.3
豆粕	5.0		7.0	9.0	15.0
花生粕	7.0				
棉籽粕		10.0		11.0	
菜籽粕		8.0			
玉米 DDGS			10.0	7.0	
食盐	1.0	1.0	1.0	1.0	1.0
石粉	1.0	1.0	0.8	1.0	1.0
磷酸氢钙	0.7	0.8	1.0	0.8	0.7
微量元素＋维生素预混料	1.0	1.0	1.0	1.0	1.0
合计	100.0	100.0	100.0	100.0	100.0
营养成分(风干状态)					
消化能(MJ/kg)	13.85	13.74	12.57	12.98	13.78
代谢能(MJ/kg)	11.34	11.25	10.26	10.65	11.28
粗蛋白质(%)	16.52	14.99	14.90	17.05	15.49
可消化粗蛋白质(g/kg)	122	110	112	125	123
钙(%)	0.65	0.70	0.69	0.69	0.65
磷(%)	0.50	0.55	0.53	0.52	0.54

2. 育成羊日粮配方　见表 8-32 和表 8-33。

表 8-32　育成羊日粮配方 1

项目	方 1	方 2	方 3	方 4	方 5
原料(%)					
羊草				20.0	
玉米秸	30		40.0	35.0	
甘薯秧粉		25.0	8.0		30.0
花生秧粉		30.0			
野干草	20				30.0
苜蓿草粉			5.0		
玉米	20.0	20.0	17.0	18.0	17.0
麸皮	15.5	12.0	15.0	14.0	8.5
豆粕	5.0	5.0	3.0	4.0	3.0
花生粕			4.0		
棉籽粕	6.0		4.8	5.5	3.0
菜籽粕		5.0			
玉米 DDGS					5.0
食盐	1.0	1.0	1.0	1.0	1.0
石粉	0.5			0.5	0.5
磷酸氢钙	1.0	1.0	1.2	1.0	1.0
微量元素＋维生素预混料	1.0	1.0	1.0	1.0	1.0
合计	100.0	100.0	100.0	100.0	100.0

续表 8-32

项目	方 1	方 2	方 3	方 4	方 5
营养成分(风干状态)					
消化能(MJ/kg)	10.59	10.33	10.04	10.39	9.72
代谢能(MJ/kg)	8.69	8.59	8.34	8.39	7.96
粗蛋白质(%)	11.55	12.39	12.91	10.88	11.48
可消化粗蛋白质(g/kg)	78	80	82	68	76
粗纤维(%)	19.85	19.14	19.82	20.07	20.79
钙(%)	0.79	0.87	0.79	0.82	0.88
磷(%)	0.42	0.41	0.44	0.40	0.38

表 8-33 育成羊日粮配方 2

项目	方 1	方 2	方 3	方 4	方 5
原料(%)					
青贮玉米秸	50.0		60.0		
羊草				20.0	
玉米秸		30.0		40.0	
甘薯秧粉或花生秧粉	30.0	30.0			35.0
野干草			25.0		20.0
苜蓿草粉				10.0	
豆腐渣(鲜)				20.0	
啤酒糟(鲜)		25.0			30.0
混合精料	20.0	15.0	15.0	10.0	15.0
合计	100.0	100.0	100.0	100.0	100.0
营养成分					
消化能(MJ/kg)	11.12	10.13	10.96	9.85	9.60
代谢能(MJ/kg)	9.25	8.52	8.86	8.30	7.93
粗蛋白质(%)	12.01	10.13	10.51	11.30	12.78
可消化粗蛋白质(g/kg)	73	53	75	66	80
粗纤维(%)	22.41	28.30	25.63	29.78	26.56
钙(%)	0.98	0.96	0.64	0.78	0.84
磷(%)	0.29	0.15	0.28	0.20	0.21

注:精饲料配方参考表 8-31。

(五)育肥羊饲料配方

1.断奶羔羊 6 月龄育肥颗粒料配方　见表 8-34。

表 8-34 6 月龄育肥颗粒料配方

项目	方 1	方 2	方 3	方 4	方 5	方 6	方 7	方 8
原料(%)								
玉米	18.0	22.0	27.1	20.0	28.0	30.0	35.0	38.0
麸皮	7.5	5.5	3.7	8.5	10.0	7.5	12.5	9.0
豆粕	4.0	2.0	4.7	3.0	5.0	6.0	4.0	4.5
花生粕				2.0				
棉籽粕	3.0		2.2	4.0	5.5		6.0	3.0

续表 8-34

项目	方 1	方 2	方 3	方 4	方 5	方 6	方 7	方 8
原料(%)								
菜籽粕		3.0				4.0		3.0
磷酸氢钙	1.0	1.0	0.8	1.0	0.5	0.5	0.5	0.5
石粉						0.5	0.5	0.5
食盐	0.5	0.5	0.5	0.5	0.5	0.5	0.5	0.5
1%预混料	1.0	1.0	1.0	1.0	1.0	1.0	1.0	1.0
玉米秸粉	25.0			20.0	30.0			
花生秧粉	40.0	20.0	30.0	40.0	20.0	20.0	20.0	20.0
甘薯秧粉		30.0	30.0			20.0		10.0
禾本科草粉							20.0	
苜蓿草粉		15.0				10.0		10.0
合计	100.0	100.0	100.0	100.0	100.0	100.0	100.0	100.0
营养成分(风干状态)								
精料比例(%)	35.0	35.0	40.0	40.0	50.0	50.0	60.0	60.0
消化能(MJ/kg)	9.92	10.11	11.6	10.21	10.99	11.08	11.50	11.73
代谢能(MJ/kg)	8.28	8.51	9.7	8.52	9.13	9.25	9.41	9.76
粗蛋白质(%)	10.46	11.80	12.3	11.28	11.36	13.14	11.94	13.21
可消化粗蛋白质(g/kg)	60	73	74	69	71	91	82	92
钙(%)	0.88	0.94	0.92	0.85	0.62	0.89	0.65	0.79
磷(%)	0.32	0.35	0.3	0.33	0.28	0.33	0.33	0.35
粗纤维(%)	22.04	22.06	22.1	20.82	18.43	17.72	16.32	15.40

2. 断奶羔羊 6 月龄育肥日粮配方　见表 8-35。

表 8-35　6 月龄育肥日粮配方

项目	方 1	方 2	方 3	方 4	方 5	方 6	方 7	方 8
原料(%)								
全株玉米青贮							65.0	58.75
玉米秸粉			40.0	40.0				
禾本科草粉	40.0	20.0			58.75	53.0	20.0	28.75
苜蓿草粉	30.0	20.0	10.0	20.0				
秸秆		20.0					5.0	5.0
玉米					40.0	47.0		
豆粕					1.25			
蛋白质补充料							10.0	7.5
精料	30.0	40.0	50.0	40.0				
抗生素(mg/100 kg)					10.0	7.5		
合计	100.0	100.0	100.0	100.0	100.0	100.0	100.0	100.0
营养成分(风干状态)								
消化能(MJ/kg)	10.30	10.78	11.26	10.79	12.34	11.88	12.18	11.72
代谢能(MJ/kg)	8.56	8.98	9.40	9.09	10.13	9.75	10.00	9.62
粗蛋白质(%)	9.08	8.70	12.75	12.87	11.37	11.29	11.12	11.00
钙(%)	13.1	11.0	8.02	8.36	0.46	0.63	0.61	0.64
磷(%)	0.90	0.70	3.14	2.91	0.26	0.25	0.36	0.32
精料：粗料	0.37	0.34	18.34	40：60	60：40	53：47	67：33	59：41

注：①精料配方：玉米 56%，豆饼 12.0%，棉籽饼 8.0%，菜籽饼 6.0%，麸皮 14%，食盐 1%，石粉 1.0%，磷酸氢钙 1.0%，微量元素＋维生素预混料 1%。

②蛋白质补充料配方：豆粕 52%、麦麸 36%、尿素 3%、石粉 3%、磷酸氢钙 5%、微量元素＋食盐 1%、维生素 A3.3 万 IU/kg，维生素 D_3 3 300 IU/kg、维生素 E 330 IU/kg。本品含蛋白质 35.8%，钙 3.3%，磷 1.8%。

3. 成年羊育肥料配方　见表 8-36 和表 8-37。

表 8-36　成年羊育肥颗粒饲料配方

项目	方 1	方 2	方 3	方 4	方 5	方 6
原料(%)						
禾本科草粉		30.0	30.0			20.0
甘薯秧或花生秧粉	35.0		30.0	20.0	30.0	50.0
苜蓿草粉					15.0	10.0
秸秆	44.5	44.5	20.0	50.0	40.0	
精料	20.0	25	20.0	30.0	15.0	20.0
石粉	0.5	0.5				
合计	100.0	100.0	100.0	100.0	100.0	100.0
营养成分(风干状态)						
消化能(MJ/kg)	9.31	9.66	9.40	10.03	9.26	8.15
代谢能(MJ/kg)	7.83	8.10	7.75	8.39	7.87	6.88
粗蛋白质(g/kg)	88	91	91	93	100	98
可消化粗蛋白质(g/kg)	45	50	55	53	57	59
钙(%)	1.0	0.97	0.69	0.75	0.87	0.74
磷(%)	0.15	0.17	0.16	0.20	0.16	0.18
粗纤维(%)	25.52	24.19	26.56	23.08	27.56	21.08

注:精料成分:玉米 65%,豆饼 18%,麸皮 12.5%,磷酸氢钙 1.5%,食盐 2%,微量元素+维生素预混料 1%。

表 8-37　成年羊育肥日粮配方

项目	方 1	方 2	方 3	方 4	方 5	方 6
原料[kg/(只・d)]						
禾本科干草	0.5	1.0		0.5		3.0
青贮玉米	4.0	0.5	4.0	3.0	1.0	
玉米粒	0.5	0.7	0.5	0.4		15.0
麸皮						7.0
尿素[g/(只・d)]			10			
玉米秸秆			0.5			
其他多汁料				0.8		
白酒糟					0.5	25.0
酱油渣					0.5	
鲜豆腐渣						25.0
啤酒糟					0.5	
尿素					8～12 g	
精料					0.4	
羊浓缩料						25.0
营养成分						
干物质(kg)	2.03	1.86	2.04	1.91		
代谢能(MJ/kg)	17.99	14.39	17.28	15.90		
粗蛋白质(g)	206	167	175	180		
钙(g)	11.9	13.2	9.3	10.5		
磷(g)	5.2	5.8	4.6	4.7		

注:①精料配方:玉米 60%,豆饼 15.9%,棉籽饼 8.5%,菜籽饼 6.2%,麸皮 7%,食盐 1%,石粉 1.4%。

②方 6 中羊浓缩料含粗蛋白 20%,棉籽皮、玉米秸秆等粗饲料自由采食。

(六)预混料配方

见表 8-38 和表 8-39。

表 8-38　小尾寒羊预混料配方

项目	规 格	0.5%羔羊	0.5%育成羊	0.5%种羊	1%妊娠母羊	1%泌乳母羊	1%育肥羊
原料(g)							
维生素 A	50 万 IU/g	2.0	0.4	5.6	2.60	2.20	2.20
维生素 D	50 万 IU/g	0.2	0.2	1.2	0.70	0.60	0.60
维生素 E	50.00%	6.0		17.6	8.00	6.40	6.40
维生素 K	50.00%	0.38					
维生素 B_1	98.00%	0.1					
维生素 B_2	80.00%	1.0					
维生素 B_6	98.00%	0.1					
维生素 B_{12}	0.1%	0.4					
泛酸钙	98.00%	1.84	2.04				
烟酸	98.00%	4.08	5.1				
一水硫酸亚铁	30.20%	39.8	66.22	52.98	26.49	29.80	23.18
五水硫酸铜	25.00%	6.4	16.0	19.20	4.80	4.80	4.80
一水硫酸锰	32.50%	24.6	43.0	36.92	18.46	21.54	15.38
一水硫酸锌	35.00%	57.2	85.8	45.72	20.00	20.00	22.86
碘化钾	76.45%	14	28.0	20.0	13.00	13.00	13.00
亚硒酸钠	45.6%	7.0	14.0	5.6	2.80	2.70	2.70
氯化钴	98.00%	0.2	0.4	0.06	0.05	0.05	0.05
七水硫酸镁				192.0			
土霉素	100 万 IU/kg	20					
载体		814.70	738.84	603.12	903.10	898.91	908.83
合计		1 000.0	1 000.0	1 000.0	1 000.0	1 000.0	1 000.0
营养成分							
维生素 A(万 IU/kg)	100	20	280	130	110	110	
维生素 D(万 IU/kg)	10	10	60	35	30	30	
维生素 E(IU/kg)	3 000		8 800	4 000	3 200	3 200	
维生素 K(mg/kg)	190						
维生素 B_1(mg/kg)	100						
维生素 B_2(mg/kg)	800						
维生素 B_6(mg/kg)	100						
维生素 B_{12}(mg/kg)	4						
泛酸钙(mg/kg)	1 800	2 000					
烟酸(mg/kg)	4 000	5 000					
铁(g/kg)	12	20	16.0	8.0	9.0	7.0	
铜(g/kg)	1.6	4	4.8	1.2	1.2	1.2	
锰(g/kg)	8	14	12.0	6.0	7.0	5.0	
锌(g/kg)	20	30	16.0	7.0	7.0	8.0	
碘(mg/kg)	140	280	200.0	130.0	130.0	130.0	
硒(mg/kg)	70	140	56.0	28.0	27.0	27.0	
钴(mg/kg)	200	400	60.0	50.0	50.0	50.0	
镁(g/kg)			19.2				
土霉素(万 IU /kg)	2 000						

注:摘自张乃锋主编《新编羊饲料配方 600 例》。

表 8-39　断奶羔羊育肥预混料配方

kg

原 料	0.3%育肥预混料	0.5%育肥预混料	1%育肥预混料	4%育肥预混料
硫酸钠($Na_2SO_4 \cdot 10H_2O$)		100		
硫酸镁($MgSO_4 \cdot 5H_2O$)			100	
20%瘤胃素		60		30.0	7.5
10%杆菌肽锌			30	15.0	
维生素 A		5	5	2.5	0.625
维生素 D_3		1	1	0.5	0.125
维生素 E		10	12	6.0	1.5
碘酸钙[$Ca(IO_3)_2$]	0.35	0.15	0.15	0.075	0.018 75
硫酸铜($CuSO_4 \cdot 5H_2O$)	13.4	10.5	12	6.0	1.5
硫酸亚铁($FeSO_4 \cdot H_2O$)	50.8	45.5	44	22.0	5.5
硫酸锌($ZnSO_4 \cdot H_2O$)	68.7	33.7	36.7	17.0	4.59
硫酸锰($MnSO_4 \cdot H_2O$)	32.1	52	48	26.0	6.5
亚硒酸钠($Na_2SeO_3 \cdot 5H_2O$)	0.39	0.27	0.25	0.125	0.033 75
氯化钴($CoCl_2 \cdot 6H_2O$)	1.23	0.5	0.5	0.25	0.062 5
次粉		385.0	415.0	450.0	347.0
石粉	833.03	296.28	295.3	424.45	289.945
碳酸氢钠($NaHCO_3$)					250
氧化镁(MgO)					85
抗氧化剂		0.1	0.1	0.1	0.1
合计	1 000.0	1 000.0	1 000.0	1 000.0	1 000.0

第四节　营 养 调 控
Section 4　Nutrition regulation

采用先进的营养调控技术(如适当补充蛋白质饲料、可发酵氮源、可发酵纤维物质、过瘤胃蛋白,控制瘤胃原虫和产甲烷菌数量,精粗混饲等营养调控措施)可以改进小尾寒羊对各种营养物质的消化、吸收和利用,提高其生产性能。

一、提高饲料的适口性和消化率

(一)提高饲料的适口性

饲料适口性是饲料的滋味、香味和质地特性的总和,是动物在觅食、定位和采食过程中视觉、嗅觉、触觉和味觉等感觉器官对饲料的综合反应。饲料适口性是以动物的采食量来体现的,它通过影响动物的食欲来影响采食量。

一般情况下,饲料适口性好,则小尾寒羊的食欲强,采食量大。反之,饲料适口性差,则食欲缺乏,采食量小。采食量是衡量小尾寒羊摄入营养物质数量的尺度,是影响小尾寒羊生产效率的重要因素。因此,饲料适口性问题是生产高品质饲料必须要解决的问题,目前,已越来越引起饲料厂家的高度重视。

1. 影响饲料适口性的因素

(1)抗营养因子 抗营养因子不仅破坏营养成分,阻碍营养成分的消化吸收,某些抗营养因子还直接影响饲料的适口性。影响饲料适口性的抗营养因子主要有单宁、硫葡萄糖甙、芥子碱、植物凝集素、水溶性非淀粉多糖等。如存在于高粱中的单宁,具有苦涩味,进入小尾寒羊体内后,能与胃肠蛋白质结合,分解出有强烈刺激性的没食子酸,影响饲料的适口性和采食量。存在于大豆等豆科植物中的植物凝集素,能与小肠壁的黏膜结合,影响小肠上皮细胞的正常生理功能,造成消化酶活性的改变,影响饲料的适口性,降低小尾寒羊的采食量。广泛存在于大麦、小麦、燕麦等谷物饲料及其副产品(如次粉、麦麸)中的水溶性非淀粉多糖(主要包括β-葡聚糖、阿拉伯木聚糖等),不仅黏性大,而且不易分解吸收,进而影响小尾寒羊的食欲,降低采食量。

(2)饲料霉变 饲料在保存过程中,由于高温、高湿的气候,或饲料本身水分含量高,贮存不当,导致饲料被霉菌毒素污染,出现发热、明显霉味等一系列变化,失去饲料正常的香味,严重影响饲料的适口性。另外,用作饲料原料的谷物类,如玉米等,在未收获前由于长期阴雨,受到呕吐毒素等单端孢霉烯族毒素的污染,用于饲料中,能引起敏感动物的呕吐,导致动物采食量显著下降。

(3)饲料氧化酸败 脂肪是饲料中不可少的成分之一,在小尾寒羊生长中起着重要的作用。但在高温、高湿的环境条件下,脂肪含量高,特别是不饱和脂肪酸含量高的饲料,极易与空气中的氧作用,发生氧化而出现酸败,产生不愉快的气味和苦涩味,造成适口性显著下降。如米糠含不饱和脂肪酸较高,在高温高湿的夏季易发生氧化酸败。

(4)饲料中含有某些刺激性气味 各种酿造发酵副产品,如酵母粉、酒糟、酱渣等,本身具有一定的营养价值,而且能够降低饲料成本,具有较高的使用价值,但发酵后具有一定刺激性气味,影响饲料的适口性。

某些防霉剂及某些用于促生长的添加剂,如抗生素等,具有较强的苦味,也能影响饲料的适口性,导致采食量下降。

(5)加工调制不当 同样的原料,同样的配方,加工方法不同,可使饲料的适口性不一样。如粉碎粒度,羊饲料粉碎粒度宜粗一些,粉得过细则会影响饲料适口性。制作颗粒饲料时,因通入蒸汽不足,调质温度低,形成过度挤压,产生黑色的硬颗粒,也会影响饲料的适口性。

(6)蛋白能量不平衡 “为能而食”是动物的本能。小尾寒羊可通过增加或减少采食量,来适应日粮中能量浓度的降低或增高。如某种饲料能量高,而蛋白等其他营养成分相对偏低,其表现出来的就是这种饲料的适口性降低,采食量下降,导致生长生产能力下降。

2. 改善饲料适口性的措施

(1)消除抗营养因子对饲料适口性的影响 尽可能选择抗营养因子含量较低的原料,如选择“双低”油菜籽为原料的菜籽粕。限量使用含抗营养因子的原料,如在日粮中限量使用棉籽粕。采用膨化、制粒等加工方法,不但可使饲料本身的香味增加,适口性改善,还可使一些抗营养因子失活。如植物凝集素、棉酚等,膨化后的活性大幅度降低。实践证明,玉米、豆粕、米糠、棉籽粕、菜籽粕及其他原料,通过膨化都可提高其适口性。

(2)防止饲料霉变 必须把饲料水分控制在安全范围内。杜绝霉变原料入库,尤其是防止呕吐毒素污染的玉米等原料入库。严禁使用霉变原料。改善贮存条件,尽量缩短贮存时间。饲料原料和饲料成品要贮存在阴凉、干燥、通风处,防止包装破损。选用高效、安全的防霉剂,适量添加，以确保饲料不受霉菌污染。对已受霉菌毒素污染的原料可添加霉菌毒素吸附剂。

(3)防止饲料氧化酸败　对不饱和脂肪酸含量高的原料，如全脂米糠等，在高温季节谨慎使用，做到随进随用，否则不宜使用。正确使用抗氧化剂。避免饲料直接被阳光照射。

(4)提高加工质量，改善饲料品质　根据不同生长生产阶段小尾寒羊的采食要求，掌握好原料的粉碎粒度和颗粒饲料的大小，控制好制粒调质温度和时间，使颗粒均匀、大小一致，香味纯正，膨松可口。

(5)把好原料质量关，合理使用各种原料　坚决杜绝不合格原料的入厂和使用，尽量使用新鲜原料，按照先进先出的原则使用。合理进行原料评估和搭配使用，取长补短，保证配方的合理性。对于有刺激性气味的原料，应控制配方用量。

(二)提高饲料的消化率

利用现代技术充分发挥小尾寒羊能够利用纤维素和非蛋白氮的潜力，最大限度减少饲料，特别是精饲料在消化代谢过程中造成的损失，提高利用效率，以达到高效节粮的目的。

1.提高低质饲料的利用效率

(1)选择经济合适、有效的低质粗饲料加工处理方法，如物理法、化学法、生物学法等，提高低质粗饲料饲用价值，增加采食量，提高饲料利用率。如尿素氨化加石灰复合处理秸秆，可增加粗蛋白1～2倍，采食量增加30%～50%，消化率提高8%～15%。

(2)合理调控瘤胃内环境，如在日粮中补充适量能量物质，补加适当数量的非蛋白氮，补充矿物质硫，添加适宜的日粮脂肪等，可保证瘤胃微生物的正常生长和繁殖，增强蛋白质合成能力，提高瘤胃中氮的利用率和纤维素的消化率。如试验表明，每天给饲喂低品质干草的小尾寒羊添加50～100 g淀粉(或蔗糖)，粗纤维的消化率可以从43%提高到54.5%。

2.提高非蛋白氮(NPN)的利用效率和比例　NPN特别是尿素，可代替部分蛋白质饲料喂小尾寒羊。要想保证尿素最大限度发挥营养作用，就应在尿素进入瘤胃后，控制和减缓氨的释放速度，维持较低的氨浓度，从而防止氨中毒和促进尿素的利用，如：采用尿素包被处理工艺；将尿素和淀粉质饲料及载体混合，形成溶解慢的缓释尿素饲料；制作糖蜜尿素舔砖；利用双缩脲等尿素衍生物。

3.合理利用日粮蛋白成分和日粮组合效应，提高精饲料的利用率　研究表明，高蛋白水平可以在一定程度上提高淀粉利用率和能量的表观消化率。如给小尾寒羊饲喂高水平的非降解蛋白时，淀粉在瘤胃和瘤胃后肠道的降解率都较高。

科学配制日粮，合理利用不同饲料间的组合效应，为瘤胃微生物繁殖提供最佳营养源，也可以提高精饲料的利用效率。

添加某些药物如饲喂抗生素，可使瘤胃丙酸、丁酸比例下降，氨态氮浓度降低，淀粉降解率和氮降解率下降，增加了淀粉流入小肠的比例，从而提高了淀粉的利用率。

4.建立合适的精饲料加工体系　建立适合反刍动物消化代谢特点的精饲料加工体系，有效调控因瘤胃发酵造成的能量损失与蛋白质饲喂价值的降低。如对谷物进行粉碎、破碎、蒸汽压片等处理，可改变谷物的消化率(表8-40)。对蛋白质饲料进行保护处理(蛋白质的过瘤胃保护)，可避免其在瘤胃内发酵降解，从而直接进入小肠被吸收利用，提高蛋白质饲料利用率。

表 8-40 不同淀粉加工方式对绵羊采食量、瘤胃降解率和全消化道消化率的影响

谷物类型	饲喂形式	日粮中比例(%)	淀粉采食量(g/d)	瘤胃降解率(%)	全消化道消化率(%)
大麦	碾压	100	479	92	100
	整粒	100	573	95	—
	蒸汽压片	68	369	95	100
玉米	粉碎	80	613	78	100
	蒸汽压片	80	626	96	100
高粱	碾压	68	398	89	100
	蒸汽压片	69	373	89	100

注:引自冯仰廉主编《反刍动物营养学》,2006。

5.应用饲料添加剂　如饲料中应用瘤胃素(莫能菌素),可以改变瘤胃微生物群体组成和消化酶的活性,从而影响瘤胃内营养物质的发酵过程,使游离氨基酸的降解率降低,乙酸与丙酸之比降低,减少甲烷的产生,从而降低了动物对蛋白质的需要量,节省饲料蛋白质。

6.利用益生素　益生素菌株一般包括乳酸菌、芽孢杆菌、光合细菌、酵母菌等。与反刍家畜关系密切的是丝状真菌、酵母菌等。研究发现,利用真菌益生素作为小尾寒羊的饲料添加剂,能使瘤胃中的总菌数和纤维素分解菌数成倍提高,从而增强瘤胃微生物的分解代谢作用,使秸秆中的纤维素、半纤维素等多糖类物质降解为单糖,并转化为挥发性脂肪酸,为小尾寒羊提供能量来源,同时为微生物菌体蛋白的合成提供充足的碳,达到提高粗饲料营养价值和利用效率的目的。

二、改善体内微生态平衡

(一)补充适量能量物质

瘤胃内容物的能量浓度是决定瘤胃微生物合成速度的主要因素。首先,能量水平对细菌的生长和繁殖起着决定性作用。细菌利用氮或氨基酸(AA)是一个耗能过程,而这些能量主要由日粮中的碳水化合物发酵产生。其次,瘤胃细菌必须利用碳水化合物形成各种 α-酮酸,才能通过氢化作用形成 AA。大量试验已证明,当瘤胃中有充足的易利用能源时,瘤胃中氮的利用率高,蛋白质合成强度大,微生物生长繁殖快,而能量不足时,纤维素分解菌不能发育完全,使日粮中粗纤维(CF)和其他营养物质的消化率降低。纤维素分解菌迅速繁殖,其适宜的 pH 为 6.2~7.0。试验表明,每天给饲喂低品质蛋白干草的绵羊添加 50~100 g 淀粉(或蔗糖),粗纤维的消化率可以从 43%提高到 54.5%。若添加超过 200 g 时,消化率降至 34.1%。因此,日粮中适宜的易消化碳水化合物的添加量对提高粗纤维的利用率非常重要。一般认为,小尾寒羊每千克活重适宜供糖量通常为 1~3 g。

(二)补加适当非蛋白氮

瘤胃中的氨浓度是决定蛋白质合成的重要因素。氨是瘤胃微生物合成蛋白质的基本原料,故在微生物合成作用的最高限度内,当能量供应充足时,氨浓度的大小直接影响着蛋白质的合成。一些研究提出的最佳 NH_3—N 浓度范围是 0.35~20 mg/100 mL 瘤胃液。Okorie 和 Buttery 等在瘤胃氮浓度为 5×10^{-3} mol/L 时获得了最高的瘤胃蛋白质合成量。

(三)补充硫

硫是确保微生物最佳生长的重要物质,瘤胃中微生物含硫 8 g/kg DM,所以必须持续不断

地给瘤胃微生物提供足够的硫源。硫缺乏时会影响小尾寒羊对纤维素的消化和瘤胃内 VFA 的比例，并会导致食欲减退甚至丧失，特别在以低质饲草为主的饲养模式中，补充硫十分重要。一般用瘤胃液的 N/S 和硫化物浓度作为检测硫营养状况的指标。小尾寒羊适宜的 N/S 是（10～14）∶1。

（四）控制瘤胃 pH

在大多数情况下，瘤胃 pH 取决于快速水解的碳水化合物的数量，还取决于与之配合的粗饲料中细胞壁组分的数量和组成。据报道，瘤胃 pH 低于 6.0～6.1 时，纤维素的分解全部被抑制。因此，如果要维持纤维素的分解作用，瘤胃 pH 必须保证在 6.0～6.1 以上。大量研究表明，日粮中精料水平较高时添加缓冲盐能明显提高采食量和纤维物质消化率，主要是它提高和稳定了瘤胃 pH，增加瘤胃液流通速率，纤维分解活性菌增强。

（五）合理使用矿物质原料，保证日粮阴阳离子平衡

酸碱平衡与小尾寒羊的健康和生产性能密切相关。尽管影响小尾寒羊体内酸碱平衡的因素很多，但配合日粮是主要的影响因素。如果小尾寒羊日粮中主要阳离子（Na^+、K^+）和主要阴离子（Cl^-、SO_4^{2-}）之间的比例失调，就会严重影响血液的 pH，进而导致酸碱平衡失调，影响小尾寒羊的正常代谢活动和生产性能。向小尾寒羊日粮中添加缓冲剂，如碳酸氢钠和氧化镁，不仅可改善日粮的阴阳离子平衡状况，调节小尾寒羊体内的酸碱平衡，还能改善其生产性能。

（六）合理配合日粮

适宜的精粗比，不仅能提供足够的纤维，保证瘤胃的健康，同时能满足瘤胃微生物能氮平衡和小尾寒羊自身的能氮平衡，使蛋白质和碳水化合物同步降解，为瘤胃微生物繁殖提供最佳营养源，提高精饲料的利用效率。

（七）改变饲养制度

现存的饲养体系大多是精粗分开饲喂，即粗料自由采食，如果提供的精料水平很高时，小尾寒羊对粗料的采食量下降，瘤胃 pH 降低，不利于纤维素的消化。而改用全混合日粮饲养制度，可以增加小尾寒羊的饲喂频度，保证秸秆等饲料一定的采食量，刺激小尾寒羊增加唾液分泌，维持适合于纤维素分解的瘤胃环境，同时又要增加精料的采食量，提高饲粮的生产潜力。

三、减少应激反应

应激是指机体对内外非特异性因素刺激所产生的机能障碍和防御反应。在饲养过程中，往往会遇到气候骤变、免疫接种、转圈分群、噪声等应激因素，对小尾寒羊的生长发育和生产性能造成不良影响。因此，需采取有效措施加以预防，使应激造成的损失降到最低。

（一）引起应激反应的主要因素

（1）夏季高温、冬季低温以及气温突然大幅度变化，如夏季超过 30℃，日温差在 15℃以上。

（2）相对湿度过高（大于 80%）。

（3）羊舍空气污浊。

（4）饲料质量达不到养殖要求，如饲料营养过低、比例失调或霉变等。

（5）饲养密度过大。

（6）长途运输或转群。

（7）免疫、注射疫苗等。

（8）突发性巨大噪声。

(9)药物使用不当等。

(二)预防应激的措施

1. 改善饲养环境　小尾寒羊生存的环境如温度、湿度、密度、空气污染度、光照、噪声等对羊群的应激有直接影响，因此应做好以下几点：

(1)冬季注意关闭门窗防风保暖，夏季注意通风防暑降温，尽量使羊舍温度保持在 14～22℃。

(2)调控羊舍空气相对湿度在 60%左右，无恶劣天气时，让小尾寒羊在舍外活动以适应天气变化，雨季时在羊舍内放生石灰，降低湿度。

(3)保持适宜的饲养密度。小尾寒羊饲养密度一般为：成年公羊 2 m^2/只，成年母羊 1～1.2 m^2/只，育成羊 0.8～1 m^2/只，羔羊 0.5～0.8 m^2/只，怀孕后期母羊或哺乳母羊 2.2～2.5 m^2/只。通常每群羊以 20～30 只为宜。

(4)保持羊舍内干燥卫生，每日清扫圈舍一次，降低羊舍空气中有害气体及尘埃、病原微生物的浓度。

(5)合理光照。光照对小尾寒羊的繁殖机能、育肥及生理机能都具有重要调节作用，应实行短光照制度即每日 8 h 光照，16 h 黑暗。

(6)羊舍内及其周围避免车辆、机器、人员、其他动物等的噪声，保持羊舍周围环境安静。

2. 加强饲养管理

(1)合理配制日粮。饲草、饲料要多样化，做到青干搭配、精粗搭配，既达到营养全面又精粗配比合理。变更饲草、饲料要逐渐进行，保证有 3～5 d 的过渡期。

(2)保持饮水清洁卫生。久渴失饮时，防止暴饮暴食，冬季饮温水。夏季高温时可在饮水中添加电解质，缓解热应激。

(3)制定相关的饲养规程，做到“定时、定量、定点、定人”饲喂，让羊群有一个相对稳定的采食、运动、休息规律。

(4)合理饲喂。饲喂时少喂勤添，按时饲喂，每天 3～4 次，每只羊每天干物质的采食量按其体重的 3%～5%供给，保证采食均匀，防止拥挤及饥饱不均，并根据季节变化及时调整饲喂时间及方式，夏季避开最热的时间，兼顾最冷的时间。

(5)分群饲养。做到公、母分群，成年羊、青年羊、羔羊、哺乳羊分群，空怀羊与妊娠羊分群，健康羊与弱羊、病羊分群。一旦分群，尽量避免再次调动，因为小尾寒羊一旦合群，其强弱、大小位次已经形成，有了相对稳定的群体结构，调动后就将其结构打乱。

(6)断奶时，采取逐渐断奶法，并将羔羊留在原圈，母羊调至远离其羔羊的圈舍；断奶后母羊合群饲养，以相互刺激促进早日发情、配种。

(7)定期做好消毒、防疫、驱虫、剪毛、药浴等技术性工作，以增强羊只体质，提高抗应激能力。

(8)加强运动，减小圈养应激。长期舍饲圈养的小尾寒羊，会造成防御机能弱化，消化吸收能力下降，代谢机能紊乱，生长发育迟缓，饲料转化率降低，抵抗力下降，易发多种疾病，如风湿、关节炎、生产瘫痪、难产等，因此应加强运动，有放牧条件的可适当增加放牧距离。

(9)实行一些技术性管理如分群、抓捕、驱赶、防疫、治疗、剪毛、药浴、打耳号、断尾、去势、去角等工作时，动作要轻柔，禁止抽打、恐吓、踢踩等粗暴行为。有些给羊只造成应激较大的工作，应分开进行，以降低应激程度。

3. 药物预防　遇到强应激有流产征兆时，可注射黄体酮保胎。维生素类，如维生素C、维生素E；微量元素，如硒、锌、铜、铁等；参与糖类代谢的物质，如柠檬酸；应激缓解剂，如杆菌肽锌；缓解酸中毒的药物，如小苏打等；维持酸碱平衡的物质，如氯化铵，这些药物在羊只断奶、分群、去势、去角、运输等之前服用，可以起到较好的抗应激作用。

4. 增强抗应激能力　使小尾寒羊经受适度的锻炼是提高抗应激能力的重要措施。通过筛选增强抗应激能力，淘汰应激敏感羊，是提高抗应激能力的有效方法，也是预防应激最根本的措施。

参考文献

[1] 山东省标准计量局. 小尾寒羊饲养标准(DB37/T 586—2005).
[2] 杨在宾，等. 动物营养研究论文集. 北京：中国农业大学出版社，1996.
[3] 张崇玉，等. 动物营养研究论文集. 北京：中国农业大学出版社，1996.
[4] 赵有璋. 现代中国养羊. 北京：金盾出版社，2005.
[5] 冯仰廉. 反刍动物营养学. 北京：科学出版社，2004.
[6] 尹长安. 舍饲肉羊. 北京：中国农业大学出版社，2005.
[7] 张文远. 肉羊饲料科学配制与应用. 北京：金盾出版社，2005.
[8] 傅润亭. 肉羊生产大全. 北京：中国农业出版社，2004.
[9] 岳文斌. 舍饲养羊新技术. 北京：中国农业出版社，2003.
[10] 毛怀志. 绵、山羊品种资源及利用大全. 北京：中国农业出版社，2006.
[11] 王建民. 小尾寒羊生产新技术. 济南：山东科学技术出版社，2006.
[12] 张乃峰. 新编羊饲料配方600例. 北京：化学工业出版社，2009.

第九章 生态养殖与羔羊培育

Chapter 9 Natural ecology farming and rearing lambs

对小尾寒羊实施生态养殖就是在可持续发展的前提下，运用生态系统食物链、物质循环再生、共生以及系统工程理论与原理，吸收现代养羊技术成果，合理利用小尾寒羊品种与本地饲草饲料资源，实现生态、经济、社会三者统一的产业体系。小尾寒羊产区的试验和生产实践已经证明：只有实施生态养殖，才能充分发挥小尾寒羊的生产性能，进一步挖掘其遗传潜力，提高饲料利用效率，增加经济效益。

第一节 生态养殖

Section 1 Natural ecology farming

自然生态养殖有利于养殖过程中的物质循环、能量转化和提高资源利用率，减少废弃物、污染物产生，保护和改善生态环境，促进养羊业可持续发展。养羊是农民增收的重要来源，而传统以放牧为主的养羊，不可避免地对生态环境建设产生一定影响。农民要发展养羊增收致富，就使这一本来突出的矛盾更加尖锐。探索新的养羊生产与管理模式，开发配套舍饲育肥养羊技术，引导广大农民群众，改革传统的养羊习惯，把放牧和舍饲有机结合起来，使生态环境建设与养羊业协调发展，就成为解决这一矛盾的关键所在。近年来，不少地方到小尾寒羊产区学习生态养羊的方法，收到了明显效果。

一、生态养殖模式

小尾寒羊对于温暖干燥的气候有较强的适应性，并且耐粗饲、抗病力强，对饲草饲料的利用率也比较高。长期以来，小尾寒羊以舍饲为主，放牧为辅，对生态环境影响不大。小尾寒羊中心产区菏泽市通过植树、种草，发展生态养羊，使羊的存栏量占到全省的 1/3 以上，存栏最高年份达到 1 000 多万只，全市养羊的经济、社会和生态效益得到显著提高。现将菏泽农村饲养小尾寒羊的一些做法总结如下。

(一)植树与养羊

也称林下养羊。小尾寒羊重点产区菏泽市是全国著名的平原绿化先进地区，地方政府从 20 世纪六七十年代开始抓植树造林，到 80 年代初，基本上实现了粮、林、牧生产的良性循环。全市林地面积 400 多万亩，农田林网 1 000 多万亩，林木覆盖率达到 26.5%。林木主要有榆、柳、杨、槐、桐，还有腊条、紫穗槐等。在零星的闲地、河滩、村头以及道路两旁生长有各种野草，主要有拉秧草、节节草、水稗草、星星草、芦草、茅草、水盖草、猫尾草等。大量的树叶、杂草等为小尾寒羊提供了丰富的饲草资源。据菏泽市畜牧局测算，全市各类树叶、野草资源年产量在

30 亿 kg 左右。

当地群众在夏秋季节，赶着小尾寒羊到林下放牧，不仅能利用树叶和杂草发展养羊生产，大幅度降低生产成本，而且能防暑降温，为肉羊健康养殖和无公害生产创造了良好的自然和生态条件，不仅提高了小尾寒羊自身体质和养殖效果，还改善了羊肉品质。

(二)种草与养羊

目前菏泽市人工栽培牧草、林下种草及饲料作物面积达到 50 多万亩，年可产草(折干)9 亿 kg。大面积种植的牧草品种主要有紫花苜蓿、冬牧 70、墨西哥玉米、串叶松香草、“中原32”饲用玉米等。在牧草加工方面，有年加工能力 7 万 t 的牧草加工厂一座。紫花苜蓿第一茬麦收前收割，在当地常用来加工干草贮存起来，待到冬春季节给种公羊、繁殖母羊和羔羊补饲。进入夏秋季节，雨季到来，人工栽培牧草收割后即可饲用，有些品种也常用于放牧。

(三)种粮与养羊

菏泽市是全国粮食重点产区。2006 年全市玉米产量 100 多万 t，麦麸产量 33 万 t，豆粕、棉籽饼和花生饼产量 75 万 t，为养羊生产提供了优质、充足的饲料，同时还提供了各类可食性秸秆 70 多亿 kg。近几年，菏泽发展特色畜牧业，狠抓了作物秸秆的青贮和氨化，秸秆饲用率达 55%以上，有效促进了养羊生产的发展。

二、养殖规模与方式

(一)养殖规模

小尾寒羊不适于大规模集中饲养，较适合小规模分散经营。产区多数家庭散养，饲养规模不大，农户饲养少则 3～5 只，多者 10 余只。一般每户饲养 5～8 只基础母羊。有放牧条件的地方，也有成群饲养的，但数量不超过 30 只。当然，这主要取决于当地饲草是否充足以及养羊的基本设施是否完备。

(二)草料储备

“贮草如贮粮，保草如保羊”，“草是羊的娘，无草命不长”，这是鲁西南农民长期养羊的经验。为保证羊群四季正常生长、繁殖，必须保证饲草的充足供应和贮备。可作饲草贮备的包括：农作物秸秆(玉米秸、豆秸)、秧蔓(甘薯秧、花生秧)以及各种树叶等。贮备量可按2.5 kg/(只·d)(干秸秆)计算。有条件的也可利用青贮和微贮饲料等。除此之外，来源于农田、河滩地、河堤、沟旁、林带等处杂草较多，品种也较丰富。精饲料主要有玉米、麸皮、豆粕、花生粕、棉籽粕等。

(三)饲养方式

小尾寒羊产区一般以舍饲为主、放牧为辅。羔羊断奶以后，一羊一绳拴在羊圈内；棚舍多数是在房前屋后、墙角、夹道搭建而成，比较简陋。圈舍内设有草筐、水槽(盆)等。除了阴天下雨之外，夏季全部拴在院落阴凉处或树荫下饲养。严冬季节白天多是拴在背风向阳的院内；夜间、风雪天气把羊赶到棚子里，有些养羊户和羊住在一起或关在厨房内过夜。

三、饲养方法

(一)舍饲

对小尾寒羊实施舍饲圈养时要注意密度：一只母羊平均占舍面积 1.5 m^2，活动场地应是羊舍面积的 2～4 倍。舍内及活动场地要保持干燥、通风、清洁。

舍饲时应选择营养丰富、价格低廉的草料。常用的有鲜青草、干草、树叶、作物秧蔓等。群众说:“羊吃百样草,到处都可找,不用铡,不用淘,放在地上吃个饱。”农民平时养羊很少专门饲喂精料。但在种公羊配种时要补喂精料,一般根据羊只大小、配种数量酌情掌握,每只每天补料 1.0～1.5 kg,多者达 2 kg。

母羊怀孕后期和哺乳期补喂精饲料,一般每只每天补料 0.25 kg 左右。精料配方为:玉米 30%,麸皮 59%,饼类 10%,食盐 1%。喂时应先吃粗料,后吃精料,最后饮水。当冬春饲草缺乏时,农民常喂给一些作物秸秆、树叶和柴草等,公羊仍有配种能力,母羊亦能正常繁殖。

(二)饮水

一般每天饮水 2～3 次,每只成年羊每天需 4～6 kg 水。

1. 饮泔水　即刷锅水,有时把少量的剩菜剩饭也归入其中,给羊饮用。这是鲁西南农村饲养小尾寒羊最常用的方法,既满足了羊对水的需要,又利用了其中的营养物质。

2. 饮料水　给配种公羊、哺乳母羊和羔羊饮水并补撒精料,先将少量精饲料如玉米面、麸皮约 100 g/(只·次)。放入盆中,用开水把饲料烫一下,根据体重大小加食盐 2～5 g/(只·次),然后调节好温度饮用。

3. 饮清水　养羊数量较多或规模化养殖时,一般多饮给清洁井水或自来水。

(三)放牧

小尾寒羊放牧多以老人、小孩或妇女为主,早出晚归中午休息。从秋收到第二年春天 3 月,除风雪天气外,有条件的实行终日放牧。

放牧多在河滩、堤坡、沟旁、树林、荒地等处。有的是联户成群放牧,但多数是拴牧或牵牧。也有的是在麦收或秋收后,田间尚未种植农作物时,抢茬放牧,但是,放牧时间不长,田间种上农作物之后,放牧就要停止。当杂草偏少、质量较差时,放牧归来后,往往需补饲干草和少量精料。

根据不同草地植被情况放牧:“冬放一条线,夏放一大片。”冬天因为草少,要使羊排成“一”字形前进,使壮羊、弱羊都能吃到草;夏天草多,放牧时可把羊摆成一大片(也称满天星)。

根据季节变化确定放牧地点:“春放河、秋放坡、夏放高地、冬放窝。”春天河道沟渠里的草萌发早,各种草生长好,利于放牧。秋天放坡是指收获了庄稼的秋茬地,不仅有田间杂草,而且还有没收干净的庄稼。夏天在高地放牧,不仅凉爽有利于羊吃草,而且能预防寄生虫病。冬季到背风向阳的洼地放牧,不仅使羊群防寒,也可使地势低洼的饲草得到有效利用。

“春羊遛,秋羊走,冬季不离河道口。”春季草少,应让羊走慢一些(遛);秋季空茬地较多,可以随走随吃,让羊吃好草;冬季草少,要在背风、水浸和退水地带放牧。

“羊不吃回头草不肥。”羊吃草时总是争先恐后地向前快走,如不使其回头细吃,往往吃不饱。

“羊跑一趟,一天白放。”由于小尾寒羊游走力差,不适于远牧,也不宜急行或在山地陡坡处放牧,要适当缩短放牧距离。初生羔最初在圈内饲养 5～7 d 后,可以让羔羊随母羊早晚各放牧 1 h。中午在家舍饲,不需要全天放牧。

“早放高、晚放低。”早晨露水比较多,小尾寒羊应忌食露水草,不宜过早出牧,一般8:00～9:00 出牧最佳。下午天气炎热,当太阳西下以后再放牧。因为早上高草露水少,下午低草水气好,这也是在放牧地选择上要紧持的原则。

当遇低洼潮湿、气候闷热、通风不良等气候和环境条件时,应减少放牧或禁牧,避免导致寄生虫病、腐蹄病。雨后水汽较大，羊吃了容易引发拉稀、瘤胃臌气等疾病，所以雨后不要马上放牧。

（四）补饲

根据小尾寒羊生长发育快、产羔多等特性，并结合当地饲草情况，要对小尾寒羊进行适时、适量补喂精饲料。精饲料主要包括豆饼、花生饼等蛋白质饲料，玉米、小麦糠麸等能量饲料，磷酸氢钙、贝壳粉及少量微量元素等矿物质饲料。一般每只羊补精饲料 400～500 g/d，配种公羊、妊娠后期母羊、瘦弱羊视情况适当多补给些精料。精料配比一般按玉米 40%～60%、豆粕（饼）或花生饼等 20%～30%、糠麸 20%左右，同时配以 1%食盐、少许磷酸氢钙和微量元素等。

四、日常管理

（一）防寒防暑

小尾寒羊耐寒性好，但过度寒冷，或冬季受贼风侵袭，必须消耗大量热能维持正常体温，特别是羔羊或弱羊易引起疾病和死亡。而天气闷热，羊采食量下降，极易诱发羔羊发病。所以，修建圈舍要求冬暖夏凉，通风透光。

（二）环境卫生

“圈干槽净，羊儿没病。”羊圈内要经常清扫，保持清洁卫生，为羊群提供一个良好的生活环境，羊群才能正常生长繁育，取得好的经济效益。

（三）合理分群

一般羊群羊只都有大小之分、强弱之分，膘情也有肥瘦之分。这就要求及时调整羊群，根据羊只年龄、性别、强弱、膘情、生产性能进行合理分群，原则上是“大小分群”、“公母分群”、“强弱分群”、妊娠母羊按配种怀羔期分群。分群后根据不同情况，给予不同的放牧饲养和管理条件，以免出现强者变弱、弱者更弱的情况。

（四）适时配种

小尾寒羊的配种期因各地的自然条件和饲养条件不同而有早有迟。一般种公羊 10 月龄以后或体重达到 80 kg，种母羊 7～8 月龄后或体重达到 50 kg 时进行配种较为适宜。配种时要求种公羊、种母羊保持良好的体况，以提高配种的准胎率。

（五）剪毛与药浴

山东小尾寒羊产区多是一年剪毛两次：“春剪梨花，夏剪谷茬。”在剪毛后，群众有给羊洗浴的习惯，群众反映说：“绵羊洗澡既有清洁皮肤、防止皮肤寄生虫病的作用，又有降低体温促进食欲的作用。”

（六）驱虫与防疫

一般每半年驱虫与防疫一次，多在春季 4～5 月份和秋季 10～11 月份进行。防疫一般使用羊快疫四联苗、三联苗或魏氏梭菌、巴氏杆菌二联苗等，要定期预防。驱虫也要定期进行，每半年一次或每季度一次，驱虫一般使用虫克星（又称虫克清、阿福丁）、抗蠕敏（又称丙硫苯咪唑）等。无论是驱虫还是防疫，在孕后期（3 个月以上）母羊要慎用，以免造成流产。

五、生态养殖效果分析

(一)符合小尾寒羊的生态习性

小尾寒羊喜欢逍遥运动，不太适合大群放牧。在鲁西南，每天下午，当夕阳西下时，男女老少，牵着或赶着少则三五只，多则七八只小尾寒羊，在沟渠路旁放牧，大部分时间是处于走走停停的逍遥运动之中。这种放牧方式，使得小尾寒羊既利用了各种饲草，又获得了足够的运动，还增强了体质。

(二)能合理利用饲料资源

在鲁西南饲养小尾寒羊，夏秋季节以利用各种杂草和树叶为主，另加补饲；冬春季节则以舍饲为主，放牧为辅，能够合理利用秸秆等各类饲料资源。

(三)促进农林牧协调发展

小尾寒羊经过长期舍饲圈养和人工选育，已失去了啃树皮的习性。当在林下放牧时，小尾寒羊一般不啃树皮。定期放牧则抑制了杂草丛生，有利于各种树木生长。小尾寒羊舍饲时可积攒大量粪肥，据菏泽市畜牧站重点调查，每只小尾寒羊 1 年可积优质肥 2 000～2 500 kg。施入农田、果园和菜地既能增加土壤肥力，又能减少化肥用量，增加粮食、水果和蔬菜产量，有利于农村生态环境建设和发展有机农业。

(四)有利于实现健康养殖

生态养殖不仅对节约资源，保持小尾寒羊可持续发展有利，而且能避免或减少各种疾病的发生。据典型调查，新中国成立以来，鲁西南小尾寒羊没有产生或传播过任何传染病，也极少发生普通病，这在很大程度上得益于小尾寒羊生态和分散的养殖方式。应该认真加以总结，为全面实现小尾寒羊健康和无公害养殖提供经验和技术支撑。

第二节　种公羊的舍饲与管理

Section 2　Raising and management of ram

俗话说："母羊好，好一窝，公羊好，好一坡"，可见公羊优劣对后代的影响之大。因此，除了选择和培育好种公羊之外，在种公羊饲养管理过程中应做到合理饲养，科学管理。种公羊的饲养方式，可采取放牧与补饲相结合的方法，当舍饲时，饲料应力求多样化，精、粗和多汁饲料合理搭配，同时要根据配种期和非配种期的营养需要给予不同营养水平的日粮。

一、配种预备期

(一)调整日粮

在配种前调整种羊日粮，是为配种期积蓄营养和打基础的良好时期，配种前 1～1.5 个月开始补喂精料，供给量为配种期标准的 60％～70％，然后逐渐增加到配种期的饲养标准，同时还应加强放牧和运动。

放牧公羊可按每只每日补喂混合精料 700～1 000 g，优质干草 2 000 g，胡萝卜 500 g，食盐 10 g、磷酸氢钙 10 g，鸡蛋 1 枚，日喂 3 次，自由饮水。

舍饲公羊可按禾本科干草 35％～40％，多汁饲料 20％～25％，精饲料 45％的比例饲喂，日喂 3 次，自由饮水，每天运动 2～3 h。

(二)检查精液品质

配种前 2 周，开始采精训练，每隔 3 d 采精 1 次，直至每日采精 1 次，并严格检查精液品质。发现问题，及时研究解决方法，以保证配种期公羊的精液品质。

二、配种期

配种期日粮要求营养全价、适口、易消化。日粮中蛋白质丰富则公羊性机能旺盛，精液量大，精子活力好，密度大，配种易准胎。在饲养管理上要求比较精细，力求常年保持中等以上等膘情，体质健壮，性欲旺盛，过肥过瘦都不利于配种。

(一)日粮营养平衡

饲养种公羊的日粮一定要全价，首先是蛋白质水平要高、质量要好。当给予的蛋白质饲料品质好、数量足时，种公羊性机能旺盛，射精量多，精子密度大，母羊受胎率高。其次钙磷含量要适当提高，比例要适当(2∶1)，否则易造成公羊的尿结石症。

(二)种公羊的饲养

体重 80～90 kg 的种公羊，每天需要 20.9 MJ 以上的消化能和 250 g 左右可消化蛋白质，应随日采精次数的多少相应调整标准喂量和其他特需饲料(牛奶、鸡蛋等)。日粮配合和定额可参考如下标准：精料 1.2～1.4 kg，青干草 2 kg，胡萝卜 0.5～1.5 kg(有条件的放牧者后两种可全减或酌减)，食盐 10～15 g，骨粉或磷酸氢钙 10～15 g。配种结束后，要注意公羊的体力恢复和增膘复壮，日粮标准和饲养制度要逐渐过渡，不能变化太大。种公羊配种期的日粮配方及营养水平参见表 9-1。

表 9-1　种公羊配种期的日粮配方及营养水平

日粮组成	饲喂状态		干物质		营养成分	日进食量	
	配方 1	配方 2	配方 1	配方 2		配方 1	配方 2
花生秧(kg)	1.5		1.35		干物质(kg)	2.85	2.87
甘薯秧(kg)		2.0		1.8	消化能(MJ)	34.26	32.51
青贮玉米秸(kg)	0.5		0.13		粗蛋白(g)	405	365.51
胡萝卜(kg)	0.5	1.5	0.05	0.16	钙(g)	22.12	26.39
玉米(g)	765	555	690	465	磷(g)	7.71	6.72
麸皮(g)	400	250	360	225			
豆粕(g)	300	200	270	180			
磷酸氢钙(g)	10	10	10	10			
食盐(g)	15	15	15	15			
添加剂(g)	10	10	10	10			
合计(kg)	4.0	4.54	2.89	2.87			

注：①青贮玉米秸为整株带穗玉米。②添加剂：每千克日粮中添加铁 50 mg，铜 6 mg，锌 60 mg，锰 50 mg，钴 0.2 mg，碘 0.3 mg，硒 0.2 mg，维生素 A 1 000 IU，维生素 D_3 200 IU，维生素 E 15 IU。

据调查(菏泽产区)，体重 100 kg 左右的种公羊每天补给精料 1.0～1.5 kg，多者 2 kg。常年补给骨粉每天 10～15 g，食盐 10～15 g。配种旺季每只每日补喂精料 1～1.5 kg，优质干草 2 kg，胡萝卜 0.5 kg，鸡蛋 1～2 枚。以早晚饲喂为主，白天少给勤添，饲料体积要小，以防公羊肚腹过大而影响配种。

(三)配种与利用

1.5 岁以内的种公羊一天内配种或采精不宜超过 2 次；2 岁以上的种公羊每天可利用2～

3 次，最多不超过 4 次。小公羊每天配种 1 次，连续 2 d 休息 1 d。配种前补料只有在使用前 3～4 周时开始，才能起到作用。平时要保证充足洁净的饮水，配种或采精后不能立即让公羊饮冷水，必须停 0.5 h 后才可饮水，冬季要饮温水。同时每天保持运动 1～2 h。

三、非配种期

非配种期直接关系到种公羊全年的膘情、配种期的配种能力以及精液的品质。这一时期的种公羊的饲养除供应足够的热能外，应注意蛋白质、维生素和矿物质等的充分供给。种公羊经过 2 个月的配种，体力和营养消耗很大，故应做好以下 3 项工作：第一，配种结束后，立即停止运动，以防继续消耗体力。第二，按非配种期的饲养标准，逐渐减少精料量，但不要立即停喂精料。体重 80～90 kg 的种公羊，每日需要 16.7～20.9 MJ 消化能和 150～160 g 可消化粗蛋白。舍饲情况下，一般每日供给混合精料 0.5 kg，干草 3 kg，胡萝卜 0.5 kg，食盐 5～10 g，骨粉 5 g。夏秋季放牧时，每日补给混合精料 0.5 kg。第三，适当延长放牧时间，让公羊在放牧地采食，返舍后适当补饲，使公羊迅速复壮。种公羊非配种期的日粮配方及营养水平参见表 9-2。

表 9-2 种公羊非配种期的日粮配方及营养水平

日粮组成	饲喂状态	干物质	营养成分	日进食量
青干草(kg)	1.5	1.38	干物质(kg)	2.40
青贮饲料(kg)	1.5	0.54	消化能(MJ)	26.64
玉米(kg)	0.7	0.62	粗蛋白(g)	192.2
磷酸氢钙(g)	10	9.9	钙(g)	11.65
食盐(g)	15	15	磷(g)	4.9
合计(kg)	3.73	2.56		

四、种公羊的日常管理

无论配种期与非配种期，对种公羊的管理都应格外细致，要经常观察种公羊的食欲好坏，发现食欲不振时，应立即找出原因，及时解决。种公羊圈舍应宽敞坚固，通风良好，保持清洁干燥。定期消毒、定期防疫、定期驱虫、定期修蹄，保证种公羊有一个健康的体魄。种公羊应常年保持中等膘情，不能过肥。舍饲的种公羊每天必须坚持运动，即采取快步驱赶，要在 40 min 内走完 3 km。这样可使种羊体质健壮，精力充沛，精子活力旺盛。

种公羊喜欢顶斗，尤其是配种期间，互相争斗，互相爬跨，不仅消耗体力，还易造成创伤。因此，饲养人员应多观察，发现公羊顶架应及时予以驱散。种公羊要单独组群饲养，除配种外，尽量远离母羊，不能公母混养，以防乱配，消耗体力，影响正常配种。

种公羊配种期的日常管理参见表 9-3。

表 9-3 种公羊配种期的日常管理

时间	管理日程	指标要求	效果评价
6:00～8:00	驱赶运动	3 000～4 000 m	
8:00～9:00	喂料	混合精料占日粮的 1/2，鸡蛋 1～2 枚	
9:00～11:00	配种、采精		精子活力 0.7 以上
11:00～14:00	自由采食青干草、饮水		
14:00～15:00	舍内休息		
15:00～17:00	配种、采精		精子活力 0.7 以上

续表 9-3

时间	管理日程	指标要求	效果评价
17:00～18:00	喂料	混合精料占日粮的1/2,鸡蛋1～2枚	
18:00～20:00	自由采食青干草、饮水		
20:00	舍内休息		

第三节　繁殖母羊的饲养管理
Section 3　Raising and management of breeding ewe

种母羊的饲养可分为空怀期、妊娠期和哺乳期三个阶段。根据母羊不同生理时期，应采取适宜的营养水平，合理的日粮搭配，保持良好的繁殖体况。突出强化妊娠后期和哺乳前期的补饲。以达到实现多胎、多产、多活、全壮的目的。

一、后备与空怀母羊的饲养

后备和空怀母羊的饲养管理应引起足够重视，这一阶段的营养状况对母羊的发情、配种、受胎以及胎儿的发育都有很大关系。

(一)影响配种与产羔的因素

(1)研究表明：母羊增加体重对产羔率有明显影响。母羊体重每增加 3～4 kg，可使产羔率增加 5%～6%；而瘦羊不孕症的发病率要比体况适宜的母羊高 2%～3%，产羔率低 4%～5%。

(2)美国研究人员发现，如果在配种前 2 周和配种后的最初 3 周分别给每只放牧母羊补充谷实类能量饲料 100 g 和 280 g，可使产羔总数分别增加 7.5%和 7.7%。

(3)后备母羊体重达到成年体重的 60%～70%，即可转入待配母羊群，准备试情配种。

(4)繁殖母羊应在配种前 1～1.5 个月，使繁殖体况复壮，对个别体况较差者要给予短期优饲。对大群则视营养情况，给以适量补饲，保持羊群较适宜的营养水平和繁殖体况。

(二)不同精粗饲料比例饲养空怀母羊的效果

试验选取 18 只体重约 42 kg 的空怀小尾寒羊母羊，按体重分为 3 组($n=6$)，分别喂给以玉米秸秆为粗饲料的精粗比为 20∶80(日粮 1)、30∶70(日粮 2)和 40∶60(日粮 3)的日粮，以研究不同精粗比日粮对空怀小尾寒羊母羊采食和增重的影响。结果表明，3 组羊只的有机物采食量分别为(970.1±95.1) g/(d・只)、(1 137.3±144.8) g/(d・只)和(1 279.2±138.7) g/(d・只)；玉米秸秆的采食量分别为(834.3±75.6) g/(d・只)、(856.1±110.2) g/(d・只)和(822.0±121.7) g/(d・只)。

试验期体增重分别为(－12.4±46.1)g/(d・只)，(101.2±60.0)g/(d・只)和(157.1±96.5) g/(d・只)。由此得出结论，在以玉米秸秆为粗饲料的条件下，当空怀小尾寒羊母羊日粮中的精料量为 20 %时，难以维持体重，且氮保留率也低(3.29%)；增加日粮中的精料量到 30%或 40%时，可提高日增重，并且使氮保留率达到 13.82%或 22.09%。增加日粮的精料比例可不同程度地提高有机物、能量、粗蛋白质和钙、磷的表观消化率，但对纤维素类物质的消化有一定影响。增加动物的可消化能量供应可大幅度改善氮的利用率，也增加钙、磷的保留量。

(三)满足营养需要

小尾寒羊空怀期母羊的营养需要量以体重 50 kg 为例，每日需要 1.1 kg 干物质，消化能 9.0 MJ/kg，粗蛋白质 43.4 g，钙 3.0 g，总磷 2.8 g，食盐 6.5 g。可按每只每日喂给：禾本科干草1 kg，玉米青贮 2.0 kg，混合精料 0.45 kg，磷酸氢钙 15 g，食盐 10 g，添加剂 5 g。也可按表 9-4 所列配方饲喂。

表 9-4 后备和空怀母羊的日粮配方及营养成分

日粮组成	饲喂状态	干物质	营养成分	日进食量
花生秧(kg)	0.5	0.46	干物质(kg)	1.57
甘薯秧(kg)	0.5	0.46	消化能(MJ)	15.43
青贮玉米秸(kg)	2.0	0.50	粗蛋白(g)	159
玉米(g)	110	100	钙(g)	18.82
麸皮(g)	50	45	磷(g)	5.48
豆粕(g)	50	45		
磷酸氢钙(g)	15	15		
食盐(g)	10	10		
添加剂(g)	5	5		
合计(kg)	3.2	1.64		

(四)适当放牧或运动

后备和空怀母羊所面临的任务是配种繁殖，但是有部分舍饲和圈养的羊，即便是处在发情季节也不发情，而且引进良种母羊和杂交母羊多于地方品种，除了营养因素外，无放牧条件和缺乏户外运动是主要因素。只有在保证母羊营养需要的基础上，保持运动好、体况佳、发情整齐，才能使后备母羊和空怀母羊按计划配种怀孕和产羔。

二、妊娠母羊的饲养

母羊怀孕的前 3 个月为妊娠前期，后 2 个月为妊娠后期。

(一)妊娠前期

妊娠前期胎儿发育较慢，所需营养与空怀期基本相同，一般饲喂普通日粮即可满足营养需求，但要求母羊能继续保持良好的体况和膘情。如放牧不能满足其所需营养时，就应考虑补饲。日粮可由 50%青干草、30%农作物秸秆、15%玉米青贮料、5%精料配成。一切管理措施都要围绕保胎来考虑，避免羊群吃霜草和霉烂饲料，避免惊群和剧烈运动等，以防发生早期隐性流产。妊娠前期母羊的日粮配方及营养水平参见表 9-5。

表 9-5 妊娠前期母羊的日粮配方及营养水平

日粮组成	饲喂状态	营养成分	日进食量
花生秧(kg)	0.6	干物质(kg)	1.88
甘薯秧(kg)	0.6	消化能(MJ)	18.41
青贮玉米秸 (kg)	2.0	粗蛋白(g)	184.45
玉米(g)	200	钙(g)	21.47
麸皮(g)	50	磷(g)	5.75
豆粕(g)	50		
磷酸氢钙(g)	15		
食盐(g)	10		
添加剂(g)	5		
合计(kg)	3.53		

(二)妊娠后期

妊娠最后5～6周对营养物质的需要量迅速增加,胎儿生长发育加快,此时母羊本身也需要积蓄大量养分,而小尾寒羊又属多胎高产羊,所以饲养要最大限度地满足其营养需要。管理上要特别精心,放牧时,不要随大群远牧,要以舍饲为主。

1.影响因素　有试验证实初生重每降低750 g,羔羊的死亡率会升高12%。饲料中能量转换成胎儿能量的效率约为13%。怀单羔的母羊营养要提高50%,怀双羔的母羊营养要提高75%,怀3羔以上母羊或老龄母羊,营养水平尤其是能量要提高1倍以上。与妊娠早期相比,大约胎儿90%的体重在妊娠后期形成。这一阶段的营养水平对母羊分娩后产奶也有一个加性效应,而大部分乳腺发育也发生在妊娠的最后30 d。因此,怀孕母羊的饲养应将重点放在妊娠后期,这一时期母羊营养供应不足,可导致羔羊初生重小,抵抗力弱,成活率低,生长发育缓慢等。

2.营养需要量　妊娠后期小尾寒羊母羊的营养需要量,以体重60 kg为例,每日需要2.2 kg干物质,消化能27.3 MJ/kg,粗蛋白质220 g,钙9.0 g,总磷5.3 g,食盐9.5 g。妊娠第4个月,胎儿平均日增重40～50 g;妊娠第5个月平均日增重高达120～150 g,且骨骼已有大量的钙、磷沉积。母羊妊娠的最后1/3时期,对营养物质的需要增加40%～60%,钙、磷的需要增加1～2倍。每天喂给混合精料0.5 kg以上。冬春季喂干草1.5 kg,青贮或多汁料不少于1 kg,也可在维持需要的基础上加以调整,一般怀双羔的母羊增加20%,怀三羔的母羊增加30%～40%。建议每只每日喂给秸秆0.5～1 kg,优质干草0.5 kg,混合精料0.5 kg。或每只羊每天补饲精料450 g,干草1～1.5 kg,青贮料1.5 kg,食盐和骨粉各15 g,以促进胎儿生长发育。也可参考表9-6。

表9-6　妊娠后期母羊的日粮配方及营养水平

日粮组成	饲喂状态	营养成分	日进食量
花生秧(kg)	0.8	干物质(kg)	2.09
甘薯秧(kg)	0.7	消化能(MJ)	21.21
青贮玉米秸(kg)	1.5	粗蛋白(g)	234.0
玉米(g)	220	钙(g)	23.64
麸皮(g)	100	磷(g)	6.16
豆粕(g)	100		
磷酸氢钙(g)	15		
食盐(g)	10		
添加剂(g)	5		
合计(kg)	3.45		

三、围产期母羊的管理

围产期(产前10 d和产后10 d)要让母羊适当运动,注意胎位变化,防止出现难产及产前、产后瘫痪。主要管理措施如下:

(1)以舍饲为主,放牧为辅　在母羊妊娠期,要加强管理,以舍饲为主,放牧为辅,或完全舍饲。在舍饲情况下,每日除满足妊娠母羊2.5～3 kg优质鲜草外,还要补饲玉米、麸皮、豆粕等混合精料0.5 kg和适量的矿物质及维生素。在缺乏优质青干草的冬春季节,补饲量要增加到

0.8 kg左右。

(2)预防流产　管理上要注意做到“三稳三防”:出入羊舍要稳,防挤撞;放牧要稳,山区应避免在陡坡上放羊,防惊吓猛跑和爬沟坎,以防流产;饮水要稳,防跌倒,以免发生流产、死胎。冬季要给妊娠母羊饮温水,不可饮带冰碴儿的水。怀孕母羊要严禁饲喂发霉变质的饲草饲料。在放牧时,做到慢赶,不打冷鞭,不惊吓,不跳沟,不走冰滑地;出入圈舍不拥挤,不无故拽捉惊扰羊群,及时阻止羊间角斗,以防造成流产。

(3)预防母羊产前产后瘫痪　当母羊怀三羔或多羔或母羊年老体弱,或日粮中不能提供大量能量时,极易导致母羊产前或产后瘫痪,产生弱羔甚至死胎,是小尾寒羊常见的一种代谢病。多发于产前1～2个月,特别是高产母羊,一旦治疗不当,往往造成不良后果。预防和治疗措施如下:

在怀孕后期将可能出现瘫痪的母羊单独饲养,将日粮能量或谷实类饲料比平时提高50%以上,同时添加磷酸氢钙15 g,食盐10 g拌料。出现症状的用红糖30～50 g,麸皮100～150 g,开水冲后调温,让母羊饮用。

(4)做好接产准备,把握接产时机　母羊妊娠后期和分娩前管理要特别精心。一般要准确掌握妊娠母羊的预产期,提前做好接产准备。应对羊舍和分娩栏进行一次大扫除、大消毒,修好门窗,堵好风洞,备足褥草等。

母羊临产前1周左右,不得远牧,应在羊舍附近做适量的运动,以便分娩时能及时赶回羊舍。若发现母羊肷窝下陷,腹部下垂,乳房胀大,阴门肿胀流黏液,独卧墙角,排尿频繁,时起时卧,不停回头望腹,发出咩叫时,是母羊临产前的表现。

(5)管理上要做到“六净”　所谓“六净”是指料净、草净、水净、圈净、槽净、羊体净。同时要供给充足的饮水。母子圈舍,要勤换垫草,经常打扫,污物要及时清除,保持圈舍清洁、干燥、温暖。定期消毒,以减少疾病的发生。

(6)适当运动　产后1周要做好带羔母羊的运动,到比较平坦的地方吃草、晒太阳;母羊和羔羊放牧时,时间要由短到长,距离由近到远,要特别注意天气变化,及时赶回羊圈。

(7)抓好营养调控　对于产双羔或多羔的母羊要格外加强管理,并适当增加精料。对即将断奶的母羊要注意减料,特别是减少精料和多汁饲料的喂量,防止发生乳房炎。同时对发情羊及时配种,以利进入下一个繁殖周期。

四、哺乳期母羊的饲养管理

母羊哺育羔羊时间为3～4个月,分为哺乳前期(前2个月)和哺乳后期(后1～2个月)。抓好哺乳母羊的饲养管理,母羊产奶多,羔羊发育好,抗病力强,成活率高。如果母羊养得不好,不仅母羊消瘦,产奶量少,而且直接影响羔羊的生长发育。母羊产羔1周内圈内饲养,1周后可到附近草场放牧,每日返回2～3次,给羔羊哺乳,晚间母仔合群自由哺乳。

产后母羊泌乳量逐渐增加,4～6周达到高峰。此时母羊对能量和蛋白质的需要相对较高,在饲养上要设法提高营养水平,同时多喂些青绿多汁饲料。为便于掌握,一般根据出生羔羊21 d的哺乳日增重来确定母羊的营养需要量,即羔羊每增重100 g,母羊需要消化能4.2 MJ,可消化蛋白36 g,钙1.9 g,磷1.2 g。美国学者提出,如果哺育两只羔羊,羔羊的日增重为220 g,体重在60 kg的母羊,每日应摄入30.13 MJ以上的代谢能(约为维持需要的3倍)。因此,舍饲哺乳母羊的饲养要按单双羔分别组群,产单羔母羊日喂混合精料0.5 kg,青贮料1.0～1.5 kg,青干草2.0 kg,胡萝卜0.3～0.5 kg。哺育双羔的母羊比哺育单羔的母羊多产奶20%～40%。

(一)哺乳前期日粮配方

母羊补饲重点要放在哺乳前期。羔羊出生后15～20 d内,母乳是唯一的营养来源,母羊乳汁的多少,是影响羔羊成活的关键。小尾寒羊饲养标准推荐,体重50 kg带羔母羊,每天产奶1.5 kg,哺育双羔,每日需干物质2.2 kg,消化能32.6 MJ,粗蛋白243.3 g,钙7.5 g,磷4.7 g,食盐9.1 g。产羔后的母羊体力和水分消耗很大,消化机能较差,头几天要给易消化的优质干草,饮麸皮水。为了提高母羊泌乳力,除给母羊喂充足的精料、优质干草、多汁饲料外,应注意矿物质和微量元素的供给。可每天补给混合精料0.5～1 kg,干草1～2 kg、青贮1～1.5 kg,磷酸氢钙10 g,食盐10 g。也可参考表9-7。

表9-7 哺乳母羊的日粮配方及营养水平

日粮组成	饲喂状态		营养成分	日进食量	
	哺乳前期	哺乳后期		哺乳前期	哺乳后期
苜蓿干草(kg)	0.8	0.5	干物质(kg)	2.42	1.77
甘薯秧(kg)	0.7	0.5	消化能(MJ)	28.79	20.0
青贮玉米秸(kg)	1.0	1.7	粗蛋白(g)	346.0	228.1
玉米(g)	720	410	钙(g)	23.31	18.63
麸皮(g)	100	50	磷(g)	8.87	7.16
豆粕(g)	100	50			
磷酸氢钙(g)	15	15			
食盐(g)	10	10			
添加剂(g)	5	5			
合计(kg)	3.45	3.24			

(二)哺乳后期建议日粮配方

哺乳后期,从3月龄起,母乳只能满足羔羊营养的5%～10%。加之羔羊已具有采食植物饲料的能力,不再完全依赖母乳生存,补饲标准可降低些,一般精料可减至0.3～0.45 kg,干草1～2 kg,青贮1 kg,或参考表9-7。

第四节 羔羊培育
Section 4 Rearing lambs

小尾寒羊羔羊是一生中生长发育最快的时期。初生羔羊抵抗力弱,消化机能不完善,对外界适应能力差,且营养来源从血液、奶汁转为草料的过程,变化很大。羔羊的发育又同以后的成年羊体重、生产性能密切相关。因此,必须高度重视羔羊的饲养管理,把好羔羊培育关。针对羔羊的生长特点,饲养管理上应把握以下几个环节。

一、羔羊护理

(一)净身

对新生羔羊,接产者要及时清除口、鼻、耳内的黏液,躯体上的黏液让母羊舔干净。舔羔一方面可促进羔羊体温调节、排出胎粪，另一方面可促使胎衣排出。如果母羊不愿舔，可将麸皮撒在羔羊身上，这样母羊就会立即舔干。

(二)保温

初生羔羊毛短，且自身调节体温能力差，对外界环境温度变化非常敏感，天冷时要注意保暖。尤其是我国北方产冬羔和早春羔时，必须做好防寒工作。羊舍要准备取暖设备，如安置火炉、火墙等来提高舍内温度，羔羊舍温一般要保持在10℃以上。同时地面铺垫柔软干草、麦秸，以御寒保温，防止羔羊受冻。

(三)哺乳

1. *吃初乳* 分娩完毕，用温消毒水洗涤乳房。擦干后，即可辅助羔羊吃初乳。

(1)初乳的营养 初乳系指母羊分娩后1～3 d内分泌的乳，黄色浓稠，营养成分极为丰富，蛋白质、脂肪和氨基酸组成全面，维生素较为齐全和充足。与常乳相比较，干物质含量高1.5倍，脂肪高1倍，维生素A高10倍以上，而且容易消化吸收。初乳还含有免疫球蛋白。

(2)及早吃初乳 羔羊对初乳的吸收效率，随出生时间的延长而迅速降低。有试验证实，18 h后，新生羔羊从肠道吸收抗体的能力开始减弱并逐渐消失。所以，羔羊出生后吃初乳的时间越早越好，初乳吃不好，将给羔羊带来一生中难以弥补的损失。生后10～15 h仍吃不上初乳，羔羊的死亡率相应增高。

(3)初乳的作用 羔羊出生后即应人工辅助其吃到初乳。在羔羊出生后几小时内从初乳中获得的抗体的主要功能是抵御外界微生物侵袭，具有抗病、防病和保健作用。初乳含矿物质较多，特别是镁多，有轻泻作用，可促进胎粪排出。应保证羔羊在产后0.5 h内吃到初乳，最迟不要超过1 h。早吃、多吃初乳对增强羔羊体质和抗病能力具有重要意义，同时对母羊生殖器官的恢复也有积极作用。

2. *辅助哺乳* 在正常情况下，羔羊出生后就会吃奶，但初产母羊及哺育力差的母羊所生的羔羊，需要人工辅助哺乳。

(1)引导羔羊 一种方法是先把母羊固定，将羔羊放在母羊乳房前，让羔羊寻找乳头吃奶，经几天训练母羊就可认羔。

(2)强制彼此适应 把母羊的乳汁涂在羔羊身上，或将麸皮撒在羔羊身上让母羊舔食，使母羊从气味上接受羔羊。或将母仔放在同一母仔栏内，强制彼此适应达到哺乳目的，经过几天适应就可认羔哺乳。母羊认羔后可去除母仔栏，放入大群中舍饲喂养，以促进发育。

(3)人工投服 如果新生羔羊较弱，通过人工辅助仍不能张口吃到初乳，最好把初乳挤出，让有经验的兽医将细胃管(小动物专用)轻轻插入羔羊食管内灌服。羔羊生后数周内主要靠母乳维生。要有专职饲养员照顾好羔羊吃母乳，对一胎多羔的母羊也要人工辅助哺乳，防止强者吃得多，弱者吃得少。

3. *选调保姆羊* 在鲁西南农村养羊户中，经常有些母羊一胎产3～4只羔羊或者更多，初产母羊产奶较少，也有些母羊产下的羔羊死亡，留下孤羔，这时都需要为羔羊找保姆羊。在此情况下，应选强壮的羔羊去寄养，弱羔留下让生母哺乳。一般应先让羔羊吃了母羊的初乳后，再寄养到保姆羊那里，这样有助于增加寄养羔羊的抗病能力。选保姆羊时最好选带1只羔羊、营养状况好的健康多奶母羊或失去羔羊的母羊。寄养待哺羔羊的日龄与保姆羊产羔日数尽量接近，最好前后不超过3 d。当保姆羊凭借羔羊的气味识别自己的羔羊，而不让寄养待哺的羔羊吃自己的奶时，可将保姆羊乳汁涂在寄养羔羊的身上，使母羊难以辨认而给予哺乳。或在待哺羔羊及保姆羊所生的羔羊身上，同时都涂抹同一种气味的东西，如来苏儿等，使保姆羊不能识别自己的羔羊。但仍有母羊不肯给羔羊哺乳，此时饲养员应定时限制母羊活动或给予适当保定，确保羔羊能吃足吃好奶。

（四）防病

羔羊生后 15 d 左右，部分羔羊有吃土吃毛的恶习，这一时期容易诱发胃肠疾病。因此，羔羊生后，应保持圈舍干燥卫生，也可以在羔羊舍内或产房内放置食槽和饮水槽，让羔羊自由采食饮用。

羔羊生后 3～5 d 内的粪便，色黄而黏稠，常堵塞肛门，影响排便。饲养人员要随时检查，发现粪便堵塞肛门者，及时用剪子剪掉，操作时不要剪伤皮肤。

二、人工哺乳

小尾寒羊一胎多羔，加重了母羊哺育羔羊的负担。随着羔羊日龄和哺乳量的增加，很可能出现母羊奶量不足的情况，这时要给羔羊进行人工哺乳。

（一）用代乳粉哺育羔羊

1. 代乳品成分与配方　为方便起见，也可选用羊奶、牛奶和奶粉。当用量较多不能满足需要时，可以配制人工乳。人工乳的成分见表 9-8。

表 9-8　羔羊代乳料营养成分含量　%

成分	含干物质	成分	含干物质
粗脂肪	30～32	乳糖	22～25
粗蛋白	20～24	灰分	5～10
粗纤维	0～1		

2. 哺乳器具　多为奶瓶，要经常消毒，保持清洁卫生。

3. 喂量与方法　喂量为体重的 1/5，要注意奶的清洁，做到定时、定量、定质、定温。奶温以 38～40℃为宜，最初每日喂 4～5 次，每次喂 150～200 mL，以后逐渐减少喂奶次数，增加喂奶量，最后每天喂 2～3 次。喂奶后注意给羔羊擦嘴，以防互相舔咬，引发疾病。

4. 效果　通过以上措施，整个哺乳期羔羊生长迅速。山东省农科院畜牧兽医研究所肉羊课题组，从 2003 年开始，将鲜牛奶（加热 100℃），调至 39℃，用奶瓶饲喂小尾寒羊或杂交羔羊，经多批次测定，平均日增重可达 250 g 左右。国外靠自动喂料系统用人工乳饲喂羔羊，每日消耗 180～370 g 代用乳，日增重 180 g 以上。

（二）代乳粉对羔羊生产性能的影响

李建国等选择 80 只健康的小尾寒羊羔羊，采用单因子试验设计，将羔羊随机分为 4 组进行试验，研究代乳粉对羔羊生产性能和血液生化指标的影响，并优选出适宜的羔羊代乳粉营养水平和稀释比例（表 9-9 和表 9-10）。初生羔羊吃足初乳于 5 d 后分组，采用逐渐替代法，将母乳转换成 3 种不同营养水平的代乳粉，分别以一定的稀释比例哺喂 3 组羔羊，另一组为对照组（喂纯羊乳）。

表 9-9　代乳粉配方及营养水平

项目	代乳粉 A	代乳粉 B	代乳粉 C
原料(%)			
豆粕	24.5	27.0	33.5
奶粉	48.0	37.0	31.0
面粉		5.0	5.0
玉米面	10.0	10.0	5.0
豆油	10.0	9.0	12.0
乳清粉	5.0	5.0	5.0
小麦麸		3.0	3.0
碳酸钙	1.0	2.0	2.0
磷酸氢钙	0.5	1.0	2.0
食盐			0.5
预混料	1.0	1.0	1.0
合计	100.0	100.0	100.0
营养成分			
干物质(%)	93.0	90.0	90.0
粗蛋白(%)	26.0	24.0	26.4
消化能(MJ/kg)	21.4	18.9	19.7
粗脂肪(%)	20.5	16.0	19.2
粗灰分(%)	6.2	5.5	7.4
粗纤维(%)	1.2	1.5	1.7
钙(%)	1.2	1.4	1.6
磷(%)	0.7	0.75	0.94
食盐(%)	0.9	0.62	1.15
赖氨酸(%)	1.84	1.52	1.74
蛋氨酸(%)	0.41	0.35	0.38

注:引自李建国,2006。

结果表明:3 个试验组平均日增重以试验 1 组最高为 193 g,比对照组(151.25 g)提高了 27.6% ,试验 2 组平均日增重为 160.5 g,比对照组高 9.25 g,提高 6.1% ,试验 3 组的各个指标均低于对照组,说明与羊乳同等营养水平的代乳粉哺喂羔羊的效果不佳。

早期断奶羔羊平均每只每日进食的消化能和粗蛋白分别为 9.21 MJ、106.92 g,哺喂营养含量和稀释比例适宜的代乳粉(试验 1 组)能促进早期断奶羔羊的生长发育。

表 9-10　代乳粉饲喂小尾寒羊(羔羊)的试验结果

稀释比例 (代乳粉:水)	纯羊奶	代乳粉 A 1:4	代乳粉 B 1:4	代乳粉 C 1:5
代乳粉消化能		21.42	18.90	19.65
代乳粉粗蛋白		26.00	24.00	24.4
稀释后消化能	3.28	4.28	3.78	3.28
稀释后粗蛋白	4.40	5.20	4.80	4.40
始重(kg)	6.61	6.63	6.61	6.63
末重(kg)	12.66	14.35	13.03	10.91
平均日增重(g)	151.25	193.00	160.50	107.00

注:引自李建国,2006。

(三)人工乳哺育缺奶羔羊的效果

刘月琴(2001)针对小尾寒羊产羔多,羔羊缺奶现象普遍这一生产实际问题,进行了羔羊人工哺乳效果的研究(表 9-11)。结果表明,喂人工乳组羔羊生长发育良好,试验期(7~67 日龄)平均日增重达 250.7 g,而对照组(随母羊哺乳)羔羊生长发育较喂人工乳组差,平均日增重为 153.7 g,随着羔羊日龄的增长,试验组与对照组日增重之差逐渐增加。特别是试验后期(47~67 日龄),试验组与对照组日增重之差高达 149 g。

表 9-11 羔羊人工哺乳方案

日龄	哺乳次数	日采食风干物质(kg)			日采食量		
		人工乳	青干草	混合精料	干物质(kg)	代谢能(MJ)	粗蛋白(g)
7~10	6	0.15			0.15	3.5	88
11~20	5	0.2	0.04		0.24	4.6	90
21~30	4	0.25	0.02	0.01	0.28	5.8	95
31~40	4	0.27	0.05	0.05	0.37	7.73	110
41~50	4	0.25	0.1	0.05	0.50	7.95	115
51~60	3	0.2	0.28	0.16	0.64	8.79	120
61~70	3	0.2	0.37	0.28	0.85	9.36	125

三、补料

羔羊处于一生中生长发育最快的时期,对蛋白质、能量和矿物质的需要量较高。此阶段单依靠从哺乳中获得营养已满足不了羔羊的营养需要,必须通过补料提供营养才能满足。补料不但使羔羊获得更完整的营养物质,还可以提早锻炼胃肠的消化机能,尤其是建立瘤胃功能,促进胃肠系统的健康发育,增强羔羊体质。

(一)营养水平与配方

为了使羔羊生长发育快,生长性能好,除吃足初乳和常乳外,还应尽早补料,尤其是对双羔和三羔的群体(表 9-12)。根据小尾寒羊饲养标准推荐,羔羊在 10 kg 阶段,日增重 0.2 kg,每天需要消化能 10.0 MJ,粗蛋白质 144 g,钙 2.4g,总磷 2.1g。由此推断,饲料中消化能应不低于 11 MJ/kg,粗蛋白不低于 14%。此外,还要注意配合日粮的适口性和消化利用率。如日粮中矿物质和微量元素量不足,羔羊常有吃土、舔墙现象发生。针对这种情况可将微量元素做成预混料添加在日粮内,也可制作成盐砖放在饲槽内,任其自由舔食。

表 9-12 羔羊补料的日粮配方和营养水平

原料(%)	前期	后期	营养成分	前期	后期
玉米	48.5	43	消化能(MJ/kg)	14.54	13.39
小麦麸	7.0	7	粗蛋白(%)	18.0	16.8
大豆粕	21	17.5	钙(%)	0.82	0.69
甘薯秧粉	10	15	磷(%)	0.70	0.49
花生秧粉	10	15	粗纤维(%)	10.1	13.13
磷酸氢钙	2	1	精料比例(%)	80	70
添加剂	1	1			
食盐	0.5	0.5			
合计	100	100			

(二)饲料调制

将玉米适当粉碎加上其他原料,搅拌均匀配成混合料即可喂用。但是颗粒饲料体积小,营养浓度大,非常适合饲喂羔羊。所以,在开展早期断奶强度育肥时,采用颗粒饲料为好,实践证明同样的配方,颗粒饲料比粉料能提高饲料报酬5%~10%,适口性好,羔羊也喜欢采食。

(三)补料时间

实践证明羔羊在哺乳阶段补料要比断奶后补料效果更好,因此,初生羔羊要提早补饲,一般在羔羊15日龄开始给予颗粒饲料,供羔羊随时舔食。

(四)补料方法

为了能尽早让羔羊吃料,最初用颗粒或混合饲料均匀放入羔羊饲槽中。有一个能促进羔羊采食补充料的诀窍,在夜幕降临后,将母羊和羔羊赶到补饲栏周围相对小的空间里,羔羊因不喜欢挤压,就自然钻进补饲栏作为避难所,如果在补饲栏内放1~2只母羊,可引诱羔羊更快进入补饲栏。之后把母羊赶出,羔羊将待在补饲栏内吃料和饮水。已经证明,在饲槽上方设置照明设备可提高采食量。羔羊在补饲栏内可采食到饲料,在栏外能吃到母乳,两者结合起来才能满足生长发育的需要。

(五)补料量

10~120日龄的羔羊,一般平均日消耗560 g颗粒饲料,其中3周龄时每日消耗50 g,7~8周龄时日喂量350~550 g。也可按15日龄每天补颗粒或混合精料50~75 g,1~2月龄100 g,2~3月龄200 g,3~4月龄250 g。全期合计为10~15 kg/只。

(六)饮水

此阶段在供给母羊饮水的同时,要更加注重在补料栏给羔羊提供清洁的饮水,冬季和早春应给羔羊提供温水。饮水量为采食量的2~3倍,如果羔羊喝不到清洁而温度适宜的饮水,将严重影响羔羊的采食和生长发育。

(七)羔羊补料试验效果

1.小尾寒羊补料　王德芹等(2003)对羔羊实施补料,颗粒料配方为:玉米48.5%,麸皮7%,豆粕21.0%,草粉20.0%,磷酸氢钙2.0%,食盐0.5%,预混料1%,达3月龄时平均断奶体重达到23.9 kg,平均日增重达到220 g(表9-13)。在舍饲条件下,3月龄断奶,生长发育正常,体尺指标也达到了标准要求(表9-14)。

表9-13　小尾寒羊(公母各半)3月龄断奶体重

羊数(只)	饲养方式	初生重(kg)	断奶重(kg)	日增重(g)
28	舍饲	4.03	23.9	220

表9-14　小尾寒羊(公母各半)3月龄断奶体尺　cm

羊数(只)	饲养方式	体长	体高	胸围	胸宽	胸深	管围
28	舍饲	64.5	60.2	65.6	15.4	23.8	7.1

许腾等2004年8月10日至10月20日在山东菏泽市郭楼养殖场开展了不同日粮补饲小尾寒羊羔羊效果试验。选择30日龄小尾寒羊15只,随机分为3组,每组5只。试验1组采用混合料补饲;试验2组喂配合饲料(分阶段);对照组采用传统育羔方法,只补饲青干草,不补饲精料(表9-15)。试验期60 d(羔羊30~90日龄)。

表 9-15　试验日粮配方及营养水平

项目	对照组（30～90 日龄）	试验 1 组（30～90 日龄）	试验 2 组	
			30～60 日龄	60～90 日龄
原料（%）				
青干草	100	60.0	50.6	53.0
玉米		30.0	23.0	33.0
小麦麸		10.0	5.0	5.0
豆粕			20.0	8.0
骨粉			1.4	1.0
营养成分				
代谢能（MJ/kg）	5.56	8.73	9.52	9.43
粗蛋白（%）	5.8	7.6	14.37	10.23
钙（%）	0.41	0.26	0.80	0.62
磷（%）	0.19	0.29	0.56	0.46

试验结果见表 9-16。小尾寒羊在哺乳期内实行补饲，其增重效果及经济效益均优于未补饲组。补饲除为羔羊补充营养外，还可促进前胃发育，增强羔羊生活能力和抗病能力，为后期提高育成羊的等级和育肥羔羊的育肥效果打下良好的基础。

表 9-16　各组试验羊增重情况

组别	始重（kg）	末重（kg）	平均日增重（g）
对照组	7.82±0.35	13.89±1.34	101.1±32.14
试验 1 组	7.86±0.36	17.49±1.10	165.5±42.62
试验 2 组	7.89±0.44	19.90±1.55	200.1±35.46

试验结果还显示，采用配合饲料补饲的羔羊增重、经济效益均明显优于混合料组，表明对哺乳羔羊实行早期补饲，必须按不同阶段能量与蛋白质需要量等饲养标准科学配制日粮，并注意日粮的品质和营养价值，这样才能充分发挥其生长潜力。此试验羔羊补饲开始于 30 日龄，生产中对小尾寒羊羔羊的补饲还可提前到 15 日龄左右。

2. 杂交羊补料　冯涛 2004 年 5～6 月在宁夏贺兰山牧场开展羔羊不同蛋白质水平补料试验（表 9-17），选择 30 日龄无角陶赛特与小尾寒羊杂交一代羔羊 90 只，随机分为 3 组，每组 30 只羔羊，公母各半。采用单因子设计，比较 19%、17%、15%蛋白水平日粮补饲羔羊的效果（表 9-18）。

表 9-17　三种羔羊补饲日粮配方及营养水平

项目	高蛋白日粮	中蛋白日粮	低蛋白日粮
原料（%）			
玉米	42.0	49.2	53
葵花籽饼	11.0	10.0	7.0
苜蓿粉	9.7	10.0	13.2
小麦麸	10.0	8.5	10.0

续表 9-17

项目	高蛋白日粮	中蛋白日粮	低蛋白日粮
原料(%)			
菜籽饼	7.0	6.0	2.0
大豆粕	4.0	3.0	3.0
啤酒酵母	6.0	5.0	3.5
棉籽粕	6.0	4.0	4.0
石粉	1.8	1.8	1.8
磷酸氢钙	0.3	0.3	0.3
食盐	0.7	0.7	0.7
缓冲剂	0.5	0.5	0.5
预混料	1.0	1.0	1.0
营养成分			
粗蛋白(%)	19.05	17.07	15.01
消化能(MJ/kg)	11.53	11.60	11.59
钙(%)	0.95	0.93	0.94
磷(%)	0.6	0.55	0.5
粗纤维(%)	9.44	8.99	9.35

表 9-18　各组羔羊的增重情况　kg

组别	40 日龄	50 日龄	60 日龄	70 日龄	80 日龄	90 日龄
高蛋白组	10.86	12.45	15.54	18.67	22.94	25.41
中蛋白组	10.29	12.92	16.42	19.65	23.10	26.34
低蛋白组	10.85	12.40	15.05	8.13	20.91	23.75

试验结果表明:三组羔羊日增重分别为 290 g、319 g、259 g(表 9-19)。其中第 2 组、第 3 组间日增重差异显著,第 2 组日采食量显著高于第 3 组,第 1 组料重比优于第 3 组。

表 9-19　不同蛋白水平日粮对羔羊采食量、饲料转化率的影响

组别	日增重(kg)	日采食量(kg)	料重比
高蛋白组	0.29±2.69	0.471±1.71	1.642±0.212
中蛋白组	0.319±0.45	0.532±2.418	1.695±0.23
低蛋白组	0.259±2.81	0.484±2.39	1.72±0.18

在本次试验条件下,以蛋白水平(17%)全饲粮颗粒饲料补饲羔羊,营养水平适宜,平均日增重达到 319 g,增重效果最好。

四、适时断奶

早期断奶集约化生产要求全进全出,即羔羊进入育肥圈时的体重大致相似,若差异较大不便管理,影响育肥效果。为此,除采取同期发情,诱导产羔外,早期断奶是主要措施之一。

(一)断奶时间

从生理角度分析,母羊通常在分娩后 2~3 周达到最大产奶量,其后产奶量下降很快。2 月龄母乳已不能满足羔羊生长发育的需要。60 日龄后母乳对羔羊的生长已不再是必要的。试验证明,羔羊在第 21 天时瘤胃已开始发育,到 49 日龄瘤胃功能便可达到成年羊状态,羔羊便可利用植物性饲料中的营养物质。瘤胃、网胃、瓣胃与皱胃组织重量比,随着日龄的变化而变化,也说明羔羊到 60 日龄瘤胃发育已接近成年羊的水平(表 9-20)。

表 9-20　不同日龄瘤胃网胃与瓣胃皱胃组织重量比的变化

日龄	瘤胃网胃与瓣胃皱胃比
出生	1∶2
30 日龄	1.4∶1
60 日龄	2.6∶1
成年	2.7∶1

注:引自 Richard O. Kellems and D. C. Church。

从理论上讲,羔羊断奶的月龄和体重。应以能独立生活并以饲草为主获得营养为准,据 M. J. Iucke 试验观察,羔羊瘤胃发育可分为出生至 3 周龄的无反刍阶段,3～8 周龄的过渡阶段,8 周以后的反刍阶段。看来羔羊到 8 周龄时瘤胃已充分发育,能采食和消化大量植物性饲料,此时断奶是比较合理的。早期断奶,实质就是利用产奶量下降,不能满足羔羊需要和此时羔羊瘤胃发育已基本完成,能像成年羊一样有效地消化利用饲料中的营养物质。因此,羔羊断奶后,不需要人工育羔,即可全部饲喂植物性饲料或实施放牧饲养。如新西兰的专业化繁育场,羔羊多在 60 日龄前断奶,同时转入育肥场。

综上所述,应根据羔羊的生长发育情况科学断奶,发育正常的羔羊到 2 月龄已能采食大量牧草和饲料,具备了独立生活能力,可以断奶转为育成羔。

(二)断奶体重

羔羊发育比较整齐一致,可采用一次性断奶。若发育有强有弱,可采用分批断奶法,即强壮的羔羊先断奶,弱瘦的羔羊仍继续哺乳,断奶时间可适当延长。

(三)断奶方法

断奶后的羔羊留在原圈舍里,母羊关入较远的羊舍,以免羔羊恋母,影响采食。断奶应逐渐进行,开始断乳时,每天早晨和晚上仅让小羊哺乳 2 次。

(四)断奶后的管理

定期驱虫和预防接种。根据季节变化,合理安排放牧管理日程,建立月称重和生长发育的测定记录。进行种羊培育的羊场,在羔羊 2～3 周龄时,要从全部羔羊中挑选出优秀个体加强培育。

五、羔羊的日常管理

(一)编号

为了搞好羊育种工作和识别羊,必须进行编号。打耳标是目前最常见的一种方法。用铝或塑料制成圆形或长方形的耳标,用特制的钢字钉(或专用笔)把所需要的号码打(写)在耳标上。安置前先用特制的打耳钳在羊耳朵上打一圆孔,再将耳标扣上。耳标应打在左耳中下部,用打耳钳打孔时,要避免血管密集区,打孔部位要用碘酒充分消毒。

羔羊生下 7 d 以内,应给羔羊打耳号,并应登记在案。

(二)断尾

小尾寒羊肥尾羊尾巴硕大,不但影响配种,也造成行动不便,因此最好对羔羊实施断尾。断尾时间一般在生后 7～10 d,断尾常用结扎法。结扎法即用细绳或橡皮筋在羔羊 3～4 尾椎间紧紧扎住，阻断血液循环，一般经 10～15 d 尾巴自行脱落。注意如断尾时尾椎留得太少，日后容易导致羔羊脱肛。此法的好处是经济简便，容易掌握。缺点是结扎部位夏秋季易遭蚊蝇骚扰，造成感染，尾巴脱落时间长。发现上述情况，可用 5%碘酊涂擦，也可用抗生素软膏处理。

(三)去角

当羔羊 1～2 周龄时进行去角。

(四)去势

凡花羔和体型不良、发育不好、没有种用价值的公羔，都应及早去势，避免乱交滥配，便于管理和育肥。去势可在生后 2～3 周龄时进行。

(五)修蹄

舍饲的羊要经常修蹄，可用专用修蹄刀或较锋利的小刀，剪去或削去过长部分，使蹄匣与蹄底接近平齐，以利于行走和四肢正常发育。

六、放牧对小尾寒羊生长发育的影响

在以放牧为主，补饲为辅的饲养条件下，了解小尾寒羊生长发育、体重体尺状况，为小尾寒羊的科学饲养和选育提供科学依据。

(一)试验方法

1.试验地点　位于内蒙古通辽市科左后旗，为东北半湿润气候向内蒙古半干旱气候区过渡地带，属温带大陆性气候，年平均气温在 5.3～5.9℃，无霜期 138～148 d。年均降水量为 358～483 mm，多集中在 7 月、8 月。年蒸发量是降水量的 3.9～4.5 倍。地形属于堆积平原，地貌由垄状沙丘、平缓沙地和带状平原组成。

2.草场植被　优势灌木植被为榆、山杏、小叶锦鸡儿、查巴嘎蒿、冷蒿、铁杆蒿和东北木蓼等，优势草本植被为羊草、狗尾草、尖头叶藜、叉分蓼、猪毛菜、虫实、苔草、香茅、蒲公英等。被测试的小尾寒羊在同一个乡个体养羊户散养。

3.饲养管理　试验羊饲养方式为羔羊和成年母羊混群放牧同圈饲养(哺乳羔羊单独饲养)，常年以放牧为主。冬春季节，由于天寒草枯，只靠放牧，营养物质不足，以农作物秸秆、树叶、杂草为辅。在母羊产羔前和产羔后补给少量的精饲料，每天每只平均补饲精料 0.25 kg，自由饮水。

4.测定时间　从 2005 年 5 月至 2007 年 12 月，采取随机取样的办法进行体尺、体重测定记录，共测定小尾寒羊 222 只。

(二)试验结果

1.断奶　3 月龄公羔断奶体重为 20.74 kg，是周岁体重的 30.66%；3 月龄母羔断奶体重为 19.65 kg，是周岁母羊体重的 51.97%。

2.周岁　周岁公羊体重 67.65 kg，是成年羊体重的 71.74%；周岁母羊体重为 37.81 kg，是成年羊体重的 76.26%。周岁公羊体高、体长、胸围和管围分别为 82.22 cm、80.1 cm、89.58 cm 和 9.31 cm，周岁母羊各项体尺分别为 74.62 cm、75.14 cm、88.22 cm、8.73 cm。周岁公母羊的体尺已基本接近成年羊的体尺，体现了早期发育快的特性。

3.成年　成年公羊体重 94.3 kg，体高、体长、胸围和管围分别为 89.13 cm、90.63 cm、101.23 cm 和 10.25 cm。成年母羊体重 49.58 kg，各项体尺分别为 79.11 cm、80.93 cm、

94.13 cm 和 8.96 cm。

表 9-21　小尾寒羊体尺和体重均值

性别	月龄	体重(kg)	体高(cm)	体长(cm)	胸围(cm)	管围(cm)
公	3 月龄	20.74±1.96	61.97±3.07	57.84±3.35	66.3±1.27	7.69±0.96
	6 月龄	33.14±2.67	71.99±3.71	68.92±5.57	78.37±1.42	8.29±0.69
	12 月龄	67.65±9.69	82.22±3.66	80.1±5.09	89.58±5.41	9.31±0.81
	成年	94.3±11.21	89.13±1.24	90.63±4.09	101.23±11.53	10.25±0.35
母	3 月龄	19.65±2.52	59.64±1.19	56.23±1.38	64.13±1.85	6.63±0.88
	6 月龄	30.85±3.21	68.63±3.26	67.2±4.5	77.17±2.21	7.98±0.73
	12 月龄	37.81±4.71	74.62±4.22	75.14±2.89	88.22±1.16	8.73±0.64
	成年	49.58±14.78	79.11±1.78	80.93±1.18	94.13±4.16	8.96±0.94

七、小尾寒羊饲养管理技术规程

(一)适用范围

本规程主要适用于小尾寒羊以舍饲为主的饲养与管理。

(二)饲料

小尾寒羊以粗饲料为主,精饲料为辅进行饲养。常用的粗饲料有紫花苜蓿、青(鲜干)草,各种秸秆、树叶、青贮和微贮等;精饲料有玉米、豆粕(饼)和棉籽粕等。

矿物质饲料中应含有钙、磷、食盐和一定比例的常量和微量元素。严禁饲喂霉烂变质、冰冻、农药残毒污染严重和未经处理发芽的马铃薯等有毒饲草料。

(三)饲养管理

(1)饲喂方法:饲喂要先粗(料)后精(料),先喂后饮,少给勤添,日分早、午、晚三次定量饲喂。饲料变换应逐步进行。经常供给充足清洁新鲜的饮水,冬季不饮冰水。

(2)青贮饲料的日喂量不能超过干物质饲料的 50%,可与干草、青草、精料等合理搭配饲喂。

(3)必须保证羊只对矿物质和微量元素的营养需要。除日补食盐、钙和磷外,要在圈舍或运动场内放置(吊挂)含多种矿物质、微量元素的羊专用盐砖,让其自由舔食。

(4)圈舍:羊圈舍应达到排水好、采光充足、冬暖夏凉、通风良好的要求。每只羊平均所需要面积为:成年公羊 2 m^2/只,成年母羊 1~1.2 m^2/只,育成羊 0.8~1 m^2/只,羔羊 0.5~0.8 m^2/只,怀孕后期母羊或哺乳母羊 2.2~2.5 m^2/只。

(5)运动场:每只羊活动面积不少于 2 m^2。羊舍或运动场内应设置采食隔栏、食槽和饮水槽。

(6)采食隔栏杆:采食隔栏杆高 0.5~1 m,母羊采食隔栏杆左右间距为 15~17 cm,公羊采食隔栏杆左右间距为 25~30 cm,以羊可伸出头采食为宜,隔栏可用木棒或钢筋、钢管制作。

(四)食槽

食槽可用砖和水泥砌成,也可用木板制成。食槽深 30 cm,上宽 25 cm,下宽 18 cm,离地面高 40~50 cm,食槽长度 200 cm。

(五)水槽

水槽可用水泥制作或用盆等盛水。水槽内应经常装满清洁的饮水,供羊自由饮用,每天更换一次。

(六)日常管理

(1)不得惊吓羊只,出入圈舍避免拥挤和急驱猛赶。

(2)对吃草料慢、弱小、消瘦、起立困难的羊只,将其另圈照料,发现病羊及时治疗。

(3)每年春秋剪毛2次,每季度修蹄1次。

(4)每天要进行食槽清理,圈舍粪便清扫和更换新土垫圈,经常保持圈舍干燥清洁。每季度对羊舍运动场用具及周围环境消毒1次,常用消毒药有15%石灰乳,10%漂白粉,3%来苏儿或2% 烧碱溶液。

(5)每年春秋两季给羊驱虫、药浴、免疫注射疫苗各1次。

(七)种公羊的饲养管理

(1)成年种公羊在非配种期日喂配合精料0.5 kg,配种期日喂配合精料1 kg,日补鸡蛋2～3枚或鲜奶1 kg。补喂青贮或胡萝卜等多汁饲料2～3 kg,优质鲜干草自由采食。

(2)成年公羊每日配种或采精2～3次,每周休息2 d。每隔1.5年进行调剂串换或更新一次。

(3)种公羊要单独拴系饲养管理,耐心调教,防止恶癖。每天上午驱赶,下午逍遥运动,运动时间不少于2 h。

(八)母羊的饲养管理

(1)空怀母羊从配种前2～3周开始加强饲养,日喂配合精料0.3～0.4 kg,青干草或草粉自由采食,并补喂适量青贮饲料。

(2)怀孕前期(3个月)母羊,日喂配合精料0.2～0.3 kg,草粉1.5～2 kg,青贮饲料1～2 kg。

(3)怀孕后期(4～5个月)母羊,日喂配合精料0.4～0.5 kg,草粉1.5～2 kg,青贮等多汁饲料1～2 kg。

(4)哺乳前期(1～2个月)母羊,日喂配合精料0.5 kg,草粉2～2.5 kg,青贮或胡萝卜等多汁饲料1～2 kg。

(5)哺乳后期(3～4个月)母羊,泌乳量逐渐下降,母乳仅能满足羔羊5%～10%的营养需要,应开始减少母羊精料的饲喂量,转入正常饲喂标准。羔羊断乳时,提前几天减少母羊多汁饲料的补喂量,以防乳房炎。

(6)配种。每天早晚两次,分别将带好试情布的试情公羊放入母羊群内进行试情,发现发情母羊立即拉出送配种站或用留用的种公羊配种。配种时间为早晚各一次。第二天早晨再配种一次。配种公羊等级应高于母羊等级。严禁在有亲缘关系的公母羊之间进行近亲交配。

(7)母羊怀孕后,要根据配种日期和怀孕期150 d来推算产羔日期,以便做好接羔准备工作。

(8)母羊怀孕后期要分群饲养管理,出入圈时避免拥挤。不喂霜草、霉烂变质饲料,不饮不洁的水和冰水。

(9)母羊分娩前,发现有产羔症状,应立即送入产房,没有产房可牵到室内准备接产。并将母羊尾根、外阴部、肛门等处用温水洗净,用1%～2%来苏儿溶液消毒。产房要在产羔前10～15 d进行消毒,铺上干净的垫草。

(10)母羊分娩。在羊水破后10～30 min第一只羔羊即可产出,母羊还有产羔表现,以后产羔羊先后间隔5～30 min便可产完。若母羊产羔多,疲乏无力时,助产员待羔羊头露出外阴部，将羔羊前肢向外、向下轻轻拉直，即会顺利产出。

(11)母羊产羔后 1 h 左右，饮温水或温盐水麸皮汤 1～1.5 L，第一次饮水不宜过多。重新换上干净褥草，让母羊、哺乳羔羊休息。

(12)母羊胎衣排出后立即取走，若产羔后 6 h 胎衣还不下时，需进行治疗。

(13)母羊产羔后消化机能减弱，腹压突然降低，体质虚弱，应先喂优质青绿(干)草，待 3～4 d 后再逐渐增喂精料和多汁饲料。如母羊产奶量少，每天补喂 2 次小米汤或豆浆水等。

(14)哺乳母羊应经常检查乳房，如果发现奶孔闭塞、乳房炎、乳汁异常等情况，及时予以处理和治疗。

(15)母羊产后 30～40 d 出现再次发情和配种。也有母羊产后 3～5 d 内发情，配种后即可怀孕，以便保证 1 年产 2 胎或 2 年产 3 胎。

(九)羔羊的饲养管理

(1)羔羊出生后，立即用消毒过的纱布抹净口腔、鼻、耳内的黏液，并让母羊舔净羔羊身上黏液。若羔羊不能自断脐带，在距脐窝 5～8 cm 处人工剪断，再用 5%碘酊消毒。对假死羔羊需进行急救，可一手提起羔羊后肢，一手拍打羔羊背、胸部，数分钟后便可苏醒。

(2)羔羊出生后十几分钟即能起立，寻找母羊乳头，第一次哺乳应在人工辅助下，使羔羊尽快吃到初乳(产后 7 d 内的乳)。羔羊生后 4～6 h 胎粪便可排出，但胎粪黏稠，易堵塞肛门，应注意擦拭干净。

(3)羔羊毛干后，在第一次吃初乳前，立即称初生重，填写产羔记录表，如产羔时间、性别、出生重、产羔数、胎次、母羊号等。若产羔多，难以辨别，可在羔羊躯体临时打上记号(应与母羊号相同)。

(4)羔羊因失去母亲或母羊奶量不足、产羔多、哺乳困难的，可用保姆羊(奶山羊)代养或用奶瓶人工喂养，但尽可能让其吃上初乳，增加抵抗力。喂羔羊的奶以奶温 38～39℃为宜，在整个喂奶期需保持一致奶温。即定时、定量、定质、定温。

牛奶或羊奶饲喂量：

1～7 d，日喂 5～6 次，每次 20～40 g。

7～15 d，日喂 3～4 次，每次 80～120 g。

15～20 d，日喂 3 次，每次 120～230 g。

20～30 d，日喂 2 次，每次 230～450 g。

(5)打耳号和断尾。羔羊生下 7 d 以内，应给羔羊打耳号，并应登记在案。7～10 日龄对羔羊实施断尾，断尾常用结扎法。即用细绳或橡皮筋在羔羊 3～4 尾椎间紧紧扎住，阻断血液循环，一般经 10～15 d 尾巴自行脱落。

(6)补料。从 10 日龄开始训练吃草，将幼嫩绿草或柔软青干草吊在空中或放在槽中，让其自由采食；15 日龄后开始训练吃精料，将加工好的颗粒饲料放在饲槽中，引导羔羊采食，开始每日投喂 10～50 g，之后日喂量逐渐增加，可参考：1 月龄内 50～100 g；1～2 月龄内 150～200 g，另加喂胡萝卜等多汁饲料 200 g；3 月龄内 200～300 g，另加喂胡萝卜等多汁饲料 300 g。

(7)羔羊要多运动、多晒太阳，天气好时让羔羊在舍外活动场或院内自由活动，天冷时让羔羊在中午到舍外活动，但应注意天气变化，防止感冒发病。

(8)羔羊断奶时间应为 3 月龄。断奶时，要进行羔羊断奶测定，编写个体号，佩戴耳标、称体重、填写断奶记录表等。

(9)羔羊圈舍要经常清扫,保持清洁、干燥、通风、保暖。对毛团、石块、烂草等杂物及时清除、定时消毒。

(十)育成羊(青年羊)的饲养管理

(1)羔羊从断奶后至配种前这段时间称为育成羊。育成羊断奶后,公母羊要进行分群饲养管理,以防早配和近亲交配。并要加强饲养管理,给予充足运动,培育后备种羊。

(2)育成羊断奶初期,对弱小羊只,应单独饲养、精心照理,对不留种用的羊只实施育肥。

(3)育成公羊特培。应在特一级公母羊的后代中,选择第2～4胎产双羔,初生重超过5 kg以上,4月龄体重达到50 kg以上的公羔进行特培。并在断奶时和配种前进行详细的生殖器官和体型外貌检查,对隐睾、偏睾、不符合品种特征的公羔不得留作种用。

(4)育成公羊10月龄后方可配种,配种羊及时进行精液品质检查,发现无精或死精的公羊及时予以淘汰。

(5)育成母羊6月龄后体重达到40 kg方可配种。对不发情母羊可用公羊诱情,发情征状不明显的母羊应仔细观察或用试情公羊试情,母羊发情后及时进行配种。

参考文献

[1] 岳文斌.生态养羊技术大全.北京:中国农业出版社,2006.

[2] 陈岩峰,等.我国畜禽生态养殖现状与发展对策.家畜生态学报,2008,29(5):110-112.

[3] 门小明,等.三种不同精粗比日粮条件下空怀小尾寒羊母羊的消化与代谢.中国畜牧兽医,2006,33(10):13-16.

[4] 李建国,等.代乳粉对羔羊生产性能及血液生化指标的影响.动物营养学报,2006(1):37-43.

[5] 刘月琴.人工乳哺育小尾寒羊缺奶羔羊的效果.草食家畜,2001(4):44-45.

[6] 冯涛,等.不同蛋白水平日粮补饲羔羊的效果研究.家畜生态学报,2005,26(3):51-53.

[7] 许腾,等.不同日粮补饲小尾寒羊羔羊增重效果试验.黑龙江畜牧兽医,2006(7): 34-35.

[8] Richard O K,Church D C.畜禽饲料与饲养.姜成钢,张辉,译.北京:中国农业大学出版社,2006.

[9] 赵有璋.羊生产学.北京:中国农业出版社,1995.

[10] 乌兰察布市农牧局.小尾寒羊饲养管理技术规程(内部资料).2008.

[11] 王金文.绵羊肥羔生产.北京:中国农业大学出版社,2008.

第十章　优质无公害肉羊生产
Chapter 10　High quality and public nuisance-free mutton production

近几年，我国肉羊生产发展较快，但与世界养羊业较发达的国家相比，差距依然较大。突出表现是：生长速度慢，饲料报酬低，屠宰率不高，产品档次低，经济效益差。而我国地方品种小尾寒羊具有繁殖率高、耐粗饲、适应性强等特点。实践证明：小尾寒羊既可以单独育肥生产肥羔，又是国内最优秀的杂交母本。利用引进国外肉羊品种与小尾寒羊杂交，通过实施无公害养殖、营养调控等配套育肥技术，可提高羔羊的生长速度、出栏率和出肉率，为肉羊生产开辟了一条新路子，也将为发展我国优质无公害肉羊生产提供科学依据和技术支撑。

第一节　健康无公害养殖与调控
Section 1　Healthy and pollution-free culture and regulation

推广应用无公害肉羊生产技术，可望从源头上改变分散饲养、饲草饲料和管理无章可循等关键技术问题，实现产前、产中、产后各环节既无污染，又无公害，从而使肉羊产业实现向集约化和高档优质羊肉生产的转变，不断增强我国羊肉在国内外市场上的竞争能力。

一、健康养殖理念

小尾寒羊健康养殖，是指在无污染的养殖环境下，采用科学、先进和合理的养殖技术和手段，从而获得质量好、产量高的产品，且产品及环境均无污染，达到小尾寒羊和自然的和谐，产生经济、社会、生态的综合效益，并能保持稳定、持续发展的一种养殖模式。

从以上健康养殖概念分析，健康养殖应满足下列要求：

(1)合理利用资源(包括水、土地、饲料等)。

(2)人为控制养殖的生态环境条件，使养殖环境尽量满足小尾寒羊的生长、发育、繁殖和生产需要。

(3)各种养殖模式和防疫手段能使小尾寒羊保持正常生理机能，并尽可能通过小尾寒羊的自身免疫系统，抵御病原入侵以及环境的突然变化。

(4)投喂适当的且能完全满足其营养需求的饲料。

(5)有效防止疾病的大规模发生，最大可能地减少疾病危害。

(6)养殖产品无污染、无药物残留、安全、优质。

(7)养殖环境无污染，养殖废弃物未经处理不得排放。

因此，健康养殖的概念具有系统性、集成性和生态性的内涵。健康无公害养殖并不是一项或几项技术的叠加就能解决的，而应该是一整套系统的、全面的、科学合理的措施，是一个系统工程，包括生态环境调控、养殖技术、疾病防治、遗传育种、营养饲料等方面；只有在养殖环境中有机地结合才能形成一个健康的养殖业，可以说健康养殖又是一个“链条效应”。集成性指健康养殖是新理论、新技术、新材料、新方法在小尾寒羊养殖上的高度集成，谋求生态效益、经济效益与社会效益的统一。生态性指根据小尾寒羊的生物学特性，运用生态学原理来指导养殖生产，也就是说要为小尾寒羊营造一个良好的、有利于快速生长的生态环境。同时，应最大限度地减少疾病的发生，使生产的产品无污染、无公害。

二、关键技术

(一)生物安全体系的建立

生物安全是为保证小尾寒羊健康安全而采取的一系列疫病综合防范措施，是较经济、有效的疫病控制手段，是小尾寒羊疫病预防程序中的重要环节。小尾寒羊疫病流行状况与生物安全的有效实施程度有关。生物安全体系从空间和时间两个方面建设综合防治工程，重视各个生产环节的联系，强调监测和反馈的动态作用。

生物安全措施包括：

(1)采用“全进全出”制，以方便对羊舍进行彻底地清洗，减少由于细菌或病毒污染所造成的疾病传播。

(2)严格限制人员、动物和运输工具的流动和进入养殖场，防止交叉感染。

(3)防止鼠和猫等动物进入养殖场。

(4)对引进的小尾寒羊要进行严格的健康检查，不将患病或隐性感染的羊引入场内。

(5)对发病和死亡的羊，应进行严格的消毒处理，防止疫病扩散。

(6)定期进行疾病的检测和日常的消毒工作。大中型的养殖企业应该建立疾病诊断实验室，以及时了解羊的疫情动态。

(7)饲养环境质量监测，主要包括病原微生物污染监测和有害气体监测。

(二)抗逆性强的优质品种选育

种质是小尾寒羊健康养殖的物质基础，是基本的生产资料。因此，在大力提倡科学养殖的同时应积极开展良种引进、选育、自繁和提纯复壮工作，为小尾寒羊养殖打下坚实的基础。解决人工圈养条件下羊的疾病防控，基本上遵循两条技术路线：一是让养殖环境条件满足羊的生理生态要求；二是培育和选择适应于高密度集约化养殖条件的品种。因此，必须选育和改良适应于各种养殖方式的养殖品种，使养殖品种和养殖方式配套。具有较强的抗病及抵御不良环境能力的养殖品种，不但能减少疾病发生机会，降低养殖风险，增加养殖效益，同时也可避免大量用药对环境可能造成的危害以及对人类健康的影响。培育抗病、抗逆性强的小尾寒羊新品种(系)，对养羊业的可持续发展具有重大意义。

(三)健康养殖模式的建立

养殖模式是影响养殖效果和生态效益的技术关键。养殖模式包括养殖品种选择、饲养密度、投入产出水平以及畜牧养殖和其他生产方式的结合等诸多方面。许多现行的动物养殖模式多从追求产量和经济效益出发，品种搭配不够合理，养殖生产方式单一，结果非但达不到所追求的高产高效，反而造成了养殖环境的恶化，影响了养殖产量和经济效益，同时还对自然环境产生了不良影响。可持续的健康养殖模式应当是品种选择合理，投入和产出水平适中，种植业、养殖业和加工业有机结合，通过养殖系统内部废弃物的循环再利用，达到对各种资源的最佳利用，最大限度地减少养殖过程中废弃物的产生，在取得理想的养殖效果和经济效益的同时，达到最佳的环境生态效益。养殖设施是开展养殖的重要物质基础，养殖设施的结构和设计，在很大程度上影响小尾寒羊养殖应用以及养殖效果和生态效益。要开展健康养殖，达到养殖可持续发展，必须对现行的养殖设施结构进行改造，新型的养殖设施除了具有提供小尾寒羊生长空间和基本的防疫功能之外，还应具有较强的环境调控和净化功能。在各种养殖模式中，应重点研究多元养殖、生态养殖、低耗高产的健康养殖技术工艺，开发环境清洁技术、生物降解技术等。

(四)安全高效饲料的开发及科学饲养

饲料是小尾寒羊养殖生产中的重要投入，饲料质量的好坏和饲料投喂技术是否合理，是影响养殖效果和生态效益的一个重要因素。饲料的质量不但决定了饲料本身的转化效率，而且影响养殖环境。饲料质量低下不仅影响羊的正常生长，而且会在养殖过程中产生大量的废弃物，恶化养殖环境，增加疾病发生机会。应加强采食行为学的研究，应用采食生态、采食行为的特性，提高饲喂的科学性。大力研究和推广应用先进的饲料投喂技术，如计算机控制的饲料投喂技术、自动投喂技术等，保证羊的生长需要，尽量减少饲料的浪费和对养殖环境的污染。

(五)养殖粪便和废弃物的无害化处理

逐步发展工厂化养殖，采用高效节能技术，实现控制温度和光线，全部使用配合饲料，对粪便和废弃物实行无害化处理，并达到排放标准。

(六)健康管理和病害控制

小尾寒羊养殖过程中的疾病防控问题，目前已成为制约我国养羊业发展的一个重要因素。造成这种局面的原因是多方面的。我国小尾寒羊养殖中的健康管理和疾病控制技术的研究远远滞后于生产的发展，再加上生态环境恶化，导致了养殖环境恶化、疾病增多、用药量增加、药效降低、用药量又加大的恶性循环。不但养殖成本增加，效益下降，而且大量用药对生态环境产生了极为不利的影响，对羊健康、畜产品安全甚至人类的健康带来严重的威胁。因此，小尾寒羊养殖中疾病控制是健康养殖的关键。

三、评价标准

(一)小尾寒羊来源和产地环境准则

引进种羊时，应严格按照《种畜禽管理条例》中相关规定实施，并按照 GB 16567—1996《种畜禽调运检疫技术规范》进行检疫；应从具有种畜禽经营许可证的种羊场引进，且应要求产地实验室进行疫病检测，应检测布鲁氏菌病、结核杆菌病等，以确保引进的羊健康无病。

(二)饮水质量和饲料质量准则

小尾寒羊饮用水应符合 NY 5027《无公害食品　畜禽饮用水水质》，水中有毒有害物质不得高于该标准的规定。《农产品安全质量　无公害畜禽肉产地环境要求》对饮用水中金属离子、氰化物、氟化物、氯化物以及农药允许量进行了规定。

饲料原料和添加剂在感官上应具有一定的新鲜度，具有该品种应有的色、香、味和组织形态特征，无发霉、变质、结块、异味。原料中有害物质及微生物允许量应符合 GB 13078 的要求，原料中含有饲料添加剂的应作相应说明，制药工业副产品不应用作羊的饲料原料。饲料中使用的营养性饲料添加剂和一般性饲料添加剂产品应是《允许使用的饲料添加剂品种目录》所规定的品种，或取得试生产产品批准文号的新饲料添加剂品种。药物饲料添加剂的使用应按照《药物饲料添加剂使用规范》执行。饲料中使用的饲料添加剂产品应是取得饲料添加剂产品生产许可证的正规企业生产的、具有产品批准文号的产品，产品的使用应遵照产品标签所规定的用法、用量。

配合饲料、添加剂预混合饲料、浓缩饲料、精料补充料以及上述的饲料原料，均应未受农药污染，不发霉变质，不含有国家禁用的药品（物质）和规定的兽药，其中细菌、重金属等含量不超标，符合《国家饲料卫生标准》。配合饲料不仅要符合上述要求，还应根据动物不同生长阶段的营养要求，进行配制或选购，即必须满足羊的营养需要。

（三）饲养环境控制准则

良好的饲养环境，既有利于羊的健康生长，也是确保畜产品安全卫生的重要条件，一般分为外部环境和内部环境。

外部环境取决于饲养场址的选择，场址应选在生态环境良好、无或不直接受工业“三废”及农业、城镇生活、医疗废弃物污染的生产区域。选地应参照国家相关标准的规定，避开水源防护区、风景名胜区、人口密集区等环境敏感地区，符合环境保护、兽医防疫要求。场区布局合理，生产区和生活区严格分开。

内部环境包括羊舍内部的建筑构造，羊舍内部应符合卫生要求，内墙表面应光滑平整，墙面不易脱落、耐磨损和不含有毒有害物质。还应具备良好的防鼠、防虫和防鸟设施，具备良好的卫生条件并适合卫生检测，设有废弃物贮存设施，防止渗漏、溢流、恶臭对周围环境造成污染。

（四）羊的饲养管理准则

1. 实行全进全出制　即同一羊舍单元只饲养同一批次的羊，实施同批进、出的管理制度。

2. 卫生消毒和灭鼠、驱虫　所选的消毒剂要对人和羊无毒性、无残留，对设备没有破坏性，也不会在羊体内产生有害积累。消毒方法按照不同的需求有：喷雾消毒，主要用于羊舍清洗完毕后的喷洒消毒、带羊消毒、羊场道路和周围、进入场区的车辆的消毒；浸液消毒，员工洗手、洗工作服或胶靴的消毒；熏蒸消毒，每立方米用福尔马林（40%甲醛溶液）42 mL、高锰酸钾 21 g，21℃以上温度、70%以上相对湿度，封闭熏蒸 24 h，一般在羊进舍之前进行。此外，还有对工作人员更衣室等进行消毒的紫外线消毒和对产床和培育床等进行的喷洒消毒和火焰消毒。在实际工作中，应根据本场的实际情况，灵活进行消毒，特别是当遇到某些传染病发生时，应针对传染病的特点，选择最佳的消毒药物和消毒方法进行消毒。防止昆虫和啮齿类动物传播传染病，定期投放鼠药，及时收集死鼠和残余鼠药并作无害化处理；杀虫采用高效低毒化学药物和杀虫剂，喷洒杀虫剂时避免喷洒到饲料中和羊体上。

3. 饲喂　饲料每次添加量要合适，少喂勤添，尽量保持饲料新鲜，防止饲料霉变和污染腐败。食槽和饲养用具每天清洗 1 次，每月定期消毒 1 次，经常保持栏舍、用具的清洁卫生，尽力做到“四净”（栏净、羊体净、食槽净、用具净）。

4. 人员　本场工作人员和饲养员进入生产区时，要更换工作服和鞋，紫外线灯照射消毒 15～20 min 后方可进入。饲养员应定期进行健康检查，以保证身体健康，无人畜共患病和传染病，否则不得从事养殖工作。

5. 运输　进羊或转群前将羊舍彻底清扫干净，然后用高压水枪冲洗，再用 0.1%新洁尔灭或 4%来苏儿或 0.2%过氧乙酸或次氯酸盐等消毒液全面喷洒，然后关闭门窗用福尔马林熏蒸消毒。羊出售前要做产地检疫，合格者才可以上市。

6.病羊及废弃物处理　对于病、死羊的处理参照 GB 16548《畜禽病害肉尸及其产品无害化处理规程》进行处理；羊场不得出售病、死羊；对需要淘汰、处死的可疑病羊，应采取不会将血液和浸出物散播的方法进行扑杀；有治疗价值的病羊应隔离饲养，由兽医进行诊治。羊场废弃物处理应按照减量化、无害化、资源化原则，将清出的垫料和粪便在固定地点进行高温堆肥处理，堆肥池应为混凝土结构，并有房顶，粪便经堆积发酵后应作农业用肥；经无害化处理后的废弃物不得作为其他动物的饲料。

7.资料记录　每引进一批羊都要有相应的记录资料，具体包括引种来源地，饲料来源、配方及各种添加剂使用情况的记录，免疫、用药、发病率、死亡率及发病死亡原因、无害化处理情况和治疗情况记录，实验室检查及其结果，用药及免疫接种情况，每批出场羊的销售地记录，以备查询。资料应尽可能长期保存，最少保留 2 年。

(五)兽药使用和防疫措施准则

做好羊的防疫工作是确保羊健康养殖的重要环节之一，不仅能保护羊的健康成长，提高饲养经济效益，而且能确保羊不带危害人类健康的各种疫病，防疫工作做得好，羊用药也相应减少，同时也减少药物在羊体内的残留。

羊的疾病以预防为主，坚持“防重于治”的原则。预防、治疗和诊断疾病所用的兽药必须符合《中华人民共和国兽药规范》、《兽药管理条例》、《中华人民共和国药典》、《中华人民共和国动物防疫法》、《兽用生物制品质量标准》、《进口兽药质量标准》、《饲料药物添加剂使用规范》、《兽药质量标准》等的有关规定，其生产企业必须具有生产许可证，兽药产品必须具有产品批准文号。在使用兽药时，应采用健康养殖和以防为主的原则，具体做到以下几点：

(1)采取各种措施以减少应激，增强羊的自身免疫力。

(2)最大限度地减少化学药品和抗生素的使用。

(3)严格按规定的使用对象、使用途径、剂量及停药期执行。

(4)禁止用放射性药品、解毒药品、激素类药品及有致畸、致癌、致突变等毒副作用较大的兽药。

(5)优先使用有机农业标准和条例中列出的草药，如植物提取物(抗生素除外)、香精等。非化学合成的对抗疗法的兽药或抗生素，如果治疗效果较好则只能在特殊情况下使用。

(6)建立并保持患病羊的治疗记录，包括患病羊号、发病时间、发病症状、治疗用药物、治疗时间、治疗经过、所用药物的商品名称及成分。

(7)正确利用羊和环境之间的相互关系和调控机制，使羊既健康生长又降低兽药的使用。

四、健康安全配套技术的应用

通过实施健康与无公害养殖、营养调控等配套育肥技术，可提高羔羊的生长速度、出栏率和出肉率，从而实现优质、安全和高效的目的。

(一)空气质量

自然生态环境对小尾寒羊育肥影响较大。尤其是空气质量不好将直接影响育肥羊的增重和饲料报酬。如小尾寒羊育肥场的空气质量不良，不仅影响羔羊的健康，诱发呼吸道疾病，而且影响大气环境和人类的健康。因此，改善空气质量，是保障养羊生产健康发展的基本条件。建议空气中不良气体和悬浮颗粒不超过表 10-1 所列指标。

表 10-1 空气质量指标

项目	氨气 (mg/m^3)	硫化氢 (mg/m^3)	二氧化碳 (mg/m^3)	TSP (mg/m^3)	恶臭稀释倍数
指标	20	8	1 500	4	70

注:引自李建国,2003。

(二)圈舍环境

优化小尾寒羊的饲养环境,是减少应激、降低呼吸道疾病、减少兽医和饲料用药,提高产品品质的重要保障。针对小尾寒羊的生理和生态特点,研究不同生态区域、不同生产规模的羊舍环境标准和控制技术、降低羊场废弃物排放量,是保障肉羊健康养殖和获取绿色和无公害食品的重要环节,也是保障养羊业可持续发展的重要措施。舍区污染物排放量控制指标见表 10-2。

表 10-2 舍区污染物排放量指标

生化需氧量 (mg/L)	化学需氧量 (mg/L)	悬浮物 (mg/L)	氨态氮 (mg/L)	总磷(以 P 计) (mg/L)	粪大肠菌群 (个/100 mL)	蛔虫卵 (个/L)
150	400	200	80	8	1 000	2

(三)饮水质量

小尾寒羊的饮水量为采食饲料量的 3～4 倍,饮水不足则会引起食欲减退,生长速度降低,饲料消耗增加,严重者可导致脱水。如果饮水质量得不到保障,将会影响羊的健康或导致消化道疾病发生。如饮水中大肠杆菌超标,极易导致消化不良、腹泻、肠炎等,最终影响羊的生长发育及肉的品质。饮水不得有异臭、异味,不得含有肉眼可见物,质量应达到畜禽饮用水水质标准(表 10-3)。

表 10-3 饮用水水质标准

项目		标准值
感官性状及一般化学指标	色度	不超过 30°
	浑浊度	不超过 20°
	臭和味	不得有异臭、异味
	肉眼可见物	不得含有
	总硬度(以碳酸钙计) (mg/L)	≤1 500
	pH	5.5～9
	溶解性总固体(mg/L)	≤4 000
	氯化物(以 Cl^- 计)(mg/L)	≤1 000
	硫酸盐(以 SO_4^{2-} 计)(mg/L)	≤500
细菌学指标	总大肠菌群(个/100 mL)	幼畜≤1,成年畜≤10
毒理学指标	氟化物(以 F^- 计)(mg/L)	≤2
	氰化物(mg/L)	≤0.2
	总砷(mg/L)	≤0.2
	总汞(mg/L)	≤0.01
	铅(mg/L)	≤0.1
	铬(六价)(mg/L)	≤0.1
	镉(mg/L)	≤0.05
	硝酸盐(以 N 计)(mg/L)	≤30

(四)饲料与添加剂质量

饲料中有毒有害物质会直接影响小尾寒羊健康，长期饲喂会造成蓄积中毒或者死亡，同时对肉品的质量产生不良影响。因此，要严格遵循饲料与添加剂卫生指标，合理配合育肥日粮(表 10-4)。

表 10-4 饲料与添加剂卫生指标

序号	安全卫生指标项目	产品名称	指标	备注
1	砷(以总砷计)的允许量(mg/kg)	石粉、硫酸亚铁、硫酸镁	≤2.0	不包括国家主管部门批准使用有机砷制剂中的砷含量
		磷酸盐	≤20	
		沸石粉、膨润土、麦饭石、氧化锌、精料补充料	≤10	
		硫酸铜、硫酸锰、硫酸锌、碘化钾、碘酸钙、氯化钴	≤5	
2	铅(以 Pb 计)的允许量(mg/kg)	磷酸盐 石粉	≤30 ≤10	
3	氟(以 F 计)的允许量(mg/kg)	磷酸盐 石粉	≤1 800 ≤2 000	
4	汞(以 Hg 计)的允许量(mg/kg)	石粉	≤0.1	
5	镉(以 Cd 计)的允许量(mg/kg)	米糠 石粉	≤1.0 ≤0.75	
6	氰化物(以 HCN 计)的允许量(mg/kg)	木薯干 胡麻饼(粕)	≤100 ≤350	
7	六六六的允许量(mg/kg)	米糠 小麦麸、大豆饼(粕)	≤0.05	
8	滴滴涕的允许量(mg/kg)	米糠 小麦麸、大豆饼(粕)	≤0.02	
9	沙门氏菌	饲料	不得检出	
10	霉菌的允许量(每克产品中)霉菌总个数(×10^3 个)	玉米、小麦麸、米糠 大豆、棉籽饼(粕)、菜籽饼(粕)	<40 <50	限量:40～100 禁用:大于 100
11	黄曲霉毒素 B_1 允许量(μg/kg)	花生饼(粕)、棉籽饼(粕)、菜籽饼(粕)、玉米 豆粕	≤50 ≤30	

注:摘自 GB 13078—2001《饲料卫生标准》,饲料中允许量均以含干物质 88%为基础。

五、采用舍饲圈养

舍饲育肥是适合大规模、集约化、工厂化养羊的最好方法;房舍、设备和劳力利用合理，劳动生产率高;羊的增重比放牧育肥提高 10%～20%;育肥羊在 50 d 的育肥期内就可迅速达到上市标准，舍饲育肥比放牧育肥方式所需时间短。要求使用配合日粮，日粮以精饲料占 40%、粗饲料占 60%的比例较为合适。最好能将草、料配合在一起加工成颗粒饲料，用饲槽喂羊。

国内研究结果证实，舍饲不仅能提高羔羊的增重速度，节省饲料，而且能提高羔羊的屠宰率(表 10-5)。究其原因可能是放牧过程中，羔羊的采食范围广，运动量大，体能消耗也大的缘故。另外，由于放牧受羊自身和草场条件的限制，满足不了羔羊的营养需要，因此影响育肥效果。

表 10-5　放牧与舍饲育肥屠宰性能比较

项 目	154 品系		157 品系		420 品系	
	放牧	舍饲	放牧	舍饲	放牧	舍饲
宰前重(kg)	38.50±2.12	45.95±1.15	40.50±2.12	45.40±2.19	40.25±1.77	44.49±2.06
胴体重(kg)	16.56±0.04	23.10±1.62	17.67±0.08	24.02±3.10	19.43±2.02	24.76±1.41
屠宰率(%)	43.01	50.27	43.63	52.91	48.27	55.65

在舍饲条件下，羔羊的生产可以进行人为控制，既可改变其择食性，又可控制其运动量；不仅能降低无益消耗，还能提高营养物质的利用率。因此，舍饲在肉羊育肥生产中，是农区和无放牧条件的牧区值得推广的方法。

六、实施营养调控

王景元(1992)试验表明，饲喂高营养水平日粮(代谢能 10.04 MJ/kg、粗蛋白 121.04 g/kg)，比饲喂低营养水平日粮(代谢能 8.74 MJ/kg、粗蛋白 100.43 g/kg)的小尾寒羊，日增重有显著提高。5 月龄时日增重前者比后者高 110.8 g，6 月龄日增重前者比后者高 79.03 g，屠宰率前者比后者提高 3.4%。

王金文等(2005)选小尾寒羊 20 只，均为 3～4 月龄断奶公羔，按对等的原则分为两组，研究探讨不同能量水平条件下，全颗粒料和精料加干草饲喂对育肥羔羊生产性能的影响(表 10-6)。试验 60 d，结果表明：饲喂高能量日粮组(DE 12 MJ/kg、CP150 g)，比饲喂低能量日粮组(DE 10 MJ/kg、CP 146 g)提高增重 33.59%。这表明此阶段影响增重的关键因素是营养，而在粗蛋白质水平基本相同的条件下，影响增重的营养组分是能量。

表 10-6　日粮不同能量水平对肉羊增重的影响

日粮水平	精料（%）	粗料(%)	羊数(只)	始重(kg)	末重(kg)	期内增重(kg)	平均日增重(g)
低能组	34	66	26	30.97	44.0	13.03	217.33
高能组	67	33	32	29.79	47.22	17.43	290.33

赵有璋等用无角陶赛特和波德代公羊与蒙古母羊的杂种一代(3～3.5 月龄)公羔，研究采用不同饲料原料和不同营养水平配制日粮的育肥效果。试验结果表明，两种日粮育肥 3～3.5 月龄陶蒙和波蒙杂一代公羔，均取得了良好的生产效果，平均日增重无显著差异，但低水平日粮组饲料报酬稍低(表 10-7)。而且，能充分发挥反刍动物利用粗饲料的生理特性，可扩大饲料来源，降低生产成本。

表 10-7　不同营养水平对生产性能的影响

项目	高水平		低水平	
	配方 1	配方 2	配方 3	配方 4
消化能(MJ/kg)	12.4	12.3	11.2	11.3
粗蛋白质(%)	14.3	14.3	13.0	12.9
平均日增重(g)	243	228	242	237
料重比	4.44	4.77	5.32	5.33
屠宰率(%)	47.3	46.6	46.6	47.0

七、选择适宜料型

所选用的饲料应营养丰富、价格低廉、种类多样、互补性强、适口性好。应以最小的投入取得大的经济效益。所选用的每种饲料也在允许的最大使用量范围之内；所配合的日粮能被羊完全采食。

(一)精料型

精料型即强度育肥。这是大量利用谷物类精饲料育肥羔羊的一种方式。精、粗比达到7∶3以上。此种育肥方式精料提供的营养占70%以上。它适宜于饲喂早期断奶羔羊，可使早期断奶羔羊生长发育快，日增重高，肉质好，但耗费精料过多，成本较高，易造成瘤胃积食和酸中毒。

(二)粗料型

粗料型即低营养育肥(低浓度育肥)。这是大量利用青、粗饲料喂羊的一种育肥方式，常见于小尾寒羊的饲养。近年来，许多地方利用秸秆青贮饲料育肥羔羊，也取得了显著的增重效果。在我国养羊生产中，常见到此种育肥方式，其成本较低，但增重慢，肥育期长。

(三)精粗混合型

精粗混合型即适度育肥。这种方法比较经济实用，且肉质也好。通常采取放牧加补饲的育肥方式。一般精料喂量占体重的1%左右。近年来，利用饲料组合效应，采用精料和粗饲料合理搭配，对羔羊实施育肥，取得了较好效果(表10-8)。

表10-8 羔羊育肥精粗混合型饲料配方

项目	精料比例		
	40%	50%	60%
原料(%)			
玉米	27.1	33.2	40.5
麸皮	3.7	4.8	4.9
豆粕	4.7	6.8	8.2
棉籽粕	2.2	2.9	4.4
磷酸氢钙	0.8	0.8	0.5
食盐	0.5	0.5	0.5
1%预混料	1	1	1
花生秧粉	30	25	20
甘薯秧粉	30	25	20
合计	100	100	100
营养成分			
消化能(MJ/kg)	11.6	12.4	13.2
粗蛋白(%)	12.2	13.3	14.3
钙(%)	0.94	0.82	0.66
磷(%)	0.3	0.33	0.32
粗纤维(%)	22.2	19.3	16.5

注：添加剂：每千克日粮中添加铁50 mg，铜6 mg，锌60 mg，锰50 mg，钴0.2 mg，碘0.3 mg，硒0.2 mg，维生素A 1 000 IU，维生素D 3 200 IU，维生素E 15 IU(添加剂，本章以下相同)。

王金文等(2008)配制三种日粮，精料比例占40%、50%和60%，分别饲喂杜寒杂交三代断奶羔羊(n=24),平均体重 33 kg,公母各半,经 60 d 育肥,三个处理的平均日增重为(236±47) g、(257±43) g 和(272±84) g;育肥羔羊增重速度随精饲料增加而提高,但综合分析以 50%的精料育肥效果最好(表 10-9)。

表 10-9　杜寒杂交羊育肥试验增重与报酬

精料比例	羊数(只)	始重(kg)	末重(kg)	期内增重(kg)	日增重(g)	料重比(全)	料重比(精)
40%	8	33.08±2.27	47.25±4.96	14.1±2.80	236±47	5.96	2.38
50%	8	33.75±6.55	49.17±8.48	15.4±2.60	257±43	7.98	3.99
60%	8	33.67±8.01	50.0±12.36	16.3±5.05	272±84	7.05	4.23

(四)饲料不同加工方法比较

采用不同加工形式的饲料饲喂肥育羔羊,对其消化代谢有明显影响。甘肃农业大学赵有璋教授,参照商品羊营养需要设计饲料配方,日粮组成(%):玉米 47.8;甜菜渣 8.0;大豆粕 13.0,棉籽粕 5.0,苜蓿草粉 9.0,小麦秸 6.0,玉米秸 10.0,石灰石粉 0.6,食盐 0.3,添加剂 0.3。含消化能 12.4 MJ/kg,粗蛋白质 142.5 g/kg,钙 5.8 g/kg,磷 2.9 g/kg。

将上述配方分别加工成:A 全混合颗粒状日粮;B 粉碎精料与铡短粗料日粮;C 整粒谷实与铡短粗料日粮,研究不同的加工方法对采食、反刍、瘤胃内环境和营养物质消化代谢的影响。结果表明,三种加工处理方式均可用于生产,以未粉碎精料加粗料组效果最好,全颗粒料育肥羔羊可行,以粉碎精料与铡短粗料效果稍差。

不同加工形式的饲料饲喂育肥羔羊,其日增重也表现不同。惠禹等 (1997)分别以舍饲混合饲料,配合饲料为主、放牧为辅以及舍饲颗粒饲料(与配合饲料同一配方)3 种方法肥育 9 月龄小尾寒羊羯羊,育肥 2 个月,结果以舍饲颗粒饲料组日增重最高(229.17±28.56) g,喂配合饲料为主、放牧为辅组日增重其次(184.16±21.87) g,舍饲混合饲料组日增重最低(148.00±19.03) g。

八、使用无公害饲料添加剂

饲料添加剂种类繁多,尤其是生长促进剂,数不胜数。有些添加剂比如抗生素和抗菌剂,抗病和促进生长的效果虽好,但是有些则容易产生药残或公害。因此,要注意选用天然、无公害、无药残的添加剂。可参考选用以下几种。

(一)瘤胃素

瘤胃素又名莫能菌素,其功能是通过减少甲烷气体能量损失和饲料蛋白质降解、脱氨损失,调控和提高瘤胃发酵效率,从而提高增重速度及饲料转化率。研究表明,舍饲小尾寒羊日粮中添加瘤胃素,日增重和饲料转化率均有显著提高。瘤胃素的添加量一般为每千克日粮干物质 25～30 mg,均匀地混合在饲料中,开始喂量可少些,以后逐渐增加。

(二)杆菌肽锌

杆菌肽锌是一种抑菌促生长剂。对羔羊具有促生长作用,其作用是有利于养分在肠道内的消化吸收,改善饲料利用率,提高增重效果。添加量为每千克混合料 10～20 mg。

(三)酶制剂

酶是活体细胞产生的具有特殊催化能力的蛋白质,是一种生物催化剂,对饲料养分消化起重要作用。可促进蛋白质、脂肪、淀粉和纤维素的水解，提高饲料利用率，促进生长。如饲料中添加纤维素酶，可提高羊对纤维素的消化分解能力，使纤维素得到充分利用。

李景云(1993)报道，小尾寒羊育成母羊和育肥公羔饲料每只每日添加纤维素酶 25 g，育成母羊经 45 d 试验期，日增重较对照组增加 29.55 g，育肥公羔经 32 d 试验期，日增重较对照组增加 34.06 g。育肥公羔屠宰率增加 2.83%，净肉重增加 1.80 kg。

(四)中草药添加剂

中草药添加剂是为预防疾病、改善机体生理状况、促进生长而在饲料中添加的一类天然中草药、中草药提取物或其他加工利用后的剩余物。

刘月琴(1997)用小尾寒羊育肥公羔进行了中草药添加剂试验，选用健脾开胃、助消化、驱虫等中草药(黄芪、麦芽、山楂、陈皮、槟榔等)，经科学配伍粉碎混匀，每只羊每日添加 15 g，经 2 个月的饲喂期，试验组平均体重较对照组增加 2.69 kg，且发病率显著降低。

(五)皂甙

丝兰皂甙的作用机制是通过抑制脲酶的活性，阻抑氨、硫化氢类有害气体的生成。这样，在促进小尾寒羊生长发育的同时，还促进了厌氧性发酵，从而提高了消化率，控制了粪便所发出的恶臭，起到净化环境的效果。

刘春龙等(2005)选用 12 只雄性成年东北细毛羊，按随机区组试验设计，采用全收粪法，分别测定 3 个饲喂丝兰皂甙处理(100 ppm、200 ppm 和 300 ppm)对绵羊全混合日粮有机物质表观消化率的影响。结果表明，添加丝兰皂甙 300 ppm 处理的有机物质、干物质、中性洗涤纤维消化率分别为 70.81%、66.11%和 50.47%，显著高于对照。粗蛋白的消化率则以添加丝兰皂甙 200ppm 处理组最高，显著高于对照和添加丝兰皂甙 100 ppm 处理组。

九、发展优质肥羔生产

(一)提倡早期断奶

利用小尾寒羊生产肥羔，须采取综合育肥技术。小尾寒羊的传统断奶时间多在 3～4 月龄。实践证明，小尾寒羊可以提前到 2 月龄断奶，母羊也可由 2 年产 3 胎提高到 1 年产 2 胎。羔羊 4 月龄以前的主要特点是生长发育快，胴体组成部分的重量增加大于非胴体部分，而且脂肪沉积少。因此，采用 2 月龄早期断奶，全颗粒料育肥方式，对提高肉羊生产的经济效益具有显著作用。

有研究证实：断奶时间和体重大小与育肥效果有直接关系，一般早期断奶(6～8 周)育肥效果比常规断奶(3～4 月龄)效果好。美国肉羊生产多在 3～4 月龄断奶，育肥至 6 月龄，屠宰活重达到 40～50 kg，生产 22 kg 以上的大胴体。加拿大判断早期断奶的前提是，每只羔羊能采食 200g 固体饲料。此时羔羊处在 1.5～2 月龄阶段，体重在 20 kg 左右。法国掌握羔羊活重比初生重大 2 倍时断奶。英国则强调羔羊活重达到 11 kg 以上就可以断奶。澳大利亚大多数地区推行 6～10 周龄断奶。从母羊产后泌乳规律来看，产后 3 周泌乳达到高峰，然后逐渐下降，到羔羊出生后 7～8 周龄，母乳已不能满足羔羊的营养需要。而此时形成乳汁所需的饲料也大增，经济上不合算。从羔羊胃肠功能建立和消化代谢规律来看，一般 7 周龄时羔羊开始反刍，已具备从草料中获取营养的能力。综合以上因素，羔羊以 7～8 周龄时断奶育肥为宜。

(二)抓好育肥时机

肥羔生产发展之所以如此迅速，是由于具有以下优点：一是肉质好。与大羊肉相比，羔羊肉细嫩、瘦肉多、脂肪少、易于消化、营养价值高。国际市场上羔羊肉的价格大大高于大羊肉。二是效益高。羔羊生长速度快，饲料转化率高。据测定，羔羊的饲料报酬为(3～4)∶1，而成年羊为(6～8)∶1。在牧区发展肥羔生产，到晚秋牧草枯黄，严寒来临之际出栏上市，能够避免因越冬造成的掉膘损耗。三是加快畜群周转。肥羔生产缩短了生产周期，提高了出栏率，同时又提高了羊群中母羊的比例，提高了繁殖能力。

(三)利用杂种优势

引进国外早熟、生长速度快、肉用性能好的肉用品种萨福克羊、无角陶赛特羊和杜泊羊与小尾寒羊杂交，利用杂种优势，发展肥羔生产。实践证明是一条多快好省发展中国特色肉羊生产的新路子。

孙占鹏(2006)在相同的舍饲条件下，以同等营养水平饲喂各杂一代羔羊和小尾寒羊，6月龄的平均日增重分别为萨寒 F_1 208.6 g、杜寒 F_1 200.11g、陶寒 F_1 193.33 g、小尾寒羊144.11 g；杂交一代羔羊与小尾寒羊羔羊相比，分别提高44.76%、38.85%和34.15%；从出生到6月龄羔羊不同阶段(1月龄、4月龄、6月龄)的平均体重，萨寒 F_1>杜寒 F_1>陶寒 F_1>小尾寒羊；投入与产出比为萨寒 F_1>杜寒 F_1>陶寒 F_1>小尾寒羊。说明各杂一代羔羊的生长速度均快于小尾寒羊，投入与产出比高于小尾寒羊，经济效益明显提高。

第二节 小尾寒羊羔羊育肥
Section 2 Lamb fattening of Small-tail Han sheep

利用我国特有的品种资源——小尾寒羊，开展舍饲育肥。与营养调控、作物秸秆的利用以及相关饲养技术同步实施，引导小尾寒羊向产业化方向发展。

一、育肥方法

(1)合理分群 按性别、年龄、体况、大小、强弱合理分群，一般羔羊育肥50～100只为一群。

(2)驱虫 羔羊育肥前要驱除体内外寄生虫，选用的驱虫药物应具有高效、低毒、无残留、无公害等特点。可选用阿维菌素(虫克星)0.2 g/kg体重，注射；丙硫咪唑15 mg/kg体重，内服。

(3)备齐草料 备齐备足草料，育肥期间不要轻易变更。需要改变时喂量由少到多，逐步代替。待适应之后，方可全部应用。

(4)日粮配合 根据羔羊的生理特点、营养需要和当地的饲料资源，配制营养全价的日粮。此时羔羊体重10～20 kg，预期平均日增重200 g的营养需要量，日粮配方与营养水平见表10-10。为防止羔羊拉稀，促进羔羊生长，提高饲料报酬，在日粮中可使用无公害抗菌促生长类添加剂(10～30 ppm)。

表 10-10　育肥日粮组成和营养水平

原料(%)	前期	后期	营养成分	前期	后期
玉米	48.5	43	消化能 (MJ/kg)	14.5	13.9
小麦麸	7.0	7	粗蛋白(%)	18.0	16.8
大豆粕	21	17.5	钙(%)	0.80	0. 70
甘薯秧粉	10	15	磷(%)	0.70	0.50
花生秧粉	10	15	粗纤维(%)	10.1	13.1
磷酸氢钙	2	1	精料比例(%)	80	70
添加剂	1	1			
食盐	0.5	0.5			
合计	100	100			

(5)设施配套　应有一定的活动场地,羔羊每只占地 0.75～1 m^2。饲槽长度要与羊数相称,每只羊应有 25～40 cm。

(6)自由饮水　要确保育肥羊每日都能喝足清洁的水。据估计,气温在 15℃时,育肥羊饮水量在 1 kg 左右;15～20℃时,饮水量 1.2 kg;20℃以上时饮水量接近 1.5 kg。冬季不宜饮用雪或冰水。

(7)采用颗粒饲料　颗粒饲料适口性好,羔羊采食颗粒饲料,可以增加采食量,减少饲料浪费,提高饲料的消化利用率。颗粒大小,可根据月龄和体重而定。一般羔羊 1～1.3 cm。

二、育肥效果

(1)增重与饲料报酬　参照美国 NRC 标准配制全颗粒料饲喂小尾寒羊,其平均日增重达到 255 g,单就增重速度来看,已经达到了国内地方肉羊的先进水平,接近国外肉羊品种的生产水平。饲料报酬达到 5.15∶1,也进入了国内先进行列(表 10-11)。

表 10-11　小尾寒羊(公母各半)增重和饲料报酬(n=28)

始重(kg)	末重(kg)	期内增重(kg)	平均日增重(g)	料重比
23.71	46.65	22.94	255	5.15∶1

(2)产肉性能　6 月龄小尾寒羊的屠宰率高于国内地方绵羊品种,胴体净肉率接近国外肉羊品种或略低(表 10-12)。

表 10-12　小尾寒羊羔羊(公母各半)产肉性能测定(n=8)

宰前活重(kg)	胴体重(kg)	屠宰率(%)	骨重(kg)	净肉重(kg)	胴体净肉率(%)	肉骨比	眼肌面积(cm^2)	内脏油重(g)
44.4	21.0	47.3	4.4	16.6	79.0	3.83	15.07	500

三、综合评价

我国的羊肉生产,长期以来依靠自然生长的成年羊,或利用淘汰的老残羊育肥后屠宰,肥羔生产则刚刚起步。小尾寒羊育肥,其增重速度、饲料报酬和产肉性能略低于国外肉羊的生产水平。但小尾寒羊比国外肉羊品种产羔率高,适应性好,宜舍饲。在较好饲养条件下发展肥羔生产，也能取得较好的饲养效果。综合评价小尾寒羊依然是发展肥羔生产的一个优良品种。

第三节　杂交羔羊育肥
Section 3　Hybrid lamb fattening

随着人们生活水平的不断提高，对肉的风味越来越重视。尤其是杂交羊肉以其低脂肪、低胆固醇深受广大消费者的欢迎，而肉质鲜嫩的羔羊肉更是备受青睐。因此，羔羊肉的生产不仅要增加数量，而且要提高质量。研究影响羔羊产肉性能的因素，是为了更好地提高产肉量和改善羊肉品质。我们在筛选国外肉羊良种(特克塞尔和无角陶赛特)与小尾寒羊杂交组合的基础上，开展了对小尾寒羊和杂交羔羊肉质品质的研究，为肉羊杂交改良和肥羔羊肉产品的开发利用提供科学依据。

一、特克塞尔、无角陶赛特与小尾寒羊杂交

(一)目的

2000 年青海省民和县东垣福香养殖场从山东省梁山县引进小尾寒羊母羊 480 只，公羊 10 只。经过几年扩繁，现存栏纯种小尾寒羊 1 600 只，其中基础母羊 820 只，种公羊 14 只，7 月龄以下羔羊 766 只。青海省畜牧兽医科学院余忠祥为探讨青海省农区肉羊生产的新路子，提高养羊生产效益，于 2007 年 12 月 20 日选用特克塞尔、无角陶赛特肉羊品种与小尾寒羊相继开展杂交育肥。

(二)试验设计

1. 试验场自然概况　民和县海拔高度 1 750 m，年平均气温 7.8℃，降水量 350～700 mm，无霜期 170～ 200 d。

2. 杂交组合　特克塞尔(♂)×小尾寒羊(♀)；无角陶赛特(♂) ×小尾寒羊(♀)；以小尾寒羊为对照组。采用人工授精的方法配种。

3. 饲养管理　试验组和对照组羔羊断奶后，补饲颗粒饲料育肥 60d，日补饲颗粒饲料 300 g，日喂 3 次，颗粒饲料营养水平为：消化能 12.4 MJ/kg，粗蛋白 17.29%。基础日粮为鲜苜蓿草，自由采食。防疫和驱虫按常规进行。

(三)结果

通过特克塞尔、陶赛特与小尾寒羊杂交，产羔率分别达到 213.04%和 210.90% ，与对照组小尾寒羊的产羔率 231.42% 差异不显著；杂一代羔羊体质健壮，生命力强。

4～6 月龄育肥期内，特寒 F_1 和陶寒 F_1 的净增重，分别比小尾寒羊提高了 38.3%和 37.6%，增重速度快，杂种优势明显(表 10-13)。

特寒 F_1 和陶寒 F_1 的胴体重分别为 21.65 kg 和 20.93 kg；屠宰率达到 51.08%和 50.81%，分别比小尾寒羊提高 5.57%和 5.3%(表 10-14)。

经综合对比认为，特寒、陶寒组合是本地区开展商品肉羊生产较理想的杂交组合。

表 10-13 试验羊育肥期增重情况

组别	性别	羊数(只)	初生重(kg)	羊数(只)	6月龄重(kg)	期内增重(kg)	平均日增重(g)
特寒 F_1	公	30	3.69±0.31	28	42.36±3.64	38.67	215
	母	34	3.56±0.34	29	41.2±3.64	37.64	209
陶寒 F_1	公	36	3.68±0.34	26	41.6±3.99	37.92	211
	母	33	3.42±0.68	25	40.26±3.39	36.84	205
小尾	公	30	2.96±0.19	30	32.86±3.14	29.9	166
寒羊	母	30	2.84±0.17	30	30.88±3.28	28.04	156

表 10-14 屠宰测定结果

组别	宰前活重(kg)	胴体重(kg)	屠宰率(%)	眼肌面积(cm^2)	GR值(mm)
特寒 F_1	42.38±3.62	21.65±2.21	51.08	13.87±0.76	13.11±1.24
陶寒 F_1	41.19±3.54	20.93±2.87	50.81	13.25±1.21	13.97±1.66
小尾寒羊	32.21±4.12	14.66±3.06	45.51	10.58±0.92	10.77±1.05

二、杜泊绵羊、萨福克羊与小尾寒羊杂交

2005年山东省农科院畜牧兽医研究所肉羊课题组承担了山东省农业良种工程——良种肉羊引进扩繁杂种优势利用与产业化开发项目，同年在茌平县种羊场开展了以下试验工作。

(一)试验设计

1. 杂交组合　试验选用3个组合，即杜泊羊(♂)×小尾寒羊(♀)，萨福克羊(♂)×小尾寒羊(♀)，无角陶赛特羊(♂)×小尾寒羊(♀)；以小尾寒羊为对照。

2. 分组与试验期　试验羊为2～3月龄断奶公羔，按体重对等原则将羔羊分组，每组10～12只，每5～6只为一个重复。预试期为7 d，平均达5～6月龄，体重达到45～50 kg试验结束。

3. 日粮组成与配制　日粮组成：玉米43%，小麦麸7%，大豆粕17.5%，甘薯秧粉15%，花生秧粉15%，磷酸氢钙1%，添加剂1%，食盐0.5%。按配方加工成全颗粒饲料饲喂。日粮营养水平为：消化能13.6 MJ/kg，粗蛋白150 g，钙5.4 g，磷2.5 g。

4. 屠宰测定　从每个处理组中选取4只体重接近的公羊进行屠宰测定，宰前禁食24 h，禁水12 h。屠宰后取背最长肌和股二头肌，制备成代表4个肉羊品种的4组样品，供化学成分、氨基酸和微量元素分析用。

(二)结果与分析

1. 增重　以杜寒 F_1 组合的生长速度最快，平均日增重达到313 g；增重速度依次为杜寒 F_1＞陶寒 F_1＞小尾寒羊(表10-15)。

2. 饲料报酬　以杜寒 F_1 组合饲料报酬最高；达到5.17∶1，其中精料3.62∶1，干草1.55∶1。饲料报酬依次为杜寒 F_1＞小尾寒羊＞萨寒 F_1＞陶寒 F_1。

3. 产肉性能　屠宰测定结果表明，4个处理组胴体重均达到了国家冻羊肉出口标准(ZBX 22004—1986)，陶寒 F_1、杜寒 F_1 屠宰率分别比小尾寒羊高2.5%和1.8%。眼肌面积陶寒 F_1 (15.5 cm^2)、杜寒 F_1(15.3 cm^2)分别比小尾寒羊提高26.02%和24.39%(表10-16)。

表 10-15 试验羊增重和饲料报酬

组别	羊数(只)	始重(kg)	末重(kg)	期内增重(kg)	日增重(g)	料重比	饲料报酬	
							精料	干草
小尾寒羊	12	29.28	45.98	16.7	278	5.79	4.05	1.74
杜寒 F_1	10	28.36	47.14	18.78	313	5.17	3.62	1.55
萨寒 F_1	10	35.58	47.9	12.32	274	5.93	4.15	1.78
陶寒 F_1	10	33.2	47.75	12.7	282	6.18	4.33	1.85

表 10-16 羔羊产肉性能测定($n=4$)

组别	宰前活重(kg)	胴体重(kg)	屠宰率(%)	骨重(kg)	净肉重(kg)	胴体净肉率(%)	肉骨比	眼肌面积(cm^2)
小尾寒羊	43.17	20.87	48.3	4.8	15.7	75.2	3.26	12.3
杜寒 F_1	44.5	22.3	50.1	4.5	17.8	79.8	3.96	15.3
萨寒 F_1	43.2	21.5	49.8	4.2	16.8	78.1	4.0	13.8
陶寒 F_1	46.7	23.7	50.7	4.6	18.5	78.1	4.0	15.5

4.肉质品质　屠宰后 60 min 内，肉的 pH 指标比较接近。陶寒 F_1 失水率稍高。肉色以杜寒杂交眼肌呈鲜红色效果最好，萨寒和陶寒居中，小尾寒羊眼肌肉色稍差。大理石纹以萨寒最好，肌肉的剪切值以萨寒 F_1 最高(3.68 kg)相对肉质较粗硬，以杜寒 F_1(2.8 kg)肉质较细嫩(表 10-17)。

表 10-17 羔羊肉质品质测定($n=4$)

组别	肉色	大理石纹	pH	失水率(%)	系水率(%)	熟肉率(%)	剪切值(kg)
小尾寒羊	3.8	2.4	5.96	8.83	88.5	51.5	2.82
杜寒 F_1	4.0	3.03	6.03	9.5	87.5	51.2	2.8
萨寒 F_1	4.0	3.6	6.0	8.5	88.8	51.9	3.68
陶寒 F_1	4.0	2.57	6.03	14.6	81.0	51.8	2.62

5.化学成分　粗蛋白质含量依次为：萨寒 F_1 20.8 %，陶寒 F_1 20.5%，杜寒 F_1 20.1 %，均高于小尾寒羊(19.6%)。以小尾寒羊肥羔含磷最高(0.21%)，杜寒 F_1 与小尾寒羊接近，萨寒和陶寒杂交肥羔肉略低，各组间差异不显著(表 10-18)。

表 10-18 羔羊肉化学成分组成($n=4$)　　%

成分	小尾寒羊	杜寒 F_1	萨寒 F_1	陶寒 F_1
干物质	23.17±0.42	23.73^a±0.50	24.01±0.67	23.27±0.34
粗蛋白	19.6±0.34	20.1±0.83	20.8±0.91	20.5±0.42
粗脂肪	2.24^b±0.48	2.24^b±0.82	2.85^a±0.47	2.49^a±0.47
灰分	1.85±0.11	1.72±0.01	1.70±0.10	1.39±0.21
钙	0.038^b±0.01	0.078^a±0.02	0.104^a±0.07	0.109^a±0.02
磷	0.21±0.041	0.208±0.029	0.20±0.017	0.203±0.094

6.氨基酸组成　经测定 17 种氨基酸总量，以萨寒杂交肥羔肉最高(20.09 g)；陶寒与杜寒接近；以小尾寒羊(18.42 g)最低。这就进一步证实了采用上述杂交组合生产的羔羊肉，不仅提高了蛋白质含量，而且提高了生物学价值。测定结果还证实，杂交羊的天冬氨酸和谷氨酸含

量均高于小尾寒羊。因羊肉的风味(鲜味)与天冬氨酸(Asp)和谷氨酸(Glu)含量有直接关系,这说明杂交羊肉不仅营养价值得到了提高,而且肉的风味也得到了较大改善。不同品种肥羔肉氨基酸组成见表10-19。

表 10-19 羊肉的氨基酸组成($n=4$)

mg/100 mg

氨基酸	小尾寒羊	杜寒 F_1	萨寒 F_1	陶寒 F_1
天冬氨酸	1.8±0.03	1.81±0.07	1.97±0.01	1.93±0.03
苏氨酸	0.88±0.01	0.89±0.03	0.97±0.01	0.96±0.02
丝氨酸	0.77±0.02	0.76±0.02	0.84±0.01	0.82±0.01
谷氨酸	3.21±0.07	3.25±0.13	3.49±0.03	3.45±0.07
甘氨酸	0.93±0.07	0.91±0.02	1.01±0.02	0.94±0.01
丙氨酸	1.13±0.03	1.14±0.04	1.23±0.01	1.20±0.02
胱氨酸	0.09±0.01	0.09±0.01	0.11±0.01	0.11±0.01
缬氨酸	1.04±0.02	1.04±0.04	1.08±0.03	1.08±0.04
蛋氨酸	0.42^b±0.01	0.50^a±0.02	0.40^b±0.1	0.49^a±0.1
异亮氨酸	0.92±0.01	0.93±0.03	0.99±0.01	0.99±0.04
亮氨酸	1.59±0.02	1.61±0.06	1.74±0.01	1.72±0.03
酪氨酸	0.63±0.01	0.65±0.02	0.69±0.01	0.70±0.01
苯丙氨酸	0.79±0.01	0.79±0.03	0.86±0.01	0.85±0.02
赖氨酸	1.68±0.02	1.71±0.06	1.85±0.01	1.84±0.04
组氨酸	0.59±0.01	0.63±0.06	0.71±0.03	0.66±0.22
精氨酸	1.25±0.03	1.26±0.05	1.36±0.01	1.34±0.02
脯氨酸	0.72±0.04	0.70±0.03	0.82±0.05	0.75±0.01
氨基酸总和	18.42±0.38	19.13±0.4	20.09±0.13	19.78±0.39

7. 微量元素含量　不同品种肥羔肉微量元素含量差异显著,其中杂交羔羊肉铁、锰、硒的含量显著高于小尾寒羊,而小尾寒羊肥羔锌和铜的含量均高于杂交羊(表10-20)。综合来看杂交羊微量元素含量更丰富。

表 10-20 羊肉中微量元素含量($n=4$)

mg/kg

元素	小尾寒羊	杜寒 F_1	萨寒 F_1	陶寒 F_1
铁 Fe	59.67±11.57	80±18.4	110±4.32	121.3±2.08
锰 Mn	0.43±0.12	1.03±0.12	1.01±0.14	1.01±0.19
锌 Zn	34.0±2.83	27.67±3.8	28.33±3.3	29.67±2.6
铜 Cu	0.47±0.16	0.30±0.10	0.27±0.06	0.41±0.09
硒 Se	0.046±0.012	0.05±0.005	0.05±0.003	0.06±0.01

经测定小尾寒羊和杂交肥羔肉,重金属元素均未检出,说明肉羊生产的生态环境和饲料条件均能达到无公害和绿色食品的要求(表10-21)。因此,采用以上品种、杂交组合、饲料条件和生产方式,可以生产出无公害、绿色乃至有机羊肉。

表 10-21　羊肉中有毒有害元素含量($n=4$)　mg/kg

元素	小尾寒羊	杜寒 F_1	萨寒 F_1	陶寒 F_1
汞 Hg	未检出 <0.001	未检出 <0.001	未检出 <0.001	未检出 <0.001
砷 As	未检出 <0.005	未检出 <0.005	未检出 <0.005	未检出 <0.005
铅 Pb	未检出 <0.005	未检出 <0.005	未检出 <0.005	未检出 <0.005

8. 胆固醇含量　测定结果表明，萨寒 F_1、杜寒 F_1 和陶寒 F_1 胆固醇含量高于小尾寒羊，平均达到了 59.92 mg/100 g，但仍低于猪肉(81 mg/100 g)和鸡肉(106 mg/100 g)。小尾寒羊含胆固醇 49.21 mg/100 g，低于牛肉(58 mg/100 g)和兔肉(59 mg/100 g)(表 10-22)。

表 10-22　羊肉中胆固醇含量($n=4$)　mg/100 g

组别	小尾寒羊	杜寒 F_1	萨寒 F_1	陶寒 F_1
胆固醇	49.21	59.29	62.37	58.10

9. 综合评价　利用国外肉用绵羊品种与小尾寒羊杂交，既利用了国外肉羊前期生长发育快、饲料报酬高、产肉性能好的特点，又利用了小尾寒羊繁殖率高、适应性好等特点，杂种优势明显。杂交一代羊均表现出良好的适应性，尤其是杜寒杂交羊，不仅表现特耐粗饲，而且特别适合舍饲和圈养。综合评价，杜寒杂交组合是首选。同时采用舍饲圈养的方式不破坏生态，符合肉羊生产的发展规律，也符合我国北方养羊生产实际，具有广阔的开发推广前景。

第四节　羔羊育肥技术规程与示范

Section 4　Technical specification demonstration of lamb fattening

利用先进技术，合理组装配套，实施规范化、标准化饲养，对于加快养羊生产由传统方式向现代生产转变，对保护生态环境，扩大养殖规模，提高养羊效益，保障产品安全都具有重要意义，是养羊业的发展方向。

一、羔羊育肥技术操作规程

羔羊育肥技术操作规程参见表 10-23。

表 10-23　羔羊育肥技术建议操作规程

项目	操作规程			
(一)羊舍	(1)环境 通风干燥，清洁卫生，夏挡阳光，冬避风雪	(2)面积 羊舍 0.8～1 m^2/只，运动场 2～3 m^2/只	(3)设施 槽位 20～25 cm /只，自由饮水，并配备草架	(4)消毒 进羊前和每周用 10%漂白粉或 3%～5%来苏儿消毒 1 次
(二)选羊	(1)年龄 3～4 月龄断奶羔羊，最好为杂交羔羊	(2)体型 体躯呈筒形，胸宽深，后躯呈“n”字形	(3)膘情 全身发育匀称，体重 20～25 kg，中上等膘情	(4)健康 四肢健壮，被毛光亮，精神饱满，上下颌吻合好

续表 10-23

项目	操作规程			
(三)免疫驱虫	(1)休整 新入舍羊要安静休息 8 h,当日只给饮水和少量干草	(2)分群 第二天早晨逐只称重,根据体重大小分群,每群 20～30 只	(3)驱虫 苯硫咪唑每千克体重 15～20 mg(内服),阿维菌素 0.25 mg/kg,皮下注射	(4)免疫 羊快疫、猝狙、肠毒血症三联苗,每只 5 mL,肌注。绵羊痘疫苗刺种
(四)育肥前期	(1)1～3 d 饲喂青干草或甘薯秧、花生秧(铡短),自由采食、自由饮水	(2)7～30 d 饲喂全混合日粮Ⅰ,日喂 3 次,投料 1～1.5 kg,自由采食、自由饮水	(3)日粮Ⅰ 玉米 43%,小麦麸 7%,大豆粕 17.5%,甘薯秧粉 15%,花生秧粉 15%,磷酸氢钙 1%,添加剂 1%,食盐 0.5%,加工成全颗粒喂给	
(五)育肥后期	(1)30～60 d 饲喂日粮Ⅱ,日投料 1.5～2 kg,日喂 3 次,自由采食、自由饮水	(2)饲料加工 苜蓿干草(33%)整株喂给,其他原料(67%)压成颗粒饲料	(3)日粮Ⅱ 玉米 16.3%,小麦麸 7.5%,大豆粕 7.5%,甘薯秧粉 16.5%,花生秧粉 16.5%,苜蓿干草 33%,磷酸氢钙 1.2%,添加剂 1%,食盐 0.5%	
(六)出栏	按此规程进行饲养管理,育肥全期平均日增重应达到 250 g 以上,混合饲料报酬为(5～5.5)∶1(粗饲料质量要有保障)。每只羊净增重 15 kg,平均体重达到 35～40 kg,肥羔 5～6 月龄出栏,杂交羔羊屠宰率 50%,胴体重 17.5～20 kg,正好达到国外肥羔肉标准			

二、小尾寒羊全舍饲、颗粒料育肥示范

用小尾寒羊羔羊育肥,简单易行,效益较好。但必须改变传统的饲养方式,推行短期育肥综合配套生产技术。2008 年 4 月份王金文等在山东省农业科学院试验羊场进行了小尾寒羊全舍饲全颗粒料育肥试验与示范,获得了满意效果,简要总结如下。

(1)选羊　选 3～4 月龄健康小尾寒羊(羔羊)60 只,公母各半,在舍饲条件下,以中等营养水平实施育肥,育肥到 6 月龄,体重达 40 kg 以上结束。

(2)饲料配方　玉米 33.2%,麸皮 4.8%,豆粕 6.8%,棉籽粕 2.9%,磷酸氢钙 0.8%,食盐 0.5%,花生秧粉 25%,甘薯秧粉 25%,预混料 1%。

(3)示范效果　育肥前平均体重 35.42 kg,经过 30 d 的育肥,体重达到 43 kg,平均日增重达到 253 g;每增重 1 kg 消耗混合颗粒饲料 8.34 kg,其中精饲料 4.17 kg(表 10-24)。

表 10-24　小尾寒羊(羔羊)育肥试验增重与饲料报酬

组别	性别	始重(kg)	末重(kg)	期内增重(kg)	日增重(g)	料重比(精)
小尾寒羊	公母各半	35.42±3.39	43.00±5.36	7.58±3.48	253	4.17

三、杂交羊育肥对比试验与示范

山东凯银集团为实施黄河三角洲高档肥羔肉产业化开发项目,引进杜泊羊和特克塞尔绵羊作父本,以小尾寒羊作母本,开展杂交和育肥试验与示范,探索出优质肥羔肉生产的新路子。

(1)杂交组合　选杜寒 F_1、特寒 F_1 杂交羔羊分组。

(2)饲料配方　玉米 67%、豆粕 10%、棉粕 20%、磷酸氢钙 1.5%,食盐 0.5%,肉羊添加剂预混料 1%(每千克含维生素 A 500 IU,维生素 D 200 IU,维生素 E 20 IU,锌 150 mg,锰 80 mg,镁 200 mg,钴 5 mg,碘化钾 1 mg,硒 0.5 mg)。

(3)饲养管理　羔羊以舍饲为主,10 日龄开始补料,1 月龄内补饲精料不限量,2 月龄补饲

精料 0.2 kg/(d·只)，苜蓿 0.25 kg/(d·只)，甘薯秧不限量。3 月龄补饲精料 0.3 kg/(d·只)，4～5 月龄补饲精料 0.5 kg/(d·只)，苜蓿 0.25 kg/(d·只)，甘薯秧不限量。自由采食，自由饮水。

(4)示范效果　见表 10-25。

表 10-25　杂交羊生长发育及屠宰结果

杂交组合	性别	羊数(只)	初生重(kg)	1 月龄重(kg)	5 月龄重(kg)	平均日增重(g)	屠宰率(%)	净肉率(%)	背膘厚(cm)
杜寒 F_1	♂	83	3.7	12.8	55.4	338	50.8	43.7	0.48
杜寒 F_1	♀	77	3.5	12.1	48.0	291	51.3	45.8	0.51
特寒 F_1	♂	41	3.8	12.2	47.3	284	48.8	40.9	0.50
特寒 F_1	♀	45	3.6	11.8	43.8	256	49.9	43.1	0.56

(5)综合评价　利用杜泊羊、特克塞尔与小尾寒羊杂交，是生产优质无公害羊肉的优秀杂交组合，其杂交一代羔羊具有生长快，产肉多，肉质好，特别是具有适应性强、耐粗饲、抗病等特点，深受养羊生产者的欢迎。

四、羔羊异地育肥实例

山东省利津县盐窝镇位于利津县中部，辖 50 个行政村，总人口 3.6 万人。其中农业人口 3.3 万人，具有畜牧养殖和畜产品加工运销的传统优势。该镇因势利导，组织有关人员成立养羊协会，把活羊采购—饲养育肥—屠宰加工—羊产品销售等环节有机结合起来，形成了以盐窝镇为中心，鲁北畜产品第一大市场为龙头的肉羊产业链条。目前该镇年屠宰能力达到大牲畜 25 万头、羊 100 万只，2006 年宰杀羊在 50 万只以上。盐窝镇生产的羊肉占据京津两大销售区市场的较大份额，产业链延伸至内蒙古、新疆、黑龙江、河北等 17 个省(自治区)，产品还出口到哈萨克斯坦、俄罗斯等国家。主要做法如下：

(1)建设育肥示范园区　盐窝镇政府在距大市场 0.5 km 处划拨荒碱地 220 亩，投资 700 万元建设可容纳 40 户，总存栏能力达 5 万只，年出栏可达 15 万只的育肥羊示范园区。园区内施行统一规划、统一供水、统一供电、统一防疫。每户都建有羊舍、饲料库、值班房、水池等。

(2)羊的来源　选派专职人员负责采购、运输。主要从我国内蒙古、东北地区养羊产区选购，品种主要为蒙古羊及其杂交后代，平均体重 10～25 kg。

(3)育肥方法

防疫、驱虫：活羊集中购回后分配到园区内各养殖户，育肥前由镇畜牧部门组织兽医人员统一防疫和驱虫。

饲料种类与搭配：饲料原料主要有玉米、麸皮、酒渣、豆腐渣、苜蓿草粉、棉籽皮、玉米秸秆、浓缩料等。育肥期日粮配方如下：玉米 10%～20%，麸皮 5%～10%，鲜酒渣 20%～30%，鲜豆腐渣 25%～35%，羊浓缩料(含粗蛋白 20%)25%，苜蓿草粉 2%～5%，棉籽皮、玉米秸秆等自由采食。

育肥效果：育肥期 30～50 d，平均日增重 200 g 左右，出栏体重 30～50 kg。

(4)屠宰加工与销售　由大市场内专职人员负责检疫、屠宰、分割及贮存，羊皮、羊毛、羊骨、羊下货等也由专职人员加工，并由专职人员销售。

(5)经济效益　据 2006 年 12 月份所作的典型调查，养殖户育肥一只羊纯收入 30～50 元。

(6)综合评价　山东省利津县盐窝镇政府，根据当地的优势与资源条件，因势利导，把一家一户传统小作坊的养殖、加工、储运、销售引入到一个大市场中，形成一个产业链条。合理布局，统分结合，使各个环节都能从中获利，应该说这是一个创举。当前，我国肉羊产业化正处在起步阶段，采用此种办法发展肉羊规模化生产和产业化经营，投资少、风险小、见效快。实践证明是一条既受群众欢迎，又多快好省的新路子。小尾寒羊的规模化生产和产业化经营也可借鉴。

五、养殖专业村生产示范

山东省菏泽市开发区佃户屯办事处吴店村，是一个远近闻名的生态观光农业示范村，也是菏泽市小尾寒羊养殖专业村。全村 478 户，1 432 人，耕地 1465 亩，2008 年人均纯收入 3749 元。该村主导产业是粮食、林业、畜牧、葡萄和生态旅游；其中：丰产杨树林面积 500 亩，优质葡萄种植面积 320 亩，为发展养羊业提供了充足的秸秆、树叶和农副产品，走出了一条林下种草、林下牧羊良性循环的养羊路子。2008 年全村养羊户 210 户，存栏小尾寒羊 850 只，出栏 350 只，养羊户均增收 500 元。

主要做法和经验：一是村领导重视，认识到位。村“两委”认为发展养羊有资源、有市场、群众有传统的养殖习惯，符合发展生态农业、建设社会主义新农村要求；二是有组织保障措施。村里成立了养羊协会，在养羊用地、贷款等方面优先照顾。村委会出资每年举办一届赛羊会，对获奖羊只进行奖励。三是探索出林下养羊发展新模式。该村 500 亩丰产林地，全部种植牧草，创出了一条家庭圈养和林下放养、舍饲加补饲相结合的林下养羊新路子。

六、家庭养殖场典型经验

山东省菏泽市开发区佃户屯办事处建设羊场：该场建于 2006 年，场主一家 4 口人，在养羊之前全靠 3 亩 6 分地和出外打工养家糊口，生活较困难。2004 年在菏泽联通公司驻村工作组资助下，靠借贷资金投入，发展养羊。目前，该场占地面积 5 亩，羊舍 12 间，固定资产 11 万元，饲养小尾寒羊 86 只、山羊 58 只。2008 年售羊 106 只，纯收入 2.8 万元。不仅还清了欠款，而且还供养女儿上中学，成了本村靠养羊脱贫致富的带头人。

主要做法和经验：一是把养羊作为家庭主业，精心饲养，细心照顾；二是舍饲与放牧结合，采取阶段集中育肥，羔羊在吃足秸秆等粗饲料的同时，给予充足的混合精料（鲜豆腐渣拌上适量玉米面和麸皮等）；三是从市场上购买 7 日龄以内羔羊经奶山羊哺乳后，集中育肥到 6 月龄，体重达到 40 kg 左右出售。

七、养殖专业户典型介绍

(1)山东省菏泽市牡丹区西城办事处北园社区穆楼村　石圣遂

石圣遂全家 4 口人，夫妻俩身体不好、常年有病，不能干重体力活，主要收入来源就是养羊。2008 年卖出小尾寒羊 35 只，收入 1.7 万元，除去饲料成本，净赚 1.3 万元。目前存养小尾寒羊 15 只，其中繁殖母羊 8 只、后备母羊 4 只。

(2)山东省菏泽市牡丹区西城办事处北园社区穆楼村　宋广文

宋广文，男，74 岁，有养羊历史 20 多年，目前与老伴两人共同生活。现存养小尾寒羊 7 只，其中繁殖母羊 5 只。2008 年卖出小尾寒羊 15 只，收入 8 000 元，除去饲料成本，净赚 6 500 元。

(3)山东省菏泽市牡丹区西城办事处北园社区穆楼村　穆银行

穆银行,男,66 岁,养羊多年,目前与老伴两人共同生活。现存养小尾寒羊 16 只,其中繁殖母羊 9 只。2008 年卖出小尾寒羊 30 只,收入 1.8 万元,除去饲料成本,净赚 1.4 万元。

(4)山东省菏泽市开发区佃户屯办事处吴店行政村　曹广恩

全家 4 口人,耕地 3.6 亩,男主人曹广恩在菏泽干木工活,女主人以养羊为主。现存养小尾寒羊 10 只,其中繁殖母羊 6 只。2008 年卖出小尾寒羊 22 只,收入 1.3 万元,除去饲料成本,净赚 1.1 万元。

(5)山东省菏泽市开发区佃户屯办事处吴店行政村　曹传玉

曹传玉,男,56 岁,养羊历史多年,目前与老伴两人共同生活。现存养小尾寒羊 8 只,其中繁殖母羊 5 只。2008 年卖出小尾寒羊 15 只,收入 8 000 元,除去饲料成本,净赚 6 500 元。

八、加工企业带动与示范

山东省阳谷鲁信清真食业有限公司位于阳谷县张秋镇,自然环境优美,交通便利。公司是以清真肉制品生产加工为主的大型股份制企业。总资产 4 500 万元人民币,营业范围涉及食品加工、进出口贸易等领域,拥有雄厚的经济、技术实力。公司占地 108 亩,建筑面积 10 006 m^2,现有职工 300 余人,拥有国内一流现代化肉羊屠宰加工生产线一条,日屠宰小尾寒羊1 000 余只。公司完全按照出口肉类加工企业标准组织生产,主要产品有:精羊肉卷,羊胴体,羊后腿卷,羊蝎子,羊腿,羊小腿,羊腰,羊鞭等。

2005 年鲁信清真食业有限公司联合新世纪清真食业、利得外贸公司和荡宇牧业公司,结盟组成阳谷羊肉出口理事会,形成了一条从养殖、宰杀、储运到出口的产业链,资本集中、优化组合使他们的实力增加 3 倍。组成联合舰队的四家企业突出清真特色,瞄准中东市场。企业通过了 HACCP 食品质量体系认证,并拥有国内先进的微生物化验及农药残留检测系统,按照出口企业 SSOP(良好卫生操作规范)组织生产,建立了产品可追溯体系。

为把企业做大做强,他们建立了一套无缝隙式食品质量安全监管体系,做到由阿訇屠宰,整个加工过程不含任何伊斯兰禁忌成分。产品由山东伊斯兰教协会监制,出口时由中国伊斯兰教协会出具"哈拉"清真屠宰证明。产品销往香港、深圳、中东等国内外市场。2005 年他们接下约旦军方羊肉订单。随后成为联合国驻海地、苏丹等国维和部队注册供应商。2007 年公司通过改扩建,羊(牛)肉出口量已经达到 6 000 吨,年实现利税 1 000 多万元,其中羊肉占到了全国出口总量的 1/3,居全国之首。同时实现了出口食品零召回,外方零投诉。

目前,受国外市场需求减少、国内生产成本高、人民币升值等因素影响,出口企业利润下滑,但鲁信羊肉出口稳中有升。这得益于企业联合和政府扶持"两个引擎"的驱动。鲁信清真食业有限公司被国家民委等部门认定为"十一五"期间"全国少数民族特需商品定点生产企业",还被列为国家农业综合开发重点单位。

参考文献

[1] 安立龙. 家畜环境卫生学. 北京:高等教育出版社,2004.

[2] 傅润亭,等. 无公害绵羊标准化生产. 北京:中国农业出版社,2006.

[3] 王景元. 小尾寒羊不同营养标准育肥试验报告. 中国养羊,1992(2):19-22.

[4] 王金文,等.日粮中不同能量水平饲养肥羔羊的效果.山东农业科学,2006(4):69-71.
[5] 赵有璋. 现代中国养羊. 北京:金盾出版社,2005.
[6] 冯涛,等. 不同蛋白水平日粮补饲羔羊的效果研究. 家畜生态学报,2005,26(3):51-53.
[7] 刘春龙,等. 丝兰皂甙对绵羊全混合日粮养分表观消化率的影响. 江苏农业学报,2005,21(2):123-126.
[8] 刘月琴,等. 中草药添加剂饲喂小尾寒羊试验. 中国养羊,1997(2):16.
[9] 张英杰.羔羊快速育肥.北京:中国农业科学技术出版社,2006.
[10] 李建国.肉羊标准化生产技术.北京:中国农业大学出版社,2003.
[11] 王金文,等.杜泊羊、萨福克、无角陶赛特羊与小尾寒羊杂交优势利用研究.中国草食动物,2006,26(5):12-14.
[12] 孙占鹏,等.不同肉羊品种杂一代羔羊经济效益分析.中国草食动物.2006,26(1):21-22.
[13] 余忠祥,等.特克塞尔、无角陶赛特公羊与小尾寒羊杂交试验研究.青海畜牧兽医杂志,2008,38(2):13-15.
[14] 王金文,等.杜泊、萨福克、无角陶赛特羊与小尾寒羊杂交肥羔肉质特性的研究.家畜生态学报,2002,28(3):94-98.
[15] 齐耀武,等.杜泊、特克塞尔绵羊与当地绵羊杂交后代育肥试验.中国羊业进展,2006:71-73.

第十一章　斗　　羊
Chapter 11　Sheep bucket

斗羊，就是经选择、培训、调教专门用于顶头竞赛或表演的羊。我国中原地区一般从小尾寒羊公羊中挑选。这种羊天生善斗，民间利用斗羊好斗的习性，专门组织斗羊比赛。旧时称斗羊为“风波事”。自古以来，斗羊就流行于鲁西南郓城、梁山一带，是鲁西南地区一项传统、具有鲜明地方特色的民间娱乐活动。

第一节　斗羊的历史习俗与传承
Section 1　Historical custom and innovation

一、历史习俗

小尾寒羊具有好斗的特性，民间自然有人专门选择外观雄壮、勇猛、犄角漂亮、善斗的公羊加以精心驯养，有意识地发扬它的斗性。久而久之，逐步形成了一种群众性的娱乐活动，并向周围地区传播开来。“斗羊”就是指专门从事斗羊活动的小尾寒羊。斗羊在郓城、梁山一带有悠久的历史，据《北史》记载：“正月，乡人买雄羊，各赴角斗场，决胜负，至群殴，不能禁，围观者千数”，说明斗羊早已成为民间的一项娱乐活动。

斗羊不分季节，但是冬春农闲时举办斗羊活动的居多。山东郓城一带至今还保留着三次大型斗羊传统，分别为每年农历二月初二、九月初七和腊月初七。爱好斗羊者一般把场所选在集市或古庙会上，充分说明这是带有乡土气息、自娱自乐的民间活动。斗羊时观众自动聚集，动辄上千人。斗羊十分在乎输赢，俗谓“兄弟斗羊不相让”，表明斗羊是有规则、分胜负的娱乐活动，这与当地民间爱好武术者比武有相似之处。

斗羊前先期相约相邀，最后定下日子。到约定日期，大家选当地有名气、有威望的数人为“主事”。选定场地，用鞭杆划定界限，观众则自动聚集。届时，场地四周人山人海、层层叠叠，淘气的孩子们常爬到树上，呐喊助威。羊主们将斗羊牵到一起，先让它们互相对视、骚扰片刻，使其产生一种敌意；如果敌意产生较慢，主人还要抓住羊角，向对方的羊体上碰几下，这样三碰两碰，很快就会惹怒对方，使其产生强烈的斗性。此时，两只羊便怒目而视，继而拉开决斗架势，共同后退数尺，然后向着对方猛烈撞击；那螺旋形羊角的撞击足可产生 800 kg 力量，似劈木声响，观众仿佛感到脚下的地皮都被震动了，其角斗场面惊险激烈，蔚为壮观，令人豪气顿生。

二、传承与创新

据考证，山东鲁西南自从有斗羊活动以来，一直延续至今，从未间断。自 20 世纪 80 年代以后，随着社会发展和养殖小尾寒羊经济效益的不断提高，斗羊这项民间活动又逐渐盛行起来，并登上了大雅之堂。在鲁西南地区以郓城和梁山一带的斗羊最为著名，斗羊协会或与斗羊有关的民间组织数不胜数。目前，斗羊娱乐活动已风行于广大鲁西南城镇和乡村。与之相邻的周边地区，也深受其斗羊风俗影响，斗羊活动此起彼伏，而且越来越受到当地群众的喜爱。有关部门和民间便开始组织斗羊比赛；制定比赛规则，选派裁判员，有的甚至还配以民族音乐，使斗羊这项活动更加受到当地群众的喜爱。

目前，在鲁西南农村，每遇重大节日、庙会和大型社会经济和文化活动，尤其是冬春农闲季节，斗羊比赛活动一场接一场，从业人员乐此不疲，牧羊人也以此为乐。每逢赶大集，羊市便成了斗羊场。

菏泽斗羊在全国独树一帜，自 1984 年以来，已举办过七次全国性斗羊大赛。亚运会期间，被定为晋京表演项目。1991 年 12 月，在广州举办的“中华百绝”博览会上表演，被列为“中华百绝”。菏泽市一年一度的国际牡丹节、全国林产品交易会、小尾寒羊良种展示拍卖会等，斗羊比赛是必不可少的文艺娱乐节目，同时也是最受欢迎的节目之一。

斗羊和赛羊结合是推动小尾寒羊育种工作进展的一个创新。近年来，组织的赛羊会已和历史上单纯的娱乐活动有所不同，它是与育种工作紧密联系并具有充实内容的一种检验形式和宣传形式，比赛规则也与育种目标密切结合。近年来，小尾寒羊的育种方向是繁殖率高肉用性能好为主，所以许多地方举办小尾寒羊比赛大会，在种羊比赛规则中就删除了对体高的测量和记录，这对小尾寒羊向肉羊方向发展是具有积极意义的。从 1982 年山东省首届小尾寒羊比赛大会到 2000 年济宁市小尾寒羊比赛大会，每一次赛羊会都吸引了成千上万的群众参加观看，同时对提高小尾寒羊育种水平起到了宣传和促进作用。济宁市赛羊大会一等奖公羊体重比 1982 年增加了 52 kg，其他组别获奖羊也都有大幅度提高。同时，小尾寒羊的繁殖性能也有较大提高，产区发现不少胎产 6 羔以上者，且能全部成活。

第二节　斗羊的选择与培育
Section 2　Selection and cultivation of bucket sheep

一、斗羊的生物学特点

(一)生物学特点

从运动力学的角度分析：小尾寒羊公羊长有发达的大角，从前方看长在额头上呈“V”字形，且往后反转，从左侧面看呈螺旋形或“C”字形。当小尾寒羊低头用力撞击时，基本上是两只大角根部着力。羊角呈螺旋形，便于力的传导，可使撞击点受力均匀，减缓局部振动。角质坚实，又富有韧性，可防止撞击力过大而断裂。小尾寒羊的颈短粗，是增加承受力和提高传出力的生物学基础。体型高大，前躯发达，体质结实，类似雄狮体型，给搏击、格斗提供力量支撑。背腰平直、斜尻、肚腹小、尾巴小、四肢健壮，则有利于快速奔跑，增加顶斗力量。

(二)雄激素的作用

小尾寒羊性成熟后，在舍饲圈养的条件下，常常表现烦躁不安，用头到处乱抵乱蹭，把羊栏和围墙糟蹋得七零八落。公羊去势以后，羯羊就会变得安静下来。这就充分说明，雄激素可能是促使公羊性情悍威好斗的根本原因。

(三)选择效应

历来群众就有养殖和欣赏斗羊的习惯，这就促进了小尾寒羊的定向选育。在小尾寒羊产区，比较大的村庄都有种公羊饲养户，选取优秀的公羔培育成种公羊，为附近村庄的母羊配种。每逢集市牵至市场，等待饲养母羊户选择配种。公羊配种数量取决于公羊的品质，在这种情况下，种羊户之间的竞争很激烈，促进了对种公羊的选择，使小尾寒羊不断向好斗方向发展。鲁西南一带，民间饲养种公羊的目的是配种赚钱，但饲养斗羊不仅为了挣钱，而且还会感到荣耀。种公羊饲养户一般把羊角、被毛、放羊的鞭子都染上水红色，所以称种羊为“红羊”。虽然斗羊都是很好的种羊，但羊主都不轻易变斗羊为“红羊”，说明斗羊比种羊更珍贵。

二、斗羊的选择

选择斗羊先从5月龄羔羊中按体态初选，待长至1岁再进行精选。斗羊与种羊的用途有相同之处，但也有不同之处。因此，选择标准也有所不同，斗羊更注重系谱选择，一般在公羔断奶前或刚出角时就要选定，从而尽快进行专业训练。

选斗羊一般挑选个头大、身腰长(体重占优势)、健壮、脖子短(相斗时发力好)、腿细、脚好(速度快，易占上风)、雄性好、性子烈(英勇不屈)、羊角硬(耐撞)的公羊。公羊从脸部毛色又分黑脸和白脸，选择斗羊时，同等条件下黑脸较易被选中，原因是大多数黑脸羊的性格暴躁、耐力好、体力强。但是现在斗羊群中白脸占大多数，原因是农民在饲养过程中认为黑脸不受看，并且卖不上好价钱，而白脸羊比较好出售。

1. 看角　角形为叉角、圈耳角、站角皆可。角质不论鱼鳞角、竹节角、滑角、四楞角，均可选择，只要粗壮有力；选头大角粗、羊角端正，厚而坚实，颈短而粗，颈筋粗而显露，近似骨质角的羊。螺旋角大小适中不夹腮，鼻梁、门头稍低，这样的角耐撞击。具有糠质角的易折断，不能选。

2. 看眼　眼大，眼圈发红；两眼圆而有神，斗性好。

3. 看体型　脖子要短，背腰平直或略向上弓，这种体型的羊胸部开张、肺活量大。要选结构匀称、肚腹小、尾小的羊，这种体型的羊轻便、冲击力强。切忌选“螳螂脖子流水腚”体型的羊。另外，狭胸、卧系等体型特征的幼羊，也不能选为斗羊。

4. 看腿　腿要有力，要粗细分明，坚实抓地。两前肢开阔，胸宽而深，威猛有攻击力，后腿弯曲，富有蹬力和弹跳力；动作灵活，反应敏捷。业内人士讲究“前裆放开斗，后腿架似狗”。

5. 看档案　除具备上述条件外，还应选择在大型斗羊比赛中获得冠军羊的后代。

三、调教与训练

小尾寒羊既好斗，又易驯服；好斗是本性，若善斗则需要训练。斗羊的训练一般分为体力训练、速度训练和口令(或手势)训练。口令(或手势)训练过程基本同训练其他动物一样，让羊只逐步接受并熟练掌握。总之，斗羊训练的整个过程都是一个循序渐进的过程，一个好斗羊的训练，需要斗羊人付出很多的精力。

1. 早期调教　许多训练有素又凶猛善战的优秀斗羊，一般都是断奶前就挑选出来，进行特培，主人可根据自己的爱好给斗羊命名(起名)，边呼唤斗羊的名字边对它补料。以同样的方式呼唤名字、通过喂料训练它的斗性，可以用人手与羊头相搏，或以人脚与羊相搏，养成幼羊好斗、善斗的习惯。通过早期训练和人羊亲和，使斗羊能看懂主人手势，听懂口令。这也是一只优秀斗羊应具备的基本素质。

2. 训练奔跑　斗羊每天要保持 2 h 的运动训练，当地称为遛羊。遛羊时专门挑选刚刚犁过的农田（土壤疏松，不易行走）或土壤较疏松的地块进行，以增强羊的体力和耐力。速度训练是让羊短距离快跑，开始时是人拉羊跑，而后是放开羊跑，逐步提高羊只奔跑速度；每天牵着斗羊到坎坷不平或耕翻的坷垃地里去行走、奔跑，直到累得斗羊趴在坷垃窝里不动弹为止。只有坚持训练才能快速提高斗羊的奔跑速度及体力。

3. 综合训练　通过与个体相当但实力稍弱的羊进行对攻训练，提高其综合素质。一是练听口令。驯羊开始，用一根短白蜡杆皮鞭作令号，用“过来”、“回来”等简单号令来指挥，要驯得随主人意进退自如。鲁西南地区常用口令为：哈—唉！哈—依！哈—克！哈—哈！上—上！稍—稍！等等。二是练角，使之强化抗震。三是练腿，使四肢发达，强劲有力，达到力量与速度同步提高。四是练斗，设计斗式，使之形成条件反射，习惯成自然。还有的在训练过程中一边喊羊的名字，一边喂食，然后令其后退，待双方斗羊都退至起跑线，高喊口令促其跑步前进，接近对方时腾空跃起，同时两羊头角相撞，反复练习。每次训练 30～40 min，循序渐进。经过若干次训练后，使斗羊逐渐形成条件反射。直至不用喂食，直呼口令，即达到呼之即来，来之能斗，斗则能胜之效果。

四、饲养与管理

1. 饲养　斗羊的喂养极讲究，精料与干草如何搭配，斗前斗后调理，都需要有丰富的经验和过硬的技术。鲁西南产区饲养小尾寒羊，夏秋季以适度放牧，冬春季以舍饲为主。粗饲料以各种干草、作物秸秆、藤蔓、秕壳、树叶等为主。同时供给适量的混合精料，一般每日每只种公羊给 0.5～1 kg。混合精料配比：玉米 45%～50%，麸皮 20%～30%，豆饼 13%～25%、骨粉 1.5%～2%、食盐 0.5%。每日分 2～3 次喂给：一种方法是和成稀粥样饲喂，另一种方法是喂硬粮食（玉米粒、炒熟的豆粒等）。为促进食欲，宜先粗后精，饲草要放在草架上或筐内。为避免浪费或污染，可将其粉碎混入少量精料再用水拌湿后饲喂，效果更好。在喂饱草料后饮水。一般每只羊日需饮水 3～5 kg，以日饮 2～3 次为宜。由于斗羊活动量大、体力消耗也大，一般在比赛前后要补给精料，如豆饼、料豆、花生仁，只有这样才能保持斗羊有旺盛的体力及斗性。

2. 管理

(1)斗羊夏天不耐高温，旧时爱羊者为给自己的羊防暑、驱蚊蝇，在饲喂时给斗羊打扇。现在大多给斗羊开电风扇。

(2)在约定斗羊的前一天晚上不能喂得过饱，斗羊当日早晨只喂少量干草和硬粮食（玉米、炒大豆等），否则会使斗羊的成绩大打折扣。

(3)斗羊结束后要让羊好好休息，并以好草好料精心调养数日。

第三节　竞　　赛
Section 3　Competition

逢正式斗羊比赛时，都要推选在当地斗羊界有名气、有威望的人为“主事的”。赛时“主事的”将斗羊按年龄、体重、名气分类，轮番入场，一对一对的斗，单循环赛，俗称“打胜家”，最终的胜利者，称为“名羊”。“名羊”根据各自特点各有外号，如“黑蛋”(脸全黑)、“满天星”(脸上有黑斑)、“黑蹄”(蹄子黑色)、“小耳朵”(耳朵较平常羊小)等。

一、选场地

选圆形或长方形场地均可，圆形直径不小于 30 m，长方形长度不小于 50 m。场地宽阔平整，土质较松软。大型专业演出可以铺地毯，设立安全护栏等。

二、竞赛规则

比赛时主持人将斗羊按年龄、体重、名气分类，轮番入场，一对一对的斗，单循环赛，俗称“打胜家”，最终的胜利者称为“名羊”。比赛按年龄(看口)设立奖项，赛前双方准许对方验口。比赛开始，裁判发令，对阵双方同时拉开距离，各自同时发口令，使其快速飞奔、跳跃、低头用力使双角撞击对方双角。

判断标准：一方不斗逃避者为败；不接对方羊头者为败；当场角斗伤亡者为败；一方主动退出或认输者为败。

三、斗式

人们牵着斗羊刚进入赛场后，往往是先让羊互相对视、骚扰片刻，使双方产生一种敌意；如果敌意产生较慢，主人还要抓住羊角，向对方的羊体上碰打几下，这样三碰两碰，很快就会惹怒对方，使其产生强烈的斗性。此时，两只羊便怒目而视，继而拉开决斗架势，共同后退数米，然后向着对方猛烈冲击。当两只羊抵中时，那螺旋形的羊角的撞击声相当响亮，斗羊时的撞击力到底有多大，难以测试，说其“力抵千斤”，亦不为过。待第一抵过后，两只羊若是马上站立，不用人催，它们便会照样再次后撤，再次前冲，进行第二抵、第三抵……此种斗羊方式称为自由斗。有时羊的主人为了使自己的羊最后取胜，也往往为羊助力，一手扶羊肩，一手拍羊腰臀部，同时高喝一声“上”，羊便快速前冲，反复进行；此阶段的决斗往往相当惨烈。有的羊抵得角根部出血，有的将面部的皮擦掉，甚至有的抵成伤或致残；只有当一方无力再抵或逃脱时，决斗方才结束，这种方式称为拉羊斗。过去通常由主人拉着羝羊离开一定距离，由主人带领羝羊向对方冲去，斗一个回合后拉开再斗，直到决出胜负。现在一般把斗羊比赛的方式分为四种。

1. 领斗　也称规范式斗羊，对阵双方拉开 50～100 m 距离，各自用口令呼唤斗羊起跑，直至两羊头部对撞。一头一头地抵，直到把一方抵败为一局，一般三局两胜，5～7 个回合就可分出胜负。有的羊 1～2 个回合就败下阵来，不肯再战。此为较正规的斗羊比赛。

2. 挑斗　先将公羊放入场地，让其自由角斗，待双方斗性发起时，斗羊主人将羊拉开，并保持一定距离，此时双方再用口令呼唤斗羊进行顶撞。

3. 自由斗　双方将各自斗羊放入规定好的场地内，裁判吹哨之后，两只羊放开，任其自由抵斗，彼此用力撞抵，不管几个回合，直到一方败下阵来为一局。此方式可使斗羊自由发挥、灵活机动。一般架大的斗羊适合拉着斗，架小的斗羊适合自由斗。

4. 配乐斗　斗羊开始，只听得一阵悠扬的丝竹音乐，伴着富有鲁西南特色的唢呐声，接下来是两只生龙活虎、气势凶猛的斗羊出场。双方先是悠闲地散步，然后走到一起，彼此挠毛、接吻，甚是亲密，看不出半点武斗的架势。一会儿，随着音乐节奏的逐步加快，并伴以紧锣密鼓，一派武将即将登场的气氛突然而生。两斗羊的眼圈渐渐变红，彼此用角互蹭，口中“嗞嗞”作响，待蹭角频繁，力度越来越大时，裁判员一声哨令，两家主人便把斗羊拉开约 50 m 距离。这时音乐骤然停止，只听“镗”的一声锣响，双方主人用力一拍羊屁股，两只羊似猛虎下山般朝对方扑去，霎时两个羊头四只羊角相撞，迸发出“嘭”的一声巨响，情景威武雄壮，惊心动魄。如此反复，斗几个或十几个回合，最后决出胜负。

有时羊的主人为了使自己的羊取胜，也往往为羊助力，一手扶羊肩，一手拍羊臀部，高喝一声“上”，羊便迅猛前冲。此阶段的决斗往往相当惨烈——有的羊抵得角根部出血，有的将面部的皮擦掉，甚至有的抵成重伤。只有当一方无力再抵时，决斗方才结束。而羝羊双方的主人，不论是赢家还是输者，都会以放松的心情抚摸着自己心爱的羊，慢慢将其牵到一旁，让其好好休息，并以好食好料精心饲养数日。

四、注意事项

鲁西南地区的小尾寒羊公羊个体大、生性好斗。尤其是经常参加斗羊比赛的羊，彪悍凶猛，不仅擅长与羊相互抵斗，而且对人有较强的攻击性，极易伤人，民间称为抵人；在饲养管理和斗羊期间，外来人员最好不要轻易接近。必须接近时应有主人牵羊或随从，以防意外。

小尾寒羊被誉为“国宝”和“世界超级绵羊”，是发展肉羊生产的最佳基因库。之所以能保存至今，而且品种没有退化，据称与民间盛行的斗羊促进选育和提纯复壮有很大关系。

参考文献

[1] 许腾. 小尾寒羊的斗性研究与开发. 山东畜牧兽医，2005(5)：16-17.
[2] 徐斌. 别具一格的鲁西斗羊活动. 中国草食动物，2005，25(3)：45.
[3] 孙鹏. 郓城斗羊（内部资料）. 2009.
[4] 何绍钦. 浅谈小尾寒羊赛羊会的组织及意义. 畜牧兽医杂志，2002，21(5)：21-23.

第十二章　屠宰与加工

Chapter 12　Mutton processing technology

对小尾寒羊育肥羔羊实施屠宰与加工，是养羊生产的重要环节。优质羊肉的获得很大程度上取决于羊的年龄、杂交组合、育肥方式与屠宰加工条件与方法。通常把活羊经过刺杀、放血、开膛去内脏，最后加工成胴体及羊肉制品等一系列处理过程称为屠宰与加工。在羊肉加工、贮藏、运输和销售等过程中必须实施全程的质量控制和卫生监督管理。

第一节　屠宰与贮藏

Section 1　Slaughter and storage

一、屠宰

屠宰是羊肉加工的重要环节，主要包括屠宰前的准备、疫病检验、宰杀、放血、剥皮、剖解、同步卫检、冷却排酸等过程。肉羊屠宰应遵守《畜类屠宰加工通用技术条件》、《肉类加工厂卫生规范》等有关规定。

(一)屠宰前的准备

屠宰用的活羊应来自非疫区，在宰前必须进行健康检查，观察口腔、鼻孔、眼睛有无过多的分泌物，肛门周围有无粪便污染，行动是否正常，有无厌食、停食、呼吸困难、精神委靡等现象。患传染病的羊，不能屠宰和生产商品羊肉，注射炭疽菌苗的羊在 14 d 内不得屠宰，被狂犬或疑似狂犬咬伤的羊，超过 8 d 也不得屠宰，只有经过临床检查健康的羊，才能屠宰。

羊只在宰前应得到充分休息。羊只长途运输后会产生疲劳，机体的生理过程变得迟缓或受到抑制，使某些细菌由肠道进入血液，甚至随血液流动进入肌肉组织和其他脏器。此外，在运输中由于饲喂和饮水受到限制以及精神紧张，使机体的新陈代谢产物不能正常排出。因此，经长途运输的羊只在宰前至少应饲养 2 d，以得到充分休息。

活羊在宰前 16～24 h 要停止放牧和给食，断食期间供给充足饮水至宰前 2 h，以防止胃肠过分膨胀，造成解体时困难，又可节约饲料，保持有效活重，使羊只在屠宰时放血充分和容易剥皮。

(二)屠宰

1. *放血*　屠宰时，不要让羊惊慌和过于挣扎，以免血液流入肌肉，造成内脏和尸体放血不全。宰杀时，将羊固定在宰羊的槽形凳上，用尖刀在下颌角附近刺透颈部，割断颈动脉，并挑断气管，充分放血，应避免刺破食管。放血时注意把羊固定好，防止血液污染毛皮。放血完毕即行剥皮，否则尸体冷却后剥皮困难。

2. *剥皮*　剥皮时，将羊四肢朝上放在清洁平整的地面上，也可将尸体倒挂在横梁上(图

12-1)，用尖刀沿腹中线挑开肚皮，向前沿胸部中线挑至嘴角，再沿腹中线向后经肛门切至尾尖，然后从两前后肢内侧，垂直于腹中线向前肢和后肢各挑开两条横线，前肢到腕部，后肢到飞节(图 12-2)。

图 12-1　绵羊屠体倒挂示意图

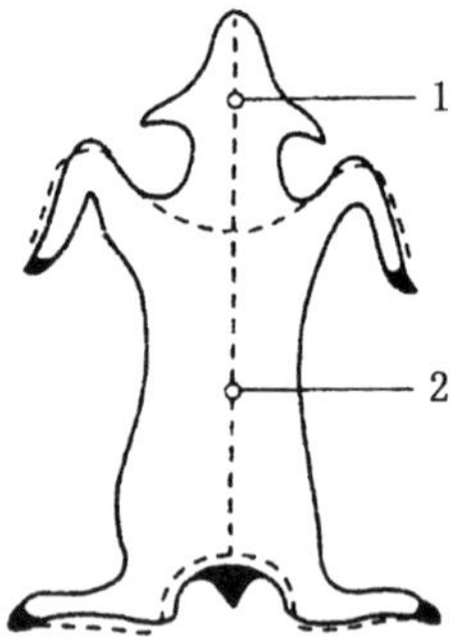

图 12-2　剥皮示意图

1.喉管　2.脐

剥皮时先用刀沿挑开的皮层向内剥开 5～10 cm，然后用拳揣法将整个羊皮剥下。剥皮时，尽量少用刀剥，以免损伤皮板，皮上力求不带肌肉。剥下的羊皮要求毛皮形状完整，不可缺少任何一部分，特别是羔羊皮，要求全头、全耳、全腿，并去掉耳骨、腿骨及尾骨，公羔的阴囊也应留在羔皮上。剥皮时要防止人为伤残毛皮，否则将降低毛皮的使用价值。

3.开膛解体　剥皮后将躯体从寰枕关节处切断、去头。前肢至桡骨以下，后肢至胫骨以下去蹄。然后顺腹中线开膛，除留肾及肾周围脂肪外，全部内脏出膛，胴体静置 30～40 min 后称重。

(三)同步卫检

同步卫检是羊屠宰加工工艺中的重要工序，胴体与内脏分别同步输送，准确检查羊内脏有无病变，确保肉质的质量。同步卫检的设备有①落地盘式输送机和悬挂输送机同步输送，盘式输送机输送内脏等下水，悬挂输送机传送胴体。②两条悬挂输送机同步输送，一条输送内脏等下水，另一条传送胴体。

(四)冷却排酸

排酸就是肉食品的后熟。肉类排酸是现代肉品学及营养学所提供的一种肉类后成熟工艺。羊被宰杀后，肌肉组织转化成可食用的肉要经历一定的变化，包括肉的僵直、解僵和成熟等一系列过程。羊死后机体内因生化作用产生乳酸，若不及时经过充分的冷却处理，则积聚在肌肉组织中的乳酸会损害肉的品质。排酸肉是在严格控制冷却间的温度一般为 0～4℃，相对湿度 75%～84%，冷却后的胴体中心温度不高于 7℃，一般冷却 24 h，使屠宰后的羊胴体迅速冷却，肉中的酶发生反应，将部分蛋白质分解成氨基酸，同时排空血液及占体重 18%～20%的体液，从而减少了有害物质的含量，食用更安全。

“热鲜肉”与“冷冻肉”是大多数人所熟悉的两种生肉。与凌晨宰杀、清晨上市的热鲜肉相比，排酸肉始终处于冷却温度控制之下(0～4℃)，大多数微生物的生长繁殖受到抑制，肉毒杆菌和金黄色葡萄球菌等不再分泌毒素，确保了肉类的安全卫生。此外，由于经历了较为充分的解僵过程，肉质柔软有弹性，好熟易烂，口感细腻，味道鲜美。冷冻肉则是在低于－18℃的条件下以冻结形式保存。与之相比，排酸肉具有汁液流失少、营养价值较高等优点。

(五)检验

屠宰后检验是屠宰前检验的继续，羊屠宰后检验的主要目的是为了发现处于潜伏期或症状不明显的早期病羊。因此，必须选择最能反映机体病理状态的器官组织进行解剖分析，并严格按照一定的方法和程序进行检验。宰后检验分为头部检验、内脏检验、胴体检验三个基本环节。

二、屠宰测定

1.胴体重　指屠宰放血后，剥去毛皮、去头、去内脏及前肢膝关节和后肢趾关节以下部分后，整个躯体(包括肾脏及周围脂肪)静置 30 min 后的重量。

2.净肉重　指用温胴体精细剔除骨头后余下的净肉重量。要求在剔后的骨头上附着的肉量及耗损的肉屑量不能超过 300 g。

3.屠宰率　指胴体重与宰前活重(宰前空腹 24 h)之比。

$$屠宰率=\frac{胴体重}{宰前活重}\times 100\%$$

4.净肉率　指胴体净肉重占宰前活重的百分比。

$$净肉率=\frac{净肉重}{宰前活重}\times 100\%$$

5.胴体净肉率　指胴体净肉重占胴体重的百分比。

$$胴体净肉率=\frac{胴体净肉重}{胴体重}\times 100\%$$

6.骨肉比　指胴体骨重与胴体净肉重之比。

$$骨肉比=\frac{骨重}{净肉重}$$

7.眼肌面积　测量倒数第 1 与第 2 肋骨之间脊椎上眼肌(背最长肌)的横切面积，因为它与产肉量呈高度正相关。测定方法：一般用硫酸绘图纸描绘出眼肌横切面的轮廓，再用求积仪计算出面积。如无求积仪，可用下列公式估测：

$$眼肌面积(cm^2)=眼肌高度(cm)\times 眼肌宽度(cm)\times 0.7$$

8.GR 值　指在第 12 与第 13 肋骨之间，距背脊中线 11 cm 处的组织厚度，作为代表胴体脂肪含量的标志(图 12-3)。GR 值大小与胴体膘分的关系为：0～5 mm，胴体膘分 1(很瘦)；6～10 mm，胴体膘分 2(瘦)；11～15 mm，胴体膘分 3(中等)；16～20 mm，胴体膘分 4(肥)；21 mm 以上，胴体膘分 5(极肥)。

三、胴体分割

绵羊的胴体大致可分割成八大块(图 12-4)。

将胴体从中间分切成两片，各包括前躯肉及后躯肉两部分。前躯肉与后躯肉的分切界限

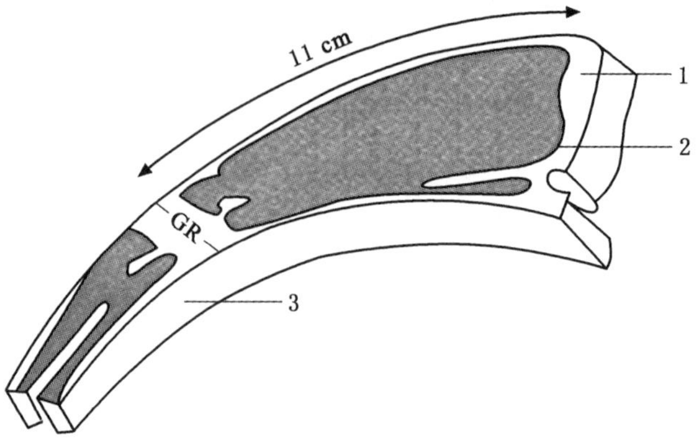

图 12-3 GR 值测定部位示意图

1. 背脊 2. 肌肉 3. 第 12 肋骨

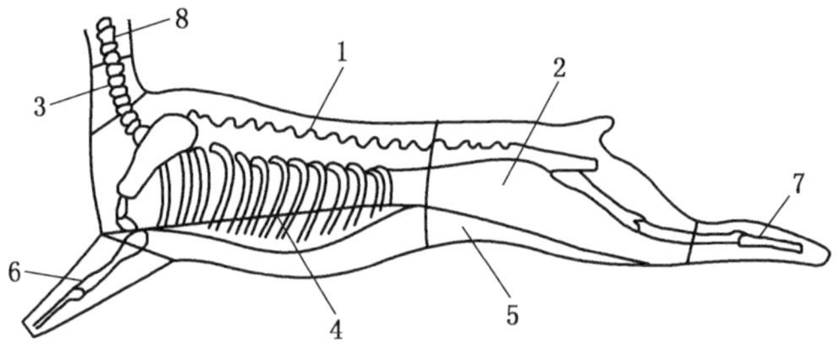

图 12-4 绵羊胴体分割示意图

1. 肩背部 2. 臀部 3. 颈部 4. 胸部 5. 腹部
6. 前腿 7. 后小腿 8. 颈部切口

在第 12 与第 13 肋骨之间，即在后躯上保留一对肋骨。前躯肉包括肋肉、肩肉和胸肉，后躯肉包括后腿肉及腰肉。胴体上最好的肉为后腿肉和腰肉，其次为肩肉，再次为肋肉和胸肉。

后腿肉：从最后腰椎处横切。

腰肉：从第 12 对肋骨与第 13 对肋骨之间横切。

肋肉：从第 12 对肋骨处至第 4 与第 5 对肋骨间横切。

肩肉：从第 4 对肋骨处起，包括肩胛部在内的整个部分。

胸肉：包括肩部及肋软骨下部和前腿肉。

腹肉：整个腹下部分的肉。

四、胴体分级

我国制定的肉羊胴体分级标准分为三大类，每类又分为四个等级（NY/T 630—2002），见表 12-1，感观指标和理化指标分别见表 12-2 和表 12-3。

表 12-1　肉羊胴体等级及分级标准

项目	大羊肉				羔羊肉				肥羔肉			
	特等级	优等级	良好级	可用级	特等级	优等级	良好级	可用级	特等级	优等级	良好级	可用级
胴体重量（kg）	>25	22～25	19～22	16～19	18	15～18	12～15	9～12	>16	13～16	10～13	7～10
肥度	背膘厚度0.8～1.2 cm，腿、肩、背部脂肪丰富，肌肉不显露，大理石花纹丰富	背膘厚度0.5～0.8 cm，腿、肩部覆有脂肪，腿部肌肉略显露，大理石花纹明显	背膘厚度0.3～0.5 cm，腿、肩、背部覆有薄层脂肪，腿、肩部肌肉略显露，大理石花纹略显	背膘厚度≤0.3 cm，腿、肩、背部脂肪覆盖少，肌肉显露，无大理石花纹	背膘厚度0.5 cm以上，腿、肩、背部覆有脂肪，肌肉略显露，大理石花纹明显	背膘厚度0.3～0.5 cm，腿、肩、背部覆有薄层脂肪，腿、肩膀部肌肉略显露，大理石花纹略显	背膘厚度0.3 cm以下，腿、肩、背部脂肪覆盖少，肌肉显露，无理石花纹	背膘厚度≤0.3 cm，腿、肩、背部脂肪覆盖少，肌肉显露，无大理石花纹	眼肌大理石花纹略显	无大理石花纹	无大理石花纹	无大理石花纹
肋肉厚（cm）	≥14	9～14	4～9	0～4	≥14	9～14	4～9	0～4	≥14	9～14	4～9	0～4
肉脂硬度	脂肪和肌肉硬实	脂肪和肌肉较硬实	脂肪和肌肉略软	脂肪和肌肉软	脂肪和肌肉硬实	脂肪和肌肉较硬实	脂肪和肌肉略软	脂肪和肌肉软	脂肪和肌肉硬实	脂肪和肌肉较硬实	脂肪和肌肉略软	脂肪和肌肉软
肌肉发育程度	全身骨骼不显露，腿部丰满充实，肌肉隆起明显，背部宽平，肩部宽厚充实	全身骨骼不显露，腿部较丰满充实，微有肌肉隆起明显，背部和肩部比较宽厚	肩隆部及颈部脊椎骨尖稍突出，腿部欠丰满，无肌肉隆起，背和肩稍窄、稍薄	肩隆部及颈部脊椎骨尖稍突出，腿部窄、瘦，有凹陷，背部和肩膀部窄、薄	全身骨骼不显露，腿部丰满充实，肌肉隆起明显，背部宽平，肩部宽厚充实	全身骨骼不显露，腿部较丰满充实，微有肌肉隆起明显，背部和肩部比较宽厚	肩隆部及颈部脊椎骨尖稍突出，腿部欠丰满，无肌肉隆起，背和肩稍窄、稍薄	肩隆部及颈部脊椎骨尖稍突出，腿部窄、瘦，有凹陷，背部和肩膀部窄、薄	全身骨骼不显露，腿部丰满充实，肌肉隆起明显，背部宽平，肩部宽厚充实	全身骨骼不显露，腿部较丰满充实，微有肌肉隆起明显，背部和肩部比较宽厚	肩隆部及颈部脊椎骨尖稍突出，腿部欠丰满，无肌肉隆起，背和肩稍窄、稍薄	肩隆部及颈部脊椎骨尖稍突出，腿部窄、瘦，有凹陷，背部和肩膀部窄、薄
生理成熟度	前小腿至少有一个控制关节，肋骨宽、平	前小腿至少有一个控制关节，肋骨宽、平	前小腿至少有一个控制关节，肋骨宽、平	前小腿至少有一个控制关节，肋骨宽、平	前小腿折裂关节，折裂关节湿润，颜色鲜红，肋骨略圆	前小腿可能有控制关节或折裂关节，肋骨略平、宽	前小腿可能有控制关节或折裂关节，肋骨略平、宽	前小腿可能有控制关节或折裂关节，肋骨略平、宽	前小腿有折裂关节，折裂关节湿润，颜色鲜红，肋骨略圆	前小腿有折裂关节，折裂关节湿润，颜色鲜红，肋骨略圆	前小腿有折裂关节，折裂关节湿润，颜色鲜红，肋骨略圆	前小腿有折裂关节，折裂关节湿润，颜色鲜红，肋骨略圆
肉脂色泽	肌肉深红色，脂肪乳白色	肌肉深红色，脂肪白色	肌肉深红色，脂肪黄色	肌肉深红色，脂肪黄色	肌肉红色，脂肪乳白色	肌肉红色，脂肪白色	肌肉红色，脂肪浅黄色	肌肉红色，脂肪黄色	肌肉浅红色，脂肪乳白色	肌肉浅红色，脂肪白色	肌肉浅红色，脂肪乳浅黄色	肌肉浅红色，脂肪黄浅色

表 12-2　羊肉具体感官指标

项目	鲜羊肉	冻羊肉(解冻后)
色泽	肌肉有光泽,色鲜红或深红,脂肪呈乳白或淡黄色	肌肉色鲜艳,有光泽,脂肪呈乳白色
黏度	外表微干或有风干膜,不粘手	外表微干或有风干膜,或湿润,不粘手
弹性	指压后的凹陷立即恢复	肌肉结构紧密,有坚实感,肌纤维韧性强
气味	具有鲜羊肉的正常气味	具有羊肉的正常气味
肉汤状态	透明澄清,脂肪团聚于表面,具有特殊香味	澄清透明,脂肪团聚于表面,具有羊肉汤固有的香味或鲜味

表 12-3　羊肉具体理化指标

项目	鲜羊肉	冻羊肉
挥发性盐基氮(mg/100 g)	≤15	≤15
汞(mg/kg,以汞计)	≤0.05	≤0.05

我国制定的鲜羊肉分级标准(GB 2723—1981),共分 2 个等级。其感官指标和理化指标如表 12-4 和表 12-5 所示。

表 12-4　鲜羊肉感官指标

项目	一级鲜度	二级鲜度
色泽	肌肉有光泽,红色均匀,脂肪洁白或淡黄色	肌肉色稍暗,切面尚有光泽,脂肪缺乏光泽
黏度	外表微干或有风干膜,不粘手	外表干燥或粘手,新切面湿润
弹性	指压后的凹陷立即恢复	指压后的凹陷恢复慢,且不能完全恢复
气味	具有鲜羊肉的正常气味	稍有氨味或酸味
肉汤状态	透明澄清,脂肪团聚于表面,具有香味	稍有浑浊,脂肪呈小滴浮于表面,香味差或无香味

表 12-5　鲜羊肉理化指标

项目	一级鲜度	二级鲜度
挥发性盐基氮(mg/100 g)	≤15	≤25
汞(mg/kg,以汞计)	≤0.05	≤0.05

我国冻羊肉卫生标准(GB 2709—1981),共分 2 个等级。感官指标(解冻后)如表 12-6 所示。理化指标同"鲜羊肉理化指标"。

表 12-6　冻羊肉解冻后感官指标

项目	一级鲜度	二级鲜度
色泽	肌肉色鲜艳,有光泽,脂肪白色	肉色稍暗,肉与脂肪缺乏光泽,但切面尚有光泽,脂肪稍发黄
黏度	外表微干或有风干膜,或湿润,不粘手	外表干燥或轻度粘手,切面湿润粘手
组织状态	肌肉结构紧密,有坚实感,肌纤维韧性强	肌肉组织松弛,肌纤维有韧性
气味	具有羊肉正常气味	稍有氨味或酸味
肉汤状态	透明澄清,脂肪团聚于表面,具有鲜羊肉汤固有的香味和鲜味	稍有浑浊,脂肪呈小滴浮于表面,香味鲜味较差

在国外，一般将羊肉分为大羊肉和羔羊肉两种，前者指周岁以上换过门齿的，后者指生后不满1年，完全是乳牙的绵羊肉，其中生后4～6月龄屠宰的称肥羔肉。国外对绵羊胴体的分级，不同国家和地区标准也不一样。

(1)大羊肉胴体分级标准

一级：胴体重25～30 kg，肉质好，脂肪含量适中，第6对肋骨上部棘突上缘的背部脂肪厚度0.8～1.2 cm。

二级：胴体重21～23 kg，背部脂肪厚度0.5～1.0 cm。

三级：胴体重17～19 kg，背部脂肪厚度0.3～0.8 cm。

凡不符合三级要求的均列为级外胴体。

(2)羔羊肉胴体分级标准

一级：胴体重20～22 kg，背部脂肪厚度0.5～0.8 cm。

二级：胴体重17～19 kg，背部脂肪厚度在0.5 cm左右。

三级：胴体重15～17 kg，背部脂肪厚度在0.3 cm以上。

凡不符合三级要求的均列为级外胴体。

(3)肥羔肉胴体分级标准

一级：胴体重17～19 kg，肉质好，脂肪含量适中。

二级：胴体重15～17 kg，肉质好，脂肪含量适中。

三级：胴体重13～15 kg，肌肉发育中等，脂肪含量略差。

凡不符合三级要求的均列为级外胴体。

五、羊肉贮藏

肉羊屠宰后，胴体的组织很快会凝固，形成尸体的僵硬状态，经过3～4 h后，肌肉变成酸性，肉质柔软，剖面颜色由最初的鲜红变成淡棕红色，这种变化称为鲜肉的自溶作用。之后又变为碱性即腐败作用的开始，若不注意保存，羊肉便腐败而不能食用。羊肉的贮藏方法很多，主要有生物贮藏法、化学贮藏法和物理贮藏法。物理贮藏法又有低温贮藏法和光照辐射贮藏法。

目前低温贮藏法是现代原料肉贮藏的最好方法之一。这种方法不会引起动物组织的根本变化，却能抑制微生物的生命活动，延缓由组织酶、氧和光的作用而产生的化学的和生物化学的变化过程，可以较长时间完善保持肉的品质。

低温贮藏的基本原理是低温可以抑制微生物的生命活动和酶活性，从而达到贮藏保鲜的目的。由于能保持肉的颜色和状态，方法易行，贮藏量大，安全卫生，因此这种方法被广泛应用。

1.冷却贮藏法　冷却贮藏包括冷室贮藏和室外自然冷却贮藏。

(1)*冷室贮藏*　将肉羊胴体放入设有良好通风和降温设备的冷却室，室内温度－3℃，经24～28 h，肉表面形成一层干燥层，胴体深处温度为2～4℃。冷却后的肉移至冷藏间保存，温度为1～－1℃，相对湿度85%，保存20 d，若延长保存期，室温应更低。

(2)室外自然冷却贮藏　我国北方无冷库设施的一些高寒牧区，实行就地屠宰和自然冷却。其方法是将屠宰后羊的胴体平放堆垛，也有在建筑物的阴面墙上把胴体倒挂，使之冷冻，要求当地气温一般在－20℃左右，作短期保存。

2.冷冻贮藏法　对于需要久贮的羊肉，经过冷却后送至冷冻室冻结，室温－23℃，经 24～60 h，肉内温度达－15～－18℃，移入冷藏间保存，冷藏间温度－18℃，相对湿度 95%～98%，可保存 5～12 个月。在冷冻贮藏过程中，羊肉中的绝大部分水分(80%以上)形成冰晶，该过程称为肉的冻结。羊肉冻结的目的是使肉类保持在低温下，防止肉体内部发生微生物的、化学的、酶的以及一些物理的变化，借以防止肉类的品质下降。冻结肉在冻藏过程中会发生一系列变化，如冻结时形成的冰晶在冻藏过程中会逐渐变大，这会破坏细胞结构，使蛋白质变性，造成解冻后汁液流失、风味和营养价值下降，同时冻藏过程中还会造成一定程度的干耗。要克服这些问题，除采用深温快速冻结外，在冻藏中温度也应尽量降低、少变动，特别要注意避免在－18℃左右温度的变动。

冻结肉的解冻:冻结的肉类，在使用前必须先解冻。影响解冻肉质的因素有冻结温度及冻藏温度、肉的 pH、解冻速度及冻结方法等。当冻结温度高、贮藏温度高、贮藏期温度变化大时，解冻时肉汁流失多。目前常用的解冻方法有空气解冻法、水解冻法、微波解冻法。

(1)空气解冻法　自然解冻，是一种最简单的解冻方法，分为低温微风解冻和空气压缩解冻。在 0～5℃冷藏库内，低风速加湿空气，经 14～24 h 均匀解冻的方法称为低温微风解冻，又称缓慢解冻。这种方法的优点是解冻肉的整体硬度一致，便于加工，缺点是费时。压缩空气解冻法也是空气解冻法的一种，是指冻肉在 15～20℃、相对湿度 70%～80%、风速 1～1.5 m/s 的流动空气中解冻。这种解冻方法是在普通的流动空气式解冻的基础上，再施加一定的压力对肉进行解冻，经 20～30 h 解冻完成。

(2)水解冻法　用 4～20℃的清水对冻肉进行浸泡或喷洒以解冻。此方法适用于肌肉组织未被破坏的半胴体或 1/4 胴体，不适用于分割肉。此方法的优点是速度快、肉汁损失少。在 10℃水中解冻半胴体需 13～15 h，用 10℃水喷洒解冻需 20～22 h。

(3)微波解冻法　频率为 2 450 MHz 的微波照射到肉时，会引起肉中水分子激烈振动，产生摩擦而使冻结肉温度上升以达到解冻目的。其特点是解冻速度快，一定厚度的肉微波解冻 1 h 完成，而空气解冻需要 10 h 左右。

3.二氧化碳气体贮藏法　近年来瑞典研究出的这种简单而又廉价的鲜肉非冷冻保存法受到普遍重视和采用。此法是将鲜肉置于 100%二氧化碳气体的室内或集装箱中，既可抑制腐败菌的繁殖，又不对乳酸菌产生任何有害作用。采用此法能将鲜肉的保存期由一般的 10～20 d 提高到 40～80 d，若在 5.065×10^5 Pa 下保存，贮藏期可长达 4 个月。此法的缺点是，用二氧化碳处理过程中，鲜肉的颜色变成灰白色，但是应用这种方法保存的鲜肉与氧气接触后，肉色又能恢复正常。

4.辐射贮藏法　羊肉辐射贮藏是指利用放射性元素 ^{60}Co、^{137}Cs 在一定剂量范围内辐射羊肉，杀灭病原微生物及腐败菌，抑制肉品中某些生物活性物质的生理活性，从而达到贮藏的目的。此方法不会使肉内温度升高，不会引起肉在色、香、味等方面的变化，属于物理处理过程，无化学药物残留，不污染环境，方法简便，适合于各种包装的羊肉。该方法已被 WHO 和 FDA 证实是安全、高效、节能的保藏方法。辐射杀菌根据其目的及剂量的不同可分为辐射消毒杀菌及辐射完全杀菌两种方式。

5.热处理贮藏法　热处理是通过加热来杀死羊肉中的腐败菌和有害微生物，抑制酶类活动的一种保存方法。羊肉热处理保存中有巴氏杀菌和高温灭菌两种方法。

(1)巴氏杀菌法　把羊肉在低于 100℃的水或蒸汽中处理，使肉的中心温度达到 65～

75℃、保持 10～30 min 的杀菌方法称为羊肉巴氏杀菌法。在此温度下，羊肉制品中几乎全部的酶和微生物均被灭活或杀死，但细菌的芽孢仍然存活。

(2)高温灭菌法 羊肉在 100～120℃的温度下处理的灭菌方法称为羊肉高温灭菌。经这样的处理，基本可以杀死羊肉中存在的所有细菌及芽孢，即使有少数存活，也不能生长繁殖引起腐败，从而可以使羊肉制品在常温下保存半年以上不变质。

6. 真空、充气包装贮藏法 真空、充气包装贮藏主要应用于分割羊肉的短期贮藏。若在－2～－3℃的条件下存放，其贮藏期可达 6～12 个月。真空包装是采用气密性的复合包装袋，在真空为－0.4～0.8 MPa 的条件下，通过真空包装机对分割羊肉进行包装。真空包装羊肉可以抑制嗜氧性细菌的繁殖，在冷链系统中真空包装羊肉的货架期至少可达到 3 周。充气包装是控制腐败微生物、延长鲜羊肉货架期的最新技术。充气包装的基本原理是改变包装容器或包装袋内的气体组分和浓度，常使用的三种气体是二氧化碳、氧气和氮气，三种气体按一定比例有机组合的气调贮藏是非常有效的贮存手段。10％二氧化碳、5％氧气和 85％氮气可使鲜羊肉的货架期达到 10 d 以上。

7. 干燥贮藏法 羊肉中含水量达 70％左右，经脱水后可使水分含量减少到 6％～10％。水分下降可阻碍微生物繁殖，降低脂肪氧化速度，从而达到贮藏的目的。干燥羊肉方法目前主要采用低温升华干燥，即在低温且具有一定真空度的密闭容器中，肉中水分直接从冰升华为气体使其脱水干燥。这种方法干燥速度快，能保持羊肉的特性，加水后可迅速恢复到原来的状态，是近年来重点发展的一种高新肉类贮藏方法。

8. 盐渍贮藏法 食盐的作用主要是降低水分活性，造成生理干燥，抑制微生物活动。当食盐与羊肉接触时，羊肉的细胞被盐液所包围，这时细胞内水分通过细胞膜向外渗透，食盐向细胞内渗透，至内外盐溶液浓度平衡为止。结果使羊肉脱水，羊肉表面的微生物也因相同作用而失去活性。用食盐贮藏羊肉时，必须防止腐败菌的污染，降低贮存温度，才能取得较满意的效果。

六、羊肉保鲜

羊肉的腐败变质主要是由于肉中的酶及微生物的作用，使蛋白质分解以及脂肪氧化而引起的，羊肉保鲜便是针对这几个腐败因素，采用不同的方法杀死腐败微生物并抑制其在羊肉中的生长繁殖，控制脂肪氧化，从而达到保鲜的目的。目前羊肉保鲜技术主要有以下 6 种。

1. 涂膜保鲜技术 涂膜保鲜是将羊肉涂抹或浸泡在特制的保鲜剂中，在羊肉的表面形成一层保护性薄膜，以防止外界微生物侵入、肉汁流失、肉色变暗，在一定时期内保持羊肉新鲜的一种方法。目前使用的涂膜材料多为可食性的，涂膜保鲜的具体方法是先配制高黏度涂膜溶液，现在多用的配方是：水 1 L，食盐 1.8 kg，葡萄糖 0.36 kg，麦芽糊精 6 kg，用柠檬酸调整 pH 为 3.5。使用时，先将新鲜羊肉切成 2 kg 左右的条或块，放入配制好的溶液中浸一下，使羊肉表面形成一层薄膜。实践表明，经处理的鲜羊肉在 40℃下可保鲜 4～6 d。所配制的高黏度溶液可保持 6 个月不变质，并能继续使用。

2. 可食性包装膜保鲜技术 美国开发的胶原薄膜，采用动物蛋白胶原制成，具有强度高、耐水性和隔绝水蒸气性能好等特点，解冻烹调时即溶化，可食用，用于包装羊肉食品不会改变其风味。其他可食性蛋白膜如牛奶蛋白质膜、酪蛋白膜、玉米醇溶蛋白膜等，以及最新研制成功的具有抗菌功能的可食性包装膜等，如在玉米醇溶蛋白或大豆蛋白单膜中添加溶菌酶等抑制成分，可控制肉品中病原菌的生长或由微生物引起的食品腐败。目前可食性包装膜种类繁多，可根据具体情况，按相应的配方进行生产，以达到较好的保鲜效果。

3.改善和控制气氛保鲜技术　改善和控制气氛包装也称为气调包装，是最具有发展前景的肉品保鲜技术，其特点是以小包装形式将产品封闭在塑料包装材料中，其内部环境气体可以是封闭时提供，或者是在封闭后靠内部产品呼吸作用自发调整形成。目前，改善和控制气氛包装得到广泛的使用，最常见的方法是真空和充气包装、MAP及CAP等。用改善和控制气氛包装技术延长羊肉食品保存期是近年来国内外研究的热点。

4.新含气调理保鲜技术　新含气调理羊肉加工保鲜技术是针对目前普遍使用的真空包装、高温杀菌等常规方法的不足而开发出来的一种适合于各类新鲜方便肉品或半成品的新技术。新含气调理肉品保鲜技术的工艺流程分为初加工、预处理、气体置换包装和调理杀菌四个步骤。在此工艺流程中，灭菌处理与多阶段升温的温和式杀菌相互配合，在较低温度条件下杀菌，即可达到商业上的无菌要求，从而最大限度地保留了肉品的色、香、味、口感和形状。新含气调理食品多使用高阻隔性能的透明包装材料，在常温避光的条件下可保存半年到1年时间。

5.防腐保鲜剂保鲜技术　由于世界性的能源短缺，各国人员都在致力于开发节能型的保鲜技术，各种防腐剂的应用成为目前研究的又一热点。有机酸及其盐类防腐剂已广泛应用于肉类食品的保鲜。由于人们对合成防腐保鲜剂的恐惧，开发天然的新型保鲜剂已成为当今防腐保鲜剂研究的主流。天然保鲜剂由于其非人工合成的特点是今后防腐保鲜剂的发展趋势。防腐保鲜剂分为化学防腐保鲜剂和天然防腐保鲜剂。化学防腐保鲜剂主要有乙酸、乳酸钠、山梨酸及其钾盐、硝酸盐及亚硝酸盐、食盐、磷酸盐等；天然防腐剂包括茶多酚、香辛料提取物、乳酸链球菌素等。

6.真空冻干保鲜技术　真空冷冻干燥脱水技术是一项食品、药物的护色、保鲜、保质、保味的高新技术，简称为冻干技术。真空冻干是在低温条件下对含水物料冻结，再在高真空度下加热，使固态冰升华，脱去物料中的水分；食用时，将这种物品浸入水中很快就能恢复，类似鲜品，最大限度地保留了原有的色、香、味及营养成分和生理活性成分。这种食品从本质上讲优于传统的热风干燥、喷雾干燥、真空干燥等脱水食品，从储运角度讲这种食品远远优于速冻食品和罐装食品。冻干食品因脱水较彻底，包装时不加任何防腐剂便可长时间贮藏保鲜。

第二节　羊肉的营养价值与保健功能

Section 2　The nutrition and health function of fat lamb meat

一、营养价值

小尾寒羊肉属于高蛋白、低脂肪、低胆固醇的营养食品，其味甘性温，益气补虚，强壮筋骨，具有独特的保健作用，经常食用可以增强体质，延年益寿。特别是羔羊肉具有瘦肉多、肌肉纤维细嫩、脂肪少、膻味轻、味美多汁、容易消化等特点，古往今来一直都很受消费者欢迎。在国外，羔羊肉所占的比例增长较快，不少国家羔羊肉的产量已经远远超过成年羊肉的产量。美国羔羊肉的产量占全部羊肉产量的70%，新西兰占80%，澳大利亚占85%，法国占75%，英国占94%。

除信奉伊斯兰教的民族以牛肉、羊肉作为主要肉食外，许多国家和地区的消费者也趋向于取食牛肉、羊肉，目的是减少动物性脂肪的摄取量，避免摄入过多的胆固醇，以减少心血管疾病的威胁。100 g 羊肉（肥瘦平均）的主要营养成分为：可食部分 90 g、水分 65.7 g、能量 849 kJ、蛋白质 19 g、脂肪 14.1 g、胆固醇 92 mg、灰分 1.2 g、维生素 A22 mg、视黄醇 22 mg、硫胺素 0.05 μg、核黄素 0.14 mg、尼克酸 4.5 mg、维生素 E(T)0.26 mg、钙 6 mg、磷 146 mg、钾 232 mg、钠 80.6 mg、镁 20 mg、铁 2.3 mg、锌 3.22 mg、硒 32.2 mg、铜 0.75 mg、锰 0.02 mg。

与其他肉类相比，羊肉具有以下特点：①羊肉的蛋白质含量高而脂肪含量低。其蛋白质含量低于牛肉，高于猪肉，脂肪含量高于牛肉而不及猪肉且胴体脂肪层薄。②羊肉中的必需氨基酸含量高于牛肉、猪肉。③羊肉中含有丰富的维生素和钙、磷、铁等矿物质，铜和锌含量显著超过其他肉类。④羊肉中胆固醇含量与其他肉类相比较低。如 100 g 可食瘦肉中胆固醇含量：羊肉为 65 mg，牛肉为 63 mg，猪肉为 77 mg，鸭肉为 80 mg，兔肉 83 mg，鸡肉 117 mg。⑤羊肉脂肪中含有挥发性脂肪酸，使其具有特殊风味（膻味），为许多人所喜食。⑥羊肉肌纤维束较细嫩，容易熟，易消化。

根据中国预防医学科学院营养与食品卫生研究所测定，在每 100 g 可食瘦肉中，常食用的几种主要肉类的热能值、化学成分和胆固醇含量见表 12-7。

表 12-7 几种主要肉类的热能值、化学成分和胆固醇含量(100 g 可食瘦肉)

肉类	热能		水分(g)	蛋白质(g)	脂肪(g)	碳水化合物(g)	胆固醇(mg)
	kJ	kcal					
羊肉	494	118	74.2	20.5	3.9	0.2	60
牛肉	444	106	75.2	20.2	2.3	1.2	58
猪肉	598	143	71.0	20.3	6.2	1.5	81
马肉	510	122	74.1	20.1	4.6	0.1	84
鸡肉	699	167	69.0	19.3	9.4	1.3	106
鸭肉	1 004	240	63.9	15.5	19.7	0.2	94
鹅肉	1 025	245	62.0	17.9	19.9	0.2	74
兔肉	427	102	76.2	19.7	2.2	0.9	59
鸽肉	841	201	66.6	16.5	14.2	1.7	99
鲤鱼肉	456	109	76.7	17.6	4.1	0.5	84

王金文等(2007)按照美国 NRC 标准配制饲料，对 5～6 月龄、体重 45.98～48.5 kg 的小尾寒羊公羔 4 只进行育肥。经屠宰取背最长肌和股二头肌，对羔羊肉中蛋白质、氨基酸、矿物质、微量元素、胆固醇和有毒有害元素含量进行测定。结果表明：小尾寒羊肥羔肉中干物质含量为 23.17%，粗蛋白质含量为 19.6%，粗脂肪含量为 2.24%，灰分含量为 1.85%，常量矿物质元素中，以磷和钙的含量最丰富，分别为 0.21%和 0.038%。

每 100 mg 小尾寒羊肥羔肉中，17 种氨基酸总量为 18.42 g，其中天冬氨酸含量为 1.8 g，苏氨酸含量为 0.88 g，丝氨酸含量为 0.77 g，谷氨酸含量为 3.21 g，甘氨酸含量为 0.93 g，丙氨酸含量为 1.13 g，胱氨酸含量为 0.09 g，缬氨酸含量为 1.04 g，蛋氨酸含量为 0.42 g，异亮氨酸含量为 0.92 g，亮氨酸含量为 1.59 g，酪氨酸含量为 0.63 g，苯丙氨酸含量为 0.79 g，赖氨酸含量为 1.68 g，组氨酸含量为 0.59 g，精氨酸含量为 1.25 g，脯氨酸含量为 0.72 g。

小尾寒羊肥羔肉中锌的含量为 34 mg/kg，铁含量为 59.67 mg/kg，锰含量为 0.43 mg/kg，铜含量为 0.47 mg/kg，硒含量为 0.046 mg/kg；肥羔肉中胆固醇含量为 49.21 mg/100 g；有毒有害物质汞、砷、铅均未检出，表明小尾寒羊肥羔生产的生态环境和饲料条件均能达到有机食品的要求。

曾勇庆等(2000)对 12 月龄和 18 月龄去势的小尾寒羊公羔不同解剖部位(背最长肌和股二头肌)肉品的理化性状和食用品质进行了深入研究。结果表明：年龄因素对肉品的大理石纹、失水率、弹硬度、熟肉率、剪切值、肌内脂肪含量、肌纤维直径和密度有显著($P<0.05$)或极显著($P<0.01$)的影响；部位因素对肉品的失水率、弹硬度、肌纤维直径和密度有显著的影响($P<0.05$)。

小尾寒羊的肉品色泽鲜艳(平均肉色评分为 3.76，介于正常鲜红和深红肉色之间)、有弹性(平均弹硬度为 35.80%)，肉品中具有较为适宜的脂肪含量(平均含脂率 2.15%)和较好的大理石纹分布(平均大理石纹评分 2.62，略低于适量的评分)，并且小尾寒羊肉品的持水性能良好，其肉品的平均失水率仅为 6.86%，低于研究报道的中国地方猪种和山东地方猪种肉品的失水率，由于持水性能直接影响肉品的加工和贮存过程，因此具有重要的经济意义。这充分说明小尾寒羊的肉品具有较为理想的外观要求和优良的贮存稳定性。

肉品的质地、嫩度、风味、多汁性和化学成分的含量是重要的食用品质特性。其中，肌肉肌纤维的组织学特性与肉品的质地和嫩度直接相关。Cassens 等(1984)认为，肌肉表面纹理或质地是肌束大小排列的表现，肌束肌纤维愈细，肌纤维密度就愈大，则肌肉表面纹理呈天鹅绒状，肉品品质优良。另外，研究还证明，肌束内肌纤维数是判定肉质细腻致密重要的因素，肌纤维愈细腻者，其肉质愈鲜嫩。本研究结果表明，小尾寒羊肌肉肌纤维直径细(平均 34.56 μm)、密度大(平均 545.38 根/mm^2)，因而肉质细嫩。另外，肉品中脂肪的含量与分布是肉质细嫩多汁而味美的物质基础。对小尾寒羊肌肉结构(肌纤维、肌肉脂肪、结缔组织)的组织学研究证明，小尾寒羊肌肉中脂肪含量适中而分布均匀，并且肌肉中的脂肪与结缔组织呈交叉状态分布，从而减轻了结缔组织中纤维成分的物理强度，使肌束容易分离，肌肉即变得柔软细嫩，适口性强并易于咀嚼。因此，小尾寒羊肉质细嫩、多汁味美之感觉印象在此得到佐证。

不同年龄小尾寒羊和不同部位的肉品品质方面存在一定的差异性，其中，12 月龄小尾寒羊的肉品较为细嫩有弹性，18 月龄小尾寒羊的肉品则风味多汁性较好但质地较为粗老；部位间比较的结果是背最长肌(腰部肉)质地较细嫩但持水性能较差，股二头肌(后腿肉)质地较粗老但持水性能较好。这些研究结果说明，从肉用角度来看，比较而言 12 月龄小尾寒羊的肉品及腰部肉较适合涮炒食用，而 18 月龄小尾寒羊的肉品及腿部肉则较适合炖煮食用。

常新耀等(2008)对 12 月龄和 18 月龄小尾寒羊腰部的背最长肌和后腿的股二头肌的水分、灰分、蛋白质、粗脂肪、17 种氨基酸含量、Ca、P、Mg、Zn、Mn、Fe、Cu、11 种脂肪酸含量进行了测定。结果表明，小尾寒羊肉中氨基酸、Ca、P、Zn、Fe 含量高，蛋白质丰富，氨基酸含量高，能补充人体必需氨基酸，其鲜味氨基酸的含量也丰富；脂肪含量适中，尤其是含有不饱和脂肪酸，如 EPA 和 DHA；还含有人体需要的多种矿物元素。

小尾寒羊肉的水分含量达 75%左右，约占新鲜羊肉的 3/4，12 月龄小尾寒羊的水分略高于 18 月龄；蛋白质的含量占 20%以上，18 月龄小尾寒羊的蛋白质略高于 12 月龄；粗脂肪的含量占 2%左右，18 月龄小尾寒羊的脂肪含量高于 12 月龄；灰分的含量占 1%以上。

背最长肌和股二头肌的氨基酸含量丰富，总量都达到 18%以上，成人必需氨基酸(AE-AA)总量超过 6%，婴儿必需氨基酸(BEAA)总量超过 8%，18 月龄小尾寒羊两个部位氨基酸的总量均超过12月龄。从单一氨基酸来看，两个部位都是谷氨酸(Glu)含量最高，其次是天冬氨酸(Asp)、赖氨酸(Lys)、亮氨酸(Leu)、脯氨酸(Pro)、丙氨酸(Ala)、精氨酸(Arg)。谷氨酸含量达到3.5%以上，谷氨酸的大量存在不仅使羊肉味道鲜美，而且谷氨酸是脑组织生化代谢中的重要氨基酸，参与多种生理活性物质的合成。据报道，精氨酸是许多幼年哺乳动物生长发育的必需氨基酸，通过动物研究表明，精氨酸是创伤后的必需氨基酸，创伤后增加精氨酸的摄入可降低氮的损失，从而促进创伤的愈合。

背最长肌和股二头肌的常量及微量元素含量，总体上看18月龄的矿物元素含量高于12月龄，股二头肌的含量高于背最长肌；它们都含有丰富的常量及微量元素，如钙、磷、锌、铁等，这些矿物元素对人体的正常生命活动起着重要作用。

背最长肌和股二头肌的不饱和脂肪酸含量，羊肉中含有丰富的不饱和脂肪酸，背最长肌的脂肪酸含量高于股二头肌，18月龄的脂肪酸含量高于12月龄。研究发现，4-甲基壬酸($bC_{10:0}$)与羊肉的膻味有关，小于18月龄小尾寒羊的4-甲基壬酸($C_{10:0}$)不足0.3%，膻味很轻。不饱和脂肪酸中二十碳五烯酸($C_{20:5}$，EPA)和二十碳六烯酸($C_{20:6}$，DHA)都是必需脂肪酸，可以预防人的心血管疾病，有助于人脑的发育。近年的研究发现，不饱和脂肪酸还有降血脂、抑制血小板凝集、降血压、提高血液流动性、抗肿瘤、抗炎和免疫调节等作用。

曾勇庆等(2000)对12月龄和18月龄小尾寒羊背最长肌和股二头肌的氨基酸和矿物质营养特性进行了研究。结果表明，不同年龄小尾寒羊的不同部位肉品中的17种氨基酸与计算出的AEAA(成人必需氨基酸)、BEAA(婴儿必需氨基酸)和TAA(总氨基酸)中，Glu、Gly、Cys和TAA在不同年龄小尾寒羊的肉品间存在显著($P<0.05$)或极显著($P<0.01$)的差异，其中，Glu、Gly和TAA在18月龄小尾寒羊肉品中含量显著高于其在12月龄小尾寒羊肉品中含量，而Cys含量则是12月龄极显著高于18月龄。Gly、His、AEAA、BEAA和TAA在不同部位肉品中的含量存在显著或极显著的差异，其中，Gly含量是股二头肌显著高于背最长肌($P<0.05$)，AEAA、BEAA和TAA的含量都是股二头肌极显著高于背最长肌($P<0.01$)。小尾寒羊肉品中AEAA、BEAA和TAA的平均含量分别为6.54 mg/100 mg、8.15 mg/100 mg和18.57 mg/100 mg。

Asp和Glu这两种酸性氨基酸与肉品的风味(特别是鲜味)有关，被称为“鲜味氨基酸”。本研究中，18月龄小尾寒羊肉品中Glu的含量显著高于12月龄小尾寒羊，这在一定程度上说明，18月龄小尾寒羊在肉品鲜味方面要优于12月龄小尾寒羊。另外，小尾寒羊肉品中脂肪含量随年龄增大而增加，18月龄和12月龄小尾寒羊肉品中脂肪含量分别为2.33%和1.96%，不少研究证明，肉品中脂肪含量与肉品的风味多汁性呈正相关。以上结果充分说明，18月龄小尾寒羊肉品在风味多汁性方面要优于12月龄小尾寒羊肉品。

所测定的7种矿物质在不同年龄小尾寒羊肉品中含量和不同部位肉品中含量均存在极显著的差异($P<0.01$)。不同年龄间相比较，18月龄小尾寒羊肉品中各种矿物质含量均极显著高于12月龄小尾寒羊肉品；不同部位间相比较，股二头肌中各种矿物质含量均极显著高于背最长肌中各相应矿物质含量。这一方面说明，小尾寒羊肉品在为人体所能提供的矿物质营养方面是18月龄优于12月龄，股二头肌(后腿肉)优于背最长肌(腰部肉)；另一方面，也在一定程度上从肌肉中矿物质蓄积角度反映了小尾寒羊肌肉组织生长发育具有特殊的规律性。这为小尾寒羊的进一步选育提高和开发利用提供了一定的客观科学依据。

二、保健功能

小尾寒羊肉肉质细嫩，味美多汁，营养丰富，含有很高的蛋白质和丰富的维生素。羊肉的脂肪溶点为47℃，而人的体温为37℃，因此，就是吃了也不会被身体吸收，不会发胖。羊肉肉质细嫩，容易被消化，多吃羊肉只会提高身体素质和抗疾病能力，而不会有其他副作用。所以现在人们常说："要想长寿、常吃羊肉"。

羊肉在我国北方地区是人们冬令时节餐桌上常见的食品，每年大约7个月的时间人们经常食用。俗话讲："美食要配美器，药疗不如食疗"，羊肉性温热、补气滋阴、暖中补虚、开胃健力，在《本草纲目》中被称为补元阳益血气的温热补品。温热对人体而言就是温补，比如冬季老年人比较怕冷，适时的吃些羊肉就会感到暖和，这一点在张琼之的《伤寒论》及唐朝的《千金书》中都有记载。

在民间流传的药膳中羊肉也是食补的佳品，有许多以羊肉为主药的膳食，如当归生姜羊肉汤、大羊肉汤、附子煮羊肉、长寿汤、羊头烩、羊肉萝卜汤、羊肉木瓜汤、羊肉草果大麦汤等，都是人们熟悉的食用药膳。对老年人、妇女、血虚的人甚至没有疾病的健康人，都有保健强身之效。

瑞士科学家发现在牛和羊的体内存在着一种抗癌物质，即CLA。通过试验，科学家们发现，在CLA的作用下，癌细胞生长得到抑制并逐渐减少，这种作用对于治疗皮肤癌、结肠癌以及乳腺癌有着明显的效果。专家们指出，CLA主要存在于肉类和奶制品中，反刍动物如牛和羊体内CLA的含量大大高于猪和鸡体内的含量。

另外，据研究，在动物蛋白中有一种能够运送脂肪到其氧化区域，参与调节脂肪酸氧化速率的物质——肉碱，在心脏和骨骼肌中，肉碱的含量特别多。2002年，日本北海道大学学者若松纯一对羊、牛和猪肉中的肉碱含量进行检测，发现羊肉中肉碱含量最多。每100 g羊肉中含有188～282 mg。肉碱还有促进神经传导递质——乙酰胆碱生成的作用，同时，肉碱还有可能有防止脑老化的功效，因此从脑科学的角度看，羊肉也称得上是健康保健食品。

第三节　羊　　皮
Section 3　Sheep skin

一、羊皮分级

小尾寒羊皮可加工成服装革、书面包装革、手套革、衬里革、鞋面革。大部分的小尾寒羊羔羊皮用于制作毛皮。羊皮的平均面积为0.4～0.9 m^2，羊羔皮为0.3～0.7 m^2。

羊皮的分级标准是区分羊皮品质和决定羊皮等级与价格的根据，通过分级还可以反映出羊皮的生产水平。进行羊皮分级的场所要求清洁卫生，光线充足，不能在日光直射或光线太暗处进行，以免影响分级效果。

（一）板皮

1. 加工要求　宰剥适当，皮形完整，全头全腿，晾晒平展。

2. 等级规格

一等：板质良好，面积5 555.6 cm^2 以上，可带黄豆大小伤残2处。

二等：板质较弱或轻烟熏板、轻冻板、轻疥癣板、钉板、回水板、死羊瘀血板，都可带伤残不超过全皮面积 0.5%；具有一等皮板质，可带伤残不超过全皮面积 1.5%，或有刀伤、痘疤，总面积不超过全皮面积 10%，制革价值不低于 80%，全皮面积都在 4 444 cm^2 以上。

三等：板质瘦弱、陈板、较重疥癣板，都可带伤残不超过全皮面积 15%；具有一、二等皮板质，可带伤残不超过全皮面积 25%，制革价值不低于 60%，全皮面积都在 3 333 cm^2 以上。

不符合等内要求的，为等外皮。

3. 等级比差　一等 100%；二等 80%；三等 50%；等外 40%以下按质计价。

(二)裘皮

小尾寒羊裘用性能好，主要表现在羔皮面积大，1 月龄 2 984.4 cm^2，2 月龄可达 4 010.7 cm^2，6 月龄达到 11 456.6 cm^2；毛股大小适中，倒向灵活；皮板薄(0.62～0.92 mm)，皮质轻(0.65～2.13 kg/张)，质地坚韧；毛色洁白如玉，光泽柔和，花弯扭结紧密，花案清晰美观，是良好的制裘原料，其制裘价值堪与我国著名的滩羊二毛皮相媲美，而皮张面积却比滩羊二毛皮大得多。

小尾寒羊的被毛大体上分为裘皮型、细毛型和粗毛型 3 类。以裘皮型为主，其次是细毛型，粗毛型所占比例较小。

花弯个数是决定花穗长短和花案美观程度的重要因素。一般而言，花弯大小均匀一致，扭结紧实，则形成的花案美观，制裘价值高；反之，花弯大小不匀，扭结不紧，则花案杂乱，制裘价值低。毛股大小适中，倒向灵活，花弯较多(3～3.46 个)，扭结紧密，花案清晰美观。

在羔皮中，花弯的个数因品种、月龄不同而有较大差异。裘皮型羔羊各月龄的毛股花弯个数除 4 月龄时略高于细毛型羔羊外，其他月龄均低于细毛型羔羊，但有多于粗毛型羔羊的趋势。从不同月龄看，3 种类型羔羊的毛股花弯个数基本上都是随月龄的增长而增长的。实际观察中发现，裘皮型羔羊的毛股多为全花，而细毛型羔羊多为半花或顶花。

毛股根部直径的大小与花穗的大小及其密度有关，根部直径大，则单位面积上的花穗少，反之，则花穗密度大。在 3 种被毛类型中，粗毛型毛股的根部直径最大，细毛型最小，裘皮型介于二者之间。细毛型和裘皮型毛股根部直径都不足 1 cm，而粗毛型在 1 cm 左右。随着月龄的增长，3 种类型羔羊毛股根部直径也增大，这是因为个体的增大，皮张面积也越来越大，但毛股的个数并未增加，只是毛股根部直径相应增大，使毛股的密度降低。

羔皮的有花面积大小直接影响皮的制裘价值。有花面积大，制裘价值就高；反之，制裘价值就低。3 种类型羔皮的有花面积以细毛型最大，其次是裘皮型，粗毛型最小。随着月龄的增加，有花面积也增加，但占羔皮面积的比例则缩小，制裘价值降低。

二、羊皮的初加工

屠宰后剥下的鲜皮，在未鞣制以前都称“生皮”。生皮分毛皮和板皮两种。带毛鞣制的叫毛皮，羊毛没有实用价值的生皮叫板皮，板皮经脱毛鞣制的产品叫“革”。

毛皮又分羔皮和裘皮两种。羔皮与裘皮主要是根据羊只在屠宰时的年龄而划分的。凡是从流产或生后 1～3 d 内的羔羊所剥取的皮称为羔皮，而从生后 1 月龄以上的羊只所剥取的毛皮称为裘皮。

肉羊屠宰后剥下的鲜皮，大部分不能直接送制革厂进行加工，需要保存一段时间。为了避免发生生皮腐败，便于贮藏和运输，必须进行生皮的初加工。

(一)剥皮

正确的剥皮方法是趁被宰杀羊的体温未下降时,用刀及时从羊的腹部中间自上而下切开,然后用拳头击肉,边击边剥,很快就会将羊皮剥下。皮剥下后,不要用水洗,以免羊皮失去油润光泽。

(二)鲜皮的清理

清理鲜皮主要是将鲜皮上的污泥、粪便、残肉、脂肪、耳、蹄、尾、骨、口唇等除去,因为这些杂物很容易引起皮张的腐败。清理的方法一般先割去蹄、耳、唇等,再用削刀或铲皮刀除去皮上的残肉和脂肪,然后用清水冲洗粘在皮的脏物及血液。

(三)生皮的防腐

剥下的生皮在冷却后,应立即进行防腐处理。防腐的原理是采用有效的方法控制鲜皮的自溶作用和在生皮内外造成一种不适宜细菌和酶作用的环境,即利用防腐剂、消毒剂或化学药品等处理手段消灭细菌或阻止酶和细菌对生皮的作用。我国当前常用的防腐方法有以下几种:

1. *干燥法*　干燥法也称晾晒法,即在不使用食盐或其他防腐剂的情况下,仅仅通过晾晒、风干或烘干等手段将生皮晾干到水分含量为12%～16%,暂时抑制微生物的活动而达到防腐的目的。鲜皮干燥的最适宜温度为20～30℃。温度低于20℃,水分蒸发缓慢,干燥时间长,可能使皮遭受细菌作用而腐烂;温度超过30℃,皮板表面水分从内蒸发快,造成皮表面收缩或使胶原胶化,并阻止水分从内层蒸发而使生皮成为外干内湿的状态,若内层遭受细菌破坏,则在浸水时发生分层。

空气湿度对生皮的干燥速度和质量也有很大影响。相对湿度太大,干燥缓慢,生皮就会遭受细菌作用而腐烂。相对湿度大于60%时,即使干燥很长时间,皮板仍属湿润状态。相对湿度为65%～70%和温度为15～25℃时,干燥缓慢,皮板常会发生霉烂。相对湿度太低,干燥迅速,也会产生干燥不均匀和外干内湿的缺陷。因此,为了防止皮腐烂而干燥时间又不太长,宜在相对湿度为45%～60%下进行干燥。另外,干燥生皮的场所必须通风良好,悬皮方向要顺着空气流向,皮与皮之间保持适当间隔(12～14 cm),使全皮能被空气流均匀干燥。

干燥防腐法的优点是操作简单、加工时间短、经济、皮板洁净,尤适用于薄而小的皮张,便于贮藏和运输等。缺点是皮板僵硬、容易折裂,贮藏时易受蛾虫损伤,不适用于大型皮张,且干燥过度的生皮难于浸软,对生产有一定的影响。

2. *盐腌法*　用干燥食盐或盐水来处理准备好的鲜皮,借以保存生皮。这种方法最大的优点是它几乎不影响生皮固有的天然质量,而且如果盐腌方法进行正确,操作得当,皮张可以长期保存而不发生变质。本方法又分为干盐腌法和盐水腌法。

(1)干盐腌法　将纯净而干燥的盐均匀地撒在鲜皮肉面上,盐的用量为皮重的35%～50%。首先盐溶解于皮板表面的水分中,形成饱和溶液,然后逐渐渗入到皮内,把皮内水分排到表面,而水又溶解盐,形成较浓盐溶液,又渗入皮内,这种溶解和渗入的过程连续进行,直到皮内与皮外盐液浓度相等即达到平衡(需6～8 d)。为了更好保护生皮的质量,可加相当于盐重1.0%～1.5%的对氯二苯或相当于盐重2%～3%的萘于盐中作为防腐剂。

(2)盐水腌法　先在容器中配制浓度为24%～26%的食盐液,将准备好的鲜皮置于其中,浸泡16～26 h,每隔6 h添加食盐使其浓度恢复到规定值,盐水的最适温度为15℃(不得超过20℃,不得低于10℃)。然后将皮取出,滴液48h,再用鲜皮重20%～25%的干盐按干盐法重压堆置。

盐水腌法与干盐腌法相比，盐渗透迅速而均匀，细菌作用和酶作用停止快，不会形成掉毛现象，皮中无用蛋白很快溶解于盐液中而被除去。因此，盐水腌过的皮更耐贮藏。但盐的消耗量多，劳力消耗大。凡腌制正常的毛皮，其皮板呈灰色，紧实而有弹性，湿度均匀，毛被润湿良好。

3.冷冻法　是指用低温抑制酶和微生物活动而达到防腐的目的的一种方法。先将鲜皮皮板朝上平铺于冷冻场上，待冷冻后堆垛，并用苫布密封。自然冷冻适宜于我国北方冬季寒冷的地区，成本低，但要注意当地的气候特点，最好先在背阳处。其他地区或北方其他季节也可采用人工冷冻，如选用冷库，要注意控制好温度。采用冷冻法防腐必须注意采用快速冷冻和快速解冻，以免形成冻糠板。

4.酸盐法　是指用氯化钠、氯化铵和铝明矾按一定比例配合成的混合物处理鲜皮而达到防腐的目的的一种方法。具体方法是：将混合物均匀地撒在皮张板面并稍加搓揉，然后毛面向外，折叠成方形，堆置 7 d 左右。混合物的配合比例为氯化钠 85%，氯化铵 7.5%，铝明矾 7.5%。

(四)质量要求

加工好的皮板要形状完整。板质良好，重要部分无伤残或愈合伤痕，破洞水渍等不超过 3 处，伤痕总面积不超过 27 cm^2。

(五)保管

加工好后的板皮应放在干燥、通风、阴凉的地方。数量少时，可平摊散放；数量较大时，应按等级捆放，堆放要用石头或木板垫平。

(六)防蛀

羊皮堆放久了容易发生虫蛀。正确的方法是：隔一段时间晾晒一次或掏垛一次，也可在板皮上撒少许食盐，以防虫蛀。

参考文献

[1] 周光宏. 畜产品加工学. 北京：中国农业出版社，2002. 19-28.
[2] 孙玉民，等. 畜食肉品学. 济南：山东科学技术出版社，1993. 256-263.
[3] 尹长安. 不同品种绵羊肉中主要风味物质的研究. 肉类研究，2007(4)：50-60.
[4] 闫高峰，等. 羊肉生物保鲜技术研究. 山西农业科学，2003(3)：30-40.
[5] 麻小风，等. 小尾寒羊肉用性能试验研究报告. 甘肃畜牧兽医，2005，35(4)：22-25.
[6] 王金文，等. 杜泊绵羊与小尾寒羊杂交肥羔肉质特性的研究. 中国畜牧杂志，2007，43(3)：30-32.
[7] 常新耀，等. 小尾寒羊营养成分分析. 光谱实验室，2008，25(4)：640-643.
[8] 曾勇庆，等. 小尾寒羊肉品理化性状及食用品质的研究. 中国畜牧杂志，2000，36(3)：6-8.
[9] 张巧娥，等. 羊肉风味的研究进展. 动物营养学报，2006(18)：367-371.
[10] 杭晓敏，等. 多不饱和脂肪酸的研究进展. 生物工程进展，2001，21(4)：18-21.
[11] 胡来根. 肉类风味及其影响因素. 江苏农业科学，1989(3)：36-37.
[12] 曾庆勇，王慧. 小尾寒羊肉中氨基酸和矿物质营养特性研究. 草食家畜，2000(2)：21.

[13] 陈平. 羊屠宰加工厂 HACCP 体系的建立和实施. 肉类研究,2006(9):20-23.
[14] 封俊. 新西兰翻转式羊屠宰加工工艺及其特点. 肉类研究,2006(10):30-40.
[15] 郑灿龙. 羊肉的营养价值及其品质的影响因素. 肉类研究,2003(1):40-42.
[16] 张雪梅,等. 羊肉膻味组成及脱膻技术研究进展. 肉类研究,2008(9):20-30.
[17] 李博勋,等. 羊肉的风味. 肉类研究,2005(3):18-20.
[18] 杨博辉,等. 羊肉国内外质量标准比对研究. 中国草食动物,2003,23(5):20-23.
[19] 刘姗姗,白杰,等. 羊肉的风味. 肉类研究,2007(6):30-32.
[20] 刘姗姗. 羊肉的风味. 肉类研究,2007(9):40-42.
[21] 李月娥,等. 羊肉膻味研究及脱膻技术的发展. 肉类卫生,2005(12):20-22.
[22] 杨富民. 国内羊肉品质分析研究进展. 甘肃科技,2003(2):30-32.

第十三章　小尾寒羊种质特性与利用情况调查

Chapter 13　Investigation on germplasm characteristics and application of Small-tail Han sheep

第一节　小尾寒羊种质特性与生产性能调查

Section 1　Investigation on germplasm characteristics and production performance of Small-tail Han sheep

1983 年 11 月，山东省农业厅畜牧局下达了《关于小尾寒羊裘用性能调查研究的通知》。根据通知要求，菏泽市小尾寒羊育种站专门成立了小尾寒羊调查课题组，随即对小尾寒羊主要生产性能进行了调查。

一、羊群类型

小尾寒羊是一个古老的地方绵羊品种，长期以来形成了许多类型。按被毛形态大体可分 3 类，即裘皮型、细毛型和粗毛型。裘皮型（或半细毛型）毛股清晰、花弯多而明显、花穗美观。细毛型毛细密、花弯少、毛股不清晰。粗毛型毛股含粗死毛较多，花弯大、毛发干。据统计，在羔羊中裘皮型占 52.9%，细毛型占 39.58%，粗毛型占 7.53%。但是 3 个类型的比例并不是一成不变的，它们随着季节、月龄的变化而变化（表 13-1）。

（一）季节影响

冬季细毛型占 39.01%，春季占 41.26%；裘皮型冬季占 53.39%，春季占 51.46%。冬季的羔羊主要是秋季产的，那时母羊体况好，羔羊营养足，被毛粗壮，花弯明显，毛色光润、美观，裘皮型比例明显增加，细毛型比例减少。而春季羔羊多为冬季或初春产的，这期间母羊体况差，乳量少，羔羊营养水平低，毛变细、变软、干燥无光、花弯不明显，裘皮型羊比例也随即减少。

（二）月龄影响

不管冬羔还是春羔，细毛型羊比例随着月龄的增加而增加，1 月龄时细毛型占 7.48%，6 月龄时细毛型达 77.78%；裘皮型羊比例随月龄增加逐渐减少，1 月龄时裘皮型占 84.11%，6 月龄时裘皮型占 22.22%，春羔比冬羔更为明显。原因是随着月龄的增加羊毛增长，绒毛增多，毛股变得松乱，花弯越来越不清晰，外观上看细毛型越来越多，裘皮型越来越少，总的看 3 月龄内的裘皮型的比例大，3 月龄以后裘皮型比例变小。

表 13-1 冬春季各类型羊所占比例

月龄	季节	只数	细毛型		裘皮型		粗毛型	
			只数	%	只数	%	只数	%
1	冬	80	7	8.75	66	82.5	7	8.75
	春	27	1	3.70	24	88.88	2	7.41
2	冬	162	35	21.60	110	67.90	17	10.49
	春	38	5	13.16	31	81.58	2	5.26
3	冬	176	79	44.89	85	48.30	12	6.82
	春	66	27	40.91	31	46.67	8	12.12
4	冬	100	56	56.00	34	34.00	10	10.00
	春	38	22	57.89	13	34.21	3	7.89
5	冬	44	28	63.64	16	36.36		
	春	17	12	70.59	5	29.41		
6	冬	43	31	72.09	12	27.91		
	春	20	18	90.00	2	10.00		
合计	冬	605	236	39.01	323	53.39	46	7.60
	春	206	85	41.26	106	51.46	15	7.28
总计		811	321	39.58	429	52.89	61	7.53

二、被毛纤维类型

被毛纤维类型的比例是形成羊群类型的重要因素。细绒毛多，花弯不明显，多为细毛型；两型毛多，花弯明显，多为裘皮型。从表 13-2 中可以看出，不同类型羊只其被毛纤维类型变化是有规律的。细绒毛随着月龄的增加而增加，两型毛和粗毛的比例随着月龄的增加而减少，细毛型 1 月龄羔羊被毛中细绒毛占 40.37%，6 月龄的羔羊被毛中细绒毛占 73.83%；裘皮型 1 月龄羔羊细绒毛占 38.72%，6 月龄羔羊细绒毛占 60.79%。在裘皮型被毛纤维中粗毛和两型毛所占的比例在 40%以上比较好，毛股清晰，花弯多，花穗美观，不易擀毡。4 月龄羔羊无论是细毛型还是裘皮型，两型毛比例都陡然减少。

表 13-2 小尾寒羊毛纤维类型分析比较

月龄	只数	细毛型				裘皮型			
		只数	细毛(%)	粗毛(%)	两型毛(%)	只数	细毛(%)	粗毛(%)	两型毛(%)
1	5	2	40.37	34.90	24.74	3	38.72	31.32	29.42
2	6	3	42.06	41.92	16.03	3	42.70	22.77	32.30
3	6	3	54.13	29.95	15.84	3	45.67	37.33	17.00
4	6	3	72.03	21.28	6.70	3	67.35	21.05	11.60
5	6	3	66.84	20.51	12.66	3	59.53	18.19	22.28
6	6	3	73.83	13.49	10.47	3	60.79	20.77	18.44

三、羊毛与羊皮

(一)毛长

毛长是指体侧肩胛后缘一掌处毛股的自然长度。羊毛长度是决定花穗长度的重要指标，毛短，花穗小，不美观，毛过长，毛皮重量大。一般来说，毛长 7～10 cm 制裘比较适合。从表 13-3 中可以看到，1 月龄毛长 4～7 cm，3 月龄毛长 7.63～8.75 cm，6 月龄毛长 10.28～12.58 cm，裘皮型羔羊羊毛长度，同月龄冬春羔相比冬季比春季的毛长，细毛型各月龄也有这个趋势。其原因与营养水平高低有关。

表 13-3 羊毛长度比较

月龄	季节	细毛型		裘皮型		粗毛型	
		只数	cm	只数	cm	只数	cm
1	冬	7	5.86±1.21	66	5.80±1.33	7	6.57±1.51
	春	1	7.0±0.0	24	5.65±0.51	2	4.0±0.0
2	冬	35	7.23±1.27	110	7.35±1.52	17	7.32±1.16
	春	5	7.0±1.41	31	6.02±1.13	2	5.5±0.50
3	冬	79	8.42±1.63	85	8.43±1.50	12	7.71±1.05
	春	27	7.63±1.16	31	8.39±1.60	8	8.75±2.17
4	冬	56	8.68±1.35	34	9.04±1.30	10	9.1±1.73
	春	22	10.41±1.80	13	8.85±2.48	3	7.67±0.94
5	冬	28	10.36±1.45	16	10.91±2.50		
	春	12	9.17±2.02	5	9.40±1.02		
6	冬	31	11.81±2.51	12	12.58±2.64		
	春	18	10.28±2.02	2	10.50±1.50		

(二)剪毛量

小尾寒羊被毛密度小，腹部无绒毛，四肢上端生长绒毛也较少。油汗比细毛羊少，剪毛量(表 13-4)比细毛羊和半细毛羊都要低。经测定，平均剪毛量成年公羊 4.3 kg，成年母羊 1.9 kg。

表 13-4 剪毛量

性别	年龄	羊数(只)	全年剪毛量(kg)		春 毛(kg)	伏 毛(kg)
			平均数	范 围		
公羊	1	27	1.9	1～4.5	1.25	0.66
	2	7	4.3	2.5～5.5	2.8	1.5
	3	1	4.0	—	2.6	1.4
	4	1	4.3	—	2.7	1.6
母羊	1	87	1.65	0.95～3.25	1.15	0.50
	2	69	1.9	1～3.25	1.33	0.57
	3	43	1.8	1～3.0	1.26	0.57
	4	74	2.0	0.75～4.0	1.4	0.6

(三)羔皮

1. *羔皮种类* 所谓羔皮指当年生的未剪过毛的羔羊的皮。收购单位和工作部门根据羔皮毛的长短，把羔皮又分为 4 个类型，即像羔皮、小毛羔皮、中毛羔皮和大毛羔皮。

(1)像羔皮：是指流产羔羊所剥取的羔皮。20 世纪初外商曾在小尾寒羊产区大量收购像羔皮(羔插)，毛长 1 cm 左右，花案美观。

(2)小毛羔皮：是指毛长 3.3 cm 左右的羔皮，多为 1 月龄左右剥取的羔羊皮。

(3)中毛羔皮：是指毛长 5 cm 左右的羔皮，多为 1～2 月龄宰杀的羔羊皮，花穗美观，板质薄,重量轻。

(4)大毛羔皮:是指毛长 7 cm 以上的羔皮,多为 2 月龄或 3 月龄以上宰杀的羔羊皮。另外,所谓一生羔皮,是指 7~10 月龄未剪过毛的羔皮。

从小尾寒羊 1~6 月龄羔羊毛长来看,多为中毛羔皮和大毛羔皮。2~3 月龄羔羊毛长多为 7~8 cm,和滩羊二毛皮长(7.5 cm)大体一致。5~6 月龄的羔羊毛长 10 cm 左右。

2.羔皮面积　羔皮面积决定着羔皮的利用价值,面积越大,利用价值越高。据统计,1 月龄羔皮面积为 2 552 cm^2,2 月龄为 4 366.8 cm^2。1 月龄羔皮面积比滩羊二毛皮 2 149.53 cm^2 还大 402.47 cm^2。6 月龄羔皮面积为 6 101.5 cm^2,是滩羊二毛皮的 2.8 倍。从表 13-5 中可知,熟制以后,羔皮面积均有不同程度的增加,这是因为剥取的羔皮受冷以后皮板缩小,熟制后皮下结缔组织被铲除,皮板伸开,面积增大,增加幅度一般在 5%~15%。

表 13-5　羔皮面积、皮厚、皮重比较

月龄	羊数(只)	生熟	面积(cm^2)	皮厚(mm)	生皮重(kg)
1	2	生	2 552±260.2	1.195±0.077	1.05±0.071
		熟	2 831±388.2	0.700±0.071	0.31±0.071
2	5	生	4 367±427.1	1.313±0.254	1.56±0.372
		熟	4 647±7 98.3	0.815±0.078	0.71±0.146
3	3	生	5 165±416.1	1.618±0.268	2.22±0.236
		熟	5 686±927.1	0.937±0.055	0.88±0.150
4	4	生	5 507±619.5	1.395±0.137	2.45±0.590
		熟	5 552±1142.9	0.655±0.280	0.78±0.339
5	4	生	5 663±756.7	1.363±0.074	2.41±0.520
		熟	5 987±966.5	0.888±0.118	0.95±0.229
6	4	生	6 102±1091.4	1.538±0.293	2.64±0.490
		熟	6 341±859.8	0.823±0.080	0.89±0.274

3.羔皮厚度　羔皮厚度是指颈侧部皮厚。皮太厚,板发挺,重量大,不易制裘;皮太薄,则不坚实。熟制后羔皮厚度比鲜皮明显减少。一般在 0.7~0.93 mm 之间,皮板轻柔。

4.羔皮重量　羔羊皮经过加工晾晒熟制,重量变化很大。裘皮型羔皮 1~6 月龄干皮重比鲜皮重减少 23.11%~38.82%,细毛型减少 21.05%~37.5%。经过熟制的羔皮比干皮重量减少更多,如裘皮型羔皮减少 32.38%~56.66%,细毛型羔皮减少 33.75%~48.15%。其原因是在鞣制过程中,去掉了皮下结缔组织和其他杂质。羔皮 1 月龄时干皮每平方厘米为 0.274 g,滩羊二毛皮干皮为 0.233 g,比滩羊羔皮重 0.041 g。

四、花穗与花案

(一)花穗的形态

毛股花形是构成羔皮花案的基础,花形不同,花穗形态也不同。小尾寒羊也和其他裘皮用羊一样,由于类型不同、宰杀的时间不同,毛股中所含粗细纤维比例不同,花形也各不相同。即使同类型,同一个体不同部位的毛股花形也不尽相同。尽管如此,小尾寒羊被毛毛股花穗,按毛股的弯曲形态,可分为两大类,即螺旋形和波浪形。螺旋形是不管螺旋的大小,毛股花弯是螺旋式的。波浪形是不管波浪的大小,毛股花弯是波浪形。纯螺旋形花穗是比较少的,多数是混合型的，从实际调查情况可看到毛股花穗有全花的、半截花的，也有顶端一枝花的。

在各类羊群中，螺旋形和波浪形花穗比例不同。裘皮型中的螺旋形花穗和波浪形花穗，随月龄增加而减少；细毛型羔羊的花形比例随月龄增加而增加；粗毛型则变化不大。其原因，裘皮型羔羊中有一部分羔羊被毛花弯生后不再增加，绒毛增多，花弯减少成为半截花或顶花。

通过对不同类型羔皮进行观察发现：裘皮型羔皮，由于粗细毛比例合适，毛股清晰，花弯扭结紧实，毛根灵活，花穗美观。细毛型羔皮，螺旋形花穗扭结坚实，波浪形的花穗松散，毛细、密度大、毛股不灵活。粗毛型羔羊的花弯比较大，毛粗，有干死毛，不美观。

各月龄羊毛花形统计见表 13-6。

表 13-6 各月龄羊毛花形统计

月龄	羊数（只）	裘皮型				细毛型				粗毛型			
		螺旋形		波浪形		螺旋形		波浪形		螺旋形		波浪形	
		只	%	只	%	只	%	只	%	只	%	只	%
1	107	69	64.49	21	19.62	7	6.54	1	0.93	5	4.67	4	3.74
2	200	105	52.50	36	18.00	28	14.00	12	6.00	9	4.50	10	5.00
3	242	95	39.26	21	8.68	59	24.38	47	19.42	6	2.48	14	5.79
4	138	37	26.81	10	7.24	36	26.09	42	30.43	7	5.07	5	3.62
5	61	15	24.59	6	9.84	17	27.87	23	37.70				
6	63	7	11.11	7	11.11	23	36.50	26	41.27				

（二）花穗长度

花穗长度是指毛股有花弯部分的自然长度。春羔花穗、冬羔花穗的长度基本上都是随着月龄的增加而增加，因此，冬春羔皮在花穗长度上没有差别，但不同类型各月龄花穗长度的变异系数较大（表 13-7）。

表 13-7 各月龄羊毛花穗长度比较

月龄	季节	细毛型		裘皮型		粗毛型	
		只	cm	只	cm	只	cm
1	冬	7	3.00±1.12	66	3.49±0.95	7	3.2±0.95
	春	1	4.00±0.00	24	4.04±0.68	2	2.00±0.00
2	冬	35	3.84±1.19	110	4.14±1.36	17	4.06±1.39
	春	5	4.00±1.10	31	3.74±0.95	2	1.50±0.50
3	冬	79	4.42±1.53	85	4.35±1.27	12	3.38±0.64
	春	27	3.89±1.23	31	5.06±1.48	8	5.25±2.22
4	冬	56	4.31±1.50	34	4.75±1.91	10	3.10±1.66
	春	22	6.14±1.84	13	5.31±1.86	3	3.00±0.82
5	冬	28	4.75±1.69	16	5.28±1.79		
	春	12	4.42±1.50	5	5.20±1.33		
6	冬	31	4.52±1.99	12	6.17±2.69		
	春	18	5.72±2.07	2	5.00±1.00		

（三）花案种类

花案是由花穗构成的，由于花穗的形态各不相同，由花穗所组成的花案也多种多样，总的来看，大体可分 5 种。

(1)蜗牛花:以大螺旋花穗、中螺旋花穗组成的花案,从表面看,好似大小不同的蜗牛群,被微风吹动时像蜗牛在移动,花案美观。

(2)绿豆丝花:以小螺旋花穗组成的花案。好似长短不齐、大小不等的绿豆丝。

(3)鹰爪花:在大中螺旋形花穗顶端,花弯形状呈半环状,好似鹰爪。

(4)串字花:以中波浪高弯曲花穗组成的花案。

(5)流水花:以大波浪花穗组成的花案,像水从上向下流动。

总之,以上5种花案是包括不了的,广大劳动人民对此还有更多分法和叫法,不再多述。课题组认为这5种花案都是比较有实用价值的花案。

(四)花弯个数

花弯个数是决定花穗美观程度的重要因素。花弯大小一致,扭结紧实,形成的花案美观。花弯的计算方法:波浪形是从第一个波峰到第二个波峰为一个花弯;螺旋形是以一个完整的花环为一个弯曲。在羔皮中,因羊群类型不同、月龄不同,花弯个数相差很大。据统计,裘皮型羔羊各月龄毛股花弯个数多(表13-8)。

表13-8 各月龄羊毛花弯个数比较

月龄	季节	细毛型		裘皮型		粗毛型	
		样本	个数	样本	个数	样本	个数
1	冬	7	1.71±0.76	66	2.26±0.66	7	1.29±0.49
	春	1	2.00±0.00	24	2.13±0.44	2	1.00±0.00
2	冬	35	1.94±0.64	110	2.28±0.64	17	1.82±0.73
	春	5	1.80±0.40	31	2.19±0.64	2	1.00±0.00
3	冬	79	2.09±0.72	85	2.42±0.82	12	1.75±1.62
	春	27	1.85±0.52	31	2.48±0.84	8	2.00±1.00
4	冬	56	2.25±0.94	34	2.91±1.69	10	1.30±1.06
	春	22	2.41±0.98	13	3.00±1.66	3	1.33±0.47
5	冬	28	2.07±0.94	16	3.38±2.66		
	春	12	2.00±0.82		3.00±1.10		
6	冬	31	2.42±1.20	12	5.17±3.69		
	春	18	2.22±0.97	2	2.00±0.00		

三型相比,裘皮型花弯多,粗毛型花弯少,细毛型居中。从月龄上看,三个类型羔羊毛股弯曲个数基本上都是随着月龄的增加而增加。实际上裘皮型羔羊毛股多为全花,细毛型羔羊多为半花或顶花,冬春相比春季不如冬季花多。

(五)毛股根部直径

毛股根部直径决定花穗的密度。根部直径大,单位面积上的花穗少;根部直径小,花穗密度大;直径过大,花穗不灵活不美观,直径过小,花穗过多,花案不清晰,也不美观。从表13-9中统计看,1～6月龄羔羊毛股根部直径约1 cm,与滩羊二毛皮股大小基本上是一致的。小尾寒羊冬羔根部直径在1 cm以上,春羔比冬羔小,总的在1 cm左右。从表中还可看出,随着月龄的增加,个体的增大,皮面积也越来越大;毛股的个数没有增加,毛股根部直径就越来越大,毛股的密度越来越小。

表 13-9　各月龄羊毛股根部直径比较

月龄	季节	细毛型		裘皮型		粗毛型	
		样本	cm	样本	cm	样本	cm
1	冬	7	1.07±0.22	66	1.08±0.26	7	1.10±0.22
	春	1	0.90±0.00	24	0.82±0.17	2	0.80±0.00
2	冬	35	1.19±0.28	110	1.09±0.26	17	1.14±0.29
	春	5	0.92±0.20	31	0.96±0.17	2	0.90±0.00
3	冬	79	1.22±0.29	85	1.13±0.22	12	1.31±0.34
	春	27	0.93±0.18	31	0.93±0.19	8	0.94±0.16
4	冬	56	1.31±0.30	34	1.17±0.33	10	1.01±0.33
	春	22	0.88±0.20	13	1.13±0.30	3	1.53±0.31
5	冬	28	1.28±0.22	16	1.26±0.18		
	春	12	1.11±0.26	5	0.80±0.11		
6	冬	31	1.26±0.31	12	1.16±0.26		
	春	18	1.16±0.16	2	1.05±0.25		

（六）有花面积

羔皮有花面积是决定羔皮制裘价值的关键指标。有花面积越大，利用价值越高，有花面积越小，利用价值越低。从表 13-10 可以看出，各类型各月龄的羔皮有花面积平均都在 52%以上。1 月龄时比例最大，6 月龄时最小。随着月龄的增加，有花面积的比例逐渐减少，其原因是花穗随月龄的增加，绒毛增多，花穗花弯越来越不明显。

表 13-10　各月龄羊毛花穗面积所占比例

月龄	季节	细毛型		裘皮型		粗毛型	
		样本	%	样本	%	样本	%
1	冬	7	77.14±8.09	66	82.20±3.30	7	72.86±11.13
	春	1	80.00±0.00	24	82.08±2.47	2	55.00±25.00
2	冬	35	76.71±5.81	110	80.36±3.43	17	75.59±5.27
	春	5	75.00±4.47	31	81.29±2.53	2	52.50±22.50
3	冬	79	68.67±9.96	85	77.71±4.12	12	67.08±13.22
	春	27	70.74±8.36	31	79.10±3.97	8	61.25±20.27
4	冬	56	68.84±12.14	34	77.94±4.79	10	62.00±23.36
	春	22	66.00±10.27	13	78.08±4.18	3	55.00±12.25
5	冬	28	54.64±19.43	16	70.31±16.68		
	春	12	61.67±15.32	5	77.00±4.00		
6	冬	31	55.16±14.29	12	71.67±9.13		
	春	18	68.61±10.52	2	77.50±2.50		

五、毛色与色泽

从调查统计结果看，小尾寒羊被毛为白色。据统计，在 811 只羔羊中，全身无杂色毛的 609 只，占 75.10%，头和四肢有花斑的 202 只，占 24.9%。体躯有黑斑的很少见。头和四肢的黑斑多分布在耳、眼、口、鼻的周围，四肢下部和蹄部。羔皮经过加工鞣制，毛色洁白如玉，光亮而不刺眼，适合制裘。

六、体尺与体重

为了探讨小尾寒羊羔羊早期发育规律，结合小尾寒羊裘用性能的调查，还对1～6月龄羔羊的体尺、体重进行了测量统计，共测定羔羊811只，其中春羔206只，测定结果如下。

(一)体尺

小尾寒羊冬羔体尺增长很快，3月龄公羔体高、体长、胸围分别为62.86 cm、62.41 cm和65.24cm，分别比1月龄增加了26.53%、32.65%和35.58%；6月龄公羔体高、体长、胸围分别为73.35 cm、73.96 cm和81.85 cm，分别达到成年公羊(1982年调查)体高、体长、胸围的80.72%、80.51%和76.50%。6月龄母羔体高、体长、胸围分别为69.92 cm、69.75 cm和80.37 cm，分别达成年母羊的90.72%、89.97%和91.80%(表13-11)。春季各月龄的体尺增长速度比冬季慢(表13-12)。

表13-11　冬季各月龄小尾寒羊体尺统计　　cm

月龄	性别	羊数(只)	体高	体长	胸围	管围
1	公	37	49.68±4.94	47.05±5.27	51.03±6.70	5.97±0.66
	母	43	51.15±4.97	50.33±5.04	52.47±6.33	6.24±0.81
2	公	73	56.40±4.90	55.31±5.49	61.40±5.90	6.78±0.68
	母	89	56.58±4.37	55.88±5.83	61.17±6.29	6.59±0.72
3	公	84	62.86±4.77	62.41±6.45	65.24±5.82	7.24±0.70
	母	92	60.22±5.53	60.02±6.20	67.36±6.31	7.01±0.71
4	公	50	65.23±4.54	64.76±6.30	72.71±6.38	7.67±0.60
	母	50	66.82±4.64	62.05±6.53	69.38±6.82	7.12±0.67
5	公	22	67.91±7.46	69.39±7.27	77.68±7.74	7.80±0.61
	母	22	66.82±4.64	66.34±5.77	76.50±4.95	7.46±0.43
6	公	13	73.35±5.39	73.96±5.48	81.85±5.03	8.08±0.64
	母	30	69.92±2.69	69.75±4.15	80.37±6.03	7.45±0.46

表13-12　春季各月龄小尾寒羊体尺统计　　cm

月龄	性别	羊数(只)	体高	体长	胸围	管围
1	公	9	50.43±3.41	48.71±4.11	51.86±3.44	6.56±0.44
	母	18	49.53±3.76	50.17±3.52	53.06±3.39	6.28±0.49
2	公	18	58.47±3.35	58.06±4.26	59.39±4.20	6.67±0.51
	母	20	54.95±4.06	55.8±4.40	57.55±4.71	6.38±0.53
3	公	34	64.34±3.92	64.35±4.18	69.32±4.88	7.46±0.70
	母	32	62.55±4.38	63.61±5.18	67.22±5.22	7.02±0.56
4	公	16	65.66±4.53	66.28±4.48	71.56±5.35	7.44±0.66
	母	22	64.18±5.07	65.41±5.50	69.59±6.36	7.20±0.62
5	公	10	66±7.75	67.3±6.48	73.3±7.00	7.75±0.81
	母	7	66.29±3.92	68.00±3.42	73.57±4.34	7.50±0.38
6	公	5	68.10±2.33	69.4±2.65	74.40±1.96	7.60±0.58
	母	15	69.30±3.66	70.33±5.51	74.33±4.45	7.67±0.60

(二)体重

冬羔 1 月龄公、母羔羊体重分别为 11.50 kg、12.54 kg,3 月龄时公 、母羔羊体重分别为 27.46 kg 和 23.79 kg,分别比 1 月龄体重增加 138.78%和 89.71%;春羔 6 月龄公、母体重分别为 31.20 kg 和 30.70 kg,分别比冬羔少 18.61 kg 和 7.42 kg,这主要是春季营养水平差造成的(表 13-13)。

表 13-13　冬春季羔羊体重比较

月龄	季节	公羊		母羊	
		只	kg	只	kg
1	冬	37	11.50±4.20	43	12.54±4.02
	春	9	10.86±1.46	18	12.00±2.29
2	冬	73	19.63±5.19	89	18.74±4.92
	春	18	18.96±3.74	20	15.88±3.98
3	冬	84	27.46±7.73	92	23.79±6.27
	春	34	26.09±5.38	32	23.11±4.9
4	冬	50	30.50±8.17	50	26.63±6.09
	春	16	28.16±5.07	22	25.07±6.55
5	冬	22	40.45±12.32	22	32.16±6.03
	春	10	31.38±9.32	7	28.71±4.29
6	冬	13	50.81±11.24	30	38.12±6.99
	春	5	31.20±4.02	15	30.70±5.69

总之,小尾寒羊羔羊体尺体重增长速度是比较快的,利用小尾寒羊羔羊早期生长发育快的特点发展肥羔生产,是开发利用小尾寒羊的一个有效途径。

七、繁殖性能

小尾寒羊性成熟早,5～6 月龄母羔就可发情配种,当年就可产羔,并能四季发情常年配种,而且能一年二产或二年三产。据调查,1～4 胎平均产羔率为 261.04%,其中两胎以上母羊平均产羔率达 285%以上(表 13-14)。

表 13-14　繁殖率统计

项目	胎次				合计
	1	2	3	≥4	
母羊数(只)	39	21	12	5	77
产羔数(只)	90	60	34	17	201
产羔率(%)	230.78	285.71	283.33	366.67	261.04

八、肉用性能测定

为了探讨小尾寒羊的产肉性能,在菏泽地区梁山县进行了小尾寒羊肉用性能测定。

(一)测定数量与膘情

此次屠宰测定 40 只羊,其中 6 月龄公母羊各 10 只。被测羊的膘情状况见表 13-15。

表 13-15 羊的膘情状况

月龄	性别	羊数(只)	膘情状况		
			中上等	中等	中下等
6	公	10	2	3	5
6	母	10	2	4	4
12	公	10	3	7	0
18	公	10	6	4	0

(二)被测羊的体尺体重

小尾寒羊公羊在 18 月龄时平均体高和体长均达到 86 cm 以上，胸围平均 102.50 cm，体重平均达 76.55 kg，最大体重为 98 kg，尾部的长度平均为 26.4 cm，宽度为 17.55 cm(表 13-16)。

表 13-16 屠宰羊只体尺体重($n=10$)

月龄	性别	体高(cm)	体长(cm)	胸围(cm)	胸深(cm)	胸宽(cm)	管围(cm)	尾长(cm)	尾宽(cm)	平均体重(kg)
6	公	72.35±3.44	67.50±3.63	78.00±3.19	28.75±1.54	17.90±1.11	8.00±0.87	16.80±1.89	11.90±0.79	36.99±5.36
6	母	70.00±3.69	63.35±4.35	77.10±4.29	27.45±2.16	18.70±1.79	7.69±0.25	16.85±2.32	10.80±1.71	34.43±5.7
12	公	82.60±3.99	85.20±4.53	94.43±6.48	35.00±2.87	23.15±2.51	9.45±0.79	21.80±1.83	16.15±2.49	63.60±8.26
18	公	86.40±3.86	86.55±9.42	102.50±9.44	38.47±3.47	26.15±4.18	9.07±1.35	26.40±4.77	17.55±2.81	76.55±16.0

以 18 月龄公羊体尺和体重为 100%，公羊在 12 月龄时几项主要体尺均可达 18 月龄公羊 90%以上，但体重平均仅为 83.08%。在 6 月龄时各项主要体尺仅达 80%左右，体重仅达 48.32%(表 13-17)。

表 13-17 不同月龄公羊体尺体重对比 %

月龄	体高	体长	胸围	胸深	胸宽	管围	尾长	尾宽	体重
6	83.74	77.99	76.10	74.66	68.45	82.47	63.64	67.81	48.32
12	95.60	98.44	92.13	90.98	88.53	97.42	82.58	92.02	83.08
18	100	100	100	100	100	100	100	100	100

(三)屠宰测定结果

从表 13-18 中可以看出，18 月龄的公羊屠体重平均为 43.07 kg，平均屠宰率 56.26%，最高个体屠宰率 59.16%；平均胴体净肉率 83.84%；网油占活重的 2.31%，骨重占屠体重的 16.88%，尾脂占屠体重的 5.36%。未经肥育 6 月龄公羊屠宰率平均为 47.58%，胴体净肉率为 78.13%。周岁公羊几项主要屠宰结果均居于二者之间。按照公羊的月龄分析，屠宰率、净肉率、网油重和尾脂重，随着月龄的增长而逐渐上升，骨重比随着月龄的增加而减少。

表 13-18　各月龄羊屠宰测定结果($n=10$)

月龄	性别	平均活重(kg)	屠体重(kg)	净肉重(kg)	网油重(kg)	尾脂重(kg)	骨重(kg)	屠宰率(%)	胴体净肉率(%)
6	母	34.82±5.81	16.03±2.06	12.62±1.75	0.82±0.24	0.47±0.11	3.24±0.39	50.43	77.40
6	公	36.99±5.36	17.6±2.88	13.75±2.47	0.49±0.13	0.69±0.15	3.57±0.49	47.58	78.13
12	公	63.60±8.27	33.39±6.11	26.61±5.11	1.25±0.65	1.41±0.61	6.29±1.34	59.39	79.70
18	公	76.55±15.79	43.07±10.52	36.11±10.75	1.77±0.95	2.31±1.01	7.27±1.66	56.26	83.84

九、开发与利用建议

(一)羔羊皮用于制裘

1～6 月龄羔皮,花案美观、花穗灵活、板质薄、重量轻,是制裘的好原料。

(1)花案美观:从调查结果看,各类型的羔羊其被毛毛股都具有不同的形态,不同数量的花弯,形成了不同的花穗和美丽花案。根据宰杀的时间不同,羔皮的花穗长短不同,把羔皮分为四种:像羔皮(羔插),花案美丽,皮板薄,可作为高级衣、帽镶嵌之用;小毛羔皮,毛股花弯多,花穗美观、灵活、绒毛少,多为初冬裘皮衣料;中毛及大毛羔皮,毛绒足、保暖性强,花案美观,是冬季御寒的良好衣料。

(2)羔皮面积大:裘皮型 1 月龄羔皮面积 2 552 cm^2,2 月龄 4 366.8 cm^2,3 月龄 5 164.7 cm^2,6 月龄时达 6 101.5 cm^2。3 月龄以上的羔皮,虽然花穗减少,但大都可制裘。全国供销合作总社 1978 年 12 月出版的《畜产品收购规格》中规定,对中大毛羔皮面积要求:一等 1 633.5 cm^2,特级 2 178 cm^2。小尾寒羊 3 月龄羔皮面积比一等羔皮规定高 2.16 倍,4～6 月龄的羔皮更大。

(3)毛股大小适中,倒向灵活:羔皮毛股根部直径 1 cm 左右,与滩羊二毛皮近似。加工好的羔皮一般毛股倒向自如。

(4)皮板薄,重量轻:经过加工熟制的羔皮,皮厚一般为 0.7～0.96 mm,1 月龄羔皮每平方厘米平均重 0.12 g,3 月龄羔皮每平方厘米平均重 0.15 g。

(二)老羊皮适于制革

从菏泽地区寒羊育种辅导站 1981 年小尾寒羊皮制裘价值的研究报告中可知:成年公羊毛长 10～11.82 cm,生皮面积 12 240～13 492.7 cm^2,肩部皮厚 1.55～1.59 mm,毛比较长,花穗花弯少,毛密,板皮厚、重量大,不适合制裘,而比较适合制革。一张成年公羊皮相当于 2.48 张羔羊皮面积,因此,制裘不如制革经济。

(三)肉裘兼用

羔羊肉具有鲜嫩多汁,精肉多,脂肪少,味美易消化,膻味轻等优点,在国际市场很受欢迎,因此,小尾寒羊应向生产肥羔的方向发展。

注:参加此次屠宰测定的专家和技术人员有中国农科院兰州畜牧研究所单乃铨、山东农学院于宗贤、山东省菏泽地区小尾寒羊育种辅导站王景元、山东省梁山县畜牧兽医工作站吕成民等。

参加本次调查的人员有山东省菏泽地区小尾寒羊育种辅导站王景元、魏敬才和山东省梁山县畜牧兽医工作站吕成民等。

第二节　菏泽市小尾寒羊生产利用情况调查

Section 2　Investigation on production and application of Small-tail Han sheep in Heze City

小尾寒羊是我国著名的肉裘兼用型绵羊品种，菏泽市是全国的主要产区之一。为充分开发利用丰富的小尾寒羊品种资源，进一步挖掘和附加小尾寒羊高繁多胎的种质特性，我们与菏泽市畜牧工作站及县区畜牧部门协作，从 2006 年 3 月 22 日开始，对菏泽市小尾寒羊的生产利用现状进行了为期 7 d 的典型调查，旨在通过调查，摸清菏泽市小尾寒羊繁殖母羊目前的主要分布区域、存栏数量、繁殖性能及生产水平，了解小尾寒羊的开发利用现状。通过分析目前生产及开发利用中存在的问题，挖掘小尾寒羊的开发利用潜力，从而为做好小尾寒羊高繁新品系的培育工作，进一步提高小尾寒羊的生产水平，加快肉羊产业化进程提供科学依据。

一、调查内容与方法

（一）调查内容

在牡丹区、郓城、巨野、鄄城等县（区）调查小尾寒羊主要分布乡镇及自然村，摸清上述区域内小尾寒羊的存栏数量及分布情况。了解小尾寒羊的外貌特征、饲养状况，测定繁殖母羊的体尺、体重，重点调查记录其繁殖性能，包括发情时间、初配年龄、产羔率（包括双羔率）、繁殖成活率等。

（二）调查方法

成立由课题主持单位和协作单位共同组成的专门调查小组，根据不同区域养羊业发展状况，制定切实可行的调查方法和路线，统一组织各县（区）的调查工作。

（1）本着以重点区域调查为主，一般区域为辅，重点调查与普通调查相结合的指导原则。在调查区域划分上，养羊业发展水平高的区域与一般区域相结合，距离远近相结合，随机选择被调查区域；在被调查区域内，以羊场和集中饲养户为重点调查对象，一般散养户为辅助调查对象，使调查结果具有代表性和真实性。

（2）认真查阅当地有关部门提供的技术记录和统计资料，结合实地考察，以保证技术资料的准确性和可靠性。

（3）制定统一的调查测量指标和项目，采用统一的调查记录表格和卡片，专人负责，认真填写，妥善保管，保证调查资料的同一性和完整性。

二、调查结果

（一）数量分布及种群结构

2005 年底全市小尾寒羊存栏量为 261.94 万只，其中繁殖母羊 123.23 万只，占存栏总量的 47.05%。全市共出栏小尾寒羊 271.80 万只，出栏率为 103.76%。从种群组成结构看，2005 年底牡丹区、郓城县、巨野县和鄄城县 4 个县区小尾寒羊存栏量总计为 219.36 万只，其中繁殖母羊 88.55 万只，占存栏总量的 40.37%，牡丹区、巨野县和鄄城县 3 个县区种公羊存栏量为 31794 只，占三县区小尾寒羊存栏量的 2.32%；四县区羔羊及育成羊存栏量约占小尾寒羊存栏总量的57%左右。从可繁殖母羊年龄结构看，在被调查的259只繁殖母羊中，1～2岁繁殖母羊为143只，占55.21%，2～3岁繁殖母羊为76只，占29.34%，3～4岁为30只，占11.58%，4岁以上繁殖母羊为10只，占3.86%，由此可以看出，在全市存栏的可繁殖母羊群中，1～3岁的繁殖母羊占可繁殖母羊存栏总量的80%以上。菏泽市10个县区小尾寒羊数量与分布见表13-19。

表13-19 菏泽市小尾寒羊生产情况

县(区)	乡镇(个)	存栏数(万只)	种公羊(只)	繁殖母羊(万只)	出栏(万只)	羊肉产量(t)	出栏率(%)
牡丹区	21	50.00	15 539	30.00	52.00	3 000	104.00
郓城县	21	82.44		29.66	123.96	11 247	150.36
巨野县	17	40.90	7 700	15.21	36.06	2 527	88.17
鄄城县	16	35.70	8 555	12.53	15.69	1 852.3	43.95
开发区	3	0.52		0.23	0.80	64	153.85
曹县	24	11.36		6.25	13.63	681.5	119.98
单县	20	5.70		4.69	3.19	419	55.96
成武	12	6.52		3.26	6.32	632	96.93
定陶	11	7.60		6.60	3.20	330	42.11
东明	13	21.20		14.80	16.95	1 234	79.95
合计	158	261.94	31 794	123.23	271.80	21 986.8	103.76

注：表中数据截止到2005年12月31日。

(二)体尺及体重

小尾寒羊成年母羊体高、体长及胸围等6项体尺指标都比1982年调查结果有所增加，如体高平均81.42 cm，增加4.35 cm；体长平均92.52 cm，增加14.99 cm；胸围平均105.7 cm，增加18.15 cm；分别比1982年调查结果提高5.64%、19.33%和20.73%。从成年母羊的平均体重(60.45 kg)看，比1982年调查结果(48.75 kg)增加11.7 kg，提高24.0%(表13-20)。

表13-20 成年母羊体尺体重调查结果

羊数(只)	体重(kg)	体高(cm)	体长(cm)	胸围(cm)	胸宽(cm)	胸深(cm)	管围(cm)
259	60.45±4.41	81.42±5.48	92.52±9.35	105.7±11.08	23.73±3.18	36.44±3.01	8.75±1.78

(三)繁殖性能

1. *发情与配种* 据调查，小尾寒羊四季发情，常年配种，但以秋季发情最多。母羊发情周期为15～21 d，平均为18 d，产羔后发情时间为产后20～60 d，平均为35 d；小尾寒羊的发情持续期为1.5～2 d，平均为44 h。在目前饲养管理条件下，初情期在4月龄左右。初次发情配种时间一般在6月龄左右，这时母羊已能排出成熟卵子并具有繁殖能力。调查发现，小尾寒羊的发情年龄与饲养管理、营养状况、季节等有很大关系，如冬产羔羊因营养差一般初情期后延，到8～9月龄才能发情配种；3～4月份的春产羔羊，因饲草充足，气温升高，发情期较早，一般157日龄初次发情配种。小尾寒羊的发情期持续时间，随年龄和营养状况不同而有一定差别。

2. *妊娠与产羔* 小尾寒羊可常年繁殖，一般可以2年3产，少数能达到1年2产，小尾寒羊的妊娠期随年龄和营养状况不同而有一定差别，范围为144～159 d，平均为150 d左右。一般初产母羊的平均妊娠期比经产母羊长2 d左右。本次调查结果(表13-21)，小尾寒羊初产平均产羔率为229%，其中产单羔的占10.57%，产双羔的占56.39%，产3羔的占26.43%，产4羔以上的占6.61%；经产羊2～5胎次平均产羔率依次为273%、295.6%、300%和300%。统计分析本次调查结果，小尾寒羊1～5胎的平均产羔率为261.9%，2～5胎的平均产羔率为283.7%。与1982年的调查结果相比，初产羊产单羔所占比例降低3.83个百分点，1～4胎平均产羔率增加0.46个百分点。小尾寒羊1～5胎的平均产羔率，随着产羔胎次的增加而呈增加趋势。

表13-21　繁殖母羊生产性能调查结果

胎次	羊数(只)	平均产羔数(只)	窝数	初生重(kg)	
				公羔	母羔
1	227	2.29±0.74	16	4.36±1.51	4.67±1.16
2	188	2.73±0.86	6	5.38±1.01	4.24±0.68
3	115	2.96±1.14	5	4.42±1.26	4.32±0.97
4	33	3.00±1.17			
5	6	3.00±0.89			
1～4		2.615			
1～5		2.619			
2～5		2.837			

3.综合评定　根据山东省地方标准《小尾寒羊》(DB/3700 B 43008—2005)，对小尾寒羊繁殖母羊进行了综合等级评定，结果表明：初产羊特级羊所占羊群比例都高于经产羊；一级羊所占羊群比例除产羔等级外，经产羊都高于初产羊。从产羔等级评定结果看，初产羊特级和一级所占羊群比例达到56.79%，比经产羊(35.79%)高21个百分点。总评等级初产羊和经产羊结果基本相同，特级羊和一级羊所占羊群比例都达到70%以上，分别为72.72%和75.20%。

(四)开发利用现状

1.育肥　从屠宰测定结果看，成年公羊屠宰率平均为55.59%，胴体重平均为40.425 kg，净肉重平均为33.41 kg，成年母羊屠宰率平均为52.43%，5月龄断奶羔羊屠宰率平均为48%。由此可见，小尾寒羊的产肉性能还是比较高的，次于肉用羊，但高于毛用羊。

2.杂交利用　小尾寒羊虽然具有良好的肉裘兼用性能，但它肉用体型欠佳，产肉性能与国外良种肉羊相比还有一定差距，并且肉色偏白，口感和风味也不理想。据王金文等2005年报道，用杜泊公羊与小尾寒羊母羊进行杂交，杂种后代肉用体型明显，生长发育快，平均日增重306g，5月龄公母羊平均体重达到49.5 kg，饲料报酬达到4.25∶1，屠宰率50.6%。增重和饲料报酬分别比小尾寒羊提高20%和21.17%，而且肉质品质和风味也都优于小尾寒羊，为农区舍饲集约化饲养肉羊和培育多胎高产肉羊新品种提供了宝贵经验。可见，利用杂种优势，开展经济杂交，是充分开发利用小尾寒羊优良种质特性，提高饲养经济效益的有效途径。

3.开发推广　近10年来，我国许多省、市、自治区先后形成过饲养小尾寒羊的热潮。这不仅促进了小尾寒羊的发展，同时也促进了菏泽市小尾寒羊的对外推广工作。据调查，自2001年起到2003年底，3年全市累计向外省区调拨良种小尾寒羊30多万只，其中以2002年对外调拨良种小尾寒羊最多，达到15万只，以郓城县畜牧局外调数量最多，质量最好。

三、开发与利用建议

(一)做好本品种选育工作

从本次调查看,小尾寒羊的纯种繁育工作长期以来以养殖户选育为主,既没有统一的品种选育标准,也无切实可行的本品种选育计划、阶段性选育目标和任务,使整个选育工作缺乏针对性,因而获得的遗传进展较小。以小尾寒羊平均产羔率为例,从 1982 年到 2005 年,虽经 23 年的选育工作,小尾寒羊可繁殖母羊 1～4 胎的平均产羔率仅比 1982 年增加 0.46 个百分点,平均每只母羊仅增加 0.046 只羔羊。虽然小尾寒羊具有许多特点和优势,但其产肉性能、肉质等与发达国家(如澳大利亚、新西兰等)肉羊生产水平相比还有较大差距。同时,小尾寒羊品种内个体间及地区间的性状差异也较大,品种类型整齐一致性较差。因此,主产区必须有组织、有计划地认真做好小尾寒羊的本品种选育工作,只有不间断地进行本品种选育,提高选择强度,小尾寒羊的群体质量才会得到不断提高和完善,对外推广工作才能得以持续发展。为此,需做好以下几方面的工作。

第一,主产区有关部门应成立专门组织机构,负责实施并监督选育工作。

第二,根据小尾寒羊目前品种状况、当前生产性能主要优缺点及饲养管理情况等,制订切实可行的本品种选育计划和选育标准。严格按品种标准,分阶段制定选育目标和任务。根据不同阶段的目标和任务,拟订切实可行的选育实施方案。

第三,在主产区组建选育核心群或核心场,为本品种选育工作培育和提供优秀种羊,主要是种公羊。同时严格淘汰劣质个体,以加速选育进程和提高选育效果。

第四,为了充分调动主产区群众养殖小尾寒羊的积极性,可考虑成立育种协会,组织和辅导选育工作,负责良种登记,并通过组织种羊交易会、赛羊会等形式,引入市场竞争机制,搞活良种羊及其产品的流通,积极促进和推动本品种选育工作的进行。

(二)做好杂交改良工作

小尾寒羊虽然具有较好的产肉性能,但与国外优良品种相比还有较大差距。2005 年全市小尾寒羊平均出栏率为 103.76%,平均每只存栏羊年产羊肉 8.39 kg,这与发达国家肉羊先进生产水平相比还有较大差距。因此,主产区在充分开发利用小尾寒羊原有肉裘兼用性能潜力的同时,应适应世界养羊业的发展趋势和国内外市场对羊肉日益增长的需求,引入国外优良肉羊品种,充分利用小尾寒羊多胎高繁的种质特性和杂种优势,在一定区域内有计划地开展经济杂交、生产优质羊肉,特别是优质肥羔肉,以增加羊肉产量,提高养羊综合经济效益。同时通过有目的、有计划的选育,培育适应主产区生态经济条件的,具有早熟、高产、多胎和抗逆性强的专门化肉羊新品种或新品系。

(三)推动小尾寒羊向规模化和产业化方向发展

随着主产区社会经济各方面的快速发展,以种植业、养殖业为主的农村经济结构将得到进一步调整,小尾寒羊饲养业必将成为主产区节粮型畜牧业生产的主要组成部分。因此,有关部门应提高认识,制定切实可行的政策和措施,把发展小尾寒羊作为振兴农村经济,增加农民收入的重要产业来抓,并做好以下几方面的工作。

1. *制定和完善标准* 适时修订和完善小尾寒羊现行品种标准,制定统一的小尾寒羊饲养管理技术规范和产品标准,树立小尾寒羊品牌意识,指导养殖户进行标准化生产。

2.发挥龙头带动作用　积极协调牧工商和产供销之间的关系，推进产业化分工协作，依据环境、区位、品种、资源和技术优势，科学整合，逐步形成规模化、专业化小尾寒羊商品生产基地。积极发挥协会的组织协调作用，指导养殖户进行规范化生产，推动小尾寒羊的产业化进程。

3.推广养羊新技术　从本次调查看，四区县小尾寒羊的饲养管理仍以传统的养殖方式为主，千家万户分散饲养，有啥喂啥，管理粗放，这是导致小尾寒羊生产性能和生产水平难以继续提高的主要因素。因此，主产区应采取切实可行的政策和措施，积极宣传和推广科学养羊技术，普及科学养羊知识，提倡饲养科学化，管理规范化，养殖良种化、规模化，采取建立畜牧科技示范园区和培植专业示范大户等形式，用典型引路，带动群众自觉投入到科学饲养小尾寒羊中来。

4.更新观念，搞好服务　主产区技术服务和推广部门应更新观念，转变机制，为养羊业做好良种供应，提供市场信息、产品收购、加工以及销售等产前、产中、产后的系列服务，以促进小尾寒羊饲养业健康稳定发展。

注：参加此次调查的有山东省农业科学院畜牧兽医研究所王金文、崔绪奎、张果平、李焕玲、王德芹，菏泽市畜牧工作站田春玲、王新颜等。

附录1 小尾寒羊品种标准

Appendix 1 Breed standard of Small-tail Han sheep

前 言

本标准于1989年第一次制定。

本次修订对体型外貌、产肉性能、体重体尺、等级评定等内容进行了修改，增加了产地、规范性附录A。

本标准由山东省畜牧办公室、山东省畜牧业标准化技术委员会提出。

本标准修订单位:济宁市畜牧局。

本标准主要修订人:王贻发、张京跃、何绍钦、国庆坤、苑全礼、关中军、胡夏辉。

小尾寒羊品种标准

1 范围

本标准规定了小尾寒羊品种特性和等级评定。

本标准适用于小尾寒羊品种鉴别和等级评定。

2 品种特性

2.1 产地

小尾寒羊原产于梁山、嘉祥、汶上、郓城、鄄城、巨野、东平、阳谷、东阿等县及毗邻县区。

2.2 体型外貌

2.2.1 整体结构

体格高大，结构匀称，体躯呈圆筒形。被毛白色，少数个体头部有黑色或褐色色斑。被毛可分为裘皮型、细毛型和粗毛型。裘皮型毛股清晰、弯曲明显;细毛型毛细密、弯曲小;粗毛型毛粗、弯曲大。

2.2.2 头颈部

头大小适中，头颈结合良好。眼大有神，嘴头齐，鼻骨隆起，耳中等大小、下垂。公羊雄壮，头大颈短，有发达的螺旋形大角，角质粗硬，角尖稍向外偏。母羊清秀，头小颈长，多数有角，分为镰刀状角、姜角及鹿角，少数羊有角根。

2.2.3 体躯部

胸背腰发育和结合良好。胸部宽深，前胸宽阔，肋骨开张。腹部紧凑而不下垂。四肢高，四肢粗壮，蹄圆大，坚实，蹄形端正。脂尾呈圆扇形，尾尖上翻内扣，尾长不超过飞节。母羊后躯发达。

2.2.4 生殖器官

公羊睾丸对称，大小适中，发育良好，附睾明显。母羊乳房发育良好，富有弹性，乳头分布均匀，大小适中，泌乳力好。

2.3 生产性能

2.3.1 体重体尺

一级羊体重体尺

性别	年龄	体重(kg)	体高(cm)	体长(cm)	胸围(cm)
公羊	3月龄	34	66	69	78
	6月龄	60	77	80	92
	周岁	105	94	96	108
	成年	120	96	98	114
母羊	3月龄	28	62	63	75
	6月龄	39	71	73	84
	周岁	56	78	79	94
	成年	64	81	83	99

2.3.2 产肉性能

在放牧饲养条件下，6月龄公羊屠宰率47%以上，净肉率37%以上。

2.3.3 繁殖性能

小尾寒羊性成熟早，公、母羊初情期5～6月龄。公羊8月龄可配种使用，周岁配种较为适宜，每次射精量为1.5 mL以上，精子密度2.5×10^{10}个/mL以上，精子活力0.7以上。母羊初次配种时间6～7月龄。发情周期17～18 d，发情持续期(30.54±3) h。母羊常年发情，春秋季较为集中。初产母羊产羔率220%，经产母羊产羔率270%。

2.3.4 毛皮品质

羔皮皮板轻薄、花穗明显、花案美观；板皮质地坚韧，弹性好。

2.3.5 产毛性能

被毛异质，有少量干死毛。成年公羊年剪毛量4 kg、母羊2 kg以上，净毛率在60%以上。

3 等级评定

3.1 评定时间

评定时间在3月龄、6月龄、1周岁和成年进行。

3.2 评定内容

体型外貌、体重体尺、繁殖性能。

3.3 体质外貌评定

见附表A.1。

3.4 体重体尺评定

见附表A.2。

3.5 繁殖性能评定

以窝产羔数定等级，母羊窝产3羔者以上的为特级，经产母羊产3羔者为一级，产2羔者为二级，产1羔者为三级。

3.6 综合评定

按照体型外貌、体重体尺、繁殖性能的单项鉴定办法，分别确定体型外貌、体重体尺、繁殖性能的等级。然后按照综合评定方法评定。综合评定方法见附表 A.3。

附录 A （规范性附录）
小尾寒羊鉴定标准

体型外貌评定方法见表 A.1。

表 A.1 体型外貌评定表

部位	鉴定要求	评分	
		公羊	母羊
整体结构	体质结实，结构匀称，体格高大，体躯呈圆筒形。被毛白色、异质、有少量干死毛，少数个体头部有黑色或褐色色斑。裘皮型毛股清晰、弯曲明显；细毛型毛细密、弯曲小；粗毛型毛粗、弯曲大。	25	25
头颈部	头大小适中，头颈结合良好。眼大有神，嘴头齐，鼻梁隆起，耳中等大小、下垂。公羊雄壮，头大颈粗，有螺旋形大角，角形端正，角尖稍向外偏。母羊清秀，头小颈长，多数有角，分为镰刀状角、姜角及鹿角，少数羊有角根。	10	10
体躯部	胸背腰发育和结合良好，胸部宽深，前胸宽阔，肋骨开张。腹部紧凑而不下垂。四肢高，四肢粗壮，蹄圆大，坚实，蹄形端正。脂尾呈圆扇形，尾尖上翻内扣，尾长不超过飞节。	45	50
生殖器官	母羊乳房发育良好，乳头大小适中。公羊睾丸对称，发育良好，附睾明显。	20	15
合计		100	100
分级	特级 100～90，一级 89～80，二级 79～70，三级 69～60。		

体重体尺评定方法见表 A.2。

表 A.2 体重体尺评定表

年龄	等级	公羊				母羊			
		体重(kg)	体长(cm)	体高(cm)	胸围(cm)	体重(kg)	体长(cm)	体高(cm)	胸围(cm)
3月龄	特(100～90)	38	71	69	82	32	66	64	78
	一(89～80)	34	69	66	78	28	63	62	75
	二(79～70)	30	67	63	74	24	60	59	72
	三(69～60)	26	65	60	68	20	57	56	69
6月龄	特(100～90)	64	84	82	96	43	77	75	88
	一(89～80)	60	80	77	92	39	73	71	84
	二(79～70)	56	76	73	88	35	69	66	79
	三(69～60)	52	72	68	84	31	65	62	74
周岁	特(100～90)	115	98	97	115	60	83	82	98
	一(89～80)	105	96	94	108	56	79	78	94
	二(79～70)	90	92	90	101	52	75	74	90
	三(69～60)	80	88	86	95	48	71	70	86
成年	特(100～90)	130	102	100	122	70	87	85	106
	一(89～80)	120	98	96	114	64	83	81	99
	二(79～70)	110	94	92	109	58	80	78	94
	三(69～60)	100	89	87	103	52	76	74	90
权重(%)		27	23	23	27	27	23	23	27

综合评定方法见表 A.3。

表 A.3 综合评定表

体型外貌等级	体重体尺等级	繁殖性能等级	总评等级	体型外貌等级	体重体尺等级	繁殖性能等级	总评等级
特	特	特	特	一	一	一	一
特	特	一	特	一	一	二	一
特	特	二	一	一	一	三	二
特	特	三	二	一	二	二	二
特	一	一	一	一	二	三	二
特	一	二	一	一	三	三	三
特	一	三	二	二	二	二	二
特	二	二	二	二	二	三	二
特	二	三	二	二	三	三	三
特	三	三	三	三	三	三	三

附录2　小尾寒羊饲养标准

Appendix 2　Feeding standard of Small-tail Han sheep

前　　言

本标准的附录A为规范性附录。

本标准的附录B、附录C为资料性附录。

本标准由山东省畜牧办公室、山东省畜牧业标准化技术委员会提出。

本标准起草单位：山东农业大学动物科技学院。

本标准主要起草人：杨在宾、曲绪仙、杨维仁、张崇玉、姜淑贞等。

小尾寒羊饲养标准

1　范围

本标准规定了小尾寒羊用于维持、生长、妊娠和泌乳的干物质进食量、消化能、代谢能、粗蛋白质、可消化粗蛋白质、维生素和矿物元素每天需要量值。

本标准适用于各类专业化小尾寒羊饲养场和配合饲料加工厂。

2　规范性引用文件

下列文件中的条款通过本标准的引用而成为本标准的条款。凡是注日期的引用文件，其随后所有的修改单（不包括勘误的内容）或修订版均不适用于本标准，然而，鼓励根据本标准达成协议的各方研究是否可使用这些文件的最新版本。凡是不注日期的引用文件，其最新版本适用于本标准。

GB 5461　食用盐

GB/T 6435—1986　饲料水分的测定方法

GB/T 6432　饲料中粗蛋白测定方法

GB/T 6433　饲料中粗脂肪测定方法

GB/T 6434　饲料中粗纤维测定方法

GB/T 6436　饲料中钙的测定

GB/T 6437　饲料中总磷的测定　分光光度法

GB/T 6439　饲料中水溶性氯化物的测定　硝酸银法

GB/T 17776　饲料中硫的测定　硝酸镁法

GB/T 17812　饲料中维生素E的测定　高效液相色谱法

GB/T 17817　饲料中维生素A的测定　高效液相色谱法

GB/T 17818　饲料中维生素D_3的测定　高效液相色谱法

GB/T 14699.1—1993　饲料采样方法

GB 10647　饲料工业通用术语

NY/T 816—2004　肉羊饲养标准

3　术语和定义

下列术语和定义适用于本标准。

3.1　干物质进食量(DMI,dry matter intake)

动物 24 h 内所给饲日粮干物质的进食量,单位以 kg/d 表示。

3.2　总能(GE,gross energy)

饲料总能为饲料中有机物质完全氧化燃烧生成二氧化碳、水和其他氧化物时释放的全部能量,其数值为每千克饲料在氧弹测热仪中完全氧化燃烧后所产生的热量(MJ),又称燃烧热。在无实测数据时,可参考式(1)计算:

$$GE=100\times(23.9\times CP+39.75\times EE+20.04\times CF+16.86\times NFE) \quad (1)$$

式中:GE——总能,单位为兆焦每千克(MJ/kg);

CP——饲料中粗蛋白质含量,单位为百分率(%);

EE——饲料中粗脂肪含量,单位为百分率(%);

CF——饲料中粗纤维含量,单位为百分率(%);

NFE——饲料中无氮浸出物含量,单位为百分率(%)。

3.3　消化能(DE,digestive energy)

消化能为饲料可消化养分所含的能量,即饲料总能扣除粪能量损失后的差值。由于粪中包括来自消化道的内源能,亦称“表观消化能”。公式为:DE=GE—FE。在无实测数据时,可参考式(2)计算:

$$DE=(2.385\times DCP+3.933\times DEE+1.757\times DCF+1.674\times DNFE)/1\,000 \quad (2)$$

式中:DE——消化能,单位为兆焦每千克(MJ/kg);

DCP——饲料中可消化粗蛋白质含量,单位为百分率(%);

DEE——饲料中可消化粗脂肪含量,单位为百分率(%);

DCF——饲料中可消化粗纤维含量,单位为百分率(%);

DNFE——饲料中可消化无氮浸出物含量,单位为百分率(%)。

3.4　代谢能(ME,metabolizable energy)

饲料的总能减去粪、尿排泄物中的总能(FE、UE)及消化道可燃气体的能量(E_g)即为代谢能。由于排泄物中包括来自身体的内源能,也称表观代谢能,单位为 MJ/kg。公式为:$ME=GE-FE-UE-E_g$。

在无实测数据时,可参考式(3)计算:

$$ME=0.82\times DE \quad (3)$$

3.5　净能 (NE,net energy)

饲料中用于动物维持生命和生产产品的能量,即饲料的代谢能扣除饲料在体内代谢过程中的热增耗(HI)后剩余的那部分能量,单位为 MJ/kg。公式为:NE=GE－DE－UE－Eg－HI。或:NE=ME－HI

3.6　粗蛋白质(CP,crude protein)

以凯氏定氮法测定的氮含量,乘以系数 6.25 即为粗蛋白质,以百分数表示。

3.7　可消化粗蛋白质(DCP,digestible crude protein)

饲料可消化粗蛋白质由其粗蛋白质含量乘以粗蛋白消化率而得,以百分数表示。

3.8　泌乳量(M,milk yield)

单位时间内泌乳动物由乳腺排出的乳的重量或体积,单位以 kg/d 表示。

3.9　日增重(ΔW,daily gain)

每天每只动物的体重增长量,单位以 kg/d 表示。

3.10　代谢体重($W^{0.75}$,metabolic weight)

自然体重的 0.75 次方即为代谢体重,单位以 kg 表示。

4　小尾寒羊营养需要量

小尾寒羊用于维持、生长、妊娠和泌乳的干物质进食量、消化能、代谢能、总净能、粗蛋白质、可消化粗蛋白质、钙、总磷和食盐每天需要量值见表 1～6。

4.1　空怀期母羊的维持营养需要量

表 1　空怀期母羊的营养需要量

Table 1　The nutritional requirements for ewes, maintenance

体重(kg)	DMI(kg/d)	消化能(MJ/d)	代谢能(MJ/d)	总净能(MJ/d)	粗蛋白质(g/d)	DCP(g/d)	钙(g/d)	总磷(g/d)	食盐(g/d)
30	0.7	6.1	5.2	4.0	29.6	22.3	2.0	2.6	5.0
40	0.9	7.6	6.5	4.9	36.8	27.7	2.5	2.7	5.8
50	1.1	9.0	7.7	5.8	43.4	32.7	3.0	2.8	6.5
60	1.3	10.3	8.8	6.7	49.8	37.5	3.1	2.9	7.3
70	1.4	11.6	8.9	7.5	55.9	42.1	3.2	3.0	8.5

4.2　妊娠期母羊的营养需要量

表 2　妊娠期母羊营养需要量

Table 2　The nutritional requirements for ewes, gestation

体重(kg)	DMI(kg/d)	消化能(MJ/d)	代谢能(MJ/d)	总净能(MJ/d)	粗蛋白质(g/d)	DCP(g/d)	钙(g/d)	总磷(g/d)	食盐(g/d)
妊娠前期									
30	1.4	10.0	8.2	6.2	72.7	54.7	2.2	1.5	5.8
40	1.6	12.8	10.5	7.9	93.0	70.1	3.0	2.0	6.6
50	1.8	14.0	11.5	8.7	99.8	75.2	3.2	2.5	7.5
60	2.0	15.3	12.5	9.5	107.1	80.7	4.0	3.0	8.3
70	2.2	16.5	13.6	10.2	114.6	86.3	4.5	3.5	9.1
妊娠后期									
30	1.6	20.1	16.5	12.4	166.4	125.3	6.0	3.4	7.1
40	1.8	26.1	21.4	16.2	218.0	164.2	7.0	4.0	7.9
50	2.0	26.5	21.8	16.5	217.0	163.4	8.0	4.6	8.7
60	2.2	27.3	22.4	16.9	219.6	165.4	9.0	5.3	9.5
70	2.4	28.2	23.2	17.5	224.0	168.7	10.0	5.6	11.0

4.3 泌乳期母羊的营养需要量

表 3 哺育单羔泌乳母羊营养需要量

Table 3 The nutritional requirements for ewes, lactation sucking singles

体重(kg)	泌乳量(kg/d)	DMI(kg/d)	消化能(MJ/d)	代谢能(MJ/d)	总净能(MJ/d)	粗蛋白质(g/d)	DCP(g/d)	钙(g/d)	总磷(g/d)	食盐(g/d)
30	0	1.8	8.6	7.4	5.8	30.8	19.3	6.5	3.9	7.5
	0.5	1.8	14.8	12.8	8.3	96.8	60.3	6.5	3.9	7.5
	1	1.8	21	18.2	10.9	162.8	101.3	6.5	3.9	7.5
	1.5	1.8	27.4	23.6	13.4	228.8	142.3	6.5	3.9	7.5
	2	1.8	33.6	29	16.0	294.8	183.3	6.5	3.9	7.5
40	0	2	10.6	9.2	7.2	38.3	24	7.0	4.3	8.3
	0.5	2	16.9	14.6	9.7	104.3	65	7.0	4.3	8.3
	1	2	23.2	20	12.3	170.3	106	7.0	4.3	8.3
	1.5	2	29.4	25.4	14.8	236.3	147	7.0	4.3	8.3
	2	2	35.7	30.8	17.4	302.3	188	7.0	4.3	8.3
50	0	2.2	12.6	10.8	8.5	45.3	28.3	7.5	4.7	9.1
	0.5	2.2	18.8	16.3	11.0	111.3	69.3	7.5	4.7	9.1
	1	2.2	25.1	21.7	13.6	177.3	110.3	7.5	4.7	9.1
	1.5	2.2	31.4	27.1	16.1	243.3	151.3	7.5	4.7	9.1
	2	2.2	37.6	32.5	18.7	309.3	192.3	7.5	4.7	9.1
60	0	2.4	14.4	12.5	9.7	52.0	32.6	8.0	5.1	9.9
	0.5	2.4	20.7	17.9	12.3	118.0	73.6	8.0	5.1	9.9
	1	2.4	26.9	23.3	14.8	184.0	114.6	8.0	5.1	9.9
	1.5	2.4	33.2	28.7	17.4	250.0	155.6	8.0	5.1	9.9
	2	2.4	39.5	34.1	20.0	316.0	196.6	8.0	5.1	9.9

表 4 哺育双羔泌乳母羊营养需要量

Table 4 The nutritional requirements for ewes, lactation sucking twins

体重(kg)	泌乳量(kg/d)	DMI(kg/d)	消化能(MJ/d)	代谢能(MJ/d)	总净能(MJ/d)	粗蛋白质(g/d)	DCP(g/d)	钙(g/d)	总磷(g/d)	食盐(g/d)
30	0	1.8	9.0	7.5	6.0	30.8	19.3	6.5	3.9	7.5
	0.5	1.8	15.5	12.9	8.6	96.8	60.3	6.5	3.9	7.5
	1.0	1.8	22	18.3	11.2	162.8	101.3	6.5	3.9	7.5
	1.5	1.8	28.4	23.7	13.9	222.8	152.3	6.5	3.9	7.5
	2.0	1.8	34.9	29.1	16.5	294.8	193.3	6.5	3.9	7.5
40	0	2	11.3	9.3	7.5	38.3	24	7.0	4.3	8.3
	0.5	2	17.6	14.7	10.0	104.3	65	7.0	4.3	8.3
	1.0	2	24.1	20.1	12.7	170.3	106	7.0	4.3	8.3
	1.5	2	30.5	25.5	15.3	236.3	147	7.0	4.3	8.3
	2.0	2	37	30.9	17.9	302.3	188	7.0	4.3	8.3

续表 4

体重（kg）	泌乳量（kg/d）	DMI（kg/d）	消化能（MJ/d）	代谢能（MJ/d）	总净能（MJ/d）	粗蛋白质（g/d）	DCP（g/d）	钙（g/d）	总磷（g/d）	食盐（g/d）
50	0	2.2	13.2	11.1	8.9	45.3	28.3	7.5	4.7	9.1
	0.5	2.2	19.7	16.5	11.4	111.3	64.3	7.5	4.7	9.1
	1.0	2.2	26.2	21.9	14.1	177.3	110.3	7.5	4.7	9.1
	1.5	2.2	32.6	27.2	16.7	243.3	151.2	7.5	4.7	9.1
	2.0	2.2	39.1	32.6	19.3	309.3	192.3	7.5	4.7	9.1
60	0	2.4	15.2	12.7	10.1	52.0	32.6	8.0	5.1	9.9
	0.5	2.4	21.7	18.1	12.8	118.0	73.6	8.0	5.1	9.9
	1.0	2.4	28.1	23.5	15.4	184.0	114.6	8.0	5.1	9.9
	1.5	2.4	34.6	28.9	18.0	250.0	155.6	8.0	5.1	9.9
	2.0	2.4	41.1	34.3	20.6	316.0	196.6	8.0	5.1	9.9

4.4 哺乳期羔羊的营养需要量

表 5 哺乳期羔羊的营养需要量

Table 5 The nutritional requirements for sucking lambs

体重（kg）	日增重（kg/d）	DMI（kg/d）	消化能（MJ/d）	代谢能（MJ/d）	总净能（MJ/d）	粗蛋白质（g/d）	DCP（g/d）	钙（g/d）	总磷（g/d）	食盐（g/d）
1	0	0.1	0.5	0.4	0.4	2.6	2.5	0.75	0.4	0.5
	0.1	0.1	1.3	1.2	0.9	29.6	28.5	0.75	0.4	0.5
	0.15	0.1	1.7	1.6	1.2	43.1	41.5	0.75	0.4	0.5
	0.2	0.1	2.1	2.0	1.5	56.6	54.5	0.75	0.4	0.5
	0.25	0.1	2.5	2.4	1.8	70.1	67.5	0.75	0.4	0.5
2	0	0.11	0.8	0.7	0.6	4.3	4.2	0.8	0.45	0.55
	0.1	0.11	1.6	1.5	1.2	31.3	30.2	0.8	0.45	0.55
	0.15	0.11	2.0	1.9	1.5	44.8	43.2	0.8	0.45	0.55
	0.2	0.11	2.4	2.3	1.7	58.3	56.2	0.8	0.45	0.55
	0.25	0.11	2.8	2.7	2.0	71.8	69.2	0.8	0.45	0.55
4	0	0.12	1.4	1.3	1.0	7.5	6.6	0.9	0.5	0.6
	0.1	0.12	2.6	2.4	1.7	34.1	31.6	0.9	0.5	0.6
	0.15	0.12	3.3	2.9	2.1	47.4	44.1	0.9	0.5	0.6
	0.2	0.12	3.9	3.5	2.4	60.7	56.6	0.9	0.5	0.6
	0.25	0.12	4.5	4.0	2.8	74.0	69.1	0.9	0.5	0.6
6	0	0.13	1.9	1.7	1.4	10.2	8.9	1.0	0.5	0.6
	0.1	0.13	3.1	2.8	2.1	36.8	33.9	1.0	0.5	0.6
	0.15	0.13	3.8	3.3	2.4	50.1	46.4	1.0	0.5	0.6
	0.2	0.13	4.4	3.9	2.8	63.4	58.9	1.0	0.5	0.6
	0.25	0.13	5.0	4.4	3.1	76.7	71.4	1.0	0.5	0.6

续表 5

体重(kg)	日增重(kg/d)	DMI(kg/d)	消化能(MJ/d)	代谢能(MJ/d)	总净能(MJ/d)	粗蛋白质(g/d)	DCP(g/d)	钙(g/d)	总磷(g/d)	食盐(g/d)
8	0	0.16	2.5	2.1	1.7	14.0	10.9	1.3	0.7	0.7
	0.1	0.16	5.0	4.2	2.4	43.0	33.9	1.3	0.7	0.7
	0.15	0.16	6.2	5.2	2.7	57.5	45.4	1.3	0.7	0.7
	0.2	0.16	7.4	6.2	3.1	72.0	56.9	1.3	0.7	0.7
	0.25	0.16	8.6	7.3	3.4	86.5	68.4	1.3	0.7	0.7
10	0	0.24	3.0	2.5	2.0	16.6	12.9	1.4	0.75	1.1
	0.1	0.24	5.4	4.6	2.7	45.6	35.9	1.4	0.75	1.1
	0.15	0.24	6.6	5.6	3.0	60.1	47.4	1.4	0.75	1.1
	0.2	0.24	7.9	6.6	3.4	74.6	58.9	1.4	0.75	1.1
	0.25	0.24	9.1	7.7	3.7	89.1	70.4	1.4	0.75	1.1

4.5 后备羔羊和育成羊的营养需要量

表 6 后备羔羊和一岁育成羊营养需要量

Table **6** The nutritional requirements for replacement lambs and yearlings

体重(kg)	日增重(kg/d)	DMI(kg/d)	消化能(MJ/d)	代谢能(MJ/d)	总净能(MJ/d)	粗蛋白质(g/d)	DCP(g/d)	钙(g/d)	总磷(g/d)	食盐(g/d)
10	0	0.6	2.9	2.4	1.7	14.1	10.3	0.6	1.0	6.6
	0.1	0.7	6.5	5.4	3.2	79.1	57.3	1.6	1.6	6.6
	0.2	0.8	10.0	8.4	4.7	144.1	104.3	2.4	2.1	6.6
	0.3	0.9	13.6	11.4	6.2	209.1	151.3	3.3	2.8	6.6
20	0	0.7	4.8	4.1	2.9	23.7	17.3	1.0	1.2	7.6
	0.1	0.8	8.4	7.1	4.4	88.7	64.3	1.9	1.8	7.6
	0.2	0.9	12.0	10.1	5.9	153.7	111.3	2.8	2.4	7.6
	0.3	1.0	15.6	13.1	7.4	218.7	158.3	3.8	3.1	7.6
30	0	0.9	6.6	5.5	3.9	32.2	23.5	1.4	1.4	8.6
	0.1	1.0	10.1	8.5	5.4	97.2	70.5	2.5	2.2	8.6
	0.2	1.1	13.7	11.5	6.9	162.2	117.5	3.6	3.0	8.6
	0.3	1.2	17.3	14.5	8.4	227.2	164.5	4.8	3.8	8.6
40	0	1.2	8.1	6.8	4.9	39.9	29.1	1.8	1.6	9.6
	0.1	1.3	11.7	9.8	6.4	104.9	76.1	3.1	2.7	9.6
	0.2	1.3	15.3	12.8	7.9	169.9	123.1	4.4	3.6	9.6
	0.3	1.4	18.9	15.8	9.4	234.7	170.1	5.7	4.5	9.6
50	0	1.4	9.6	8.1	5.7	47.4	34.4	2.2	1.8	11.0
	0.1	1.5	13.2	11.1	7.2	112.4	81.4	3.7	3.2	11.0
	0.2	1.6	16.8	14.1	8.7	177.4	128.4	5.2	4.2	11.0
	0.3	1.6	20.3	17.1	10.2	242.4	175.4	6.7	5.2	11.0

续表6

体重(kg)	日增重(kg/d)	DMI(kg/d)	消化能(MJ/d)	代谢能(MJ/d)	总净能(MJ/d)	粗蛋白质(g/d)	DCP(g/d)	钙(g/d)	总磷(g/d)	食盐(g/d)
60	0	1.6	11.04	9.27	6.58	54.11	39.45	2.6	2	12.0
	0.1	1.7	14.61	12.27	8.08	119.11	86.45	4	3.4	12.0
	0.2	1.8	18.18	15.27	9.58	184.11	133.45	5.6	4.5	12.0
	0.3	1.8	21.75	18.27	11.08	249.11	180.45	8.2	5.5	12.0

5 小尾寒羊对日粮硫、维生素、微量矿物质元素需要量

小尾寒羊用于生长、妊娠和泌乳的硫、维生素、微量矿物质元素每天需要量值见表7。

表7 小尾寒羊对日粮硫、维生素、微量矿物质元素需要量

体重阶段	生长羔羊	育成母羊	育成公羊	育肥羊	妊娠母羊	泌乳母羊
	4～20 kg	25～50 kg	20～70 kg	20～50 kg	40～70 kg	40～70 kg
硫(g/d)	0.24～1.2	1.4～2.9	2.8～3.5	2.8～3.5	2.0～3.0	2.5～3.7
维生素 A(IU/d)	188～940	1 175～2 350	940～3 290	940～2 350	1 880～3 948	1 880～3 434
维生素 D(IU/d)	26～132	137～275	111～389	111～278	222～440	222～380
维生素 E(IU/d)	2.4～12.8	12～24	12～29	12～23	18～35	26～34
钴(mg/kg)	0.018～0.096	0.12～0.24	0.21～0.33	0.2～0.35	0.27～0.36	0.3～0.39
铜(mg/kg)	0.97～5.2	6.5～13	11～18	11～19	16～22	13～18
碘(mg/kg)	0.08～0.46	0.58～1.2	1.0～1.6	0.94～1.7	1.3～1.7	1.4～1.9
铁(mg/kg)	4.3～23	29～58	50～79	47～83	65～86	72～94
锰(mg/kg)	2.2～12	14～29	25～40	23～41	32～44	36～47
硒(mg/kg)	0.016～0.086	0.11～0.22	0.19～0.30	0.18～0.31	0.24～0.31	0.27～0.35
锌(mg/kg)	2.7～14	18～36	50～79	29～52	53～71	59～77

注：表中推荐数值参考《肉羊饲养标准》(NY/T 816—2004)。

6 小尾寒羊常用饲料营养价值表

表8 小尾寒羊常用饲料营养价值表

谷实类(4-07-0000)

饲料名称	样品说明	干物质(%)	粗蛋白(%)	无氮浸出物(%)	粗脂肪(%)	粗纤维(%)	粗灰分(%)	钙(%)	磷(%)	可消化粗蛋白(g/kg)	消化能(MJ/kg)
玉米(1级)	中国	86.00	8.70	70.70	3.60	1.60	—	0.02	0.27	—	14.27
玉米(2级)	中国	86.00	7.80	71.80	3.50	1.60	—	0.02	0.27	—	14.14
玉米	菏泽	86.78	8.04	73.14	2.68	1.52	1.40	0.07	0.21	62.00	13.72
玉米	威海	70.07	7.40	72.93	2.53	2.10	1.77	0.10	0.19	52.70	13.31
玉米	德州	85.50	8.31	71.58	3.02	1.17	1.47	0.15	0.27	63.17	12.22
玉米	临沂	87.07	8.78	72.37	2.65	2.02	1.28	0.10	0.19	63.83	13.64
玉米	泰安	84.93	8.70	71.50	2.13	1.33	1.33	0.08	0.17	67.00	13.51
玉米	聊城	86.85	7.75	73.70	2.65	1.55	1.25	0.11	0.18	59.50	13.77
玉米	滨州	91.01	8.66	75.10	3.91	2.11	1.31	微	0.16	60.71	14.10

续表 8

饲料名称	样品说明	干物质(%)	粗蛋白(%)	无氮浸出物(%)	粗脂肪(%)	粗纤维(%)	粗灰分(%)	钙(%)	磷(%)	可消化粗蛋白(g/kg)	消化能(MJ/kg)
谷实类(4-07-0000)											
玉米	青岛	86.50	9.00	71.30	2.50	2.30	1.30	0.10	0.21	62.00	13.18
玉米	日照	87.53	8.50	72.33	3.17	2.37	1.17	0.03	0.08	58.33	13.56
玉米	济宁	87.90	8.83	73.41	2.35	2.18	1.07	微	0.16	64.50	13.81
玉米	济南	87.80	10.33	70.77	3.43	2.13	1.17	0.04	0.17	73.33	13.77
玉米	淄博	89.30	9.10	72.20	4.00	1.80	2.30	0.21	0.06	70.00	14.23
玉米	潍坊	89.80	7.70	74.10	4.50	1.80	1.70	0.11	0.05	59.00	14.39
玉米	烟台	88.40	8.85	71.60	4.20	1.90	1.85	0.04	0.05	68.00	14.14
高粱	中国	86.00	9.00	70.40	3.40	1.40	—	0.13	0.36	—	13.05
高粱	济南	79.30	8.80	66.10	1.60	1.10	1.70	0.14	0.33	50.00	11.59
高粱	菏泽	87.90	7.60	75.90	1.60	1.40	1.50	0.15	0.32	44.00	15.31
高粱	德州	89.60	8.20	77.00	1.60	1.20	1.60	0.15	0.34	46.00	15.61
高粱	聊城	88.10	7.60	76.10	1.50	1.50	1.60	0.14	0.32	42.00	15.31
高粱	青岛	88.10	6.90	76.80	1.30	1.70	1.40	0.16	0.30	39.00	15.27
高粱	临沂	88.00	10.60	73.10	1.20	1.40	1.70	0.14	0.32	60.00	14.02
高粱	济宁	88.20	9.80	73.50	1.50	1.80	1.60	0.15	0.33	55.00	15.31
高粱	莱芜	88.10	9.10	74.20	1.40	1.90	1.50	0.15	0.31	51.00	15.27
小麦	中国	87.00	13.90	67.60	1.70	1.90	—	0.17	0.41	—	14.23
小麦	烟台	87.20	13.30	68.40	1.60	2.40	1.50	0.26	0.27	112.00	12.34
小麦	潍坊	88.40	13.20	69.30	2.50	2.00	1.40	0.19	0.36	116.00	12.47
小麦	德州	88.50	11.10	70.05	2.50	2.40	2.00	0.19	0.24	93.00	10.71
小麦	滨州	88.20	11.30	70.10	2.40	2.30	2.10	0.18	0.37	94.00	10.46
小麦	临沂	88.10	10.90	70.00	2.60	2.40	2.20	0.17	0.35	91.00	10.46
小麦	莱芜	89.50	13.80	69.00	2.40	2.40	1.90	0.18	0.37	115.00	12.51
小麦	济南	88.00	8.60	75.30	0.50	2.20	1.40	0.39	0.30	72.00	12.13
小麦	泰安	88.50	11.00	70.09	2.10	2.40	2.10	0.36	0.15	92.00	12.22
稻谷	临沂	87.90	8.10	65.00	2.10	8.60	4.30	0.46	0.21	46.50	13.37
稻谷	济宁	89.50	9.20	64.67	1.83	8.90	4.90	0.10	0.27	52.67	13.46
糠麸类(4-08-0000)											
饲料名称	样品说明	干物质(%)	粗蛋白(%)	无氮浸出物(%)	粗脂肪(%)	粗纤维(%)	粗灰分(%)	钙(%)	磷(%)	可消化粗蛋白(g/kg)	消化能(MJ/kg)
稻谷	菏泽	91.40	9.30	68.90	2.00	7.10	4.10	0.07	0.22	53.00	14.18
稻谷	枣庄	88.60	8.10	67.00	1.90	7.30	4.30	0.06	0.25	47.00	13.68
稻谷	济南	89.60	8.60	64.80	2.00	10.50	3.90	0.03	0.23	50.00	13.68
小麦麸	中国	87.00	15.70	56.00	3.90	6.50	—	0.11	0.92	—	12.18
小麦麸	中国	87.00	14.30	57.10	4.00	6.80	—	0.10	0.93	—	12.10

续表 8

饲料名称	样品说明	干物质（%）	粗蛋白（%）	无氮浸出物（%）	粗脂肪（%）	粗纤维（%）	粗灰分（%）	钙（%）	磷（%）	可消化粗蛋白（g/kg）	消化能（MJ/kg）
糠麸类(4-08-0000)											
小麦麸	泰安	89.23	15.33	54.20	3.43	10.35	5.93	0.27	0.74	111.75	10.96
小麦麸	菏泽	88.92	14.70	55.36	3.14	10.34	5.38	0.26	0.74	108.60	10.54
小麦麸	威海	88.35	15.75	53.10	2.73	11.25	5.55	0.27	0.74	110.75	10.50
小麦麸	滨州	90.15	14.95	55.12	3.54	10.91	5.66	0.12	0.64	107.36	10.71
小麦麸	日照	89.23	13.86	57.62	2.63	10.33	4.78	0.03	0.09	100.17	11.51
小麦麸	济宁	89.73	15.60	55.90	3.02	10.55	4.72	0.19	0.42	115.50	11.13
小麦麸	聊城	89.77	14.10	54.45	3.67	10.53	6.03	0.25	0.69	104.00	10.89
小麦麸	德州	89.08	14.80	54.75	3.32	10.20	5.80	0.23	0.76	107.00	10.43
小麦麸	泰安	90.20	15.05	53.60	4.10	10.75	6.65	0.27	0.72	103.00	10.57
小麦麸	临沂	89.23	15.20	54.57	4.63	9.67	5.20	0.22	0.72	115.00	11.58
小麦麸	济南	91.07	16.07	54.73	3.60	11.77	4.93	—	0.42	111.00	10.80
小麦麸	青岛	91.30	15.20	58.50	4.10	8.65	5.20	0.40	0.66	116.00	11.65
小麦麸	烟台	88.10	17.60	55.20	3.00	8.60	3.80	0.35	0.10	134.00	11.76
小麦麸	淄博	89.10	4.80	57.00	4.40	9.30	3.50	0.04	0.08	113.00	11.72
次粉	中国	88.00	15.40	67.10	2.20	1.50	—	0.08	0.48	—	13.89
次粉	中国	87.00	13.60	66.70	2.10	2.80	—	0.08	0.48	—	13.60

饲料名称	样品说明	干物质（%）	粗蛋白（%）	无氮浸出物（%）	粗脂肪（%）	粗纤维（%）	粗灰分（%）	钙（%）	磷（%）	可消化粗蛋白（g/kg）	消化能（MJ/kg）
饼粕类(5-10-0000)											
大豆饼	中国	89.00	41.80	30.70	5.80	4.80	—	0.31	0.50	—	14.10
大豆饼	德州	93.66	44.31	29.07	7.21	6.77	6.31	0.56	0.58	384.00	16.57
大豆饼	滨州	91.62	42.58	34.28	3.84	5.64	5.98	0.20	0.32	367.00	16.02
大豆饼	济宁	87.44	42.76	28.22	4.12	6.64	5.70	0.13	0.20	—	—
大豆饼	临沂	95.60	45.00	19.10	8.30	7.00	6.30	0.45	0.52	383.00	17.91
大豆饼	菏泽	94.20	46.20	30.50	5.90	5.50	6.00	0.42	0.52	416.00	17.91
大豆饼	青岛	92.00	43.50	31.25	3.95	7.30	8.50	0.16	0.07	382.00	15.44
大豆饼	潍坊	89.20	40.00	31.10	6.60	6.40	6.00	0.09	0.06	376.00	15.23
豆粕	中国	89.00	47.90	31.20	1.00	4.00	—	0.34	0.65	—	14.31
豆粕	中国	89.00	44.00	31.80	1.90	5.20	—	0.33	0.62	—	14.27
棉籽饼	中国	88.00	36.30	26.10	7.40	12.50	—	0.21	0.83	—	13.22
棉仁饼	济南	93.80	35.00	24.20	7.30	21.40	5.00	微	0.28	—	—
棉仁饼	聊城	90.00	32.00	30.40	7.20	15.45	5.70	—	—	—	—
棉籽粕	中国	90.00	47.00	26.30	0.50	10.20	—	0.25	1.10	—	13.05
棉籽粕	中国	90.00	43.50	28.90	0.50	10.50	—	0.28	1.04	—	12.47
菜籽饼	中国	88.00	35.70	26.30	7.40	11.40	—	0.59	0.96	—	13.14

续表 8

饲料名称	样品说明	干物质(%)	粗蛋白(%)	无氮浸出物(%)	粗脂肪(%)	粗纤维(%)	粗灰分(%)	钙(%)	磷(%)	可消化粗蛋白(g/kg)	消化能(MJ/kg)
饼粕类(5-10-0000)											
菜籽饼	滨州	90.00	16.90	42.90	8.40	12.30	8.05	0.69	0.60	—	—
菜籽粕	中国	88.00	38.60	28.90	1.40	11.80	—	0.65	1.02	—	12.05
花生仁饼	中国	88.00	44.70	25.10	7.20	5.90	—	0.25	0.53	—	14.39
花生饼	临沂	95.60	49.20	24.70	8.50	7.10	6.20	0.30	0.58	399.00	15.77
花生饼	威海	89.00	47.10	23.50	6.90	4.60	5.90	0.31	0.70	437.00	15.77
花生饼	日照	89.05	50.30	22.50	6.80	4.70	5.00	微	0.11	451.00	16.45
花生饼	济南	95.10	51.80	22.90	9.10	5.10	5.40	微	0.26	466.00	17.91
花生饼	潍坊	88.90	50.30	20.80	9.40	3.90	4.70	0.09	0.06	452.00	17.03
花生饼	青岛	90.00	46.30	27.80	4.80	6.20	5.20	0.20	0.06	421.00	15.56
花生饼	烟台	89.50	45.60	26.20	6.00	5.70	6.00	0.03	0.07	410.00	15.82
花生饼	泰安	88.10	45.90	23.70	6.40	5.80	6.30	0.25	0.57	413.00	15.65
花生仁粕	中国	88.00	47.80	27.20	1.40	6.20	—	0.27	0.56	—	13.56
玉米胚芽饼	中国	90.00	16.70	50.80	9.60	6.30	—	0.04	1.45	—	12.45
玉米胚芽粕	中国	90.00	20.80	54.80	2.00	6.50	—	0.06	1.23	—	11.56
亚麻仁饼	中国	88.00	32.20	29.70	7.80	7.80	—	0.39	0.88	—	13.39
亚麻仁粕	中国	88.00	34.80	21.60	1.80	8.20	—	0.42	0.95	—	12.51
芝麻饼	中国	92.00	39.20	18.00	10.30	7.20	—	2.24	1.19	—	14.69
玉米蛋白粉	中国	90.10	63.50	19.20	5.40	1.00	—	0.07	0.44	—	18.37
玉米蛋白粉	中国	91.20	51.30	28.00	7.80	2.10	—	0.06	0.42	—	15.86
玉米蛋白饲料	中国	88.00	19.30	48.00	7.50	7.80	—	0.15	0.70	—	13.39
玉米蛋白粉	中国	89.90	44.30	37.10	6.00	1.60	—	—	—	—	15.19
DDGS	中国	90.00	28.30	36.80	13.70	7.10	—	0.20	0.74	—	14.64

饲料名称	样品说明	干物质(%)	粗蛋白(%)	无氮浸出物(%)	粗脂肪(%)	粗纤维(%)	粗灰分(%)	钙(%)	磷(%)	可消化粗蛋白(g/kg)	消化能(MJ/kg)
干草类(1-05-0000)											
紫花苜蓿	始花期	86.60	21.10	29.40	5.90	24.20	6.00	0.81	0.30	171.00	10.96
紫花苜蓿	盛花期	90.40	18.40	22.70	5.50	35.40	8.50	0.73	0.36	127.00	97.07
紫花苜蓿	孕花期	88.10	22.90	25.40	5.80	25.70	8.30	0.89	0.45	186.00	10.42
紫花苜蓿	孕花期二年	87.90	22.30	23.10	5.40	26.30	7.90	0.78	0.30	163.00	9.46
紫花苜蓿	孕花期三年	88.10	20.90	23.10	5.20	28.40	10.10	0.85	0.32	150.00	9.46
紫花苜蓿	孕花期四年	86.50	21.40	26.40	5.70	24.30	8.70	0.65	0.24	154.00	9.46
紫花苜蓿	盛花期一年	86.50	19.50	24.70	4.10	29.20	9.10	0.95	0.52	140.00	9.33
紫花苜蓿	盛花期二年	87.20	21.20	25.40	5.60	27.40	7.60	0.75	0.34	144.00	9.29

续表 8

干草类(1-05-0000)											
饲料名称	样品说明	干物质(%)	粗蛋白(%)	无氮浸出物(%)	粗脂肪(%)	粗纤维(%)	粗灰分(%)	钙(%)	磷(%)	可消化粗蛋白(g/kg)	消化能(MJ/kg)
紫花苜蓿	盛花期三年	88.10	20.80	23.10	5.20	28.80	10.10	0.82	0.25	150.00	9.46
紫花苜蓿	盛花期四年	89.10	19.90	24.00	6.90	28.60	9.70	0.87	0.25	143.00	9.33
羊草	中国	92.00	7.30	—	3.60	—	—	0.22	0.14	—	9.56
羊草	中国	91.60	7.40	46.60	3.60	29.40	—	0.37	0.18	—	8.78
羊草	潍坊	90.65	8.25	43.80	3.55	30.50	4.75	0.47	0.16	50.50	9.54
羊草	临沂	91.20	7.80	44.10	3.40	31.00	4.90	0.37	0.17	48.00	5.00
羊草	滨州	91.10	7.40	42.80	3.50	32.00	5.40	0.45	0.17	45.00	9.46
羊草	青岛	91.20	7.10	43.20	3.60	32.30	5.00	0.39	0.19	43.00	5.00
羊草	烟台	89.80	6.80	48.00	3.60	26.60	4.80	0.37	0.18	42.00	9.37
羊草	济宁	89.70	9.00	51.90	3.20	20.80	9.50	0.54	0.10	55.00	9.41
沙打旺	中国	92.40	15.70	41.10	2.50	25.80	—	0.36	0.18	—	10.46
黑麦草	中国	87.80	17.00	34.30	4.90	20.40	—	0.39	0.24	—	10.42
苜蓿干草	中国	92.40	16.80	34.50	1.30	29.50	—	1.95	0.28	—	9.79

青贮类(3-03-0000)											
饲料名称	样品说明	干物质(%)	粗蛋白(%)	无氮浸出物(%)	粗脂肪(%)	粗纤维(%)	粗灰分(%)	钙(%)	磷(%)	可消化粗蛋白(g/kg)	消化能(MJ/kg)
玉米青贮	中国	23.00	2.80	9.00	0.40	8.00	—	0.18	0.05	—	2.21

糟渣类(1-11-0000)											
饲料名称	样品说明	干物质(%)	粗蛋白(%)	无氮浸出物(%)	粗脂肪(%)	粗纤维(%)	粗灰分(%)	钙(%)	磷(%)	可消化粗蛋白(g/kg)	消化能(MJ/kg)
酒糟	潍坊	37.30	9.30	17.80	4.20	3.30	3.20	0.25	0.07	68.00	5.02
酒糟	济宁	35.00	8.70	22.70	0.80	1.70	1.10	0.31	0.05	64.00	4.35
酒糟	日照	37.70	9.30	17.60	4.20	3.40	3.20	0.14	0.09	68.00	5.02
酒糟	济南	92.00	27.10	46.00	2.40	13.50	3.00	0.25	0.23	201.00	11.46
酒糟	临沂	92.50	11.90	53.50	3.40	12.50	11.20	0.60	0.40	71.00	11.13
酒糟	潍坊	92.50	13.50	52.00	3.60	12.10	11.30	0.70	0.40	81.00	11.17
酒糟	烟台	92.70	17.70	47.70	3.90	12.00	11.40	0.90	0.40	10.60	11.17
酒糟	东营	92.90	11.70	53.80	3.10	12.80	11.50	0.50	0.39	70.00	11.17
酒糟	德州	92.80	15.10	50.80	3.20	12.10	11.60	0.60	0.39	91.00	11.17
酒糟	泰安	47.00	9.30	5.40	3.80	20.90	7.60	0.60	0.17	56.00	4.64
酒糟	聊城	89.80	20.00	22.40	6.90	22.10	18.40	1.05	0.28	120.00	11.72
豆腐渣	济南	13.40	6.00	2.00	1.20	3.50	0.70	0.12	0.07	51.00	2.43
豆腐渣	菏泽	10.10	3.10	4.00	0.50	2.00	0.50	0.05	0.03	26.00	1.63
豆腐渣	济宁	15.00	4.20	5.30	2.30	2.60	0.60	0.09	0.05	36.00	2.64
豆腐渣	潍坊	15.30	4.00	6.60	1.90	1.80	1.00	0.23	0.15	34.00	2.56

续表 8

糟渣类(1-11-0000)											
饲料名称	样品说明	干物质(%)	粗蛋白(%)	无氮浸出物(%)	粗脂肪(%)	粗纤维(%)	粗灰分(%)	钙(%)	磷(%)	可消化粗蛋白(g/kg)	消化能(MJ/kg)
豆腐渣	德州	90.20	13.50	69.00	0.40	2.80	4.50	1.04	0.25	—	—
豆腐渣	东营	89.80	27.60	54.40	0.60	2.50	4.70	1.00	0.24	—	—
豆腐渣	青岛	90.10	19.20	63.90	0.40	2.50	4.10	0.99	0.25	—	—
豆腐渣	烟台	90.30	20.30	63.10	0.60	2.30	4.00	0.93	0.26	—	—
豆腐渣	泰安	90.20	12.60	70.40	0.70	2.40	4.10	0.98	0.25	—	—
啤酒糟	中国	88.00	24.30	40.80	5.30	13.40	—	0.32	0.42	—	—
啤酒糟	济南	92.00	27.10	46.00	2.40	13.50	3.00	0.25	0.23	201.00	11.46
啤酒糟	青岛	92.20	24.40	48.80	2.80	13.10	3.10	0.29	0.42	181.00	11.38
啤酒糟	济宁	91.90	26.80	47.00	2.20	12.90	3.00	0.27	0.33	198.00	11.38
啤酒糟	烟台	92.00	27.10	45.30	2.60	13.60	3.40	0.29	0.40	201.00	11.38
啤酒糟	临沂	92.00	24.60	47.80	2.70	13.70	3.20	0.28	0.48	199.00	12.55
啤酒糟	潍坊	90.90	26.90	37.90	8.90	14.70	3.00	0.29	0.35	191.00	11.59
酱渣	菏泽	90.40	27.80	34.20	8.00	15.30	6.20	0.45	0.16	186.00	11.92
酱渣	德州	90.50	27.00	33.80	8.20	15.20	6.30	0.44	0.10	181.00	11.84
酱渣	滨州	90.40	18.50	35.00	8.00	15.10	6.40	0.46	0.14	124.00	10.50
酱渣	烟台	90.40	17.80	29.60	7.90	14.90	6.50	0.39	0.15	119.00	9.87
酱渣	聊城	90.30	26.40	35.90	8.20	15.30	6.60	0.43	0.16	177.00	11.92
酱渣	淄博	90.80	19.80	46.00	8.00	14.80	6.50	0.38	0.13	133.00	11.67
酱渣	青岛	86.70	19.80	33.10	8.60	18.70	6.50	0.45	0.16	133.00	11.13
酱渣	潍坊	88.50	20.00	35.10	14.20	15.60	3.60	0.38	0.10	134.00	12.64
酱渣	济南	93.40	19.50	34.70	9.30	15.40	14.50	0.60	0.12	131.00	11.05
酱渣	济南	90.10	21.80	25.60	2.70	29.80	10.20	2.34	0.15	—	—
酱渣	临沂	90.00	11.20	35.90	2.80	30.10	10.00	2.36	0.16	—	—
酱渣	济宁	87.70	19.00	33.50	9.50	17.20	8.50	0.78	0.41	127.00	11.13
酱渣	菏泽	90.30	20.40	27.00	2.60	30.50	10.00	2.08	0.15	—	—
酱渣	济宁	90.70	18.60	28.00	2.80	31.00	10.30	2.05	0.15	—	—
酱渣	聊城	90.60	7.50	38.10	2.70	29.50	10.10	1.99	0.14	—	—
酱渣	东营	90.40	8.70	38.60	2.90	30.00	10.20	2.00	0.16	—	—
酱渣	德州	90.50	18.50	29.60	3.00	29.20	10.20	1.98	0.15	—	—
酱渣	滨州	90.70	9.30	39.30	3.10	28.90	10.10	1.95	0.14	—	—

农副产品类(荚壳蔓秸秧)(1-06-0000)											
饲料名称	样品说明	干物质(%)	粗蛋白(%)	无氮浸出物(%)	粗脂肪(%)	粗纤维(%)	粗灰分(%)	钙(%)	磷(%)	可消化粗蛋白(g/kg)	消化能(MJ/kg)
甘薯秧	菏泽	93.60	7.72	40.63	3.63	31.23	9.32	1.37	0.07	33.17	8.92
甘薯秧	德州	92.85	7.38	40.80	2.90	31.73	10.00	1.38	0.08	29.30	8.72

续表 8

农副产品类(荚壳蔓秸秧)(1-06-0000)											
饲料名称	样品说明	干物质(%)	粗蛋白(%)	无氮浸出物(%)	粗脂肪(%)	粗纤维(%)	粗灰分(%)	钙(%)	磷(%)	可消化粗蛋白(g/kg)	消化能(MJ/kg)
甘薯秧	聊城	94.80	8.65	39.00	3.20	32.85	11.10	2.24	0.09	37.50	8.95
甘薯秧	泰安	96.90	13.40	40.10	3.50	31.00	9.00	1.97	—	58.00	9.37
甘薯秧	临沂	91.65	10.68	40.58	3.28	28.83	8.35	1.83	0.02	46.00	8.91
甘薯秧	日照	91.14	7.27	42.03	3.67	30.70	7.83	1.78	0.06	31.30	8.95
甘薯秧	威海	91.63	8.67	39.57	2.17	31.57	9.67	1.55	0.06	39.33	8.79
甘薯秧	滨州	93.23	8.50	40.43	3.63	31.87	8.87	1.02	0.06	36.67	9.04
甘薯秧	济宁	92.53	8.68	42.03	3.07	30.73	6.93	1.71	0.05	37.33	9.00
甘薯秧	济南	91.68	8.95	43.90	4.40	27.70	7.45	2.10	0.03	38.75	9.29
甘薯秧	潍坊	90.50	11.30	45.90	3.40	20.10	9.80	1.88	0.09	48.00	8.62
甘薯秧	烟台	89.20	7.43	44.60	2.63	25.67	8.87	1.94	0.01	32.00	8.49
甘薯秧	青岛	89.40	7.00	40.00	2.60	32.90	6.90	2.18	0.10	30.00	8.75
花生蔓	中国	91.30	11.00	41.30	1.50	29.60	—	2.46	0.04	—	9.48
玉米秸	中国	90.00	5.90	50.20	0.90	24.90	—			—	5.83
小麦秸	中国	89.60	2.60	41.10	1.60	31.90	—	0.05	0.06	—	4.28
大豆秸	中国	85.90	11.30	36.90	2.40	28.80	—	1.31	0.22	—	8.49
稻草	中国	89.40	2.50	48.80	1.70	24.10	—	0.07	0.05	—	4.84
稻草	中国	90.30	6.20	37.30	1.00	27.00	—	0.56	0.17	—	4.64
甘薯蔓	中国	88.00	8.10	39.00	2.70	28.50	—	1.55	0.11	—	7.53
大豆秸	中国	85.90	11.30	36.90	2.40	28.80	—	1.31	0.22	—	8.49
谷糠	莱芜	90.10	5.50	48.40	2.40	23.90	9.90	1.22	0.37	31.00	7.16
谷糠	烟台	91.00	4.80	32.20	8.40	36.40	9.20	0.41	0.07	27.00	5.10
谷糠	滨州	92.70	7.90	46.30	2.10	22.40	14.00	0.49	0.20	5.00	7.11
谷糠	潍坊	91.90	7.60	45.00	6.90	22.60	9.80	—	—	43.00	8.33
稻糠	济南	90.00	6.90	34.70	3.80	32.90	11.70	0.33	0.57	—	—
稻糠	东营	89.50	6.90	44.10	3.90	20.40	14.20	0.12	0.56	—	—
稻糠	济宁	91.30	5.70	24.30	4.10	40.40	16.80	0.23	0.58	—	—
谷糠	临州	88.10	7.10	21.90	2.90	43.80	12.40	0.18	0.53	—	—

注：样品说明中的中国是参考《肉羊饲养标准》(NY/T 816—2004)羊常用饲料成分及营养价值表。

附录 A 小尾寒羊的营养需要量计算模型

A.1 维持营养需要量计算模型

小尾寒羊在中立温度拴系饲养条件下的绝食代谢产热(kJ/d)＝258 $W^{0.75}$。舍饲条件下，小尾寒羊空怀母羊每天每千克代谢体重的维持消化能、代谢能和净能需要量分别为 477.6 kJ、408.8 kJ 和 309.2 kJ；每天每千克代谢体重的维持粗蛋白质和可消化粗蛋白质需要量可分别为 2.31 g 和 1.74 g。任意体重时的维持能量和蛋白质需要可按下列模型计算：

维持消化能需要量(kJ/d)＝477.6$W^{0.75}$

维持代谢能需要量(kJ/d)＝408.8$W^{0.75}$

维持净能需要量(kJ/d)＝309.2$W^{0.75}$

维持粗蛋白质需要量(g/d)＝2.31$W^{0.75}$

维持可消化粗蛋白质需要量(g/d)＝1.74$W^{0.75}$

A.2 妊娠母羊营养需要量计算模型

小尾寒羊妊娠期 0～90 d 母羊的能量和蛋白质需要量参考空怀母羊制定；妊娠期 90～150 d，每沉积 1 MJ 净能需要 2.50 MJ 代谢能；沉积 1 g 蛋白质需要 1.38 g 粗蛋白质或 0.91 g 可消化粗蛋白质。任意体重和生产水平下的能量和蛋白质需要量可按下列模型计算：

代谢能需要量(kJ/d)＝428$W^{0.75}$＋2.50NE_c

粗蛋白质需要量(g/d)＝3.23$W^{0.75}$＋1.38CP_c

可消化粗蛋白质需要量(g/d)＝2.23$W^{0.75}$＋0.91DCP_c

A.3 泌乳母羊营养需要量计算模型

小尾寒羊泌乳期母羊每产 1 kg 奶需要 12 725 kJ 的消化能或 10 802 kJ 的代谢能或 5 174 kJ 泌乳净能；每产 1 kg 奶的粗蛋白质和可消化粗蛋白质需要量可分别为 132 g 和 82 g。任意体重和泌乳量条件下，哺育单羔和双羔时的能量和蛋白质需要量，可按下列模型计算：

单羔：消化能需要量(kJ/d)＝668.6$W^{0.75}$＋12 527M

代谢能需要量(kJ/d)＝576.9$W^{0.75}$＋10 810M

总净能需要量(kJ/d)＝451.1$W^{0.75}$＋5 102M

双羔：消化能需要量(kJ/d)＝704.5$W^{0.75}$＋12 928M

代谢能需要量(kJ/d)＝588.2$W^{0.75}$＋10 794M

总净能需要量(kJ/d)＝468.9$W^{0.75}$＋5 246M

平均：消化能需要量(kJ/d)＝686.3$W^{0.75}$＋12 725M

代谢能需要量(kJ/d)＝582.6$W^{0.75}$＋10 802M

总净能需要量(kJ/d)＝460.3$W^{0.75}$＋5 174M

小尾寒羊哺育单羔母羊蛋白质需要量可由下式求得：

粗蛋白质需要量(g/d)＝2.41$W^{0.75}$＋132M

可消化粗蛋白质需要量(g/d)＝1.51$W^{0.75}$＋82M

A.4 羔羊营养需要量计算模型

小尾寒羊羔羊在全哺乳期(0～30 日龄)、少量补饲期(30～60 日龄)和大量补饲期(60～80

日龄)每增重 1 kg 的代谢能需要量分别为 7 990 kJ、11 000 kJ 和 20 700 kJ;粗蛋白质需要量分别为 270 g、266 g 和 290 g;可消化粗蛋白质需要量分别为 260 g、250 g 和 230 g。不同体重和不同哺乳期的能量和蛋白质需要量,可按下列模型计算:

全哺乳期(0～30 日龄):

代谢能需要量(kJ/d)$=441W^{0.75}+7\ 990\Delta W$

粗蛋白质需要量(g/d)$=2.56W^{0.75}+270\Delta W$

可消化粗蛋白质需要量(g/d)$=2.48W^{0.75}+260\Delta W$

少量补饲期(30～60 日龄):

代谢能需要量(kJ/d)$=441W^{0.75}+11\ 000\Delta W$

粗蛋白质需要量(g/d)$=2.66W^{0.75}+266\Delta W$

可消化粗蛋白质需要量(g/d)$=2.33W^{0.75}+250\Delta W$

大量补饲期(60～80 日龄):

代谢能需要量(kJ/d)$=441W^{0.75}+20\ 700\Delta W$

粗蛋白质需要量(g/d)$=2.95W^{0.75}+290\Delta W$

可消化粗蛋白质需要量(g/d)$=2.30W^{0.75}+230\Delta W$

A.5 生长期需要量计算模型

小尾寒羊生长期每增重 1 kg 需要 35 714 kJ 的消化能或 30 000 kJ 的代谢能或 15 000 kJ 的增重净能;每增重 1 千克的粗蛋白质和可消化粗蛋白质需要量可分别为 650 g 和 470 g。任意体重和生产水平条件下生长小尾寒羊的能量和蛋白质需要量,可按下列模型计算:

消化能需要量(kJ/d)$=512W^{0.75}+35\ 714\Delta W$

代谢能需要量(kJ/d)$=430W^{0.75}+30\ 000\Delta W$

总净能需要量(kJ/d)$=305W^{0.75}+15\ 000\Delta W$

粗蛋白质需要量(g/d)$=2.51W^{0.75}+650\Delta W$

可消化粗蛋白质需要量(g/d)$=1.83W^{0.75}+470\Delta W$

附录 B 小尾寒羊能量和蛋白质代谢参数

B.1 小尾寒羊能量基础代谢参数

表 B.1 小尾寒羊不同生理状态下能量转化效率

生理阶段		维持需要		MR	代谢能利用效率		畜体产热	
		ME_m	NE_m		K_m	K_p	HP	FHP
空怀母羊		408.8	309.2	0.856	0.756		377.0	257.6
妊娠期母羊	0～90 d	402						
	90～120 d	428		0.820		$K_c=0.40$	447.7	
	120～150 d	428		0.821		$K_c=0.40$	437.6	
泌乳期母羊	单羔	576.9	451	0.863	0.782	$K_l=0.472$	619	376
	双羔	588.2	469	0.835	0.797	$K_l=0.486$	634	391
	平均	582.6	460	0.849	0.790	$K_l=0.479$	627	384

续表

生理阶段		维持需要		MR	代谢能利用效率		畜体产热	
		ME_m	NE_m		K_m	K_p	HP	FHP
哺乳期羔羊	0～30 d	441		0.984		K_g=0.72		
	30～60 d	441		0.890		K_g=0.64		
	60～90 d	441		0.842		K_g=0.34		
生长期	4～8月龄	430		0.84	0.71	K_g=0.50		310

注：ME_m：维持代谢能需要量[kJ/(kg $W^{0.75}$ · d)]；

NE_m：维持净能需要量[kJ/(kg $W^{0.75}$ · d)]；

MR：消化能代谢率，消化能(DE)和代谢能(ME)的比值(MR=DE/ME)；

K_p：代谢能生产效率，生产净能(NE_p)和生产代谢能(ME_p)的比值($K_p=NE_p/ME_p$)；

K_m：代谢能维持效率，维持净能(NE_m)和维持代谢能(ME_m)的比值($K_m=NE_m/ME_m$)；

K_c：妊娠能量转化效率，妊娠净能(NE_c)和妊娠代谢能(ME_c)的比值($K_c=NE_c/ME_c$)；

K_g：增重能量转化效率，增重净能(NE_g)和增重代谢能(ME_g)的比值($K_g=NE_g/ME_g$)；

K_l：泌乳能量转化效率，泌乳净能(NE_l)和泌乳代谢能(ME_l)的比值($K_l=NE_l/ME_l$)；

HP：站立状态下畜体总产热量(Heat of production)[kJ/(kg $W^{0.75}$ · d)]；

FHP：站立状态下绝食代谢产热量(Fasting heat production)[kJ/(kg $W^{0.75}$ · d)]。

B.2 小尾寒羊蛋白质代谢参数

表 B.2 小尾寒羊不同生理状态下蛋白质代谢参数[g/(kg $W^{0.75}$ · d)]

生理阶段		CP_m	DCP_m	EUN	MFN	CP_p 或 DCP_p
空怀母羊		2.31	1.74	0.126 7	0.078 85	
妊娠期母羊	0～90 d	3.79	2.44			
	90～120 d	3.90	2.81			
	120～150 d	2.55	1.65			
泌乳期母羊		2.41	1.51	0.134 5	0.131 2	132 g CP 或 82 g DCP/kg 原乳
哺乳期羔羊	0～30 d	2.56	2.48			0.27 g CP 或 0.26 g DCP/g 增重
	30～60 d	2.66	2.33			0.28 g CP 或 0.25 g DCP/g 增重
	60～90 d	2.95	2.30			0.29 g CP 或 0.47 g DCP/g 增重
生长期	4～8月龄	2.51	1.83	0.145	0.421	0.65g CP 或 0.47 g DCP/g 增重

注：DCP_m：可消化粗蛋白质维持需要[g/(kg $W^{0.75}$ · d)]；

CP_m：粗蛋白质维持需要[g/(kg $W^{0.75}$ · d)]；

CP_p：粗蛋白质生产需要[g/(kg $W^{0.75}$ · d)]；

DCP_p：可消化粗蛋白质生产需要[g/(kg $W^{0.75}$ · d)]；

EUN：内源尿氮[g/(kg $W^{0.75}$ · d)]；

MFN：代谢粪氮[g/(kg $W^{0.75}$ · d)]。

附录 C （资料性附录）
标准的说明

C.1 标准中蛋白质和能量需要量的数值来源于山东农业大学的研究成果；钙、磷、食盐、干物质的需要量是在部分研究的基础上，参考《肉羊饲养标准》(NY/T 816—2004)、NRC

(1996)、中国内蒙古自治区地方标准《细毛羊饲养标准》(DB 15/T 30—1992)制定。

C.2　表1～6中的能量和蛋白质需要量数值由A.1～5不同生理阶段的需要量析因模型计算得来,生产应用中可以根据任意体重和生产水平计算不同生产目的和水平下的能量和蛋白质需要量。

C.3　饲料营养价值表(表8)中的数字来源于山东农业大学的实测值、山东省农科院的《饲料营养价值表》,部分摘自于中国羊常用饲料成分及营养价值表《肉羊饲养标准》(NY/T 816—2004)。

C.4　硫、维生素和微量矿物质元素的需要量(表7)参考《肉羊饲养标准》(NY/T 816—2004)。

C.5　附录B《小尾寒羊能量和蛋白质代谢参数》的数值来源于山东农业大学的研究成果。

2009 年 4 月小尾寒羊产业化开发研讨会
在山东菏泽召开

2008 年菏泽小尾寒羊斗羊比赛开幕式

2008 年菏泽赛羊会场一角

菏泽小尾寒羊赛羊会参赛公羊

小尾寒羊斗羊现场

菏泽市小尾寒羊斗羊比赛

2008 年菏泽赛羊会种公羊冠军

2008 年菏泽赛羊会获奖公羊

郓城县小尾寒羊赛羊会获奖公羊

山东省农科院试验羊场一角

山东省郓城县小尾寒羊种羊场一角

外调小尾寒羊群

小尾寒羊产羔房

小尾寒羊一胎三羔

特克塞尔与小尾寒羊杂交一胎四羔

小尾寒羊一胎四羔

小尾寒羊一胎五羔

小尾寒羊羔羊补料

小尾寒羊周岁公羊

小尾寒羊周岁母羊

小尾寒羊成年公羊

小尾寒羊成年母羊

小尾寒羊舍饲圈养

山东菏泽牡丹区皇镇种羊场出牧

在林下放牧小尾寒羊

在人工种植牧草地放牧小尾寒羊

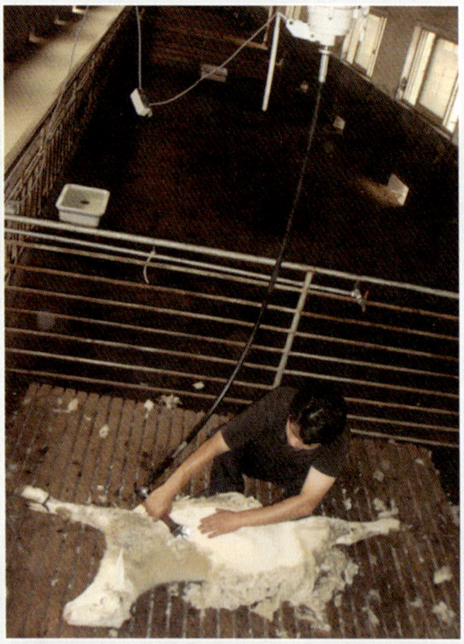

小尾寒羊剪毛

小尾寒羊屠宰车间一角

小尾寒羊胴体（左二）